Tabellenbuch Informations- und Telekommunikationstechnik

von
Paul Arzberger
Linus Beilschmidt
Horst Ellerckmann
Reiner Guse
Harald Kramer
Karsten Mielke
Hartmut Schwenner
Hans-Jürgen Stobinski

3., durchgesehene Auflage

1999
Verlag Gehlen · Bad Homburg vor der Höhe
Gehlenbuch 92102

… weil aus Papier mit bis zu 50 % Altpapieranteil, Rest aus chlorfrei gebleichten (TCF) Primärfasern.

Dieses Werk folgt der reformierten Rechtschreibung und Zeichensetzung. Ausnahmen bilden Texte, bei denen künstlerische, philologische oder lizenzrechtliche Gründe einer Änderung entgegenstehen.

Verlag Gehlen GmbH & Co. KG
Daimlerstraße 12 · 61352 Bad Homburg vor der Höhe
Internet: http://www.gehlen.de
E-Mail: info@gehlen.de

Dem Tabellenbuch wurde der aktuelle Stand der Normblätter und sonstigen Regelwerke zugrunde gelegt. Verbindlich sind jedoch nur die neuesten Ausgaben der Normblätter des DIN. Sie sind beim Beuth Verlag GmbH, Burggrafenstraße 6, 10787 Berlin zu beziehen.

Umschlaggestaltung: Ulrich Dietzel, Frankfurt am Main

Abbildungen: Allied Telesyn International GmbH, Freising, 183; Leonische Drahtwerke AG, Nürnberg, Umschlagvorderseite

Zeichnungen: Peter Kohlöffel, Nonnenhorn; new VISION, Bernhard A. Peter, Pattensen

ISBN 3-441-**92102**-X

© Verlag Gehlen · Bad Homburg vor der Höhe
Satz: Satz-Zentrum West GmbH & Co. · Dortmund
Druck: Media-Print taunusdruck · Bad Homburg vor der Höhe

�# Inhaltsverzeichnis

Grundlagen

Allgemeine Grundlagen 7
Griechisches Alphabet 7
SI-Basisgrößen und Basiseinheiten 7
SI-Vorsätze und ihre Anwendung 8
Physikalische Konstanten, Indizes 9
Größen und ihre Einheiten 10

Mathematische Grundlagen 12
Mathematische Zeichen 12
Zahlensysteme 13
Komplexe Rechnung, Zahlenmengen 14
Geometrische Zeichen 14
Winkel und Gesetzmäßigkeiten am Dreieck 15
Trigonometrische Funktionen 16
Grundrechenarten 17
Klammerrechnen, Bruchrechnen 18
Potenzieren, Radizieren, Logarithmieren 19
Koordinatensystem, Funktionen 20
Flächenberechnungen, Körperberechnungen 22

Physikalische Grundlagen 24
Kinematik, Translation, Rotation 24
Masse, Kraft, Kräfteaddition 25
Arbeit, Energie, Leistung, Wirkungsgrad 26
Druck, Temperatur, Wärme 28
Akustik, Schallgrößen 29
Licht- und Strahlungsgrößen 30

Chemische Grundlagen 32
Chemische Elemente 33

Grundlagen der Werkstoffe 34
Kontaktwerkstoffe, Widerstandswerkstoffe 34
Halbleiter für Leuchtdioden, Leiterplatten 35
Lötkolben, Weichlote 36
Elektrochem. Spannungsreihe, Korrosionsschutz 37

Elektrotechnische Grundlagen 38
Elektrische Ladung, Stromstärke, Stromdichte 38
Elektrische Arbeit, Leistung 39
Leiterwiderstand, Leitwert, Ohmsches Gesetz 39
Temperaturabhängiger Widerstand 40
Kirchhoffsche Gesetze 40
Spannungsteiler, Spannungs-, Stromquellen 41
Messbereichserweiterung 41
Brückenschaltung 42
Stern-Dreieck-, Dreieck-Stern-Umwandlung 42

Elektrisches Feld 43
Coulombsches Gesetz, Elektrische Feldstärke 43
Gesetzmäßigkeiten zum Kondensator 43

Magnetisches Feld 44
Magnetische Flussdichte, Durchflutung 44
Magnetische Feldstärke, Permeabilität 45
Induktionsgesetz 45

Kenngrößen von Wechselspannungen 47
Sinusförmige Wechselspannung 47
Augenblickswert, Effektivwert 47
Formfaktor, Scheitelfaktor, Fourier-Reihe 48
Mischspannungen, Flankensteilheit 49
Unsymmetrische Rechteckspannung 49
Liniendiagramm 49
Zeigerbild, Leistung im Wechselstromkreis 50

Widerstände im Wechselstromkreis 50

Bauelemente, Grundschaltungen

Qualitätssicherung 55
ISO 9000 ... 9004 55
Normalverteilung, statistische Berechnungen 56
Qualitätsregelkarten 57
Stabilität und Fähigkeit von Prozessen 58

Widerstände, Kondensatoren 59
Kennzeichnung von linearen Widerständen 60
Veränderbare Widerstände 61
Arten von Kondensatoren 64
Kenndaten und Anwendungen 66
Kennzeichnung 67
Entstörkondensatoren, Dielektrika 68

Filterschaltungen 69

Halbleiter 71
Dioden 72
Bipolare Transistoren 74
Kennwerte und Kenndaten 75
Grundschaltungen bipolarer Transistoren 77
Unipolare Transistoren 81
Optoelektronische Bauelemente 82
Operationsverstärker 85
Nichtsteuerbare Thyristoren 87
Umwandlung elektrischer Energie 88
Gleichrichter 90
Sieb- und Stabilisierungsschaltungen 91
Schutzbeschaltung von Thyristoren 95
Magnetfeldabhängige Bauelemente 96
Messgrößen und Messaufnehmer 97

Gehäuse von Bauelementen 98
SMD-Bauelemente 98
IC-Gehäuse 99
Dioden, Transistoren 100

Umgang mit Bauelementen 101
Kühlung von Halbleiterbauelementen 101
Einbauhinweise für Bauelemente 102
Elektrostatische Entladungen 103
Elektromagnetische Verträglichkeit 104

Primärelemente, Bleiakkumulatoren 105

© Verlag Gehlen

Inhaltsverzeichnis

Digitaltechnik, Microcomputer

Logische Verknüpfungen	**107**
Grundverknüpfungen	108
Funktionsgleichungen	109
KV-Tafeln	110
Zahlensysteme und Codes	**111**
Zahlensysteme	111
Binäre Codes	112
ASCII-Code	114
Strichcodes	115
Logikfamilien	**116**
Kenngrößen	117
Innenschaltung TTL	118
Bistabile Kippglieder	**118**
Komplexe logische Verknüpfungen	**120**
Zähler	120
Decodierer BCD auf 7-Segment-Anzeige	121
Code-Umsetzer, Demultiplexer, Multiplexer	122
Programmierbare Logikschaltkreise	**123**
PAL, GAL	124
DA-Umsetzer, AD-Umsetzer	**125**
Übertragungsverhalten, Fehler	126
Schnittstellen	**127**
Parallele Schnittstelle	127
Serielle Schnittstelle	128
IEC-Bus-Schnittstelle	130
Microcontroller	**131**
Funktionseinheiten	131
Interne Speicherorganisation	132
Flags, Befehlsliste	133

Technische Informatik

PC-Hardware, Betriebssystem	**136**
Begriffe der Computertechnik	136
Aufbau eines Motherboard	138
Grafikadapter und Bildschirm	139
DMA-Kanalbelegungen	140
ATA/IDE-Host-Adapter	140
SCSI-Host-Adapter	142
ISA/EISA, Bussignale und Steckerbelegung	144
MCA-Bus	147
VESA Local Bus und PCI-Bus	148
Speichertypen	149
Prozessoren, Unterscheidung RISC und CISC	150
Drucker	151
Scanner	152
Fax	153
AT-Befehle für HAYES-kompatible Modems	154
Modem-Rückmeldungen	155
Modem-Übertragungsverfahren	156
Ergonomischer Bildschirmarbeitsplatz	157
Dateisysteme FAT und VFAT	160
Dateisysteme HPFS und NTFS	162
Dateisystem EXT2 (Linux)	163
Sicherheitszertifizierung nach NTSC	164
Betriebssystemvergleich	165
Speicherorganisation (MMU)	165
Prozess, Thread, Multitasking, Multithreading	166
Office-Paket, OLE	167
USV	168
Netzwerke	**169**
Feldbussysteme	169
ISO/OSI-Referenzmodell	171
Netzwerk-Topologien	172
Protokollsätze	173
TCP/IP-Protokollsatz	174
NETWARE-Protokollsatz	175
LAN-Standard	176
ETHERNET- und IP-Datagramm	177
TCPIP-Rahmenbildung	178
ODP, Standard-Protokoll- und Portnummern	179
PPP, SLIP und IP-Adressbildung	180
IPv6	181
NIC, Repeater und Hub	182
Konzentratoren und Brücken	183
Router	184
Switches	185
Netzwerkstrukturen	186
X.25, Frame-Relay	187
Internet	188
Programmiersprachen	**192**
Programmentwurf	192
C++, JAVA, Visual Basic	197
Datenbanken	**209**
Datenmodelle	209
Datenbanken	210
SQL	213

Übertragungstechnik

Ausbreitung und Übertragung von Signalen	**214**
Übertragungswege	216
Übertragungskonstante bei HF-Leitungen	218
Dämpfungs- und Übertragungsgrößen	219
Signalarten	220
Signalverarbeitung	**221**
Amplitudenmodulation und -demodulation	221
Frequenzmodulation und -demodulation	223
Phasenmodulation	225
Pulsmodulation	226

© Verlag Gehlen

Pulscodemodulation	227
PCM 30 und Zeitmultiplex	229
Modulation durch Umtastung	230
Oszillatoren	**232**
LC-Sinusoszillatoren	232
RC-Sinusoszillatoren	233
Quarzoszillator	234
Aktive Filterschaltungen	**235**
Mikrofone, Lautsprecher, Kopfhörer	**236**
Vermittlungstechnik	**238**
Kommunikationsmodell	238
Aufgaben, Prinzipien der Vermittlungstechnik	239
Vermittlung von digitalen Signalen	240
Geräte- und Personenzulassung	241
Analoge Telefone	242
Wahlverfahren	243
Signaltöne, Rufsignale, Leistungsmerkmale	244
TAE-Dosen und -Stecker	245
ISDN-Anschlusseinheiten	246
S0-Bus für den Mehrgeräteanschluss	247
Netzabschluss, Leitungscodes	248
Netz- und Rufnummernaufbau	250
Netzebenen des ISDN-Netzes	251
ISDN-Netzkonzept	252
ISDN-Schnittstellen, Bezugspunkte	253
ISDN-Anlagen am Basisanschluss	254
Leistungsmerkmale des Euro-ISDN	255
Standards für schnurlose Telefone	256
Mobilfunknetze	257
Öffentliche Netze und Dienste	258
Rundfunk- und Fernsehtechnik	**259**
Ton-Rundfunkempfänger	259
Farbfernseh-Normen, Übertragungsbereiche	260
Störgefährdete Kanalkombinationen	260
PAL-Farbfernsehen	261
Farbsignale, FBAS-Signal, Farbkreis	262
PAL-Farbfernsehempfänger	263
Kabel, Leitungen, Stecksysteme	**265**
Kennfarben blanker und isolierter Leiter	265
Farbkennzeichnung der Außenhüllen von Starkstromleitungen	265
Verseilelemente	266
Farbcode für Installationskabel	267
Adernkennzeichnung für Installationskabel und Außenfernmeldekabel	268
Leitungen für niederfrequente Signalübertragung, Koaxkabel	269
Koaxkabel für BK-Verteilanlagen	270
Datenleitungen	271
Netzwerkkabel	272
Datenkabel und Stecksysteme	273
Lichtwellenleiter und Steckverbindungen	274

Messen, Steuern, Regeln

Steuerungstechnik	**275**
Grundlagen und Begriffe	275
Schutzbeschaltungen, EMV	277
Messtechnik	**278**
Begriffe der Messtechnik	278
Messgeräte	279
Drehzahl-, Weg- und Winkelmessung	283
Temperaturmessung	284
Pneumatische und elektrische Signale	285
Regelungstechnik	**286**
Begriffe und Größen der Regelungstechnik	286
Gütekriterien für Regelungen	287
Einstellung von Reglern	288

Maschinen, Anlagen

Transformatoren	**289**
Begriffe, Formeln, Leistungsschild	289
Sicherheitstransformatoren	290
Transformatoren für besondere Verwendung	290
Kleintransformatoren	291
Motoren	**292**
Begriffe, Servomotoren	292
Schrittmotor	293
Installationsschaltungen und Anlagen	**294**
Hausanschluss, Hausinstallation	294
Aus-, Serien-, Gruppen-, Wechselschaltung	295
Leuchtstofflampenschaltungen	296
Wecker- und Türöffneranlagen	297
Sprechanlagen	298
Antennenanlagen	299
Azimut-Elevations-Tabelle	301
Breitbandkommunikationsanlagen	302
Blitzschutzanlagen	304
Gefahren-, Brand-, Einbruchmeldeanlage	305
Beleuchtungstechnik	**306**
Lichtfarbe, Farbwiedergabeeigenschaften	306
Richtwerte für Beleuchtungsstärken	306
Lampen	307
Leuchten	309
Starkstromanlagen bis 1kV, Schutzmaßnahmen	
Begriffe	310
Gefährliche Körperströme	311
FI-Schutzeinrichtung/RCD, Sicherheitsregeln	312
Netzsysteme	313
Schutz gegen elektrischen Schlag	314
Schutzkleinspannung/SELV/PELV	314
Funktionskleinspannung/FELV	315
Schutz gegen elektrischen Schlag	315

© Verlag Gehlen

Inhaltsverzeichnis

Potentialausgleich	316
Schutz durch Abschaltung	317
Schutzmaßnahmen im IT- System	319
Schutzisolierung/Schutzklasse II	320
Schutz durch nichtleitende Räume	320
Schutztrennung	321
IP-Schutzarten, Schutzgrad	322
Schutzklassen	323
Unterrichtsräume mit Experimentierständen	323
Prüfung von Schutzmaßnahmen	324
Prüfung instandgesetzter/geänderter Geräte	329
Wiederholungsprüfung an Elektrogeräten	331

Arbeits- und Umweltschutz	**332**
Verbotszeichen, Warnzeichen	332
Gebotszeichen	333
Brandschutzzeichen, Rettungszeichen	333
Arbeiten in elektrischen Anlagen	334
Symbole für elektrische Betriebsmittel	334
Gefahrensymbole, Gefahrenbezeichnungen	334
R-Sätze	335
Kombination von R-Sätzen	335
S-Sätze	336
Kombination von S-Sätzen	336

Leitungsbemessung	**337**
Auswahl, Mindestquerschnitte	337
Verlegearten von Leitungen	338
Strombelastbarkeit von Leitungen	339
Berechnungsformeln zur Bemessung	341

Schutzeinrichtungen	**341**
Leitungsschutz bei Überstrom	341
Leitungsschutzschalter	342
Sicherungen	343
Selektivität	345

Verbindungselemente	**346**
Metrisches ISO-Gewinde	346
Kunststoff-, Messing-, Stahldübel	346

Technische Kommunikation

Papier-Endformate, Schriftfelder	347
Schriftzeichen, Maßstäbe	348
Linien, Axiometrische Projektion	349
Darstellung in Normalprojektion	350
Bemaßungen	351
Schaltzeichen, grafische Symbole	352
Schaltungsunterlagen	352
Darstellung der Funktion	352
Funktions- und Wirkungsplan	353
Stromlaufpläne	354
Verdrahtungs- und Anordnungsplan	355
Übersichtsschaltplan, Ortsbezogene Pläne	356
Kennzeichnung von Betriebsmitteln	357
Kennzeichen, Schaltzeichen, Schaltsymbole	359

Dokumentation	**371**
Aufbau und Gliederung einer Dokumentation	371
Aufbau und Kapitel einer Betriebsanleitung	372
Gestaltung von Dokumenten	374

Visualisierung und Präsentation	**376**
Gestaltungselemente einer Visualisierung	377
Präsentationen vorbereiten	380
Präsentationen durchführen	382
Grundregeln für Vorträge	384

Organisation, Rechnungswesen

Organisation	**385**
Wesen und Grundsätze der Organisation	385
Arbeitsteilung, Gliederung der Gesamtaufgabe	386
Hierarchie, Führungsaufgaben, Führungsstile	388
Weisungssystem	389

Kosten und Leistungsrechnen	**390**
Kosten, Kostengruppen, Leistungen	390
Einzel- und Gemeinkosten	392
Betriebsabrechnungsbogen	392
Zuschlagsätze	393
Kalkulationsschema	394
Kosten-, Erlös- und Gewinnfunktionen	395
Deckungsbeitragsrechnung	395

Controlling	**396**
Wirkungsbereich des Controlling	396
Kennzahlen	397

Projektmanagement	**399**
Planung von Projekten	399
Formulare zur Projektplanung	403
Projektsteuerung	404
Phasenkonzept bei Standard-DV-Projekten	405
Prototyping-Konzept	406
Auswahl von Standardsoftware	407
Softwareinstallation und -anpassung	408
Dokumentationswerkzeuge	408

Arbeitsteam, Konfliktmanagement	**410**

Marketing

Marketingkonzeption	412
Marktforschung	413
Marktanalyse	414
Marketing-Mix	417
Marketing-Kontrolle	425
Umgang mit Kunden	426

Verzeichnis Technischer Regeln	**427**
Sachwortverzeichnis	**428**

© Verlag Gehlen

Griechisches Alphabet

Buchstabe groß	Buchstabe klein	Benennung	deutsche Aussprache	Anwendungsbeispiele
A	α	Alpha	'alfa	α Winkel, Längenausdehnungskoeffizient
B	β	Beta	'be:ta:	β Winkel
Γ	γ	Gamma	'gama:	γ Winkel, elektrische Leitfähigkeit
Δ	δ	Delta	'delta:	Δ Differenz, δ Verlustwinkel
E	ε	Epsilon	'epsilon	ε Permittivität, ε_0 elektrische Feldkonstante
Z	ζ	Zeta	'tse:ta	ζ_{Wh} Energie-Nutzungsgrad, Energieverhältnis
H	η	Eta	'e:ta	η Wirkungsgrad, dynamische Viskosität
Θ	ϑ	Theta	'te:ta	Θ magnetische Durchflutung, ϑ Celsius-Temperatur
I	ι	Iota	'jo:ta	
K	κ	Kappa	'kapa:	κ elektrische Leitfähigkeit
Λ	λ	Lambda	'lambda	Λ magnetischer Leitwert, λ Wellenlänge
M	μ	My	my	μ Reibungszahl, μ_0 magnetische Feldkonstante
N	ν	Ny	ny	ν Sicherheitsfaktor
Ξ	ξ	Xi	ksi	
O	o	Omikron	'omikron	
Π	π	Pi	pi:	π Kreiszahl
P	ϱ	Rho	ro:	ϱ Dichte
Σ	σ	Sigma	'sigma	σ Flächenladungsdichte, Σ Summe
T	τ	Tau	tau	τ Zeitkonstante, Impulsdauer
Y	υ	Ypsilon	'ypsilon	
Φ	φ	Phi	fi:	φ Phasenwinkel, elektisches Potential
X	χ	Chi	ci:	
Ψ	ψ	Psi	psi:	Ψ elektrischer Fluss
Ω	ϖ	Omega	'o:mega:	ϖ Kreisfrequenz, Ω Raumwinkel

SI-Basisgrößen und Basiseinheiten (DIN 1301)

Basisgröße Benennung	Basisgröße Zeichen	Basiseinheit Benennung	Basiseinheit Zeichen	Bemerkungen
Strecke, Länge	s l	Meter	m	SI ist die Abkürzung für „Système International d'Unités" (Internationales Einheitensystem).
Masse	m	Kilogramm	kg	Das Kurzzeichen SI wurde durch die 11. Generalkonferenz für Maß und Gewicht (CGPM) 1960 festgelegt.
Zeit	t	Sekunde	s	CGPM – Conférence Générale des Poids et Mesures
Elektrische Stromstärke	I	Ampere	A	Letzte zeitliche Festlegungen der Basiseinheiten: Meter 17. CGPM, 1983
Thermodynamische Temperatur	T	Kelvin	K	Kilogramm 1. CGPM, 1889 und 3. CGPM, 1901 Sekunde 13. CGPM, 1967 Kelvin 13. CGPM, 1967
Stoffmenge	n	Mol	mol	Mol 14. CGPM, 1971
Lichtstärke	I	Candela	cd	Candela 16. CGPM, 1979

© Verlag Gehlen

SI-Vorsätze und ihre Anwendung

SI-Vorsätze (DIN 1301)

Vorsatz-zeichen	Vorsatz-benennung	Faktor	Beispiele		
a	Atto	10^{-18}	1 Attometer	= 1 am	= 0,000 000 000 000 000 001 m
f	Femto	10^{-15}	1 Femtometer	= 1 fm	= 0,000 000 000 000 001 m
p	Piko	10^{-12}	1 Pikometer	= 1 pm	= 0,000 000 000 001 m
n	Nano	10^{-9}	1 Nanometer	= 1 nm	= 0,000 000 001 m
µ	Mikro	10^{-6}	1 Mikrometer	= 1 µm	= 0,000 001 m
m	Milli	10^{-3}	1 Millimeter	= 1 mm	= 0,001 m
c	Zenti	10^{-2}	1 Zentimeter	= 1 cm	= 0,01 m
d	Dezi	10^{-1}	1 Dezimeter	= 1 dm	= 0,1 m
da	Deka	10^{1}	1 Dekameter	= 1 dam	= 10 m
h	Hekto	10^{2}	1 Hektometer	= 1 hm	= 100 m
k	Kilo	10^{3}	1 Kilometer	= 1 km	= 1000 m
M	Mega	10^{6}	1 Megameter	= 1 Mm	= 1 000 000 m
G	Giga	10^{9}	1 Gigameter	= 1 Gm	= 1 000 000 000 m
T	Tera	10^{12}	1 Terameter	= 1 Tm	= 1 000 000 000 000 m
P	Peta	10^{15}	1 Petameter	= 1 Pm	= 1 000 000 000 000 000 m
E	Exa	10^{18}	1 Exameter	= 1 Em	= 1 000 000 000 000 000 000 m

Anwendung der Vorsätze in Verbindung mit Einheiten

- Möglichst nur solche Vorsätze anwenden, dass die Zahlenwerte für die anzugebende Größe zwischen 0,1 und 1000 liegen.
- In Tabellen möglichst nur einen einheitlichen Vorsatz verwenden.
- Dezimale Vielfache und Teile von Einheiten mit selbstständigem Namen werden durch das Anfügen des Vorsatzes vor den Namen der Einheit gebildet.
  Beispiele: Kilometer, Nanoampere, Megahertz, Millivolt
- Dezimale Vielfache und Teile dürfen nicht gebildet werden, wenn für die betreffende Einheit keine Vorsätze zugelassen sind.
  Beispiele für **falsche** Angaben: Millistunde, Kilominute.
- Dezimale Vielfache und Teile dürfen nur mit dem Einheitenzeichen und nicht mit dem Einheitennamen verbunden werden.
  Schreibweise **richtig**: mA, kV, MW; Schreibweise **falsch**: MilliA, kVolt, MegaW.
- Zwischen Vorsatzzeichen und Einheitenzeichen darf kein Leerzeichen gesetzt werden.
  Schreibweise **richtig**: kHz, pF; Schreibweise **falsch**: k Hz, p F.
- Vorsätze mit ganzzahliger Potenz von Tausend ($10^{3 \cdot n}$) sind zu bevorzugen.
  Beispiele: km, MV, GHz, µA.
- Die Vorsätze Zenti, Dezi, Deka und Hekto sollen nur noch als Vielfache und Teile von Einheiten verwendet werden, bei denen es üblich ist.
  Beispiele zulässig: hl, cl, dm, cm, dag; **Beispiele nicht zulässig**: cV, hHz, daA, dF.
- Es darf nur ein Vorsatz verwendet werden. Eine Kombination von Vorsätzen ist nicht zulässig. Der Vorsatz sollte im Zähler stehen.
  Beispiele richtig: Nanometer (nm), Gigawatt (GW), Kilovolt/Meter (kV/m), Millicoulomb/Sekunde (mC/s);
  Beispiele falsch: Millimikrometer (mµm), Megakilometer (Mkm), Kilojoule/Millisekunde (kJ/ms).
- Als ein Symbol gilt die Kombination von Vorsatz- und Einheitenzeichen und darf deshalb ohne Verwendung einer Klammer potenziert werden.
  Beispiele: $mm^3 \Rightarrow (0{,}001\ m)^3$, aber nicht $0{,}001\ m^3$; $ms^{-1} \Rightarrow (10^3\ s)^{-1}$, aber nicht $10^{-3}\ s^{-1}$; $km^2 \Rightarrow (1000\ m)^2$, aber nicht $1000\ m^2$.
- Da sich die Potenz auch auf das Vorsatzzeichen bezieht, dürfen keine Vorsätze vor Potenzbezeichnungen gesetzt werden.
  Beispiel: $2\ µm^3$ ist eine falsche Angabe für $2 \cdot 10^{-6}\ m^3$, denn $2\ µm^3 = 2 \cdot (10^{-6}\ m)^3 = 2 \cdot 10^{-18}\ m^3$.

© Verlag Gehlen

Konstanten · Indizes

Physikalische Konstanten

Konstante	Formelzeichen	Wert und Einheit
Atommassenkonstante	m_u	$1{,}660\,540\,2 \cdot 10^{-27}$ kg
Avogadro-Konstante	N_A	$6{,}022\,136\,7 \cdot 10^{23}$ 1/mol
elektrische Feldkonstante	ε_0	$8{,}854\,187\,817\ldots \cdot 10^{-12}$ As/Vm
magnetische Feldkonstante	μ_0	$1{,}256\,637\,061\,4 \cdot 10^{-6}$ Vs/Am
Elementarladung	e	$1{,}602\,177\,33 \cdot 10^{-19}$ As
Faraday-Konstante	F	$96\,485{,}309$ As/mol
Lichtgeschwindigkeit im Vakuum	c_0	$299\,792\,458$ m/s
Boltzmann-Konstante	k	$1{,}380\,658 \cdot 10^{-23}$ J/K
Planck-Konstante, Plancksches Wirkungsquantum	h	$6{,}626\,075\,5 \cdot 10^{-34}$ Js
Gravitationskonstante	G	$6{,}672\,59 \cdot 10^{-11}$ Nm^2/kg^2
Normalfallbeschleunigung	g_N	$9{,}806\,65$ m/s^2
Ruhemasse des Elektrons	m_e	$9{,}109\,389\,7 \cdot 10^{-31}$ kg
Ruhemasse des Protons	m_p	$1{,}672\,623\,1 \cdot 10^{-27}$ kg
Ruhemasse des Neutrons	m_n	$1{,}674\,928\,6 \cdot 10^{-27}$ kg
absoluter Nullpunkt der thermodynamischen Temperatur	T_0	0 K $T_0 = 0$ K $\triangleq \vartheta_0 = -273{,}15$ °C

Indizes (Auswahl) (DIN 1304)

- Indizes (Einzahl: Index) dienen zur Kennzeichnung von Größen gleicher Art oder besonderer Zustände.
- Indizes, die aus einem Wort oder aus einer Abkürzung bestehen, können durch deren Anfangsbuchstaben ersetzt werden; z. B.: U_{eff} für effektive Spannung.
- Indizes können kombiniert werden; z. B.: U_{BE} für Basis-Emitter-Spannung.
- Zur Kennzeichnung von Werkstoffen kann das chemische Zeichen als Index verwendet werden; z. B.: R_{Cu} für den Widerstand eines Kupferdrahtes.
- Als Indizes können auch Symbole verwendet werden; z. B.: $U_\sim$ für Wechselspannung.

Index	Bedeutungen	Beispiele	
0	Null, fester Bezugswert, Bezugsgröße, ohne Dämpfung, Leerlauf, Ruhezustand, Vakuum (leerer Raum)	V_0 n_0 f_0 c_0	Bezugsvakuum Leerlaufdrehzahl Kennfrequenz Lichtgeschwindigkeit im Vakuum
1	Eins, Anfangs-, Eingangs-Größe/Wert, Primär-Größe/Wert, Reihenfolge	P_1 U_1 $R_1, R_2 \ldots$	Eingangsleistung Primärspannung Widerstände
2	Zwei, End-, Ausgangs-Größe/Wert, Sekundär-Größe/Wert	P_2 U_2 T_2	Ausgangsleistung Sekundärspannung Endtemperatur
abs	absolut	p_{abs}	absoluter Druck
amb	ambient (umgebend)	p_{amb}	Umgebungsdruck
dyn	dynamisch	p_{dyn}	dynamische Druck
eff	Effektivwert	U_{eff}	Effektivwert der Spannung
exi	Ausgang (exit)	P_{exi}	Ausgangsleistung
indu	induziert	U_{indu}	induzierte Spannung
par	parallel	R_{par}	Parallelwiderstand
rsn	Resonanz	f_{rsn}	Resonanzfrequenz
ser	Serie, Reihe	R_{ser}	Reihenschlusswiderstand
syn	synchron (gleichlaufend)	n_{syn}	synchrone Umdrehungszahl
var	variabel, veränderlich	U_{var}	veränderliche Spannung

© Verlag Gehlen

Größen und ihre Einheiten

Auswahl von Größen und abgeleiteten SI-Einheiten (DIN 1304)

Größe Benennung	Zeichen	Einheit Benennung	Zeichen	Umrechnungen	Erläuterungen
Arbeit, Energie	W, E	Joule Newtonmeter Wattsekunde Kilowattstunde	J Nm Ws kWh	1 J = 1 Nm = 1 Ws 1 kWh = 3 600 000 Ws	Um Arbeit zu verrichten, muss Energie vorhanden sein.
Beschleunigung	a, g		m/s²	$1\,\dfrac{m}{s^2} = \dfrac{1\,\dfrac{m}{s}}{1\,s}$	g wird nur für die Fallbeschleunigung verwendet. $g = 9{,}81$ m/s² für Mitteleuropa.
Dichte	ϱ		kg/m³	1 t/m³ = 1 kg/dm³ 1 kg/dm³ = 1 g/cm³ 1 g/cm³ = 0,001 g/mm³	Die Dichte für Flüssigkeiten hat z. B. die Einheit kg/L.
Drehmoment Biegemoment Torsionsmoment	M M_b T	Newtonmeter	Nm		Momente werden je nach Richtung, positiv oder negativ gerechnet.
Drehzahl	n		1/s 1/min	$\dfrac{1}{s} = \dfrac{60}{min}$; $\dfrac{1}{min} = \dfrac{1}{60\,s}$	Die Drehzahl wird nicht in Hz angegeben.
Druck	p	Pascal	Pa	1 Pa = 1 N/m² 1 bar = 10⁵ Pa 1 mbar = 1 hPa	Die alte Einheit 1 at = 1 kp/cm² ist nicht mehr zulässig.
Energie	E	Joule	J	siehe Größe Arbeit	
Energiedosis	D	Gray	Gy	1 Gy = 1 J/kg	Begriff aus der Strahlungsphysik.
Feldstärke, elektrische	E		N/C	1 N/C = 1 V/m	
Feldstärke, magnetische	H		A/m	1 A/m = 1 N/Wb	
Fläche, Querschnitt	A, S	Quadratmeter Ar Hektar	m² a ha	1 m² = 100 dm² 1 m² = 10 000 cm² 1 m² = 1 000 000 mm² 1 ha = 100 a = 10 000 m² 1 km² = 100 ha	S wird für den Querschnitt verwendet. a und ha für Boden-, Wald-/Wasserflächen.
Frequenz	f, v	Hertz	Hz	1 Hz = 1/s	
Geschwindigkeit	v		m/s km/h	1 m/s = 3,6 km/h $1\,km/h = \dfrac{1\,m}{3{,}6\,s}$	Auch andere Einheiten, z. B. m/min, sind möglich.
Kraft Gewichtskraft	F, F_G, G	Newton	N	1 N = 1 kgm/s² 1 N = 1 Ws/m	Die Kraft 1 N beschleunigt die Masse 1 kg mit der Beschleunigung 1 m/s².
Leistung	P	Watt	W	1 W = 1 J/s = 1 Nm/s 1 W = 1 V · 1 A = 1 VA	Alte Einheit: PS (Pferdestärke) 1 PS = 736 W
Leitfähigkeit, elektrische	γ, σ, κ		S/m	$1\,\dfrac{S}{m} = \dfrac{1}{W\cdot m}$	Das gebräuchliche Formelzeichen ist γ. (S Einheit Siemens)

© Verlag Gehlen

Größen und ihre Einheiten

Auswahl von Größen und abgeleiteten SI-Einheiten (DIN 1304) (Fortsetzung)

Größe		Einheit		Umrechnungen	Erläuterungen
Benennung	Zeichen	Benennung	Zeichen		
Masse	m	Kilogramm Gramm Tonne Karat	kg g t Kt	1 kg = 1000 g 1 g = 0,001 kg = 1000 mg 1 t = 1 Mg = 1000 kg 1 Kt = 0,2 g	Die Masse ist **ortunabhängig**. Die Basiseinheit ist kg. Für Edelsteine wird die Masse in Kt angegeben.
Spannung, elektrische	U	Volt	V	1 V = 1 J/C = 1 Nm/As	Potentialdifferenz zwischen zwei Punkten
Spannung, mechanische	σ, τ		N/m²	1 N/mm² = 1 MN/m² 1 N/mm² = 1 MPa 1 N/mm² = 10 bar	alte Einheit: 1 kp/mm²
Strecke, Länge	s, l	Meter	m	1 m = 10 dm = 100 cm 1 m = 1000 mm 1 km = 1000 m	In angelsächs. Ländern: Inch und Zoll (″) 1 inch = 1″ = 25,4 mm
Stromstärke, elektrische	I	Ampere	A	1 A = 1 C/s	
Trägheitsmoment	J		kg · m²		alte Bezeichnung: Massenträgheitsmoment
Volumen	V	Kubikmeter Liter	m³ l, L	1 m³ = 1000 dm³ 1 m³ = 1 000 000 cm³ 1 l = 1 L = 1 dm³ = 10 dl 1 l = 0,001 m³ 1 ml = 1 cm³	Das Volumen wird für Körper in m³ und für Flüssigkeiten vorwiegend in Liter angegeben.
Widerstand, elektrischer	R	Ohm	Ω	1 Ω = 1 V/A	
Winkel, ebener	α, β, γ	Radiant Grad Minute Sekunde	rad ° ′ ″	1 rad = 1 m/m = 180°/π 1° = π/180 rad = 60′ 1′ = 1°/60 = 60″ 1″ = 1°/3600 = 1′/60	Grad, Minute und Sekunde in techn. Berechnungen nur in Dezimaldarstellung verwenden, z. B. π = 57,296°
Winkel, Raumwinkel	Ω	Steradiant	sr	1 sr = 1 m²/m²	Winkel eines kegelförmigen Ausschnitts aus der Einheitskugel (Radius gleich 1 m)
Winkel Phasenverschiebung	φ	Radiant Grad	rad °		Phasenverschiebung zwischen Spannung und Stromstärke
Winkelgeschwindigkeit	ω		1/s rad/s	$\dfrac{1}{s} = \dfrac{1}{\pi} \cdot \dfrac{rad}{s}$	In der Elektrotechnik verwendet man statt Winkelgeschwindigkeit den Begriff Kreisfrequenz
Wirkungsgrad	η	Der Wirkungsgrad ist das Verhältnis von nutzbarer Arbeit W_{ab} (nutzbarer Leistung P_{ab}) zu zugeführter Arbeit W_{zu} (zugeführter Leistung P_{zu}) und hat deshalb keine Einheit. Er wird vielfach auch in Prozent angegeben. Der Wirkungsgrad ist immer kleiner als 1 oder kleiner als 100%.			
Zeit	t	Sekunde Minute Stunde Tag Jahr	s min h d a	1 min = 60 s 1 h = 60 min = 3600 s 1 d = 24 h = 1440 min 1 d = 86 400 s 1 a = 8 765,8 h	Die Einheiten min, h, d und a dürfen nicht mit Vorsätzen für Vielfache und Teile angegeben werden.

© Verlag Gehlen

Mathematische Zeichen und ihre Bedeutung

Zeichen	Sprechweise	Beispiele, Erläuterung, Verwendung
Zeichen für das elementare Rechnen		
+	plus	5 + 8 Addition von Zahlen
–	minus	7 – 2 Subtraktion von Zahlen
·	mal	4 · 3 Multiplikation der beiden Zahlen
— /	durch	$\frac{12}{3}$; 12/3 Division der ersten Zahl durch die zweite Zahl
=	gleich	7 + 2 = 9 Gleichheit von Zahlen
≠	ungleich	7 ≠ 8 die beiden Zahlen sind ungleich
≈	ungefähr, nahezu gleich, etwa	12,024 ≈ 12 die Zahlen sind etwa gleich groß
≡	identisch	f(x) ≡ 4 d. h., die Funktion f ist für jedes x gleich 4
<	kleiner als	5 < 7 die linke Zahl ist kleiner als die rechte
<<	wesentlich kleiner als	3 << 40 die linke Zahl ist wesentlich kleiner als die rechte
≤	kleiner oder gleich	5 ≤ 6; 5 ≤ 5 die linke Zahl ist kleiner oder gleich der rechten
>	größer als	5 > 3 die linke Zahl ist größer als die rechte
>>	wesentlich größer als	50 >> 5 die linke Zahl ist wesentlich größer als die rechte
≥	größer oder gleich	5 ≥ 4; 5 ≥ 5 die linke Zahl ist größer oder gleich der rechten
≙	entspricht	1 cm ≙ 10 V z. B. für die Angabe des Maßstabs
~	proportional	$U \sim r$ der Umfang U ist proportional (verhältnisgleich) zum Radius r
Σ	Summe	$\sum_{i=1}^{n} a_i = a_1 + a_2 + ... + a_n$, Summe aller a_i von $i = 1$ bis $i = n$
Π	Produkt	$\prod_{i=1}^{n} a_i = a_1 \cdot a_2 \cdot ... \cdot a_n$, Produkt aller a_i von $i = 1$ bis $i = n$
Besondere Zahlen und Verknüpfungen		
e		e^x e ist Basis der natürlichen Logarithmen; e = 2,71828...
π	pi	π = 3,14159... Verhältnis Kreisumfang zu Durchmesser
a^n	Potenz	$3^4 = 3 \cdot 3 \cdot 3 \cdot 3$ a ist die Basis und n der Exponent (die Hochzahl)
e^n oder exp(n)	Exponentialfunktion	e^1 = exp(1) = 2,71828... die Basis dieser Exponentialfunktionen ist e
log	allgemeiner Logarithmus	$\log_a c$ Logarithmus von c zur Basis a
ln	natürlicher Logarithmus	ln e = 1 die Basis ist die Zahl e
lg	dekadischer Logarithmus	lg 100 = 2 die Basis ist die Zahl 10
lb	binärer Logarithmus	lb 16 = 4 die Basis ist die Zahl 2
$\sqrt{\ }$	Wurzel (Quadratwurzel)	$\sqrt{x}$ Quadratwurzel aus x (Voraussetzung ist $x \geq 0$)
$\sqrt[n]{\ }$	n-te Wurzel	$\sqrt[3]{x}$ dritte Wurzel aus x, n ist der Wurzelexponent
| |	Betrag	|x|; |–5| = 5 Betrag von x (absoluter Wert einer Zahl)
∞	unendlich	$x \to \infty$ x geht gegen unendlich

© Verlag Gehlen

Zahlenaufbau und Zahlensysteme **13**

Allgemeine Gesetzmäßigkeiten für stellenbewertete Zahlensysteme

- Jedes Zahlensystem besteht aus einer festgelegten Anzahl von Ziffern.
- Die Anzahl der Ziffern ist gleich der Basis *a* des Zahlensystems.
- Die Stelle vor und nach dem Komma wird immer vom Komma aus ansteigend gezählt.
- Der Wert einer Ziffer ist abhängig von ihrer Stellung in der Zahl. Der Stellenwert ist eine Potenz mit der Basis *a*.
- Jede Ziffer wird mit dem Stellenwert (der Potenz) multipliziert und die Werte der Stellen zur Zahl addiert.
- Die erste Stelle vor dem Komma hat immer den Stellenwert 1, weil jede Potenz mit dem Exponenten Null den Wert 1 hat ($a^0 = 1$).
- Das Zahlensystem wird durch den Index hinter der Zahl angegeben. Der Index ist gleich der Basis des Zahlensystems. Beispiel: 10011_2 ist eine Zahl im Dualzahlensystem.

Zahlenaufbau für jedes stellenbewertete Zahlensystem

$$b_n \cdot a^{n-1} + b_{n-1} \cdot a^{n-2} + \ldots + b_1 \cdot a^0 + b_{-1} \cdot a^{-1} + \ldots + b_{-m} \cdot a^{-m}$$

b	Ziffer der entsprechenden Stelle	n	Anzahl der Vorkommastellen
a	Basis des Zahlensystems	m	Anzahl der Nachkommastellen

Dezimalzahlensystem

5. vor	4. vor	3. vor	2. vor	1. vor	1. nach	2. nach	Stelle
10^4	10^3	10^2	10^1	10^0	10^{-1}	10^{-2}	Stellen-
10000	1000	100	10	1	0,1	0,01	wert

Das Dezimalzahlensystem besteht aus den zehn Ziffern 0 bis 9. Die Basis *a* ist gleich 10. Jede Ziffer wird mit dem Stellenwert multipliziert und alle Werte zum Wert der Zahl addiert.

Beispiel: $4702,36_{10} \Rightarrow$

$4 \cdot 10^3 + 7 \cdot 10^2 + 0 \cdot 10^1 + 2 \cdot 10^0 + 3 \cdot 10^{-1} + 6 \cdot 10^{-2}$
$4 \cdot 1000 + 7 \cdot 100 + 0 \cdot 10 + 2 \cdot 1 + 3 \cdot 0,1 + 6 \cdot 0,01$
$4000 + 700 + 0 + 2 + 0,3 + 0,06 = 4702,36$

Dualzahlensystem

5. vor	4. vor	3. vor	2. vor	1. vor	1. nach	2. nach	Stelle
2^4	2^3	2^2	2^1	2^0	2^{-1}	2^{-2}	Stellen-
16	8	4	2	1	0,5	0,25	wert

Das Dualzahlensystem besteht aus den beiden Ziffern 0 und 1. Die Basis *a* ist gleich 2. Jede Ziffer wird mit dem Stellenwert multipliziert und alle Werte zum Wert der Zahl addiert.

Beispiel: $10101,01_2 \Rightarrow$

$1 \cdot 2^4 + 0 \cdot 2^3 + 1 \cdot 2^2 + 0 \cdot 2^1 + 1 \cdot 2^0 + 0 \cdot 2^{-1} + 1 \cdot 2^{-2}$
$1 \cdot 16 + 0 \cdot 8 + 1 \cdot 4 + 0 \cdot 2 + 1 \cdot 1 + 0 \cdot 0,5 + 1 \cdot 0,25$
$16 + 0 + 4 + 0 + 1 + 0 + 0,25 = 21,25$

Sedezimalzahlensystem

5. vor	4. vor	3. vor	2. vor	1. vor	1. nach	2. nach	Stelle
16^4	16^3	16^2	16^1	16^0	16^{-1} 1/16	16^{-2} 1/256	Stellen-
65536	4096	256	16	1	0,0625	0,0039	wert

Das Sedezimalzahlensystem besteht aus 16 Ziffern. Die Basis *a* ist gleich 16. Es sind die Ziffern 0 bis 9 und die Buchstaben A bis F. Die Reihenfolge ist: 0, 1, ... 9, A, B, C, D, E, F

Beispiel: $53A4,C_{16} \Rightarrow$

$5 \cdot 16^3 + 3 \cdot 16^2 + A \cdot 16^1 + 4 \cdot 16^0 + C \cdot 16^{-1}$
$5 \cdot 4096 + 3 \cdot 256 + 10 \cdot 16 + 4 \cdot 1 + 12 \cdot 0,0625$
$20480 + 768 + 160 + 4 + 0,75 = 21412,75$

Römische Zahlen

I	=	1	VI	=	6	XI	=	11	LX	=	60	CX	=	110
II	=	2	VII	=	7	XX	=	20	LXX	=	70	CC	=	200
III	=	3	VIII	=	8	XXX	=	30	LXXX	=	80	CCC	=	300
IV	=	4	IX	=	9	XL	=	40	XC	=	90	CD	=	400
V	=	5	X	=	10	L	=	50	C	=	100	D	=	500

DC	=	600			
DCC	=	700			
DCCC	=	800			
CM	=	900			
M	=	1000			

Beispiele: MCDXLVII = 1447   MCMXCV = 1995   CDXXXVIII = 438

© Verlag Gehlen

Komplexe Rechnung, Zahlenmengen, Geometrie

Zeichen	Sprechweise	Beispiele, Erläuterung, Verwendung
Zeichen und Schreibweise der komplexen Rechnung		
i oder j	imaginäre Einheit	$i^2 = j^2 = -1$; $i = j = \sqrt{-1}$, $z = x + iy$ z ist eine komplexe Zahl
Re	Realteil einer komplexen Zahl	Re $z = x$ oder Re $z = \dfrac{1}{2}(z + \bar{z})$
Im	Imaginärteil einer komplexen Zahl	Im $z = y$ oder Im $z = \dfrac{1}{2i}(z - \bar{z})$
$\bar{z}$; z^*	konjugiert-komplexe Zahl von z	$\bar{z} = $ Re $z - i$ Im z In der Mathematik sind i und $\bar{z}$ und in der Elektronik j und z^* üblich
Zahlenmengen		
N	Natürliche Zahlen	Positive ganze Zahlen einschließlich der Zahl 0
Z	Ganze Zahlen	Negative und positive ganze Zahlen einschließlich der Zahl 0
Q	Rationale Zahlen	Zahlen, die sich aus dem Quotienten von zwei ganzen Zahlen ergeben
R	Reelle Zahlen	Reelle Zahlen sind rationale und irrationale Zahlen (e und π sind z. B. irrationale Zahlen)
(a, b)	offenes Intervall von a bis b	$a < x < b$; x ist eine Zahl zwischen a und b ausschließlich der beiden Zahlen a und b. Das heißt, die Zahlen a und b gehören nicht zur Zahlenmenge des Intervalls.
$[a, b]$	abgeschlossenes Intervall	$a \leq x \leq b$; x ist eine Zahl zwischen a und b einschließlich der beiden Zahlen a und b. Das heißt, die Zahlen a und b gehören noch zur Zahlenmenge des Intervalls.
$[a, b)$	linksseitig geschlossenes und rechtsseitig offenes Intervall (halboffenes Intervall)	$a \leq x < b$; x ist eine Zahl zwischen a und b einschließlich der Zahl a und ausschließlich der Zahl b. Das heißt, die Zahl a gehört noch und die Zahl b gehört nicht mehr zur Zahlenmenge des Intervalls.
$(a, b]$	linksseitig offenes und rechtsseitig geschlossenes Intervall (halboffenes Intervall)	$a < x \leq b$; x ist eine Zahl zwischen a und b ausschließlich der Zahl a und einschließlich der Zahl b. Das heißt, die Zahl a gehört nicht mehr und die Zahl b gehört noch zur Zahlenmenge des Intervalls.
Geometrie		
⊥	ortogonal, rechtwinklig, senkrecht	$g \perp h$ g ist orthogonal zu h, zwischen g und h besteht ein Rechter Winkel
||	parallel	$g \parallel h$ g ist parallel zu h
↑↑	gleichsinnig parallel	$g \uparrow\uparrow h$ g ist gleichsinnig parallel zu h
↑↓	gegensinnig parallel	$g \uparrow\downarrow h$ g ist gegensinnig parallel zu h
∢	nicht orientierter Winkel	∢ Winkel zwischen zwei Strahlen
R oder ∟	Rechter Winkel	∟ Rechter Winkel (90°) zwischen zwei Strahlen
—	Strecke	$\overline{AB}$ Strecke von Punkt A nach Punkt B
⌒	Bogen	$\overset{\frown}{AB}$ Bogen eines Kreises zwischen den Punkten A und B
d	Abstand, Distanz	$d(AB)$ Abstand zwischen den Punkten A und B
≅	kongruent	$M \cong N$ M ist kongruent zu N (übereinstimmend, deckungsgleich)

© Verlag Gehlen

Winkel im Bogen- und Gradmaß · Rechtwinkliges Dreieck **15**

Winkelangaben und Gesetzmäßigkeiten für Dreiecke

Der Winkel im Bogen- und Gradmaß

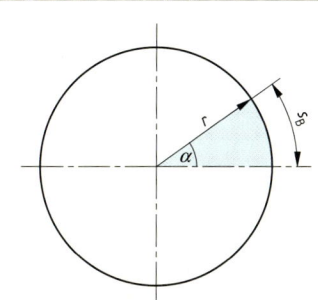

Der Winkel $\widehat{\alpha}$ im Bogenmaß ist das Verhältnis von Bogenstück s_B zum Radius r.
Das Bogenstück s_B ist gleich dem Umfang U des Kreises bei einer vollständigen Umdrehung.
Daraus folgt für einen Vollkreis:

$$\widehat{\alpha} = \frac{s_B}{r} \Rightarrow \widehat{\alpha} = \frac{U}{r} \Rightarrow \widehat{\alpha} = \frac{2 \cdot \pi \cdot r}{r} \Rightarrow \widehat{\alpha} = 2 \cdot \pi$$

Zwischen dem Winkel α im Gradmaß und dem Winkel $\widehat{\alpha}$ im Bogenmaß besteht folgender Zusammenhang:

$$\frac{\alpha}{\widehat{\alpha}} = \frac{360°}{2 \cdot \pi} \qquad \alpha = \widehat{\alpha} \cdot \frac{360°}{2 \cdot \pi} \qquad \widehat{\alpha} = \alpha \cdot \frac{2 \cdot \pi}{360°}$$

Das rechtwinklige Dreieck

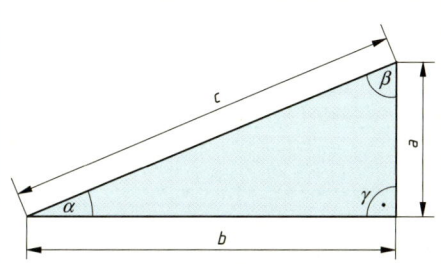

Die drei Seiten a, b und c eines Dreiecks schließen insgesamt einen Winkel von 180° ein ($\alpha + \beta + \gamma = 180°$).
Die längste Seite heißt **Hypotenuse** und liegt dem Winkel γ gegenüber.
Die beiden anderen Seiten heißen **Katheten**.
Betrachtet man den Winkel α, dann gilt:
die Seite a ist die **Gegenkathete** und
die Seite b ist die **Ankathete**.
Betrachtet man den Winkel β, dann gilt:
die Seite a ist die **Ankathete** und
die Seite b ist die **Gegenkathete**.

Satz von Pythagoras für das rechtwinklige Dreieck

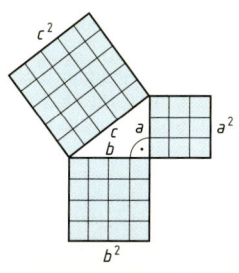

Der Satz von Pythagoras sagt aus:
Die Summe der Kathetenquadrate ist gleich dem Quadrat der Hypotenuse.

$$c^2 = a^2 + b^2 \text{ oder } c = \sqrt{a^2 + b^2}$$

c Hypotenuse
a, b Katheten

Strahlensatz für ähnliche Dreiecke

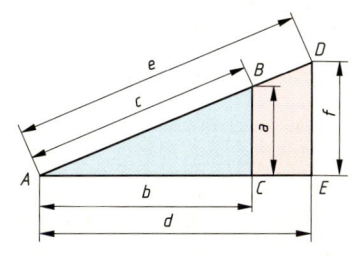

In ähnlichen Dreiecken verhalten sich die Seiten des Dreiecks (ABC) wie die gleichliegenden Seiten des Dreiecks (ADE).

$$\frac{a}{b} = \frac{f}{d} \qquad \frac{a}{c} = \frac{f}{e} \qquad \frac{b}{c} = \frac{d}{e}$$

© Verlag Gehlen

Trigonometrische Funktionen

Die trigonometrischen Funktionen und deren Umkehrungen

Zeichen	Sprechweise	Beispiele, Erläuterung, Verwendung	
sin	Sinus	$\sin \alpha = \dfrac{\text{Gegenkathete}}{\text{Hypotenuse}}$	Sprich: Sinus von α
cos	Cosinus	$\cos \alpha = \dfrac{\text{Ankathete}}{\text{Hypotenuse}}$	Sprich: Cosinus von α
tan	Tangens	$\tan \alpha = \dfrac{\text{Gegenkathete}}{\text{Ankathete}} = \dfrac{\sin \alpha}{\cos \alpha}$	Sprich: Tangens von α
cot	Cotangens	$\cot \alpha = \dfrac{\text{Ankathete}}{\text{Gegenkathete}} = \dfrac{\cos \alpha}{\sin \alpha} = \dfrac{1}{\tan \alpha}$ Der Cotangens ist der Kehrwert des Tangens.	Sprich: Cotangens von α
Arcsin	Arcussinus	Arcsin α Umkehrung von Sinus, beschränkt auf Intervall [-90°, 90°] oder $\left[-\dfrac{\pi}{2}, \dfrac{\pi}{2}\right]$	Sprich: Arcussinus von α
Arccos	Arcuscosinus	Arccos α Umkehrung von Cosinus, beschränkt auf Intervall [0°, 360°] oder [0, π]	Sprich: Arcuscosinus von α
Arctan	Arcustangens	Arctan α Sprich: Arcustangens von α Umkehrung von Tangens, beschränkt auf Intervall [-90°, 90°] oder $\left[-\dfrac{\pi}{2}, \dfrac{\pi}{2}\right]$	
Arccot	Arcuscotangens	Arccot α Sprich: Arcuscotangens von α Umkehrung von Cotangens, beschränkt auf Intervall [0°, 180°] oder [0, π]	

Ableitung der trigonometrischen Funktionen vom Einheitskreis

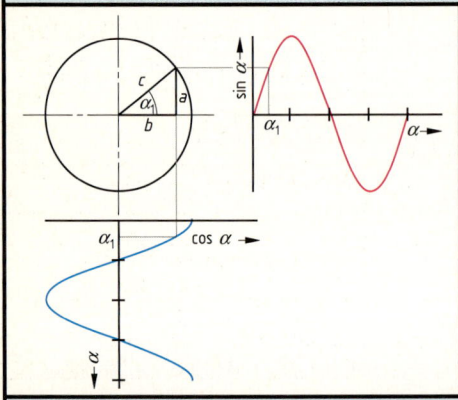

In den Kreis mit dem Radius 1 (Einheitskreis) wird ein rechtwinkliges Dreieck eingezeichnet. Die Hypotenuse ist dann gleich dem Radius 1.
Die Gegenkathete a ist gleich dem sin α und die Ankathete gleich dem cos α.
Der Winkel α wird im mathematisch positiven Sinn linksherum gezählt.
Da sich die Werte für die Gegenkathete und für die Ankathete für Winkel von
$\alpha + n \cdot 360°$ oder $\alpha + n \cdot 2 \cdot \pi$
($n = \ldots -2; -1; 0; +1; +2 \ldots$)
wiederholen, werden die Werte nur für Winkel des Intervalls [0°, 360°] oder [0, 2π] angegeben.

Vorzeichen der trigonometrischen Funktionen für die vier Quadranten

Quadrant	Winkel		Vorzeichen der Werte von			
	α in °	α in rad	sin	cos	tan	cot
I	0 … 90	0 … $\pi/2$	+	+	+	+
II	90 … 180	$\pi/2$ … π	+	−	−	−
III	180 … 270	π … $3\pi/2$	−	−	+	+
IV	270 … 360	$3\pi/2$ … 2π	−	+	−	−

© Verlag Gehlen

Grundrechenarten · Klammerrechnen

Grundrechenarten, Algebra

Rechenart	Regel	Beispiel
Die Strichrechnungen Addition und Subtraktion		
Addition	Summand + Summand = Summe	$a + b = c$
	Gleichartige Summanden werden addiert, indem die Beizahlen addiert werden.	$2a + 3a + b = 5a + b$
	Physikalische Größen werden auf eine gemeinsame Einheit gebracht und dann addiert.	5 mm + 1 cm = 5 mm + 10 mm = 15 mm 4 V + 450 mV = 4 V + 0,45 V = 4,45 V
Kommutativ-gesetz	In einer Summe dürfen die Summanden vertauscht werden.	$a + b + c = b + c + a$
Assoziativgesetz	Die Summanden dürfen zu Teilsummen zusammengefasst werden.	$a + b + c = (a + b) + c$
Subtraktion	Minuend − Subtrahend = Differenz	$a - b = c$
	Bei der Subtraktion dürfen Minuend und Subtrahend nicht vertauscht werden.	$b - a \neq c$ $6a - 4a = 2a$ $4a - 6a = -2a \Rightarrow 6a - 4a \neq 4a - 6a$
Die Punktrechnungen Multiplikation und Division		
Multiplikation	Faktor · Faktor = Produkt	$a \cdot b = c$
	Bei der Multiplikation einer Ziffer mit einer Variablen oder Einheit, wird der Multiplikationspunkt weggelassen.	$5 \cdot a = 5a$ $4 \cdot m \cdot 2 \cdot m = 4\,m \cdot 2\,m$ $5a \cdot 3b = 5 \cdot 3 \cdot ab$
Kommutativ-gesetz	Bei der Multiplikation dürfen die Faktoren vertauscht werden.	$4\,m \cdot 2\,m = 4 \cdot 2\,m^2$
Assoziativgesetz	Die Faktoren dürfen vertauscht und zu Teilprodukten zusammengefasst werden.	$5a \cdot 3b = 15\,ab$ 12 V · 0,25 A = 12 · 0,25 VA = 3 VA
Distributivgesetz	Eine Summe wird mit einem Faktor multipliziert, indem der Faktor mit jedem Glied der Summe multipliziert wird.	$a \cdot (b + c) = ab + ac$ $I \cdot (R_1 + R_2) = I \cdot R_1 + I \cdot R_2$ 2 A · (10 Ω + 15 Ω) = 2 A · 10 Ω + 2 A · 15 Ω = 20 V + 30 V = 50 V
Division	Dividend : Divisor = Quotient	$a : b = c\,;\ a/b = c\,;\ \dfrac{a}{b} = c\,;\ \dfrac{a}{b} \neq \dfrac{b}{a}$
	Dividend und Divisor dürfen nicht vertauscht werden.	
	Für die Division wird der Doppelpunkt „:", der Diagonalstrich „/" oder der Bruchstrich „−" geschrieben.	$I = U/R\,;\quad I = \dfrac{U}{R}$ 200 V / 100 Ω = $\dfrac{200\,V}{100\,\Omega}$ = 2 A
Kombination von Strich- und Punktrechnung		
Addition Subtraktion	Die Punktrechnung geht immer vor Strichrechnung.	$4 \cdot 2a + 5a = 8a + 5a = 13a$ $30a : 6 - 3a = 5a - 3a = 2a$
Multiplikation Division	Wenn die Summe oder Differenz in Klammern steht, hat die Strichrechnung Vorrang vor der Punktrechnung.	$4a \cdot (3b + 5b) = 4a \cdot 8b = 32ab$ $4a \cdot (5b - 3b) = 4a \cdot 2b = 8ab$ $20ab : (7b + 3b) = 20ab : 10b = 2a$
Vorzeichen- und Rechenzeichen-Regelung		
Vorzeichen	Zahlen können positive (+) oder negative (−) Vorzeichen haben. Zahlen ohne Vorzeichen sind immer positiv.	$+a = a\,;\quad -a$ Vorzeichen ↓ ↓ ↓
Rechenregel für Vor- und Rechenzeichen	Der Summand oder der Subtrahend ist positiv, wenn Rechen- und Vorzeichen des Summanden oder Subtrahenden gleich sind. Er ist negativ, wenn die beiden Zeichen ungleich sind.	$(+a) + (+a) = +2a = 2a$ ↑ Rechenzeichen $+(+a) = +a\,;\quad -(-a) = +a$ $+(-a) = -a\,;\quad -(+a) = -a$

© Verlag Gehlen

Klammerrechnen, Algebra

Rechenart	Regel	Beispiel
Die Strichrechnungen Addition und Subtraktion		
Addition von Summen oder Differenzen	Steht ein Pluszeichen vor der Klammer, so darf die Klammer, ohne Veränderung der Vorzeichen, wegfallen.	$a + (b + c) = a + b + c$ $a + (b - c) = a + b - c$
Subtraktion von Summen oder Differenzen	Steht ein Minuszeichen vor der Klammer, so müssen bei weglassen der Klammer alle Vorzeichen geändert werden.	$a - (b + c) = a - b - c$ $a - (b - c) = a - b + c$
Klammer in Klammer	Bei mehreren Klammern wird immer von innen nach aussen aufgelöst.	$a - [b - (c + d)] = a - [b - c - d]$ $= a - b + c + d$
Kombination von Strich- und Punktrechnung		
Addition und Subtraktion	Die Punktrechnung geht immer vor Strichrechnung.	$4 \cdot 2a + 5a = 8a + 5a = 13a$ $30a : 6 - 3a = 5a - 3a = 2a$
Multiplikation und Division von Summen oder Differenzen	Wenn die Summe oder Differenz in Klammern steht, hat die Strichrechnung Vorrang vor der Punktrechnung.	$4a \cdot (3b + 5b) = 4a \cdot 8b = 32ab$ $4a \cdot (5b - 3b) = 4a \cdot 2b = 8ab$ $20ab : (7b + 3b) = 20ab : 10b = 2a$
Multiplizieren von Summen oder Differenzen	Summen oder Differenzen werden mit einem Faktor multipliziert, indem jedes Glied der Klammer mit dem Faktor multipliziert wird. Summen oder Differenzen werden miteinander multipliziert, indem jedes Glied der ersten Klammer mit jedem Glied der zweiten Klammer multipliziert wird.	$a \cdot (b + c) = a \cdot b + a \cdot c = ab + ac$ $a \cdot (b - c) = a \cdot b - a \cdot c = ab - ac$ $(a + b) \cdot (c + d) = ac + ad + bc + bd$ $(a - b) \cdot (c - d) = ac - ad - bc + bd$
Zerlegung in Faktoren (Ausklammern)	Faktoren oder Divisoren, die in allen Gliedern einer Summe oder Differenz enthalten sind, können vor die Klammer gesetzt werden (ausgeklammert) werden.	$ac + bc = c \cdot (a + b)$ $\dfrac{a}{cd} + \dfrac{b}{ce} = \dfrac{1}{c} \cdot \left(\dfrac{a}{d} + \dfrac{b}{e}\right)$
Rechnen mit Brüchen		
Erweitern	Zähler (Dividend) und Nenner (Divisor) werden mit derselben Zahl multipliziert.	$\dfrac{a}{b} = \dfrac{a \cdot c}{b \cdot c}$; $\dfrac{a \cdot c}{b \cdot c} = \dfrac{ac}{bc}$
Kürzen	Zähler (Dividend) und Nennen (Divisor) werden durch dieselbe Zahl dividiert.	$\dfrac{ac}{bc} = \dfrac{ac : c}{bc : c}$; $\dfrac{ac : c}{bc : c} = \dfrac{a}{b}$
Addieren und Subtrahieren	Bei gleichnamigen Brüchen werden die Zähler addiert bzw. subtrahiert und der gemeinsame Nenner beibehalten. Bei ungleichnamigen Brüchen müssen die Brüche zunächst durch Erweitern oder Kürzen gleichnamig gemacht werden. Es sollte der kleinste gemeinsame Nenner sein.	$\dfrac{a}{c} + \dfrac{b}{c} = \dfrac{a+b}{c}$; $\dfrac{a}{c} - \dfrac{b}{c} = \dfrac{a-b}{c}$ $\dfrac{a}{c} + \dfrac{b}{d} = \dfrac{a \cdot d}{c \cdot d}$ $\dfrac{ad}{cd} + \dfrac{bc}{cd} = \dfrac{ad + bc}{cd}$
Multiplizieren	Brüche werden miteinander multipliziert, indem die Zähler und die Nenner miteinander multipliziert werden. Eine Zahl wird mit dem Zähler eines Bruches multipliziert, und der Nenner beibehalten.	$\dfrac{a}{c} \cdot \dfrac{b}{d} = \dfrac{a \cdot b}{c \cdot d}$; $\dfrac{a \cdot b}{c \cdot d} = \dfrac{ab}{cd}$ $a \cdot \dfrac{b}{c} = \dfrac{a \cdot b}{c}$; $\dfrac{a \cdot b}{c} = \dfrac{ab}{c}$
Dividieren	Ein Bruch wird durch einen Bruch dividiert, indem der erste Bruch mit dem Kehrwert des zweiten Bruches multipliziert wird.	$\dfrac{a}{c} : \dfrac{b}{d} = \dfrac{a}{c} \cdot \dfrac{d}{b}$; $\dfrac{a}{c} : \dfrac{b}{d} = \dfrac{ad}{bc}$

Potenzieren · Radizieren

Potenzrechnen (Potenzieren)		
Rechenart	Regel	Beispiele
Potenzieren, allgemein	Potenzieren ist das Multiplizieren einer Zahl ein- oder mehrmals mit sich selbst.	$a \cdot a \cdot a = a^3$ $4 \cdot 4 \cdot 4 = 4^3 = 64$
	$c = a^n$	Sonderfälle:
	a Basis; Zahl, die mit sich selbst multipliziert wird n Exponent oder Hochzahl; die Zahl n gibt an, wie viel mal die Basis mit sich selbst multipliziert wird c Potenzwert; die Zahl gibt das Produkt (Ergebnis) der Multiplikation an	$a^0 = 1$; $a^1 = a$; $a^{-\infty} = 0$ $a^{-n} = \dfrac{1}{a^n}$; $a^{-3} = \dfrac{1}{a^3}$ $2^{-5} = \dfrac{1}{2^5} = \dfrac{1}{32} = 0{,}03125$
Addition und Subtraktion	Potenzen können nur addiert bzw. subtrahiert werden, wenn die Basen und die Exponenten gleich sind.	$2a^3 + a^3 - 4a^3 = -a^3$ $6a^2 + 3b^3 - 3a^2 = 3(a^2 + b^3)$
Multiplikation	Potenzen können multipliziert werden, wenn • die Basen gleich sind; die Exponenten werden addiert und mit der gemeinsamen Basis potenziert; • die Exponenten gleich sind; die Basen werden multipliziert und das Produkt mit dem gemeinsamen Exponenten potenziert.	$a^3 \cdot a^4 \cdot a^{-2} = a^{3+4-2} = a^5$ $2^3 \cdot 2^2 \cdot 2^{-4} = 2^{3+2-4} = 2^1$ $a^3 \cdot b^3 \cdot c^3 = (a \cdot b \cdot c)^3$ $3^3 \cdot 4^3 \cdot 2^3 = (3 \cdot 4 \cdot 2)^3 = 24^3$
Division	Potenzen können dividiert werden, wenn • die Basen gleich sind; es wird vom Exponenten der Zählerpotenz der Exponent der Nennerpotenz subtrahiert und die Differenz mit der gemeinsamen Basis potenziert; • die Exponenten gleich sind; die Basen werden dividiert und der Quotient der Basen mit dem gemeinsamen Exponenten potenziert.	$\dfrac{a^5}{a^3} = a^{5-3}$; $a^{5-3} = a^2$ $\dfrac{3^4}{3^6} = 3^{4-6}$; $3^{-2} = \dfrac{1}{3^2}$ $\dfrac{a^3}{b^3} = \left(\dfrac{a}{b}\right)^3$
Potenzieren	Potenzen können potenziert werden, indem die Exponenten miteinander multipliziert werden und das Produkt der Exponenten mit der Basis potenziert wird.	$(a^n)^m = (a^m)^n = a^{m \cdot n}$ $(3^4)^2 = (3^2)^4 = 3^{4 \cdot 2} = 3^8$

Wurzelrechnen (Radizieren)		
Radizieren, allgemein	Radizieren ist die Umkehrung des Potenzierens. Es wird die Zahl gesucht, die ein- oder mehrmals mit sich selbst multipliziert den Wert unter der Wurzel ergibt.	$\sqrt{a} = \sqrt[2]{a}$ $\sqrt{16} = 4$, denn $4 \cdot 4 = 16$
	$a = \sqrt[n]{c}$	Sonderfälle:
	a Wurzelwert; gesuchte Zahl c Radikand; Zahl, aus der die Wurzel gezogen wird n Wurzelexponent; Angabe der Wurzel	$\sqrt{0} = 0$; $\sqrt[n]{0} = 0$ für $n > 0$ $\sqrt{1} = 1$; $\sqrt[n]{1} = 1$ für $n > 0$
	Der Radikand c (die Zahl unter der Wurzel) darf vereinbarungsgemäß nicht negativ sein, d. h., der Radikand muss größer oder gleich Null ($c \geq 0$) sein.	$\sqrt[n]{a} = a^{-\frac{1}{n}} = \dfrac{1}{\sqrt[n]{a}} = \sqrt[n]{\dfrac{1}{a}}$
Wurzel als Potenz	Jede Wurzel kann in eine Potenz mit rationalem Exponenten (Bruch-Exponent) umgewandelt werden.	$\sqrt{a} = a^{\frac{1}{2}}$; $\sqrt[3]{a^2} = a^{\frac{2}{3}}$
	$a = \sqrt[n]{c^m} = c^{\frac{m}{n}}$	$\sqrt[2]{a^4} = a^{\frac{4}{2}}$; $a^{\frac{4}{2}} = a^{\frac{1}{2}}$
	a Wurzelwert $\quad m$ Exponet des Radikanden c Basis des Radikanden $\quad n$ Wurzelexponent	$\sqrt[4]{a^3} \cdot \sqrt{a^4} = a^{\frac{3}{4}} \cdot a^{\frac{4}{2}}$
	Wird eine Wurzel in eine Potenz umgewandelt, dann wird der Bruchexponent aus Exponet des Radikaden durch Wurzelexponet mit der Basis des Radikanden potenziert.	$\sqrt[4]{\sqrt[2]{a^8}} = a^{\frac{8}{2 \cdot 4}} = a^{\frac{8}{8}} = a$

© Verlag Gehlen

Logarithmenrechnung

Rechenart	Regel	Beispiele
Logarithmen, allgemein	Der Logarithmus einer Zahl ist der Exponent, mit dem die vorgegebene Basis potenziert werden muss, um die Zahl zu erhalten.	$\log_5 625 = 4$, denn $5^4 = 625$ Sonderfälle:
	$\log_a c = n$ Lies: Logarithmus von c zur Basis a gleich n	$\log_a a = 1$, denn $a^1 = a$
	a Basis c Numerus oder Logarithmand n Logarithmus lg Logarithmus zur Basis 10 (dekadischer Logarithmus) lb Logarithmus zur Basis 2 (binärer Logarithmus) ln Logarithmus zur Basis e (natürlicher Logarithmus) $e = 2{,}71828...$ (Eulersche Zahl)	$\log_a 1 = 0$, denn $a^0 = 1$ $\log_a a^n = n$, denn $a^n = a^n$ $\log_a 0 = -\infty$, denn $a^{-\infty} = 0$ $\log_{10} a = \lg a$; $\lg 1000 = 3$ $\log_2 a = \operatorname{lb} a$; $\operatorname{lb} 32 = 5$ $\log_e a = \ln a$; $\ln 100 = 4{,}605$
Multiplizieren	Die Logarithmen der einzelnen Faktoren werden addiert.	$\lg (a \cdot b) = \lg a + \lg b$
Dividieren	Der Logarithmus des Nenners wird vom Logarithmus des Zählers subtrahiert.	$\lg \dfrac{a}{b} = \lg a - \lg b$
Potenzieren	Der Exponet wird mit dem Logarithmus der Basis multipliziert.	$\lg a^n = n \cdot \lg a$
Radizieren	Der Kehrwert des Wurzelexponenten wird mit dem Logarithmus des Radikanden multipliziert.	$\lg \sqrt[n]{a} = \dfrac{1}{n} \cdot \lg a$

Kartesisches (rechtwinkliges) Koordinatensystem

Zeichnung	Erläuterung
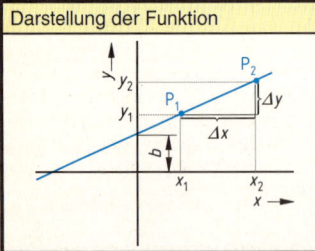Quadranten II: $x<0$, $y>0$ I: $x>0$, $y>0$ III: $x<0$, $y<0$ IV: $x>0$, $y<0$	• Das zweidimensionale kartesische Koordinatensystem wird aus zwei Achsen gebildet, die einen rechten Winkel einschließen. • **Abszisse** oder x-Achse ist die waagerechte oder horizontale Achse. • **Ordinate** oder y-Achse ist die senkrechte oder vertikale Achse. • Der Pfeil an den Achsen kennzeichnet die positive Zählrichtung. • x und y sind Variablen (veränderliche Zahlen/Größen). x ist die unabhängige und y die abhängige Variable. • Die **unabhängige Variable x** wird immer auf der Abszisse und die **abhängige Variable y** immer auf der Ordinate abgebildet. • Zahlenpaare (x/y) geben die Zuordnung der beiden Variablen an. • Der **Punkt P** ist die Abbildung (zeichnerische Darstellung) des Zahlenpaares (x/y) im rechtwinkligen Koordinatensystem. Der Zahlenwert von x ist die x-Koordinate und der Zahlenwert von y die y-Koordinate. • Eine Menge von Punkten (Punktmenge) wird als Graph (Kurve) der Funktion bezeichnet. • Das kartesische Koordinatensystem ist in vier Quadranten eingeteilt. Die Quadranten werden in mathematisch positive Richtung gezählt.

Funktionen

Darstellung der Funktion	Erläuterung
(Graph einer linearen Funktion mit Punkten $P_1(x_1/y_1)$, $P_2(x_2/y_2)$, Steigungsdreieck Δx, Δy, Achsenabschnitt b)	• Lineare Funktionen haben als Graph eine Gerade. Zwischen der unabhängigen Variablen x und der abhängigen Variablen y besteht ein proportionaler (linearer) Zusammenhang: $y \sim x$ • Allgemeine Funktionsgleichung: $y = m \cdot x + b$ $m = \dfrac{\Delta y}{\Delta x}$; $m = \dfrac{y_2 - y_1}{x_2 - x_1}$; $m =$ konstant m Steigung b Achsenabschnitt (Schnittpunkt y-Achse mit der Geraden)

© Verlag Gehlen

Funktionen (Fortsetzung)

Darstellung der Funktion	Erläuterungen
Parabelfunktion 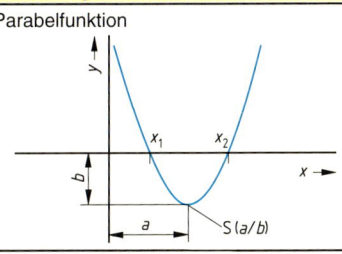	Allgemeine Funktionsgleichung: $y = a_2 \cdot x^2 + a_1 \cdot x + a_0$ oder $y = c \cdot (x-a)^2 + b$ mit: $a_2 = c$; $a_1 = -2 \cdot a \cdot c$; $a_0 = a^2 \cdot c + b$ Quadratische Gleichung: $a_2 \cdot x^2 + a_1 \cdot x + a_0 = 0$; $x^2 + p \cdot x + q = 0$; $p = \dfrac{a_1}{a_2}$; $q = \dfrac{a_0}{a_2}$ $x_{1,2} = -\dfrac{p}{2} \pm \sqrt{\left(\dfrac{p}{2}\right)^2 - q}$
Hyperbelfunktion 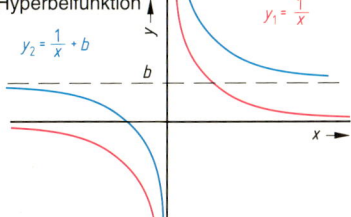	Allgemeine Funktionsgleichung: $y = c \cdot \dfrac{1}{x} + b$ Diese Funktion ist für $x = 0$ nicht definiert. Der Funktionswert y geht gegen Unendlich, wenn x gegen Null geht.
Exponentialfunktion (e-Funktion) 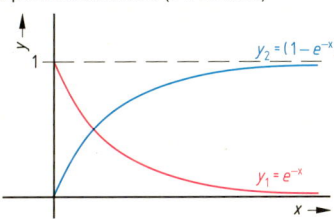	Allgemeine Funktionsgleichung: $y = a \cdot e^{b \cdot x} + c$ In der Elektrotechnik wird die Exponentialfunktion zur Berechnung der Spannung oder der Stromstärke bei Auf- und Entladevorgängen von Kondensatoren oder bei Ein- und Ausschaltvorgängen von Spulen benutzt.
Wurzelfunktion 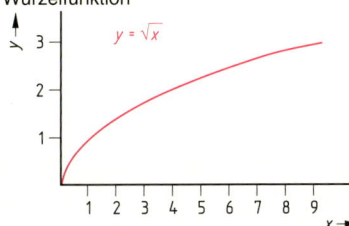	Allgemeine Funktiongleichung: $y = \sqrt[n]{x}$ Zum Beispiel ist der Radius einer Kugel in Abhängigkeit des Volumens eine Wurzelfunktion mit dem Wurzelexponenten $n = 3$.
Logarithmenfunktion 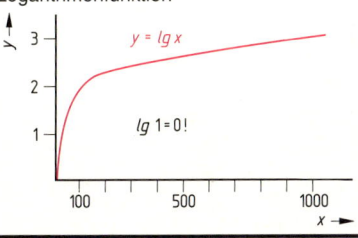	Allgemeine Funktionsgleichung: $y = \log_a x$ Für Verstärker wird das Verstärkungsmaß v in dB (Dezibel) angegeben. Das Verstäkungsmaß v ist das logarithmische Verhältnis der Ausgangs- zur Eingangsspannung des Verstärkers. Damit ist das Verstärkungsmaß eine logarithmische Funktion des Verstärkungsfaktors.

© Verlag Gehlen

22 Flächen

Flächenberechnungen

Formelzeichen

a, b, c, d	Kantenlänge	d	Diagonale	r_a	Außenradius	U	Umfang	d_m mittlerer
α, β, γ	Winkel	h	Höhe	r_i	Innenradius	A	Fläche	Durchmesser
n	Anzahl der Ecken	r	Radius	d	Durchmesser			U_m Umfang

Flächenform	Berechnungen	Flächenform	Berechnungen
Quadrat 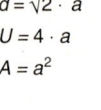	$d = \sqrt{2} \cdot a$ $U = 4 \cdot a$ $A = a^2$	Kreis 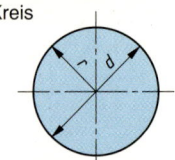	$d = 2 \cdot r$ $U = 2 \cdot \pi \cdot r$ $U = \pi \cdot d$ $A = \pi \cdot r^2$ $A = \dfrac{\pi \cdot d^2}{4}$
Rechteck 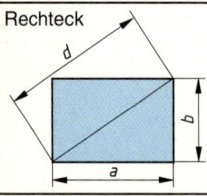	$d = \sqrt{a^2 + b^2}$ $U = 2 \cdot (a+b)$ $A = a \cdot b$	Kreisring 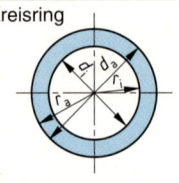	$d_m = \dfrac{d_i + d_a}{2}$ $U_m = \pi \cdot d_m$ $A = \pi \cdot (r_a^2 - r_i^2)$ $A = \dfrac{\pi}{4} \cdot (d_a^2 - d_i^2)$
Raute (Rhombus) 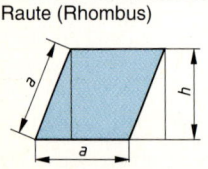	$U = 4 \cdot a$ $A = a \cdot h$ • Alle Kanten sind gleich lang. • Gegenüberliegende Kanten sind parallel.	Kreissektor 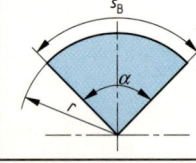	$s_B = \dfrac{\pi \cdot r \cdot \alpha}{180°}$ $A = \dfrac{s_B \cdot r}{2}$ s_B Bogenstrecke
Parallelogramm 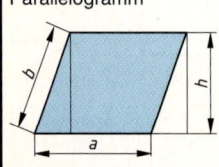	$U = 2 \cdot (a + b)$ $A = a \cdot h$ • Gegenüberliegende Kanten sind parallel. • Diagonal gegenüberliegende Ecken haben gleiche Winkel.	Kreissegment 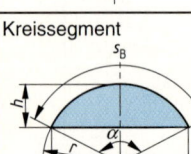	$s_B = \dfrac{\pi \cdot r \cdot \alpha}{180°}$ $A = \dfrac{s_B \cdot r - s_s \cdot (r - h)}{2}$ s_B Bogenstrecke s_s Sehnenstrecke
Trapez 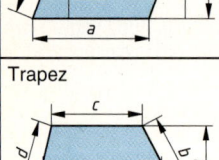	$m = \dfrac{a + c}{2}$ $U = a + b + c + d$ $A = m \cdot h$ • Zwei Kanten sind immer parallel.	Ellipse 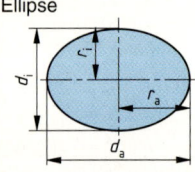	$U = \pi \cdot \dfrac{r_a \cdot r_i}{2}$ $U = \pi \cdot \sqrt{2(r_a^2 + r_i^2)}$ $A = \dfrac{\pi \cdot r_a \cdot r_i}{4}$
Dreieck 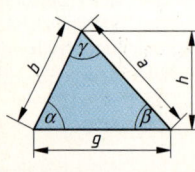	$U = a + b + g$ $A = \dfrac{g \cdot h}{2}$ $\alpha + \beta + \gamma = 180°$	Regelmäßiges n-Eck 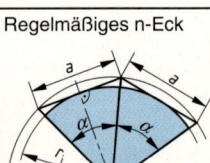	$r_i = \dfrac{\alpha}{2} \cdot \cot \dfrac{\alpha}{2}$ $r_a = \dfrac{a}{2 \cdot \sin \dfrac{\alpha}{2}}$ $U = n \cdot a$ $A = \dfrac{n \cdot a^2}{4} \cdot \cot \dfrac{\alpha}{2}$

© Verlag Gehlen

Körper

Körperberechnungen

Formelzeichen

a, b, c, d	Kantenlänge	r	Radius	A	Grundfläche	V	Volumen
d	Diagonale	d	Durchmesser	A_M	Mantelfläche		
h	Körperhöhe	s	Sehne	A_O	Oberfläche		

Körperform	Berechnungen	Körperform	Berechnungen
Würfel	$d = a \cdot \sqrt{3}$ $A = a^2$ $A_O = 6 \cdot a^2$ $V = a^3$	Hohlzylinder	$A = \dfrac{\pi}{4} \cdot (d_a^2 - d_i^2)$ $A_M = \pi \cdot h \cdot (d_a - d_i)$ $A_O = 2 \cdot A + A_M$ $V = \dfrac{\pi \cdot h}{4} \cdot (d_a^2 - d_i^2)$
Prisma	$d = \sqrt{a^2 + b^2 + h^2}$ $A = a \cdot b$ $A_O = 2 \cdot (ab + ah + bh)$ $V = A \cdot h$ $V = a \cdot b \cdot h$	Kegel	$A = \dfrac{\pi \cdot d^2}{4}$ $A_M = \dfrac{\pi \cdot d}{2} \cdot \sqrt{\dfrac{d^2}{4} + h^2}$ $V = \dfrac{\pi \cdot d^2 \cdot h}{12}$
Pyramide	$A = a \cdot b$ $A_M = a \cdot \sqrt{h^2 + \dfrac{b^2}{4}}$ $\qquad + b \cdot \sqrt{h^2 + \dfrac{a^2}{4}}$ $V = \dfrac{a \cdot b \cdot h}{3}$	Kegelstumpf	$s_H = \sqrt{h^2 + \left(\dfrac{d_a}{2} + \dfrac{d_i}{2}\right)^2}$ $A_M = \dfrac{\pi \cdot s_H}{2} \cdot (d_a + d_i)$ $V = \dfrac{\pi \cdot h}{12} \cdot (d_a^2 + d_i^2 + d_a \cdot d_i)$ s_H Höhe des Mantels
Pyramidenstumpf	$V = \dfrac{h}{3} \cdot (ab + cd + \sqrt{abcd})$	Kugel	$A_O = \pi \cdot d^2$ $V = \dfrac{4}{3} \pi \cdot \left(\dfrac{d}{2}\right)^3$ $V = \dfrac{\pi \cdot d^3}{6}$
Zylinder	$A = \dfrac{\pi \cdot d^2}{4}$ $A_M = \pi \cdot d \cdot h$ $A_O = 2 \cdot A + A_M$ $V = A \cdot h$ $A = \dfrac{\pi \cdot d^2 \cdot h}{4}$	Kugelsegment	$s = \sqrt{\dfrac{d^2}{4} - \left(\dfrac{d}{2} - h\right)^2}$ $A_O = \pi \cdot \dfrac{d}{2} \cdot (2 \cdot h + s)$ $V = \pi \cdot h^2 \cdot \left(\dfrac{d}{2} - \dfrac{h}{3}\right)$

© Verlag Gehlen

Physikalische Größen der Bewegungslehre

Translation (geradlinige Bewegung)

Begriff, Diagramm	Formeln
geradlinige Bewegung	$v = \dfrac{\Delta s}{\Delta t}$; $v = \dfrac{s_2 - s_1}{t_2 - t_1}$ $a = \dfrac{\Delta v}{\Delta t}$; $a = \dfrac{v_2 - v_1}{t_2 - t_1}$
	s Strecke in m v Geschwindigkeit in m/s a Beschleunigung in m/s² t Zeit in s Umrechnung: 1 m/s = 3,6 km/h
gleichförmige Bewegung	$s = v \cdot t$ $v = \dfrac{s}{t}$
gleichmäßig beschleunigte Bewegung aus der Ruhe	$s = \dfrac{a \cdot t^2}{2} = \dfrac{v \cdot t}{2}$ $v = a \cdot t$ $a = \dfrac{v}{t}$
	Der Freie Fall ist ein Sonderfall der gleichmäßig beschleunigten Bewegung. Hierfür gilt: $a = g$ und $s = h$ g Fallbeschleunigung $g = 9{,}81$ m/s² h Fallhöhe in m
gleichmäßig beschleunigte Bewegung mit Anfangsgeschwindigkeit	$s = v_1 \cdot t + \dfrac{a \cdot t^2}{2} = \dfrac{v_1 + v_2}{t} \cdot t$ $v_2 = v_1 + a \cdot t$ $a = \dfrac{v_2 - v_1}{t}$
	$a > 0$, wenn $v_2 > v_1$ Es handelt sich um eine gleichmäßig positiv beschleunigte Bewegung.
	$a < 0$, wenn $v_2 < v_1$ Es handelt sich um eine gleichmäßig negativ beschleunigte oder gleichmäßig verzögerte Bewegung.

Rotation (kreisförmige Bewegung)

Begriff, Diagramm	Formeln
kreisförmige Bewegung	$\omega = \dfrac{\Delta \varphi}{\Delta t}$; $\omega = \dfrac{\varphi_2 - \varphi_1}{t_2 - t_1}$ $\alpha = \dfrac{\Delta \omega}{\Delta t}$; $\alpha = \dfrac{\omega_2 - \omega_1}{t_2 - t_1}$ $v = r \cdot \omega$
	φ Drehwinkel in rad ω Winkelgeschwindigkeit in 1/s (rad/s) a Winkelbeschleunigung in 1/s² (rad/s²) v Bahngeschwindigkeit in m/s r Bahnradius in m
gleichförm. Drehbewegung	$\alpha = \dfrac{\varphi}{t} = 2 \cdot \pi \cdot n$ $v = r \cdot \omega$ $n = \dfrac{1}{T}$
	n Drehzahl in 1/s T Umlaufzeit in s
gleichmäßig beschleunigte Drehbewegung aus der Ruhe	$\varphi = \dfrac{\alpha \cdot t^2}{2} = \dfrac{\omega \cdot t}{2}$ $\omega = \alpha \cdot t$; $\omega = \dfrac{\varphi}{t}$ $v = r \cdot \alpha \cdot t = r \cdot \omega$
Kräfte und Beschleunigung	$F_z = m \cdot r \cdot \omega^2 = \dfrac{m \cdot v^2}{r}$ $F_r = F_z$ $a_r = \dfrac{v^2}{r} = \omega^2 \cdot r$
	F_z Zentrifugalkraft in N F_r Zentripedalkraft in N a_r Radialbeschleunigung in m/s²
	Die Zentripedalkraft F_r (Radialkraft) wirkt zum Drehpunkt hin und hält den Körper auf der Kreisbahn. Ihr wirkt die Zentrifugalkraft F_z (Fliehkraft) entgegen. Die Radialbeschleunigung a_r ergibt sich daraus, dass der Köper auf der Kreisbahn stets seine Geschwindigkeitsrichtung ändert.

© Verlag Gehlen

Masse · Kraft · Kräfteaddition **25**

Masse, Kraft und Gewichtskraft

Größe	Formel (-zeichen)	Erläuterungen
Masse	m Masse in kg	• **Die Masse ist eine ortsunabhängige Größe.** • Die Masse eines Körpers hat die beiden Eigenschaften Trägheit und Schwere. • Die **Trägheit** ist die Eigenschaft eines Körpers, seinen momentanen Bewegungszustand (geradlinige Bewegung mit konstanter Geschwindigkeit) beizubehalten. Der momentane Bewegungszustand ändert sich nur durch eine äußere Krafteinwirkung. • Die **Schwere** eines Körpers ist die gegenseitige Anziehung von Körpern (Gravitation).
Kraft	$F = m \cdot a$ F Kraft in N (Newton) $1\,\mathrm{N} = 1\,\mathrm{kg} \cdot 1\,\dfrac{\mathrm{m}}{\mathrm{s}^2}$	• Die Kraft ist eine Größe, die den Bewegungszustand eines Körpers (Zustand der Ruhe oder die geradlinige Bewegung mit konstanter Geschwindigkeit) verändert. Wird ein Körper beschleunigt (Geschwindigkeits- oder Richtungsänderung), so muss zur Überwindung der Trägheit eine Kraft auf den Körper wirken. • Die Kraft ist das Produkt aus Masse mal Beschleunigung.
Gewichts- kraft	$F_G = m \cdot g$ F_G Gewichtskraft in N g Fallbeschleunigung in m/s²	• **Die Gewichtskraft** (Schwere eines Körpers) **ist ortsabhängig.** • Die Gewichtskraft ist gleich der Schwere eines Körpers. Sie ist das Produkt aus der Masse eines Körpers mal der ortsabhängigen Fallbeschleunigung g

Vektoreigenschaft und Darstellung einer Kraft

Zeichnung	Erläuterungen
Angriffspunkt, $\vec{F}$, Pfeillänge $\hat{=} F$, Pfeilspitze $\hat{=}$ Richtungssinn, Wirkungslinie	• Der **Vektor** ist eine Größe, die durch den Betrag und die Richtung gekennzeichnet ist. • Die Kraft ist ein Vektor (gerichtete Größe); sie wird zeichnerisch als Pfeil dargestellt. • Eine Kraft ist durch ihren Betrag (entspricht der Pfeillänge), ihren Richtungssinn (entspricht der Pfeilspitze) und ihre Wirkungslinie (entspricht der Pfeillinie) bestimmt. • $\vec{F}$ ist die Vektorschreibweise der Kraft (Betrag und Richtung). • F ist die Schreibweise für den Betrag der Kraft (ohne Richtungsangabe). • Der Angriffspunkt der Kraft kann entlang der Wirkungslinie verschoben werden, ohne dass sich die Wirkung der Kraft ändert. • Die Gewichtskraft ist immer lotrecht auf den Massenmittelpunkt der Erde gerichtet.

Addition von Kräften

Begriff, Zeichnung	Formeln	Erläuterungen
Gemeinsame Wirkungslinie $a = 0°$ F_1, F_R, F_2	$F_R = F_1 + F_2$	• Kräfte, die auf einer gemeinsamen Wirkungslinie wirken, können **arithmetisch addiert** werden.
$a = 180°$ F_1, F_2, F_R	$F_R = F_2 - F_1$	• Die nach rechts wirkenden Kräfte werden positiv und die nach links wirkenden negativ gezählt.
Verschiedene Wirkungslinien F_1, α, F_2	$F_R = \sqrt{F_1^2 + F_2^2 + 2 \cdot F_1 \cdot F_2 \cdot \cos \alpha}$ F_1, F_2 Kräfte in N F_R resultierende Kraft in N a Winkel zwischen F_1 und F_2	• Kräfte, die auf keiner gemeinsamen Wirkungslinie wirken, müssen **geometrisch addiert** werden. Das heißt, Addition unter Berücksichtigung der Richtungen.

© Verlag Gehlen

Arbeit · Energie · Energieerhaltungssatz

Arbeit, Arbeitsarten

Arbeitsart	Formeln	Erläuterungen
Arbeit, allgemein (Definition)	$W = F_s \cdot s$ W Arbeit in Nm F_s Kraft in Wegrichtung in N s Weg in m 1 Nm = 1 J (Joule) 1 Nm = 1 Ws (Wattsekunde)	• Arbeit wird verrichtet, wenn eine Kraft F_s (Kraft in Wegrichtung) einen Körper entlang des Weges s verschiebt. • Die Kraft F_s und der Weg s sind gleichgerichtet (parallel).
Hubarbeit	$W_H = F_s \cdot h$; $F_s = F_G$ $W_H = m \cdot g \cdot h$ W_H Hubarbeit in Nm F_G Gewichtskraft in N m Masse in kg g Erdbeschleunigung in m/s² h Höhe in m	• Hubarbeit wird verrichtet, wenn ein Körper, entgegen der Erdanziehung, angehoben wird. • Die zu verrichtende Hubarbeit ist unabhängig von dem tatsächlich zurückgelegten Weg.
Beschleunigungsarbeit	$W_a = \frac{1}{2} \cdot m \cdot (v_2^2 - v_1^2)$ W_a Beschleunigungsarbeit in Nm m Masse in kg v_1 Anfangsgeschwindigkeit in m/s v_2 Endgeschwindigkeit in m/s	• Beschleunigungsarbeit ist die Arbeit, die zur Überwindung der Trägheit eines Körpers verrichtet werden muss. • Die Beschleunigungsarbeit ist **unabhängig** von der Beschleunigungszeit.

Energiearten

Energieart	Formeln	Erläuterungen
Potentielle Energie (Lageenergie)	$E_{pot} = m \cdot g \cdot h$ E_{pot} potentielle Energie in Nm m Masse in kg g Erdbeschleunigung in m/s² h Höhe, bezogen auf das Nullpotential in m	• Wird ein Körper angehoben, so wird die verrichtete Hubarbeit als potentielle Energie gespeichert. • Die potentielle Energie ist gleich der gespeicherten Hubarbeit. • Die potentielle Energie bezieht sich auf das Nullpotential.
Kinetische Energie (Bewegungsenergie)	$E_{kin} = \frac{1}{2} \cdot m \cdot v^2$ E_{kin} kinetische Energie in Nm m Masse in kg v Momentangeschwindigkeit in m/s	• Die verrichtete Beschleunigungsarbeit wird als kinetische Energie gespeichert. • Die kinetische Energie ist gleich der verrichteten Beschleunigungsarbeit.

Energieerhaltungssatz

Zeichnung	Formeln	Erläuterungen
$v_1 = 0$ $E = E_{pot1} = m \cdot g \cdot h_1$ $E = E_{pot2} + E_{kin2}$ $E = m \cdot g \cdot h_2 + \frac{1}{2} m \cdot v_2^2$ Nullpotential $E = E_{kin3} = \frac{1}{2} m \cdot v_3^2$	$E = E_{pot} + E_{kin} + E_v =$ konstant E Gesamtenergie in Nm E_{pot} potentielle Energie in Nm E_{kin} kinetische Energie in Nm E_v „Verlustenergie" in Nm Arbeits- und Energieeinheiten 1 Nm = 1 J = 1 Ws 1 kWh = 3 600 000 Ws J Joule Ws Wattsekunde kWh Kilowattstunde	• Wird Energie umgewandelt, so ist die Gesamtenergie des Systems zu jedem Zeitpunkt und an jedem Ort gleich groß. • Da bei jeder Umwandlung ein „Verlust" auftritt, muss die „Verlustenergie" bei der Energiebilanz berücksichtigt werden. • Die „Verlustenergie" wird meistens in Reibungsarbeit umgewandelt.

© Verlag Gehlen

Leistung · Wirkungsgrad **27**

Leistung

Begriff, Zeichnung	Formeln	Erläuterungen
Leistung allgemein	$P = \dfrac{W}{t}$; $W = m \cdot g \cdot h$; $t = t_2 - t_1$ $P = F_s \cdot v$	• Die Leistung ist umgekehrt proportional zur Zeit, das heißt, bei weniger Zeit wird die Leistung größer.
	P Leistung in W W verrichtete Arbeit in Nm t benötigte Zeit in s F_s Kraft in Wegrichtung in N v Geschwindigkeit in m/s	• Die Leistung ist proportional zur Geschwindigkeit, wenn ein Körper mit konstanter Kraft bewegt wird.
	1 PS = 736 W; 1 PS = 0,736 kW 1 kW = 1,36 PS	• Die alte Einheit PS (Pferdestärke) wird noch häufig verwendet.

Wirkungsgrad

Begriff, Zeichnung	Formeln	Erläuterungen
Einzelwirkungsgrad	$\eta = \dfrac{W_{ab}}{W_{zu}}$; $\eta = \dfrac{W_{ab}}{W_{zu}} \cdot 100\,\%$ $\eta = \dfrac{P_{ab}}{P_{zu}}$; $\eta = \dfrac{P_{ab}}{P_{zu}} \cdot 100\,\%$ $W_v = W_{zu} - W_{ab}$ $P_v = P_{zu} - P_{ab}$	• Der Wirkungsgrad gibt an, wie viel von der zugeführten Arbeit in die abgegebene Arbeit umgewandelt wird. • Bei großem Wirkungsgrad sind die Verluste gering. • Da die zugeführte und abgegebene Arbeit in derselben Zeit verrichtet werden, kann der Wirkungsgrad auch aus den Leistungen berechnet werden
	η Wirkungsgrad keine Einheit (Angabe auch in %) W_{zu} zugeführte Arbeit in Nm W_{ab} abgegebene Arbeit in Nm W_v Verlustarbeit in Nm P_{zu} zugeführte Leistung in W P_{ab} abgegebene Leistung in W P_v Verlustleistung in W	• Da bei jeder Wandlung ein Verlust auftritt, gilt für den Wirkungsgrad: $\eta < 1$ oder $\eta < 100\,\%$
Gesamtwirkungsgrad	$\eta = \eta_1 \cdot \eta_2 \cdot \ldots \cdot \eta_n$ $\eta = \dfrac{W_{abn}}{W_{zu1}}$; $\eta = \dfrac{P_{abn}}{P_{zu1}}$	• Bei der Reihenschaltung von Einzelwandlern ist die zugeführte Arbeit/Leistung des nachfolgenden Wandlers gleich der abgegebenen Arbeit/Leistung des vorhergehenden Wandlers. • Der Wandler mit dem kleinsten Wirkungsgrad bestimmt wesentlich den Gesamtwirkungsgrad. • Zur Beurteilung der Verluste und damit der Wirtschaftlichkeit eines Wandlersystems ist der Gesamtwirkungsgrad wichtiger als die Einzelwirkungsgrade.
	η Gesamtwirkungsgrad ohne Einheit (Angabe auch in %) n Anzahl der in Reihe geschalteten Wandler W_{abn} abgegebene Arbeit des letzten Wandlers in Nm W_{zu1} zugeführte Arbeit des ersten Wandlers in Nm P_{abn} abgegebene Leistung des letzten Wandlers in W P_{zu1} zugeführte Leistung des ersten Wandlers in W W_{vi} Verlustarbeit des Einzelwandlers in Nm	

© Verlag Gehlen

Druck

Darstellung	Formeln	Erläuterungen
	$p = \dfrac{F}{A}$ hydrostatischer Druck: $p = \varrho \cdot g \cdot h$ $1 \dfrac{N}{m^2} = 1\,Pa$; $1\,Pa = 10^{-5}\,bar$ p Druck in Pa (Pascal) F Kraft in N A Fläche in m^2 ϱ Dichte in kg/m^3 g Erdbeschleunigung in m/s^2 h Säulenhöhe in m	• Der Druck ist die Kraft, die verteilt auf die Fläche, je Flächeneinheit wirkt. Wird die Fläche größer, wird der Druck kleiner. • Der von einer Flüssigkeitssäule auf den Boden ausgeübte Druck ist unabhängig von der Gefäßform und dem Querschnitt des Gefäßes.

Temperaturskalen

Temperaturskalen	Formeln zur Umrechnung	Erläuterungen

Kelvin   Celsius   Fahrenheit
 T in K ϑ_C in °C ϑ_F in °F
 	
 373   100   212
 273   0   32
 	
 0   −273   −459,7
	$T = \vartheta_C \cdot \dfrac{K}{°C} + 273\,K$; $\vartheta_C = (T - 273\,K) \cdot \dfrac{°C}{K}$
	
	 $\vartheta_F = \dfrac{9\,°F}{5\,°C} \cdot \vartheta_C + 32\,°F$; $\vartheta_C = (\vartheta_F - 32\,°F) \cdot \dfrac{5\,°C}{9\,°F}$
	
	 T absolute Temperatur in K (Kelvin)
	 T_0 absoluter Nullpunkt
	     $T_0 = 0\,K = -273{,}15\,°C$
	 ϑ_C Temperatur in °C (Grad Celsius)
	 ϑ_{C0} Normaltemperatur
	     $\vartheta_{C0} = 0\,°C$
	 ϑ_F Temperatur in °F (Grad Fahrenheit)
		• Die absolute Temperatur (Kelvin-Temperatur oder thermodynamische Temperatur) bezieht sich auf die Bewegung der Atome und Moleküle. Bei 0 K gibt es keine Bewegung mehr.
		 • Die Celsiusskala bezieht sich auf den Gefrierpunkt 0 °C und den Siedepunkt 100 °C des Wassers bei Normalluftdruck 1013 hPa.

Ausdehnung von Körpern durch Erwärmung

Längenausdehnung	Formeln	Volumenausdehnung	Formeln
ϑ_0 l_0 Δl ϑ l_ϑ Wenn die Länge im Vergleich zum Durchmesser des Körpers sehr groß ist, dann wird nur die Längenausdehnung betrachtet.	$\Delta l = l_0 \cdot \alpha_L \cdot \Delta\vartheta$ $l_\vartheta = l_0 + \Delta l$ $l_\vartheta = l_0 \cdot (1 + \alpha_L \cdot \Delta\vartheta)$ l_0 Länge bei der Bezugstemperatur ϑ_0 in m Δl Längenänderung in m l_ϑ Länge bei der Temperatur ϑ in m $\Delta\vartheta$ Temperaturänderung in K α_L Längenausdehnungskoeffizient in 1/K	ϑ_0 V_0 ϑ V_ϑ angenähert gilt: $\alpha_V \approx 3 \cdot \alpha_L$	$\Delta V = V_0 \cdot \alpha_V \cdot \Delta\vartheta$ $V_\vartheta = V_0 + \Delta V$ $V_\vartheta = V_0 \cdot (1 + \alpha_V \cdot \Delta\vartheta)$ V_0 Volumen bei der Bezugstemperatur ϑ_0 in m^3 ΔV Volumenänderung in m^3 V_ϑ Volumen bei der Temperatur ϑ in m^3 $\Delta\vartheta$ Temperaturänderung in K α_V Volumenausdehnungskoeffizient in 1/K

Wärmemenge und Wärmekapazität   Wärmewiderstand

Wärmemenge	Formeln	Wärmewiderstand	Formeln
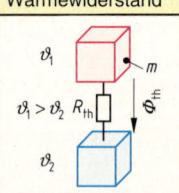	$Q = m \cdot c \cdot \Delta\vartheta$ $Q = C_{th} \cdot \Delta\vartheta$ Q Wärmemenge in J (Joule) m Masse in kg c spezifische Wärmekapazität in $kJ/(kg \cdot K)$ C_{th} Wärmekapazität in kJ/K	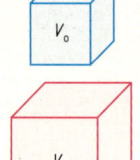 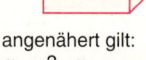	$R_{th} = \dfrac{\Delta\vartheta}{\Phi_{th}}$; $R_{th} = \dfrac{\Delta\vartheta}{P_V}$ R_{th} thermischer Wärmewiderstand in W/K Φ_{th} Wärmestrom in W P_V Verlustleistung in W

© Verlag Gehlen

Schall · Schallgrößen · Lautstärkepegeldiagramm

Schall

Schalldruckdiagramm	Größen	Erläuterung
(Diagramm: Verdichtung, Verdünnung, Verdichtung; p_0, Δp, λ, Entfernung)	p effekt. Schalldruck in Pa p_0 Normalluftdruck 1013 hPa Δp Schalldruckänderung in Pa	In einem Medium (meistens Luft) kommt es durch die Teilchenbewegung zu Verdichtungen (höherem Druck) und Verdünnungen (niedrigerem Druck). Die Druckänderungen breiten sich longitudinal (längs) als harmonische Welle im Raum aus.

Schallgrößen

Schallgröße	Formeln	Schallgröße	Formeln
Schallgeschwindigkeit	$c = f \cdot \lambda$ c Schallgeschwindigkeit in m/s f Schallfrequenz in Hz λ Wellenlänge in m	Schallintensität (früher Schallstärke)	$I = \dfrac{P}{A}$ I Schallintensität in W/m² P Schallleistung in W A Fläche in m²
Schalldruckpegel	$L_p = 20\ \text{dB} \cdot \lg \dfrac{p}{p_0}$ L_p Schalldruckpegel in dB p effekt. Schalldruck in Pa p_0 Bezugsschalldruck $p_0 = 2 \cdot 10^{-5}$ Pa $= 20$ µPa	Schallintensitätspegel	$L_I = 10\ \text{dB} \cdot \lg \dfrac{I}{I_0}$ L_I Schallintensitätspegel in dB I effekt. Schallintensität in W/m² I_0 Bezugsschallintensität $J_0 = 10^{-12}$ W/m²
Schallleistung	$P = \dfrac{E}{t}$ P Schallleistung in W E Schallenergie in J t Zeit in s	Lautstärkepegel	$L_N = 20 \cdot \lg \dfrac{p}{p_0}$ phon L_N Lautstärkepegel in phon p effekt. Schalldruck in Pa p_0 Bezugsschalldruck 20 µPa

Lautstärkepegelkurven für Sinustöne

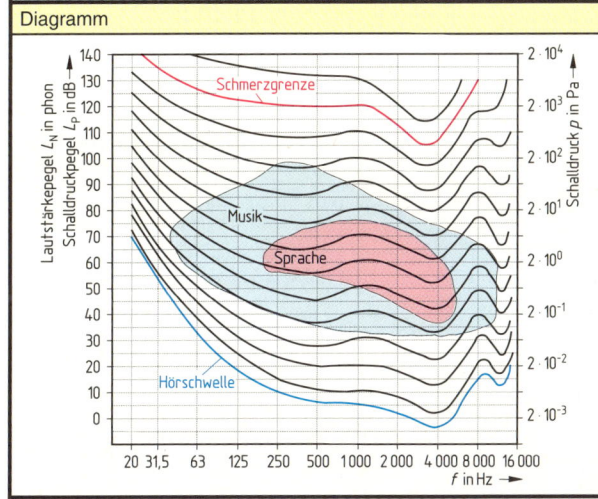

Erläuterungen

- Hörschwelle, Schmerzgrenze und Kurven gleicher Lautstärkepegel für Sinustöne im freien Schallfeld entsprechen Tönen, die von gehörmäßig normalempfindenden Personen mit gleicher Lautstärke wahrgenommen werden.
- Die Lautstärke eines Schalls wird durch Hörvergleiche mit dem Normalschall ermittelt. Der Normalschall ist eine ebene fortschreitende Schallwelle von 1000 Hz, die von vorn auf den Kopf des Hörers auftrifft.
- Der Lautstärkepegel hat den Wert 0 phon, wenn der effektive Schalldruck p gleich dem Bezugsschalldruck p_0 ist.

© Verlag Gehlen

Größen und Einheiten der Optik

Licht- und Strahlungsgrößen der Optik

Größen, Zeichnungen	Formeln	
	Licht	Strahlung
Lichtmenge, Strahlungsenergie Quelle $\Phi_v = 1$ lm $\Phi_e = 1$ W, $t = 1$ s $Q_v = 1$ lm·s $Q_e = 1$ Ws	$Q_v = \Phi_v \cdot t$; $\Phi_v = \dfrac{Q_v}{t}$ Q_v Lichtmenge in lm·s Φ_v Lichtstrom in lm t Zeit in s	$Q_e = \Phi_e \cdot t$; $\Phi_e = \dfrac{Q_e}{t}$ Q_e Strahlungsenergie in J oder Ws Φ_e Strahlungsleistung in W t Zeit in s
Lichtstrom, Strahlungsleistung Quelle, $\Omega = 1$ sr, $r = 1$ m, $A = 1$ m² $I_v = 1$ cd $I_e = 1$ W/sr $\Phi_v = 1$ lm $\Phi_e = 1$ W	$I_v = \dfrac{\Phi_v}{\Omega}$ I_v Lichtstärke in cd Φ_v Lichtstrom in lm Ω Raumwinkel in sr	$I_e = \dfrac{\Phi_e}{\Omega}$ I_e Strahlstärke in W/sr Φ_e Strahlungsleistung in W Ω Raumwinkel in sr
	$L_v = \dfrac{\Phi_v}{\Omega \cdot A \cdot \cos\varepsilon}$ L_v Leuchtdichte in cd/m² (früher Luminanz) Φ_v Lichtstrom in lm Ω Raumwinkel in sr A Fläche in m² ε Flächenwinkel in °	$L_e = \dfrac{\Phi_e}{\Omega \cdot A \cdot \cos\varepsilon}$ L_e Strahldichte oder Energieflussdichte in W/(sr·m²) Φ_e Strahlungsleistung in W Ω Raumwinkel in sr A Fläche in m² ε Flächenwinkel in °
Beleuchtungsstärke, Strahlungsstärke Quelle, $\Omega = 1$ sr, $A = 1$ m², $r_1 = 1$ m, $r_2 = 2$ m, $A_2 = 4$ m² $I_v = 1$ cd $I_e = 1$ W/sr $E_{v1} = 1$ lx, $E_{v2} = \tfrac{1}{4}$ lx $E_{e1} = 1$ W, $E_{e2} = \tfrac{1}{4}$ W	$M_v = \dfrac{\Phi_v}{A}$; $E_v = \dfrac{\Phi_v}{A}$ M_v spezifische Lichtausstrahlung in lx E_v Beleuchtungsstärke in lx A Fläche in m²	$M_e = \dfrac{\Phi_e}{A}$; $E_e = \dfrac{\Phi_e}{A}$ M_e spezifische Ausstrahlung in W/m² E_e Bestrahlungsstärke in W/m² A Fläche in m²
Belichtung, Bestrahlung Quelle, beleuchtete/bestrahlte Fläche $E_v = 1$ lx $E_e = 1$ W/m², $t = 1$ s $H_v = 1$ lx·s $H_e = 1$ Ws/m²	$H_v = E_v \cdot t$ H_v Belichtung in lx·s E_v Beleuchtungsstärke in lx t Zeit in s	$H_e = E_e \cdot t$ H_e Bestrahlung in W·s/m² E_e Bestrahlungsstärke in W/m² t Zeit in s

Allgemeine Erläuterungen

- Der Index des Formelzeichens ist ein **v** (visuell) für Lichtgrößen und ein **e** (energetisch) für Strahlungsgrößen.
- Da die Quelle immer als punktförmig angenommen wird und die Ausbreitung des Lichtes und der Strahlung kubisch erfolgt, ist zur Berechnung der Raumwinkel Ω einzusetzen.
- Der Raumwinkel ist der Winkel eines kegel- oder pyramidenförmigen Ausschnitts aus der Einheitskugel mit dem Radius 1 m.
- Der Winkel ε ist der eingeschlossene Winkel zwischen der Licht-/Strahlungs-Hauptachse und der Hauptbetrachtungsachse.

Einheiten-Umrechnungen

1 cd (Candela) ist die Basiseinheit der Lichtstärke.

$1 \text{ cd} = \dfrac{1}{683} \cdot \dfrac{W}{sr}$ für $f = 0{,}54 \cdot 10^{15}$ Hz

$1 \text{ sr} = \dfrac{1 \text{ m}^2}{1 \text{ m}^2}$ (sr: Steradiant)

$1 \text{ lm} = 1 \text{ cd} \cdot 1 \text{ sr}$ (lm: Lumen)

$1 \text{ lx} = \dfrac{1 \text{ lm}}{1 \text{ m}^2}$ (lx: Lux)

© Verlag Gohlen

Lichtwellen · Lichtwellenbrechung · Lichtmessung

Lichtwellen

Lichtspektrum	Lichtart, Spektralfarbe	Wellenlänge λ in nm [1]	Frequenz f in 10^{14} Hz [1]
	UV-Licht (ultraviolettes)	100 ... 380	30,00 ... 7,89
	UV-C Licht	100 ... 280	30,00 ... 10,71
	UV-B Licht	280 ... 315	10,71 ... 9,52
	UV-A Licht	315 ... 380	9,52 ... 7,89
	sichtbares Licht	380 ... 780	7,89 ... 3,85
	Violett	380 ... 450	7,89 ... 6,67
	Blau	450 ... 510	6,67 ... 5,88
	Grün	510 ... 560	5,88 ... 5,60
	Gelb	560 ... 600	5,60 ... 5,00
	Orange	600 ... 630	5,00 ... 4,76
	Rot	630 ... 780	4,76 ... 3,85
	IR-Licht (infrarotes)	780 nm ... 1 mm	3,85 ... 0,003
	IR-A Licht	780 nm ... 1,4 μm	3,85 ... 2,14
	IR-B Licht	1,4 μm ... 3,0 μm	2,14 ... 1,00
	IR-C Licht	3,0 μm ... 1 mm	1,00 ... 0,003

[1] Die Wellenlängen und die Frequenzen beziehen sich auf die Lichtgeschwindigkeit im Vakuum $c_0 = 2,99792458 \cdot 10^8$ m/s ($\approx 300\,000$ km/s).

Lichtbrechung

Begriff, Zeichnung	Formeln	Erläuterungen
optisch dünneres Medium n_1 / optisch dichteres Medium n_2; eintretender Strahl; gebrochener Strahl ($\approx 95\%$); reflektierter Strahl ($\approx 5\%$); ε_1 kleiner als der Grenzwinkel. Luft: $n_1 = 1$, $\lambda_1 = 600$ nm, $f_1 = 5 \cdot 10^{14}$ Hz. Glas: $n_2 = 2$, $\lambda_2 = 300$ nm, $f_2 = 5 \cdot 10^{14}$ Hz. Luft: $n_1 = 1$, $\lambda_1 = 600$ nm, $f_1 = 5 \cdot 10^{14}$ Hz. Ausbreitungsrichtung →	**Brechungsgesetz** $$\frac{\sin \varepsilon_2}{\sin \varepsilon_1} = \frac{c_2}{c_1} \ ; \ \frac{c_2}{c_1} \cdot \frac{c_0}{c_0} = \frac{n_1}{n_2}$$ $$n_1 = \frac{c_0}{c_1} \ ; \ n_2 = \frac{c_0}{c_2}$$ c_0 Lichtgeschwindigkeit im Vakuum in m/s; c_1 Lichtgeschwindigkeit im Medium 1 in m/s; c_2 Lichtgeschwindigkeit im Medium 2 in m/s; ε_1 Winkel des eintretenden Strahls in °; ε_2 Winkel des gebrochenen Strahls in °; n_1 Brechzahl für Medium 1; n_2 Brechzahl für Medium 2	• An der Grenzfläche von zwei Medien mit unterschiedlicher optischer Dichte wird Licht gebrochen. • Die optische Dichte eines Mediums ist von der Brechzahl abhängig. • Je größer die optische Dichte eines Mediums, desto kleiner ist die Ausbreitungsgeschwindigkeit des Lichtes in dem Medium. • Die Brechzahl ist neben dem Material des Mediums auch von der Farbe des Lichtes abhängig. Diese Tatsache wird als **Dispersion des Lichtes** bezeichnet. • Die Frequenz eines Lichtes ändert sich beim Übergang in ein anderes Medium nicht. • Die Wellenlänge eines Lichtes ist im optisch dichteren Medium kleiner.

Strahlungs- und Lichtmesstechnik

Spektrale Empfindlichkeit von Halbleiterdetektoren	Erläuterungen
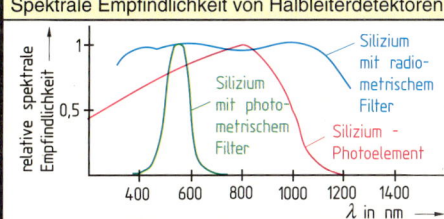	• Größen der Strahlungs- und Lichttechnik werden mit optisch-elektrischen Wandlern gemessen. • Die Empfindlichkeit der meisten Sensoren hängt stark von der Einfallsrichtung und der Wellenlänge der empfangenen Strahlung ab. • Lediglich Thermosäulen messen über einen großen Wellenlägenbereich (200 nm bis 4000 nm) etwa gleich.

© Verlag Gehlen

Grundbegriffe der Atome

Bohrsches Atommodell

Elementarteilchen

Benennung	elektrische Ladung in C	Masse in kg
p Proton	$1{,}6022 \cdot 10^{-19}$	$1{,}6726 \cdot 10^{-27}$
n Neutron	keine	$1{,}6752 \cdot 10^{-27}$
e Elektron	$-1{,}6022 \cdot 10^{-19}$	$9{,}1094 \cdot 10^{-31}$

- Nukleonen sind die Elementarteilchen (Protonen und Neutronen) des Atomkerns.
- K bis Q sind die Schalen oder Bahnen, auf denen sich die Elektronen bewegen. Jede Schale kann nur eine bestimmte Anzahl von Elektronen aufnehmen.
- Die Energie eines Elektrons ist von der Schale, auf dem es sich befindet, abhängig.

Erläuterungen

- Atom ist das kleinste, chemisch nicht weiter zerlegbare Teilchen eines Stoffes.
- Atome bestehen aus dem Atomkern und der Atomhülle.
- Atomkerne bestehen aus den Nukleonen.
- Nukleonen sind positiv geladene Protonen und elektrisch neutrale Neutronen.
- Atomhülle ist der Raum, in dem sich die negativ geladenen Elektronen auf Bahnen bewegen.
- **Kernladungszahl Z** ist gleich der Protonzahl oder auch **Ordnungszahl** des chemischen Elements.
- **Nukleonenzahl A** (Massenzahl) ist die Summe aus Protonzahl und **Neutronenzahl N**.
- Elektronenzahl ist bei jedem Atom im Normalzustand gleich der Protonenzahl.
- Atome sind im Normalzustand nach außen elektrisch neutral.
- Die relative Atommasse A ist die Atommasse eines Atoms in atomaren Masseneinheiten.
- Die atomare Masseneinheit u ist 1/12 der Masse des Kohlenstoffisotops $^{12}_{6}C$; 1 u = $1{,}660277 \cdot 10^{-27}$ kg.

Kennzeichnung von Atomen

Zur eindeutigen Kennzeichnung gehören:
- Kurzzeichen (E) des chemischen Elements,
- Nukleonenzahl A (Massenzahl) und
- Protonenzahl Z (Ordnungszahl).

   $^{A}_{Z}E$

Begriff, Zeichnung	Erläuterungen
Isotope (Beispiel Wasserstoff-Isotope) p Proton n Neutron e Elektron $^{1}_{1}H$ Wasserstoff $^{2}_{1}D$ Deuterium $^{3}_{1}D$ Tritium	- Isotope sind Atome ein und desselben chemischen Elements, aber mit unterschiedlicher Neutronenzahl. - Elemente haben mehrere Isotope. Die im Periodensystem angegebene relative Atommasse ist ein Durchschnittswert. - Der Wasserstoff hat drei Isotope: $^{1}_{1}H$ Hydrogenium Wasserstoff $^{2}_{1}H = ^{2}_{1}D$ Deuterium schwerer Wasserstoff $^{3}_{1}H = ^{3}_{1}T$ Tritium superschwerer Wasserstoff - Im natürlichen Wasser ist das Deuterium zu etwa 0,005 % enthalten. Das Tritium wird künstlich hergestellt und in der Atomtechnik verwendet.
Ion Elektronenabgabe Elektronenaufnahme positives Ion negatives Ion	- Ion ist ein Atom oder Molekül, dass nach außen nicht mehr ladungsneutral ist. - Protonen- und Elektronenzahl sind ungleich. - Elektronen können die Atomhülle verlassen, oder zusätzlich in die Atomhülle aufgenommen werden. - Positives Ion bedeutet Elektronenmangel. - Negatives Ion bedeutet Elektronenüberschuss.

Chemische Elemente **33**

Chemische Elemente des Periodensystems

Element	Kurz-zeichen	Ordnungs-zahl	relative Atom-masse	Element	Kurz-zeichen	Ordnungs-zahl	relative Atom-masse
Actinium [1]	Ac	89	(227)	Mandelevium [1]	Md	101	(256)
Aluminium	Al	13	26,982	Molybdän	Mo	42	95,94
Americium [1]	Am	95	(243)	Natrium	Na	11	22,99
Antimon	Sb	51	121,75	Neodym	Nd	60	144,24
Argon	Ar	18	39,948	Neon	Ne	10	20,183
Arsen	As	33	74,922	Neptunium [1]	Np	93	(237)
Astat [1]	At	85	(210)	Nickel	Ni	28	58,71
Barium	Ba	56	137,34	Niob	Nb	41	92,906
Beryllium	Be	4	9,012	Nobelium [1]	No	102	(253)
Berkelium [1]	Bk	97	(247)	Osmium	Os	76	190,2
Bismut (Wismut)	Bi	83	208,98	Palladium	Pd	46	106,4
Blei	Pb	82	207,19	Phosphor	P	15	30,974
Bor	B	5	10,811	Platin	Pt	78	195,09
Brom	Br	35	79,909	Plutonium [1]	Pu	94	(242)
Cadmium	Cd	48	112,40	Polonium [1]	Po	84	(209)
Caesium	Cs	55	132,905	Praseodym	Pr	59	140,907
Calcium	Ca	20	40,08	Promethium [1]	Pm	61	(147)
Californium [1]	Cf	98	(251)	Protactinium [1]	Pa	91	(231)
Cer	Ce	58	140,12	Quecksilber	Hg	80	200,59
Chlor	Cl	17	35,453	Radium	Ra	88	226,04
Chrom	Cr	24	51,996	Radon [1]	Rn	86	(222)
Cobalt	Co	27	58,933	Rhenium	Re	75	186,2
Curium [1]	Cm	96	(247)	Rhodium	Rh	45	102,905
Dysprosium	Dy	66	162,50	Rubidium	Rb	37	85,47
Einsteinium [1]	Es	99	(254)	Ruthenium	Ru	44	101,07
Eisen	Fe	26	55,847	Samarium	Sm	62	150,35
Erbium	Er	68	167,26	Sauerstoff	O	8	15,999
Europium	Eu	63	151,96	Scandium	Sc	21	44,956
Fermium [1]	Fm	100	(253)	Schwefel	S	16	32,064
Fluor	F	9	18,998	Selen	Se	34	78,96
Francium [1]	Fr	87	(223)	Silber	Ag	47	107,87
Gadolinium	Gd	64	157,25	Silicium	Si	14	28,086
Gallium	Ga	31	69,72	Stickstoff	N	7	14,007
Germanium	Ge	32	72,59	Strontium	Sr	38	87,62
Gold	Au	79	196,967	Tantal	Ta	73	180,948
Hafnium	Hf	72	178,49	Technetium	Tc	43	(99)
Helium	He	2	4,003	Tellur	Te	52	127,6
Holmium	Ho	67	164,930	Terbium	Tb	65	158,924
Indium	In	49	114,82	Thallium	Tl	81	204,37
Iod	I	53	126,904	Thorium	Th	90	232,038
Iridium	Ir	77	192,2	Thulium	Tm	69	168,934
Kalium	K	19	39,102	Titan	Ti	22	47,90
Kohlenstoff	C	6	12,011	Uran	U	92	238,03
Krypton	Kr	36	83,80	Vanadium	V	23	50,942
Kupfer	Cu	29	63,54	Wasserstoff	H	1	1,008
Kurtschatowium [1]	Ku	104	( )	Wolfram	W	74	183,85
Lanthan	La	57	138,91	Xenon	Xe	54	131,3
Lawrencium [1]	Lr	103	( )	Ytterbium	Yb	70	173,04
Lithium	Li	3	6,939	Yttrium	Y	39	88,905
Lutetium	Lu	71	174,97	Zink	Zn	30	65,37
Magnesium	Mg	12	24,312	Zinn	Sn	50	118,69
Mangan	Mn	25	54,938	Zirkonium	Zr	40	91,22

[1] Die Elemente sind künstlich hergestellt.

© Verlag Gehlen

Kontaktwerkstoffe

Werkstoff	Symbol	Leitfähigkeit γ in m/($\Omega \cdot$ mm^2)	Dichte ϱ in kg/cm^3	Schmelzpunkt in °C	Wärmeleitfähigkeit λ in kW/(m · K)
Aluminium	Al	35,7	2,70	660	0,239
Cadmium	Ca	147,1	8,64	321	0,092
Chrom	Cr	66,7	7,10	1900	0,069
Gold	Au	45,5	19,30	1063	0,287
Iridium	Ir	20,4	22,50	2454	0,059
Kupfer	Cu	57,1	8,93	1083	0,069
Molybdän	Mo	18,5	10,20	2620	0,021
Nickel	Ni	10,5	8,90	1452	0,142
Palladium	Pd	10,0	12,00	1553	0,071
Platin	Pt	10,2	21,37	1769	0,052
Quecksilber	Hg	≈1,0	13,60	−39	0,009
Rhenium	Re	5,2	21,03	3175	0,071
Rhodium	Rh	21,7	12,40	1960	0,088
Silber	Ag	60,1	10,50	962	0,071
Wolfram	W	18,2	19,30	3380	0,147

Werkstoffe für elektrische Widerstände

Elektrische Widerstände werden hergestellt aus
- Metalle, z. B. Tantal
- Metalllegierungen, z. B. CuNi2
- Halbleiter, z. B. Graphit
- Verbundwerkstoffe, z. B. CrSiO (Cermet-Widerstände)

Metalllegierungen für elektrische Widerstände (DIN 17471)

Kurzzeichen	Zusammensetzung Anteil in %	Leitfähigkeit γ in m/($\Omega \cdot$ mm^2)	Grenztemperatur in °C	Anwendung
CuMn2Al	0,8 Al; 2 Mn; Rest Cu	8,33	200	Widerstände
CuMn3	3 Mn; Rest Cu	8,01	200	Niederohmige Widerstände für geringe Belastung
CuMn12Ni (Manganin)	12 Mn; 2 Ni; Rest Cu	2,33	140	Präzisions-, Mess-, Vorschalt-, Normalwiderstände
CuMn12NiAl	1,2 Al; 12 Mn; 5 Ni, Rest Cu	2,01	500	Widerstände
CuNi2	2Ni; Rest Cu	20	300	Niederohmige Widerstände, Heizkabel, Heißleiter, Heizdrähte für niedereTemperaturen
CuNi6	6 Ni; Rest Cu	10	300	
CuNi10	10 Ni; Rest Cu	6,67	400	Heizdrähte, Anschlussenden
CuNi44 (Konstantan)	1 Mn; 44 Ni; Rest Cu	2,04	600	Widerstände aller Art, Heizdrähte, Potentiometer
CuNi23Mn	1,5 Mn; 23 Ni; Rest Cu	3,33	500	Widerstände, Heizdrähte
CuNi30Mn	3 Mn; 30 Ni; Rest Cu	2,50	500	Widerstände, Kennmelder
NiCr20AlSi	3,5 Al; 20 Cr; 0,5 Fe; 0,5 Mn; 1 Si; Rest Ni	0,76	200	Präzisions-, Messwiderstände, hochohmige Widerstände
NiCr6015	15 Cr; 20 Fe; Rest Ni	0,90	600	Hochohmige Widerstände

© Verlag Gehlen

Leuchtdioden · Leiterplatten · Kennlinien **35**

Halbleiter für Leuchtdioden[1]

Werkstoff/ Kurzzeichen	Farbe	Wellenlänge λ in nm	Lichtstärke in mcd bei $I_F = 20$ mA	Sperrstrom I in mA bei $U_R = 3$ V
GaAs	Infrarot	900	–	–
GaPZnO	Rot	690	> 15	0,01
GaAlAs	Rot	670	1,2 bis 5,5	0,01
GaAsP	Rot	660	0,8 bis 6,0	0,01
$GaAs_{0,6}P_{0,4}N$	Orange	650	7	0,1
$GaAs_{0,3}P_{0,7}N$	Orange	630	7	0,1
$GaAs_{0,15}P_{0,85}N$	Gelb	590	1,5 bis 12	0,01 bis 0,1
GaPNN	Gelb	580	1,5 bis 7,0	0,01 bis 0,1
GaPN	Grün	565	1,2 bis 5,5	0,01 bis 0,1
SiC	Blau	480	–	–
GaN	Blau	440	–	–

[1] Herstellerangaben.

Leiterplatten

| Zulässiger Abstand zwischen den Leitern | Widerstand einer gedruckten Leiterbahn | Strombelastbarkeit und Leiterquerschnitt einer Leiterbahn |

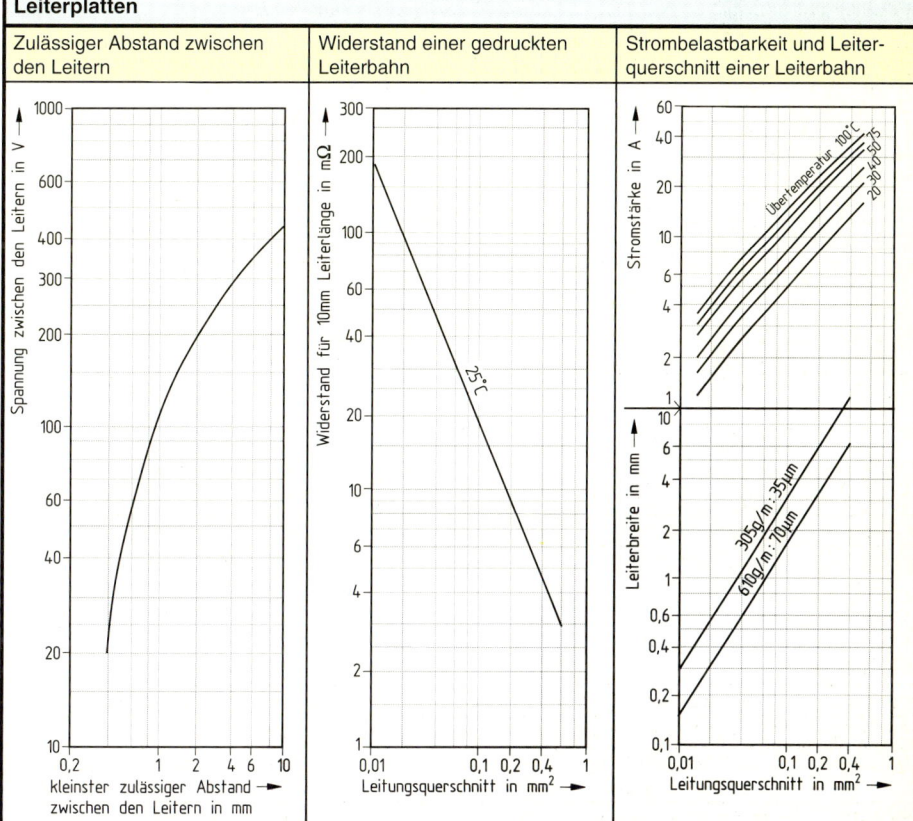

© Verlag Gehlen

Lötkolben (DIN 8501)

Lötkolbenart	Heizleistung in W	Anwendung
Lötnadel	5	Mikroschaltungen, Flat-pack, SMD, feinste Lötungen
Feinstlötkolben	8 ... 15	gedruckte Schaltungen
Feinlötkolben	16 ... 30	Elektrotechnik, allgemein
Standardlötkolben	40 ... 80	Starkstromtechnik, Masseanschlüsse
Spitzlötkolben	100 ... 200	größere Metallteile, grobe Lötungen
Hammerlötkolben	200 ... 750	Lötung von großen Metallteilen

Weichlote (E DIN 1707-100)

Bezeichnung für Weichlote

Beispiel: Weichlot DIN 1707 - L-PbSn33 oder Weichlot DIN 1707 - 2.3433

- Benennung Weichlot
- DIN-Nummer
- Kurzzeichen
- Werkstoffnummer

Lötverfahren	Gruppeneinteilung
• Flammlöten (WL-FL) • Lotbadlöten (WL-LO) • Kolbenlöten (WL-KO) • Induktionslöten (WL-IL)	• A Blei-Zinn- und Zinn-Blei-Weichlote (Ah antimonhaltig, Aa antimonarm, Af antimonfrei) • B Zinn-Blei-Weichlote mit Cu, Ag oder P-Zusatz • C Sonder-Weichlote • D Weichlote für Aluminium-Werkstoffe

Weichlote (E DIN 1707)

Kurzzeichen	ISO-Kurzzeichen	Werkstoff Anteil in %	Schmelzbereich in °C fest	Schmelzbereich in °C flüssig	Bevorzugtes Lötverfahren	Anwendung
Blei-Zinn- und Zinn-Blei-Weichlote						
L-PbSn33(Sb)	S-Pb67Sn	33Sn, 1Sb[1]	183	242	FL	Kabelmäntel
L-PbSn40	S-Pb60Sn	40Sn[1]	183	235	FL, LO, KO	Fertigung von Bauelementen, Verzinnung, Platinen
L-Sn70Pb	S-Sn70Pb	30Sn[1]	183	192	LO	
L-Sn90Pb	S-Sn90Pb	10Sn[1]	183	215	FL	
Zinn-Blei-Weichlote mit Kupfer-, Silber- oder Phosphorzusatz						
L-Sn50PbCu	S-Sn50Pb	50Sn, 1Cu[1]	183	190	LO	Elektrogeräteherstellung, Elektronik, gedruckte Schaltungen, besonders Schlepp-, Tauch- und Schwallöten
L-Sn50PbAg	Sn50PbAg	50Sn, 3Ag[1]	178	210	LO, KO	
L-Sn63PbAg	S-Sn63Pb	63Sn, 3Ag[1]	178	178	LO, KO, IL	
L-Sn50PbP	S-Sn50Pb	50Sn, 5P[1]	183	215	LO	
L-Sn60PbP	S-Sn60Pb	60Sn, 5P[1]	183	190	LO	
L-Sn63Pb37E	S-Sn63Pb	63Sn[1]	183	183	LO	
L-Sn60PbCu	S-Sn60Pb	60Sn, 1Cu[1]	183	190	LO	
Weichlote für Aluminium (E DIN 1707)						
L-CdZn20	BCd80Zn	80Cd, 20Zn	265	280	FL, KO, IL	Leichtmetallguss
L-SnZn10	BSn90Zn	90Sn, 10Zn	200	250	KO	Kabelmäntel, Löten mit Flussmittel
L-SnZn40	BSn60Zn	60Sn, 40Zn	200	340	FL, KO	
L-ZnAl5	BZn95Al	95Zn, 5Al	380	390	FL, LO	Ultraschall-, Ofenlötung

[1] Rest Pb

Elektrochemische Spannungsreihe

Stoff	Spannung U in V	Stoff	Spannung U in V	Stoff	Spannung U in V
Lithium	−2,96	Gallium	−0,52	Arsen	0,32
Rubidium	−2,92	Schwefel	−0,50	Bronze	0,03 ... 0,36
Kalium	−2,92	Eisen	−0,44	Kupfer	0,34
Strontium	−2,90	Cadmium	−0,40	Sauerstoff	0,39
Barium	−2,90	Indium	−0,34	Polonium	0,4
Natrium	−2,71	Cobalt	−0,29	Palladium	0,49
Calcium	−2,56	Nickel	−0,25	Jod	0,53
Magnesium	−1,87	Flussstahl	−0,21 ... −0,48	Chromnickel	0,75 ... −0,05
Beryllium	−1,69	Gusseisen	−0,18 ... −0,48	Graphit	0,75
Uran	−1,40	Zinn	−0,14	Quecksilber	0,77
Aluminium	−1,28	Blei	−0,13	Silber	0,80
Mangan	−1,07	Wasserstoff	0	Platin	0,86
Tellur	−0,83	Antimon	0,20	Brom	1,06
Zink	−0,76	Bismut	0,23	Gold	1,38
Chrom	−0,56	Messing	0,05 ... 0,26	Chlor	1,40
Verzinkter Stahl	−0,53 ... −0,72	−	−	Fluor	2,0

Korrosionsschutz

Maßnahme	Beispiele	Erläuterung
Korrosionsschutz für Eisen		
Schutzschichten und Überzüge elektrisch nicht leitend	Öle, Fette, Kunststoffe, Lacke, Email, Glasuren	Deckschichten müssen gut haften und luftdicht sein.
Schutzschichten und Überzüge elektrisch leitend	Ag, Al, Ag, Cr, Cu, Ni, P, Pt, Sn	Deckschichten aus edleren bzw. scheinbar edleren Metallen wie Aluminium oder Chrom werden durch Aufdampfen oder Eintauchen in Metallschmelzen, z. B. Verzinken, aufgebracht.
Schutzschicht aus unedleren Metall als Eisen	Zn, Cd	Die (unedleren) Zink- und Cadmium-Atome werden ionisiert und legen sich auf das (edlere) Eisen.
Anodische Oxidation mit Schutz- (Opfer-)Anoden	Mg, Zn, Al	In Verbindung mit Eisen lösen sich Mangan und Zink anodisch auf und schützen so das Eisen.
Elektrolytischer Schutz	Verchromen (Gleichstrom)	Durch die elektrische Aufladung wird das Eisen quasi „edler" gemacht.
Korrosionsschutz für Aluminium		
Schutzschichten und Überzüge elektrisch nicht leitend	Tonerde (Al_2O_3-Pulver), Korund (Al_2O_3 kristallin), Eloxieren, Emailieren	Aluminium überzieht sich an trockener Luft mit einer Oxidschicht. Durch das Eloxieren werden auf dem Aluminium hochohmige, dünne Schichten z. B. auf Drähten, Folien oder Bändern erzeugt.
Korrosionsschutz für Magnesium und Zink		
Schutzschichten und Überzüge elektrische leitend	Cr	Chromatschichten werden in chemischen Lösungen auf Magnesium oder Zink dauerhaft aufgebracht.

© Verlag Gehlen

Ladung

$Q = n \cdot e$ $1\,C = 1\,A \cdot 1\,s$

- Q Ladung in C
- n Anzahl der Ladungsträger (ohne Einheit)
- e Elementarladung in C ($e = 1{,}6 \cdot 10^{-19}\,C$)

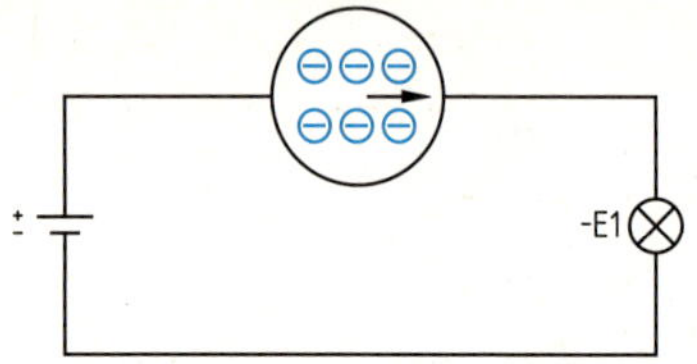

Stromstärke

$I = \dfrac{Q}{t}$

- I Stromstärke in A
- Q Ladung in C
- t Zeit in s

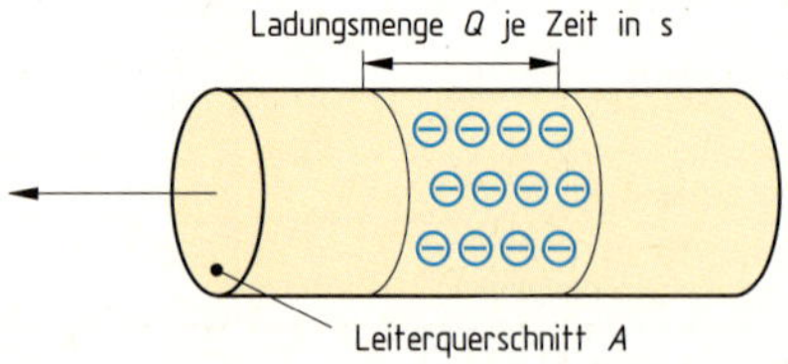

Stromdichte

$J = \dfrac{I}{A}$

- J Stromdichte in A/m^2
- I Stromstärke in A
- A Querschnittsfläche des Stromflusses in m^2

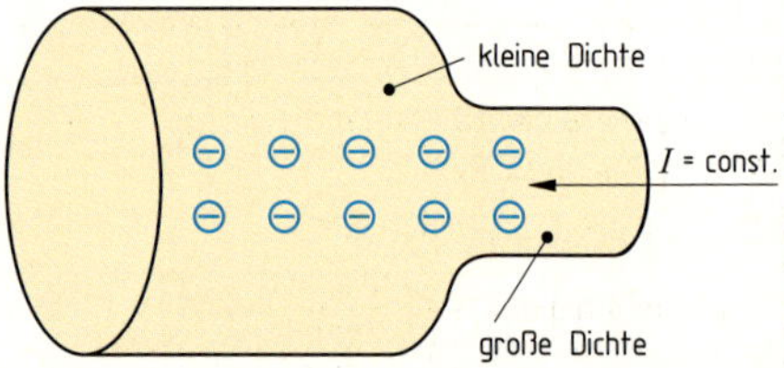

Spannung

$U = \dfrac{W}{Q}$

- U Spannung in V
- W Arbeit in Ws
- Q Ladung in C

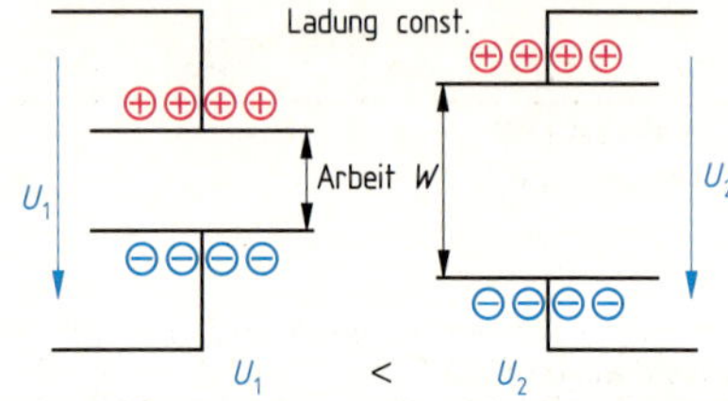

Potential

Das Potential ist die Höhe der Spannung zwischen einem Messpunkt und einem Bezugspunkt.

$U_{AB} = \varphi_A - \varphi_B$

- U_{AB} Spannung zwischen den Punkten A, B in V
- φ_A Potential am Punkt A in V
- φ_B Potential am Punkt B in V

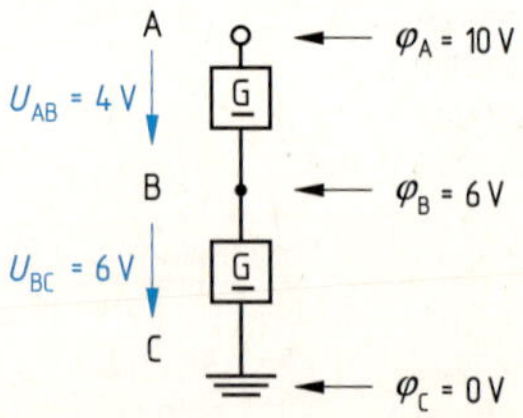

Elektrische Arbeit · Elektrische Leistung · Ohmsches Gesetz · Leiterwiderstand · Leitwert

Elektrische Arbeit (Gleichstromkreis)

$W = P \cdot t$ oder $W = U \cdot I \cdot t$

- W Arbeit in Ws
- P Leistung in W
- t Zeit in s
- U Spannung in V
- I Stromstärke in A

Wirkungsgrad (bezogen auf die Arbeit)

$\eta = \dfrac{W_{ab}}{W_{zu}}$

- η Wirkungsgrad (ohne Einheit)
- W_{ab} abgeführte Arbeit in Ws
- W_{zu} zugeführte Arbeit in Ws

Elektrische Leistung (Gleichstromkreis)

$P = \dfrac{W}{t}$ oder $P = U \cdot I$ $\quad$ 1 W = 1 V · 1 A

- P Leistung in W
- W Arbeit in Ws
- t Zeit in s
- U Spannung in V
- I Stromstärke in A

Wirkungsgrad (bezogen auf die Leistung)

$\eta = \dfrac{P_{ab}}{P_{zu}}$

- η Wirkungsgrad (ohne Einheit)
- P_{ab} abgeführte Leistung in W
- P_{zu} zugeführte Leistung in W

Leiterwiderstand

$R = \dfrac{\varrho \cdot l}{A}$ oder $R = \dfrac{l}{\gamma \cdot A}$ mit $\varrho = \dfrac{1}{\gamma}$

- R Widerstand in Ω
- ϱ spezifischer Widerstand in $\dfrac{\Omega \cdot mm^2}{m}$
- l Leiterlänge in m
- A Leiterquerschnitt in mm^2
- γ Leitfähigkeit in $\dfrac{m}{\Omega \cdot mm^2}$

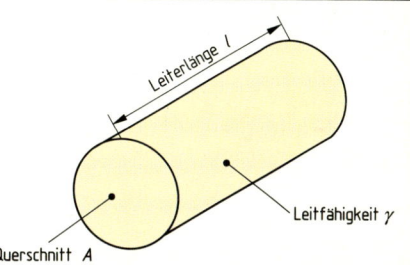

Leitwert

$G = \dfrac{1}{R}$ $\quad$ $1\,S = \dfrac{1}{1\,\Omega}$

- G Leitwert in S
- R Widerstand in Ω

Leiterlänge $l = 1\,m$
Leiterquerschnitt $A = 1\,mm^2$

$\varrho_{CU} = 0{,}0178\,\dfrac{\Omega \cdot mm^2}{m} \Rightarrow G = 56\,S$

$\varrho_{Al} = 0{,}0278\,\dfrac{\Omega \cdot mm^2}{m} \Rightarrow G = 36\,S$

Ohmsches Gesetz

$I = \dfrac{U}{R}$ $\quad$ oder $\quad$ $I = G \cdot U$

- R Widerstand in Ω
- G Leitwert in S
- U Spannung in V
- I Stromstärke in A

Temperaturabhängiger Widerstand

$R_\vartheta = R_{20} \cdot (1 + \alpha_{20} \cdot \Delta\vartheta)$ für $\vartheta < 100\ °C$
$R_\vartheta = R_{20} \cdot (1 + \alpha \cdot \Delta\vartheta + \beta \cdot \Delta\vartheta^2)$ für $\vartheta > 100\ °C$

R_ϑ Gesamtwiderstand in Ω
R_{20} Widerstandswert bei 20 °C
α_{20} Temperaturkoeffizient bei 20 °C in 1/K
$\Delta\vartheta$ Temperaturänderung in K
α Temperaturkoeffizient in 1/K
β Temperaturkoeffizient in 1/K²

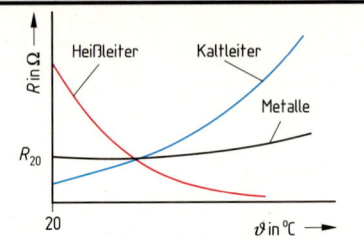

Erstes Kirchhoffsches Gesetz

In einem Knotenpunkt ist die Summe aller Stromstärken gleich Null

$\sum_{k=1}^{n} I_k = 0$ oder $I_1 + I_2 + I_3 + \ldots I_n = 0$

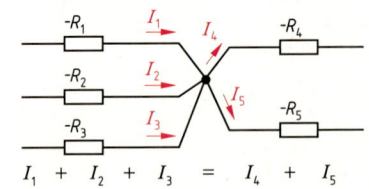

$I_1 + I_2 + I_3 = I_4 + I_5$

Parallelschaltung

$I = I_1 + I_2 + I_3 + \ldots I_n$
$U = $ konstant
$G = G_1 + G_2 + G_3 + \ldots G_n$

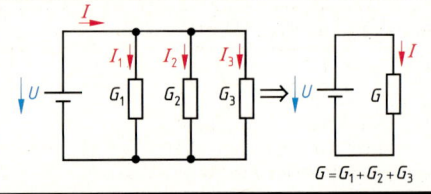

$G = G_1 + G_2 + G_3$

Zweites Kirchhoffsches Gesetz

Bei einem Maschenumlauf ist die Summe aller Spannungen gleich Null.

$\sum_{k=1}^{n} U_k = 0$ oder $U_1 + U_2 + U_3 + \ldots U_n = 0$

$-U_0 + U_2 + U_3 + U_4 + U_1 = 0$

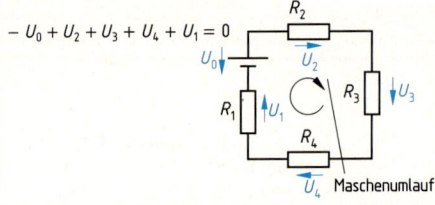

Maschenumlauf

Reihenschaltung

$U = U_1 + U_2 + U_3 + \ldots U_n$
$I = $ konstant
$R = R_1 + R_2 + R_3 + \ldots R_n$

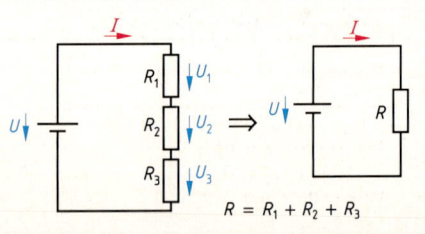

$R = R_1 + R_2 + R_3$

Unbelasteter Spannungsteiler

Beim unbelasteten Spannungsteiler teilt sich die Gesamtspannung nach dem Verhältnis der Widerstände.

$$\frac{U_2}{U_1} = \frac{R_2}{R_1} \qquad \frac{U_2}{U} = \frac{R_2}{R_1 + R_2}$$

U_1, U_2 Spannung am Widerstand in V
U Quellenspannung in V
R_1, R_2 Widerstand in Ω

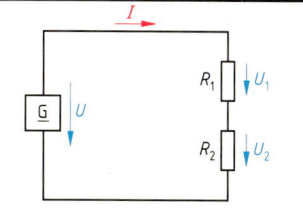

Belasteter Spannungsteiler

Beim belasteten Spannungsteiler fließt ein zusätzlicher Strom durch den Lastwiderstand R_L. Die Spannung teilt sich daher auf die Widerstände R_1 und die Parallelschaltung $R_2 \parallel R_L$.

$$\frac{U_L}{U} = \frac{R_2 \cdot R_L}{R_1 \cdot (R_2 + R_L) + R_2 \cdot R_L}$$

U_L Spannung an den Widerständen $R_2 \parallel R_L$ in V
U Quellenspannung in V
R_1, R_2, R_L Widerstände in Ω

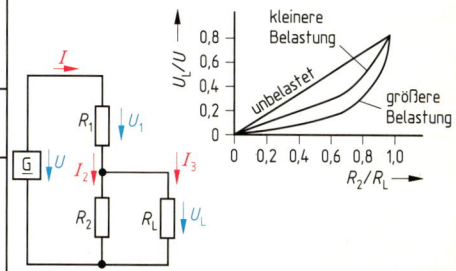

Reale Spannungsquelle

$$U_L = U_0 - I \cdot R_i$$

U_L Klemmenspannung der Quelle in V
U_0 Urspannung der Quelle in V
I Stromstärke durch den Lastwiderstand in A
R_i Innenwiderstand der Quelle in Ω

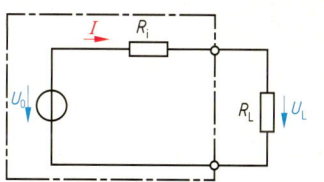

Strom-Spannungsquellen-Umwandlung

$$I_L = \frac{U_0 - U_A}{R_i} \quad \text{oder} \quad I_L = I_0 - \frac{U_L}{R_i}$$

I_L Stromstärke durch den Lastwiderstand in A
U_0 Urspannung der Quelle in V
U_L Klemmenspanung der Quelle in V
R_i Innenwiderstand der Quelle in Ω
I_0 Urstromstärke der Quelle in A

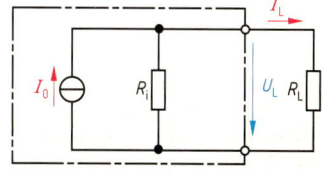

Spannungs-Messbereichserweiterung

$$R_V = R_i \cdot \frac{U - U_M}{U_M}$$

U Spannung bei Vollausschlag in V
U_M Messwerkspannung in V
R_V Vorwiderstand in Ω
R_i Innenwiderstand in Ω

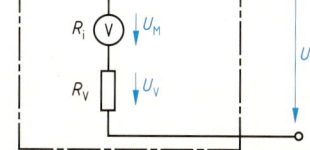

Strom-Messbereichserweiterung

$$R_P = R_i \cdot \frac{I_M}{I - I_M}$$

- R_P Vorwiderstand in Ω
- R_i Innenwiderstand in Ω
- I_A Stromstärke bei Vollausschlag in A
- I_{AM} Messwerkstromstärke in A

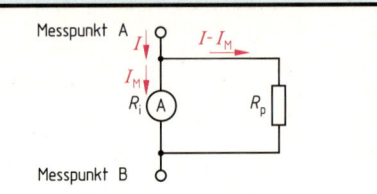

Nicht abgeglichene Brückenschaltung

$U_{AB} \ne 0$	$I_{AB} \ne 0$

$U_{AB} = U_2 - U_4$ und $U_{AB} = U_3 - U_1$

$I_{AB} = I_1 - I_2$ und $I_{AB} = I_4 - I_3$

- U_{AB} Spannung im Brückenzweig AB in V
- I_{AAB} Stromstärke im Brückenzweig AB in A
- U_1 bis U_4 Spannung an den Widerständen R_1 bis R_4 in V
- I_{A1} bis I_{A4} Stromstärke durch die Widerstände R_1 bis R_4 in A

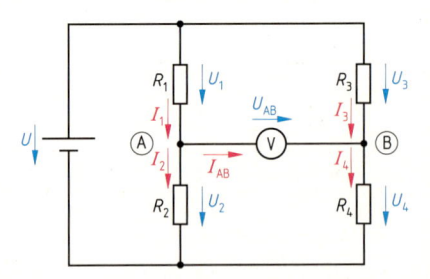

Abgeglichene Brückenschaltung

$U_{AB} = 0$	$I_{AB} = 0$	$\dfrac{R_1}{R_2} = \dfrac{R_3}{R_4}$

$U_2 = U_4$ und $U_1 = U_3$

$I_1 = I_2$ und $I_3 = I_4$

- U_{AB} Spannung im Brückenzweig AB in V
- I_{AB} Stromstärke im Brückenzweig AB in A
- U_1 bis U_4 Spannung an den Widerständen R_1 bis R_4 in V
- I_{A1} bis I_{A4} Stromstärke durch die Widerstände R_1 bis R_4 in A
- R_1 bis R_4 Widerstände in Ω

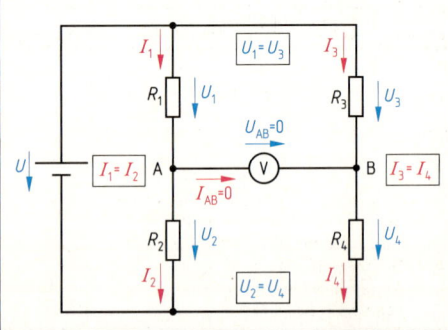

Stern-Dreieck-Umwandlung

$$R_{AB} = \frac{R_{AN} \cdot R_{BN}}{R_{CN}} + R_{AN} + R_{BN}$$

$$R_{BC} = \frac{R_{BN} \cdot R_{CN}}{R_{AN}} + R_{BN} + R_{CN}$$

$$R_{AC} = \frac{R_{AN} \cdot R_{CN}}{R_{BN}} + R_{AN} + R_{CN}$$

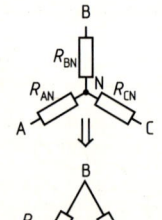

Dreieck-Stern-Umwandlung

$$R_{AN} = \frac{R_{AB} \cdot R_{AC}}{R_{AB} + R_{BC} + R_{AC}}$$

$$R_{BN} = \frac{R_{AB} \cdot R_{BC}}{R_{AB} + R_{BC} + R_{AC}}$$

$$R_{CN} = \frac{R_{BC} \cdot R_{AC}}{R_{AB} + R_{BC} + R_{AC}}$$

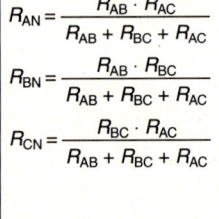
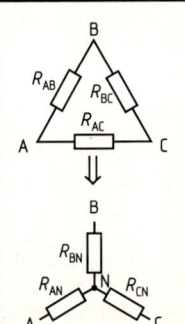

Coulombsches Gesetz

$$F = \frac{Q_1 \cdot Q_2}{4 \cdot \pi \cdot \varepsilon_0 \cdot \varepsilon_r \cdot l^2}$$

F	Kraft in N
Q_1, Q_2	Ladungsmenge in As
ε_0	Dielektrizitätskonstante $8{,}85 \cdot 10^{-12}$ As/Vm
ε_r	Dielektrizitätszahl (ohne Einheit, S. 68)
l	Abstand der Ladungen in m

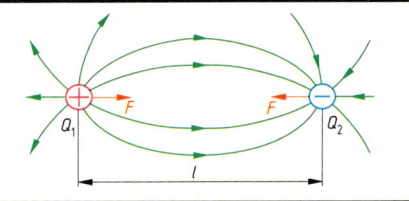

Elektrische Feldstärke

$$E = \frac{F}{Q}$$

E	Elektrische Feldstärke in V/m
F	Kraft in N
Q	Ladungsmenge in As

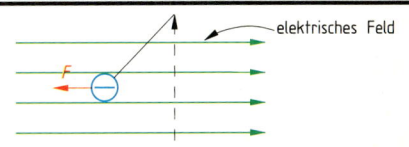

Elektrische Feldstärke beim Plattenkondensator

$$E = \frac{U}{d}$$

E	Elektrische Feldstärke in V/m
U	Spannung in V
d	Abstand der Platten in m

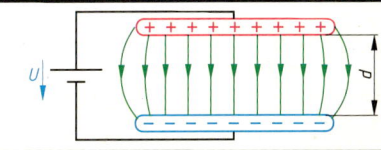

Aufladung eines Kondensators

$$u_C = U \cdot \left(1 - e^{-\frac{t}{\tau}}\right) \Rightarrow t = \ln\left(\frac{U}{U - u_C}\right) \cdot \tau$$

$$i_C = \frac{U}{R} \cdot e^{-\frac{t}{\tau}} \Rightarrow t = \ln\left(\frac{U}{i_C \cdot R}\right) \cdot \tau$$

u_C	Spannung am Kondensator in V
i_C	Ladestromstärke in A
U	Spannung in V
R	Widerstand in Ω
C	Kapazität in F
t	Zeit in s (Ladezeit ca. $5 \cdot \tau$)
τ	Zeitkonstante in s ($\tau = R \cdot C$)

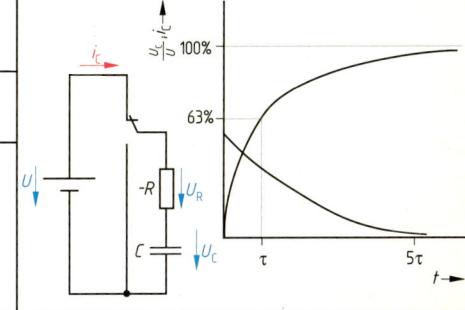

Entladung eines Kondensators

$$u_C = U \cdot e^{-\frac{t}{\tau}} \Rightarrow t = \ln\left(\frac{U}{u_C}\right) \cdot \tau$$

$$i_C = -\frac{U}{R} \cdot e^{-\frac{t}{\tau}} \Rightarrow t = \ln\left(-\frac{U}{i_C \cdot R}\right) \cdot \tau$$

u_C	Spannung am Kondensator in V
i_C	Entladestromstärke in A
U	Spannung in V
R	Widerstand in Ω
C	Kapazität in F
t	Zeit in s (Entladezeit ca. $5 \cdot \tau$)
τ	Zeitkonstante in s ($\tau = R \cdot C$)

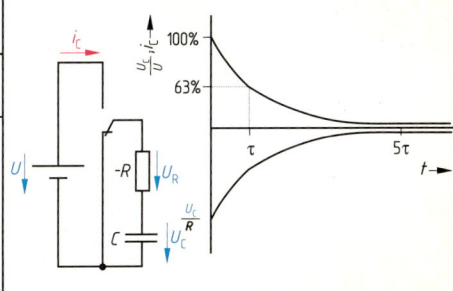

© Verlag Gehlen

Kapazität von Kondensatoren

$C = \dfrac{Q}{U}$ oder $C = \dfrac{\varepsilon_0 \cdot \varepsilon_r \cdot A}{d}$ | $1F = \dfrac{1\,As}{1\,V}$

- C Kapazität in F
- Q Ladungsmenge in As
- U Spannung in V
- ε_0 Dielektrizitätskonstante $\varepsilon_0 = 8{,}86 \cdot 10^{-12}$ As/Vm
- ε_r Dielektrizitätszahl (ohne Einheit, S. 68)
- A Fläche der Kondensatorplatten in m²
- d Abstand der Kondensatorplatten in m

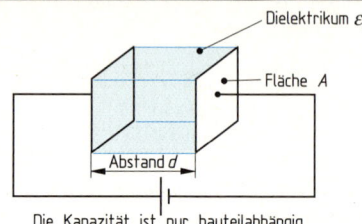

Die Kapazität ist nur bauteilabhängig

Reihenschaltung von Kondensatoren

$Q_1 = Q_2 = Q_3 = ... = Q_N$

$U = U_1 + U_2 + U_3 + ... + U_N$

$\dfrac{1}{C} = \dfrac{1}{C_1} + \dfrac{1}{C_2} + \dfrac{1}{C_3} + ... + \dfrac{1}{C_N}$

- $Q_1...Q_N$ Ladungen in As
- $U_1...U_N$ Spannungen in V
- $C_1...C_N$ Kapazitäten in F

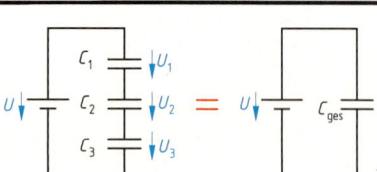

Parallelschaltung von Kondensatoren

$U_1 = U_2 = U_3 = ... = U_N$

$Q = Q_1 + Q_2 + Q_3 + ... + Q_N$

$C = C_1 + C_2 + C_3 + ... + C_N$

- $U_1...U_N$ Spannungen in V
- $Q_1...Q_N$ Ladungen in As
- $C_1...C_N$ Kapazitäten in F

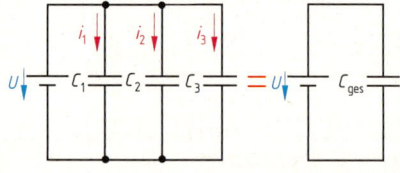

Magnetfeld um stromdurchflossene Leiter

Rechtsschraubenregel:
Denkt man sich eine rechtsgängige Schraube in Stromrichtung in den Leiter hineingedreht, so gibt die Drehrichtung die Richtung der Feldlinien an.

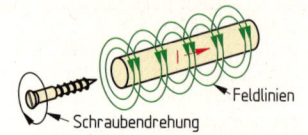

Magnetische Flussdichte

$B = \dfrac{\Phi}{A}$ | $1T = \dfrac{1\,Vs}{1\,m^2}$ oder $1T = \dfrac{1\,Wb}{1\,m^2}$

- B Magnetische Flussdichte in T (Tesla)
- Φ Magnetischer Fluss in Wb (Weber)
- A Fläche, die das Magnetfeld durchdringt, in m²

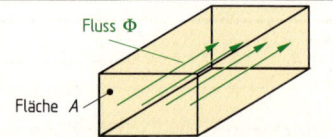

Magnetische Durchflutung

$\Theta = N \cdot I$

- Θ Magnetische Durchflutung in A
- N Anzahl der Windungen (ohne Einheit)
- I Stromstärke im Leiter in A

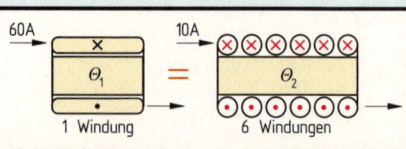

© Verlag Gehlen

Magnetische Feldstärke H

$$H = \frac{\Theta}{l_{FE}} \quad \text{und} \quad H = \frac{N \cdot I}{l_{FE}}$$

- H magnetische Feldstärke in A/m
- Θ magnetische Durchflutung in A
- l_{FE} mittlere Feldlinienlänge in m
- N Anzahl der Windungen (ohne Einheit)
- I Stromstärke in A

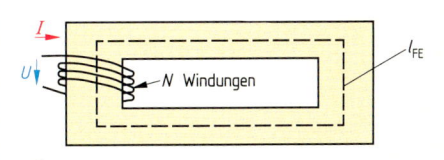

Permeabilität

$$B = \mu \cdot H \quad \text{mit} \quad \mu = \mu_0 \cdot \mu_r$$

- B Flussdichte in T (Tesla)
- μ Permeabilität in Vs/Am
- μ_0 magnetische Feldkonstante
  $\mu_0 = 1{,}257 \cdot 10^{-6}$ Vs/Am
- μ_r Permeabilitätszahl (ohne Einheit)

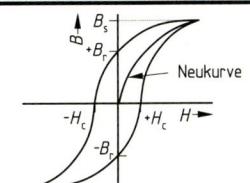

Magnetischer Kreis („Ohmsches Gesetz" im magnetischen Kreis)

$$\Phi = \frac{\Theta}{R_m} \quad \text{mit} \quad R_m = \frac{l}{\mu \cdot A}$$

- Φ magnetischer Fluss in Wb (Weber)
- Θ magnetische Durchflutung in A
- R_m magnetischer Widerstand in A/Vs
- l_{FE} mittlere Feldlinienlänge in m
- μ Permeabilität in Vs/Am
- A Fläche in m²

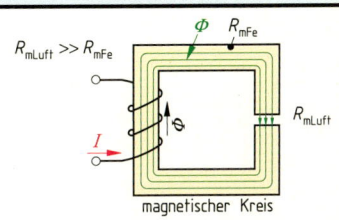

Das Induktionsgesetz

$$U_{indu} = N \cdot \frac{\Delta \Phi}{\Delta t}$$

Bewegungsinduktion:
$$U_{indu} = N \cdot B \cdot l \cdot v$$

- U_{indu} induzierte Spannung in V
- N Anzahl der Windungen (ohne Einheit)
- ΔΦ Änderung des magnetischen Flusses in T
- Δt zeitliche Änderung in s
- B magnetische Flussdichte in T
- l Länge eines Leiters im Magnetfeld in m
- v Geschwindigkeit der Leiterbewegung in m/s

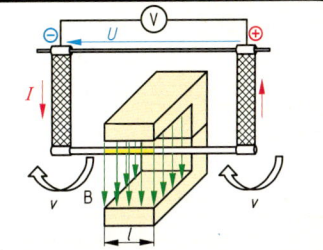

Selbstinduktion einer Spule

$$U_{indu} = L \cdot \frac{\Delta i}{\Delta t} \quad \text{mit} \quad L = N^2 \cdot \frac{\mu_0 \cdot \mu_r \cdot A}{l}$$

- U_{indu} selbstinduzierte Spannung in V
- N Anzahl der Windungen (ohne Einheit)
- μ_0 magnetische Feldkonstante
  $\mu_0 = 1{,}257 \cdot 10^{-6}$ Vs/Am
- μ_r Permeabilitätszahl (ohne Einheit)
- A Querschnittsfläche der Spule in m²
- l Länge der Spule in m

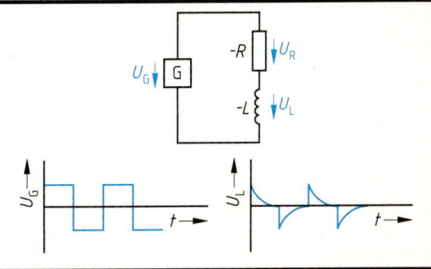

© Verlag Gehlen

Kraft zwischen Strom durchflossenen Leitern

$$F = \frac{I_1 \cdot I_2 \cdot l \cdot \mu_0 \cdot \mu_r}{2 \cdot \pi \cdot d}$$

F	Kraft zwischen den Leitern in N
I_1, I_2	Stromstärke in A
l	Leiterlänge in m
μ_0	magnetische Feldkonstante
	$\mu_0 = 1{,}257 \cdot 10^{-6}$ Vs/Am
μ_r	Permeabilitätszahl (ohne Einheit)
d	Leiterquerschnitt in m

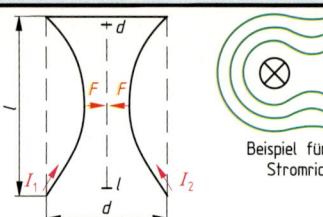

Beispiel für gleiche Stromrichtung

Kraft auf Strom durchflossene Leiter durch ein Magnetfeld

$$F = B \cdot I \cdot l \cdot z$$

F	Kraft auf die Leiter in N
B	magnetische Flussdichte in T
I	Stromstärke im Leiter in A
l	Leiterlänge in m
z	Anzahl der Leiter (ohne Einheit)

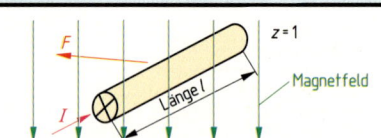

Reihenschaltung von Spulen

$$\Delta i = \Delta i_1 = \Delta i_2 = \Delta i_3 = \ldots = \Delta i_N$$

$$U = (L_1 + L_2 + L_3 + \ldots + L_N) \cdot \frac{\Delta i}{\Delta t}$$

$$L = L_1 + L_2 + L_3 + \ldots + L_N$$

$\Delta i, \Delta i_1, \ldots \Delta i_N$	Änderung der Stromstärken in A
U	Spannung in V
Δt	zeitliche Änderung in s
$L, L_1, \ldots L_N$	Induktivitäten in H

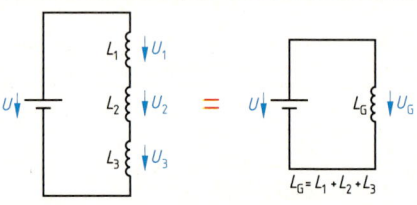

Parallelschaltung von Spulen

$$\Delta i = \Delta i_1 + \Delta i_2 + \Delta i_3 + \ldots + \Delta i_N$$

$$U = U_1 = U_2 = U_3 = \ldots = U_N$$

$$\frac{1}{L_G} = \frac{1}{L_1} + \frac{1}{L_2} + \frac{1}{L_3} + \ldots + \frac{1}{L_N}$$

$\Delta i, \Delta i_1, \ldots \Delta i_N$	Änderung der Stromstärken in A
U	Spannung in V
Δt	zeitliche Änderung in s
$L, L_1, \ldots L_N$	Induktivitäten in H

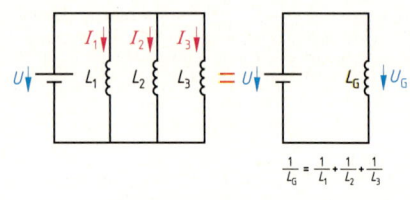

Einschaltvorgang an einer Spule

$$u_L = U \cdot e^{-\frac{t}{\tau}} \quad \Rightarrow \quad t = \ln\left(\frac{U_N}{U_L}\right) \cdot \tau$$

$$i_L = -\frac{U_N}{R} \cdot \left(1 - e^{-\frac{t}{\tau}}\right) \quad \Rightarrow \quad t = \ln\left(\frac{U_N}{U_N - i_L \cdot R}\right) \cdot \tau$$

u_L	Spannung an der Spule in V
i_L	Ladestromstärke der Spule in A
U	Spannung in V
R	Widerstand in Ω
L	Induktivität der Spule in H
t	Zeit in s
τ	Zeitkonstante in s ($\tau = L/R$)

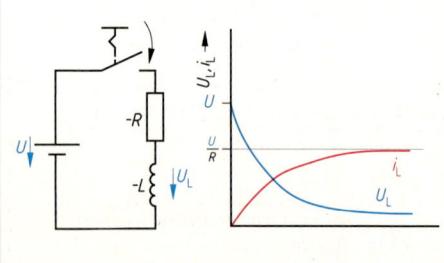

Ausschaltvorgang an der Spule

$u_L = -U \cdot e^{-\frac{t}{\tau}}$ $\Rightarrow$ $t = \ln\left(\left|\frac{U}{u_L}\right|\right) \cdot \tau$

$i_L = \frac{U}{R} \cdot e^{-\frac{t}{\tau}}$ $\Rightarrow$ $t = \ln\left(\frac{U}{i_L \cdot R}\right) \cdot \tau$

u_L	Spannung an der Spule in V
i_L	Ladestromstärke der Spule in A
U	Spannung in V
R	Widerstand in Ω
L	Induktivität der Spule in H
t	Zeit in s
τ	Zeitkonstante in s ($\tau = L/R$)

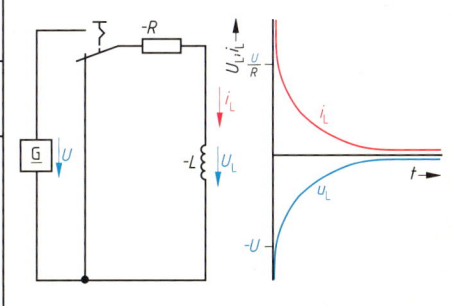

Energiespeicherung im Magnetfeld

$W = \frac{1}{2} \cdot L \cdot I^2$ 1 Ws = 1 VAs

W	Energie in Ws
L	Induktivität in H
I	Stromstärke in A

Energiespeicherung im elektrischen Feld

$W = \frac{1}{2} \cdot C \cdot U^2$ 1 Ws = 1 VAs

W	Energie in Ws
C	Kapazität in F
U	Spannung in V

Sinusförmige Wechselspannung

$u = \hat{U} \cdot \sin\omega t$

u	Augenblickswert der Spanunng in V
$\hat{U}$	Spitzenwert der Spannung in V
ω	Kreisfrequenz in 1/s ($\omega = 2 \cdot \pi \cdot f$)
t	Zeit in s
ωt	Winkel in rad

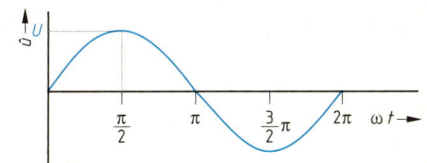

Definition von Augenblicks- und Effektivwerten am Beispiel der Leistung

Augenblicksleistung	Effektivleistung
$P = u \cdot i$	$P_{eff} = \frac{\hat{U}}{\sqrt{2}} \cdot \frac{\hat{I}}{\sqrt{2}} = \frac{\hat{U}^2}{2 \cdot R}$

p	Augenblickswert der Leistung in W
u	Augenblickswert der Spannung in V
i	Augenblickswert der Stromstärke in A
P_{eff}	Effektivleistung in W
$\hat{U}$	Spitzenwert der Spannung in V
$\hat{I}$	Spitzenwert der Stromstärke in A
R	Widerstand des Schaltkreises in Ω

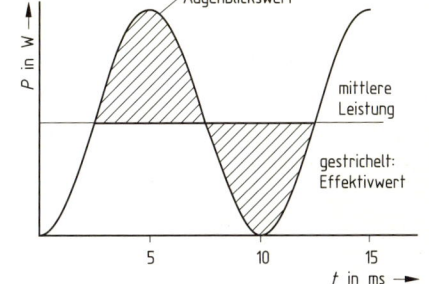

Effektivwert von Wechselspannungen

$U = \frac{\hat{u}}{\sqrt{2}}$

U	Effektivwert der sinusförmigen Wechselspannung in V
$\hat{u}$	Scheitelwert der Spannung in V

Effektivwert von Wechselstromstärken

$I = \frac{\hat{i}}{\sqrt{2}}$

I	Effektivwert der Wechselstromstärke in A
$\hat{i}$	Scheitelwert der Stromstärke in A

© Verlag Gehlen

Formfaktor	Scheitelfaktor (Crest-Faktor)
$F = \dfrac{U_{RMS}}{U_{AV}}$ oder $F = \dfrac{I_{RMS}}{I_{AV}}$	$F_{Cres} = \dfrac{\hat{u}}{U_{RMS}}$ oder $F_{Cres} = \dfrac{\hat{i}}{I_{RMS}}$
F — Formfaktor (ohne Einheit) U_{RMS} — Leistungsmittelwert der Spannung (**R**oot **M**ean **S**qare) in V U_{AV} — Linearer Mittelwert der Spannung (**A**verage **V**alue) in V I_{RMS} — Leistungsmittelwert der Stromstärke in A I_{AV} — Linearer Mittelwert der Stromstärke in A	F_{Cres} — Scheitelfaktor (ohne Einheit) $\hat{u}$ — Maximalwert der Spannung in V U_{RMS} — Leistungsmittelwert der Spannung (**R**oot **M**ean **S**qare) in V $\hat{i}$ — Maximalwert der Stromstärke in A I_{RMS} — Leistungsmittelwert der Stromstärke in A

Fourier-Reihe

Jede periodische Funktion lässt sich durch eine sinusförmige Grundschwingung (erste Harmonische) und eine Reihe von Oberschwingungen (Harmonische) wiedergeben. Die Frequenzen der Oberschwingungen sind ganzzahlige Vielfache der Frequenz der ersten Harmonischen.

$$y = a_0 + \sum_{k=1}^{\infty} a_k \cdot \sin k\omega t + \sum_{k=1}^{\infty} b_k \cdot \sin k\omega t$$

y	Amplitudenwert
a_0, a_k, b_k	Fourier-Koeffizienten (zu bestimmende Konstanten)
k	Ordnungszahl einer Teilschwingung
ω	Kreisfrequenz in 1/s
t	Zeit in s

Fourier-Darstellung	linearer Mittelwert U_{AV},	Effektivwert U_{RMS},	Formfaktor F	Scheitelfaktor F_{Crest}	Kurvenverlauf
Rechteck: $u = \dfrac{4 \cdot \hat{u}}{\pi} \cdot (\sin \omega t + \dfrac{1}{3}\sin 3\omega t + \dfrac{1}{5}\sin 5\omega t + ...)$	$\hat{u}$	$\hat{u}$	1	1	
Dreieck: $u = \dfrac{8 \cdot \hat{u}}{\pi} \cdot (\sin \omega t - \dfrac{1}{9}\sin 3\omega t + \dfrac{1}{25}\sin 5\omega t - ...)$	$0{,}5 \cdot \hat{u}$	$\dfrac{\hat{u}}{\sqrt{3}}$	1,547	$\sqrt{3}$	
Einpulsgleichrichtung: $u = \dfrac{\hat{u}}{\pi} + \dfrac{\hat{u}}{2} \cdot \sin \omega t - 2 \cdot \dfrac{\hat{u}}{\pi} \cdot \left[\dfrac{1}{3}\cos 2\omega t + \dfrac{1}{15}\cos 6\omega t + ...\right]$	$0{,}318 \cdot \hat{u}$	$0{,}5 \cdot \hat{u}$	1,57	2,00	
Zweipulsgleichrichtung: $u = \dfrac{2 \cdot \hat{u}}{\pi} \cdot (1 - \dfrac{2}{3}\cos 2\omega t - \dfrac{2}{15}\cos 4\omega t + \dfrac{2}{35}\cos 6\omega t + ...)$	$0{,}637 \cdot \hat{u}$	$\dfrac{\hat{u}}{\sqrt{2}}$	1,11	$\sqrt{2}$	

© Verlag Gehlen

Mischspannungen · Flankensteilheit · Unsymmetrische Rechteckspannung · Liniendiagramm

Mischspannungen

Beispiel: $u = U_0 + \hat{u}_1 \cdot \sin(2 \cdot \pi \cdot f \cdot t)$

u	Augenblicksspannung in V
U_0	Gleichspannungsanteil in V
$\hat{u}_1$	Spitzenwert der Wechselspannung in V
f	Frequenz in 1/s
t	Zeit in s

Mischspannungen setzen sich aus einem Gleich- und einem Wechselspannungsanteil zusammen. Der lineare Mittelwert einer Mischspannung ist ungleich Null.

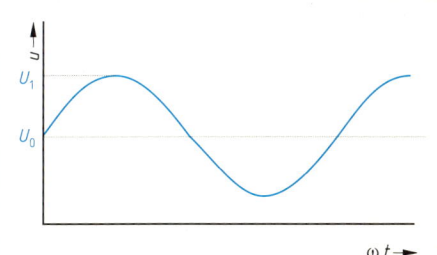

Flankensteilheit

$$S = \frac{\Delta U}{\Delta t} \quad \text{oder} \quad S = \frac{\Delta I}{\Delta t}$$

S	Flankensteilheit in V/s bzw. A/s
$\Delta U, \Delta I$	Änderung von Spannung bzw. Stromstärke während der Anstiegszeit oder der Abfallzeit in V bzw. A
Δt	Anstiegszeit oder Abfallzeit in s

- **Impulsdauer t_i:** 50 % des Spitzenwertes bei ansteigender und abfallender Flanke.
- **Anstiegszeit t_r:** Zeitraum zwischen 10 % und 90 % des Spitzenwertes bei der ansteigenden Flanke.
- **Abfallzeit t_f:** Zeitraum zwischen 90 % und 10 % des Spitzenwertes bei der abfallenden Flanke.

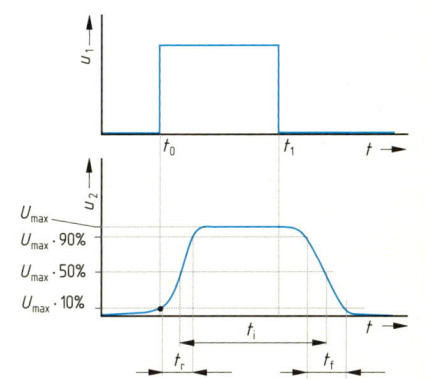

Unsymmetrische Rechteckspannung

$T = t_i + t_p$	$g = \dfrac{t_i}{T}$

$$V = \frac{1}{g} \quad \text{oder} \quad V = \frac{T}{t_i}$$

T	Periodendauer in s
t_i	Impulsdauer in s
t_p	Pausendauer in s
g	Tastgrad
V	Tastverhältnis

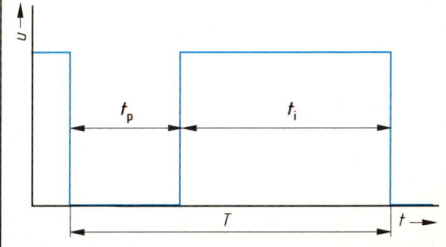

Liniendiagramm

- Im Liniendiagramm werden die Augenblickswerte eines Spannungs- bzw. Stromverlaufs dargestellt.
- Es lassen sich Kurvenverläufe gleicher und unterschiedlicher Frequenzen überlagern.

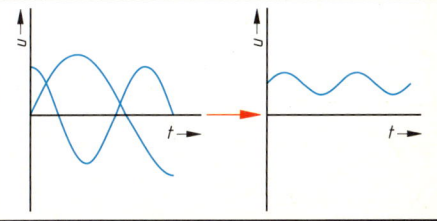

Zeigerbild

- Mithilfe eines Zeigerdiagramms werden phasenverschobene Wechselgrößen gleicher Frequenz überlagert.
- Die Länge des Zeigers entspricht dem Maximalwert der Wechselgröße.
- Die Drehbewegung des Zeigers auf dem Einheitskreis entspricht dem fortschreitenden Winkel im Liniendiagramm.
- Die resultierende Wechselgröße kann über die geometrischen Addition ermittelt werden.

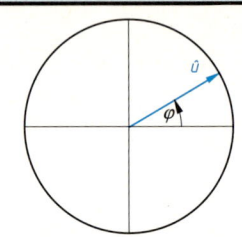

Leistung im Wechselstromkreis

Formel	Zeigerdiagramm	Bemerkungen
$P = U \cdot I \cdot \cos\varphi$ $\quad \cos\varphi = \dfrac{P}{S}$ P Wirkleistung in W U Spannung in V I Stromstärke in A $\cos\varphi$ Wirkleistungsfaktor S Scheinleistung in VA		• Die Wirkleistung am Wirkwiderstand ist maximal. • Die Wirkleistung am Blindwiderstand ist Null.
$Q = U \cdot I \cdot \sin\varphi$ $\quad \sin\varphi = \dfrac{Q}{S}$ Q Blindleistung in var (Voltampere reaktiv) U Spannung in V I Stromstärke in A $\sin\varphi$ Blindleistungsfaktor S Scheinleistung in VA		• Die Blindleistung am Wirkwiderstand ist Null. • Die Blindleistung am Blindwiderstand ist maximal.
$S = U \cdot I \quad$ oder $\quad S = \sqrt{P^2 + Q^2}$ S Scheinleistung in VA U Spannung in V I Stromstärke in A P Wirkleistung in W Q Blindleistung in var		

Zusammenschaltung von Blind- und Wirkwiderständen im Wechselstromkreis

Stromstärkegrößen und Spannungsgrößen	Widerstandsgrößen und Leitwertgrößen	Leistungsgrößen
I Stromstärke in A I_L Spulenstromstärke in A I_C Kondensatorstromstärke in A U Spannung in V U_L Spannung an der Spule in V U_C Spannung am Kondensator in V	Z Scheinwiderstand in Ω R Wirkwiderstand in Ω X_L Spulenblindwiderstand in Ω X_C Kondensatorblindwiderstand in Ω Y Scheinleitwert in S G Leitwert in S B_C Kondensatorblindleitwert in S B_L Spulenblindleitwert in S	P Wirkleistung in W S Scheinleistung in VA Q_L Spulenblindleistung in var Q_C Kondensatorblindleistung in var $\sin\varphi$ Blindleistungsfaktor (ohne Einheit) $\cos\varphi$ Wirkleistungsfaktor (ohne Einheit)

© Verlag Gehlen

Zusammenschaltung von Blind- und Wirkwiderständen im Wechselstromkreis (fortgesetzt)

Bezeichnung und Schaltbild	Ohmsches Gesetz	Leistung, Phasenverschiebung, Zeigerbild
Wirkwiderstand	$I = \dfrac{U}{R}$; $R = \dfrac{U}{I}$; $U = I \cdot R$	$P = U \cdot I$ $\sin(0°) = 0$, $\cos(0°) = 1$
Induktiver Blindwiderstand	$I = \dfrac{U}{X_L}$; $X_L = 2 \cdot \pi \cdot f \cdot L$; $U = I \cdot X_L$	$Q_L = U \cdot I$ $\sin(90°) = 1$, $\cos(90°) = 0$
Kapazitiver Blindwiderstand	$I = \dfrac{U}{X_C}$; $X_C = \dfrac{1}{2 \cdot \pi \cdot f \cdot C}$; $U = I \cdot X_C$	$Q_C = U \cdot I$ $\sin(90°) = 1$, $\cos(90°) = 0$
RL-Reihenschaltung	$I = \dfrac{U}{Z}$ $I = \dfrac{U_L}{X_L}$ $I = \dfrac{U_R}{R}$ $Z^2 = X_L^2 + R^2$ $U^2 = U_L^2 + U_R^2$	$S^2 = Q_L^2 + P^2$ $\sin\varphi = \dfrac{Q_L}{S}$; $\cos\varphi = \dfrac{P}{S}$; $\tan\varphi = \dfrac{P}{Q_L}$
RL-Parallelschaltung	$I^2 = I_L^2 + I_R^2$ $Y^2 = B_L^2 + G^2$ $U = I \cdot Z$ $U = I_L \cdot X_L$ $U = I_R \cdot R$	$S^2 = Q_L^2 + P^2$ $\sin\varphi = \dfrac{Q_L}{S}$; $\cos\varphi = \dfrac{P}{S}$; $\tan\varphi = \dfrac{P}{Q_L}$
RC-Parallelschaltung	$I^2 = I_R^2 + I_C^2$ $Y^2 = B_C^2 + G^2$ $U = I \cdot Z$ $U = I_C \cdot X_C$ $U = I_R \cdot R$	$S^2 = Q_C^2 + P^2$ $\sin\varphi = \dfrac{Q_C}{S}$; $\cos\varphi = \dfrac{P}{S}$; $\tan\varphi = \dfrac{Q_C}{P}$

© Verlag Gehlen

Zusammenschaltung von Blind- und Wirkwiderständen im Wechselstromkreis

Bezeichnung und Schaltbild	Ohmsches Gesetz	Leistung, Phasenverschiebung, Zeigerbild
RC-Reihenschaltung	$I = \dfrac{U}{Z}$ $I = \dfrac{U_C}{X_C}$ $I = \dfrac{U_R}{R}$ $Z^2 = X_L^2 + R^2$ $U^2 = U_R^2 + U_C^2$	$S^2 = Q_i^2 + P^2$ $\sin\varphi = \dfrac{Q_C}{S}$; $\cos\varphi = \dfrac{P}{S}$; $\tan\varphi = \dfrac{Q_C}{P}$
RLC-Reihenschaltung	$I = \dfrac{U}{Z}$ $I = \dfrac{U_C}{X_C}$ $I = \dfrac{U_R}{R}$ $I = \dfrac{U_L}{X_L}$ $Z^2 = X_b^2 + R^2$ $X_L > X_C$ $U_b = U_L - U_C$ $X_b = X_L - X_C$ $Q_b = Q_L - Q_C$ $X_L < X_C$ $U_b = U_C - U_L$ $X_b = X_C - X_L$ $Q_b = Q_C - Q_L$ $U^2 = U_R^2 + U_b^2$	$S^2 = Q_b^2 + P^2$ $\sin\varphi = \dfrac{Q_b}{S}$; $\cos\varphi = \dfrac{P}{S}$; $\tan\varphi = \dfrac{Q_b}{P}$ (für $X_L > X_C$)
RLC-Parallelschaltung	$I^2 = I_R^2 + I_b^2$ $Y^2 = B_b^2 + G^2$ $X_L > X_C$ $I_b = I_L - I_C$ $B_b = B_L - B_C$ $Q_b = Q_L - Q_C$ $X_L < X_C$ $I_b = I_C - I_L$ $B_b = B_C - B_L$ $Q_b = Q_C - Q_L$ $U = I \cdot Z$ $U = I_C \cdot X_C$ $U = I_L \cdot X_L$ $U = I_R \cdot R$	$S^2 = Q_b^2 + P^2$ $\sin\varphi = \dfrac{Q_b}{S}$; $\cos\varphi = \dfrac{P}{S}$; $\tan\varphi = \dfrac{Q_b}{P}$ (für $X_L > X_C$)

© Verlag Gehlen

Dreiphasen-Wechselspannung · symmetrische Stern- und Dreieckschaltung

Dreiphasen-Wechselspannung

Definition/schematische Darstellung	Liniendiagramm
Drei um 120° phasenverschobene Wechselspannungen gleicher Frequenz und gleicher Größe werden als Dreiphasen-Wechselspannung bezeichnet. 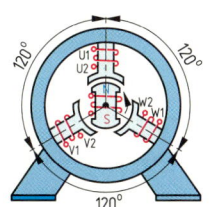	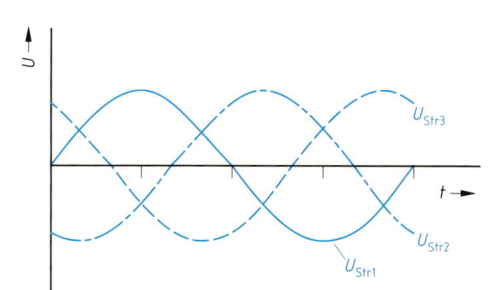

Sternschaltung (symmetrische Last)

Formeln	Schaltbild	Zeigerbild

$U = \sqrt{3} \cdot U_{Str}$ $\quad I = I_{Str}$

U — Leiterspannung in V
U_{Str} — Strangspannung in V
I — Leiterstromstärke in A
I_{Str} — Strangstromstärke in A

Dreieckschaltung (symmetrische Last)

Formeln	Schaltbild	Zeigerbild

$U = U_{Str}$ $\quad I = \sqrt{3} \cdot I_{Str}$

U — Leiterspannung in V
U_{Str} — Strangspannung in V
I — Leiterstromstärke in A
I_{Str} — Strangstromstärke in A

Leistungsaufnahme der symmetrischen Stern-, Dreieckschaltung

Formeln

$S = \sqrt{3} \cdot U \cdot I$

$Q = \sqrt{3} \cdot U \cdot I \cdot \sin\varphi$

$P = \sqrt{3} \cdot U \cdot I \cdot \cos\varphi$

U — Leiterspannung in V
I — Leiterstromstärke in A
S — Scheinleistung in VA
Q — Blindleistung in var
P — Wirkleistung in W

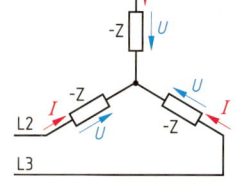 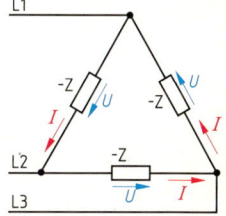

Stern-Dreieck-Umschaltung

$P_{Dreieck} = 3 \cdot P_{Stern}$

$P_{Dreieck}$ Wirk-Leistungsaufnahme der Dreieckschaltung in W

P_{Stern} Wirk-Leistungsaufnahme der Sternschaltung in W

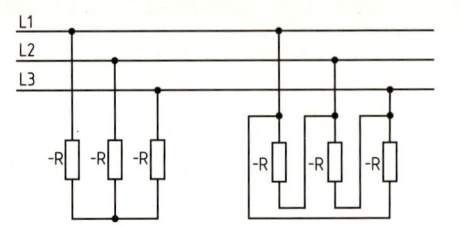

Sternschaltung mit und ohne Neutralleiter (unsymmetrische Last)

- Bei unsymmetrischer Belastung einer Sternschaltung mit Neutralleiter fließt zusätzlich ein Strom im Neutralleiter N.
- Bei unsymmetrischer Belastung einer Sternschaltung ohne Neutralleiter ändern sich neben den Strömen auch die Spannungen in den Strängen (Sternpunktverschiebung).

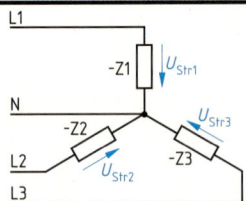

Leistungsaufnahme der Stern-Dreieck-Schaltung (unsymmetrische Last)

$S = S_{Str1} + S_{Str2} + S_{Str3}$

S	Gesamtleistung der Stern-Dreieck-Schaltung in VA
S_{Str1}	Leistungsaufnahme des ersten Strangs in VA
S_{Str2}	Leistungsaufnahme des zweiten Strangs in VA
S_{Str3}	Leistungsaufnahme des dritten Strangs in VA

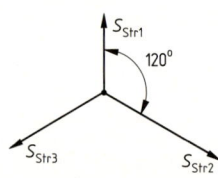

Wirkleistungsaufnahme der Sternschaltung mit Neutralleiter im Fehlerfall

Ausfall eines Leiters	Ausfall von zwei Leitern
$P_{Stör} = \frac{2}{3} \cdot P$	$P_{Stör} = \frac{1}{3} \cdot P$

$P_{Stör}$ Wirkleistungsaufnahme im Störfall in W
P Wirkleistung im Normalbetrieb in W

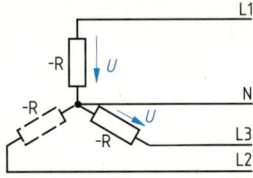

Wirkleistungsaufnahme der Dreieckschaltung ohne Neutralleiter im Fehlerfall

Ausfall eines Leiters	Ausfall von zwei Leitern
$P_{Stör} = \frac{1}{2} \cdot P$	$P_{Stör} = 0$

$P_{Stör}$ Wirkleistungsaufnahme im Störfall in W
P Wirkleistung im Normalbetrieb in W

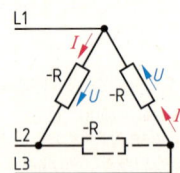

Qualitätsmanagementsystem · ISO 9000 bis 9004 · EN 29000 bis 29004

Qualitätssicherung nach ISO 9000 bis 9004 (EN 29000 bis 29004)

Die Normenreihe ISO 9000 bis 9004 ist ein branchenneutrales Modell zur Darstellung eines Qualitätsmanagementsystems (QM-Systems).
Unter einem **Qualitätsmanagementsystem** versteht man die festgelegte Aufbau- und Ablauforganisation sowie die hierfür erforderlichen Mittel zur einheitlichen und gezielten Durchführung der Qualitätssicherung. Dabei beschreibt
die **Aufbauorganisation** die Struktur der Unternehmensorganisation und Festlegungen wie Verantwortung und Befugnisse,
die **Ablauforganisation** die zeitliche und räumliche Organisation der qualitätsbezogenen Tätigkeiten.

ISO 9000

ISO 9000 versteht sich als Leitfaden zur Auswahl und Anwendung der Normen ISO 9001 bis 9004.
Die Norm definiert vier Produktkategorien: Hardware, Software, verfahrenstechnische Produkte und Dienstleistungen. Die Norm ist auf alle Bereiche anwendbar.
Sie gibt fünf Schlüsselziele für ein Unternehmen an:
1. Qualitätsforderungen müssen erfüllt werden, die Produktivität muss laufend verbessert und aufrechterhalten werden.
2. Die Qualität der eigenen Arbeitsweisen muss verbessert werden.
3. Es muss gegenüber der Leitung und anderen Angestellten das Vertrauen geschaffen werden, dass die Qualitätsforderungen erfüllt und aufrechterhalten werden und dass Qualitätsverbesserungen stattfinden werden.
4. Gegenüber den Kunden muss das Vertrauen geschaffen werden, dass das gelieferte Produkt die Qualitätsanforderungen erfüllt.
5. Es muss das Vertrauen geschaffen werden, dass die Forderungen an das Qualitätsmanagementsystem erfüllt sind.

ISO 9004

ISO 9004 ist ein Leitfaden zur Gestaltung eines Qualitätsmanagementsystems. Die Norm sagt allgemein aus, wie ein Qualitätsmanagementsystem funktionieren soll: Es soll Vertrauen schaffen, dass
- das Qualitätsmanagementsystem gut verstanden wird und wirksam ist,
- die Produkte oder Dienstleistungen die Erwartungen der Kunden erfüllen,
- den Forderungen der Gesellschaft wie auch des Umweltschutzes entsprochen wird,
- die Fehlervermeidung vor der Fehleraufdeckung steht.

ISO 9001 bis 9003

Die Normen ISO 9001 bis 9003 stellen drei unterschiedliche Qualitätsmanagementsysteme dar:
ISO 9001 enthält – produktbegleitend von der Entwicklung und Konstruktion (Design) bis zum Kundendienst – die umfangreichste Darstellung eines Qualitätsmanagementsystems:

1. Verantwortung der obersten Leitung
2. Qualitätsmanagementsystem
3. Vertragsüberprüfung
4. Designlenkung
5. Lenkung der Dokumente und Daten
6. Beschaffung
7. Vom Auftraggeber bereitgestellte Produkte
8. Identifikation und Rückverfolgbarkeit von Produkten
9. Prozesslenkung
10. Prüfungen
11. Prüfmittelüberwachung
12. Prüfstatus
13. Lenkung fehlerhafter Produkte
14. Korrektur- und Vorbeugungsmaßnahmen
15. Handhabung, Lagerung, Verpackung, Schutz und Versand
16. Lenkung von Qualitätsaufzeichnungen
17. Interne Qualitätsaudits
18. Schulung
19. Kundendienst
20. Statistische Methoden

ISO 9002 ist anwendbar in Unternehmen ohne Designleistungen, wenn in den Bereichen Produktion, Montage und Kundendienst qualitätsbezogene Maßnahmen nachgewiesen werden sollen. Die Norm enthält die gleiche Gliederung wie ISO 9001, jedoch fehlt das Element Designlenkung.
ISO 9003 ist anwendbar, wenn mithilfe einer Endprüfung festgestellt werden soll, ob die Qualitätsforderungen erfüllt sind. Diese Norm stellt die geringsten Anforderungen an ein Qualitätsmanagementsystem. Es fehlen die Elemente Designlenkung, Beschaffung, Prozesslenkung und Kundendienst; weitere Elemente sind reduziert.

© Verlag Gehlen

Normalverteilungskurve

Normalverteilung nach Gauß	Erläuterungen
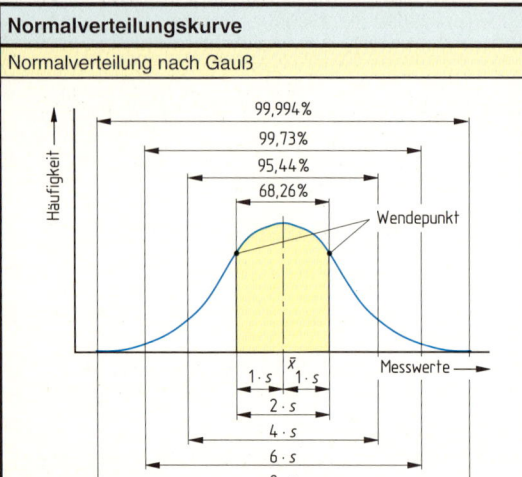	• Die Normalverteilungskurve (Gaußsche Glockenkurve) zeigt an, wie die Häufigkeit der Messwerte (Merkmalswerte) verteilt ist. • Der arithmetische Mittelwert ($\bar{x}$ oder μ) gibt den höchsten Punkt der Normalverteilungskurve an: Maximumstelle. • Die Standardabweichung (s oder σ) gibt den Abstand des Wendepunktes von der Maximumstelle an und ist so ein Maß für die „Breite" der Glocke: je größer s, desto mehr streuen die Messwerte x um s. • Bei $2s$ (± eine Standardabweichung s von der Maximumstelle) liegen 68,26 % aller Messwerte in diesem Bereich. • Bei $6s$ (± drei Standardabweichungen s von der Maximumstelle) liegen 99,73 % aller Messwerte in diesem Bereich.

- Bezogen auf eine **Stichprobe** wird der arithmetische Mittelwert mit $\bar{x}$ bezeichnet und die Standardabweichung mit s.
- Bezogen auf die **Grundgesamtheit** wird der arithmetische Mittelwert mit μ bezeichnet und die Standardabweichung mit σ.

Statistische Berechnungen zur Qualitätssicherung

Arithmetischer Mittelwert	Gesamtmittelwert
$\bar{x} = \dfrac{x_1 + x_2 + ... + x_{n1}}{n_1}$	$\bar{\bar{x}} = \dfrac{\bar{x}_1 + \bar{x}_2 + ... + \bar{x}_{n2}}{n_2}$
$\bar{x}$ Arithmetischer Mittelwert einer Stichprobe x_i Stichproben-Einzelwert n_1 Stichprobenumfang	$\bar{\bar{x}}$ Gesamtmittelwert aller Stichproben $\bar{x}$ Arithmetischer Mittelwert einer Stichprobe n_2 Anzahl der Stichproben
Der arithmetische Mittelwert $\bar{x}$ einer Stichprobe ist der Durchschnitt der erfassten Einzelwerte dieser Stichprobe.	Der Gesamtmittelwert $\bar{\bar{x}}$ (auch Prozessmittelwert genannt) ist der Mittelwert der arithmetischen Mittelwerte aller Stichproben.

Spannweite	Stichprobenstandardabweichung
$R = x_{max} - x_{min}$ $\bar{R} = \dfrac{R_1 + R_2 + ... + R_{n2}}{n_2}$	$s = \sqrt{\dfrac{1}{n-1} \sum_{i=1}^{n}(x_i - \bar{x})^2}$
R Spannweite einer Stichprobe $\bar{R}$ Mittelwert aller Stichprobenspannweiten x_{min} Minimaler Messwert x_{max} Maximaler Messwert n_2 Anzahl der Stichproben	s Stichprobenstandardabweichung x_i Stichproben-Einzelwert $\bar{x}$ Arithmetischer Mittelwert der Stichprobe n Anzahl der Messwerte der Stichprobe
Die Spannweite R ist der Unterschied zwischen dem größten und dem kleinsten Messwert. Die Gesamtspannweite $\bar{R}$ (auch Prozessspannweite genannt) ist der Mittelwert der Spannweiten R aller Stichproben.	Die Standardabweichung s ist ein Maß für die Streuung eines Prozesses: Je größer die Standardabweichung ist, umso größer ist die Streuung des Prozesses.

© Verlag Gehlen

Qualitätsregelkarten

Bedeutung, Ausführungen

Qualitätsregelkarten dienen zur ständigen Überwachung eines Prozesses. Dazu enthalten sie in einem zweiachsigen Koordinatensystem die grafische Darstellung der aus den Stichproben ermittelten Messwerte:
- Die x-Achse enthält die Zeitpunkte der durchgeführten Stichproben bzw. die Stichprobennummern.
- Die y-Achse enthält den Wertebereich des zu überwachenden Qualitätsmerkmals (z. B. Widerstandswert, Durchmesser).

Qualitätsregelkarten können je nach Verwendungszweck unterschiedlich ausgeführt sein:
- als Mittelwertkarten x-Karte, $\overline{x}$ - Karte oder $\tilde{x}$ - Karte
- als Spannweitenkarte (R-Karte) oder
- als Standardabweichungskarte (s-Karte).

Beispiel: Mittelwertkarte $\overline{x}$

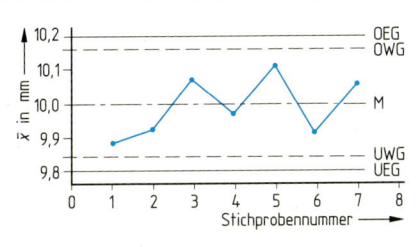

Aus jeder Stichprobe wird der arithmetische Mittelwert $\overline{x}$ in die Karte eingetragen.
- OEG obere Eingriffsgrenze
- UEG untere Eingriffsgrenze
- OWG obere Warngrenze
- UWG untere Warngrenze
- M   Mittellinie

- Erreichen die Messwerte die Warngrenzen, muss der weitere Prozessverlauf mit erhöhter Aufmerksamkeit verfolgt werden, z. B. werden häufiger Stichproben entnommen.
- Werden die Eingriffsgrenzen überschritten, muss in den Prozess eingegriffen werden.

Beispiel: Berechnung der Eingriffsgrenzen für Mittelwertkarten[1]

$OEG = \overline{\overline{x}} + A_2 \cdot \overline{R}$ $\qquad$ $UEG = \overline{\overline{x}} - A_2 \cdot \overline{R}$

OEG	Obere Eingriffsgrenze				UEG	Untere Eingriffsgrenze				
$\overline{\overline{x}}$	Gesamtmittelwert aller Stichproben				$\overline{R}$	Mittlere Spannweite				
A_2	Konstante, bezogen auf 99,73% statistische Sicherheit (abhängig von n)									
n	2	3	4	5	6	7	8	9	10	15	20	25
A_2	1,880	1,023	0,729	0,577	0,483	0,419	0,373	0,337	0,308	0,223	0,180	0,153

[1] Neben den hier dargestellten Formeln und Konstanten werden auch andere verwendet.

Charakteristische Kurvenverläufe auf Qualitätsregelkarten

Ungestörter Prozess	Eingriffsgrenzen überschritten	Trend	Run
Die Messwerte der Stichproben sind innerhalb der Eingriffsgrenzen zufällig verteilt.	Die Messwerte liegen außerhalb der Eingriffsgrenzen (nicht beherrschter Prozess).	In sieben aufeinander folgenden Stichproben werden jeweils steigende oder fallende Werte ermittelt.	In sieben aufeinander folgenden Stichproben werden Werte auf nur einer Seite des Mittelwertes ermittelt.

Stabilität und Fähigkeit von Prozessen

Ein beherrschter Prozess ist ein Prozess, der sich ohne spezielle oder systematische Störeinflüsse zufallsverteilt stabil bewegt. Die Stabilität lässt sich mithilfe von Qualitätsregelkarten nachweisen.
Die **Fähigkeit eines Prozesses** wird durch einen Vergleich mit den Toleranzen ermittelt und kann mithilfe der Prozessfähigkeitskennwerte c_p und c_{pk} beschrieben werden.

Beispiele für Prozesse

Nicht beherrscht und nicht fähig	Beherrscht, aber nicht fähig	Beherrscht und fähig
Kein stabiler Verlauf und Überschreiten der Toleranzgrenzen:	Stabiler Verlauf, aber Überschreiten der Toleranzgrenzen:	Stabiler Verlauf innerhalb der Toleranzgrenzen:
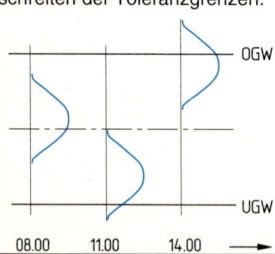	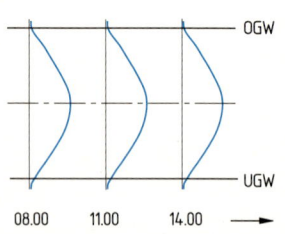	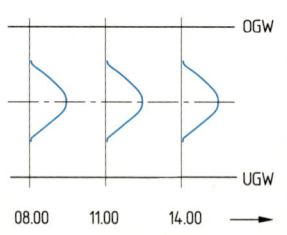

Prozessfähigkeitskennwerte

c_p	c_{pk}
$c_p = \dfrac{\text{Toleranzweite}}{\text{Prozessstreuung}} \qquad c_p = \dfrac{OGW - UGW}{6 \cdot \hat{\sigma}}$	$c_{pk} = \dfrac{\text{minimale Prozessgrenznähe}}{\text{halbe Prozessstreuung}} \qquad c_{pk} = \left\lvert\dfrac{\bar{\bar{x}} - GW}{3 \cdot \hat{\sigma}}\right\rvert_{min}$

$\hat{\sigma}$ Abschätzung der Streuung der Grundgesamtheit

$\bar{\bar{x}}$ Gesamtmittelwert aller Stichproben
GW Grenzwert (*OGW*, *UGW*)   *OGW* oberer Grenzwert   *UGW* unterer Grenzwert

- c_p gibt das Verhältnis von Toleranzweite und Prozessstreubreite an.
  Die Toleranzweite ist die Differenz zwischen dem oberen und dem unteren Grenzwert.
  Als Prozessstreubreite wird üblicherweise die dreifache Standardabweichung oberhalb und unterhalb des Mittelwertes angesehen.
- c_{pk} gibt – zusätzlich – die Lage der Verteilung an.
- Dazu wird der kritische Abstand zwischen Prozesslage und Toleranzgrenzen berechnet.
- Ein Prozess wird als fähig bezeichnet, wenn c_p und c_{pk} größer als 1 sind.
- Der Wert c_{pk} ist gleich dem Wert c_p, wenn der Prozess in der Toleranzmitte zentriert ist.
- Ist $c_p > c_{pk}$, kann der Prozess durch Zentrierung fähig gemacht werden.

Beispiele

$c_p = 1{,}67$	$c_{pk} = 1{,}33$	$c_p = 5{,}00$	$c_{pk} = 5{,}00$	$c_p = 0{,}71$	$c_{pk} = 0{,}71$

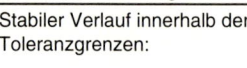

Lineare Widerstände

Aufbau, Eigenschaften und Anwendungen

Arten	Drahtwiderstände	Kohleschichtwiderstände, Karbowid	Metallschichtwiderstände, CrNi	Edelmetallschichtwiderstände, Au/Pt
Herstellungsverfahren	Wickeltechnik	Thermischer Zerfall von Kohlenwasserstoffen	Aufdampfen im Hochvakuum	Reduktion von Edelmetallsalzen durch Einbrennen
Eigenschaften	hochbelastbar, kleine Drift, kleiner TK, kleiner Wertebereich, Induktivität	kleine Drift, kleine Ausfallrate	kleiner Temperaturkoeffizient	niederohmig, definierter TK, gutes Feuchteverhalten, innen oder außen beschichtet
Temperaturkoeffizient α_{20}	CrNi: $<250 \cdot 10^{-6} \frac{1}{K}$ Konstantan: $<100 \cdot 10^{-6} \frac{1}{K}$	$-200 \cdot 10^{-6} \frac{1}{K}$ bis $-1200 \cdot 10^{-6} \frac{1}{K}$	0 bis $\pm 50 \frac{1}{K}$	$+200 \cdot 10^{-6} \frac{1}{K}$ bis $+350 \cdot 10^{-6} \frac{1}{K}$
Zulässige Temperatur ϑ	unkritisch	$-55\ °C$ bis $+155\ °C$	$-65\ °C$ bis $+175\ °C$	$-65\ °C$ bis $+155\ °C$
Anwendung	Kommunikations-, Mess- und Energietechnik, Regelwiderstände	Vermittlungstechnik, Datentechnik, Weitverkehrstechnik, Elektronik	für extreme klimatische und elektrische Beanspruchung, Luft- und Raumfahrt, Seekabelverstärker, Messgeräte	Arbeitspunktstabilisierung in Transistorschaltungen, Hochlastwiderstände mit Sicherungswirkung bei der Kommunikationstechnik

Auswahl wichtiger Kenndaten

Arten	Drahtwiderstände	Kohleschichtwiderstände	Metallschichtwiderstände	Edelmetallschichtwiderstände
Wertebereich	$0,1\ \Omega$ bis $150 \cdot 10^5\ \Omega$ Sonderbereich: $0,01\ \Omega$ bis $25 \cdot 10^6\ \Omega$	$1\ \Omega$ bis $4,7 \cdot 10^6\ \Omega$ Sonderbereich: $4,7 \cdot 10^6\ \Omega$ bis $3 \cdot 10^9\ \Omega$ in Glas gekapselt: $>3 \cdot 10^9\ \Omega \ldots 10^{14}\ \Omega$	$5\ \Omega$ bis $1 \cdot 10^6\ \Omega$	$1\ \Omega$ bis $1 \cdot 10^6\ \Omega$
Toleranzbereich	$\pm 5\ \%$ bis $\pm 20\ \%$ Sonderbereich: $\pm 0,05\ \%$ bis $\pm 1\ \%$ $\pm 0,001\ \%$ möglich	$\pm 2\ \%$ bis $\pm 10\ \%$ ($\pm 20\ \%$) Sonderbereich: $\pm 0,1\ \%$ möglich	$\pm 1\ \%$ bis $\pm 10\ \%$ $\pm 1\ \% > 51\ \Omega$	$\pm 0,01\ \%$ bis $\pm 1\ \%$ $\pm 0,1\ \% > 50\ \Omega$
Kleinste Leistung	$0,125$ W	$0,05$ W	$0,1$ W	$0,2$ W
Kapazität	$< 0,8$ pF ($1\ M\Omega$)	$< 0,15$ pF	$< 0,4$ pF	$< 0,5$ pF ($\approx 1\ k\Omega$)
Induktivität	$1\ \mu H$ ($500\ \Omega$)	–	–	$0,08\ \mu H$ ($\approx 1\ k\Omega$)

© Verlag Gehlen

Kennzeichnung von linearen Schichtwiderständen und Kondensatoren

Farbkennzeichnung und Farbschlüssel für Widerstände und Kondensatoren (DIN 41429)

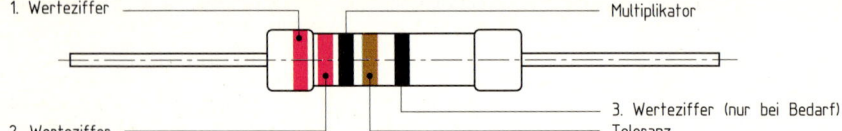

Kennfarbe	Werte-ziffer	Multiplikator			Toleranz	3. Werteziffer (bei Bedarf)	Temperatur-koeffizient α_{20}
Farblos	–	–	–	–	± 20 %	–	–
Silber	–	10^{-2}	0,01 Ω	0,01 pF	± 10 %	–	–
Gold	–	10^{-1}	0,1 Ω	0,1 pF	± 5 %	–	–
Schwarz	0	10^{0}	1,0 Ω	1,0 pF	–	0	$± 250 \cdot 10^{-6}$ 1/K
Braun	1	10^{1}	10 Ω	10 pF	± 1 %	1	$± 100 \cdot 10^{-6}$ 1/K
Rot	2	10^{2}	100 Ω	100 pF	± 2 %	2	$± 50 \cdot 10^{-6}$ 1/K
Orange	3	10^{3}	1 kΩ	1 nF	–	3	$± 15 \cdot 10^{-6}$ 1/K
Gelb	4	10^{4}	10 kΩ	10 nF	–	4	$± 25 \cdot 10^{-6}$ 1/K
Grün	5	10^{5}	100 kΩ	100 nF	± 0,5 %	5	$± 20 \cdot 10^{-6}$ 1/K
Blau	6	10^{6}	1 MΩ	1 µF	± 0,25 %	6	$± 10 \cdot 10^{-6}$ 1/K
Violett	7	10^{7}	10 MΩ	10 µF	± 0,1 %	7	$± 5 \cdot 10^{-6}$ 1/K
Grau	8	10^{8}	100 MΩ	100 µF	–	8	$± 1 \cdot 10^{-6}$ 1/K
Weiß	9	10^{9}	1 GΩ	1000 mF	–	9	–

Farbkennzeichnung von Messwiderständen mit TK-Angabe (DIN 41429)

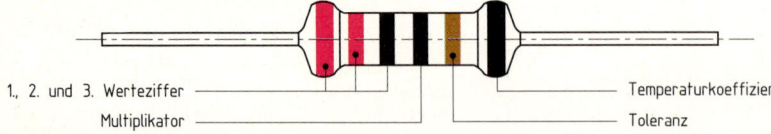

Nicht farbcodierte Widerstände

Widerstandswert	0,47 Ω	4,7 Ω	47 Ω	470 Ω	4,7 kΩ	47 kΩ	470 kΩ	4,7 MΩ	47 MΩ
RKM-Code	R47	4R7	47R	470R	4K7	47K	470K	4M7	47M

Nicht farbcodierte Widerstände werden entsprechend der Tabelle nach dem RKM-Code beschriftet. Anstelle des Kommas stehen die Buchstaben R, K und M

Nennwerte (E-Reihe DIN 41426)

E 6 ± 20 %	E 12 ± 10 %	E 24 ± 5 %	E 6 ± 20 %	E 12 ± 10 %	E 24 ± 5 %	E 6 ± 20 %	E 12 ± 10 %	E 24 ± 5 %
100	100	100	220	220	220	470	470	470
		110			240			510
	120	120		270	270		560	560
		130			300			620
150	150	150	220	330	330	680	680	680
		160			360			750
	180	180		390	390		820	820
		200			430			910

Veränderbare Widerstände (DIN 41450)

Bauformen von veränderbaren Widerständen

Schichtdrehwiderstand	Schichtschiebewiderstand	Drahtdrehwiderstand
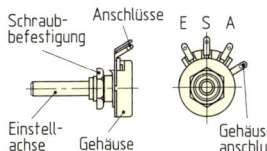	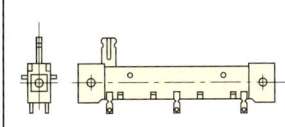	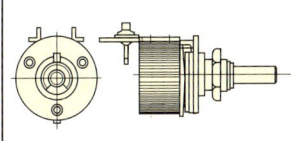
Wendeldrehwiderstand	Spindeldrehwiderstand	Trimmerwiderstand
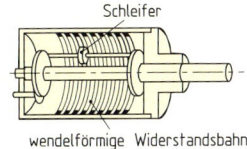	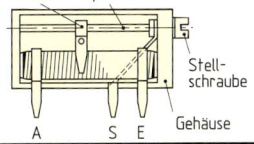	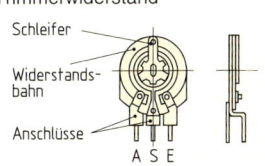

Kennzeichnung und Daten von Kohleschichtwiderständen

Schaltzeichen/Anschlüsse	Drehbereiche und Benennungen
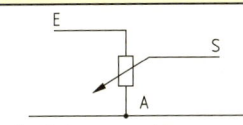 • A Anfangsanschluss • E Endanschluss • S Schleiferanschluss	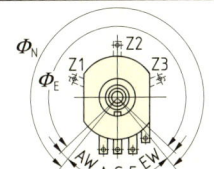 • AW Anfangsweg • EW Endweg • Z Anzapfung • SW Schaltwinkel • Φ_N Nenndrehbereich • Φ_E Elektrischer Drehbereich • Erdungsanschluss

Nennbelastung, Grenz- und Prüfspannung

Größe	Baubreite in mm	Nennlast in W	Belastbarkeit in W linear	Belastbarkeit in W nicht linear	Grenzspannung in V linear	Grenzspannung in V nicht linear	Prüfwechsel-spannung in V
0	12	0,05	0,05	0,03	150	100	500
1	16	0,1	0,1	0,05	200	150	500
2	20	0,2	0,2	0,1	300	200	750
3	25	0,3	0,3	0,15	400	250	750

Genormte Widerstandwerte				Mechanische Einbaudaten				
100 Ω	250 Ω	500 Ω	1 kΩ	Wellen-Ø	4	5	6	8
2,5 kΩ	5 kΩ	10 kΩ	25 kΩ	Flansch-Ø	11	12	14	16
50 kΩ	1 MΩ	2,5 MΩ	5 MΩ	Gewinde-Ø	M 7 × 0,75	M 8 × 0,75	M10 × 0,75	M12 × 0,75
Toleranz: ± 20 % bis 1 MΩ				Mut- SW	10	11	14	16
± 30 % über 1 MΩ bis 5 MΩ				ter p	2	2	2,5	2,5

Besondere Eigenschaften bei Schichtdrehwiderständen

Temperaturkoeffizient α_{20} in 1/K				Bauform und Anwendung
R_N	Kohleschicht		Cernet C-Schicht	Metall M-Schicht
	N-Schicht	T-Schicht		
≤ 1 kΩ	–	–	±0,3 · 10⁻³	±0,05 · 10⁻³
> 1 kΩ	–	–	±0,15 · 10⁻³	±0,05 · 10⁻³
≤ 100 kΩ	– 2 · 10⁻³	–0,6 · 10⁻³	–	–
> 100 kΩ	– 3 · 10⁻³	– 1 · 10⁻³	–	–

N-Schicht für normale Anwendungen wie Lautstärke- oder Klangeinstellung. **T-Schicht** für hohe Temperaturstabilität. **C-** und **M-Schicht** für Mess- und Regelgeräte bei extremen Temperatur- und Feuchteeinflüssen.

© Verlag Gehlen

Veränderbare Widerstände (DIN 41450)

Kennzeichnung

Beispiel: Einfach-Schichtdrehwiderstand mit Schalter

DIN 41450 470k 4 b 80 d 1/1 HSF

- DIN
- Nennwiderstand
- Kurvenform
- Anschlagwert Gruppe
- klimatische Anwendungsklasse
- Polzahl des Schalters
- Schalterart
- Länge der Welle in mm

Kurzzeichen für die Schalterart:
d Drehschalter; **s** Folgeschalter; **f** Druckfolgeschalter; **r** Druckrastenschalter

Polzahl des Schalters:
1/1   1;   1/2   2

Auswahl von Widerstandskurven

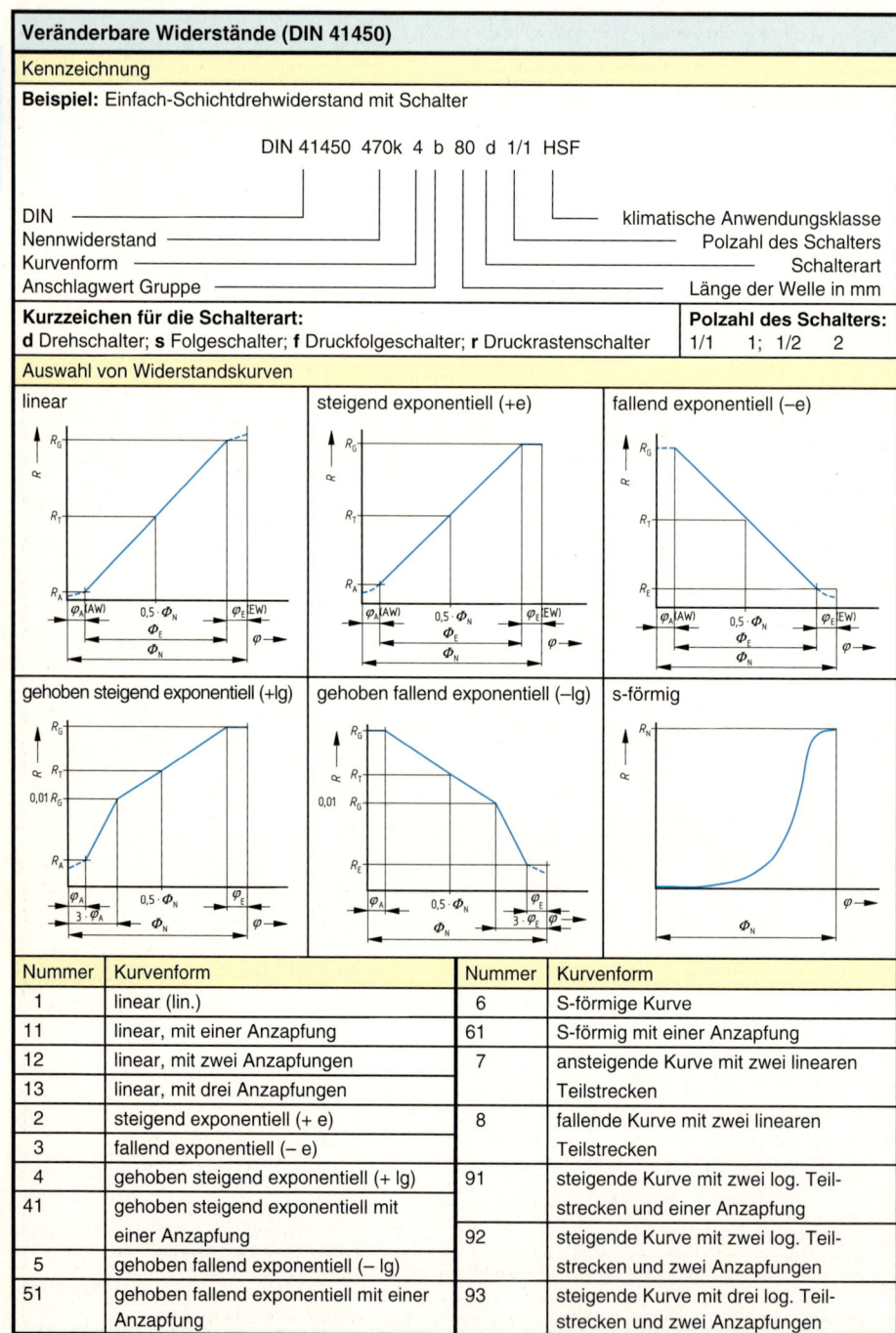

Nummer	Kurvenform	Nummer	Kurvenform
1	linear (lin.)	6	S-förmige Kurve
11	linear, mit einer Anzapfung	61	S-förmig mit einer Anzapfung
12	linear, mit zwei Anzapfungen	7	ansteigende Kurve mit zwei linearen Teilstrecken
13	linear, mit drei Anzapfungen		
2	steigend exponentiell (+ e)	8	fallende Kurve mit zwei linearen Teilstrecken
3	fallend exponentiell (– e)		
4	gehoben steigend exponentiell (+ lg)	91	steigende Kurve mit zwei log. Teilstrecken und einer Anzapfung
41	gehoben steigend exponentiell mit einer Anzapfung	92	steigende Kurve mit zwei log. Teilstrecken und zwei Anzapfungen
5	gehoben fallend exponentiell (– lg)		
51	gehoben fallend exponentiell mit einer Anzapfung	93	steigende Kurve mit drei log. Teilstrecken und zwei Anzapfungen

© Verlag Gehlen

PTC-Widerstände · NTC-Widerstände · VDR-Widerstände

Temperatur- und spannungsabhängige Widerstände

Benennung	Schaltzeichen	Verhalten	Anwendungen
Heißleiter (DIN 4407) **NTC**-Widerstand (**N**egative **T**emperature **C**oeffizient) Material: polykristalline Mischoxidkeramik		Temperaturabhängiger Halbleiterwiderstand, dessen Widerstandswert mit steigender Temperatur sinkt	Temperaturfühler und -regler, Flüssigkeits-Niveaufühler, Spannungsstabilisierung, Anlassheißleiter, Verzögerung von Relais, Temperaturkompensation
Kaltleiter (DIN 44080) **PTC**-Widerstand (**P**ositive **T**emperature **C**oeffizient) Material: ferroelektrische Keramik, z. B. BaTiO₃		Temperaturabhängiger Halbleiterwiderstand, dessen Widerstandswert mit steigender Temperatur fast sprungförmig ansteigt	Temperaturfühler, Thermostat, Flüssigkeits-Niveaufühler, Stromstabilisierung, Überlastschutz, Bildröhren-Entmagnetisierung, Einphasen-Motorstart
Varistoren **VDR**-Widerstand (**V**oltage **D**ependent **R**esistor) Material: Siliciumkarbid, Zinkoxid		Spannungsabhängiger Widerstand, dessen Widerstandswert mit steigender Spannung sinkt	Spannungsstabilisierung, Stoßspannungsbegrenzung, Überspannungsschutz (äußere Überspannung wie Blitz und induktive Beeinflussung, innere Überspannungen)

Kennlinien und charakteristische Werte

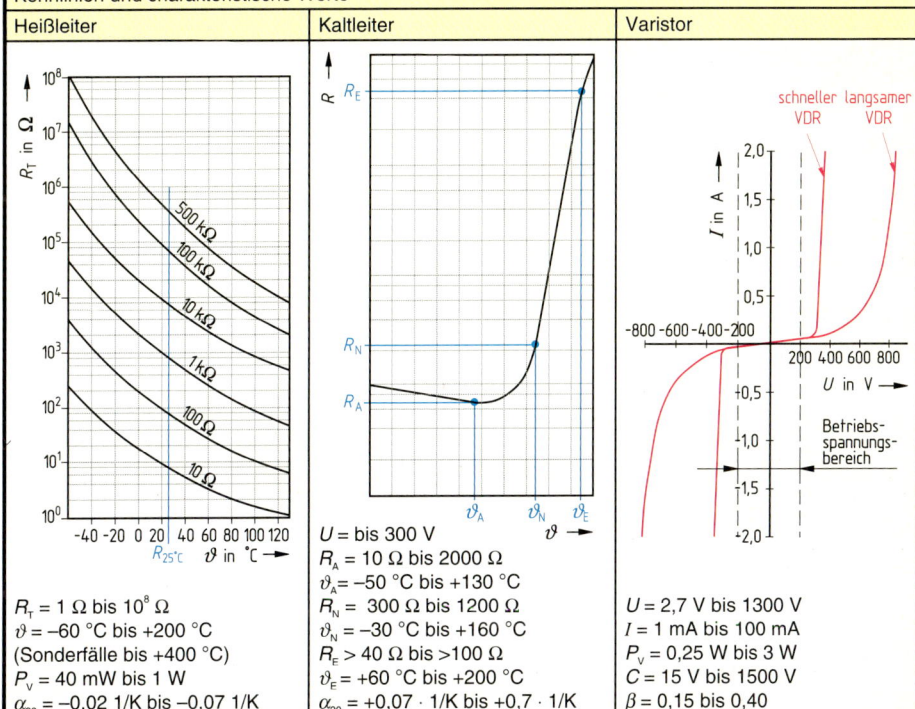

Heißleiter
$R_T = 1\,\Omega$ bis $10^8\,\Omega$
$\vartheta = -60\,°C$ bis $+200\,°C$
(Sonderfälle bis $+400\,°C$)
$P_V = 40\,mW$ bis $1\,W$
$\alpha_{20} = -0{,}02\,1/K$ bis $-0{,}07\,1/K$

Kaltleiter
$U =$ bis $300\,V$
$R_A = 10\,\Omega$ bis $2000\,\Omega$
$\vartheta_A = -50\,°C$ bis $+130\,°C$
$R_N = 300\,\Omega$ bis $1200\,\Omega$
$\vartheta_N = -30\,°C$ bis $+160\,°C$
$R_E > 40\,\Omega$ bis $>100\,\Omega$
$\vartheta_E = +60\,°C$ bis $+200\,°C$
$\alpha_{20} = +0{,}07 \cdot 1/K$ bis $+0{,}7 \cdot 1/K$

Varistor
$U = 2{,}7\,V$ bis $1300\,V$
$I = 1\,mA$ bis $100\,mA$
$P_V = 0{,}25\,W$ bis $3\,W$
$C = 15\,V$ bis $1500\,V$
$\beta = 0{,}15$ bis $0{,}40$

U Spannung; R_T Widerstandswert bei der Temperatur T; R_A Anfangswiderstand bei positivem α; R_N Nennwiderstand; R_E Endwiderstand; P_V Verlustleistung; α Temperaturkoeffizient; I Stromstärke; ϑ_A Anfangstemperatur; ϑ_N Nenntemperatur; ϑ_E Endtemperatur; C Konstante; β Regelfaktor

© Verlag Gehlen

Arten von Kondensatoren

Bauform (Beispiele)	Ausführung, Aufbau, Kennzeichnung
Metallpapierkondensatoren (MP-Kondensatoren)	
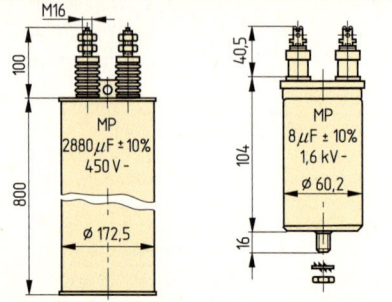	• MP-Kondensatoren sind selbstheilend • **Dielektrikum:** Mit Hartwachs oder Öl imprägniertes Papier • **Beläge:** Eine dünne, auf das Dielektrikum aufgedampfte Metallschicht aus Aluminium oder Zink • **Kennzeichnung des Außenbelages (Schirmung):** Strich auf dem Umfang oder Symbol
Kunststofffolienkondensatoren	

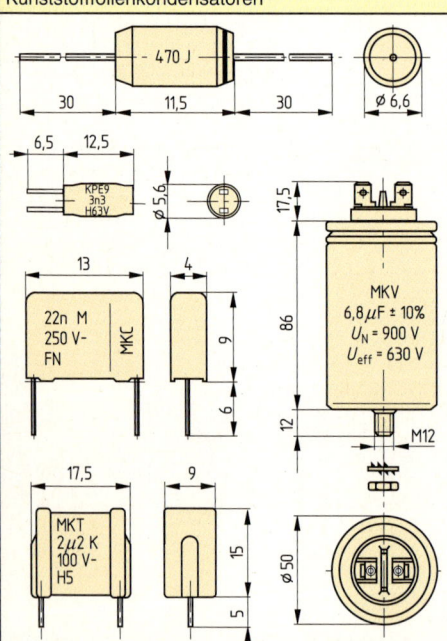	• Ausführungen als nichtmetallisierte Kunststofffolienkondensatoren (K) und als metallisierte Kunststofffolienkondensatoren (MK) (S. 67):
	  KC KP KS KT
	  MKC MKP MKS MKT MKU
	• **MKV:** Ausführung als verlustarmer (V) metallisierter Kunststofffolienkondensator
	• **Dielektrikum:** Verschiedene, durch die Buchstaben C, P, S, T oder U gekennzeichnete Kunststoffe (S. 67)
	• **Beläge:** Bei der nichtmetallisierten Bauart Aluminiumfolien.
	Bei der metallisierten Bauart eine dünne, auf das Dielektrikum aufgedampfte Aluminium- oder Zinkschicht.
	• **Kennzeichnung des Außenbelages (Schirmung):** Strich auf dem Umfang oder Symbol
	• Bei **KS-Kondensatoren** erfolgt die Kennzeichnung des Außenbelages mit einem Farbring, der gleichzeitig die Höhe der Nennspannung kennzeichnet (S. 67)

Keramikkondensatoren	
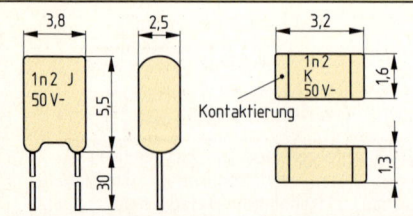	• Ausführungen als NDK- oder HDK-Kondenstoren: **NDK:** Niedrige Dielektrizitätskonstante, $\varepsilon_r < 470$ **HDK:** Hohe Dielektrizitätskonstante, $\varepsilon_r < 10000$ • **Dielektrikum:** Keramikkörper (z. B. Titandioxid) • **Beläge:** Auf den Keramikkörper beidseitig aufgedampftes Edelmetall (meist Silber) • **Innenbelag:** Kennzeichnung durch ein Farbzeichen

© Verlag Gehlen

Arten von Kondensatoren (Fortsetzung)

Bauform (Beispiel)	Ausführungen, Aufbau, Kennzeichnungen
Aluminium-Elektrolytkondensatoren	
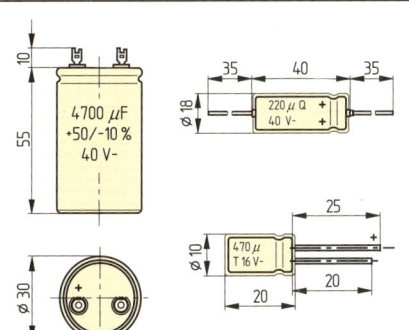	• Ausführungen gepolt oder ungepolt • **Gepolte Ausführung** für den Anschluss an Gleichspannung. Eine Falschpolung führt zur Zerstörung. • **Pluspol:** Pluszeichen, Ziffer 1 oder rote Farbe • **Minuspol:** Minuszeichen oder Strich • **Ungepolte Ausführung** für Wechselspannung • **Dielektrikum:** Aluminiumoxidschicht auf der Anode • **Belag 1 (Anode):** Aluminium als positive Elektrode • **Belag 2 (Kathode):** Elektrolyt, der die leitende Verbindung zur negativen Elektrode (Gehäuse) herstellt • Hohe Toleranzwerte
Tantal-Elektrolytkondensatoren	

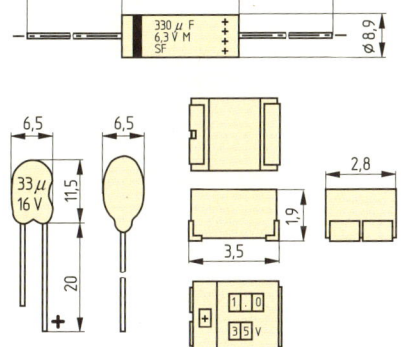	• **Gepolte Ausführung** für den Anschluss an Gleichspannung. Eine Falschpolung führt zur Zerstörung.
	• **Pluspol:** Pluszeichen, längerer Anschlussdraht oder besondere Formgebung des Gehäuses
	• **Minuspol:** Strich auf dem Umfang
	• **Dielektrikum:** Tantaloxidschicht auf der Anode
	• **Belag 1 (Anode):** Tantal als positive Elektrode
	• **Belag 2 (Kathode):** Elektrolyt, der die leitende Verbindung zur negativen Elektrode (Gehäuse) herstellt
	• Hohe Toleranzwerte
	• Kennzeichnung der Bauart:
	  F Wickelkondensator, nass
	  S Sinterkondensator, nass
	  SF Sinterkondensator, trocken

Gold Caps (Doppellagenkondensator)	
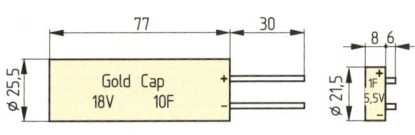	• **Gepolte Ausführung** für den Anschluss an Gleichspannung. Eine Falschpolung führt zur Zerstörung. • **Pluspol:** Pluszeichen • **Minuspol:** Minuszeichen • Eigenschaft und Aufbau von Gold Caps vereinigen Prinzipien von Elektrolytkondensatoren und von Akkumulatoren
Trimmer	
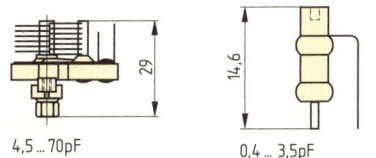	• Kondensatoren mit veränderbarer Kapazität • **Dielektrikum:** Luft oder Keramik • **Beläge:** Metallplatten oder Metallröhrchen; Bei einem Dielektrikum aus Keramik aufgedampfter Metallfilm (z. B. Silber)

© Verlag Gehlen

Kenndaten und Anwendungen von Kondensatoren (Richtwerte)

Kondensatorart	Kapazitätsbereich	Nennspannung U_N in V	Temperaturbereich in °C	Verlustfaktor $\tan \delta \cdot 10^{-3}$	Anwendungen (Beispiele)
MP-Kondensator	100 nF...4,8 mF	bis 6300	–55 ... +85	bei 50 Hz: 6 bei 1 kHz: 10	Koppelkondensator, Stoß-, Stütz- und Glättungskondensatoren
KT	47 pF...20 µF	bis 1000	–40 ... +100	bei 1 kHz: 5 ... 7	Koppel- und Entkoppelkondensatoren; Filter-, Schwingkreiskondensatoren; Kondensatoren für RC-Glieder; Einsatz im Hochfrequenz- und Elektronikbereich
MKT	680 pF...100 µF	bis 12500	–40 ... +100 (–55 ... +100)	bei 1 kHz: 5 ... 7	
KC	100 pF...10 µF	bis 1000	–55 ... +100	bei 1 kHz: ≤ 3	
MKC	100 pF...10 µF	bis 400	–55 ... +100	bei 1 kHz: ≤ 3	Kondensator für RC-Glieder und Zeitkreise
KS MKS	2 pF...1 µF	bis 630	–25 ... +70 (–55 ... +70)	bei 1 kHz: ≤ 0,3	Schwingkreiskondensator in der Hochfrequenztechnik, Koppel- und Entkoppelkondensator
KP	2 pF... 100 nF	bis 630	–40 ... +85 (–55 ... +85)	bei 1 kHz: ≤ 0,5	
MKP (MKY)	bis 20 µF	bis 40000	–55 ... +85	bei 1 kHz: ca. 0,25 (ca. 0,5)	Hochspannungs- und Kommutierungskondensatoren
MKU MKL	100 nF...100 µF	25 ... 630	–55 ... +85	bei 1kHz: 12 ... 15	Filter-, Koppel- und Siebkondensator
MKV	100 nF...330 µF	bis 3000	–55 ... +85	bei 50 Hz: ≤ 0,3	Bedämpfungs- und Kommutierungskondensator in der Energietechnik
Glimmerkondensator	bis 1 µF	bis 20000	–40 ... +80	bei 1kHz: ≤ 0,5	Sendeschwingkreis- und Hochspannungskondensator
Keramikkondens. NDK	0,5 pF...10 nF	30 ... 1000	–25 ... +85 (–55 ... +125)	bei 1 MHz: 0,4 ... 1,5	Schwingkreis- und Filterkondensatoren in der Hochfrequenztechnik
Keramikkondens. HDK	bis 100 nF	30 ... 1000	–25 ... +85 (–55 ... +125)	bei 1 kHz: 20 ... 60	Siebung und Kopplung in der Hochfrequenztechnik
Aluminium-Elektrolytkondensator	100 nF...1 F	6 ... 450	–25 ... +85 (–55 ... +125)	bei 100 Hz: 80 ... 150 (bis 1 mF)	Sieb-, Koppel- und Glättungskondensatoren, Motorkondensator, Energiespeicher
Tantal-Elektrokytkondensator	100 nF...2,5 mF	6 ... 600	–55 ... +85 (–55 ... +125)	bei 120 Hz: 50 ... 80	wie Aluminium-Elektrolytkondensator, außerdem Kondensator für Miniaturschaltkreise
Gold Caps	0,1 F...70 F (1500 F)	1,8 ... 6,3	–20 ... +70	–	Energiespeicher, Pufferkondensator
Trimmer	1,2 pF...110 pF	bis 250	–40 ... +70	bei 1 MHz: ≤ 2,5	Feinabgleich von Frequenzen

© Verlag Gehlen

Kennzeichnung von Kunststofffolienkondensatoren (DIN 41379)

Beispiel		Kenn-buchstabe	Dielektrikum
220n K 100 V- MKT Metallisierte Bauform — M Dielektrikum aus Kunststoff — K Art des Dielektrikums — T		C P S T U	Poly**c**arbonat (Makrofol) Poly**p**ropylen (Hostalen) Poly**s**tyrol (Styroflex) Poly**t**erephthalat (Hostaphan) Cell**u**loseacetat (Trolit)

Kennzeichnung der Kapazitätswerte mit Buchstaben und Ziffern (DIN IEC 62)

Regeln
Die Kennzeichnung der Kapazitätswerte erfolgt mit jeweils drei, vier oder fünf Zeichen:
- Mit zwei Ziffern, drei Ziffern oder vier Ziffern und einem Buchstaben.
- Der Buchstabe steht jeweils an der Stelle des Dezimalkommas.

Beispiele

Kenn-zeichnung	Kapazität	Kenn-zeichnung	Kapazität	Kenn-zeichnung	Kapazität	Kenn-zeichnung	Kapazität
1n0	1 nF	10n	10 nF	100n	100 nF	1µ0	1 µF
2n2	2,2 nF	22n	22 nF	220n	220 nF	2µ2	2,2 µF
3n32	3,32 nF	33n2	33,2 nF	332n	332 nF	3µ32	3,32 µF
6n801	6,801 nF	68n01	68,01 nF	680n1	680,1 nF	6µ801	6,801 µF

Kennzeichnung der zulässigen Abweichungen von Kapazitätswerten (DIN IEC 62)

Beispiel	Hinweise
47n M 250 V- MKC	• Der Kennbuchstabe steht hinter dem Kapazitätswert. • Für Kapazitätswerte bis 10 pF erfolgt die Angabe der zulässigen Abweichung in pF. • Für Kapazitätswerte ab 10 pF erfolgt die Angabe der zulässigen Abweichung in %.

Kenn-buchstabe	zulässige Abweichung bis 10 pF	zulässige Abweichung ab 10 pF	Kenn-buchstabe	zulässige Abweichung
B	± 0,1 pF	± 0,1 %	M	± 20 %
C	± 0,25 pF	± 0,25 %	N	± 30 %
D	± 0,5 pF	± 0,5 %	P	± 0,02 %
E		± 0,005 %	Q	– 10 ... + 30 %
F	± 1 pF	± 1 %	S	– 20 ... + 50 %
G	± 2 pF	± 2 %	T	– 10 ... + 50 %
J		± 5 %	W	± 0,05 %
K		± 10 %	Z	– 20 ... + 80 %
L		± 0,01 %		

Kennzeichnung der Nennspannungen bei KS-Kondensatoren (DIN 41313)

Beispiel	Hinweise
6n8 G	Bei KS-Kondensatoren wird die Nennspannung im Klartext oder mithilfe eines Farbringes – der ebenfalls den Außenbelag kennzeichnet – angegeben.

Farbe (Farbring)	Nennspannung in V	Farbe (Farbring)	Nennspannung in V
Blau	25	Violett	400
Gelb	63	Schwarz	630
Rot	160	Braun	1000
Grün	250		

© Verlag Gehlen

Kennzeichnung des Herstellungsdatums von Kondensatoren (DIN IEC 62)

Beispiel	Hinweise
1996 — H5 — Mai	• Der linksstehende Buchstabe kennzeichnet das Herstellungsjahr. • Die Ziffer bzw. der Buchstabe rechts kennzeichnet den Monat. • Diese Kennzeichnung gilt ebenfalls für Widerstände. • Im Jahre 2010 wird wieder mit dem Buchstaben A begonnen.

Kennzeichnung des Herstellungsjahres

Buchstabe	U	V	W	X	A	B	C	D	E	F	H	J
Jahr	1986	1987	1988	1989	1990	1991	1992	1993	1994	1995	1996	1997
Buchstabe	K	L	M	N	P	R	S	T	U	V	W	X
Jahr	1998	1999	2000	2001	2002	2003	2004	2005	2006	2007	2008	2009

Kennzeichnung des Herstellungsmonats

Zeichen	1	2	3	4	5	6
Monat	Januar	Februar	März	April	Mai	Juni
Zeichen	7	8	9	O	N	D
Monat	Juli	August	September	Oktober	November	Dezember

Entstörkondensatoren (VDE 0565-1, IEC 161, DIN 57565)

Begriff

Entstörkondensatoren dienen zur Verringerung von Störungen (Netzstörungen, Störungen beim Funkempfang), die durch elektrische Betriebsmittel verursacht werden.

Beispiel	Entstörkondensatoren der Klasse X (X-Kondensatoren)
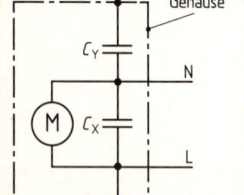	X-Kondensatoren werden dort eingesetzt, wo ihr Ausfall durch Kurzschluss nicht zu einem gefährlichen elektrischen Schlag führen kann. Kondensatoren der Klasse X werden in zwei Unterklassen eingeteilt: • Klasse X1: Einsatz bei Spitzenspannungen über 1,2 kV (bis ca. 4 kV[1]) • Klasse X2: Einsatz bei Spitzenspannungen bis 1,2 kV
	Entstörkondensatoren der Klasse Y (Y-Kondensatoren)
	Y-Kondensatoren sind meist für Wechselspannungsnetze bis 250 V ausgelegt. Sie verfügen über eine erhöhte elektrische und mechanische Sicherheit, durch die Kurzschlüsse im Kondensator ausgeschlossen werden sollen.
	[1] Siehe Herstellerangaben.

Dielektrika

Dielekrikum	Dielektrizitätszahl ε_r	Durchschlagfestigkeit E_d in kV/mm
Luft	1,0059	2,5 ... 3
Papier	1,6 ... 2	10
Hartpapier	5 ... 8	10 ... 20
Polystyrol	2,3	≤ 100
Polypropylen	2,5	≤ 80
Polykarbonat	3	≤ 180
Glimmer	5 ... 8	60
Aluminiumoxid	12	15
Tantalpentoxid	26	
Keramik (Titandioxid)	100	10
Keramik (Bariumtitanat)	≤ 10000	10

Tiefpass · Hochpass · Bandpass · Bandsperre

Passive Filterschaltungen

Schaltzeichen	Schaltungsbeispiel	Formel	Spannungs-/Phasenverlauf
Tiefpass	R, C (RC-Tiefpass)	$f_c = \dfrac{1}{2 \cdot \pi \cdot R \cdot C}$ $\tan \varphi = \omega \cdot R \cdot C$	
	L, R (RL-Tiefpass)	$f_c = \dfrac{R}{2 \cdot \pi \cdot L}$ $\tan \varphi = \dfrac{\omega \cdot L}{R}$	
Hochpass	C, R (CR-Hochpass)	$f_c = \dfrac{1}{2 \cdot \pi \cdot R \cdot C}$ $\tan \varphi = \dfrac{\omega \cdot C}{R}$	
	R, L (RL-Hochpass)	$f_c = \dfrac{R}{2 \cdot \pi \cdot L}$ $\tan \varphi = \dfrac{R}{\omega \cdot L}$	
Bandpass	R, L, C	$f_0 = \dfrac{1}{2 \cdot \pi \cdot \sqrt{L \cdot C}}$ $B = f_{co} - f_{cu}$ $Q = \dfrac{R}{X_L} = \dfrac{R}{X_C}$ $d = \dfrac{1}{Q}$; $d = \dfrac{Q}{f_0}$	
Bandsperre	L, C, R	$f_0 = \dfrac{1}{2 \cdot \pi \cdot \sqrt{L \cdot C}}$ $B = f_{co} - f_{cu}$ $Q = \dfrac{X_L}{R} = \dfrac{X_C}{R}$ $d = \dfrac{1}{Q}$; $d = \dfrac{Q}{f_0}$	

f_c Grenzfrequenz; R Wirkwiderstand; C Kapazität; L Induktivität; ω Kreisfrequenz; B Bandbreite; f_{co} obere Grenzfrequenz; f_{cu} untere Grenzfrequenz; Q Güte; d Dämpfung; f_0 Resonanzfrequenz

© Verlag Gehlen

Filterschaltungen für Netzleitungen (Auswahl)

- Filterschaltungen für Netzleitungen dämpfen Hochfrequenzstörungen beim Anschluss empfindlicher elektronischer Geräte, wie Computer und Laborgeräte.
- Netzfilter sind in IEC-Steckverbinder integriert oder so ausgelegt, dass sie direkt auf ein Chassis oder eine Leiterplatte montiert werden können.

Stromlaufplan	Dämpfung	Technische Daten
Filter im Einphasennetz (Leiterplattenmontage)		
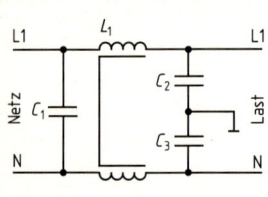	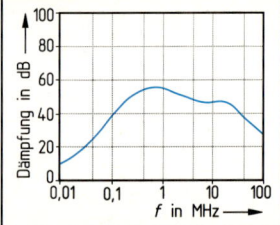	Spannung: 220 ... 240 V Stromstärke: ≤ 3 A Frequenz: bis 400 Hz Ableitstromstärke: ≤ 0,4 mA C_1, Klasse X2: 47 nF C_2, C_3, Klasse Y: 3,3 nF L_1: 2 × 4,7 mH
Filter im Einphasennetz (mit Schutz vor kurzzeitigen Überspannungen)		
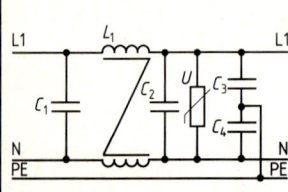	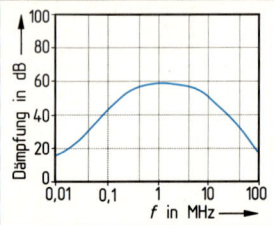	Spannung: 220 ... 240 V Stromstärke: ≤ 1 A Frequenz: bis 400 Hz Ableitstromstärke: ≤ 0,7 mA C_1, C_2, Klasse X2: 330 nF C_3, C_4, Klasse Y: 2,2 nF L_1: 2 × 22 mH
Filter im Dreiphasennetz (mit Schutz vor kurzzeitigen Überspannungen)		
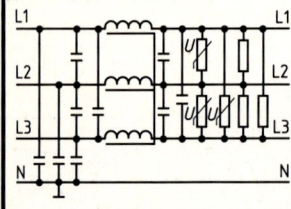	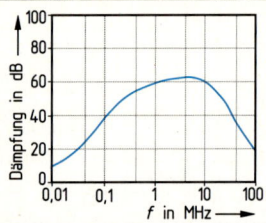	Spannung: 415 ... 440 V Stromstärke: ≤ 25 A Frequenz: 50 ... 60 Hz Ableitstromstärke: ≤ 5 mA je Phase Betriebstemperatur: –25 ... 85 °C

Filterschaltung für Datenleitungen (Beispiel)

- Filterschaltungen für Datenleitungen unterdrücken hochfrequente Störsignale, z. B. bei der Datenübertragung.
- Filter für Datenleitungen sind z. B. in D-Steckverbindern integriert erhältlich.

Stromlaufplan	Dämpfung	Technische Daten
Innerhalb von D-Steckverbindern erfolgt die Signalfilterung meist durch 1 nF-Kondensatoren, die von jedem Kontakt gegen Masse (Stecker- bzw. Kupplungsgehäuse) geschaltet sind.	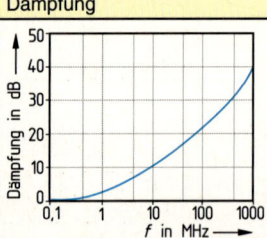	Spannung: 50 V Stromstärke: ≤ 1 A je Kontakt Kontaktwiderstand: ≤ 25 mΩ Isolationswiderstand: 5 GΩ Betriebstemperatur: –25 °C ...125 °C Prüfspannung: 125 V (max. 5 s)

© Verlag Gehlen

Halbleiterkennzeichnungen (nach Pro Electron)

Beispiel: B U Z 32

- Ausgangsmaterial
- Verwendungszweck
- Registriernummer (2 oder 3 Ziffern) für kommerziellen Einsatz (entfällt bei 3 Ziffern)

1. Kenn-buchstabe	Ausgangsmaterial	2. Kenn-buchstabe	Verwendungszweck	2. Kenn-buchstabe	Verwendungszweck
A	Germanium	A	Diode, allgemein	Q	strahlungserzeugendes Bauelement (LED)
B	Silicium	B	Kapazitätsdiode		
C	z. B. Gallium-Arsenid (Energieabstand >1,3 eV)	C	NF-Transistor	R	Thyristor
		D	NF-Leistungstransistor	S	Schalttransistor
		E	Tunneldiode	T	steuerbare Schaltbausteine (z. B. Gleichrichter)
D	z. B. Indium-Antimonid; (Energieabstand >0,6 eV)	F	HF-Transistor		
		G	Oszillatoranwendung		
		H	Hall-Feldsonde		
R	Material für Fotohalbleiter und Hallgeneratoren	K (M)	Hallgenerator	U	Leistungsschalttransistor
		L	HF-Leistungstransistor		
		N	Optokoppler	X	Vervielfacher-Diode
		P	strahlungsempfindliches Bauelement	Y	Leistungsdiode
				Z	Z-Diode

Bezeichnungsweise für Z-Dioden (nach Pro Elektron)

Beispiel: B Z X 83/ C 6V8

- Ausgangsmaterial
- Verwendungszweck
- Für kommerziellen Einsatz
- Registriernummer
- Z-Spannung in V (U_z = 6,8 V)
- Toleranz

Bezeichnung	A	B	C	D
Toleranz in %	1	2	5	10

Farbcodierung von Dioden

nach Pro Elektron						nach JEDEC	
1. Ring breit 1. und 2. Buchstabe		2. Ring breit		3. und 4. Ring schmal		Farbe	Ziffer
Braun	AA	Weiß	Z	Schwarz	0	Schwarz	0
Rot	BA	Grau	Y	Braun	1	Braun	1
–	–	Schwarz	X	Rot	2	Rot	2
–	–	Blau	W	Orange	3	Orange	3
–	–	Grün	V	Gelb	4	Gelb	4
–	–	Gelb	T	Grün	5	Grün	5
–	–	Orange	S	Blau	6	Blau	6
–	–	–	–	Violett	7	Violett	7
–	–	–	–	Grau	8	Grau	8
–	–	–	–	Weiß	9	Weiß	9

Beispiele von Codierungen:

K —[1N 4148]— A (Kathodenring)

K —[|||||]— A (Kathodenring)

BAW 75

© Verlag Gehlen

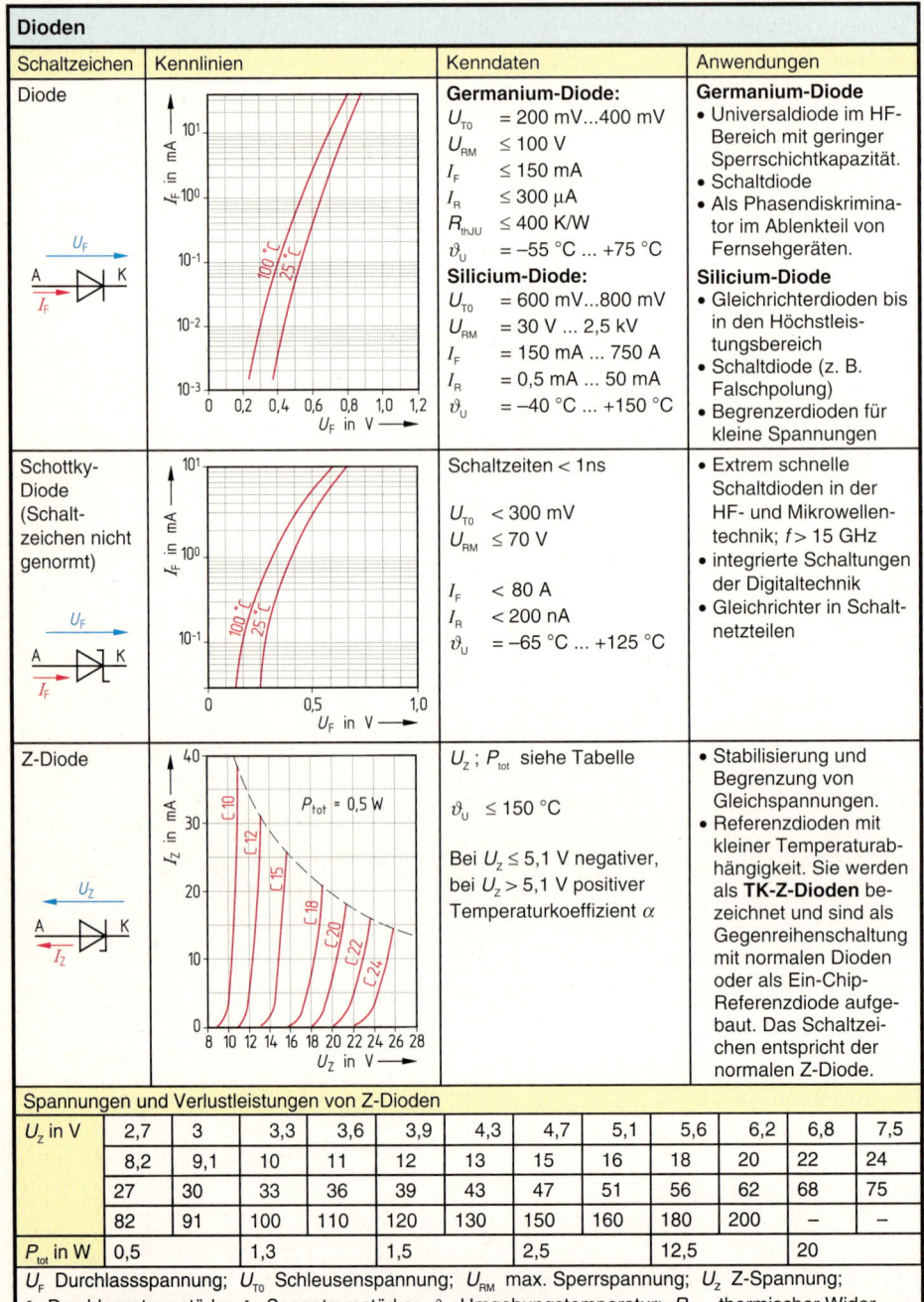

Spezielle Dioden

Schaltzeichen	Kennlinien	Kenndaten	Anwendungen
TAZ-Surpressor-Diode (Transient Absorption Zener)	P_{tot} in kW vs. t_i in µs (Exponentialimpuls, Rechteckimpuls)	$P_{tot} \leq 1500$ W (bei $t_p \leq 1$ms) $U_R = 21{,}5$ V ... 125 V $U_{RM} = 47{,}5$ V ... 265 V bei $I_{RM} = 32$ A ... 5,7 A $U_{(BR)R} = 33$ V ... 190 V	• Spannungsbegrenzung zum Schutz vor zu hohen Spannungsspitzen und Impulsen
Kapazitätsdiode (Varicap)	C_D in pF vs. U_R in V	Die Diodenkapazität C_D sinkt mit steigender Sperrspannung U_R. $C_D \leq 60$ pF $U_{RM} = 30$ V $I_F = 100$ mA $\vartheta_U = -55$ °C ... +125 °C	• Schwingkreiskapazitäten in der HF-Technik • Nachstimmschaltungen • Koppelelemente in Filtern mit regelbarer Bandbreite
PIN-Diode	R in Ω vs. I_F in mA	Bei Frequenzen < 10 MHz normales Diodenverhalten; bei Fequenzen > 10 MHz arbeitet die Diode als stromgesteuerter Widerstand. $U_{RM} \leq 150$ V $I_F \leq 100$ mA $P_{tot} \approx 1$ W ... 6 W $r_F \approx 5$ Ω (bei $I_F = 10$ mA und $f = 100$ MHz)	• als regelbarer Widerstand ab einer Frequenz $f > 10$ MHz • als schneller niederohmiger Schalter • als Diode im Mikrowellenbereich
Magnetdiode	U_F in V vs. B in T	Der Widerstandswert der Magnetdiode ändert sich durch die magn. Flussdichte B eines äußeren Magnetfeldes. $U_F \approx 4$ V $U_{Fmax} \approx 20$ V $P_{tot} \approx 50$ mW $R_0 \approx 2$ kΩ	• als Signalgeber bei Transistorstufen und Schmitt-Triggern um Schaltvorgänge auszulösen • als Signalgeber bei der Drehzahlmessung

U_R Sperrspannung; U_{RM} max. Sperrspannung; $U_{(BR)R}$ Durchbruchspannung in Sperrichtung; I_{RM} max. Sperrstromstärke; C_D Diodenkapazität; r_F diffrentieller Widerstand in Durchlassrichtung; R_0 Widerstandswert bei $B = 0$; B magnetische Flussdichte

© Verlag Gehlen

Bipolare Transistoren

Schaltzeichen, Spannungen, Ströme und Gleichungen

NPN - Transistor · PNP - Transistor

$I_E = I_C + I_B$
$I_C = B \cdot I_B$
$U_{CE} = U_{CB} + U_{BE}$
$P_{tot} = U_{CE} \cdot I_C + U_{BE} \cdot I_B$
$P_{tot} \approx U_{CE} \cdot I_C$

B Gleichstrom-Verstärkungsfaktor
P_{tot} Verlustleistung

Spannungsbezeichnungen

U_{CE} Kollektor-Emitter-Spannung; U_{BE} Basis-Emitterspannung
U_{CB} Kollektor-Basisspannung

- Positive Spannungen werden dann angegeben, wenn die festgelegte Pfeilrichtung mit der Spannungsrichtung übereinstimmen.
- Der letztgenannte Buchstabe des Indices gibt den Bezugspunkt für die Spannung an. Stimmen Pfeil- und Spannungsrichtung nicht überein, werden die Spannungen negativ angegeben.

Strombezeichnungen

I_E Emitterstrom; I_C Kollektorstrom
I_B Basisstrom

Alle Ströme, die in den Transistor hineinfließen, erhalten ein positives Vorzeichen

3. Indexbuchstabe	Bedeutung
O	z. B. U_{CEO}: Die nicht genannte Elektrode (Basis) ist offen
R	z. B. I_{CER}: Zwischen zweit- und nichtgenannter Elektrode liegt ein Widerstand
S	z. B. I_{CES}: Zwischen zweit- und nichtgenannter Elektrode ist ein Kurzschluss
V	z. B. U_{CEV}: Zwischen zweit- und nichtgenannter Elektrode liegt eine Sperrspannung

Leistungsbereiche bipolarer Tansistoren

Anwendung	Typ	Kollektorspannung U_{CE} in V	Kollektorstromstärke I_C in mA	Gleichstromverstärkung B	Transitfrequenz f_T in MHz
Kleinsignal-	NPN	+1 bis +20	0,1 bis 20	250 [1]	300
tansistoren	PNP	–1 bis –10	–0,1 bis –20	200	150
mittlere	NPN	+10 bis +40	5 bis 150	120	130
Leistung	PNP	–10 bis –40	–5 bis –150	80	90
große Leistung	NPN	+10 bis +80	0,1 bis 5000	100	100
sehr große Leistung	NPN	+10 bis +50	1000 bis 15000	20 bis 120	1
Leistungsdarlington	NPN	+3 bis +100	100 bis 15000	500 bis 5000	300
Hochvolttransistor	NPN	+10 bis 1000	3 bis 100	30	100
HF-Transistor	NPN	+1 bis +25	0,1 bis 10	30 bis 120	300 bis >5000

[1] Für Kleinsignaltransistoren ist meistens $B \approx 250$.
Sind Gruppen angegeben, gilt annähernd die Tabelle:

Gruppe	A	B	C
Gleichstromverstärkung B	150 bis 300	250 bis 600	450 bis 900

Eingangskennlinie · Ausgangskennlinie

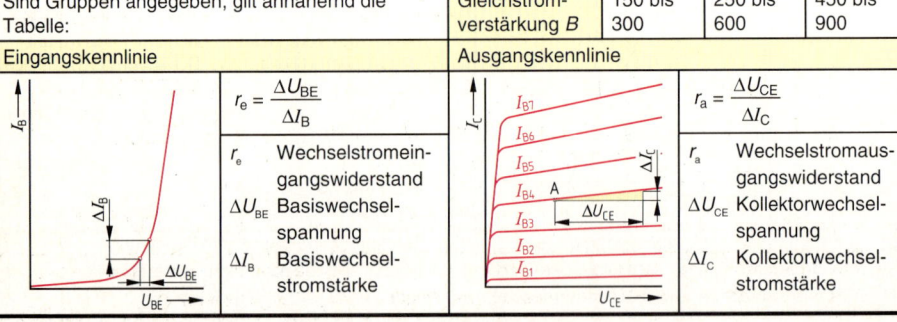

$r_e = \dfrac{\Delta U_{BE}}{\Delta I_B}$

r_e Wechselstromeingangswiderstand
ΔU_{BE} Basiswechselspannung
ΔI_B Basiswechselstromstärke

$r_a = \dfrac{\Delta U_{CE}}{\Delta I_C}$

r_a Wechselstromausgangswiderstand
ΔU_{CE} Kollektorwechselspannung
ΔI_C Kollektorwechselstromstärke

© Verlag Gehlen

Kennwerte und Kenndaten bipolarer Transistoren

Eigenschaften bipolarer Transistoren am Beispiel des NPN-Silicium-Planar-Transistor BC 546

Grenzdaten		Statische Kenndaten (ϑ_U = 25 °C)	
Kollektor-Basis-Spannung U_{CBO}	80 V	Kollektor-Basis-Reststromstärke I_{CBO}	15 nA
Kollektor-Emitter-Spannung U_{CES}	80 V	Kollektor-Emitter-Sättigungsspannung U_{CEsat}	
Kollektor-Emitter-Spannung U_{CEO}	65 V	(I_C = 10 mA; I_B = 0,5 mA)	90 mV
Emitter-Basis-Spannung U_{EBO}	6 V	(I_C = 100 mA; I_B = 5 mA)	200 mV
Kollektorstromstärke I_C	100 mA	Basis-Emitter-Sättigungsspannung U_{BEsat}	
Kollektor-Spitzenstromstärke I_{Cmax}	200 mA	(I_C = 10 mA; I_B = 0,5 mA)	700 mV
Basis-Spitzenstromstärke I_{Bmax}	200 mA	(I_C = 100 mA; I_B = 5 mA)	900 mV
Sperrschichttemperatur ϑ_j	150 °C	Basis-Emitter-Spannung U_{BE}	580 mV bis 700 mV
Gesamtverlustleistung P_{tot}	500 mW	(U_{CE} = 5V; I_C = 2 mA)	
		Gleichstromverstärkung B	A: 180; B: 290; C: 500

Dynamische Kenndaten (ϑ_U = 25 °C)

			A-Gruppe	B-Gruppe	C-Gruppe
Transitfrequenz f_T	300 MHz	[1)]			
(U_{CE} = 5 V; I_C = 10 mA; f = 100 MHz)		h_{11e}	1,2 kΩ	4,5 kΩ	8,7 kΩ
Kollektor-Basis-Kapazität C_{CBO}	2,5 pF		(0,4 bis 2,2 kΩ)	(1,6 bis 4,5 kΩ)	(6 bis 15 kΩ)
(U_{CBO} = 10 V; f = 1 MHz)		h_{12e}	$1{,}5 \cdot 10^{-4}$	2	3
Emitter-Basis-Kapazität C_{EBO}	9 pF				
(U_{EBO} = 0,5 V; f = 1 MHz)		h_{21e}	220	330	600
Rauschzahl F	2 dB				
(U_{CE} =5 V; I_C = 200 µA; R_G = 2 kΩ		h_{22e}	18 µS	30 µS	60 µS
f = 1 kHz; Δf = 0,2 kHz)			(< 30 µS)	(< 60 µS)	(< 110 µS)

Bipolarer Transistor als Vierpol

Transistor als Vierpol	Vierpolparameter[1)]	
	Ausgang kurzgeschlossen	Eingang offen
(Transistor Vierpol mit i_1, U_1, i_2, U_2)	$h_{21} = \dfrac{i_2}{i_1}$ für u_2 = 0 V	$h_{22} = \dfrac{i_2}{u_2}$ für i_1 = 0 mA
$i_1 = \Delta I_B$, $i_2 = \Delta I_C$, $U_1 = \Delta U_{BE}$, $U_2 = \Delta U_{CE}$	$h_{11} = \dfrac{u_1}{i_1}$ für u_2 = 0 V	$h_{12} = \dfrac{u_1}{u_2}$ für i_1 = 0 mA

[1)] Vierpolparameter: h_{11} Eingangswiderstand h_{12} Spannungsrückwirkung
h_{21} Wechselstromverstärkungsfaktor h_{22} Ausgangsleitwert

© Verlag Gehlen

Vierquadranten-Kennlinienfeld

Kennlinien (Emitterschaltung)

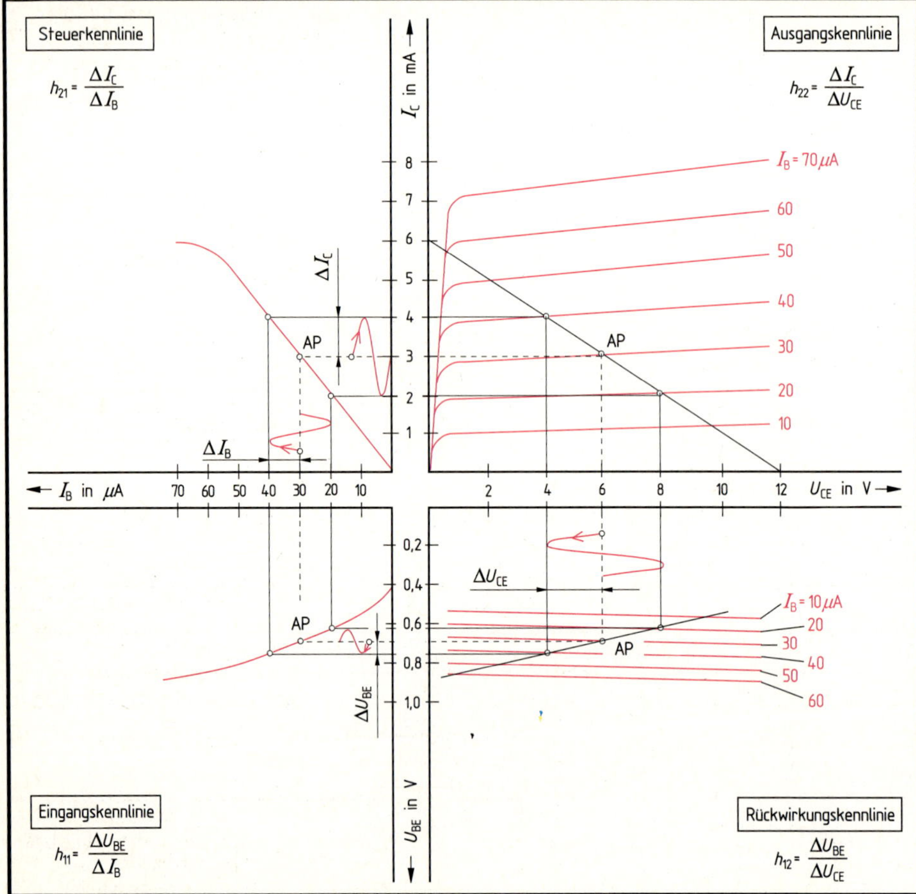

Steuerkennlinie
$$h_{21} = \frac{\Delta I_C}{\Delta I_B}$$

Ausgangskennlinie
$$h_{22} = \frac{\Delta I_C}{\Delta U_{CE}}$$

Eingangskennlinie
$$h_{11} = \frac{\Delta U_{BE}}{\Delta I_B}$$

Rückwirkungskennlinie
$$h_{12} = \frac{\Delta U_{BE}}{\Delta U_{CE}}$$

Einfluss des Generator- und Lastwiderstandes

Eingangs-/Ausgangsimpedanz	Verstärkungsfaktor	Last-/Generatorwiderstand
$r_e = \dfrac{h_{11} + R_L \cdot \Delta h}{1 + h_{22} \cdot R_L}$	$H_i = \dfrac{h_{21}}{1 + h_{22} \cdot R_L}$	$R_{Lopt} = \dfrac{h_{11}}{h_{22} \cdot \Delta h}$
$r_a = \dfrac{h_{11} + R_G}{\Delta h + h_{22} \cdot R_L}$	$H_u = \dfrac{h_{21} \cdot R_L}{h_{11} + R_L \cdot \Delta h}$	$R_{Gopt} = \dfrac{h_{11} \cdot \Delta h}{h_{22}}$
	$H_p = H_u \cdot H_i$	$\Delta h = h_{11} \cdot h_{22} - h_{12} \cdot h_{21}$

Für die Emitterschaltung gilt:
- $h_{11e} \approx r_e$ Wechselstrom-Eingangswiderstand (Eingangsimpedanz)
- $h_{21e} \approx \beta = H_i$ Wechselstrom-Verstärkungsfaktor
- $h_{22e} = 1/r_a$ Wechselstrom-Ausgangsleitwert (Ausgangsreaktanz)
- R_{Lopt} Wert des Lastwiderstandes bei max. Leistungsverstärkung
- R_{Gopt} Wert des Generatorwiderstandes bei max. Leistungsverstärkung; H_p Leistungsverstärkung

© Verlag Gehlen

Grundschaltungen bipolarer Transistoren

Schaltung	Eigenschaften	Anwendungen
Emitterschaltung	$r_e = r_{BE} \| R_1 \| R_2$ 20 Ω ... 5 kΩ $r_a = r_{CE} \| R_C \approx R_C$ 5 kΩ ... 100 kΩ $H_u = -\dfrac{\beta}{r_{BE}} \cdot R_C \| r_{CE}$ 100 ... 1000 $H_i \approx \beta$ 20 ... 500 $\varphi = 180°$	Universelle Schaltung zur Spannungs- und Stromverstärkung im NF- und HF-Bereich
Kollektorschaltung	$r_e = (r_{BE} + \beta \cdot R_E) \| R_1 \| R_2$ 10 kΩ ... 200 kΩ $r_a = \dfrac{r_{BE}}{\beta} \| R_E \| R_L$ 10 Ω ... 200 Ω $H_u \approx 1$; $H_i \approx \beta$ 20 ... 500 $\varphi = 0°$	• NF-Eingangsverstärker • Impedanzwandler
Basisschaltung	$r_e = \dfrac{r_{BE}}{\beta} \| R_E$ 10 Ω ... 200 Ω $r_a = r_{CE} \| R_C \approx R_C$ 50 kΩ ... 1 MΩ $H_u \approx \beta \cdot \dfrac{R_C}{r_{BE}}$ 100 ... 1000 $H_i \approx 1$; $\varphi = 0°$	• Oszillatorschaltungen • HF-Verstärker
Darlington-Schaltung	$B' = B_1 \cdot B_2$; $\beta' = \beta_1 \cdot \beta_2$ $r'_{BE} \approx 2 \cdot r_{BE1}$ $U'_{BE} = U_{BE1} + U_{BE2}$ $r'_{CE} = r_{CE2} \| \dfrac{r_{CE1}}{\beta_2}$ Durch Steuertransistor V1 und Leistungstransistor V2 Stromverstärkungen bis 10^3	• Einsatz in Netzgeräten und Leistungsverstärkern • Komplementär-Darlington-Schaltung
Differenzverstärker-Schaltung	$-U_{A1} = H_u \cdot U_{E1}$ $-U_{A2} = H_u \cdot U_{E2}$ $U_{A12} = U_{A1} - U_{A2}$ $U_D = U_{E1} - U_{E2}$ $U_{A12} = H_u \cdot U_D$ Hoher Eingangswiderstand und hohe Spannungsverstärkung	• Verstärkertechnik • Mess- und Regelungstechnik • Eingangsstufe in Operationsverstärkern
Gegentaktverstärker-Schaltung	$H_u \approx 1$; $H_i \approx \beta$; $\varphi = 0°$ $P_{RLmax} = \dfrac{1}{2} \cdot \dfrac{U^2}{R_L}$ Kollektorschaltung mit zwei komplementären Transistoren; positive Eingangsspannungen steuern V1, negative V2	Universelle Schaltung zur Spannungs- und Stromverstärkung im NF- und HF-Bereich

r_e Eingangswiderstand; r_a Ausgangswiderstand; r_{BE} different. Eingangswiderstand; ∥ Parallelschaltung; r_{CE} different. Ausgangswiderstand; H_u Wechselspannungsverstärkung; H_i Wechselstromverstärkung; β Transistor-Wechselstromverstärkung; φ Phasenverschiebung zwischen u_E und u_A

© Verlag Gehlen

Transistor als Verstärker

Arbeitspunkteinstellung

Schaltung	Eigenschaften	Schaltung	Eigenschaften
mit Basisvorwiderstand 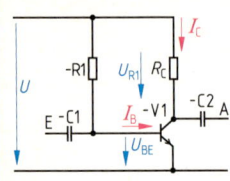 $R_1 = \dfrac{U - U_{BE}}{I_B}$ $I_B = \dfrac{I_C}{B}$	• einfacher Schaltungsaufbau • relativ hoher Eingangswiderstand • kein temperaturstabiler Arbeitspunkt	mit Basisspannungsteiler 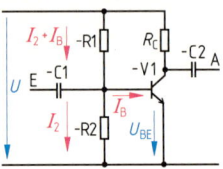 $R_1 = \dfrac{U - U_{BE}}{I_B + I_2}$; $R_2 = \dfrac{U_{BE}}{I_2}$ $I_B = \dfrac{I_C}{B}$; $5 I_B \leq I_2 \leq 20 I_B$	• relativ geringer Eingangswiderstand • der Arbeitspunkt ist nur bei geringen Änderungen der Umgebungstemperatur stabil

Temperaturstabilisierung des Arbeitspunktes

Stromgegenkopplung		Spannungsgegenkopplung	
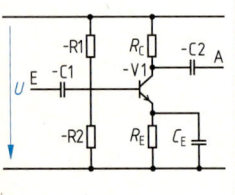 $R_E \approx 0{,}1 \cdot R_C$ bis $0{,}3 \cdot R_C$	• Der Emitterwiderstand R_E erzeugt für den Gleich- und Wechselstrom im Kollektorkreis eine Stromgegenkopplung. • Ist die Wechselstrom-Gegenkopplung nicht erwünscht, muss dem Emitterwiderstand R_E ein Kondensator C_E parallelgeschaltet werden.	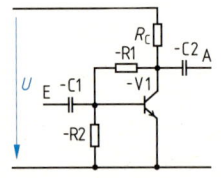	• Der Widerstand R_1 erzeugt für den Gleich- und Wechselstrom im Kollektorkreis eine Spannungsgegenkopplung. • Die stabilisierende Wirkung dieser Schaltung ist im Vergleich zur Stromgegenkopplung geringer; sie wird daher weniger eingesetzt.

Mehrstufige Verstärker

direkte Kopplung	Widerstandskopplung	kapazitive Kopplung
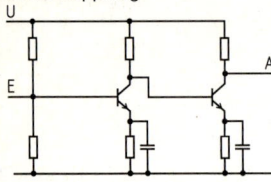	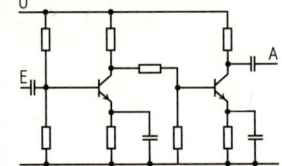	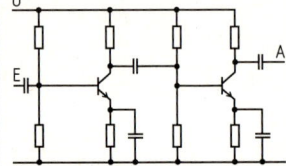
Vorteil: • Verstärkung von Gleich- und Wechselspannungen **Nachteile:** • Das Potential φ_B der Basis steigt mit jeder Transistorstufe. • Der Aussteuerbereich ΔU_{CE} wird mit jeder Stufe kleiner. • Arbeitspunktverschiebungen einer Stufe bewirken Änderungen in den folgenden Stufen.	**Vorteil:** • Höherer Aussteuerbereich ΔU_{CE} als bei direkter Kopplung **Nachteil:** • Relativ kleine Gesamtverstärkung durch die Spannungsteiler zwischen den Stufen	**Vorteile:** • Gleichstrommäßige Trennung jeder Stufe • Keine Auswirkungen von Arbeitspunktverschiebungen einer Stufe auf die folgenden **Nachteil:** • Der Koppelkondensator C1 und der Eingangswiderstand der folgenden Stufe bilden einen Hochpass.

Transistor als Schalter

Schaltzeiten von Transistoren

Schaltung und Ausgangskennlinie (Wirklast)

Schalten von Signallampen, Gleichstromstellern oder in Digitalschaltungen als Leistungsverstärker

Eingangs- und Ausgangsimpuls

t_d Verzögerungszeit $\quad t_r$ Abfallzeit
t_s Speicherzeit $\quad t_{ein} = t_d + t_r$ Einschaltzeit
t_r Anstiegszeit $\quad t_{aus} = t_s + t_f$ Ausschaltzeit

Verkürzung der Schaltzeiten

Beschleunigungskondensator

Über R und C erfolgt eine Differenzierung der Schaltflanken. Bei positiven Flanken wird der Transistor übersteuert und die Anstiegszeit t_r verkürzt. Die negative Flanke verkürzt die Speicherzeit t_s und die Abfallzeit t_f.

Schnellschaltende (Schottky-) Dioden

Die Diodenschaltung verhindert ein Absinken der Kollektorspannung auf den Sättigungswert $U_{CEsat} \approx 0{,}1$ V. Die Ausschaltzeitkonstante der sonst im inversen Betrieb arbeitenden Kollektordiode kann somit vernachlässigt werden.

Schalten von induktiven und kapazitiven Lasten

induktive Last

Schalten von Relais, Zugmagneten oder Gleichstrommotoren

kapazitive Last

Schalten von Glättungskondensatoren in Schaltnetzteilen oder in Kippschaltungen

© Verlag Gehlen

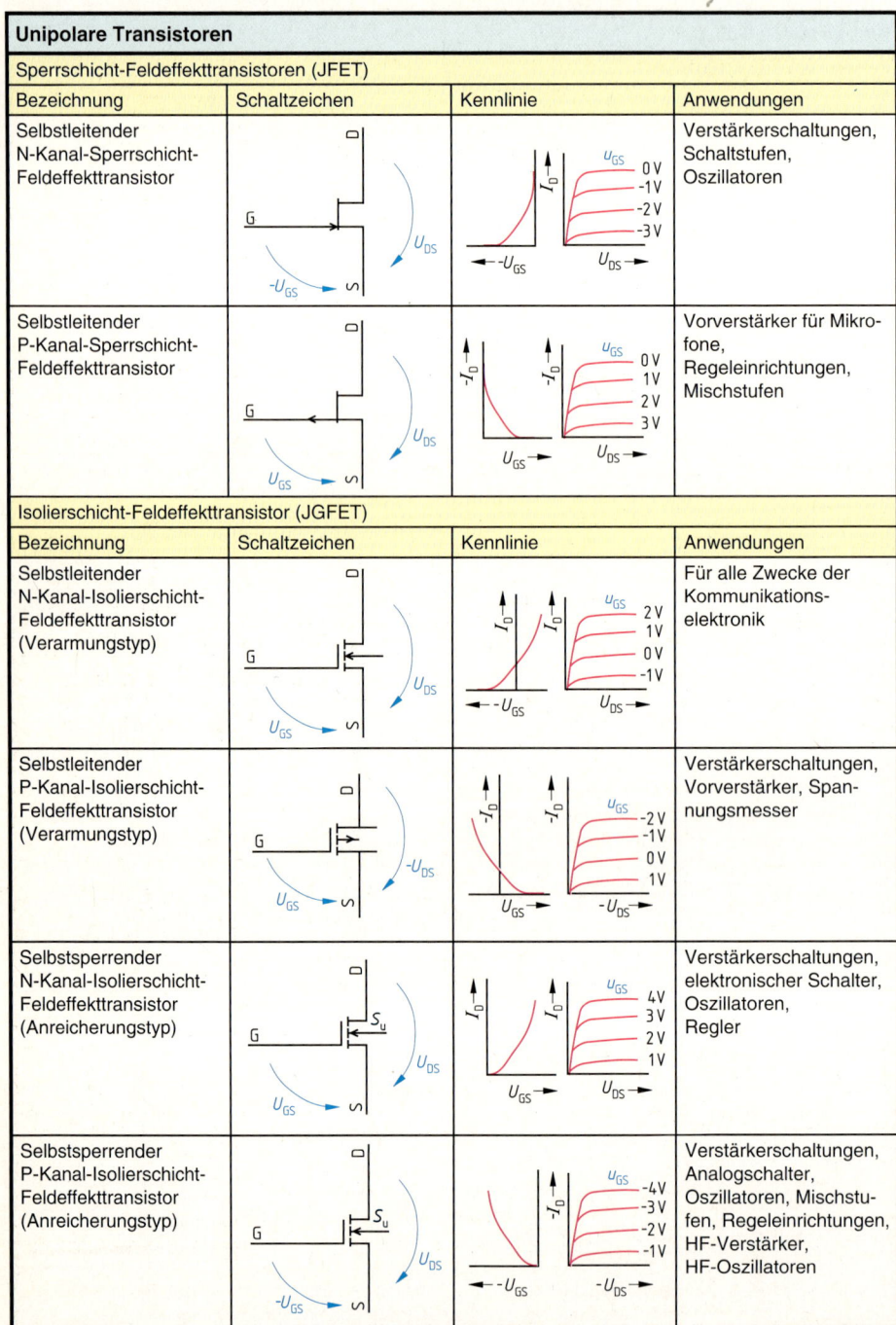

Power-MOS-FET · Grundschaltungen

Unipolare Transistoren

Power-MOS-FETs (PMF)

Bezeichnung	Schaltzeichen	Eigenschaften	Anwendungen
IGBT (Insulate Gate Bipolar Transistor)		Spannungsgesteuerter MOS-Eingang, niedrige Durchlassspannung, hohe Schaltgeschwindigkeit (> 20 kHz), kurzschlussfest, geringe Temperaturabhängigkeit, latch-up-frei	Frequenzumrichter für Drehstromantriebe, getaktete Stromversorgungen für Schweißgeräte, Schaltnetzteile größerer Leistung, Kfz-Zündungen
TEMPFET (TEMperatur-Protected-Field-Effect-Transistor)		Temperaturgeschützter, kurzschlussfester Power-MOS-FET mit thermisch gekoppeltem Temperaturfühler auf dem Chip	NF-Verstärkertechnik: lineare A-Endstufe, B/C-Endstufe, Gegentaktendstufe; Leistungsschalter: getaktete Stromversorgungen, Motorsteuerungen
PROFET (PROtected-Field-Effect-Transistor-Switch)	Ein eigenes Schaltzeichen ist nicht vorhanden	Intelligenter CMOS-kompatibler PMF mit Statusmeldung und integrierten Schutzfuktionen wie Kurzschluss, Übertemperatur, Überlast	Leistungsstufen für Mikroprozessor- oder CMOS-Steuerungen, progammierbare Maschinensteuerugen oder Kfz-Anwendungen mit Versorgungsspannungen von $U = 12$ V bzw. $U = 24$ V

Grundschaltungen unipolarer Transistoren

Schaltung		Eigenschaften		Anwendungen
Sourceschaltung		$r_e \approx R_1 \parallel R_2$ $r_a \approx R_D$ $H_u \approx -S \cdot R_D$ $H_i \to \infty$ $\varphi = 0°$ φ Phasenverschiebung S Steilheit	1 MΩ bis 10 MΩ 2 kΩ bis 20 kΩ 5 bis 20	Gebräuchlichste Verstärkerschaltung im NF- und HF-Bereich
Drainschaltung		$r_e \approx R_1 \parallel R_2$ $r_a \approx \dfrac{1}{S}$ $H_u \approx 1$ $H_i \to \infty$ $\varphi = 0°$	5 MΩ bis 20 MΩ 100 Ω bis 1KΩ	Vorverstärker, Impedanzwandler
Gateschaltung		$r_e \approx R_S + \dfrac{1}{S}$ $r_a \approx R_D$ $H_u \approx S \cdot R_D$ $H_i \approx 1$ $\varphi = 0°$	100 Ω bis 500Ω 20 kΩ bis 2 MΩ 5 bis 20	Durch den hohen Gate-Kanal-Widerstand erfolgt eine Anwendung in Messwert- oder Antennenverstärkern mit Leistungsanpassung

© Verlag Gehlen

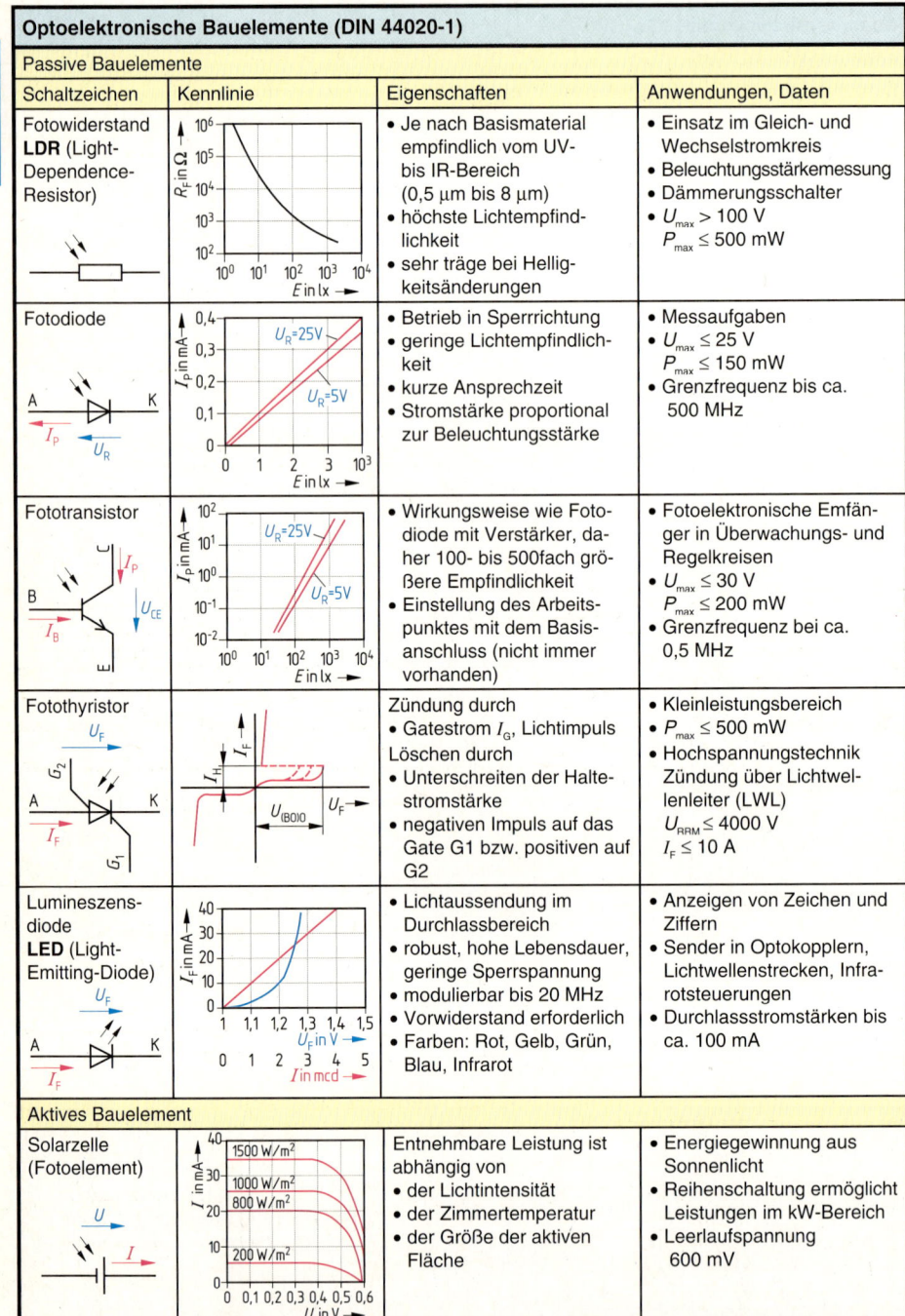

Optoelektronische Koppler

Sender	Empfänger	Stromübertragungsverhältnis
Durchlassstromstärke: $I_F = 60$ mA Durchlassspannung: $U_F = 1{,}25$ V Durchbruchspannung: $U_{BR} = 30$ V	Kollektorstromstärke: $I_C = 2{,}5$ mA Kollektor-Emitter-Sättigungsspannung: $U_{CEsat} = 0{,}25$ V	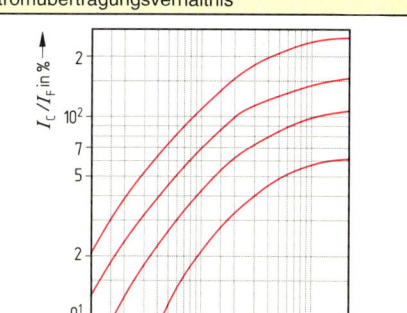
$CTR = \dfrac{I_C}{I_F}$ in % bei $I_F = 10$ mA und $U_{CE} = 5$ V		
CTR Stromübertragungsverhältnis in % I_F Durchlassstromstärke der Diode in mA I_C Kollektorstromstärke des Fototransistors in mA Der *CTR*-Wert (Current Transfer Relation) wird auch als **Stromübertragungsverhältnis** oder **Koppelfaktor** bezeichnet		

Ausführungen

Schaltung	A 1 ⟋⟍ 4 E K 2 3 C	A 1 6 B K 2 5 C 3 4 E	A 1 6 B K 2 5 C 3 4 E	A 1 6 B K 2 5 A 3 4 K
Eigenschaft	Basisanschluss nicht vorhanden	Mit Basisanschluss höhere Grenzfrequenz durch R_{BE}	Durch Darlington-Fototransistor hohe *CTR*-Werte	Nicht für analoge Signalübertragung; hohe Stromstärken
Grenzfrequenz	bis 500 kHz	> 500 kHz	bis 10 kHz	(bis 10 kHz)
CTR in %	bis 100	bis 100	bis 500	bis 100

Optoelektronische Grundschaltungen

Helle Diode bei H-Signal	Dunkle Diode bei H-Signal	Steuerung mit TTL-Leistungsausgang

Erhöhung des Übertragungsverhältnisses	Potentialfreie Übertragung	

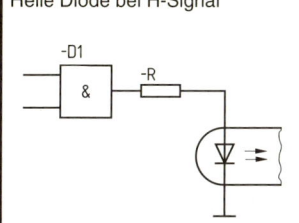
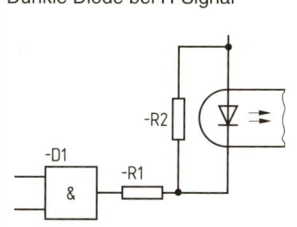
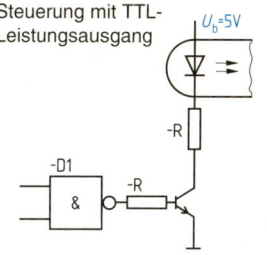
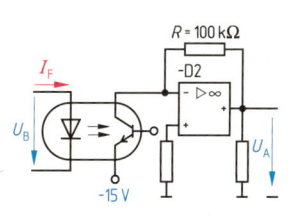
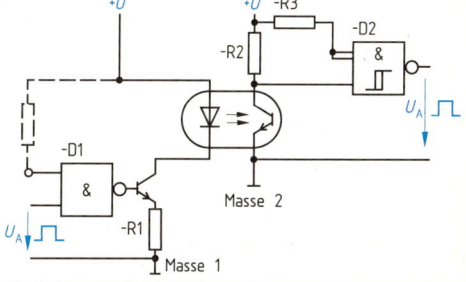

© Verlag Gehlen

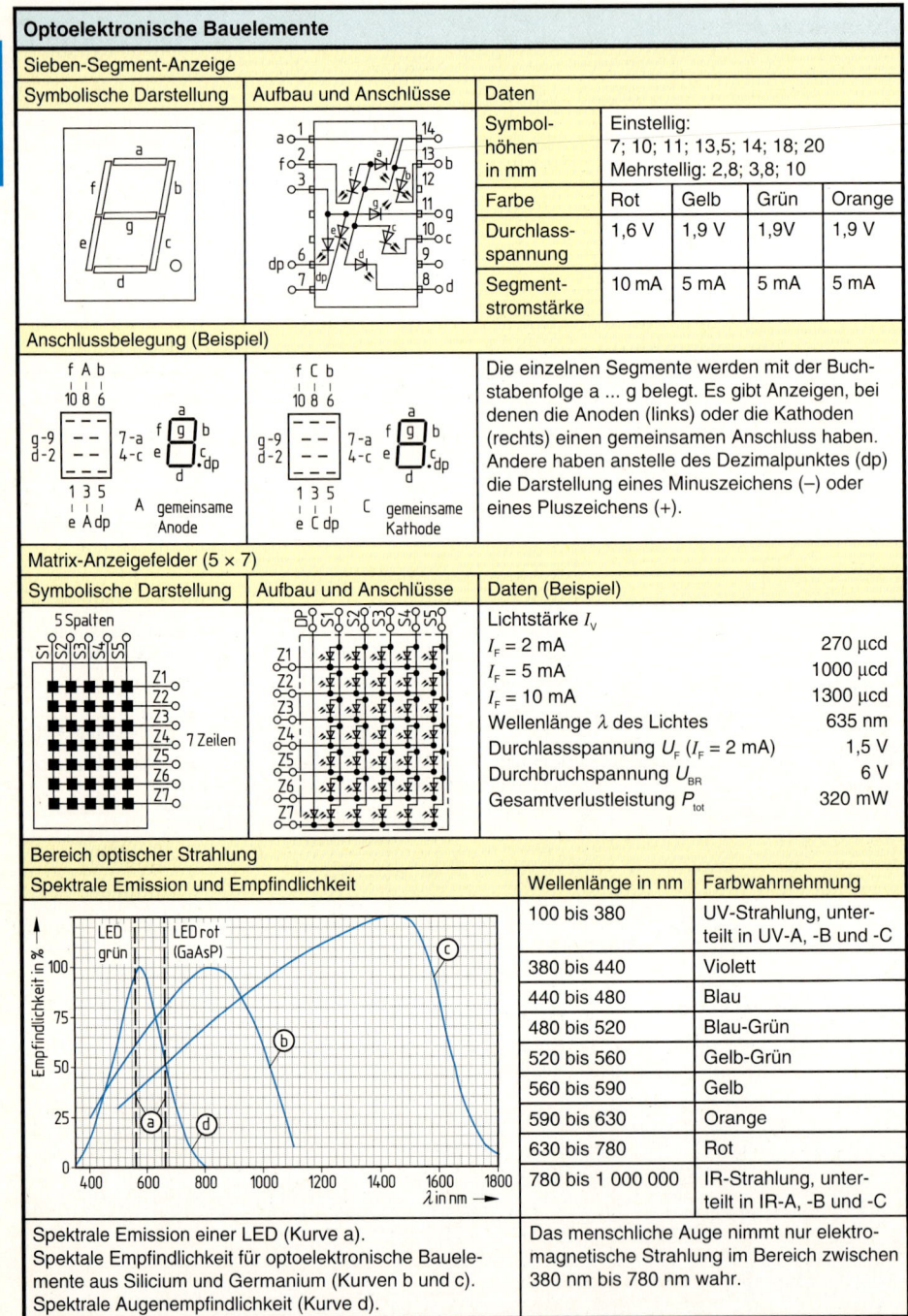

Operationsverstärker

Anschlüsse und Begriffe

- positive Versorgungsspannung: $+U_B$, $V+$, $+V_{CC}$, U_P
- $+U_E$, U_E, $+E_{in}$ — nicht invertierender Eingang / + Eingang
- $-U_E$, U_E, $-E_{in}$ — invertierender Eingang / - Eingang
- Typ-kennung
- Ausgang: U_A, E_{OUT}
- negative Versorgungsspannung: $-U_B$, $V-$, $-V_{CC}$, U_N

Schaltzeichen

(Symbol mit U_{ID}, U_{I2}, U_{I1}, U_A)

Aufbau

Operationsverstärker sind integrierte Verstärker mit einem Differenzverstärker im Eingang. Der nach dem Differenzverstärker folgende, meist mehrstufig aufgebaute Verstärker, besitzt oft Hilfseingänge zur Offset- und Frequenzkompensation.

Verstärkungseigenschaften

Übertragungskennlinie

- $+$Begrenzung U_A
- U_A-Kennlinie für U_{I2}
- $-\dfrac{U_{I1}}{U_{I2}}$, $+\dfrac{U_{I1}}{U_{I2}}$
- $-$Begrenzung U_A
- U_A-Kennlinie für U_{I1}

Frequenzverhalten

H_{UD0} vs. f in kHz; f_c (-3db)

Begriffe und Daten

Begriff, Formelzeichen	Erläuterung	Zusammenhang	Typische Werte
Eingangs-Null-Spannung U_{I0} (Input-Offset-Voltage)	U_{I0} ist die Spannungsdifferenz, die an den Eingängen angelegt werden muss, damit die Ausgangsspannung Null ist	$U_{I0} = U_{I1} - U_{I2}$ bei $U_Q = 0$ V und einem Generatorwiderstand $R_G = 50\ \Omega$	max. ± 6 mV
Eingangs-Null-Strom I_{I0S} (Input-Offset-Current)	I_{I0S} ist die Differenz der Eingangsströme, wenn die Ausgangsspannung Null ist	$I_{I0S} = I_{I1} - I_{I2}$	80 nA
Eingangs-Ruhestrom I_I (Input-Bias-Current)	I_I ist der arithmetische Mittelwert beider Eingangsströme, der für die Funktion notwendig ist	$I_I = \dfrac{I_{I1} + I_{I2}}{2}$	80 nA
Gleichtakt-Eingangs-Spannung U_{IC} (Common-Mode-Input-Voltage)	U_{IC} ist der arithmetische Mittelwert der Eingangsspannungen, wenn die Ausgangsspannung Null ist	$U_{IC} = \dfrac{U_{I1} + U_{I2}}{2}$	–
Differenz-Leerlauf-Spannungsverstärkung H_{UD0} (Open-Loop-Voltage-Gain)	H_{UD0} ist die Verstärkung einer Spannungsdifferenz an den Eingängen ohne Gegenkopplung	$H_{UD0} = \dfrac{U_Q}{U_{ID}}$ $H_{UD0} = 20 \log \dfrac{U_Q}{U_{ID}}$ in dB	80 dB
Gleichtakt-Leerlauf-Spannungsverstärkung H_{UC0} (Common-Mode-Voltage-Gain)	H_{UC0} ist das Verhältnis der Ausgangsspannung zur Gleichtakt-Eingangsspannung	$H_{UC0} = \dfrac{U_Q}{U_{IC}}$	–

© Verlag Gehlen

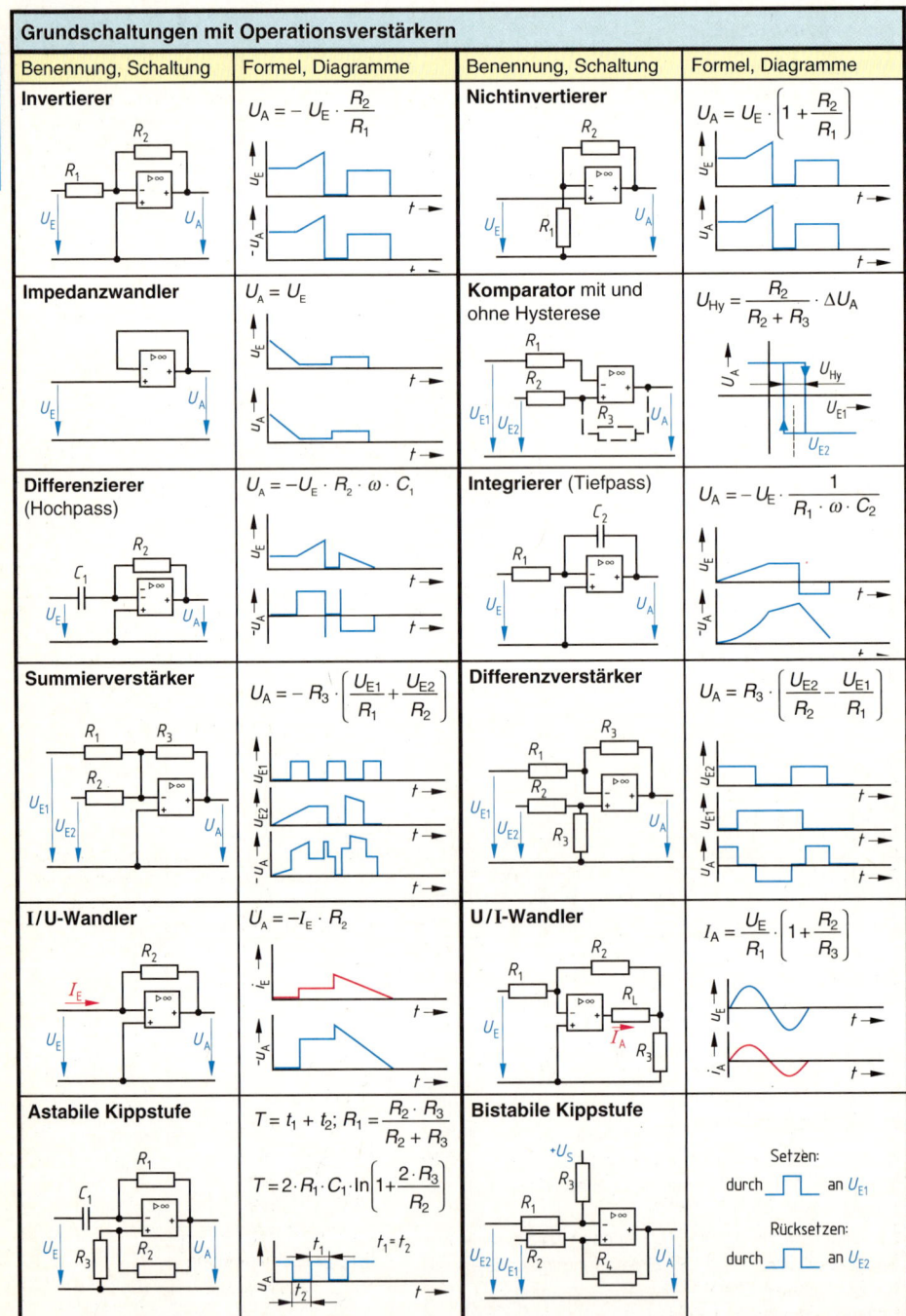

Zweirichtungsdiode · Doppelbasisdiode · Rückwärtsleitende Thyristordiode · TRIAC

Thyristoren (DIN 41785-2), UJT

Schaltzeichen	Kennlinie	Eigenschaften	Anwendung, Kennwerte
Zweirichtungsdiode DIAC		Thyristor, der nach dem Überschreiten der positiven oder negativen Kippspannung $U_{(BO)}$ vom Sperrzustand in den Durchlasszustand schaltet. Beim Unterschreiten der Haltespannung U_H wird er hochohmig.	Als spannungsabhängiger Schalter zur Triggerung von Zündströmen in gesteuerten Thyristorschaltungen oder in Zeitschaltungen. $U_{(BO)} \approx 35$ V $P_{tot} \approx 300$ mW
Unijunktion-Transistor UJT		Der UJT (auch Doppelbasisdiode genannt) ändert mit steigender Spannung U_{EB1} die Stromrichtung des Emitterstromes I_E. Bei der Höckerspannung U_P wird die Emitter-Basis-B1-Strecke leitend.	Als spannungsabhängiger Schalter zur Triggerung von Zündströmen in gesteuerten Thyristorschaltungen oder in RC-Generatoren. U_{EB1} bis 30 V I_E bis 50 mA
Rückwärtssperrende Thyristortriode kathodenseitig steuerbar (P-Gate-Thyristor)		Thyristor, der in Durchlassrichtung durch positive Zündströme I_G vom Sperrzustand in den Durchlasszustand schaltet	Zur Steuerung von Leistungen in Stromrichterschaltungen bis zu größten Leistungen. U_{RRM} = 100 V... 4000 V I_F bis 1000 A
Zweirichtungsthyristor TRIAC		Thyristor, der durch negative oder positive Zündströme I_G vom Sperrzustand in den Durchlasszustand schaltet.	Als kontaktloser Schalter anstelle von Relais oder Schütze zur Steuerung von Leistungen im Wechselstromkreis. $U_F \leq 1200$ V $I_F \leq 300$ A

A; A_1; A_2	Anodenanschluss; Hauptanschlüsse	U_F	Vorwärtsspannung
K	Kathodenanschluss	U_R	Rückwärtsspannung
B; B_1; B_2	Basisanschluss	U_{12}; U_{21}	Hauptspannungen
E	Emitteranschluss	$U_{(BO)}$	Kippspannung
I; I_F	Hauptstromstärke; Vorwärtsstromstärke	U_H	Haltespannung
		U_P	Höckerspannung
I_H	Haltestromstärke	U_{RRM}	Period. Rückwärts-Spitzensperrspannung
I_P	Stromstärke im Höckerpunkt		
I_G	Steuerstromstärke	P_{tot}	max. Verlustleistung
I_E	Emitterstromstärke		

© Verlag Gehlen

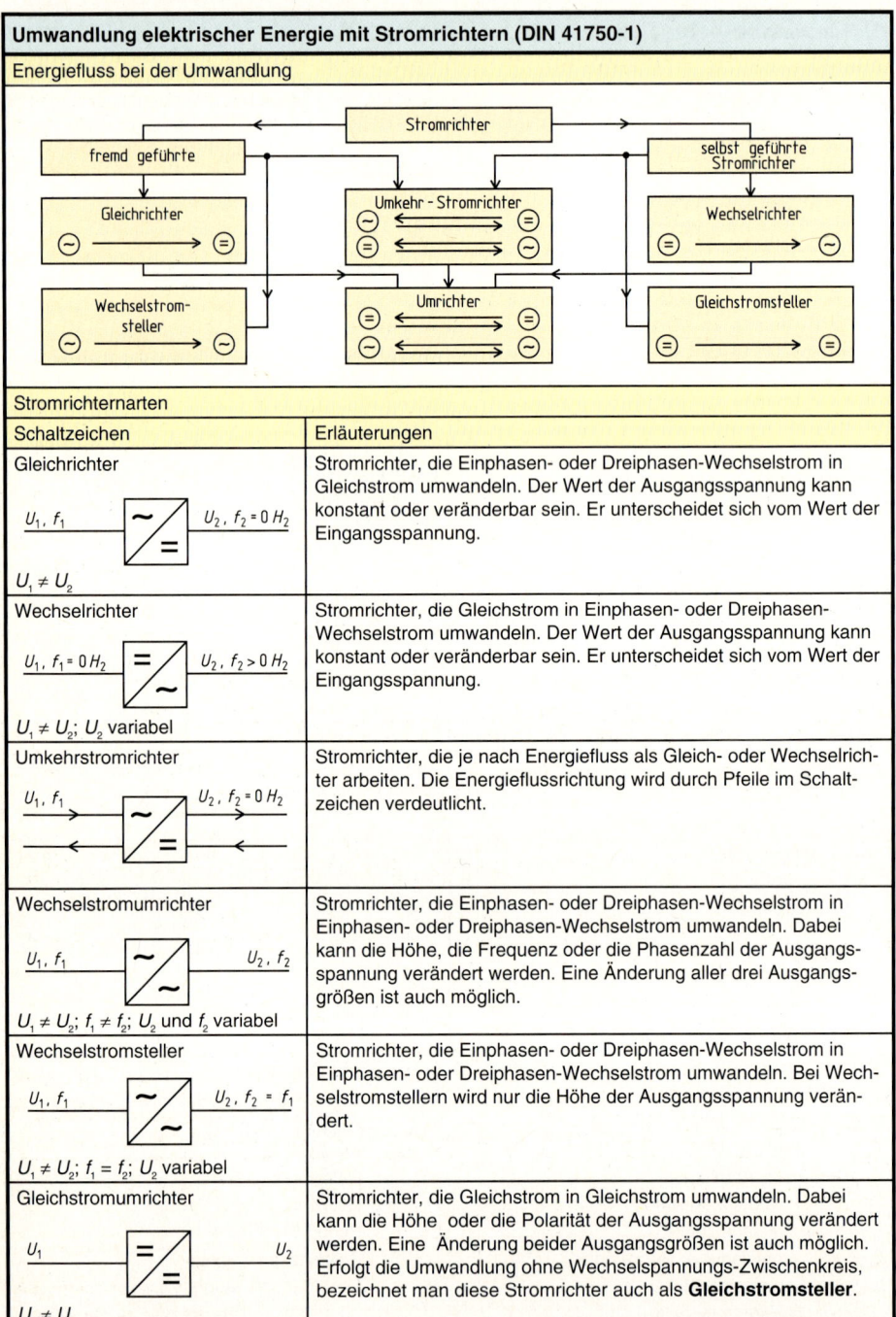

Stromrichterbenennung und -kennzeichnung (DIN 41761)

Schaltungsbeispiel	Bezeichnung
(Schaltbild B2HKF mit I_d, I_T, U_V, $U_{di\alpha}$, I_F, L1, N)	**B 2 HK F** Halbgesteuerte Zweipuls-Brückenschaltung mit kathodenseitiger Zusammenfassung der gesteuerten Ventile und Freilaufzweig — Ergänzende Kennzeichen: Hilfszweige — Ergänzende Kennzeichen: Steuerbarkeit — Kennzahl — Kennbuchstabe

Kennbuchstabe	Bezeichnung	Schaltungsart	Kennzahl
M	Mittelpunktschaltung	Einwegschaltung	
B	Brückenschaltung	Zweiwegschaltung	Pulszahl p
D	Verdopplerschaltung		
V	Vervielfacherschaltung		
W	Wechselwegschaltung	Zweiwegschaltung	Phasenzahl m des Wechselstromsystems
P	Polygonschaltung		

Kennzeichnung für Steuerbarkeit		Kennzeichnung der Haupt- und Hilfszweige	
Zeichen	Bedeutung	Zeichen	Bedeutung
U	ungesteuert	A/K	anodenseitige/kathodenseitige Zusammenfassung der Hauptzweige
H	halbgesteuert		
C	vollgesteuert	Q	Löschzweig
HA	halbgesteuert mit anodenseitiger/	R	Rücklaufzweig
HK	kathodenseitiger Zusammenfassung	F	Freilaufzweig
	der gesteuerten Ventile	FC	Freilaufzweig gesteuert
HZ	zweigpaargesteuert	n	Vervielfachungsfaktor

Kennzeichnung zusammengesetzter Stromrichterschaltungen

Parallelschaltung zweier Dreipuls-Mittelpunkt-Schaltungen **M3.2**	Reihenschaltung von zwei halbgesteuerten Zweipuls-Brückenschaltungen **2 B2HZ S**
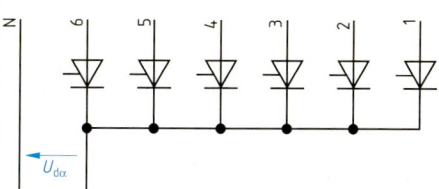	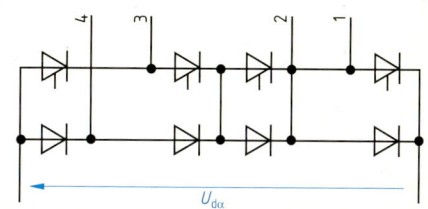

- Sind gleiche Stromrichter parallel oder in Reihe geschaltet, so wird bei gleichem Schaltungswinkel die Anzahl n der Teilschaltungen dem Kennzeichen der Stromrichterschaltung vorangestellt (**2** B2 HZ S).
- Bei ungleichen Schaltungswinkeln wird die Anzahl n hinter der Pulszahl mit einen Punkt gesetzt (M3.**2**).
- Die Kennzeichen ungleicher Teilschaltungen in Reihe werden in Klammern gesetzt und durch **S** verbunden.

Kennzeichnung von Stromrichtersätzen (DIN 41752; DIN 41762; DIN 42403)

Leistungskennzeichen

Beispiel: Vielkristallhalbleiter-Gleichrichtersatz

½ B 250 / 220 - 5 F

- Anzahl der Schaltungen
- Schaltungskurzzeichen
- Nennanschlussspannung
- Kühlart (F: Luft)
- Nenngleichstromstärke in A
- Nenngleichspannung in V

© Verlag Gehlen

Ungesteuerte Gleichrichter (DIN V 41761)

Einweg-Mittelpunktschaltungen

- Einwegschaltungen sind Stromrichterschaltungen, bei denen die wechselstromseitigen Anschlüsse des Stromrichtersatzes nur in einer Richtung vom Strom durchflossen werden.
- Mittelpunktschaltungen sind Schaltungen, bei denen die gleichstromseitigen (gleichpoligen) Anschlüsse der Hauptzweige miteinander verbunden sind und einen Gleichstromanschluss bilden.

Bezeichnung	Schaltung	Spannungsverlauf	Transformatorschaltung	
			Eingang	Ausgang
Einpuls-Mittelpunkt-Schaltung **M1U**				

Zweiweg-Brückenschaltungen

- Zweiwegschaltungen sind Stromrichterschaltungen, bei denen die wechselstromseitigen Anschlüsse des Stromrichtersatzes von Wechselstrom durchflossen werden.
- Brückenschaltungen sind Schaltungen, die aus Zweigpaaren bestehen und deren Mittelanschluss jeweils mit dem Wechselstromanschluss verbunden ist. Die gleichpoligen Anschlüsse sind zusammengefasst und bilden einen Gleichstromanschluss des Stromrichtersatzes.

Bezeichnung	Schaltung	Spannungsverlauf	Transformatorschaltung	
			Eingang	Ausgang
Zweipuls-Brücken-Schaltung **B2U**				

Bezeichnung	Stromrichter				Ventil			Transformator		
	$\dfrac{U}{U_d}$	$\dfrac{I}{I_d}$	w in %	p	$\dfrac{U_{RRM}}{U_d}$	$\dfrac{I_{FAV}}{I_d}$	$\dfrac{I_{FRMS}}{I_d}$	φ in °	$\dfrac{I_W}{I_d}$	$\dfrac{S}{P_d}$	$\dfrac{S_T}{P_d}$
M1U	2,22[1] 0,71[2]	1,57	121	1	3,14	1,0	1,57	180	1,21	3,49	3,09
B2U	1,11[1] 0,71[2]	1,11[1] 1,0[3]	48,2	2	1,57	0,5	0,79[1] 0,71[3]	180	1,11 1,0[3]	1,23[1] 1,11[3]	1,23[1] 1,11[3]

Formelzeichen und deren Bedeutung (DIN 1304-8)

U Eingangswechselspannung
U_d arithm. Mittelwert der Gleichspannung
U_{RRM} periodische Spitzensperrspannung
I ausgangsseitige Wicklungsstromstärke
I_d arithm. Mittelwert der Gleichstromstärke
I_{FAV} arithm. Mittelwert der Ventilstromstärke
I_{FRMS} Effektivwert der Ventilstromstärke
I_w eingangsseitige Wicklungsstromstärke

w Welligkeit
(Verhältnis der Effektivwerte der überlagerten Wechselspannung $U_ü$ zur Gleichspannung U_d)
p Impulszahl
Θ Stromflusswinkel
S Scheinleistung in der Ausgangswicklung
S_T Transformatorbauleistung
P_d Gleichstromleistung

[1] Bei Wirklast; [2] bei kapazitiver Last; [3] bei ideal geglättetem Gleichstrom I_d

Spannung-/Stromglättung · Siebschaltungen · Konstantspannungs-/Konstantstromquellen **91**

Sieb- und Stabilisierungsschaltungen

Spannungsglättung durch Ladekondensator

Glättung der Spannung u_d durch Ladekondensator C_L. Bei Belastung entsteht eine Gleichspannung mit überlagerter Brummspannung:

$$U_{BR} \approx k \cdot \frac{I_L}{C_L}$$

p	1	2
k	4,8 ms	1,8 ms

Stromglättung durch Glättungsdrossel

Glättung des Laststromes durch die Glättungsdrossel L_D. Durch L_D verschiebt der Stromverzögerungswinkel α den Lückbetrieb.

$$L_D \approx k \cdot \sin\alpha \cdot \frac{U_d}{I_L} \text{ in mH}$$

p	2	3	6
k	3,2	1,3	0,3

RC-Siebschaltung

Frequenzabhängiger Spannungsteiler (Tiefpass)

$$G \approx \frac{R_1}{X_{C1}} = \omega_{\ddot{u}} \cdot C_1 \cdot R_1$$

$$U_{R1} \approx 0{,}1 \cdot U_d$$

LC-Siebschaltung

Frequenzabhängiger Spannungsteiler (Tiefpass) für höhere Laststromstärken. Geringer Leistungsverlust durch L_1.

$$G \approx \frac{X_{L1}}{X_{C1}} = \omega_{\ddot{u}}^2 \cdot L_1 \cdot C_1$$

Konstantspannungsquelle

mit Z-Diode

Der differentielle Widerstand r_z (V1) wirkt bei Mischspannungen glättend, bei Gleichspannungen stabilisierend.

$$G \approx \frac{R_V}{r_Z}; \quad U_d = U_Z$$

$$R_{Vmin} = \frac{U_{1max} - U_Z}{I_{Zmax} + I_{Lmin}}$$

$$R_{Vmax} = \frac{U_{1min} - U_Z}{I_{Zmin} + I_{Lmax}}$$

$$I_{Zmin} \approx 0{,}1 \cdot I_{Zmax}$$

$$I_{Zmax} = \frac{P_{tot}}{U_Z}$$

mit NPN-Transistor

Feste Basisspannung durch V1

$$G \approx \frac{R_V}{r_Z}$$

$$r_i = \frac{\Delta U}{\Delta I_L} \approx \frac{r_Z}{\beta}$$

Konstantstromquelle

mit PNP-Transistor

Mithilfe der Z-Diode wird eine konstante Spannung U_Z erzeugt. Damit ist die Emitterspannung U_E und die Emitterstromstärke I_E festgelegt. Die Stromeinstellung erfolgt über R_E.

$$I_L \approx I_E = \frac{U_Z - U_{BE}}{R_E}$$

$$r_i = 50 \cdot r_{CE} \text{ bis } 500 \cdot r_{CE}$$

mit FET

Die Steuerspannung $-U_{GS}$ wird durch I_L an R_S erzeugt. Ändert sich I_L, dann wirkt der FET über $-U_{GS}$ der Änderung entgegen.

$$I_L = I_D = \frac{-U_{GS}}{R_S}$$

$$r_i = 20 \cdot r_{DS} \text{ bis } 100 \cdot r_{DS}$$

---

p Pulszahl; G Glättungsfaktor; P_{tot} Verlustleistung; r_z differentieller Widerstand der Z-Diode; r_i differentieller Innenwiderstand; r_{CE} differentieller Kollektor-Emitter-Widerstand; I_z Z-Stromstärke; U_Z Z-Spannung; β dynamischer Stromverstärkungsfaktor; r_{DS} differentieller Drain-Source-Widerstand

© Verlag Gehlen

Geregelte Gleichspannungsversorgungsgeräte (DIN 41745)

Geregelte Gleichspannungsversorgungsgeräte sind stetige Gleichstromsteller, die
- konstante oder einstellbare Ausgangsspannungen störungsfrei und lastunabhängig stabilisieren,
- kurzschlussfest und dauerkurzschlussfest sind.

Schaltungsbeispiele	Funktion
mit **Differenzverstärker** 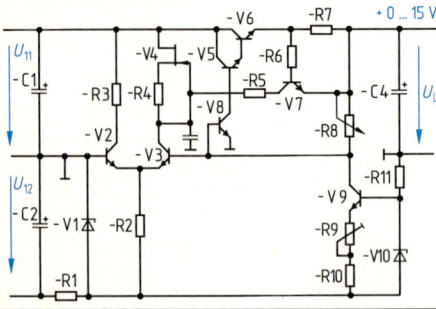	• Konstantspannungsquelle (V4, R4) stabilisiert Eingangsspannungsschwankungen • Differenzverstärker (V2, V3, R2) als temperaturabhängiger Regelverstärker • Stellglied als Darlingtonstufe (V5, V6) für hohe Laststromstärken ausgelegt • Überstrombegrenzung (V7, R7) • Einstellbare Ausgangsspannung (0 V bis U_{max}) durch Potentiometer R8 • Konstantstromquelle (V9, V10, R9) stabilisiert Ausgangsspannung gegen Lastschwankungen • Begrenzung der Ausgangsspannung U_L durch V8 beim Ausschalten
mit **Operationsverstärker** 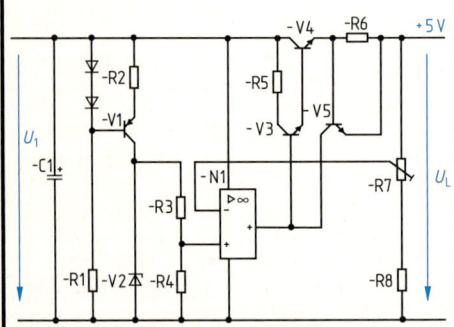	• Operationsverstärker (N1) als Regelverstärker • Z-Diode (V2) als Referenzspannungselement • Konstantstromquelle (V1, R2) erzeugt konstante Stromstärke durch Referenzelement • Stellglied als Darlingtonstufe (V3, V4) für hohe Laststromstärken • Überstrombegrenzung (V5, R6) • Abgleich der Ausgangsspannung durch Potentiometer (R7) • Bei Aussteuerung der Ausgangsspannung auf $U_A = 0$ V muss der Operationsverstärker mit positiver und negativer Versorgungsspannung betrieben werden.
mit integrierten **Festspannungsreglern** 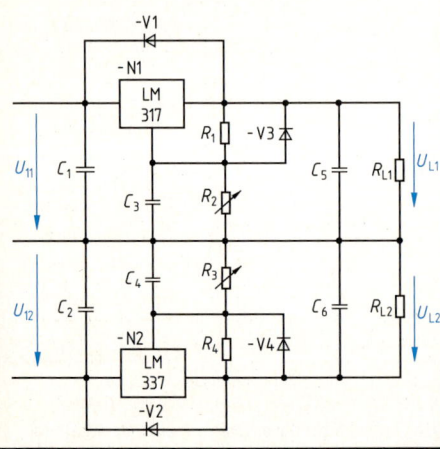	Einstellbare Festspannungsregler für positive (LM 317) und negative (LM 337) Ausgangsspannung. $U_{A1} = 1{,}25$ V bis $(U_{E1} - 3\,\text{V}) \approx 1{,}25\,\text{V} \cdot \left(1 + \dfrac{R_2}{R_1}\right)$ $U_{A2} = -1{,}25$ V bis $-(U_{E2} - 3\,\text{V}) \approx -1{,}25\,\text{V} \cdot \left(1 + \dfrac{R_2}{R_1}\right)$ Die Eingangsspannungen U_{E1}, U_{E2} müssen um mindestens 3 V höher sein als die Ausgangsspannungen U_{A1}, U_{A2}. Unabhängige Einstellung der Ausgangsspannungen U_{A1}, U_{A2} durch R2 bzw. R3 zwischen ± 1,25 V und maximal ± 37 V. Nach Herstellerangabe: $R_1 \geq 120\,\Omega$; $C_1 = C_2 = 0{,}1\,\mu\text{F}$ Rückstromschutz durch V5. Entladeschutz (C2) durch V6.

Integrierte Festspannungsregler

Funktionseinheiten	Eigenschaften
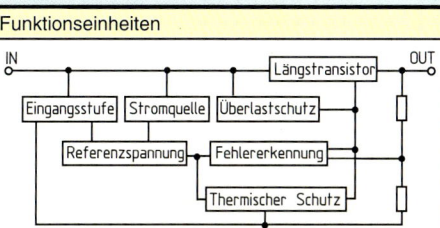	Festspannungsregler sind komplette Konstantspannungsquellen in integrierter Schaltungstechnik, die nach dem Grundprinzip von Konstantspannungsquellen mit Differenzverstärker arbeiten. Neben den eigentlichen Reglerfunktionen enthalten sie integrierte Schutzschaltungen wie • allgemeiner Überlastungsschutz, • thermischer Überlastungsschutz und • Kurzschlussschutz.

Festspannungsregler der Serie 78xx und 79xx

Grundschaltungen	Eigenschaften
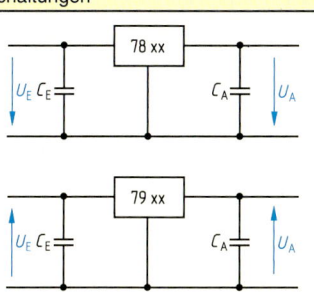	• Die Serie 78xx ist für positive, die Serie 79xx für negative Ausgangsspannungen ausgelegt. Es gelten die gleichen Spannungs- und Stromwerte. • Die Eingangsspannung U_E muss mindestens 2 V größer als die Ausgangsspannung U_A sein. • Kondensatorwerte: C_E zwischen 470 µF und 2200 µF C_A zwischen 1 µF und 10 µF • Sind die Kondensatoren von den Ein- und Ausgangsanschlüssen räumlich getrennt, müssen zusätzliche Kondensatoren an diese angeschlossen werden.

Gehäuseausführungen	Kenndaten (Auswahl)					
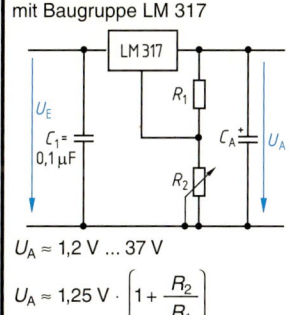	Typ	U_A in V	U_{Amin}; U_{Amax} in V	I_{Lmax} in A A	B	C	U_{Emin}; U_{Emax} in V

Typ	U_A in V	U_{Amin}; U_{Amax} in V	I_{Lmax} A	I_{Lmax} B	I_{Lmax} C	U_{Emin}; U_{Emax} in V
7805	5	4,8 ... 5,2	0,1	0,5	1,5	7 ... 25
7806	6	5,75 ... 6,25	0,1	0,5	1,5	8 ... 25
7808	8	7,7 ... 8,3	0,1	0,5	1,5	10,5 ... 25
7812	12	11,5 ... 12,5	0,1	0,5	1,5	14,5 ... 25
7815	15	14,4 ... 15,6	0,1	0,5	1,5	17,5 ... 30
7818	18	17,3 ... 18,7	0,1	0,5	1,5	21 ... 33
7824	24	23 ... 25	0,1	0,5	1,5	27 ... 33

Einstellbare Spannungsregler (Auswahl)

mit Baugruppe LM 317	mit Baugruppe LM 337	mit Baugruppe LM 200
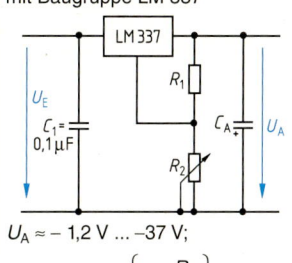	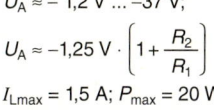	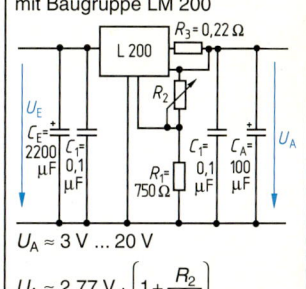
$U_A \approx 1{,}2\ \text{V} \dots 37\ \text{V}$	$U_A \approx -1{,}2\ \text{V} \dots -37\ \text{V}$;	$U_A \approx 3\ \text{V} \dots 20\ \text{V}$
$U_A \approx 1{,}25\ \text{V} \cdot \left(1 + \dfrac{R_2}{R_1}\right)$	$U_A \approx -1{,}25\ \text{V} \cdot \left(1 + \dfrac{R_2}{R_1}\right)$	$U_A \approx 2{,}77\ \text{V} \cdot \left(1 + \dfrac{R_2}{R_1}\right)$
$I_{Lmax} = 1{,}5\ \text{A}; P_{max} = 20\ \text{W}$	$I_{Lmax} = 1{,}5\ \text{A}; P_{max} = 20\ \text{W}$	$I_{Lmax} = 1{,}6\ \text{A}$ (bei $R_3 = 0{,}22\ \Omega$)

© Verlag Gehlen

Schaltnetzteile (DIN 41750-2)

Wirkungsweise

Schaltnetzteile sind Gleichrichter mit Zwischenkreis: Die Gleichspannung U_{d1} wird zerhackt, transformiert und wieder gleichgerichtet. Die Regelung der Ausgangsspannung U_{d2} erfolgt über den Schalttransistor durch Verändern
- der Impulsdauer bei konstanter Frequenz oder
- der Frequenz bei konstanter Impulsdauer des Steuerimpulses.

Eigenschaften	Anwendungen
• Wirkungsgrad: 65 % bis 90 % • Arbeitsfrequenz: 15 kHz bis 50 kHz • Spannungsänderung: < 1 % bis 2 % • geringer Siebmittelaufwand	In allen Bereichen der Elektrotechnik, in denen Konstantspannungs- und Konstantstromquellen erforderlich sind

Schaltungsprinzipien und Wirkungsweise

Grundschaltung	Wirkungsweise
Drosselwandler 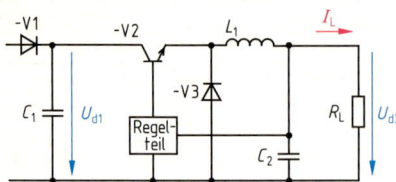	• Das Stellglied V2 führt während seiner Leitphase der Last R_L und der Spule L_1 Energie zu (Flusswandler). • In der Sperrphase des Stellgliedes V2 gibt die Spule L_1 die in ihr gespeicherte Energie über V3 an die Last R_L ab; der Laststrom I_L ändert seine Richtung nicht.
Flusswandler 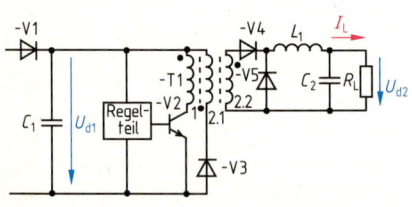	• Der Transistorschalter V2 führt während seiner Leitphase über die Wicklung 2.2 der Last R_L Energie zu. • In der Sperrphase von V2 wird die Magnetisierungsenergie über V3 auf den Eingang des Wandlers zurückgeführt. • Die Glättungsdrossel L_1 sorgt mit der Freilaufdiode V5 für einen Stromfluss durch die Last R_L, wenn der Transistor V2 sperrt.
Sperrwandler 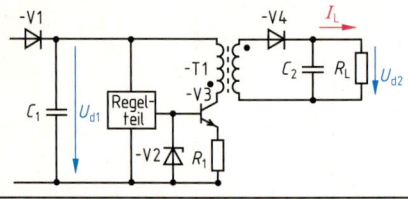	• Der Transistor V3 bildet mit der Z-Diode V2 und dem Emitterwiderstand R_2 eine Konstantstromquelle. • In der Sperrphase von V3 gibt der Transformator seine gespeicherte Energie über die Diode V4 an die Last R_L und den Ladekondensator C_2 ab. • Sperrt die Diode V4, dann erhält die Last R_L Energie aus dem Ladekondensator.
Gegentaktwandler 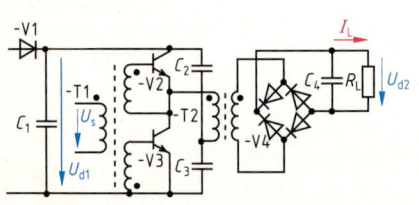	• Die Schalttransistoren V2 und V3 bilden mit den Kondensatoren C_2, C_3 eine Brückenschaltung. • Die Gleichspannung U_{d1} wird in eine Rechteck-Wechselspannung mit der Amplitude $1/2 \cdot U_{d1}$ zerhackt und über T2 auf den Ausgang transformiert. • Mit der Brückenschaltung V4 und dem Ladekondensator C_4 wird die Gleichspannung U_{d2} erzeugt.

© Verlag Gehlen

Schutzbeschaltung von Thyristoren und Stromrichtern

Überspannungsschutz

Überspannungen entstehen u. a. durch Schaltvorgänge an induktiven oder kapazitiven Lasten, durch den **Trägerstaueffekt** (TSE) bei Thyristoren, der ein sofortiges Sperren im Nulldurchgang verhindert oder durch atmosphärische Einflüsse.

Schaltungsbeispiel	Eigenschaften	Anwendungen
mit Varistor und RC-Beschaltung 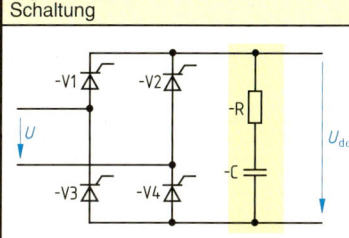	• Überspannungsbegrenzung der Eingangsspannung durch Metalloxidvaristor • Schutz der einzelnen Ventile gegen TSE-Überspannungen durch RC-Schaltungen	• Metalloxidvaristoren zum Schutz kleinerer Stromrichter mit Rückstromspitzen bis 20 A • Schutz der Ventile in kleineren Stromrichtern und elektronischen Lastrelais

Schutz gegen zu hohe Spannungsanstiegs-Geschwindigkeit

Schaltung	Eigenschaften	Bemessung
(Schaltbild mit -V1, -V2, -V3, -V4, -R, -C, $U_{d\alpha}$)	Ohne die RC-Beschaltung können Thyristoren unerwünscht zünden, wenn die Spannung U_{AK} zu rasch ansteigt. Sie braucht dabei den Wert der Nullkippspannung $U_{(BO)}$ nicht zu erreichen. Der zulässige Wert des Spannungsanstiegs liegt zwischen 200 bis 1000 V/µs.	Besitzen Thyristoren eine RC-Beschaltung, z. B. eine TSE-Beschaltung, dann sind sie auch vor zu hohen Spannungsanstiegsgeschwindigkeiten geschützt.

Überstromschutz

Überstrom-Schutzeinrichtungen müssen vor unzulässig hohen Stromstärken in der Durchlassphase schützen. Überstrom-Schutzeinrichtungen sind superflinke Sicherungen oder superflinke Sicherungsautomaten als Kurzschlussschutz.

Schaltungsbeispiel	Eigenschaften	Anwendungen
Strangsicherungen (Schaltbild mit -F1, -F2, -F3 und -V1...-V6)	• niedrige Kosten • Der zulässige Überstrom der einzelnen Ventile kann nicht voll genutzt werden. • Für die Grenzlastintegrale von Sicherung und Ventil gilt: $(\int i^2 \, dt)_{Sicherung} = 0{,}9 \cdot (\int i^2 \, dt)_{Ventil}$	• Leistungsbereich bis etwa 20 kW
Zellensicherungen (Schaltbild mit -F1...-F6 und -V1...-V6)	• höhere Ausrüstungskosten gegenüber Schaltungen mit Strangsicherungen • bessere Ausnutzung • für die Grenzlastintegrale von Sicherung und Ventil gilt: $(\int i^2 \, dt)_{Sicherung} = 0{,}9 \cdot (\int i^2 \, dt)_{Ventil}$	• bei parallelgeschalteten Ventilen je Zweig • bei Anlagen mit Gegenspannungsbetrieb

© Verlag Gehlen

Magnetfeldabhängige Bauelemente

Benennung	Aufbau und Funktion	Charakteristische Größen	Anwendung
Hallgenerator	Wird ein bandförmiger, stromdurchflossener Leiter einem senkrecht dazu verlaufenden Magnetfeld ausgesetzt, werden die bewegten Elektronen an den Rand des Leiters abgelenkt. So entsteht quer zum Leiter ein elektrisches Feld und somit eine Spannung U_H (Hallspannung).	• Leerlaufspannung U_{20}: U_{20} ist die Spannung U_H bei $R_L = \infty$. Bei der Nenninduktion (z. B. 1 T) und der Nennstromstärke I_{1N} gilt $$U_{20} = \frac{R_H}{d} \cdot I_1 \cdot B \text{ in V}$$ (typ. Werte: 50...1000 mV) • Hallkonstante R_H: material- und formabhängige Konstante • Induktionskonstante K_{B0}: $$K_{B0} = \frac{U_{20}}{I_{1N} \cdot B} \text{ in } \frac{V}{A \cdot T}$$ (typ. Werte: 0,5...100 $\frac{V}{A \cdot T}$) • Steuernennstromstärke I_{1N}: (typ. Werte: 10...400 mA) • Abschlusswiderstand R_L für eine lineare Anpassung: R_L ist der Widerstand, bei dem Linearität zwischen der steuerstrombezogenen Hallspannung $U_H I_1$ erreicht wird.	**Beispiele:** • Feldregelung • Abtastung magnetisierbarer Folien • Feldmessung • Signalgabe • Multiplikation • Feldmessung bei tiefen Temperaturen • Potentialfreie Strommessung
Feldplatte	Die den Halbleiter durchlaufenden Ladungsträger werden durch Einwirkung eines Magnetfeldes seitlich abgelenkt. Der Widerstandswert steigt mit wachsendem Magnetfeld. Bei konstanter Feldstärke verhalten sich Stromstärke und Spannung linear.	• Grundwiderstand R_0: Widerstandswert der Feldplatte ohne Magnetfeld bei $\vartheta_U = 25\ °C$ • Widerstand R_B: Widerstand der Feldplatte bei senkrecht einwirkendem Magnetfeld Widerstandsverhältnis $R_B/R_0 = f(B)$ D, L, N: materialabhängige Dotierung	**Beispiele:** • Drehzahlerfassung • Kontakt- und stufenlos steuerbare Widerstände • Drehsinnerfassung • Temperaturkompensation bei Transistoren • Stellungsanzeige • Winkelschrittgeber

© Verlag Gehlen

Messgrößen und Messaufnehmer

Messaufnehmer	Erklärung	Eigenschaften
Temperaturmessung		
PT 100	Widerstandsthermometer aus Platin mit einem positiven Temperaturkoeffizienten α ($\alpha \approx 3{,}44 \cdot 10^{-3} \cdot 1/K$)	• $R_0 = 100\ \Omega$ • sehr genau ($\approx 0{,}1\ \%$) • Messbereich bis 800 °C
NI 100	Widerstandsthermometer aus Nickel mit einem positiven Temperaturkoeffizienten α ($\alpha \approx 6{,}84 \cdot 10^{-3} \cdot 1/K$)	• $R_0 = 100\ \Omega$ • sehr genau ($\approx 0{,}1\ \%$) • Messbereich bis 250 °C
KTY-Typ	Widerstandsthermometer aus Silicium mit einem positiven Temperaturkoeffizienten α ($\alpha \approx 8{,}8 \cdot 10^{-3} \cdot 1/K$)	• $R_{25} = 1\ k\Omega$ oder $2\ k\Omega$ • Messbereich: -50 °C ... 150 °C
Thermoelement	Wird die Verbindungsstelle zweier unterschiedlicher Metalle erhitzt, dann tritt zwischen den unverbundenen, freien Enden eine Thermospannung auf.	• Thermospannung: $0{,}05$ mV/K ... $0{,}0065$ mV/K • Messbereich: -200 °C ... 1600 °C
Druck- und Kraftmessung		
Piezoresistive Sensoren	Bei einer waagerechten oder senkrechten Krafteinwirkung auf einen piezoelektrischen Sensor werden aufgrund der Verformung innerhalb des Kristalls Ladungen verschoben. Dadurch tritt an den Stirnseiten des Kristalls eine Spannung auf.	• Formänderung ≈ 1 mm • geeignet für Schwingungen zwischen $f = 0{,}01$ Hz ... 100 kHz • Messbereich: Absolutdruck: 0 bar ... 160 bar Differenzdruck: 0 bar ... 60 bar
Dehnungsmessstreifen	Dehnungsmessstreifen (DMS) werden so auf die zur Erfassung von Kräften verwendeten Körper aufgeklebt, dass sie bei Krafteinwirkung gedehnt werden. Dadurch erhöht sich ihr Widerstand linear zur Dehnung. (Der k-Faktor gibt das Verhältnis der relativen Widerstandsänderung zur relativen Dehnung an.)	• Temperaturbereich: -270 °C ... 980 °C • Nennwiderstände: $120\ \Omega$; $350\ \Omega$; $600\ \Omega$; Toleranzen: 0,2 %; 0,5 % • Versorgungsspannung 1V ... 10 V • k-Faktor 2,1; 2,2; 4
Kapazitive Füllstandmessung		

	Das kapazitive Messverfahren beruht auf der Änderung der Kapazität eines Kondensators durch Veränderung des Füllstandes in einem Behälter. Bei der Messung bleiben die Abmessungen konstant und das Dielektrikum von Luft wird durch das Dielektrikum des Füllgutes ersetzt.	Relative Dielektrizitätskonstante ε_r
		• Schüttgüter (Auswahl)
		  Kunststoffgranulat 1,05...1,5
		  Getreide 2,2...3,5
		  Kohle 2,2...3,5
		• Füssigkeiten (Auswahl)
		  Benzin, Toluol 1,2...1,8
		  Ammoniak 14
		  destilliertes Wasser 80

R_0 Widerstandswert bei $\vartheta = 0$ °C; R_{25} Widerstandswert bei $\vartheta = 25$ °C

© Verlag Gehlen

SMD-Bauelemente

Begriff, Eigenschaften

SMD steht für **S**urface **M**ounted **D**evice, was soviel wie „oberflächenmontiertes Bauelement" bedeutet. Bei der Verwendung von SMD-Bauelementen ergeben sich gegenüber Bauelementen mit relativ großen Gehäuseabmessungen (z. B. TO-Gehäuse, DIP-Gehäuse) Vorteile:
- Beim Anbringen von SMD-Bauelementen auf einer Platine sind keine Löcher zum Befestigen der Bauelemente erforderlich. Dadurch ergeben sich niedrige Platinenkosten.
- SMD-Bauelemente weisen kleine Abmessungen auf und ermöglichen somit hohe Packungsdichten.
- Kleine Abmessungen ergeben kürzere Leiterbahnen, wodurch sich die Qualität und die Zuverlässigkeit von Schaltungen, z. B. hinsichtlich maximaler Verarbeitungsgeschwindigkeiten, erhöhen.

Gehäuseformen und Gehäusegrößen von SMD-Bauelementen (Auswahl)

Widerstände und Keramikkondensatoren

Widerstände:
$R = 1\ \Omega \ldots 10\ \text{M}\Omega$
$P_{\text{Baugröße 0805}} = 0{,}125\ \text{W}$
$P_{\text{Baugröße 1206}} = 0{,}25\ \text{W}$
Kondensatoren:
$C = 0{,}47\ \text{pF} \ldots 1\ \mu\text{F}$

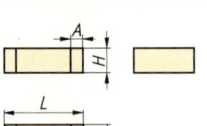

Baugröße	L in mm	B in mm	H[1] in mm	A in mm
0805	2,0	1,25	0,51 ... 1,27	0,25 ... 0,75
1206	3,2	1,6	0,51 ... 1,6	0,25 ... 0,75
1210	3,2	2,5	0,51 ... 1,9	0,30 ... 1,0
2220	5,7	5,0	0,51 ... 1,9	0,30 ... 1,0

[1] Die Bauhöhe H ist von der Kapazität abhängig.

Widerstände MELF (**M**etall **E**lectrode **F**ace-bonding) und Dioden SOD 80 (**S**mall **O**utline **D**iode)

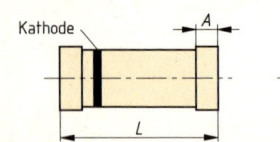
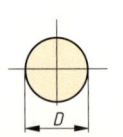

Baugröße	L in mm	D in mm	A in mm
Micro-MELF (0102)	2,0	1,27	0,35
Mini-MELF (0204)	3,6	1,4	0,5
MELF (0207)	5,9	2,2	0,8
SOD 80	3,5	1,6	0,35

Tantal-Elektrolytkondensatoren 293D

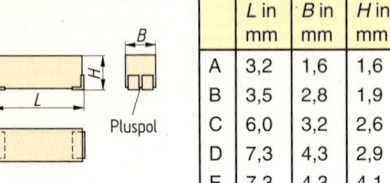

	L in mm	B in mm	H in mm
A	3,2	1,6	1,6
B	3,5	2,8	1,9
C	6,0	3,2	2,6
D	7,3	4,3	2,9
E	7,3	4,3	4,1

Tantal-Elektrolytkondensatoren 595D

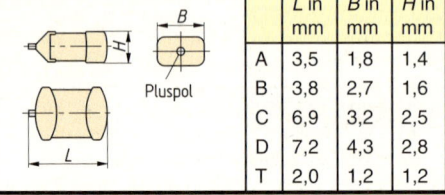

	L in mm	B in mm	H in mm
A	3,5	1,8	1,4
B	3,8	2,7	1,6
C	6,9	3,2	2,5
D	7,2	4,3	2,8
T	2,0	1,2	1,2

Transistoren SOT (**S**mall **O**utline **T**ransistor) und Dioden (Maße in mm)

SOT-23 ($P_V = 200\ \text{mW} \ldots 400\ \text{mW}$)	SOT-89 ($P_V = 400\ \text{mW} \ldots 1\ \text{W}$)	SOT-143 ($P_V = 200\ \text{mW} \ldots 400\ \text{mW}$)

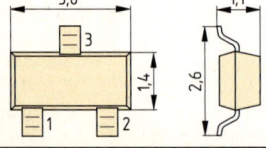
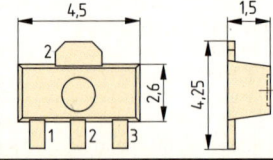
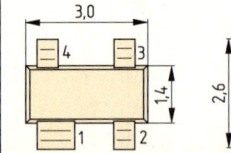
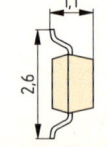

Integrierte Schaltungen (Seite 99)

Gehäuse	Small Outline	Chip Carrier	Very Small Outline	Flat Pack
Raster	1,27 mm	1,27 mm	0,76 mm	0,6 ... 1,27 mm
Anschlüsse	4 ... 28	bis 124	bis 40	bis 148

© Verlag Gehlen

Gehäuseformen von ICs (Auswahl)

Dual Inline Package

P-DIP: **P**lastic **D**ual **I**nline **P**ackage
C-DIP: **C**eramic **D**ual **I**nline **P**ackage
Rechteckiges Plastik- oder Keramikgehäuse mit zweireihig angeordneten Anschlüssen

Beispiel: P-DIP-24 (Maße in mm)

Dual Small Outline

P-DSO: **P**lastic **D**ual **S**mall **O**utline
Rechteckiges Plastik-Miniaturgehäuse mit zweireihig angeordneten Anschlüssen

Beispiel: P-DSO-24-1 (Maße in mm)

Chip Carrier

C-CC: **C**eramic **C**hip **C**arrier
Quadratisch aufgebautes Keramikgehäuse. Die Anschlüsse sind vierseitig als Leiterbahnen auf dem Keramikkörper angebracht.

Beispiel: C-CC-44 (Maße in mm)

Leaded Chip Carrier

P-LCC: **P**lastic **L**eaded **C**hip **C**arrier
Quadratisch oder rechteckig aufgebautes Plastikgehäuse mit vierseitig angeordneten federnden Anschlüssen

Beispiel: P-LCC-20 (Maße in mm)

Metric Quad Flat Package

P-MQFP: **P**lastic **M**etric **Q**uad **F**lat **P**ack
Metrisches, quadratisch und flach aufgebautes Plastikgehäuse mit vierseitig angeordneten Anschlüssen

Beispiel: P-MQFP-44 (Maße in mm)

Pin Grid Array

C-PGA: **C**eramic **P**in **G**rid **A**rray
Quadratisches Plastikgehäuse mit senkrechten, matrixförmig angeordneten Anschlussstiften an der Unterseite des Gehäuses

Beispiel: C-PGA-64-1 (Maße in mm)

© Verlag Gehlen

Gehäuse von Halbleiterbauelementen (nach JEDEC) (Auswahl)

Abkürzungen, Maßangaben in mm

JEDEC Join **E**lectronic **D**evice **E**ngineering **C**ouncel;
DO Diodes **O**utline; **TO T**ransistor **S**ingle **O**utline; **SOT S**mall **O**utline **T**ransistor

DO5	DO7	DO13
DO35	TO3	TO18
TO39	TO72	TO92 b
TO126 (SOT32)	TO220 AB (P-TO220-3-1)	TO220/5 AB (P-TO220-5-3)

Wärmewiderstand · Kühlkörper

Kühlung von Halbleiterbauelementen

Beispiel

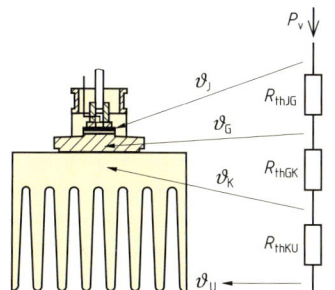

Berechnung

$$R_{th} = \frac{\Delta \vartheta}{P_v} \qquad R_{thJG} = \frac{\vartheta_J - \vartheta_G}{P_v} \qquad R_{thJU} = \frac{\vartheta_J - \vartheta_U}{P_v}$$

- P_v Verlustleistung in W
- R_{th} Wärmewiderstand (allgemein) in K/W
- R_{thJG} Wärmewiderstand zwischen Sperrschicht und Gehäuse in K/W
- R_{thJU} Wärmewiderstand zwischen Sperrschicht und Umgebung in K/W
- $\Delta \vartheta$ Temperaturunterschied in K
- ϑ_J Sperrschichttemperatur in °C
- ϑ_G Gehäusetemperatur in °C
- ϑ_K Kühlkörpertemperatur in °C
- ϑ_U Umgebungstemperatur in °C

Wärmewiderstände von schwarzen Kühlkörpern

Aufsteckbare Leichtkühlkörper (Beispiel: Kühlkörper für TO 18-Gehäuse)

Wärmewiderstand ≈ 48 K/W

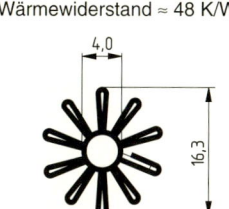 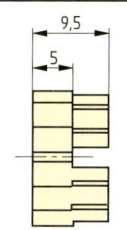

Wärmewiderstand ≈ 60 K/W

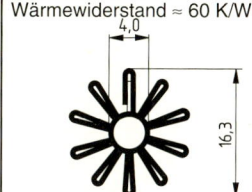 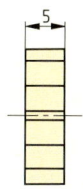

Großkühlkörper (Auswahl)

Großkühlkörper bestehen meist aus Aluminiumprofilen als Meterware. Die zu verwendende Länge ergibt sich aus dem geforderten Wärmewiderstand.

SK 01

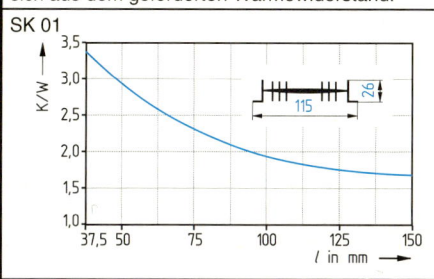

SK 09

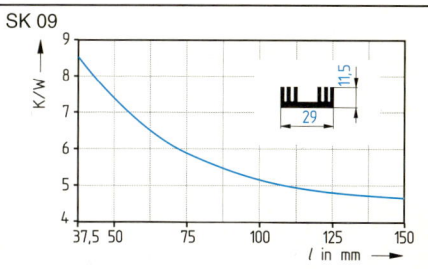

SK 10

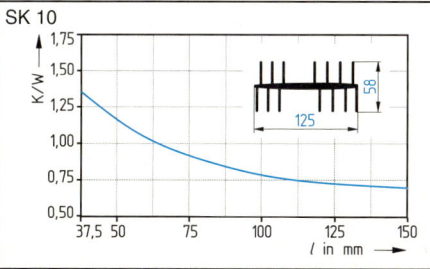

SK 21

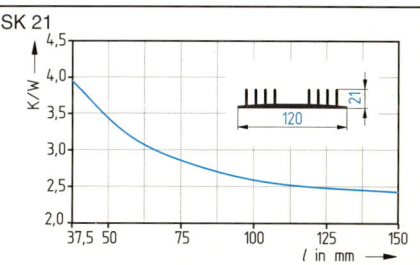

© Verlag Gehlen

Einbauhinweise für Bauelemente

Einbau von bedrahteten Bauelementen auf Leiterplatten

Arbeitsschritt	Erläuterungen, Hinweise			
Maße von Bohrlöchern und Lötaugen		Drahtdurchmesser d_1	Durchmesser	
			Bohrloch d_2	Lötauge d_3
		≤ 0,6 mm	0,8 mm	2,0 mm
		0,6 ... 0,8 mm	1,0 mm	2,0 mm
		0,8 ... 1,1 mm	1,3 mm	2,5 mm
Biegen der Anschlussdrähte	$R > d$, $a \geq 2d$	Der Biegeradius R muss größer als der Drahtdurchmesser d des Anschlussdrahtes sein. Der Abstand a beträgt $2 \cdot d$ oder mehr, mindestens jedoch 1,5 mm.		
Einbaulagen von Bauelementen (Beispiele)		Die Einbaulage der Bauelemente ist beliebig. Beim Biegen der Anschlussdrähte müssen die oben aufgezeigten Bedingungen eingehalten werden. Beim Einbau elektrostatisch gefährdeter Bauelemente müssen Schutzmaßnahmen ergriffen werden (S. 103).		

Löthinweise

- Die Bauelemente werden vorsichtig eingesetzt, zu lange Anschlussdrähte vorher gekürzt.
- Beim Löten müssen der Anschlussdraht und das Lötauge auf der Platine gleichzeitig erhitzt werden.
- Beim Löten sollte nicht zu viel Lötzinn aufgetragen werden, um z. B. Zinnbrücken zu vermeiden.
- Der Lötvorgang muss bei einer Kolbentemperatur von ca. 250 °C nach maximal 4 s beendet werden. Bei einer niedrigeren Temperatur darf die Lötdauer entsprechend verlängert werden; bei einer höheren Temperatur muss sie entsprechend verringert werden.

Einbau von SMD-Bauelementen

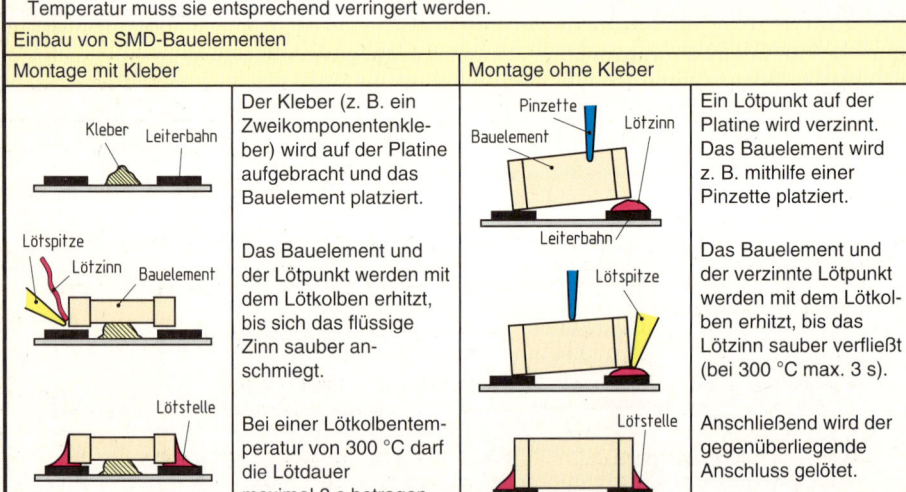

Montage mit Kleber

Der Kleber (z. B. ein Zweikomponentenkleber) wird auf der Platine aufgebracht und das Bauelement platziert.

Das Bauelement und der Lötpunkt werden mit dem Lötkolben erhitzt, bis sich das flüssige Zinn sauber anschmiegt.

Bei einer Lötkolbentemperatur von 300 °C darf die Lötdauer maximal 3 s betragen.

Montage ohne Kleber

Ein Lötpunkt auf der Platine wird verzinnt. Das Bauelement wird z. B. mithilfe einer Pinzette platziert.

Das Bauelement und der verzinnte Lötpunkt werden mit dem Lötkolben erhitzt, bis das Lötzinn sauber verfließt (bei 300 °C max. 3 s).

Anschließend wird der gegenüberliegende Anschluss gelötet.

Elektrostatische Entladungen

Bedeutung, Ursachen, Wahrnehmung

Bedeutung: Durch elektrostatische Entladungen können empfindliche Halbleiterbauteile (Feldeffekttransistoren, CMOS-Schaltkreise u. a.) beschädigt oder zerstört werden.
Ursachen: Elektrostatische Aufladungen entstehen durch Reibung verschiedener Materialien gegeneinander, sofern kein sofortiger Ladungsaustausch erfolgen kann.
Personen können sich bis auf einen Spannungswert von 30000 V aufladen, wenn sie über einen Teppichboden gehen. Die Höhe der elektrostatischen Aufladung ist von der Luftfeuchtigkeit abhängig.
Wahrnehmung: Die Entladung durch Berühren eines geerdeten Gegenstandes ist
- ab ca. 3500 V spürbar,
- ab ca. 4000 V hörbar,
- ab ca. 4500 V sichtbar.

Verlauf einer Elektrostatischen Entladung bei einem Menschen

Diagramm	Erläuterung
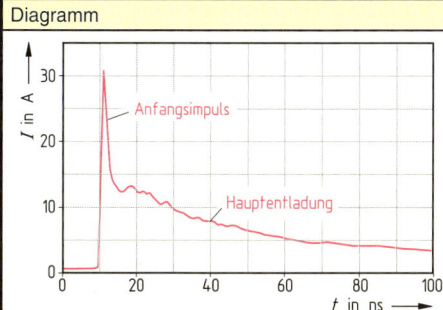	Die elektrostatische Entladung kann über einen Lichtbogen oder über einen leitenden Kontakt mit einem geerdeten Gegenstand erfolgen. Das Diagramm zeigt den Verlauf der Entladestromstärke nach der elektrostatischen Aufladung eines Menschen und der Entladung durch Berührung eines geerdeten Gegenstands mit der Hand. Die Ladespannung beträgt 4000 V. Bei Menschen treten steile Stromimpulse mit Spitzenwerten von einigen 10 A auf. Bei beweglichen Möbeln (z. B. Laborwagen) können die Spitzenwerte über 100 A betragen.

Beispiele für die Empfindlichkeit von Halbleiterbauteilen

Gefährdete Bauteile	Spannung
ICs in P-FP (Plastik Flat Pack) und P-LCC (Plastik Leaded Chip Carrier)	ab 20 V
Schottky-Dioden	ab 30 V
Feldeffekttransistoren und EPROMs	ab 100 V
Operationsverstärker	ab 180 V
Film-Widerstände	ab 350 V
Schottky-TTL	ab 1000 V
ICs in C-LCC (Keramik Leaded Chip Carrier)	ab 2000 V

Maßnahmen zum Schutz elektrostatisch gefährdeter Bauteile

- Gefährdete Bauteile sollten bis zur Verarbeitung in der Orginalpackung bleiben.
- Gefährdete Bauteile dürfen nur in hochohmig leitenden oder in antistatischen Behältnissen aufbewahrt und transportiert werden.
- Bei der Entnahme eines Bauteils aus der Verpackung sollte zuerst die Verpackung durch eine Berührung entladen werden. Erst dann darf das Bauteil herausgenommen werden.
- Beim Bestücken einer Platine sollte erst die Platine durch eine Berührung entladen werden. Erst dann darf das Bauteil eingesetzt werden.
- Die Bearbeitung der Bauteile darf nur an besonders eingerichteten Arbeitsplätzen erfolgen:
  – Die Lötkolbenspitzen müssen geerdet sein.
  – Die Arbeitstische und die Fußböden müssen antistatisch und ableitfähig sein.
  – Die Verarbeitung sollte auf Arbeitsmatten, die über ein Erdungsarmband fest mit der Haut verbunden sind, erfolgen.
  – Die Arbeitskleidung sollte aus Baumwolle sein und nicht aus aufladbaren Kunstfasern.
  – Die Schuhe sollten mit leitendem Material umhüllt werden.
- Zu Bildschirmen von Sichtgeräten sollte ein Mindestabstand von 10 cm eingehalten werden.

© Verlag Gehlen

Elektromagnetische Verträglichkeit (EMV) (DIN VDE 0870)

Begriff, Bedeutung

Die **elektromagnetische Verträglichkeit** ist die Fähigkeit einer elektrischen Einrichtung
- als Störsenke in einer elektromagnetischen Umgebung zu funktionieren
- und als Störquelle diese Umgebung, in der sich auch andere elektrische Einrichtungen befinden, nicht unzulässig zu beeinflussen.

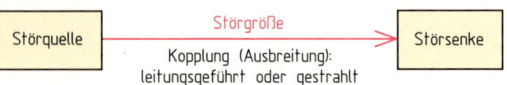

Störquelle → Störgröße → Störsenke
Kopplung (Ausbreitung): leitungsgeführt oder gestrahlt

Die Sicherstellung der elektromagnetischen Verträglichkeit erfolgt durch Maßnahmen, die die Kopplung von Störgrößen vermindern und die Störfestigkeit von Störsenken zu erhöhen.

Einteilung der Störquellen (Auswahl)

Natürliche Störquellen: Atmosphärische Entladungen, Elektrostatische Entladungen, Rauschen
Künstliche Störquellen: Elektromagnetische Vorgänge, die mit einem Energieumsatz verbunden sind. Dazu gehört auch der nukleare elektromagnetische Puls (NEMP) bei Kernexplosionen.
Schmalbandige Störquellen: Rundfunksender, HF-Generatoren, Geräte für die HF-Chirurgie.
Breitbandige Störquellen: Blitzentladungen (LEMP), siehe nachfolgende Beispiele.

Breitbandige Störquellen (Beispiele)

Leitungsgeführte Störgrößen		Gestrahlte Störgrößen	
Störquelle	Frequenzspektrum in MHz	Störquelle	Frequenzspektrum in MHz
Leuchtstofflampen	0,1 bis 3	Bistabile Schaltungen	0,015 bis 400
EDV-Anlagen	0,05 bis 20	Thermostat-Kontakte	30 bis 1000
Netzschalter	0,5 bis 25	Motor	0,01 bis 0,4
Leistungsschalterkontakte	10 bis 20	Schaltlichtbogen	30 bis 200
Schütze, Relais	0,05 bis 20	Leistungs-Schaltkreise	0,1 bis 300

Kopplungen

Art	Ursache	Verminderung
Galvanische Kopplung	Mehrere Stromkreise, die über gemeinsame Leitungsabschnitte verlaufen, besonders bei Masse- oder Erdleitungen und bei Stromversorgungsleitungen für mehrere Baugruppen.	• Kurze gemeinsame Leitungen • Ausreichende Leitungsquerschnitte • Induktivitätsarme Leitungsführung • Vollständige Potentialtrennung
Kapazitive Kopplung	Streukapazitäten (z. B. zwischen Leitern).	• Kurze gemeinsame Leiterführung • Große Abstände zwischen Leitern • Abschirmung betroffener Leiter
Induktive Kopplung	Gegeninduktivitäten zwischen Stromkreisen	• Große Abstände zwischen Leitern • Magnetische Schirmung • Verdrillen benachbarter Leitungen
Strahlungskopplung	Als elektromagnetische Wellen auftretende Störgrößen	• Abschirmung

Störfestigkeit von Störsenken

Die Störfestigkeit einer elektrischen Einrichtung ist gegeben, wenn Störgrößen (bis zu einer bestimmten Höhe) nicht zu einer Fehlfunktion führen. Dabei gelten folgende Definitionen:
- **Funktionsminderung:** Eine Beeinträchtigung der Funktionstüchtigkeit, die noch zulässig ist.
- **Fehlfunktion:** Eine Beeinträchtigung der Funktionstüchtigkeit, die nicht mehr zulässig ist. Die Fehlfunktion endet mit dem Abklingen der Störgröße.
- **Funktionsausfall:** Eine Beeinträchtigung der Funktionstüchtigkeit, die nicht mehr zulässig ist und nur z. B. durch eine Instandsetzung beseitigt werden kann.

Primärelemente

Begriff	Erkärung
Ruhespannung, Leerlaufspannung	Klemmenspannung des unbelasteten Elements
Arbeitsspannung, Nennspannung	Klemmspannung bei Belastung
Entladeendspannung	minimal zulässige Betriebsspannung (halbe Nennspannung)
Entladeschlussspannung	Klemmenspannung, bei der das Element als entladen gilt
Selbstentladung	innerer Vorgang, der bei Lagerung die Betriebsdauer mindert
Dauerentladung	ununterbrochene Stromentnahme
Innenwiderstand	innerer Widerstand einer Zelle
Lecksicherheit	Konstruktive Maßnahmen, die Elektrolytaustritt verhindern

IEC-Bezeichnungen

Batteriecode	Batterieform und -schaltung

L R 41
└ Größe 41
└ R für Rundzelle
└ Element:
  L für Zink-Alkali-Mangan-Element
  R für Zink-Braunstein-Element
  A für Zink-Luftsauerstoff-Element
  M, N für Zink-Quecksilberoxid-Element
  N für Zink-Braunstein-Quecks.-Element
  S für Zink-Silberoxid-Element
  P für Zink-Luft-Element
	R 9
	└ Größe 9
	└ R für Rundzelle
	   S für rechteckige oder quadratische Zelle
	   F für Flachzelle
	
	Ergänzung:
	
	10 F 20 - 2
	└──────┘ Batterie aus 2 mal 10 in
	            Reihe geschalteten Zellen

Zink/Salmiak/Braunstein-Zellen und Zink/Zinkchlorid/Braunstein-Zellen				Alkali-Mangan-Batterien			
Nennspannung in V	IEC-Bezeichnung	Handelsbezeichnung	Nennkapazität in mAh	Nennspannung in V	IEC-Bezeichnung	Handelsbezeichnung	Nennkapazität in mAh
1,5	R03	Mikro	500	1,5	LR03	Mikro	750
	R1	Lady	400		LR141	Lady	580
	R6	Mignon	1100		LR6	Mignon	1500
	R14	Baby	2800		LR14	Baby	5000
	R20	Mono	6000		LR 44	Mono	10000
4,5	3R12	–	1800				
6	4R25	–	8100				
9	6F22	–	400	9	6LF22	100	380
	6F100	–	4300				

Vergleichstabelle für Zink-(Trocken)- und Alkali-Mangan-Batterien

Typ	Japan	USA	DIN	Japan	Varta	Ucar	Mallory
Mikro	UM 4	AAA	40860	AM 4	4003	E 92	MN 2400
Lady	UM 1	N	40861	AM 5	4001	E 90	MN 9100
Mignon	UM3	AA	40863	AM 3	4006	E 91	MN 1500
Baby	UM2	C	40865	AM 2	4014	E 93	MN 1400
Mono	UM1	D	40866	AM1	4020	E 95	MN 1300
4,5V	UM 10	–	–	–	V 21 9X	523	PX 21
9V	–	6 AM 6	–	AM 6	–	522	MN 1004

© Verlag Gehlen

Primärelemente

Quecksilberoxid-Batterien (Knopfzellen/-batterien)

Nennspannung in V	Bezeichnung IEC	Bezeichnung andere	Nennkapazität in mAh
1,35	MR 50	PX 1	1100
	MR 9	PX 625	450
	MR 44	–	550
1,4	NR 44	HP 675	250
	NR 41	HM 312	60
2,7	2 MR 9	PX 14/H	420
5,6	4 NR 42	PX 23	100
	4 NR 52	PX164	550

Lithium-Batterien (Knopfzellen/-batterien)

Nennspannung in V	IEC-Bezeichnung Knopf-Zelle	IEC-Bezeichnung Rund-Zelle	Nennkapazität in mAh
3	CR 1216	–	25
	CR 2025	–	150
	CR 2430	–	560
	CR 1118	–	170
6	2CR 11108	–	170
3	–	CR 1/4AA	400
	–	CR 2/3 AA	1350
	–	CR 2 NP	1400

Abmessungen von Quecksilberoxid-Batterien (Knopfzellen/-batterien)

IEC-Bez.	MR 50	MR 9	MR 44	NR 44	NR 41	2 MR 9	4 NR 42
$\varnothing$ a in mm	16,4	16,0	11,6	11,6	7,9	17,0	15,3
Höhe b mm	16,8	6,2	5,4	5,4	3,6	16,0	20,0

Abmessungen von Lithium-Batterien (Knopfzellen/-batterien)

IEC-Bez.	CR 1216	CR 2025	CR 2430	CR 1118	CR 1/4AA	CR2/3AA	CR 2NP
$\varnothing$ a in mm	12,0	12,0	24,0	11,6	14,75	14,75	11,6
Höhe b mm	1,6	2,5	3,0	10,8	14,0	33,5	60,0

Bleiakkumulatoren (DIN 40732; DIN 72310; DIN 72311)

Batterietypen (Zellen und Blockbatterien)

0 84 21
- Unterschied technischer Eigenarten (Herstellerangaben)
- Nennkapazität 84 Ah
- Nennspannung:
  - Ziffer 0 ... 4 $\Rightarrow$ 6 V
  - Ziffer 5 ... 7 $\Rightarrow$ 12 V

Typnummer	Nennspannung in V	Nennkap. C_{20} in Ah	Masse in kg
52712	12	27	12
53621		36	13
54533		45	16
55415		54	19
56316		63	20

Ladung von Bleiakkumulatoren

Batterieart	Nennkapaz.	Ladestromst./100 Ah			Batterieart	Nennkapaz.	Ladestromst./100 Ah		
Starterbat.	C_{20}	10 [1]	12/6 [2]	2 [3]	OPzS	C_{10}	5 [1]	7/3,5 [2]	2 [3]
ortsfeste Bat.	C_{10}	8,5 [1]	12/6 [2]	3 [3]	GiS, PzS	C_5	5 [1]	8/4 [2]	2 [3]

Ladezustand bei Bleiakkumulatoren

Säuredichte ortsfester Batterien: 1,14 g/cm^3 (entladen) bis 1,2 g/cm^3 (geladen)

kleinste Entladespannung: 1,8 V/Zelle	Gasungsspannung: 2,4 V/Zelle
größte Ladespannung: 2,4 V/Zelle	Ladeschlussspannung: 2,65 V/Zelle

Hinweise für USV-Anlagen

Bei USV-Anlagen muss eine Batterieprüfung durchgeführt werden, um die Dauer des Betriebes (Überbrückungszeit) unter Nennlast zu ermitteln. Dazu wird die Wirkleistung und die Batteriespannung gemessen und mit der Batterientladekennlinie verglichen. Neue Batterien weisen am Anfang oft nicht die volle Kapazität auf. Liegt kein ausreichendes Ergebnis vor, kann die Entladeprüfung wiederholt werden.

[1] Laden mit konstanter Stromstärke und Abschalten bei Vollladung; [2] Laden mit fallender Stromstärke und Abschalten bei Vollladung; [3] Ladeschlussstromstärke nach 72 h Ladedauer.

Beschreibung logischer Verknüpfungen

Schaltzeichen

Aufbau	Erläuterung	Beispiel: IC 74221
Kontur, Funktionsangabe (bevorzugt), Eingangslinien, Ausgangslinien, Funktionsangabe (alternativ)	Ein Schaltzeichen kann aus einer Kontur oder einer Konturenkombination bestehen. Die Angabe der Funktion erfolgt vorzugsweise am oberen Rand des Schaltzeichens oder alternativ in der Mitte. Die Kennzeichnungen der Ein- und Ausgänge können an den mit # bezeichneten Stellen innerhalb und außerhalb der Kontur erfolgen: Innerhalb z. B. mit R für Rücksetzen. Außerhalb z. B. mit einem Negationszeichen.	1⊓, CX, RX/CX, &, ⊓, R

Interne und externe Logikzustände

z. B. NOR:

Intern			Extern			
b*	a*	x*	b	a	x	
0	0	0	0	0	0	Der interne Logikzustand ist der Zustand, der innerhalb der Kontur an einem Ein- oder Ausgang besteht.
0	1	1	0	1	0	Der externe Logikzustand ist der Zustand, der außerhalb der Kontur an einer Eingangslinie oder Ausgangslinie vorliegt.
1	0	1	1	0	1	
1	1	1	1	1	0	

Arbeitstabelle

Die Arbeitstabelle dient zur Beschreibung des physikalischen (z. B. elektrischen) Verhaltens von digitalen Schaltungen. Dabei wird die physikalische Größe der Ein- und Ausgangssignale entweder direkt durch ihre Werte oder die zugeordneten Pegel L und H gekennzeichnet. Bei letzterem gilt:

H-Pegel ⇒ High-Pegel: Der Pegelwert, der gegenüber dem anderen näher bei $+\infty$ ist.
L-Pegel ⇒ Low-Pegel: Der Pegelwert, der gegenüber dem anderen näher bei $-\infty$ ist.

z. B. UND:

b	a	x
L	L	L
L	H	L
H	L	L
H	H	H

Die Arbeitstabelle zeigt die Pegelzustände am Ausgang (oder an mehreren Ausgängen) der logischen Verknüpfung in Abhängigkeit von Pegelkombinationen an den Eingängen.

Hat der Zustand eines Pegels an einem Eingang keinen Einfluss auf den Pegelzustand am Ausgang, so wird der Zustand am Eingang mit H/L oder X angegeben.

Wahrheitstabelle

Positive Logik L = 0, H = 1			Negative Logik L = 1, H = 0			
b	a	x	b	a	x	
0	0	0	1	1	1	Die Wahrheitstabelle zeigt die Logikzustände am Ausgang (bzw. an den Ausgängen) abhängig von allen möglichen Kombinationen der Eingangswerte.
0	1	0	1	0	1	Die Zuordnung der elektrischen Pegel und der Logikzustände bedarf einer Vereinbarung. Entspricht der L-Pegel dem 0-Zustand und der H-Pegel dem 1-Zustand, spricht man von der positiven Logik, anderenfalls von der negativen Logik.
1	0	0	0	1	1	
1	1	1	0	0	0	

Pulsdiagramm

Beispiel: UND-Funktion

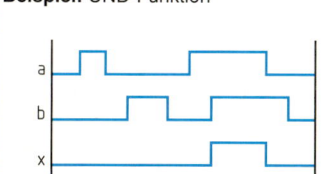

Pulsdiagramme zeigen den zeitlichen Verlauf von Funktionen. Folgende Regeln gelten:
- Die Funktionen werden waagerecht im zeitgerechten Maßstab aufgetragen.
- Die Bezugslinie eines Signals ist der 0-Zustand.
- Der 1-Zustand wird nach oben auftragen.
- Die Bezeichnung der Signale erfolgt am linken Rand.
- Erläuternde Angaben können am rechten Rand erfolgen.

© Verlag Gehlen

Elementare logische Verknüpfungen und ihre Darstellung (DIN 40900)

Symbol	Wahrheitstabelle			Benennung, Funktionsgleichung	Beschreibung	Schaltungsbeispiel mit Kontakten
a —[&]— x, b	b	a	x	**UND** (Konjunktion) $x = a \wedge b$	Der Ausgang weist nur dann den 1-Zustand auf, wenn sich alle Eingänge im 1-Zustand befinden.	$+U_B$, -S1(a), -S2(b), -K1, -H1(x), 0V
	0	0	0			
	0	1	0			
	1	0	0			
	1	1	1			
a —[≥1]— x, b	b	a	x	**ODER** (Disjunktion) $x = a \vee b$	Der Ausgang weist dann den 1-Zustand auf, wenn sich mindestens ein Eingang im 1-Zustand befindet.	$+U_B$, -S1(a), -S2(b), -K1, -H1(x), 0V
	0	0	0			
	0	1	1			
	1	0	1			
	1	1	1			
a —[1]o— x		a	x	**NICHT** (Negation) $x = \overline{a}$	Der Ausgang weist dann den 1-Zustand auf, wenn sich der Eingang im 0-Zustand befindet.	$+U_B$, -S1(a), -K1, -H1(x), 0V
		0	1			
		1	0			
a —[&]o— x, b	b	a	x	**NAND** $x = \overline{a \wedge b}$	Der Ausgang weist dann den 1-Zustand auf, wenn sich mindestens ein Eingang im 0-Zustand befindet.	$+U_B$, -S1(a), -S2(b), -K1, -H1(x), 0V
	0	0	1			
	0	1	1			
	1	0	1			
	1	1	0			
a —[≥1]o— x, b	b	a	x	**NOR** $x = \overline{a \vee b}$	Der Ausgang weist nur dann den 1-Zustand auf, wenn sich alle Eingänge im 0-Zustand befinden.	$+U_B$, -S1(a), -S2(b), -K1, -H1(x), 0V
	0	0	1			
	0	1	0			
	1	0	0			
	1	1	0			
a —[=1]— x, b	b	a	x	**Antivalenz** (Exklusiv-ODER) $x = (a \wedge \overline{b}) \vee (\overline{a} \wedge b)$	Der Ausgang weist nur dann den 1-Zustand auf, wenn sich beide Eingänge in unterschiedlichen Zuständen befinden.	$+U_B$, -S1(a), -S2(b), -K1, -H1(x), 0V
	0	0	0			
	0	1	1			
	1	0	1			
	1	1	0			
a —[=]— x, b	b	a	x	**Äquivalenz** (Exklusiv-NOR) $x = (\overline{a} \wedge \overline{b}) \vee (a \wedge b)$	Der Ausgang weist nur dann den 1-Zustand auf, wenn sich alle Eingänge in demselben Zustand befinden.	$+U_B$, -S1(a), -S2(b), -K1, -H1(x), 0V
	0	0	1			
	0	1	0			
	1	0	0			
	1	1	1			

© Verlag Gehlen

Regeln der Schaltalgebra

Allgemeine Regeln

- Im Unterschied zur Algebra kann in der Schaltalgebra eine **Variable** nur die Werte 1 oder 0 annehmen.
- Entsprechend der Regel „Punktrechnung geht vor Strichrechnung" gilt in der Schaltalgebra die Regel **„UND geht vor ODER"**.
- Für die Anwendung der **Klammerschreibweise** gelten die gleichen Regeln wie in der Algebra, z. B.: $x = a \wedge b \vee a \wedge c = a \wedge (b \vee c)$.
- Neben den **Verknüpfungszeichen** $\wedge$ und $\vee$ werden manchmal die Zeichen · für $\wedge$ und + für $\vee$ verwendet.

UND-Funktion (Konjunktion) / ODER-Funktion (Disjunktion)

UND-Funktion (Konjunktion)		ODER-Funktion (Disjunktion)	
$x = a \wedge 0 = 0$	⇔ x immer 0	$x = a \vee 0 = a$	⇔ x immer a
$x = a \wedge 1 = a$	⇔ x immer a	$x = a \vee 1 = 1$	⇔ x immer 1
$x = a \wedge a = a$	⇔ x immer a	$x = a \vee a = a$	⇔ x immer a
$x = a \wedge \overline{a} = 0$	⇔ x immer 0	$x = a \vee \overline{a} = 1$	⇔ x immer 1

Negation (NICHT-Funktion)

$x = \overline{a}$	$x = \overline{\overline{a}} = a$	$x = \overline{\overline{\overline{a}}} = \overline{a}$

Vertauschungsgesetz (Kommutativgesetz)

$x = a \wedge b$ $= b \wedge a$	$x = a \vee b$ $= b \vee a$

Verteilungsgesetz (Distributivgesetz)

$x = (a \wedge b) \vee (a \wedge c)$ $= a \wedge (b \vee c)$	$x = (a \vee b) \wedge (a \vee c)$ $= a \vee (b \wedge c)$

Verbindungsgesetz (Assoziativgesetz)

$x = a \wedge b \wedge c$ $= a \wedge (b \wedge c)$ $= b \wedge (a \wedge c)$ $= c \wedge (a \wedge b)$	$x = a \vee b \vee c$ $= a \vee (b \vee c)$ $= b \vee (a \vee c)$ $= c \vee (a \vee b)$

Vereinfachungen

$x = a \wedge (a \vee b)$ $= a$	$x = a \vee (a \wedge b)$ $= a$	$x = a \wedge (\overline{a} \vee b)$ $= a \wedge b$	$x = a \vee (\overline{a} \wedge b)$ $= a \vee b$	$x = (a \vee b) \wedge (a \vee \overline{b})$ $= a$	$x = (a \wedge b) \vee (a \wedge \overline{b})$ $= a$

De Morgansche Gesetze

$x = \overline{a \wedge b} \quad = \quad \overline{a} \vee \overline{b}$

$x = \overline{a \vee b} \quad = \quad \overline{a} \wedge \overline{b}$

Daraus ergibt sich:

$x = a \wedge b \quad = \quad \overline{\overline{a \wedge b}} \quad = \quad \overline{\overline{a} \vee \overline{b}}$

$x = a \vee b \quad = \quad \overline{\overline{a \vee b}} \quad = \quad \overline{\overline{a} \wedge \overline{b}}$

Schaltungsvereinfachung mit KV-Tafeln

Regeln

- Jede KV-Tafel besteht aus Feldern, deren Anzahl z_F von der Anzahl n der Eingangsvariablen abhängig ist: $z_F = 2^n$.
- Die Eingangsvariablen müssen so angeordnet sein, dass sich von Spalte zu Spalte und von Zeile zu Zeile immer nur eine Variable ändert.
- Ausgangsvariablen mit dem Wert 1 werden aus der Wahrheitstabelle entnommen und in die Felder eingetragen.
- Möglichst viele Felder mit einer 1 werden zu Blöcken aus 2, 4, 8 oder 16 Feldern zusammengefasst.
- Benachbarte Felder dürfen zusammengefasst werden. Die obere und die untere Reihe und die linke und die rechte Spalte gelten als benachbart.
- Diagonal benachbarte Felder dürfen nicht zusammengefasst werden.
- Variablen, die innerhalb eines Blockes negiert und nicht negiert sind, entfallen.
- Die innerhalb eines Blockes verbleibenden Variablen bilden UND-Verknüpfungen. Diese werden durch ODER-Verknüpfungen zusammengefasst.

Wahrheitstabelle	Funktionsgleichung	KV-Tafel

Beispiel mit 2 Eingangsvariablen

b	a	y
0	0	1
0	1	0
1	0	1
1	1	0

$y_1 = \bar{a} \wedge \bar{b}$

$y_2 = \bar{a} \wedge b$

	$\bar{a}$	a
$\bar{b}$	1	0
b	1	0

$y = \bar{a}$

Beispiel mit 3 Eingangsvariablen

c	b	a	y
0	0	0	1
0	0	1	0
0	1	0	X
0	1	1	1
1	0	0	X
1	0	1	X
1	1	0	X
1	1	1	0

$y_1 = \bar{a} \wedge \bar{b} \wedge \bar{c}$
$y_{X1} = \bar{a} \wedge b \wedge c$
$y_2 = a \wedge b \wedge \bar{c}$
$y_{X2} = \bar{a} \wedge \bar{b} \wedge c$
$y_{X3} = a \wedge \bar{b} \wedge c$
$y_{X4} = \bar{a} \wedge b \wedge c$

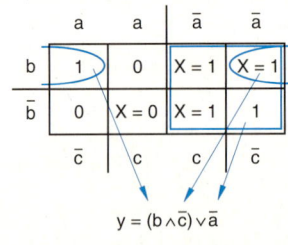

	a	a	$\bar{a}$	$\bar{a}$
b	1	0	X = 1	X = 1
$\bar{b}$	0	X = 0	X = 1	1
	$\bar{c}$	c	c	$\bar{c}$

$y = (b \wedge \bar{c}) \vee \bar{a}$

Redundanzen (X) können mit den logischen Werten 0 oder 1 in die KV-Tafel eingesetzt werden.

Beispiele von KV-Tafeln mit 4 Eingangsvariablen

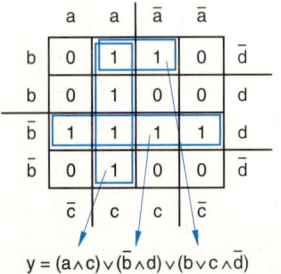

	a	a	$\bar{a}$	$\bar{a}$	
b	0	1	1	0	$\bar{d}$
b	0	1	0	0	d
$\bar{b}$	1	1	1	1	d
$\bar{b}$	0	1	0	0	$\bar{d}$
	$\bar{c}$	c	c	$\bar{c}$	

$y = (a \wedge c) \vee (\bar{b} \wedge d) \vee (b \vee c \wedge \bar{d})$

	a	a	$\bar{a}$	$\bar{a}$	
b	0	0	0	1	$\bar{d}$
b	1	1	0	0	d
$\bar{b}$	1	1	0	0	d
$\bar{b}$	0	0	0	1	$\bar{d}$
	$\bar{c}$	c	c	$\bar{c}$	

$y = (a \wedge d) \vee (\bar{a} \wedge \bar{c} \wedge \bar{d})$

Zahlensysteme

Die Struktur stellenbewerteter Zahlensysteme

$$Z = a_{n-1} \cdot b^{n-1} + ... + a_2 \cdot b^2 + a_1 \cdot b^1 + a_0 \cdot b^0$$

Z	Zahl
$a_{n-1} ... a_0$	Ziffernfolge als Zahl
n	Anzahl der Ziffern der Zahl
$b^{n-1} ... b^0$	Vervielfachungsfaktoren
b	Basiszahl

Jeder Ziffer ist abhängig von ihrer Stelle ein Vervielfachungsfaktor zugeordnet. Die Basis dieses Faktors ist die Basiszahl.

Die Basiszahl ist abhängig von der Anzahl der Ziffern, die in einem Zahlensystem zur Verfügung stehen.

Dezimales Zahlensystem (Beispiel)

6749	=	$6 \cdot 10^3$	+	$7 \cdot 10^2$	+	$4 \cdot 10^1$	+	$9 \cdot 10^0$
6749	=	$6 \cdot 1000$	+	$7 \cdot 100$	+	$4 \cdot 10$	+	$9 \cdot 1$
6749	=	6000	+	700	+	40	+	9
6749	=	6749						

Das dezimale Zahlensystem hat die Basiszahl 10, da die Ziffern 0 bis 9 zur Verfügung stehen.
Die Basiszahl 10 ist die Basis der Vervielfachungsfaktoren ($10^3 ... 10^0$).

Sedezimales Zahlensystem (Beispiel)

$1A5D_{16}$	=	$1 \cdot 16^3$	+	$A \cdot 16^2$	+	$5 \cdot 16^1$	+	$D \cdot 16^0$
$1A5D_{16}$	=	$1 \cdot 16^3$	+	$10 \cdot 16^2$	+	$5 \cdot 16^1$	+	$13 \cdot 16^0$
$1A5D_{16}$	=	$1 \cdot 4096$	+	$10 \cdot 256$	+	$5 \cdot 16$	+	$13 \cdot 1$
$1A5D_{16}$	=	4096	+	2560	+	80	+	13
$1A5D_{16}$	=	6749_{10}						

Das sedezimale Zahlensystem wird auch als hexadezimales Zahlensystem bezeichnet. Es besitzt die Basiszahl 16. Neben den zehn Ziffern 0 bis 9 stehen die sechs Buchstaben A bis F zur Verfügung. Sie entsprechen den Dezimalzahlen 10 bis 15:
A = 10, B = 11, C = 12, D = 13, E = 14, F = 15.

Duales Zahlensystem (Beispiel)

10011_2	=	$1 \cdot 2^4$	+	$0 \cdot 2^3$	+	$0 \cdot 2^2$	+	$1 \cdot 2^1$ + $1 \cdot 2^0$
10011_2	=	$1 \cdot 16$	+	$0 \cdot 8$	+	$0 \cdot 4$	+	$1 \cdot 2$ + $1 \cdot 1$
10011_2	=	16	+	0	+	0	+	2 + 1
10011_2	=	19_{10}						

Im dualen Zahlensystem stehen nur die Ziffern 0 und 1 zur Verfügung. Daher lautet die Basiszahl 2.
Statt des Begriffs Stelle wird häufig der Begriff Bit verwendet.

Dezimalzahl	Sedezimalzahl	2^5	2^4	2^3	2^2	2^1	2^0
0	0						0
1	1						1
2	2					1	0
3	3					1	1
4	4				1	0	0
5	5				1	0	1
6	6				1	1	0
7	7				1	1	1
8	8			1	0	0	0
9	9			1	0	0	1
10	A			1	0	1	0
11	B			1	0	1	1
12	C			1	1	0	0
13	D			1	1	0	1
14	E			1	1	1	0
15	F			1	1	1	1
16	10		1	0	0	0	0
17	11		1	0	0	0	1
18	12		1	0	0	1	0
19	13		1	0	0	1	1
20	14		1	0	1	0	0
21	15		1	0	1	0	1
22	16		1	0	1	1	0
23	17		1	0	1	1	1
24	18		1	1	0	0	0
25	19		1	1	0	0	1
26	1A		1	1	0	1	0
27	1B		1	1	0	1	1
28	1C		1	1	1	0	0
29	1D		1	1	1	0	1
30	1E		1	1	1	1	0
31	1F		1	1	1	1	1
32	20	1	0	0	0	0	0
33	21	1	0	0	0	0	1
34	22	1	0	0	0	1	0
35	23	1	0	0	0	1	1
36	24	1	0	0	1	0	0
37	25	1	0	0	1	0	1
38	26	1	0	0	1	1	0
39	27	1	0	0	1	1	1
40	28	1	0	1	0	0	0
41	29	1	0	1	0	0	1

© Verlag Gehlen

Umwandlung in andere Zahlensysteme

Dezimalzahl ⇒ Dualzahl

Die Dezimalzahl wird durch die Basiszahl (2) des dualen Zahlensystems geteilt. Die Reste ergeben die Dualzahl.

Beispiel:
Dezimalzahl: 19_{10}

```
19 : 2  =  9   Rest 1
 9 : 2  =  4   Rest 1
 4 : 2  =  2   Rest 0
 2 : 2  =  1   Rest 0
 1 : 2  =  0   Rest 1
```
Dualzahl: $1\,0\,0\,1\,1_2$

Dezimalzahl ⇒ Sedezimalzahl

Die Dezimalzahl wird durch die Basiszahl (16) des sedezimalen Zahlensystems geteilt. Die Reste ergeben die Sedezimalzahl.

Beispiel:
Dezimalzahl: 6749_{10}

```
6749 : 16  =  421   Rest 13  =  D
 421 : 16  =   26   Rest  5  =  5
  26 : 16  =    1   Rest 10  =  A
   1 : 16  =    0   Rest  1  =  1
```
Sedezimalzahl: $1\,A\,5\,D_{16}$

Sedezimalzahl ⇒ Dualzahl

Jede Sedezimalziffer wird in eine vierstellige Dualzahl umgewandelt.

Beispiel:
Sedezimalzahl: $3\ \ A\ \ 5_{16}$

```
          0 0 1 1 | 1 0 1 0 | 0 1 0 1
```
Dualzahl: $1\,1\,1\,0\,1\,0\,0\,1\,0\,1_2$

Dualzahl ⇒ Sedezimalzahl

Die Dualzahl wird – rechts beginnend – in Viererblöcke eingeteilt. Jeder Viererblock wird in die entsprechende Sedezimalziffer umgewandelt.

Beispiel:
Dualzahl: $1\,1\,1\,0\,1\,1\,1\,0\,0\,1_2$
                 $0\,0\,1\,1 | 1\,0\,1\,1 | 1\,0\,0\,1$

Sedezimalzahl: $3\ \ B\ \ 9_{16}$

Rechenregeln für Dualzahlen

Addition	Subtraktion	Multiplikation	Division
0 + 0 = 0	0 − 0 = 0	0 · 0 = 0	0 : 1 = 0
1 + 0 = 1	1 − 0 = 1	1 · 0 = 0	1 : 1 = 1
0 + 1 = 1	10 − 1 = 1	0 · 1 = 0	
1 + 1 = 10	1 − 1 = 0	1 · 1 = 1	

Subtraktion durch Komplementbildung

Beispiel (Addition):
```
  0 1 0 1  =   5₁₀
+ 0 1 1 1  = + 7₁₀
  1 1 1
  1 1 0 0  =  12₁₀
```

Beispiel (Subtraktion):
```
  1 0 0 1  =   9₁₀
− 0 1 0 0  = − 4₁₀
  1
  0 1 0 1  =   5₁₀
```

Beispiel (Komplement):
```
  1 0 0 1         1 0 0 1
− 0 1 0 0   ⇔  + 1 0 1 1    (= 0̄1̄0̄0̄)
                       1    (Komplement)
  1              1 1
  0 1 0 1        0 1 0 1
```

Binäre Codes

Begriffe

Codieren. Ein gegebener Vorrat an Symbolen eines Zeichensatzes wird den Symbolen eines anderen Zeichensatzes zugeordnet.

Beispiel:
```
Dezimalzahl:      6     9     7
BCD-Code:       0110  1001  0111
Aiken-Code:     1100  1111  1101
```

BCD-Code. Binary Coded Decimal (binär codierte Dezimalzahl).

Tetradischer Code. Jedes Codewort besteht aus vier Bit (Tetrade).

Einschrittiger Code. Beim Übergang von einem Codewort zum folgenden ändert sich immer nur eine Binärstelle.

Mehrschrittiger Code. Beim Übergang von einem Codewort zum folgenden können sich mehrere Binärstellen ändern.

BCD-Code · Aiken-Code · Gray-Code · Höherstellige Codes

Binäre Codes (Fortsetzung)

Mehrschrittige tetradische Codes			Einschrittige tetradische Codes		
Dezimalziffer	BCD-Code	Aiken-Code	Dezimalziffer	Gray-Code	Glixon-Code
0	0 0 0 0	0 0 0 0	0	0 0 0 0	0 0 0 0
1	0 0 0 1	0 0 0 1	1	0 0 0 1	0 0 0 1
2	0 0 1 0	0 0 1 0	2	0 0 1 1	0 0 1 1
3	0 0 1 1	0 0 1 1	3	0 0 1 0	0 0 1 0
4	0 1 0 0	0 1 0 0	4	0 1 1 0	0 1 1 0
5	0 1 0 1	1 0 1 1	5	0 1 1 1	0 1 1 1
6	0 1 1 0	1 1 0 0	6	0 1 0 1	0 1 0 1
7	0 1 1 1	1 1 0 1	7	0 1 0 0	0 1 0 0
8	1 0 0 0	1 1 1 0	8	1 1 0 0	1 1 0 0
9	1 0 0 1	1 1 1 1	9	1 1 0 1	1 0 0 0
Wertigkeit	8 4 2 1	2 4 2 1	Ohne Stellenwertigkeit		

Höherstellige Codes

Dezimalziffer	Walking-Code	Libaw-Craig-Code	1 aus 10-Code
0	0 0 0 1 1	0 0 0 0 0	0 0 0 0 0 0 0 0 0 1
1	0 0 1 0 1	0 0 0 0 1	0 0 0 0 0 0 0 0 1 0
2	0 0 1 1 0	0 0 0 1 1	0 0 0 0 0 0 0 1 0 0
3	0 1 0 1 0	0 0 1 1 1	0 0 0 0 0 0 1 0 0 0
4	0 1 1 0 0	0 1 1 1 1	0 0 0 0 0 1 0 0 0 0
5	1 0 1 0 0	1 1 1 1 1	0 0 0 0 1 0 0 0 0 0
6	1 1 0 0 0	1 1 1 1 0	0 0 0 1 0 0 0 0 0 0
7	0 1 0 0 1	1 1 1 0 0	0 0 1 0 0 0 0 0 0 0
8	1 0 0 0 1	1 1 0 0 0	0 1 0 0 0 0 0 0 0 0
9	1 0 0 1 0	1 0 0 0 0	1 0 0 0 0 0 0 0 0 0

Gegenüberstellung von Dualcode und BCD-Code

Beispiel, Erläuterung

Dezimalzahl: 8 4 3   8 4 3

Dualcode: 1 1 0 1 0 0 1 0 1 1   BCD-Code: 1 0 0 0 0 1 0 0 0 0 1 1

Im Unterschied zum Dualcode wird beim BCD-Code jede Ziffer der Dezimalzahl mit einer 4-Bit-Binärzahl codiert. Stehen z. B. für die binäre Codierung acht Bit zur Verfügung, können im Dualcode die Dezimalzahlen 0 bis 255 codiert werden, im BCD-Code nur die Dezimalzahlen 0 bis 99.

Zur Verfügung stehende Bits	Dualcode		BCD-Code	
	Anzahl der zu codierenden Dezimalzahlen	Zu codierender dezimaler Zahlenbereich	Anzahl der zu codierenden Dezimalstellen	Zu codierender dezimaler Zahlenbereich
4	$2^4 = 16$	0 ... 15	1	0 ... 9
8	$2^8 = 256$	0 ... 255	2	0 ... 99
12	$2^{12} = 4096$	0 ... 4095	3	0 ... 999
16	$2^{16} = 65536$	0 ... 65535	4	0 ... 9999

Berechnung der Anzahl der zu codierenden Dezimalzahlen

$x = 2^n$	x	Anzahl der zu codierenden Dezimalzahlen
	n	Anzahl der Bit

© Verlag Gehlen

ASCII-Code (DIN 66003)

Der ASCII-Code (**A**merican **S**tandard **C**ode for **I**nformation-**I**nterchange) ist ein genormter 7-Bit-Code für insgesamt 128 Steuerbefehle, alphanummerische Zeichen und Sonderzeichen zum Datenaustausch. Das achte Bit (2^7) kann als Prüfbit bei der Datenübertragung genutzt werden.

Dezimal	Zeichen	Sedezimal	Dezimal	Zeichen	Sedezimal	Dezimal	Zeichen	Sedezimal	Dezimal	Zeichen	Sedezimal
0	NUL	00	26	SUB	1A	52	4	34	78	N	4E	104	h	68
1	SOH	01	27	ESC	1B	53	5	35	79	O	4F	105	i	69
2	STX	02	28	FS	1C	54	6	36	80	P	50	106	j	6A
3	ETX	03	29	GS	1D	55	7	37	81	Q	51	107	k	6B
4	EOT	04	30	RS	1E	56	8	38	82	R	52	108	l	6C
5	ENQ	05	31	US	1F	57	9	39	83	S	53	109	m	6D
6	ACK	06	32	SP	20	58	:	3A	84	T	54	110	n	6E
7	BEL	07	33	!	21	59	;	3B	85	U	55	111	o	6F
8	BS	08	34	"	22	60	<	3C	86	V	56	112	p	70
9	HT	09	35	#	23	61	=	3D	87	W	57	113	q	71
10	LF	0A	36	$	24	62	>	3E	88	X	58	114	r	72
11	VT	0B	37	%	25	63	?	3F	89	Y	59	115	s	73
12	FF	0C	38	&	26	64	@	40	90	Z	5A	116	t	74
13	CR	0D	39	'	27	65	A	41	91	[	5B	117	u	75
14	SO	0E	40	(	28	66	B	42	92	\	5C	118	v	76
15	SI	0F	41	)	29	67	C	43	93	]	5D	119	w	77
16	DLE	10	42	*	2A	68	D	44	94	^	5E	120	x	78
17	DC1	11	43	+	2B	69	E	45	95	_	5F	121	y	79
18	DC2	12	44	,	2C	70	F	46	96	`	60	122	z	7A
19	DC3	13	45	-	2D	71	G	47	97	a	61	123	{	7B
20	DC4	14	46	.	2E	72	H	48	98	b	62	124	|	7C
21	NAK	15	47	/	2F	73	I	49	99	c	63	125	}	7D
22	SYN	16	48	0	30	74	J	4A	100	d	64	126	~	7E
23	ETB	17	49	1	31	75	K	4B	101	e	65	127	DEL	7F
24	CAN	18	50	2	32	76	L	4C	102	f	66			
25	EM	19	51	3	33	77	M	4D	103	g	67			

Steuerbefehle

Befehl	Funktion
ACK	Acknowledge (Bestätigung)
BEL	Bell (Klingel)
BS	Backspace (Rückwärtsschritt)
CAN	Cancel (Ungültig)
CR	Carriage return (Wagenrücklauf)
DC	Divice control 1 ... 4 (Steuerzeichen)
DEL	Delete (Löschen)
DLE	Data link escape (Kontrollinformation)
EM	End of medium (Datenträgerende)
ENQ	Enquiry (Anforderung)
EOT	End of transmission (Übertragungsende)
ESC	Escape (Umschaltung)
ETB	End of transmission block (Ende des Übertragungsblockes)
ETX	End of text (Textende)
FF	Form feed (Formularvorschub)
FS	File separator (Hauptgruppentrennung)
GS	Group separator (Gruppentrennung)
HT	Horizontal tabulation (Horiztaler Tabulator)
LF	Line feed (Zeilenvorschub)
NAK	Negative acknowledge (Negativ-ACK)
NUL	Null (Null)
RS	Record separator (Untergruppentrennung)
SI	Shift in (Dauerumschaltung)
SO	Shift out (Rückschaltung)
SOH	Start of heading (Kopfzeilenbeginn)
SP	Space (Leerzeichen)
STX	Start of text (Textanfang)
SUB	Substitute (Ersetzen)
SYN	Synchronous idle (Synchronisierung)
US	Unit separator (Teilgruppentrennung)
VT	Vertical tabulation (Vertikaler Tabulator)

© Verlag Gehlen

EAN-Code · Code 2/5

Strichcodes (Barcodes)

Begriff, Bedeutung

- Strichcodes sind Binärcodes für eine maschinelle Erkennung mittels Lesestift oder Laserscanner.
- Jedes Zeichen setzt sich aus Balken (Bars) und Lücken zusammen.
- Mehrere Zeichen stehen ohne Trennnungszeichen nebeneinander.

Arten von Strichcodes

Bezeichnung	Zeichenvorrat	Anwendung
EAN-Code	Ziffern 0 ... 9, Rand- und Trennzeichen	Handelscode zur Warenidentifikation
Linearcode	Ziffern 0 ... 9	Code für Postleitzahlen
Code 2/5	Ziffern 0 ... 9, Start- und Stopzeichen	Industriecode, z. B. für Lagersysteme
Code 39	Ziffern 0 ... 9, 26 Alpha-, 7 Sonderzeichen	Für die Verschlüsselung alpha-nummerischer Zeichen
Code 128	ASCII-Zeichensatz (128)	

EAN-Code (EAN: European Article Numbering; Europäische Artikel-Nummerierung)

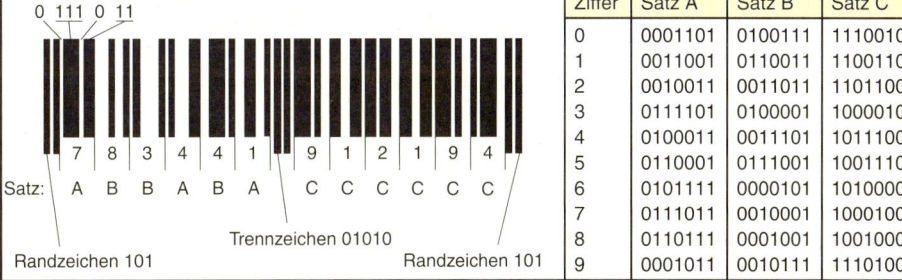

Ziffer	Satz A	Satz B	Satz C
0	0001101	0100111	1110010
1	0011001	0110011	1100110
2	0010011	0011011	1101100
3	0111101	0100001	1000010
4	0100011	0011101	1011100
5	0110001	0111001	1001110
6	0101111	0000101	1010000
7	0111011	0010001	1000100
8	0110111	0001001	1001000
9	0001011	0010111	1110100

- Die Codierung besteht aus zwei Hälften mit je 6 Ziffern und enthält verlängerte Rand- und Trennzeichen.
- Jede Ziffer besteht aus 7 binären Elementen. Dabei gilt: Balken ⇒ 1, Lücke ⇒ 0.
- Zur Codierung werden drei Zeichensätze A, B und C verwendet. Abhängig von der Nationalität werden z. B. die linken 6 Zeichen in der Zeichensatzfolge ABBABA codiert, die rechten 6 Zeichen mit dem Zeichensatz C.
- Die Zeichensätze A und B weisen links jeweils eine Null und rechts eine Eins auf, der Zeichensatz C dagegen links eine Eins und rechts eine Null.

Code 2/5

Ziffer	0	1	2	3	4	5	6	7	8	9
Code	00110	10001	01001	11000	00101	10100	01100	00011	10010	01010

Industrial:

Interleaved (überlappt):

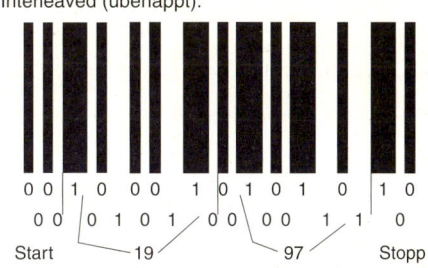

Die Ziffern sind – links beginnend – durch 5 Balken verschlüsselt. Lücken beinhalten keine Information. Dabei gilt:
breiter Balken ⇒ 1; schmaler Balken ⇒ 0.

Die Ziffern sind – links beginnend – abwechselnd durch 5 Balken und durch 5 Lücken verschlüsselt. Dabei gilt: breiter Balken/breite Lücke ⇒ 1, schmaler Balken/schmale Lücke ⇒ 0.

© Verlag Gehlen

Kennzeichnung der Logikfamilien (Auswahl)

Abkürzung	Bedeutung	Kennzeichnung
TTL	Transistor-Transistor-Logik	
Std-TTL	Standard-TTL	74...
ALS-TTL	Advanced-Low-Power-Schottky-TTL	74ALS...
AS-TTL	Advanced-Schottky-TTL	74AS...
F-TTL	Fast-Schottky-TTL	74F...
LS-TTL	Low-Power-Schottky-TTL	74LS...
S-TTL	Schottky-TTL	74S...
CMOS	Complementary-Metal-Oxide-Semiconductor	4...
AC	Advanced-CMOS	74AC...
HC[1]	High-Speed-CMOS	74HC...
HCT[2]	HC TTL-kompatibel	74HCT...

[1] Pin- und funktionskompatibel zu LS-TTL. [2] Pin-, funktions- und pegelkompatibel zu LS-TTL.

Kenndaten von Logikfamilien[1]

Kenngröße		Std	ALS	AS	F	LS	S	CMOS	AC	HC	HCT
U_B in V	min	4,75	4,75	4,75	4,75	4,75	4,75	3	3	2	4,5
	typ	5	5	5	5	5	5	5/10	5	5	5
	max	5,25	5,25	5,25	5,25	5,25	5,25	15	5,5	6	5,5
U_{IL} in V	max	0,8	0,8	0,8	0,8	0,8	0,8	1,5/3	1,5	0,9	0,8
U_{IH} in V	min	2	2	2	2	2	2	3,5/7	3,5	$U_B - 1,4$	2
U_{OL} in V	max	0,4	0,35	0,35	0,35	0,5	0,5	0,1	0,5	0,4	0,4
U_{OH} in V	min	2,4	3,2	3,2	3,4	2,7	2,7	4,95/9,95	4,5	$U_B - 0,8$	3,5
I_{IL} in mA	max	−1,6	−0,2	−1	−1,2	−0,36	−2	−1	−1	−1	−1
I_{IH} in mA	min	40	20	20	40	20	50	1	1	1	1
I_{OL} in mA	max	16	8	20	8	8	20	0,5	24	4	4
I_{OH} in mA	max	−0,4	−0,4	−2	−0,4	−0,4	−1	−0,5	−24	−4	−4
P in mW	typ	10	1	22	4	2	20	1[2] 0,1[3]	1 µW[2] 0,4[3]	10 nW[2] 0,2[3]	10 nW[2] 0,2[3]
t_p in ns	typ	10	4	1,5	2	9	3	60/25	4	12	12
t_U in °C	min	0	0	0	0	0	0	−40	−40	−40	−40
	max	+70	+70	+70	+70	+70	+70	+85	+85	+85	+85

[1] Die angegebenen Kenndaten sind charakteristisch für die jeweilige Logikfamilie. Die genauen, einem konkreten Logik-Schaltkreis entsprechenden Daten müssen den Datenbüchern der Hersteller entnommen werden.
[2] Im statischen Zustand. [3] Bei 100 kHz.

Abkürzungen

U_B	Betriebsspannung	I_{OL}	Ausgangsstromstärke, die bei L-Pegel aufgenommen wird
U_{IL}	Eingangsspannung bei L-Pegel		
U_{IH}	Eingangsspannung bei H-Pegel	I_{OH}	Ausgangsstromstärke, die bei H-Pegel ausgegeben wird
U_{OL}	Ausgangsspannung bei L-Pegel		
U_{OH}	Ausgangsspannung bei H-Pegel	P	Leistungsaufnahme pro Logikglied
I_{IL}	Eingangsstromstärke bei L-Pegel	t_p	Mittlere Signallaufzeit pro Logikglied
I_{IH}	Eingangsstromstärke bei H-Pegel	t_U	Umgebungstemperatur

Kenngrößen logischer Schaltkreise

Pegel, Statischer Störabstand

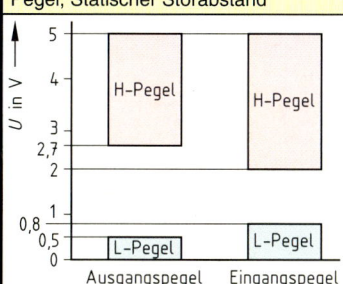

LS-TTL-Glieder ($+U_B = 5$ V)
- geben L-Pegel mit Spannungswerten bis max. 0,5 V aus,
- geben H-Pegel mit Spannungswerten von min. 2,7 V aus,
- erkennen Eingangs-Spannungswerte bis max. 0,8 V als L-Pegel an,
- erkennen Eingangs-Spannungswerte ab min. 2,0 V als H-Pegel an.

Der **Statische Störabstand** gibt die höchstzulässige Störspannung an, die auf einen ausgegebenen Pegel wirken darf. Bei LS-TTL-Gliedern beträgt der statische Störabstand im ungünstigsten Fall (worst case) für L-Pegel 0,3 V und für H-Pegel 0,7 V.

Stromrichtungen

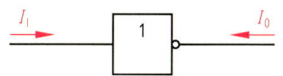

Die Richtungen der Ströme sind so definiert, dass alle Ströme in das Logikglied hineinfließen. Ein Minuszeichen vor dem Wert der Stromstärke (S. 116) bedeutet, dass dieser Strom aus dem Glied herausfließt.

Signallaufzeit

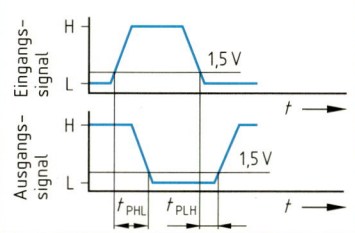

Die Signallaufzeit t_{PHL} gibt die Impulsverzögerungszeit zwischen Eingangs- und Ausgangsspannung an, wenn der Ausgangspegel von H nach L wechselt. Analog dazu gibt t_{PLH} die Verzögerungszeit beim Wechsel von L nach H am Ausgang an. Für die mittlere Signallaufzeit gilt:

$$t_P = \frac{(t_{PHL} + t_{PLH})}{2}$$

Leistungsaufnahme

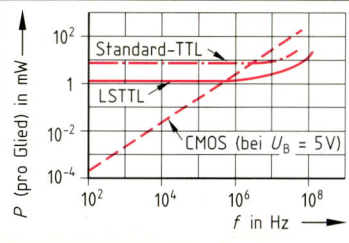

Im statischen Zustand ist die Leistungsaufnahme von CMOS-Schaltungen erheblich geringer als die von TTL-Schaltungen. Mit steigender Arbeitsfrequenz steigt die Leistungsaufnahme von CMOS-Schaltungen und übersteigt ab ca. 1 MHz die Leistungsaufnahme von LS-TTL-Schaltungen.

Ausgangsbelastbarkeit

Beispiel:

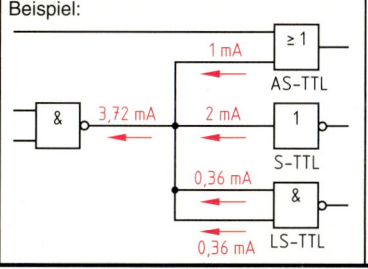

Die Ausgangsbelastbarkeit (Fan Out) ist abhängig von der Stromstärke, die in einen Ausgang hineinfließen darf. Weist z. B. der Ausgang eines LS-TTL-Gliedes eine max. Ausgangsstromstärke $I_{OL} = 8$ mA auf, dürfen z. B. 8 AS-TTL-Glieder mit je einer Eingangsstromstärke $I_{IL} = -1$ mA an diesen Ausgang angeschlossen werden.
An CMOS-Ausgänge können wegen der geringen Eingangsstromstärken praktisch beliebig viele CMOS-Eingänge angeschlossen werden. Allerdings erhöht sich mit jedem angeschlossenen Eingang die Signallaufzeit und begrenzt somit die Anzahl der anschließbaren Eingänge.

TTL-Schaltungen

TTL-NAND-Glied mit Gegentakt-Endstufe | TTL-NICHT-Glied mit offenem Kollektor

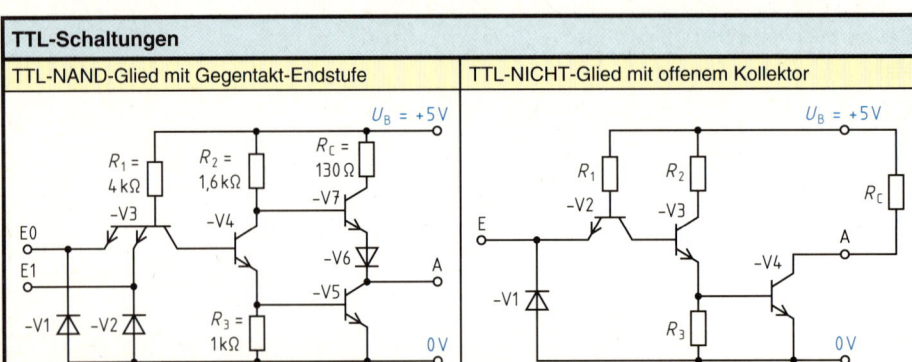

TTL-Ausgangsstufen

- Die **Gegentakt-Ausgangsstufe** – auch Totempole-Ausgangsstufe genannt – ist bei TTL-Schaltungen die übliche Ausgangsstufe. Die Ausgänge dürfen nicht zusammengeschaltet werden.
- **Ausgangsstufen mit offenem Kollektor** (o. K.) besitzen keinen Kollektorwiderstand. Dieser muss extern an $+U_B$ geschaltet werden. Ausgänge von Schaltungen mit offenem Kollektor dürfen zusammengeschaltet werden. Sie bilden dadurch Wired-AND-Verknüpfungen.
- **Tristate-Ausgangsstufen** – auch Dreizustand-Ausgangsstufen genannt – verhalten sich bei den aktiven logischen Zuständen 0 und 1 wie Gegentakt-Ausgangsstufen. Im dritten Zustand ist der Ausgang durch Sperren beider Ausgangstransistoren hochohmig und belastet daher die angeschlossenen Schaltungen, insbesondere Busleitungen, nicht. Im hochohmigen Zustand passt sich der Ausgangspegel dem Pegelzustand der Busleitung an.

Bistabile Kippglieder (DIN 40900)

Schaltzeichen	Wahrheitstabelle	Pulsdiagramm	Aufbau (Beispiel)

RS-Kippglied

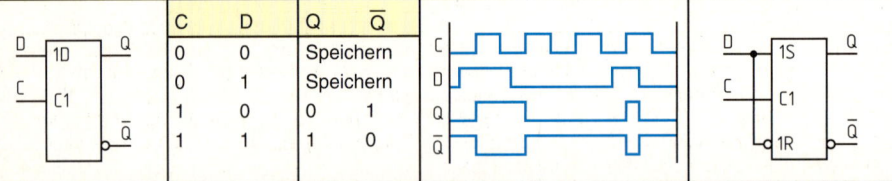

S	R	Q	$\overline{Q}$
0	0	Speichern	
0	1	0	1
1	0	1	0
1	1	0[1]	0[1]

[1] Unzulässiger Zustand.

unbestimmt

Das RS-Kippglied wird mit dem logischen Zustand 1 am Eingang S gesetzt und mit dem logischen Zustand 1 am Eingang R zurückgesetzt. Befinden sich beide Eingänge im Zustand 0, speichert das Kippglied. Erhalten beide Eingänge gleichzeitig den Zustand 1, liegt der unzulässige Zustand vor. Das RS-Kippglied bildet das Basiskippglied; es lässt sich z. B. mit NOR-Gliedern realisieren.

D-Kippglied, taktzustandsgesteuert

C	D	Q	$\overline{Q}$
0	0	Speichern	
0	1	Speichern	
1	0	0	1
1	1	1	0

Das D-Kippglied besitzt nur einen gesteuerten Eingang mit der Kennzeichnung 1D. D steht für Delay (Verzögern). Zum Setzen des Kippgliedes müssen der gesteuerte Eingang 1D und der steuernde Takteingang C1 in den 1-Zustand geschaltet werden. Das Rücksetzen erfolgt mit dem 0-Zustand an 1D und dem 1-Zustand an C1. Das D-Kippglied weist nicht den unzulässigen Zustand auf.

© Verlag Gehlen

Bistabile Kippglieder (Fortsetzung) (DIN 40900)

JK-Kippglied, einflankengesteuert (mit der L-H-Flanke)

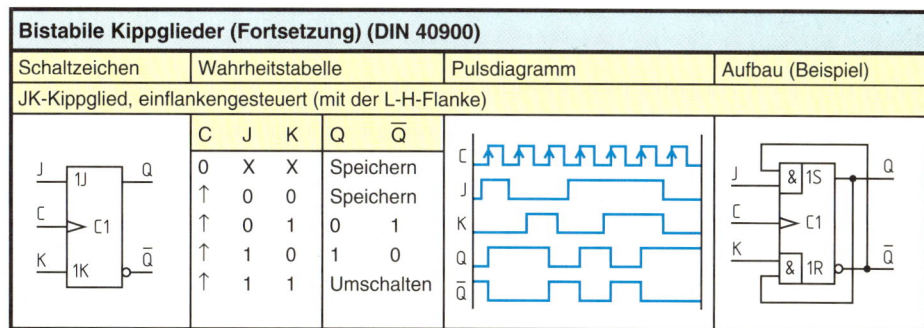

C	J	K	Q	$\bar{Q}$
0	X	X	Speichern	
↑	0	0	Speichern	
↑	0	1	0	1
↑	1	0	1	0
↑	1	1	Umschalten	

Zum Setzen des einflankengesteuerten JK-Kippgliedes müssen an den gesteuerten Eingang 1J der 1-Zustand und an den steuernden Takteingang C1 eine L-H-Flanke geschaltet werden. Beim Rücksetzen muss statt des Einganges 1J der Eingang 1K in den 1-Zustand geschaltet werden. Befinden sich die Eingänge 1J und 1K im 1-Zustand, wechselt mit jeder L-H-Taktflanke das Ausgangsmuster.

JK-Kippglied, zweiflankengesteuert (JK-Master-Slave-Kippglied)

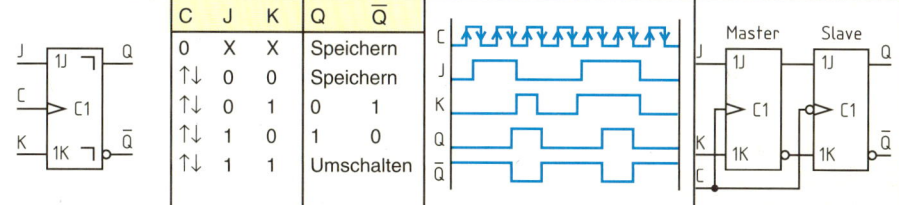

C	J	K	Q	$\bar{Q}$
0	X	X	Speichern	
↑↓	0	0	Speichern	
↑↓	0	1	0	1
↑↓	1	0	1	0
↑↓	1	1	Umschalten	

Im Unterschied zum einflankengesteuerten Kippglied besitzt das zweiflankengesteuerte Kippglied retardierte Ausgänge. Das bedeutet für das dargestellte JK-Kippglied, dass eine Zustandsänderung an den Eingängen mit der L-H-Taktflanke (in das Master-Kippglied) übernommen wird, aber erst mit der H-L-Taktflanke (durch Übergabe an des Slave-Kippglied) an den Ausgängen ausgegeben wird.

JK-Kippglied mit Setz- und Rücksetzeingang (Preset und Clear) (Beispiel: 74LS112)

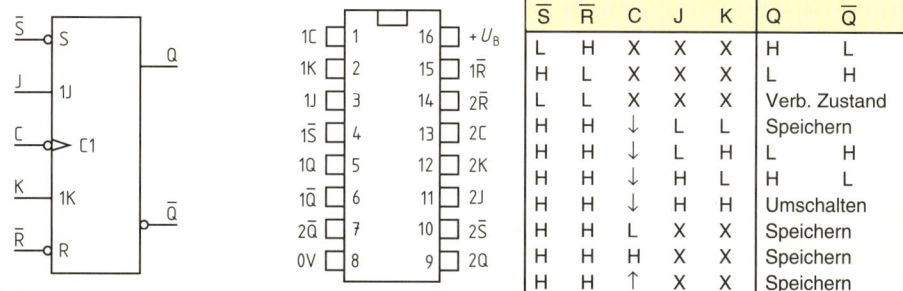

$\bar{S}$	$\bar{R}$	C	J	K	Q	$\bar{Q}$
L	H	X	X	X	H	L
H	L	X	X	X	L	H
L	L	X	X	X	Verb. Zustand	
H	H	↓	L	L	Speichern	
H	H	↓	L	H	L	H
H	H	↓	H	L	H	L
H	H	↓	H	H	Umschalten	
H	H	L	X	X	Speichern	
H	H	H	X	X	Speichern	
H	H	↑	X	X	Speichern	

- Das IC enthält zwei unabhängig voneinander arbeitende JK-Kippglieder.
- Die an den Eingängen J und K anliegenden Schaltzustände werden mit der H-L-Flanke am Takteingang C aufgenommen und an die Ausgänge übertragen.
- Werden die Eingänge J und K gleichzeitig mit H-Pegeln beschaltet, schaltet das Kippglied mit jeder H-L-Flanke am Takteingang den Ausgangszustand (z. B. Q = H-Pegel, $\bar{Q}$ = L-Pegel) um. Dadurch ist mit dem Kippglied eine binäre Frequenzteilung möglich.
- Die Eingänge Setzen $\bar{S}$ und Rücksetzer $\bar{R}$ arbeiten asynchron, das heißt unabhängig von allen anderen Eingängen:
  Wird an Eingang $\bar{S}$ ein L-Pegel angelegt, schaltet Q auf H-Pegel, $\bar{Q}$ auf L-Pegel.
  Wird an Eingang $\bar{R}$ ein L-Pegel angelegt, schaltet Q auf L-Pegel, $\bar{Q}$ auf H-Pegel.

© Verlag Gehlen

Zähler

Asynchroner Binär-Aufwärtszähler (für 3 Bit)

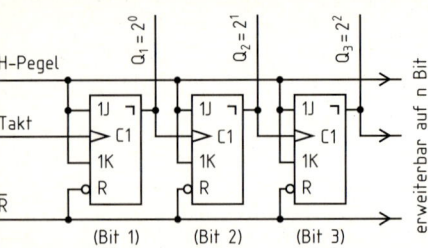
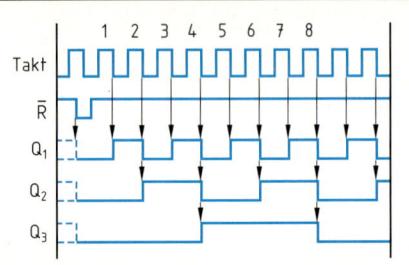

Beim **asynchronen Zähler** schalten die Taktimpulse nur das erste Kippglied (Bit 1). Jedes weitere Kippglied wird vom jeweils davorliegenden geschaltet. Dadurch addieren sich die Verzögerungszeiten und beschränken den Einsatz im wesentlichen auf niedrigere Zählfrequenzen.
Binärzähler mit n Bit (n Kippgliedern) können bis $2^n - 1$ zählen (z. B. 3-Bit-Zähler: $2^3 - 1 = 8 - 1 = 7$).

Synchroner Binär-Aufwärtszähler (für 3 Bit)

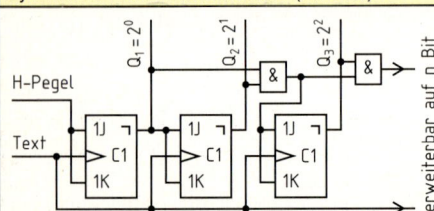

Beim **synchronen Zähler** schalten die Taktimpulse alle Kippglieder gleichzeitig. Dadurch ist – im Unterschied zum asynchronen Zähler – der Einsatz synchroner Zähler auch bei hohen Frequenzen möglich.
Die in ICs enthaltenen Zähler sind fast ausschließlich synchrone Zähler, die z. B. als Aufwärts- und Abwärtszähler arbeiten und mit einem Zähleranfangswert geladen werden können.

Synchroner programmierbarer Aufwärts-/Abwärts-Dezimal-(BCD-)Zähler (Beispiel: 74LS192)

UP	DOWN	CLR	$\overline{\text{LOAD}}$	Funktion
↑	H	L	H	Aufwärtszählen
H	↑	L	H	Abwärtszählen
X	X	H	X	Löschen
X	X	L	L	Laden

CTR:	Zähler (Counter)	UP:	Aufwärtszählen
DIV10:	Zykluslänge 10	DOWN:	Abwärtszählen
CTRDIV10:	Dezimal-(BCD-)	CLR:	Löschen
	Zähler	$\overline{\text{LOAD}}$:	Laden

- **Dezimalzähler** werden auch als **BCD-Zähler** bezeichnet; BCD: Binär Codierte Dezimalzahl. Sie haben eine Zykluslänge von 10 und zählen somit beim Aufwärtszählen von 0 ... 9 und beim Abwärtszählen von 9 ... 0.
- Beim Zählbetrieb wird an den Anschluss $\overline{\text{LOAD}}$ ein H-Pegel und an den Anschluss CLR ein L-Pegel gelegt. Der Zähler zählt bei jeder L-H-Flanke am Takteingang UP um 1 aufwärts und bei jeder L-H-Flanke an DOWN um 1 abwärts. Der jeweils andere Takteingang wird auf H-Pegel gelegt.
- Zum Laden (Programmieren) wird die gewünschte Zahl im BCD-Code an die Eingänge A bis D gelegt und an den Eingang $\overline{\text{LOAD}}$ kurzzeitig ein L-Pegel geschaltet.
- Zum Löschen wird an den Eingang CLR kurzzeitig ein H-Pegel gelegt.
- Beim Aufwärtszählen gibt der Ausgang $\overline{\text{CO}}$ (Übertrag Aufwärtszählen) beim Zählen von 9 auf 10 kurzzeitig L-Pegel aus. Beim Abwärtszählen wird beim Zählen von 0 auf 9 am Ausgang $\overline{\text{BO}}$ (Übertrag Abwärtszählen) kurzzeitig L-Pegel ausgegeben. Bei mehrstelligen Zählern werden die Ausgänge $\overline{\text{CO}}$ und $\overline{\text{BO}}$ mit den Takteingängen UP und DOWN der nachfolgenden Stufe verbunden.

Decodierer/Treiber von BCD-Code auf 7-Segment-Anzeige

Code-Umsetzer, Decodierer

Begriff	Anwendungsbeispiel
• **Code-Umsetzer** setzen Zeichen eines Codes (A) in Zeichen eines anderen Codes (B) um. **Beispiel:** Code-Umsetzer von Binär-Code auf 1-aus-8-Code (z. B. 74LS138). • Statt des Begriffs Code-Umsetzer werden in der Praxis häufig die Begriffe **Decodierer** oder **Decoder** verwendet. **Beispiel:** Decodierer/Treiber von BCD-Code auf 7-Segment-Anzeige (z. B. 74L46, 74LS47).	Decodierer BCD auf 7-Segment (z.B. 74LS47) → 7-Segment-Anzeige (z.B. DL-707)

Decodierer/Treiber von BCD-Code auf 7-Segment-Anzeige (Beispiel: 74LS47)

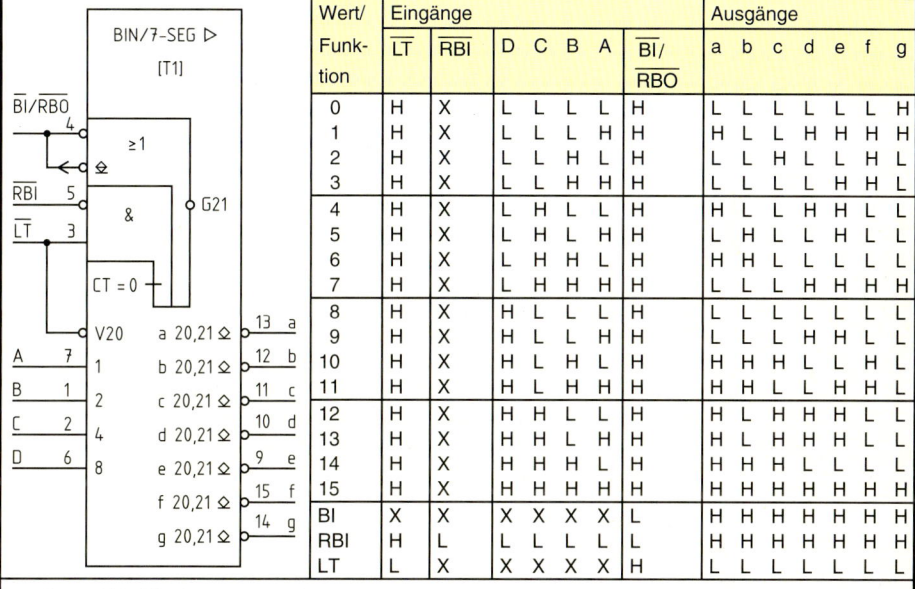

Wert/ Funktion	Eingänge						Ausgänge						
	LT	RBI	D	C	B	A	BI/RBO	a	b	c	d	e	f	g
0	H	X	L	L	L	L	H	L	L	L	L	L	L	H
1	H	X	L	L	L	H	H	H	L	L	H	H	H	H
2	H	X	L	L	H	L	H	L	L	H	L	L	H	L
3	H	X	L	L	H	H	H	L	L	L	L	H	H	L
4	H	X	L	H	L	L	H	H	L	L	H	H	L	L
5	H	X	L	H	L	H	H	L	H	L	L	H	L	L
6	H	X	L	H	H	L	H	H	H	L	L	L	L	L
7	H	X	L	H	H	H	H	L	L	L	H	H	H	H
8	H	X	H	L	L	L	H	L	L	L	L	L	L	L
9	H	X	H	L	L	H	H	L	L	L	H	H	L	L
10	H	X	H	L	H	L	H	H	H	H	L	L	H	L
11	H	X	H	L	H	H	H	H	L	L	L	H	H	L
12	H	X	H	H	L	L	H	H	L	H	H	H	L	L
13	H	X	H	H	L	H	H	L	H	H	L	H	L	L
14	H	X	H	H	H	L	H	H	H	H	L	L	L	L
15	H	X	H	H	H	H	H	H	H	H	H	H	H	H
BI	X	X	X	X	X	X	L	H	H	H	H	H	H	H
RBI	H	L	L	L	L	L	L	H	H	H	H	H	H	H
LT	L	X	X	X	X	X	H	L	L	L	L	L	L	L

Segmentidentifikator / Anzeigen

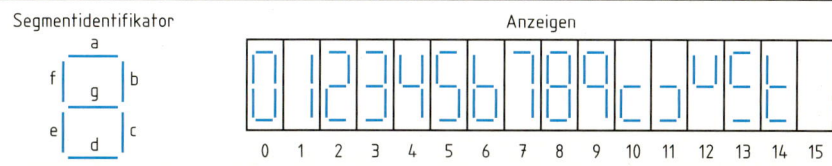

0 1 2 3 4 5 6 7 8 9 10 11 12 13 14 15

- Der Baustein enthält Ausgänge mit offenem Kollektor. Die max. Ausgangsspannung beträgt 15 V.
- Beim Betrieb von LED-Anzeigen sind Strombegrenzungswiderstände erforderlich (I_{Cmax} = 20 mA).
- Abhängig von den an den Anschlüssen A bis D anliegenden BCD-Daten steuert der Baustein eine 7-Segment-Anzeige mit den Segmenten a ... f an.
- Die Ausgänge sind low-aktiv, d. h., die Segmente leuchten bei ausgegebenem L-Pegel.
- Der Anschluss LT (Lamp Test) dient zur Überprüfung der Segmente.
- Die Anschlüsse BI / RBO (Blanking Input/Ripple Blanking Output) und RBI (Ripple Blanking Input) dienen zur Dunkelsteuerung führender Nullen in mehrstelligen Anzeigen. Im Normalbetrieb wird BI / RBO an H-Pegel gelegt; die Beschaltung von RBI ist beliebig.
- Mit L-Pegel an BI / RBO wird die Anzeige dunkel gesteuert. Daher ist über diesen Eingang mittels einer Pulsbreitenmodulation eine Helligkeitssteuerung der Anzeige möglich.

© Verlag Gehlen

Code-Umsetzer, Demultiplexer

Code-Umsetzer/Demultiplexer (Beispiel: 74LS138)

Eingänge						Ausgänge							
Freigabe			Auswahl										
$\overline{E3}$	$\overline{E2}$	E1	A2	A1	A0	$\overline{Q_0}$	$\overline{Q_1}$	$\overline{Q_2}$	$\overline{Q_3}$	$\overline{Q_4}$	$\overline{Q_5}$	$\overline{Q_6}$	$\overline{Q_7}$
X	X	L	X	X	X	H	H	H	H	H	H	H	H
X	H	X	X	X	X	H	H	H	H	H	H	H	H
H	X	X	X	X	X	H	H	H	H	H	H	H	H
L	L	H	L	L	L	L	H	H	H	H	H	H	H
L	L	H	L	L	H	H	L	H	H	H	H	H	H
L	L	H	L	H	L	H	H	L	H	H	H	H	H
L	L	H	L	H	H	H	H	H	L	H	H	H	H
L	L	H	H	L	L	H	H	H	H	L	H	H	H
L	L	H	H	L	H	H	H	H	H	H	L	H	H
L	L	H	H	H	L	H	H	H	H	H	H	L	H
L	L	H	H	H	H	H	H	H	H	H	H	H	L

Der Baustein kann als Code-Umsetzer vom Binär-Code auf 1-aus-8-Code (Symbol links oben) oder als Demultiplexer 1-auf-8 (Symbol links unten) eingesetzt werden.

- Beim Einsatz als **Code-Umsetzer** wird den Auswahleingängen (A0, A1 und A2) ein 3-Bit-Binär-Code zugeführt. Der diesem Code entsprechende Ausgang schaltet auf L-Pegel, während alle anderen Ausgänge H-Pegel führen.
  Die Freigabe des Code-Umsetzers erfolgt, wenn an dem Eingang E1 ein H-Pegel und an den Eingängen $\overline{E2}$ und $\overline{E3}$ L-Pegel liegen. Andernfalls führen alle Ausgänge H-Pegel.
- Beim Einsatz als **Demultiplexer** dient einer der Eingänge $\overline{E2}$ oder $\overline{E3}$ als Dateneingang. Ein L-Pegel am Dateneingang liefert einen L-Pegel am ausgewählten Ausgang, ein H-Pegel am Dateneingang liefert einen H-Pegel am Ausgang.
  Die nicht verwendeten Freigabeeingänge müssen entsprechend ihrer Kennzeichnung an L-Pegel oder an H-Pegel gelegt werden.

Multiplexer

Multiplexer 1-aus-8 (Beispiel 74LS151)

Eingänge			Ausgang
Freigabe	Auswahl		
$\overline{EN}$	A2	A1	A0	Q
H	X	X	X	L
L	L	L	L	D0
L	L	L	H	D1
L	L	H	L	D2
L	L	H	H	D3
L	H	L	L	D4
L	H	L	H	D5
L	H	H	L	D6
L	H	H	H	D7

Der gewünschte Eingang (D0... D7) wird über die Auswahleingänge (A0 ... A2) ausgewählt.

Das Signal am gewählten Eingang wird am Ausgang Q ausgegeben. Die Ausgabe an $\overline{Q}$ entspricht der Negation der Ausgabe an Q.

Die Freigabe des Bausteins erfolgt mit einem L-Pegel am Freigabeeingang $\overline{EN}$. Ein H-Pegel an $\overline{EN}$ schaltet den Ausgang Q auf L-Pegel, den Ausgang $\overline{Q}$ auf H-Pegel.

Programmierbare Logikschaltkreise (PLD)

Prinzipieller Aufbau	Begriffe, Darstellung
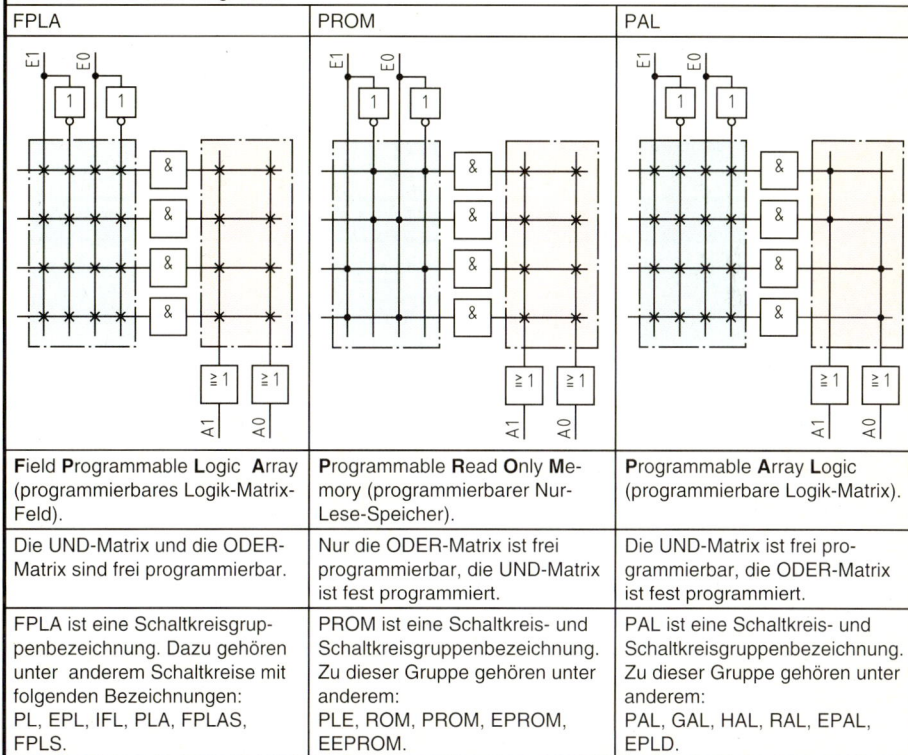	• PLD steht für **P**rogrammable **L**ogic **D**evice (programmierbarer Logikschaltkreis). • PLD sind integrierte Schaltkreise, deren Funktion der Anwender mithilfe spezieller Programmiergeräte realisiert. • PLD enthalten in der Regel eine Eingangs-Matrix als UND-Matrix und eine Ausgangs-Matrix als ODER-Matrix. • Die Eingangsvariablen sind direkt und invertiert in die Eingangs-Matrix (UND-Matrix) geführt. • In der UND-, bzw. ODER-Matrix stellen Kreuze programmierbare Verbindungen dar: Ist ein Kreuz eingezeichnet, besteht eine Verbindung z. B. zwischen Eingang und UND-Glied. Punkte stellen eine fest programmierte Verbindung dar (siehe unten). • Durch die Programmierung werden programmierbare Verbindungen (Kreuze) unterbrochen.

PLD-Schaltkreise/-Schaltkreisgruppen

Zur besseren Übersichtlichkeit werden alle Eingangsleitungen der einzelnen UND- bzw. ODER Glieder durch nur eine Linie dargestellt

FPLA	PROM	PAL
Field **P**rogrammable **L**ogic **A**rray (programmierbares Logik-Matrix-Feld).	**P**rogrammable **R**ead **O**nly **Me**mory (programmierbarer Nur-Lese-Speicher).	**P**rogrammable **A**rray **L**ogic (programmierbare Logik-Matrix).
Die UND-Matrix und die ODER-Matrix sind frei programmierbar.	Nur die ODER-Matrix ist frei programmierbar, die UND-Matrix ist fest programmiert.	Die UND-Matrix ist frei programmierbar, die ODER-Matrix ist fest programmiert.
FPLA ist eine Schaltkreisgruppenbezeichnung. Dazu gehören unter anderem Schaltkreise mit folgenden Bezeichnungen: PL, EPL, IFL, PLA, FPLAS, FPLS.	PROM ist eine Schaltkreis- und Schaltkreisgruppenbezeichnung. Zu dieser Gruppe gehören unter anderem: PLE, ROM, PROM, EPROM, EEPROM.	PAL ist eine Schaltkreis- und Schaltkreisgruppenbezeichnung. Zu dieser Gruppe gehören unter anderem: PAL, GAL, HAL, RAL, EPAL, EPLD.

PAL-Schaltkreise

Begriff, Hinweise

- PAL steht für **P**rogrammable **A**rray **L**ogic (programmierbare Logik-Matrix).
- PAL enthalten programmierbare UND-Verknüpfungen, deren Ausgänge ODER-verknüpft sind.
- Abhängig von der Ausführung können PAL-Schaltkreise einmal oder mehrmals programmiert werden.
- Die Eingänge der UND-Glieder (UND-Matrix) sind intern über Pull-Up-Widerstände mit einer logischen 1 beschaltet.

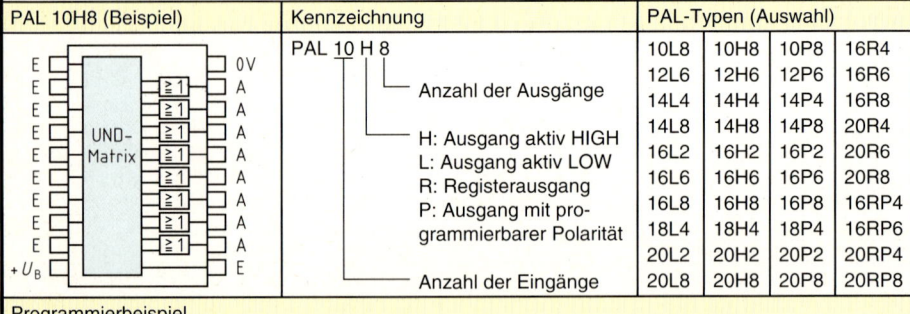

PAL 10H8 (Beispiel) | Kennzeichnung: PAL 10 H 8
- Anzahl der Ausgänge
- H: Ausgang aktiv HIGH
- L: Ausgang aktiv LOW
- R: Registerausgang
- P: Ausgang mit programmierbarer Polarität
- Anzahl der Eingänge

PAL-Typen (Auswahl):

10L8	10H8	10P8	16R4
12L6	12H6	12P6	16R6
14L4	14H4	14P4	16R8
14L8	14H8	14P8	20R4
16L2	16H2	16P2	20R6
16L6	16H6	16P6	20R8
16L8	16H8	16P8	16RP4
18L4	18H4	18P4	16RP6
20L2	20H2	20P2	20RP4
20L8	20H8	20P8	20RP8

Programmierbeispiel

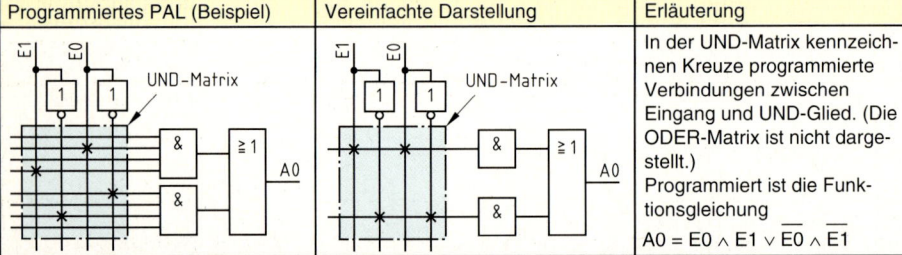

Programmiertes PAL (Beispiel) | Vereinfachte Darstellung

Erläuterung: In der UND-Matrix kennzeichnen Kreuze programmierte Verbindungen zwischen Eingang und UND-Glied. (Die ODER-Matrix ist nicht dargestellt.) Programmiert ist die Funktionsgleichung

$A0 = E0 \wedge \overline{E1} \vee \overline{E0} \wedge \overline{E1}$

GAL-Schaltkreise

Begriff, Hinweise

- GAL steht für **G**eneric **A**rray **L**ogic ($\triangle$ Baustein vom Logic-Array-Typ).
- GAL gehören zu den PAL-Typen. Sie haben die gleiche programmierbare UND-Matrix wie PAL.
- Im Unterschied zu PAL-Schaltkreisen enthalten GAL programmierbare Ein-Ausgabe-Bausteine mit der Bezeichnung OLMC (**O**utput **L**ogic **M**acro **C**ell). Diese Zellen enthalten Ausgänge, die auch als Eingänge, Tristate-Ausgänge oder Registerausgänge arbeiten können.
- Häufig verwendete GAL-Typen sind GAL 16 V 8 und GAL 20 V 8. Der Buchstabe V kennzeichnet die variablen Ausgangszellen, die Zahlen – wie bei PAL – die Anzahl der Eingänge und Ausgänge.
- Mit den GAL 16 V 8 und GAL 20 V 8 können alle oben genannten PAL ersetzt werden.

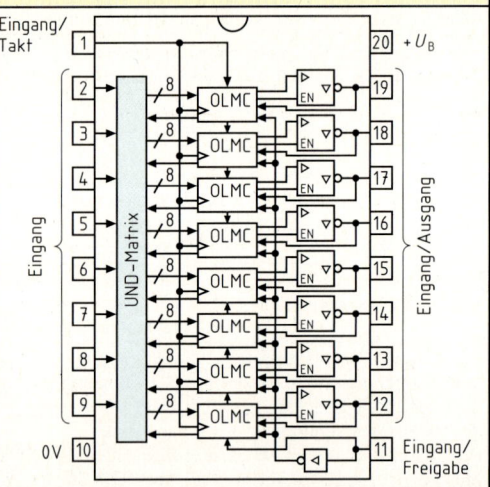

Digital-Analog-Umsetzer (DA-Umsetzer)

Digital-Analog-Umsetzer setzen einen digitalen Code in das analoge Äquivalent (z. B. Spannung) um. Dabei werden z. B. den Dualzahlen 0000 0000 bis 1111 1111 analoge Spannungswerte im Bereich von 0 V bis 2,5 V zugeordnet.

8-Bit-Digital-Analog-Umsetzer (Beispiel: AD558)

Pinbelegung:
- (LSB) B0 — 1, 16 — U_{OUT}
- B1 — 2, 15 — U_1
- B2 — 3, 14 — U_2
- B3 — 4, 13 — $0V_{ANALOG}$
- B4 — 5, 12 — $0V_{DIGITAL}$
- B5 — 6, 11 — $+U_B$
- B6 — 7, 10 — $\overline{CS}$
- (MSB) B7 — 8, 9 — $\overline{CE}$

Digitales Eingangssignal B7 ... B0		Analoge Ausgangsspannung	
		0 V ... 2,56 V	0 V ... 10 V
0000	0000	0 V	0 V
0000	0001	0,010 V	0,039 V
0000	0010	0,020 V	0,078 V
0000	1111	0,150 V	0,586 V
0001	0000	0,160 V	0,635 V
1000	0000	1,280 V	5,000 V
1100	0000	1,920 V	7,500 V
1111	1111	2,550 V	9,961 V

$\overline{CE}$	$\overline{CS}$	Funktion
L	L	Anliegendes Eingangssignal wird umgesetzt
L	↑	Anliegendes Eingangssignal wird gespeichert und umgesetzt
↑	L	
X	H	Gespeichertes Eingangssignal wird umgesetzt
H	X	

U_{OUT}	Brücken
0 V ... 2,56 V	U_{OUT} — U_1
	U_{OUT} — U_2
0 V ... 10 V	U_{OUT} — U_1
	U_2 — $0 V_{ANALOG}$

Analog-Digital-Umsetzer (AD-Umsetzer)

Analog-Digital-Umsetzer setzen ein analoges Signal (z. B. Spannung) in den äquivalenten digitalen Code um.

Wichtige Analog-Digital-Umsetzungsverfahren

Verfahren	Eigenschaften	Anwendungen (Beispiele)
Dual-Slope (Zweirampen-verfahren)	• sehr hohe Genauigkeit • geringe Umsetzungsgeschwindigkeit • störsicher	AD-Umsetzung in digitalen Messgeräten
Sukzessive Approximation (Wägeverfahren)	• hohe Genauigkeit • hohe Umsetzungsgeschwindigkeit • erfordert Abtast- und Haltekreis	AD-Umsetzung in prozessorgesteuerten Schaltungen
Flash (Parallelverfahren)	• hohe Genauigkeit • sehr hohe Umsetzungsgeschwindigkeit • technisch sehr aufwendig	AD-Umsetzung in Videosystemen

Analog-Digital-Umsetzer nach dem Verfahren der sukzessiven Approximation (Beispiel: ZN427)

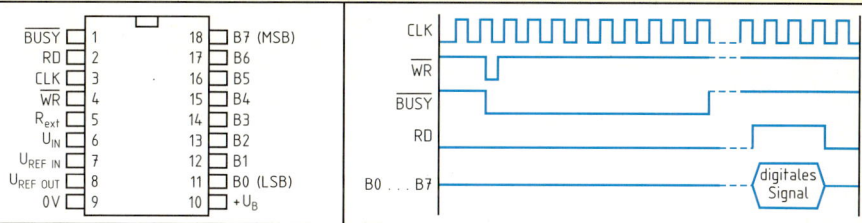

Pinbelegung:
- $\overline{BUSY}$ — 1, 18 — B7 (MSB)
- $\overline{RD}$ — 2, 17 — B6
- CLK — 3, 16 — B5
- $\overline{WR}$ — 4, 15 — B4
- R_{ext} — 5, 14 — B3
- U_{IN} — 6, 13 — B2
- $U_{REF\,IN}$ — 7, 12 — B1
- $U_{REF\,OUT}$ — 8, 11 — B0 (LSB)
- 0V — 9, 10 — $+U_B$

- CLK Eingang für den Arbeitstakt
- R_{ext} Anschluss für externen Widerstand
- U_{IN} Eingang für die analoge Spanung
- $U_{REF\,IN}$ Eingang für Referenzspannung
- $U_{REF\,OUT}$ Ausgang für Referenzspannung
- $\overline{BUSY}$ zeigt mit einem L-Pegel eine Umsetzung an
- $\overline{RD}$ schaltet das digitale Signal an die Ausgänge B0 ... B7
- $\overline{WR}$ startet mit einem L-Pegel eine AD-Umsetzung
- B0 ... B7 Ausgänge für den digitalen Code

© Verlag Gehlen

Ideales und reales Übertragungsverhalten von AD-/DA-Umsetzern

Idealer Digital-Analog-Umsetzer (3-Bit)	Idealer Analog-Digital-Umsetzer (3-Bit)
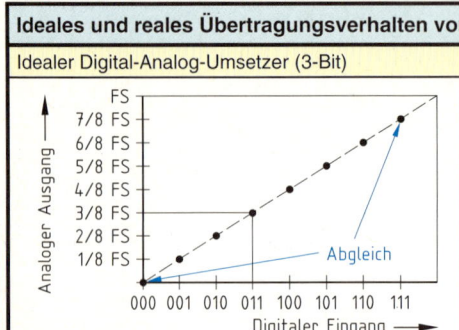	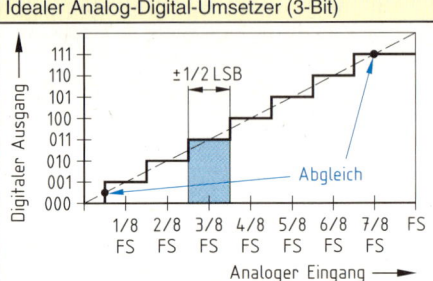
Beim Anlegen jeder der acht digitalen Eingangsgrößen 000 ... 111 wird die zugehörige analoge Ausgangsgröße ausgegeben, gekennzeichnet durch einen Punkt. Beim idealen DA-Umsetzer liegen alle Punkte auf einer Geraden.	Beim idealen AD-Umsetzer wird (mit Ausnahme der abgeglichenen Werte) z. B. eine analoge Eingangsspannung mit der max. Ungenauigkeit von ± ½ LSB bestimmt. Diese stets vorhandene Ungenauigkeit nennt man Quantisierungsfehler.

Begriffe

- **Auflösung; Resolution.** Die Auflösung ist abhängig vom kleinstmöglichen Schritt (LSB), den der Umsetzer verarbeiten kann. Mit zunehmender Bitzahl des Umsetzers erhöht sich die Auflösung.
- **Einschwingzeit; Setting Time.** Zeit, bis sich die Ausgangsspannung auf ± ½ LSB eingestellt hat.
- **FS, Full Scale.** Voller Skalenbereich. Analoge Werte werden im Bereich von 0 bis FS – 1 LSB oder von –FS bis +(FS – 1 LSB) verarbeitet bzw. ausgegeben.
- **LSB, Least Significant Bit.** Niederwertiges Bit.
- **Monotonie; geradliniger Verlauf.** Monotonie ist gegeben, wenn das analoge Ausgangssignal eines DA-Umsetzers proportional mit dem eingegebenen digitalen Code ansteigt.
- **MSB, Most Significant Bit.** Höchstwertiges Bit. Das MSB hat die Wertigkeit ½ FS.
- **Umsetzungszeit; Conversion Time.** Benötigte Zeit für eine komplette AD-Umsetzung.

Umsetzungsfehler bei DA- und AD-Umsetzern (dargestellt an AD-Übertragungskennlinien)

Offsetfehler	Verstärkungsfehler	Linearitätsfehler
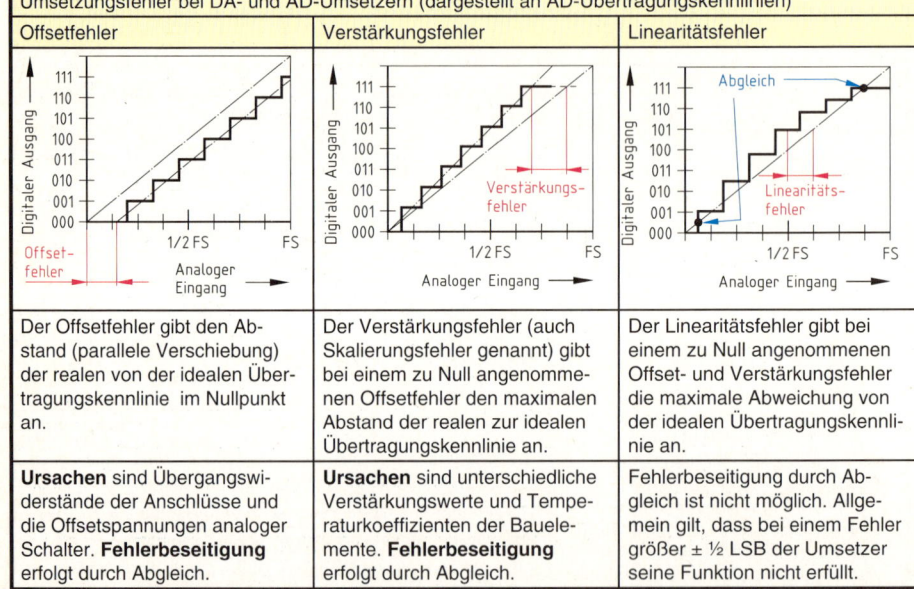		
Der Offsetfehler gibt den Abstand (parallele Verschiebung) der realen von der idealen Übertragungskennlinie im Nullpunkt an.	Der Verstärkungsfehler (auch Skalierungsfehler genannt) gibt bei einem zu Null angenommenen Offsetfehler den maximalen Abstand der realen zur idealen Übertragungskennlinie an.	Der Linearitätsfehler gibt bei einem zu Null angenommenen Offset- und Verstärkungsfehler die maximale Abweichung von der idealen Übertragungskennlinie an.
Ursachen sind Übergangswiderstände der Anschlüsse und die Offsetspannungen analoger Schalter. **Fehlerbeseitigung** erfolgt durch Abgleich.	**Ursachen** sind unterschiedliche Verstärkungswerte und Temperaturkoeffizienten der Bauelemente. **Fehlerbeseitigung** erfolgt durch Abgleich.	Fehlerbeseitigung durch Abgleich ist nicht möglich. Allgemein gilt, dass bei einem Fehler größer ± ½ LSB der Umsetzer seine Funktion nicht erfüllt.

Druckerschnittstelle · Parallele Datenübertragung · Handshake

Centronics-Schnittstelle

Begriffe

- **Centronics-Schnittstelle:** Druckerschnittstelle für die parallele Datenübertragung.
- **Parallele Datenübertragung:** Die Daten werden bitparallel übertragen, das heißt z. B.: 8 Bits (1 Byte) gleichzeitig über 8 Leitungen.
- **Handshake-Leitungen:** Leitungen zur Steuerung der Datenübertragung.
- **Normung:** Für die parallele Schnittstelle besteht keine Norm. Die Centronics-Schnittstelle ist ein weltweit anerkannter Standard für die Druckerschnittstelle.
- **Steckverbindungen:** Meist 36polige Amphenol-Buchse (Centronics) am Drucker und 25polige Supminiatur-D-Buchse am Computer.

Beispiel

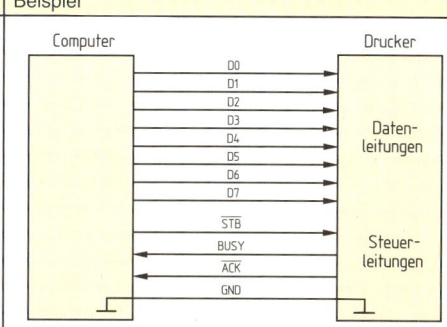

Steckverbindungen

Amphenol-Buchse (Drucker)

Subminiatur-D-Buchse (Comp.)

Belegung

Stift 36pol.	Bezeichnung	Bedeutung	Richtung Comp. – Drucker
1	$\overline{\text{STR}}$	Datenübergabe, Daten liegen beim Drucker vor	→
2...9	DATA 0...7	Datenleitungen D0...D7	→
10	$\overline{\text{ACK}}$	Quittierung (Acknowledge), Drucker empfangsbereit	←
11	BUSY	Wartesignal, Drucker nicht empfangsbereit	←
12	PAPER EMPTY	Papier zu Ende	←
13	SELECT	Drucker aktivieren	→
14	$\overline{\text{AUTO FEED}}$	Automatischer Zeilenvorschub nach Zeilenende ein/aus	→
15		nicht beschaltet	
16	GND	Massepegel (Logik)	–
17	GND	Schutzerde des Druckers	–
18	+ 5 V	+ 5 V vom Drucker	←
19...30	GND	Masseleitungen	–
31	$\overline{\text{RESET}}$	Drucker rücksetzen	→
32	$\overline{\text{ERROR}}$	Fehlermeldung vom Drucker	←
33	GND	Masseleitung	–
34, 35		nicht beschaltet	
36	SELECT IN	Drucker nicht aktiv geschaltet	←

Elektrische Eigenschaften

- **Pegel:** TTL-kompatibel
- **Kabellänge:** 1... 2 m, in besonderen Fällen bis zu 8 m.
- **Übertragungsgeschwindigkeit:** Abhängig von den verwendeten Schnittstellenbausteinen, z. B. 1000 Zeichen je Sekunde.

Handshake-Verfahren (Beispiel)

Serielle Schnittstelle V.24/V.28

Begriffe

- **Serielle Datenübertragung:** Die zu übertragenden Bits werden Bit für Bit über eine Leitung nacheinander übertragen. Das Startbit markiert den Beginn eines Zeichens, das Stopbit des Ende.
- **V.24/V.28:** Empfehlungen des internationalen Ausschusses CCITT/ITU-T hinsichtlich der Funktionen aller Schnittstellenleitungen zwischen DEE und DÜE (V.24) und deren elektrischen Eigenschaften (V.28).
- **DEE:** Datenendeinrichtung (z. B. Computer).
- **DÜE:** Datenübertragungseinrichtung (z. B. Modem).
- **CCITT/ITU-T:** Comite Consultatif International Telegraphique et Telephonique/International Telecommunication Union - Telecommunications Standards.
- **RS-232C:** Amerikanische Norm EIA: (Electronics Industry Association); entspricht V.24/V.28.
- **DIN 66020:** Deutsche Norm; entspricht V.24/V.28.

Beispiel

Bit D7 kann als Paritätsbit genutzt werden. Statt eines Stopbit können zwei verwendet werden.

V.24-Schnittstelle

Stift	Bez.	Bedeutung	CCITT V.24	EIA RS-232	DIN 66020	Richtung DEE-DÜE
1	PG	Schutzerde (Protective Ground)	101	AA	E1	–
2	TxD	Sendedaten (Transmitted Data)	103	BA	D1	→
3	RxD	Empfangsdaten (Received Data)	104	BB	D2	←
4	RTS	Sendeteil einschalten (Request To Send)	105	CA	S2	→
5	CTS	Sendebereitschaft (Clear To Send)	106	CB	M2	←
6	DSR	DÜE-Betriebsbereitschaft (Date Set Ready)	107	CC	M1	←
7	SG	Signalerde, Betriebserde (Signal Ground)	102	AB	E2	–
8	DCD	Empfangssignalpegel (Data Carrier Detect)	109	CF	M5	←
9		Für Testzwecke				
10		Nicht belegt				
11	–	Höhere Sendefrequenz (Select Transm. Frequ.)	126	CK	S5	→
12	SCF	Rückkanal Empfangssignalpegel (Secondary DCD)	122	SCF	HM5	←
13	–	Rückkanal Sendebereitschaft (Secondary CTS)	121	SCB	HM2	←
14	–	Sendedaten Rückkanal (Secondary TxD)	118	SBA	HD1	→
15	TxC	Sendeschritttakt von DÜE	114	DB	T2	←
16	–	Empfangsdaten Rückkanal (Secondary RxD)	119	SBB	HD2	←
17	RxC	Empfangsschritttakt von DÜE (Receiver Signal Element Timing)	115	DD	T4	←
18		Nicht belegt				
19	–	Rückkanal Sendeteil einschalten (Second. RTS)	120	SCA	HS2	→
20	–	Übertragungsleitung anschalten	108.1	–	S1.1	→
20	DTR	DEE-Betriebsbereitschaft (Data Terminal Ready)	108.2	CD	S1.2	→
21	SQ	Empfangsgüte (Signal Quality Detector)	110	CG	M6	→
22	RI	Ankommender Ruf (Ring Indicator)	125	CE	M3	←
23	DTE	Hohe Übertragungsgeschwindigkeit, Wahl vom DEE (Data Signal Rate Selector)	111	CH	S4	→
23	DCE	Hohe Übertragungsgeschwindigkeit, Wahl vom DÜE	112	CI	M4	←
24	ETxC	Externer Sendeschritttakt zur DÜE (Transmitter Signal Element Timing)	113	DA	T1	→
25		Nicht belegt				

© Verlag Gehlen

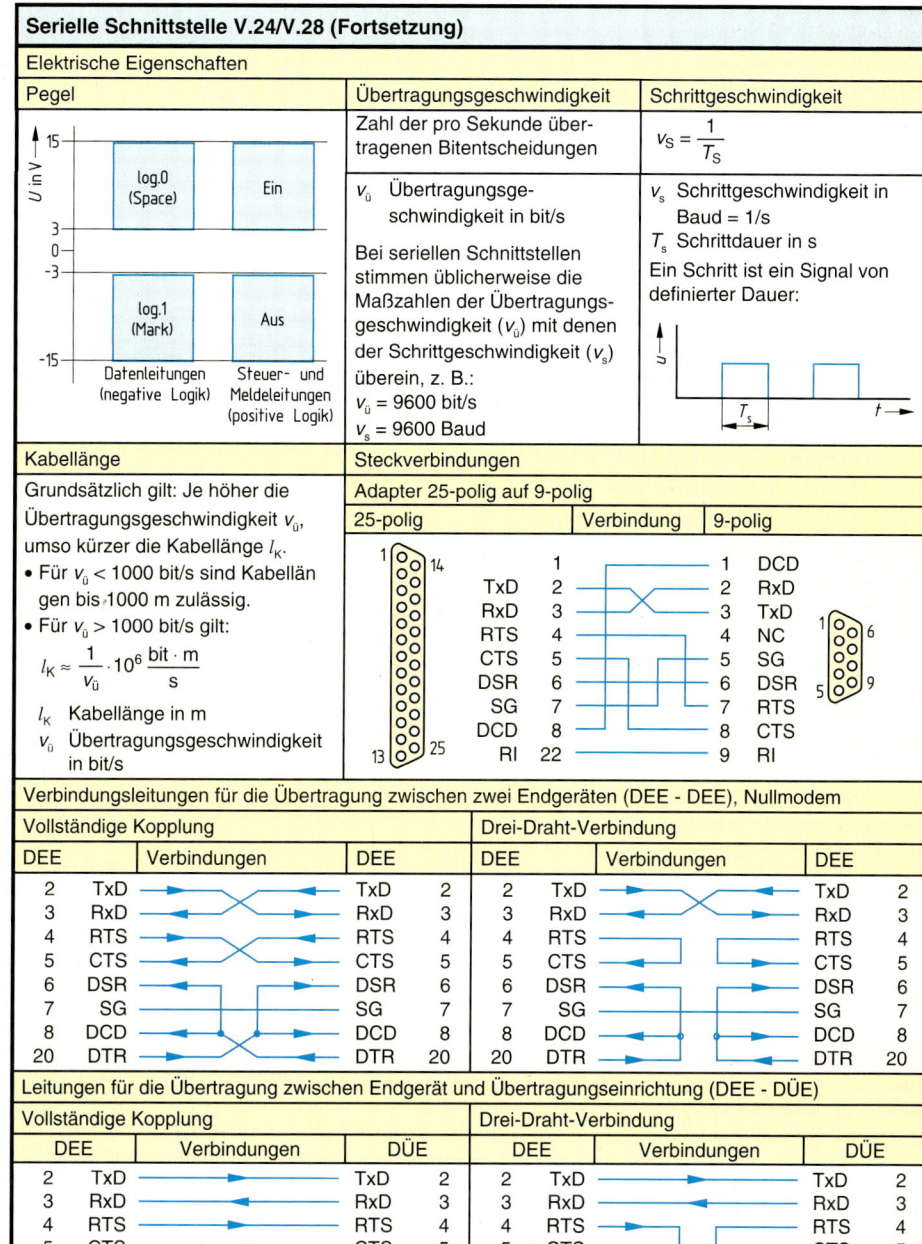

IEC-Bus-Schnittstelle

Begriffe

- **IEC-Bus:** Parallele Schnittstelle zur Verbindung unterschiedlicher elektronischer Mess- und Prüfsysteme mit einem Rechner zur automatischen Messdatenerfassung.
- **Normung:** IEC 625 (International Electrotechnical Commission), IEEE 488 (Institute of Electrical and Electronic Engineers); Unterscheidung durch Steckverbinder.

Beispiel

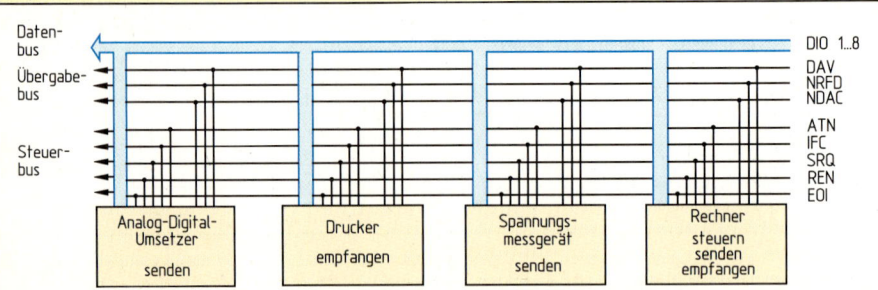

Belegung

Stift IEC 625	Stift IEEE 488	Bezeichnung	Bedeutung
1...4	1...4	DIO 1...4	Leitungen 1...4 (Bit 0...3) für Daten (ATN = 0) oder Befehle (ATN = 1)
5	17	REN	Fernsteuerbetrieb aller Geräte
6	5	EOI	Ende- oder Identifikationssignal
7	6	DAV	Daten auf Datenleitungen sind gültig
8	7	NRFD	Gerätemeldung: nicht empfangsbereit
9	8	NDAC	Gerätemeldung: Daten nicht übernommen
10	9	IFC	Einstellung des Grundzustandes aller Geräte
11	10	SRQ	Bedienungsanforderung durch ein Gerät
12	11	ATN	Anzeige, ob Daten (ATN = 0) od. Befehle (ATN = 1) auf Datenbus
13	12	SHIELD	Abschirmung
14...17	13...16	DIO 5...8	Leitungen 5...8 (Bit 4...7) für Daten (ATN = 0) oder Befehle (ATN = 1)
18...25	18...24	GND	Masseleitungen

IEC-Steckverbinder (25polig)	IEEE-Steckverbinder (24polig)	Elektrische Eigenschaften

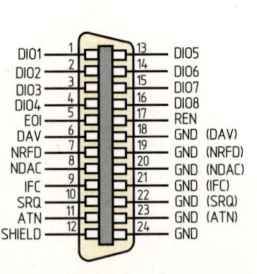

- **Pegel:** TTL-kompatibel
- **Kabellänge:** max. 20 m
- **Übertragungsgeschwindigkeit:** max. 1 MByte/s

Funktionseinheiten · Leistungsmerkmale · Signale · Alternative Portfunktionen

Microcontroller 80535

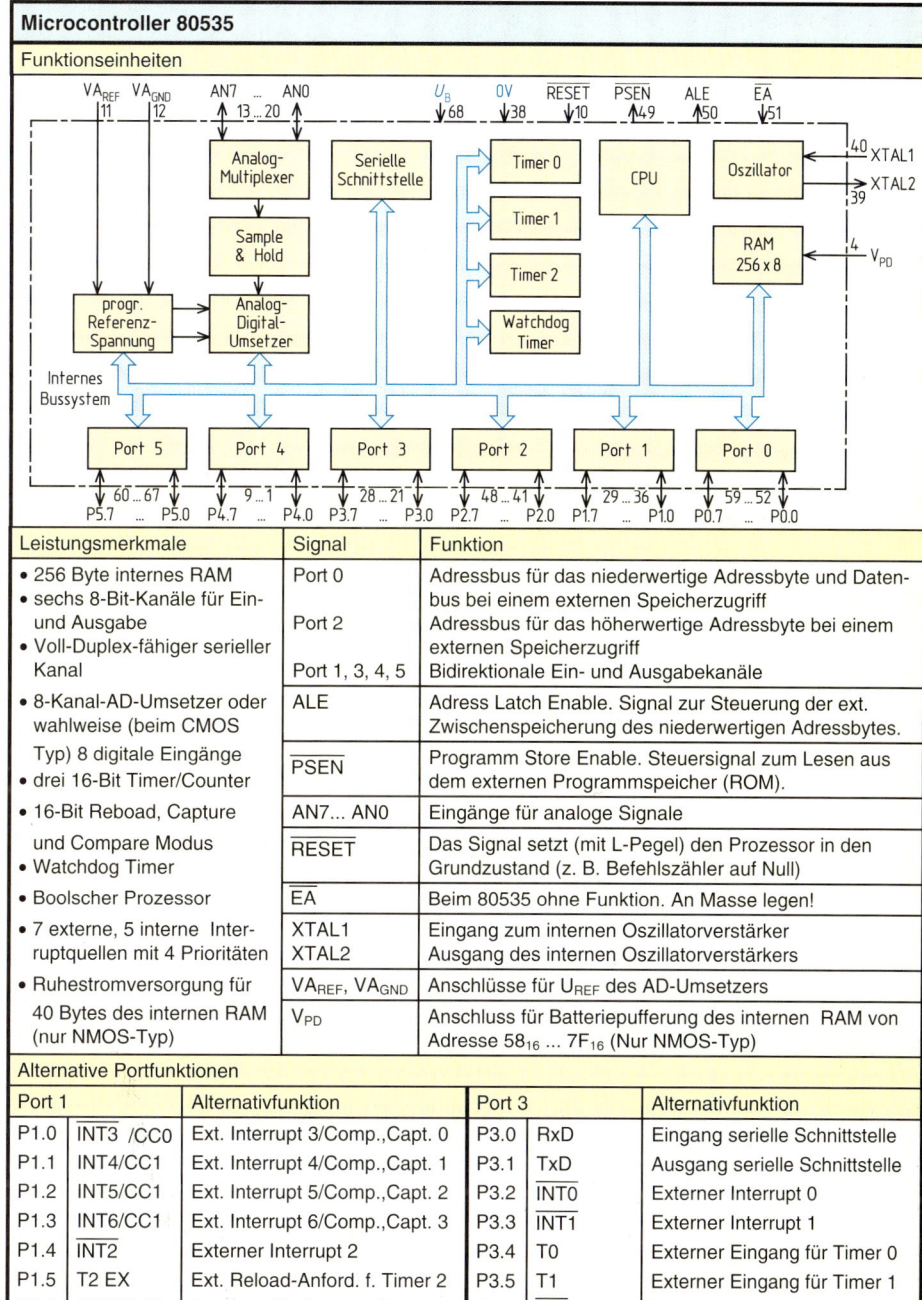

Leistungsmerkmale	Signal	Funktion
• 256 Byte internes RAM • sechs 8-Bit-Kanäle für Ein- und Ausgabe • Voll-Duplex-fähiger serieller Kanal	Port 0	Adressbus für das niederwertige Adressbyte und Datenbus bei einem externen Speicherzugriff
	Port 2	Adressbus für das höherwertige Adressbyte bei einem externen Speicherzugriff
	Port 1, 3, 4, 5	Bidirektionale Ein- und Ausgabekanäle
• 8-Kanal-AD-Umsetzer oder wahlweise (beim CMOS Typ) 8 digitale Eingänge • drei 16-Bit Timer/Counter	ALE	Adress Latch Enable. Signal zur Steuerung der ext. Zwischenspeicherung des niederwertigen Adressbytes.
	$\overline{PSEN}$	Programm Store Enable. Steuersignal zum Lesen aus dem externen Programmspeicher (ROM).
• 16-Bit Reload, Capture und Compare Modus • Watchdog Timer	AN7... AN0	Eingänge für analoge Signale
	$\overline{RESET}$	Das Signal setzt (mit L-Pegel) den Prozessor in den Grundzustand (z. B. Befehlszähler auf Null)
• Boolscher Prozessor	$\overline{EA}$	Beim 80535 ohne Funktion. An Masse legen!
• 7 externe, 5 interne Interruptquellen mit 4 Prioritäten	XTAL1 XTAL2	Eingang zum internen Oszillatorverstärker Ausgang des internen Oszillatorverstärkers
• Ruhestromversorgung für 40 Bytes des internen RAM (nur NMOS-Typ)	VA_{REF}, VA_{GND}	Anschlüsse für U_{REF} des AD-Umsetzers
	V_{PD}	Anschluss für Batteriepufferung des internen RAM von Adresse 58_{16} ... $7F_{16}$ (Nur NMOS-Typ)

Alternative Portfunktionen

Port 1		Alternativfunktion	Port 3		Alternativfunktion
P1.0	$\overline{INT3}$ /CC0	Ext. Interrupt 3/Comp.,Capt. 0	P3.0	RxD	Eingang serielle Schnittstelle
P1.1	INT4/CC1	Ext. Interrupt 4/Comp.,Capt. 1	P3.1	TxD	Ausgang serielle Schnittstelle
P1.2	INT5/CC1	Ext. Interrupt 5/Comp.,Capt. 2	P3.2	$\overline{INT0}$	Externer Interrupt 0
P1.3	INT6/CC1	Ext. Interrupt 6/Comp.,Capt. 3	P3.3	$\overline{INT1}$	Externer Interrupt 1
P1.4	$\overline{INT2}$	Externer Interrupt 2	P3.4	T0	Externer Eingang für Timer 0
P1.5	T2 EX	Ext. Reload-Anford. f. Timer 2	P3.5	T1	Externer Eingang für Timer 1
P1.6	CLK OUT	Ausgang für Systemtakt	P3.6	$\overline{WR}$	Schreibsignal für ext. RAM
P1.7	T2	Externer Eingang für Timer 2	P3.7	$\overline{RD}$	Lesesignal für externes RAM

© Verlag Gehlen

Interne Speicherorganisation des Microcontrollers 80535

Interner Datenspeicher
Drei physikalische Speicherbereiche:

```
FF  ┌─────────┐  ┌─────────┐  FF
    │   RAM   │  │   SFR   │
    │         │  │         │
    │ indirekt│  │  direkt │
80  │adressier│  │adressier│  80
    │   bar   │  │   bar   │
7F  ├─────────┤  └─────────┘
    │   RAM   │   SFR: Special-
    │direkt u.│   Function-Register
    │ indirekt│
00  │adressier│
    │   bar   │
    └─────────┘
```

Registerbänke, bitadressierbarer Speicher
Der untere Speicherbereich (00_{16} ... $7F_{16}$) enthält vier Registerbänke RB0 ... RB3 mit jeweils den Registern R0 ... R7 und einen bitadressierbaren Bereich 20_{16} ... $2F_{16}$.

		"normaler" Datenspeicher						7F
								30
7F	7E	7D	7C	7B	7A	79	78	2F
77	76	75	74	73	72	71	70	2E
6F	6E	6D	6C	6B	6A	69	68	2D
67	66	65	64	63	62	61	60	2C
5F	5E	5D	5C	5B	5A	59	58	2B
57	56	55	54	53	52	51	50	2A
4F	4E	4D	4C	4B	4A	49	48	29
47	46	45	44	43	42	41	40	28
3F	3E	3D	3C	3B	3A	39	38	27
37	36	35	34	33	32	31	30	26
2F	2E	2D	2C	2B	2A	29	28	25
27	26	25	24	23	22	21	20	24
1F	1E	1D	1C	1B	1A	19	18	23
17	16	15	14	13	12	11	10	22
0F	0E	0D	0C	0B	0A	09	08	21
07	06	05	04	03	02	01	00	20
							RB3	1F
								18
							RB2	17
								10
							RB1	0F
								08
						R7		07
						R6		06
						R5		05
						R4	RB0	04
						R3		03
						R2		02
						R1		01
						R0		00

Special-Function-Register (SFR)
Mit b gekennzeichnete Adressen sind bitadressierbar

Symbol	Funktion	Adr_{16}
CPU		
ACC	Akkumulator	E0 b
B	Register B	F0 b
DPL	Datenpointer, Low-Byte	82
DPH	Datenpointer, High-Byte	83
PSW	Programmstatuswort	D0 b
SP	Stack Pointer	81
Ports		
P0	Port 0	80 b
P1	Port 1	90 b
P2	Port 2	A0 b
P3	Port 3	B0 b
P4	Port 4	E8 b
P5	Port 5	F8 b
P6	Port 6	DB
Serielle Schnittstelle		
SCON	Steuerreg. für serielle Schnittstelle	98 b
SBUF	Puffer für serielle Schnittstelle	99
Timer 0 und 1		
TCON	Steuerregister für Timer 0/1	88 b
TMOD	Modusauswahl für Timer 0/1	89
TL0	Timer 0, Low-Byte	8A
TH0	Timer 0, High-Byte	8C
TL1	Timer 1, Low-Byte	8B
TH1	Timer 1, High-Byte	8D
Timer 2		
CCEN	Compare/Capture-Freigaberegister	C1
CCL1	Compare/Capture-Reg. 1, Low-Byte	C2
CCH1	Compare/Capture-Reg. 1, High-Byte	C3
CCL2	Compare/Capture-Reg. 2, Low-Byte	C4
CCH2	Compare/Capture-Reg. 2, High-Byte	C5
CCL3	Compare/Capture-Reg. 3, Low-Byte	C6
CCH3	Compare/Capture-Reg. 3, High-Byte	C7
CRCL	Comp./Reload/Capt.-Reg., Low-Byte	CA
CRCH	Comp./Reload/Capt.-R., High-Byte	CB
TL2	Timer 2, Low-Byte	CC
TH2	Timer 2, High-Byte	CD
T2CON	Steuerregister für Timer 2	C8 b
Analog-Digital-Umsetzer		
ADCON	Steuerregister für AD-Umsetzer	D8 b
ADDAT	Ergebnisregister für AD-Umsetzer	D9
DAPR	Programmierbare Referenzsp.	DA
Interruptsystem		
IEN0	Interrupt-Freigaberegister 0	A8 b
IEN1	Interrupt-Freigaberegister 1	B8 b
IP0	Interrupt-Prioritäts-Steuerung 0	A9
IP1	Interrupt-Prioritäts-Steuerung 1	B9
IRCON	Steuerreg. Interruptanforderungen	C0 b
Reduzierte Stromaufnahme		
PCON	Stromaufnahme Steuerregister	87

© Verlag Gehlen

Flags des Microcontrollers 80535

Bez.	Funktion	Bez.	Funktion
CY	Carry-(Übertrags-)Flag = 1, wenn ein Übertrag von Bit 7 des Akkus nach Bit 8 erfolgt	OV	Overflow-(Überlauf-)Flag = 1 bei einem Übertrag von Bit 6 des Akkus nach Bit 7
AC	Auxiliary-(Hilfscarry-)Flag = 1 bei einem Übertrag von Bit 3 des Akkus nach Bit 4	P	Parity-(Paritäts-)Flag = 1, wenn eine ungerade Anzahl von Bits im Akkumulator „1" ist

Befehlsliste für den Microcontroller 80535 (Auszug)

Abkürzungen

Rr	Register R0 ... R7; r = 0 ... 7	badr	Bitadresse
Ri	Register R0, R1; i = 0 oder 1	dadr	direkte Adresse
DPTR	Datenpointer	@	indirekte Adressierung
#k8	8-Bit-Konstante	adr16	16-Bit-Adresse
#k16	16-Bit-Konstante	rel	relative 8-Bit-Asdresse

Befehl	Code	Bytes	Flags	Funktion des Befehls
		Zyklen		
Transferbefehle, interner Datenspeicher				
MOV A,Rr	E8+r	1 1	P	Lädt den Akku mit dem Inhalt des Registers Rr
MOV Rr,A	F8+r	1 1	–	Lädt das Register Rr mit dem Inhalt des Akkus
MOV A,@Ri	E6+i	1 1	P	Lädt den Akku mit dem Inhalt des Speicherbytes, das über den Inhalt von Register Ri adressiert ist
MOV @Ri,A	F6+i	1 1	–	Lädt das Seicherbyte, das über den Inhalt von Register Ri adressiert ist, mit dem Inhalt des Akkus
MOV A,dadr	E5	2 1	P	Lädt den Akku mit dem Inhalt des Speicherbytes dadr
MOV dadr,A	F5	2 1	–	Lädt das Speicherbyte dadr mit dem Inhalt des Akkus
MOV A,#k8	74	2 1	P	Lädt den Akku mit 8-Bit-Konstante
MOV Rr,#k8	78+r	2 1	–	Lädt das Register Rr mit 8-Bit-Konstante
MOV dadr,#k8	75	3 2	–	Lädt das Speicherbyte dadr mit 8-Bit-Konstante
MOV @Ri,#k8	76+i	2 1	–	Lädt das Speicherbyte, das über den Inhalt von Register Ri adressiert ist, mit 8-Bit-Konstante
MOV Rr,dadr	A8+r	2 2	–	Lädt Register Rr mit dem Inhalt des Speicherbytes dadr
MOV dadr,Rr	88+r	2 2	–	Lädt Speicherbyte dadr mit dem Inhalt von Register Rr
MOV dadr,@Ri	86+i	2 2	–	Lädt das Speicherbyte dadr mit dem Inhalt des Speicherbytes, das über Register Ri adressiert ist
MOV @Ri,dadr	A6+i	2 2	–	Lädt das Speicherbyte, das über Register Ri adressiert ist, mit dem Inhalt des Speicherbytes dadr
MOV $dadr_1$,$dadr_2$	85	3 2	–	Lädt Speicherbyte $dadr_1$ mit dem Inhalt von Byte $dadr_2$
MOV DPTR,#k16	90	3 2	–	Lädt den Datenpointer mit 16-Bit-Konstante
PUSH dadr	C0	2 2	–	Lädt den Inhalt des Speicherbytes dadr in den vom Stackpointer adressierten Speicher
POP dadr	D0	2 2	–	Lädt den Inhalt des vom Stackpointer adressierten Speichers in das Speicherbyte dadr
Transferbefehle, externer Datenspeicher				
MOVX A,@Ri	E2+i	1 2	P	Lädt den Akku mit dem Inhalt des externen Speicherbytes, das über den Inhalt von Ri adressiert ist
MOVX @Ri,A	F2+i	1 2	–	Lädt das externe Speicherbyte, das über den Inhalt von Ri adressiert ist, mit dem Inhalt des Akkus
MOVX A,@DPTR	E0	1 2	P	Lädt den Akku mit dem Inhalt des externen Speicherbytes, das über DPTR adressiert ist
MOVX @DPTR,A	F0	1 2	–	Lädt das externe Speicherbyte, das über DPTR adressiert ist, mit dem Inhalt des Akkus

© Verlag Gehlen

Befehl	Code	Bytes / Zyklen		Flags	Funktion des Befehls
Befehlsliste für den Microcontroller 80535 (Auszug) (Fortsetzung)					
Transferbefehle, Programmspeicher					
MOVC A,@A+DPTR	93	1	2	P	Lädt den Akku mit dem Inhalt des Speicherbytes, das durch die Summe von DPTR und Akku adressiert ist
MOVC A,@A+PC	83	1	2	P	Lädt Akku mit Inhalt des Speicherbytes, das durch die Summe von Programmzähler und Akku adressiert ist
Arithmetische Operationen					
INC A	04	1	1	P	Erhöht den Akkuinhalt um den Wert 1
INC Rr	08+r	1	1	–	Erhöht den Inhalt des Registers Rr um den Wert 1
INC @Ri	06+i	1	1	–	Erhöht den Inhalt des Speicherbytes, das durch den Inhalt von Register Ri adressiert ist, um den Wert 1
INC dadr	05	2	1	–	Erhöht den Inhalt des Speicherbytes dadr um den Wert 1
INC DPTR	A3	1	2	–	Erhöht den Inhalt des Registers DPTR um den Wert 1
DEC A	14	1	1	P	Erniedrigt den Akkuinhalt um den Wert 1
DEC Rr	18+r	1	1	–	Erniedrigt den Inhalt des Registers Rr um den Wert 1
DEC @Ri	16+i	1	1	–	Erniedrigt den Inhalt des Speicherbytes, das durch den Inhalt von Register Ri adressiert ist, um den Wert 1
DEC dadr	15	2	1	–	Erniedrigt den Inh. des Speicherbytes dadr um d. Wert 1
ADD A,Rr	28+r	1	1	CY, AC, OV, P	Addiert zum Akkuinhalt den Inhalt von Register Rr
ADD A,dadr	25	2	1	CY, AC, OV, P	Addiert zum Akkuinhalt den Inh. des Speicherbytes dadr
ADD A,#k8	24	2	1	CY, AC, OV, P	Addiert zum Akkuinhalt die Konstante k8
ADD A,@Ri	26+i	1	1	CY, AC, OV, P	Addiert zum Akkuinhalt den Inhalt des Speicherbytes, das durch den Inhalt von Register Ri adressiert ist
SUBB A,Rr	98+r	1	1		Subtrahiert vom Akkuinhalt den Inhalt von Register Rr
SUBB A,#k8	94	2	1		Subtrahiert vom Akkuinhalt die Konstante k8
MUL AB	A4	1	4	CY, OV,P	Multipliziert den Akkuinhalt mit dem Inh. von Register B
DIV AB	84	1	4	CY, OV,P	Dividiert den Akkuinhalt durch den Inhalt von Register B
Logische Operationen					
ANL A,Rr	58+r	1	1	P	UND-Verknüpfung Akkuinhalt mit Inhalt von Register Rr
ANL A,@Ri	56+i	1	1	P	UND-Verknüpf. Akkuinhalt mit dem Inhalt des Speicherbytes, das durch den Inh. von Register Ri adressiert ist
ANL A,dadr	55	2	1	P	UND-Verknüpfung des Akkuinhalts mit dem Inhalt des Speicherbytes dadr. Das Ergebnis steht im Akku.
ANL A,#k8	54	2	1	P	UND-Verknüpfung Akkuinhalt mit Konstante k8
ANL dadr,A	52	2	1	–	UND-Verknüpfung des Inhalts des Speicherbytes dadr mit dem Akkuinhalt. Das Ergebnis steht in dadr.
ANL dadr,#k8	53	3	2	–	UND-Verknüp. Inhalt Speicherbyte dadr mit Konst. k8
ORL A,Rr	48+r	1	1	P	UND-Verknüpfung Akkuinhalt mit Inhalt von Register Rr
ORL A,@Ri	46+i	1	1	P	UND-Verknüp. Akkuinhalt mit dem Inhalt des Speicherbytes, das durch den Inhalt von Reg. Ri adressiert ist
ORL A,dadr	45	2	1	P	ODER-Verknüp. Akkuinhalt mit Inhalt Speicherbyte dadr
ORL A,#k8	44	2	1	P	ODER-Verknüpfung Akkuinhalt mit Konstante k8
ORL dadr,#k8	43	3	2	–	ODER-Verknüp. Inhalt Speicherbyte dadr mit Konst. k8
XRL A,Rr	68+r	1	1	P	Exklusiv-ODER-Verknüpfung Akkuinhalt mit Inhalt Rr
XRL A,@Ri	66+i	1	1	P	Exkl.-ODER-Verkn. Akkuinhalt mit dem Inhalt des Speicherbytes, das durch den Inhalt von Ri adressiert ist

© Verlag Gehlen

Befehlsliste für den Microcontroller 80535 (Auszug) (Fortsetzung)

Befehl	Code	Bytes / Zyklen	Flags	Funktion des Befehls
Logische Operationen (Fortsetzung)				
XRL A,dadr	65	2 1	P	Exkl.-ODER-Verknüp. Akkuinh. mit Inh. Speicherb. dadr
XRL A,#k8	64	2 1	P	Exkl.-ODER-Verknüpfung Akkuinhalt mit Konstante k8
CPL A	F4	1 1	P	Komplementiert den Akkuinhalt
CLR A	E4	1 1	P	Löscht den Akkuinhalt
Rotationsbefehle				
RL A	23	1 1	–	Verschiebt den Akkuinhalt um 1 Bit nach links
RLC A	33	1 1	CY,P	Verschiebt den Akkuinhalt um 1 Bit nach links über das Carry-Flag: Bit 2^7 wird in das Carry-Flag geschrieben
RR A	03	1 1	–	Verschiebt den Akkuinhalt um 1 Bit nach rechts
RRC A	13	1 1	CY,P	Verschiebt den Akkuinhalt um 1 Bit nach rechts über das Carry-Flag: Bit 2^0 wird in das Carry-Fl. geschrieben
Bitverarbeitung				
MOV C,badr	A2	2 1	CY	Lädt das Carry-Flag mit dem Inhalt von Bit badr
MOV badr,C	92	2 2	–	Lädt Bit badr mit dem Inhalt des Carry-Flags
ANL C,badr	82	2 2	CY	UND-Verknüpfung Carry-Flag mit dem Inhalt Bit badr
ANL badr,C	B0	2 2	CY	UND-Verknüpfung Bit badr mit dem Carry-Flag
ORL C,badr	72	2 2	CY	ODER-Verknüpfung Carry-Flag mit dem Inhalt Bit badr
ORL badr,C	A0	2 2	CY	ODER-Verknüpfung Bit badr mit dem Carry-Flag
CLR C	C3	1 1	CY	Löscht das Carry-Flag
CLR badr	C2	2 1	–	Löscht den Inhalt von Bit badr
CPL C	B3	1 1	CY	Invertiert das Carry-Flag
CPL badr	B2	2 1	–	Invertiert den Inhalt von Bit badr
SETB C	D3	1 1	CY	Setzt das Carry-Flag auf den Wert 1
SETB badr	D2	2 1	–	Setzt den Inhalt von Bit badr auf den Wert 1
Sprungbefehle				
LJMP adr16	02	3 2	–	Setzt den Programmlauf bei Adresse adr16 fort
SJMP rel	80	2 2	–	Setzt Programmlauf relativ zum Programmzähler fort
JZ rel	60	2 2	–	Sprung relativ zum Programmzähler, wenn Akkuinhalt = 0
JNZ rel	70	2 2	–	Srung relativ zum Programmzähler, wenn Akkuinhalt ≠ 0
DJNZ Rr,rel	D8+r	2 2	–	Erniedrigt den Inhalt von Register Rr um den Wert 1 und springt relativ zum Programmzähler, wenn Inhalt Rr ≠ 0
DJNZ dadr,rel	D5	3 2	–	Erniedrigt den Inhalt von Speicherbyte dadr um 1 und springt relativ zum Programmzähler, wenn Inh. dadr ≠ 0
CJNE A,dadr,rel	B5	3 2	CY	Sprung relativ zum Programmzähler, wenn Inhalte Akku und dadr ungleich sind. Bei Ungleichheit: Carry-Flag = 1
JC rel	40	2 2	–	Sprung relativ zum Programmzähler, wenn Carry-Fl. = 1
JNC rel	50	2 2	–	Sprung relativ zum Programmzähler, wenn Carry-Fl. = 0
JB badr,rel	20	3 2	–	Sprung relativ zum Programmzähler, wenn Inh. badr = 1
JNB badr,rel	30	3 2	–	Sprung relativ zum Programmzähler, wenn Inh. badr = 0
Unterprogrammbefehle				
LCALL adr16	12	3 2	–	Unterprogrammaufruf: Programmlauf weiter bei adr16
RET	22	1 1	–	Rücksprung aus Unterprogramm: Der Programml. wird bei der Adr. fortgesetzt, auf die der Stackpointer zeigt

© Verlag Gehlen

PC-Hardware (Begriffsklärungen)

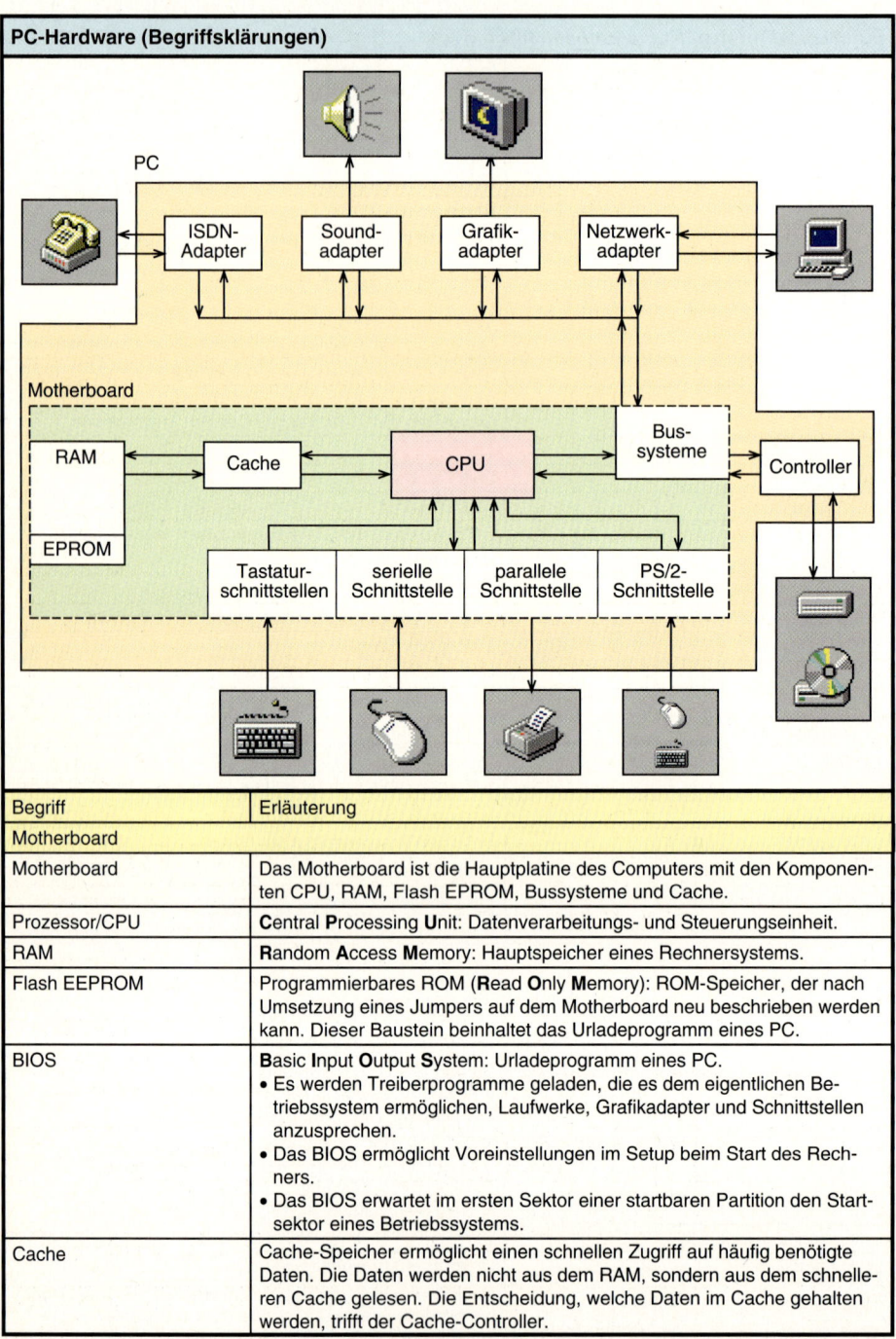

Begriff	Erläuterung
Motherboard	
Motherboard	Das Motherboard ist die Hauptplatine des Computers mit den Komponenten CPU, RAM, Flash EPROM, Bussysteme und Cache.
Prozessor/CPU	**C**entral **P**rocessing **U**nit: Datenverarbeitungs- und Steuerungseinheit.
RAM	**R**andom **A**ccess **M**emory: Hauptspeicher eines Rechnersystems.
Flash EEPROM	Programmierbares ROM (**R**ead **O**nly **M**emory): ROM-Speicher, der nach Umsetzung eines Jumpers auf dem Motherboard neu beschrieben werden kann. Dieser Baustein beinhaltet das Urladeprogramm eines PC.
BIOS	**B**asic **I**nput **O**utput **S**ystem: Urladeprogramm eines PC. • Es werden Treiberprogramme geladen, die es dem eigentlichen Betriebssystem ermöglichen, Laufwerke, Grafikadapter und Schnittstellen anzusprechen. • Das BIOS ermöglicht Voreinstellungen im Setup beim Start des Rechners. • Das BIOS erwartet im ersten Sektor einer startbaren Partition den Startsektor eines Betriebssystems.
Cache	Cache-Speicher ermöglicht einen schnellen Zugriff auf häufig benötigte Daten. Die Daten werden nicht aus dem RAM, sondern aus dem schnelleren Cache gelesen. Die Entscheidung, welche Daten im Cache gehalten werden, trifft der Cache-Controller.

Schnittstellen · Controller · Bussysteme · Laufwerke **137**

PC-Hardware (Begriffserklärungen)	
Begriff	**Erläuterung**
Schnittstellen	
parallele Schnittstelle	Transfer von Daten des Systembus auf eine parallele Schnittstelle. Wird häufig für Drucker verwendet.
serielle Schnittstelle	Transfer von Daten des Systembus auf eine serielle Schnittstelle. Wird häufig für Maus oder Modem verwendet.
Tastaturschnittstelle	Anschluss für eine erweiterte IBM-kompatible Tastatur mit fünfpoligem Stecker oder Anschluss über PS/2.
PS/2-Schnittstelle	Anschlussmöglichkeit für Tastatur oder Maus.
Controller	
Controller	Beinhaltet die Busschnittstelle zum Motherboard und die Schnittstelle zu den angeschlossenen Laufwerken wie Diskettenlaufwerk, CD-ROM-Laufwerk und Festplatte. Typische Controller im PC-Bereich sind: EIDE- und SCSI-Controller.
EIDE	**E**nhanced **I**ntelligent **D**rive **E**lectronics: Ein Controller kann bis zu vier Komponenten verwalten. Angeschlossen werden können Festplatten, CD-ROMs oder Bandlaufwerke.
SCSI	**S**mall **C**omputer **S**ystems **I**nterface: Erlaubt die Verwaltung von bis zu acht Komponenten an einem Controller. Angeschlossen werden können beliebige Einheiten die der SCSI-Spezifikation genügen.
Bussysteme	
ISA-Bus/AT-Bus	**I**ndustrial **S**tandard **A**rchitecure Bus/**A**dvanced **T**echnology Bus: Industriestandard-Buskonzept der Firma Compaq.
VL-Bus	**V**ESA **L**ocal Bus: Entwurf eines Standard PC-Bussystem nach VESA.
PCI-Bus	**P**eripheral **C**omponent **I**nterconnect: Industriestandard-Buskonzept der Firma Intel.
Erweiterungskarten (Beispiele)	
Grafikkarte	Schnittstellenkarte zwischen Systembus und Monitor: Über die Schnittstellenkarte werden die darzustellenden Daten in die für den Monitor typischen Signale umgewandelt. Die Ausstattung mit schnellem VRAM (Video-RAM) ermöglicht einen höheren Datendurchsatz.
Netzwerkkarte	Schnittstellenkarte zur Integration eines PC in ein Netzwerk. Der Kartentyp ist abhängig vom geplanten Netzwerkkonzept (Ethernet, Token-Ring oder ArcNet).
ISDN-Karte	Gerät zum seriellen Datenaustausch über eine ISDN-Leitung
Soundkarte	Karte zur Umwandlung von digitaler Information in analoge.
Laufwerke (Beispiele)	
Bandlaufwerk	Laufwerk für Magnetbänder zur Datensicherung.
Diskettenlaufwerk	Laufwerk für transportable Massenspeichermedien (Disketten) in den Größen 3½ Zoll und 5¼ Zoll mit einem Speichervolumen zwischen 360 KB und 2,88 MB.
CD-ROM-Laufwerk	**C**hangable **D**isk **R**ead **O**nly **M**emory: Datenträger mit dauerhaft gespeicherten Daten und Programmen mit einem Speichervolumen bis 700 MB.
Festplatte	Massenspeichermedium für Daten und Programme im GByte-Bereich. Festplatten werden an den zugehörigen Controller (SCSI oder IDE) angeschlossen.
WORM-Laufwerk	**W**rite **O**nce **R**ead **M**any: Laufwerk zur Erstellung von CD-ROMs. Das Laufwerk kann eine CD schreiben und lesen.
MO-Laufwerk	**M**agneto **O**ptical **D**isk: Laufwerk und CD ermöglichen es, CDs mehrfach zu beschreiben.
ZIP-Laufwerk	ZIP ist ein Kodierungsverfahren nach Lempel-Ziv. Die ZIP-Medien können Daten bis 100 MB aufnehmen.

Technische Informatik

© Verlag Gehlen

PC-Hardware (Begriffsklärungen)

Begriff	Erläuterung
Computer-Peripherie (Beispiele)	
Drucker	Dokumentationsmedium, das an die parallele Schnittstelle angeschlossen wird (Druckerauflösung in dpi, dots per inch).
Maus	Benutzereingabegerät für Steuerungssignale.
Modem	Gerät zum seriellen Datenaustausch über Telefonleitung.
Monitor	• Multisync- und Multiscan- Monitore: Monitore, die auf verschiedenen Frequenzen synchronisierbar sind mit automatischer Einstellung der Parameter. • Mehrfrequenzmonitore: Monitore, die mit unterschiedlichen Abtastfrequenzen arbeiten. • Typische Auflösung: 640 × 480, 800 × 600, 1024 × 768 und 1280 × 1024 (horizontale × vertikale Zahl an Bildpunkten). • Typische Vertikalfrequenzen: zwischen 60 Hz und 90 Hz. • Typische Horizontalfrequenzen: zwischen 32 kHz und 101 kHz (abhängig von der gewählten Auflösung und der Vertikalfrequenz).
Scanner	Gerät zum Einlesen von Barcodes, Bild- und Schriftmaterial in elektronische Daten. Die Auflösung einer gescannten Vorlage sollte die Auflösungsdichte des Druckers erreichen (bei Laserdruckern etwa 600 dpi).
Tastatur	Benutzereingabegerät zur Zeichenübertragung
Motherboard (Blockschaltplan)	

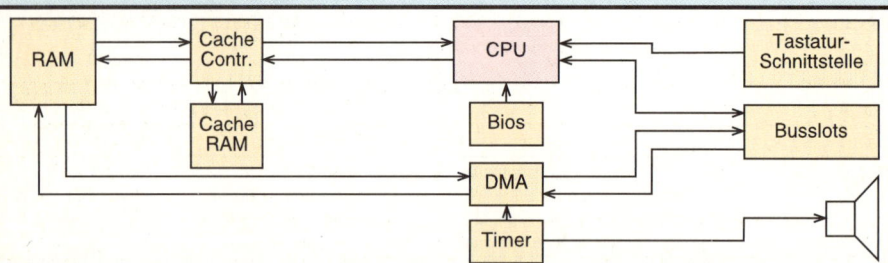

- RAM-Bänke für die Aufnahme des Hauptspeichers. Die Speicherorganisation und der Typ der Speichermodule (SIMM, PS2 oder EDO) ist abhängig vom jeweiligen Hersteller des Motherboards. Die Ansprechgeschwindigkeit des RAM muss der Taktfrequenz des Motherboard angepasst sein. Der verwendete Speichertyp ist DRAM (dynamisches RAM).
- Die Aufgabe des Cache-Controller ist das Laden häufig angeforderter Daten von einem Massenspeicher in das Cache-RAM. Die Austauschgeschwindigkeit zwischen Festplatte und RAM wird deutlich erhöht, wenn die Ansprechgeschwindigkeit des Cache-RAM der Taktfrequenz des PC angepasst wird. Cache-RAM ist teilweise in der CPU integriert und kann zusätzlich über Steckplätze auf dem Motherboard erweitert werden. Cache-RAM ist nicht zwingend erforderlich für den Betrieb eines PC.
- Ein Motherboard kann mit unterschiedlichen Prozessoren nach Herstellerangaben arbeiten.
- Die Busslots nehmen zusätzliche Steckkarten wie Graphikadapter und Controllerkarten auf. Je nach Bussystem (PCI-, VL-, ISA- und EISA-Bus) finden sich unterschiedliche Slottypen auf dem Board.
- Der DMA (**D**irect **M**emory **A**ccess)-Controller ist auf dem Motherboard integriert. Er dient der schnellen Datenübertragung von der Festplatte zum Hauptspeicher (und umgekehrt) bei Umgehung des Wegs über die CPU.
- Der Timer-Baustein übernimmt die Steuerung zeitabhängiger Abläufe (Beispiel Speicherauffrischung).
- Das BIOS, auch als das Urbetriebssystem bezeichnet, ist in der Regel in einem Flash EEPROM-Baustein abgelegt. Jedes Motherboard beinhaltet einen BIOS-Baustein.
- Motherboards verschiedener Hersteller integrieren auch serielle Schnittstellen, Standardcontroller und Graphikansteuerungen direkt auf dem Board.

© Verlag Gehlen

Grafikadapter · VGA · Bildschirmstrahlung **139**

Grafikadapter (Blockschaltplan)

```
                              ┌─────────┐
                              │ Monitor │
                              └────▲────┘
                                   │
┌──────────────┐            ┌──────┴──────┐         ┌──────────────┐
│ Busschnitt-  │◄──────────►│   Grafik-   │◄───────►│  Zeichen-    │
│   stelle     │            │  steuer-    │         │  generator   │
│              │            │   chip      │         │              │
└──────────────┘            └─────────────┘         └──────────────┘
        ▲  ▼                    ▲    │
        │  │                    │    │
     ┌──┴──┴──┐              ┌──┴────▼──┐
     │  ROM-  │              │  Video-  │
     │  BIOS  │              │   RAM    │
     └────────┘              └──────────┘
```

- Der Grafikprozessor hat die Aufgabe, Zeilen und Spalten auf einem Monitor synchron darzustellen, und dient der Visualisierung von Text, Grafik und dem Cursor.
  Im Textmodus steht im Video-RAM ein Code für das jeweilig darzustellende Zeichen. Der Zeichengenerator erzeugt ein Punktmuster, das vom Grafiksteuerchip auf dem Monitor dargestellt wird.
  Im Videomodus werden die Informationen aus dem Video-RAM direkt auf dem Bildschirm dargestellt. Der Zeichengenerator ist in diesem Modus nicht mehr aktiv.
- Das ROM-BIOS der Grafikkarte erweitert die Zahl der Darstellungsmodi aus dem BIOS des Motherboards.
- Im Video-RAM werden Daten der CPU zwischengespeichert, die zur Ausgabe auf dem Monitor gebracht werden sollen.
- Das Ausgangssignal ist ein Analogsignal oder/und ein RGB-Signal.

Videomodi

Videomodus	Zeichen	Anzahl der Farben	Speicherbedarf Video-RAM
VGA (Standard)	40 × 25 80 × 25 80 × 30 80 × 60	16; 256 16; 256 16; 256 16; 256	32; 64 KB 64; 128 KB 110; 220 KB 150; 300 KB
VGA (erweitert)		16; 256; 65536; 16,7 Mio. 16; 256; 65536; 16,7 Mio. 16; 256; 65536; 16,7 Mio.	150 KB; 300 KB; 600 KB; 1,2 MB 234 KB; 468 KB; 936 KB; 1,8 MB 384 KB; 768 KB; 1,5 MB; 3 MB
Super-VGA		16; 256; 65536; 16,7 Mio. 16; 256; 65536; 16,7 Mio.	640 KB 1,3 MB; 2,6 MB; 3,9 MB 960 KB 1,9 MB; 3,8 MB; 7,6 MB

Bildschirmstrahlung

	MPRII[1]	TCO[2]
elektrostatisches Feld	±500 V/m	±500 V/m
elektrostatisches Feld aus der Bildwiederholfrequenz (Band I)	25 V/m	10 V/m
elektrostatisches Feld aus der Zeilenfrequenz (Band II)	2,5 V/m	1 V/m
magnetisches Feld aus der Bildwiederholfrequenz (Band I)	250 nT	200 nT
magnetisches Feld aus der Zeilenfrequenz (Band II)	25 nT	25 nT

- Energiesparfunktion (Power Managment) und automatische Abschaltung des Monitors werden bei bestimmten Monitoren von der amerikanischen EPA- und schwedischen NUTEK-Norm unterstützt.
- Der TÜV erteilt das Qualitätssiegel „Ergonomie-geprüft" für Monitore, die die MPRII-Norm erfüllen.

[1] MPRII: Mess- und Prüfrat der schwedischen Regierung.
[2] TCO: Schwedisches Konsortium der industriellen Vertreter

© Verlag Gehlen

Monitor-Gütekriterien

allgemeine Standardvoraussetzungen	Ergonomie	Strahlung
In der ISO 9241-3, die der EN 29241-3 entspricht, werden notwendige Mindestvoraussetzungen für einen Monitor formuliert.	• Die TÜV-EU-Markierung ist die EN 60950:1992. Sie entspricht der IEC 950 und beschreibt die Basisergonomie. • Der deutsche Standard ist ZH1/618.	• Die TCO 92 wird in die TCO 95 überführt. Die Anforderungen sind jeweils dieselben. • Aus der MPRII soll die MPRIII entwickelt werden. MPRIII Level A entspricht der TCO95 und Level B der alten MPRII.

DMA-Kanal-Belegungen

DMA-Kanal	Typische Verwendung	Beschreibung
0	frei für ein Gerät, das einen DMA-Kanal benötigt	üblicher Kanal für eine Soundkarte
1	frei für ein Gerät, das einen DMA-Kanal benötigt	üblicher Kanal für eine Soundkarte
2	Floppy-Controller	fest vorgegeben
3	frei für ein Gerät, das einen DMA-Kanal benötigt	üblicher Kanal für ECP-Parallelports mit DMA-Unterstützung oder Soundkarte
4	Motherboard: zweiter DMA-Controller	Kanal ist nicht verfügbar
5	frei für ein Gerät, das einen DMA-Kanal benötigt	üblicher Kanal für SCSI-Controller
6	frei für ein Gerät, das einen DMA-Kanal benötigt	üblicher Kanal für SCSI-Controller
7	frei für ein Gerät, das einen DMA-Kanal benötigt	üblicher Kanal für SCSI-Controller

- DMA (**D**irect **M**emory **A**ccess): direkter Speicherzugriff ohne Umweg über den Prozessor.
- DMA-Kanäle dürfen nur einfach vergeben werden, da es sonst zu Problemen von langsamen Plattenzugriffen über plötzliche Abstürze bis hin zu massiven Datenverlusten kommen kann.

ATA-/IDEHost-Adapter

- System-, Laufwerks-, und Softwarehersteller gründeten die Interessengruppe CAM (**C**ommon **A**ccess **M**ethod). Festplatten-Schnittstellen sind auf den Standard ATA (**AT A**ttachment) aufgebaut.
- Die Schnittstellen ATAPI (**AT A**ttachment **P**acket **I**nterface), EIDE (**E**nhanced **IDE**, **IDE I**ntelligent **D**rive **E**lectronics), ATA-2, Fast ATA und Fast ATA-2 basieren auf der ATA-Spezifikation und sind einzelne Weiterentwicklungen des Standards. Der ATA-3-Standard vereinigt alle Einzelentwicklungen.
- Eine Festplatte wird nach ATA ihrer Geometrie entsprechend nach dem CHS-Prinzip (**CHS C**ylinder, **H**ead, **S**ector) adressiert. Es sind 65536 Zylinder oder Spuren erlaubt und 16 Köpfe mit maximal 255 Sektoren von 512 Byte. Eine Festplatte kann nach ATA 128 GByte groß sein. Wird sie über den Interrupt 13 des PC angesprochen, erlaubt das BIOS-Adressierungssystem nur Festplattengrößen von max. 7,8 GByte.
- Die Weiterentwicklung ATAPI erlaubt es, ein CD-Laufwerk wie eine Festplatte anzusprechen.
- Der AT-Standard berücksichtigt die Ein-Ausgabe-Klasse PIO (**P**rogrammed **I**nput **O**utput) und den direkten Speicherzugriff DMA (**D**irect **M**emory **A**ccess) für die Datenübertragung.

Modus	Zykluszeit	Geschwindigkeit	Standard
PIO Mode 0	600 ns	1,67 Mbps	ATA
PIO Mode 1	383 ns	2,61 Mbps	ATA
PIO Mode 2	240 ns	4,17 Mbps	ATA
PIO Mode 3	180 ns	11,1 Mbps	ATA-2
PIO Mode 4	120 ns	16,7 Mbps	ATA-3
PIO Mode 5	90 ns	22,0 Mbps	
DMA, Ein Wort, Mode 0	960 ns	1,04 Mbps	ATA
DMA, Ein Wort, Mode 1	480 ns	2,08 Mbps	ATA
DMA, Ein Wort, Mode 2	240 ns	4,17 Mbps	ATA
DMA, mehrere Wörter, Mode 0	480 ns	4,17 Mbps	ATA
DMA, mehrere Wörter, Mode 1	150 ns	13,3 Mbps	ATA-2
DMA, mehrere Wörter, Mode 2	120 ns	16,7 Mbps	ATA-3

© Verlag Gehlen

AT-Bus/IDE-Host-Adapter-Schnittstellenbelegung

PIN	AT-Bus	IDE-Signal	Signalrichtung	Bedeutung
1	RESET DRV (invertiert)	RESET	Host zum Laufwerk	Laufwerke zurücksetzen
2	–	GND	–	Masse
3	SD7	DD7	bidirektional	Datenbus 7
4	SD8	DD8	bidirektional	Datenbus 8
5	SD6	DD6	bidirektional	Datenbus 6
6	SD9	DD9	bidirektional	Datenbus 9
7	SD5	DD5	bidirektional	Datenbus 5
8	SD10	DD10	bidirektional	Datenbus 10
9	SD4	DD4	bidirektional	Datenbus 4
10	SD11	DD11	bidirektional	Datenbus 11
11	SD3	DD3	bidirektional	Datenbus 3
12	SD12	DD12	bidirektional	Datenbus 12
13	SD2	DD2	bidirektional	Datenbus 2
14	SD13	DD13	bidirektional	Datenbus 13
15	SD1	DD1	bidirektional	Datenbus 1
16	SD14	DD14	bidirektional	Datenbus 14
17	SD0	DD0	bidirektional	Datenbus 0
18	SD15	DD15	bidirektional	Datenbus 15
19	–	GND	–	Masse
20	–	gesperrt	–	Markierung für Pin 20
21	DRQx	DMARQ	Laufwerk zum Host	DMA-Request
22	–	GND	–	Masse
23	IOW	DIOW	Host zum Laufwerk	Daten über I/O-Kanal schreiben
24	–	GND	–	Masse
25	IOR	DIOR	Host zum Laufwerk	Daten über I/O-Kanal lesen
26	–	GND	–	Masse
27	IOCHRDY	IORDY	Laufwerk zum Host	I/O-Zugriff ausgeführt (ready)
28	–	SPSYNC	Laufwerk zum Laufwerk	Spindelsynchronisation
29	DACKx	DMACK	Host zum Laufwerk	DMA-Acknowledge
30	–	GND	–	Masse
31	IRQx	INTRQ	Laufwerk zum Host	Interrupt-Request
32	I/OCS16	IOCS16	Laufwerk zum Host	16 Bit-Transfer über I/O-Kanal
33	SA1	DA1	Host zum Laufwerk	Adressbus 1
34	–	PDIAG	Laufwerk zum Laufwerk	
35	SA0	DA0	Host zum Laufwerk	
36	SA2	DA2	Host zum Laufwerk	
34	–	PDIAG	Laufwerk zum Laufwerk	Passed Diagnostic vom Slave
35	SA0	DA0	Host zum Laufwerk	Adressbus 0
36	SA2	DA2	Host zum Laufwerk	Adressbus 2
37	–	CS1Fx	Host zum Laufwerk	Chip Select für Basisadresse
38	–	CS3Fx	Host zum Laufwerk	Chipselect für Basisadresse 3f0h
39	–	DASP	Laufwerk zum Host	Drive Active/ Slave Present
40	–	GND	–	Masse

© Verlag Gehlen

SCSI-Host-Adapter

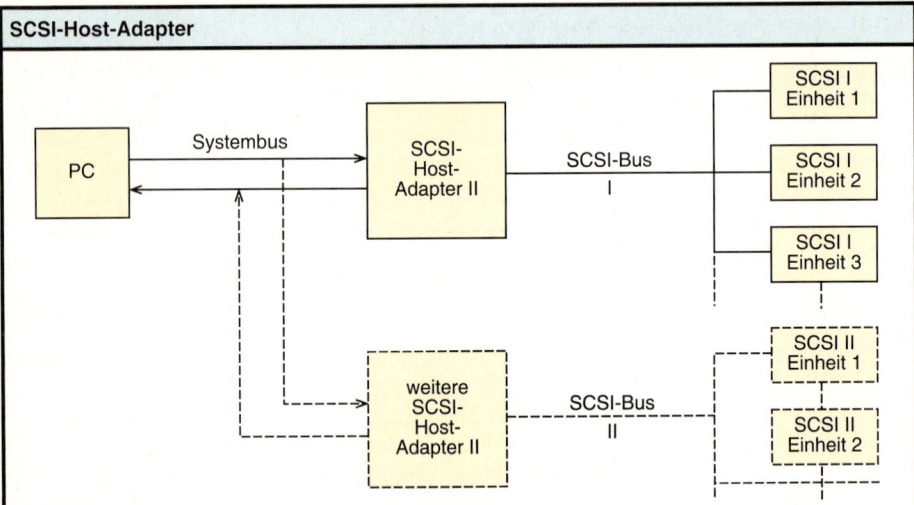

- SCSI (**S**mall **C**omputer **S**ystems **I**nterface) definiert einen Bus und ein Austauschprotokoll von maximal 32 SCSI-Einheiten bei SCSI-3. Der Host-Adapter selbst ist eine Einheit, sodass 31 weitere freie Einheiten zur Verfügung stehen. Da der Host-Adapter eine eigene Einheit mit einer eigenen Adresse darstellt, können die Geräte verschiedener Hostadapter miteinander kommunizieren.
- Der SCSI-Adapter verbindet Festplatten, Bandlaufwerke, CD-ROM-Laufwerke, WORM-Laufwerke, Scanner usw. mit der CPU des Rechners. Der Datenaustausch zwischen den SCSI-Geräten findet ohne Beteiligung der CPU statt und ist daher besonders schnell.
- SCSI-Einheiten unterschiedlichen Typs wie Bandlaufwerk und CD-ROM können untereinander Daten austauschen. Jeder SCSI-Einheit wird eine eigene Adresse zugeordnet.
- Es existieren die Standards SCSI-1, SCSI-2 und SCSI-3/Ultra SCSI. SCSI-2 unterstützt einen eigenen Befehlssatz, das CCS (**C**ommon **C**ommand **S**et), und höhere Transferraten als SCSI-1.
- Die Busbreite ist 8 Bit bei SCSI-1, 16 und 32 Bit bei SCSI-2 und SCSI-3. SCSI-3 unterstützt zusätzlich optische Anschlusskabel.
- Die maximalen Transferraten von SCSI-1 sind 5 MB/s, von SCSI-2 10 MB/s und von SCSI-3 40 MB/s bei synchroner Datenübertragung. Bei asynchroner Datenübertragung sinkt die Übertragungsrate auf 6 MB/s. Bei optischen Datenkabeln sind unter SCSI-3 100 MB/s möglich.
- Der SCSI-Bus ist auf eine Länge von 6 m beschränkt. Der Bus muss an beiden Enden mit einem Hochfrequenzbusabschluss terminiert werden.

SCSI-Anschlusskabel

Typ	Busbreite	Kabeltyp	Anschlüsse	Übertragungsrate	Anzahl der Geräte	Bemerkung
SCSI-1	8	A	50	5	8	Asynchron
SCSI-2	8	A	50	10	8	Fast[1]
SCSI-2	16	A+B	50+68	20	8	Fast+Wide[2]
SCSI-2	32	A+B	50+68	40	8	Fast+Wide
SCSI-3	8	A	50	10	8	Fast
SCSI-3	16	P	68	20	16	Fast+Wide
SCSI-3	32	P+Q	68+68	40	32	Fast+Wide

[1] Fast-SCSI ist Teil der SCSI-2-Spezifikation für hohe Datenübertragungsraten.
[2] Fast+Wide-SCSI ist die Spezifikation für hohe Datenübertragungsraten bei Busbreiten über 8 Bit.

Datenübertragungsfluss SCSI-Bus

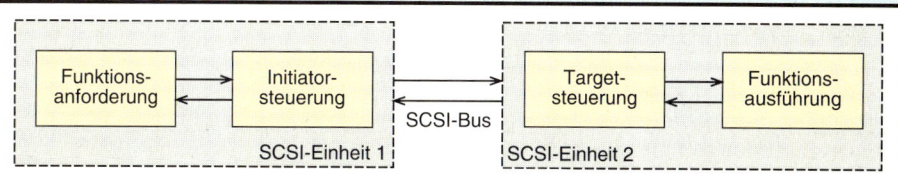

Phase 1: Bus-frei
- Der SCSI-Bus wird derzeit von keiner SCSI-Einheit belegt. Die Signale SEL und BSY sind in dieser Phase inaktiv (high).

Phase 2: Arbitration
- Eine SCSI-Einheit übernimmt die Steuerung des Busses.
- Der Bus muss sich dafür in der Bus-frei-Phase befinden.
- Die Einheit aktiviert BSY und legt ihre Daten auf den SCSI-Bus.
- Ist nach einer kurzen Arbitrationsverzögerung der Bus nicht durch eine Einheit höherer Priorität belegt (höhere SCSI-ID-Nummer), kann die Einheit den Bus durch Aktivierung des Signals SEL belegen.
- Die SCSI-Einheit steuert den Bus und Bussignale nach einer kurzen Bus-Clear-Verzögerung.

Phase 3: Selection
- Ein Initiator wählt eine Target-Einheit aus um Datenblöcke zu lesen oder zu schreiben. Dafür wird der ODER-Wert der Target- und Initiator-ID auf den Datenbus gelegt. Das I/O-Signal ist inaktiv.
- Das so adressierte Target gibt ein BSY-Signal innerhalb einer festgelegt Zeitspanne aus
- Ist dies fehlgeschlagen deaktiviert der Initiator das SEL-Signal. Es folgt die Bus-frei-Phase.
- Da das Target die Initiator-ID kennt, kann es den ursprünglichen Initiator in der nachfolgenden Reselection-Phase bestimmen.

Phase 4: Reselection
- Eine abgebrochene Operation kann in dieser Phase durch das Target zum ursprünglichen Initiator hergestellt werden.

Phase 5: Command
- In der Command-Phase kann das adressierte Target Befehle vom Initiator entgegennehmen.
- Die Target-Einheit aktiviert das C/D-Signal und deaktiviert die Signale MSG und I/O.
- Der Intitiator übergibt anschließend die Befehlsdaten.

Phase 6: Datenübertragung
- Das Target weist den Initiator an, Daten an das Target zu übermitteln oder an den Initiator zu übergeben.

Phase 7: Message
- In der Message-Phase werden messages an den Initiator übermittelt oder vom Target entgegengenommen.

Phase 8: Status
- In der Statusphase übergibt das Target Statusinformationen an den Initiator.

Steuersignale der Informationstransferphasen 5 bis 7

MSG	C/D	I/O	Phase	Transferrichtung
0	0	0	Daten-Out	Initiator zum Target
0	0	1	Daten-In	Target zum Initiator
0	1	0	Command	Initiator zum Target
0	1	1	Status	Target zum Initiator
1	0	0	ungültig	-
1	0	1	ungültig	-
1	1	0	Message-Out	Initiator zum Target
1	1	1	Message-In	Target zum Initiator

© Verlag Gehlen

Überblick über PC-Bussysteme

Name	Entwicklungsdatum	Busbreite	Taktfrequenz	Adressraum
PC-Bus[1]	1981	8 Bit	4,77 MHz	1 MB
ISA	1984	16 Bit	8,33 MHz	16 MB
Micro Channel	1987	32 Bit	10 MHz	16 MB
EISA	1988	32 Bit	8,33 MHz	4 GB
VESA Local-Bus	1992	32/64 Bit	50 MHz	4 GB
PCI	1992	32/64 Bit	33 MHz	4 GB

[1] Der PC-Bus ist der ursprüngliche Ausgangspunkt für die Entwicklung der nachfolgenden Bus-Systeme.

EISA-Bus (Extended ISA)

Beschreibung

- Der EISA-Bus ist die Erweiterung des AT-Bus (ISA-Bus) auf 32 Bit.
- Das Bussystem arbeitet synchron.
- Der maximale Bustakt ist 8,33 MHz.
- ISA-Komponenten können ohne Änderung übernommen werden. Die ISA-spezifischen Signale sind im EISA-System integriert.
- EISA-Karten teilen über die Signale EX32 und EX16 dem EISA-System ihre Präsenz mit.
- Der EISA-Buscontroller unterscheidet ISA- und EISA-Buszyklen.
- Die Bussteuerung ist auch von Busmastern auf den unterschiedlichen EISA-Karten möglich. Daher ist der Bus multiprozessorfähig.
- Der Burstzyklus wird unterstützt.
- Die Buszyklen mit Streckung des Bussignals verringern die Anzahl der Wartezyklen.
- Plug-and-Play ISA ist ein System zur automatischen Erkennung und Konfiguration einer Erweiterungskarte. Eine Einstellung von Interrupt, DMA-Kanal, Ports oder RAM-Bereichen ist ohne Jumper möglich.

Prinzipschaltbild

(Prinzipschaltbild mit Taktgenerator, Frequenzteiler (8,33 MHz), Interrupt-Controller, DMA-Controller, Busarbitrierung, Timer, NIMI-Logik, EISA-Buspuffer, Daten-Swapper, EISA-Bus-Controller, lokaler Bus, CPU, Adressbus, Datenbus, Steuerbus, EISA-Bus, X-Bus, Tastatur-Controller, Floppy-Controller, Echtzeituhr CMOS-RAM, ROM-BIOS, Busmaster-Schnittstelle, EISA-Steckkarte mit lokale CPU und lokale Logik)

ISA-Signale

Anschluss	Beschreibung
0WS	**0 W**ait **S**tates: Einheit kann ohne Wartezyklen bedient werden.
A19-A0	20-Bit Adressbus
ALE	**A**dress **L**atch **E**nable: Zeigt gültige Adresssignale auf dem Ein-Ausgabekanal an
AEN	**A**dress **En**able:
CLK	**CL**oc**K**: Bustakt. Bei einem ISA-Bus 8,33 MHz
D7-D0	8 Bit Datenbus
DACKx	DMA **Ack**nowledge: x steht für 0-3,5-7. Bestätigung der DMA-Anforderung.
DRQx	DMA **Req**uest: x steht für die Requests 0-3,5-7. Ein Peripheriegerät teilt über eine dieser Leitungen mit, welcher DMA-Kanal belegt werden soll.
IIOCHRDY	**I**nput **O**utput **Ch**annel **R**ea**dy**: Ready-Signal einer adressierten Einheit

ISA-Signale (Fortsetzung)

Anschluss	Beschreibung
IOCHCHK	**I**nput **O**utput **Ch**annel **Ch**eck: Fehlerübertragung von einer Einheit zum Motherboard.
I/ OCS16	**I**nput **O**utput **C**hip **S**elect 16: Ein-bzw. Ausgabe über einen 16 Bit Port.
IOR / IOW	**I**nput **O**utput **R**ead /**W**rite: Ein-Ausgabe Lese- und Schreibzugriff.
IRQx	**I**nterrupt **Req**uest : x steht für die Interrupts 2-7,10-12, 14 und 15. Die Hardwareanforderungen werden an den Slave-Port Interruptcontroller auf dem Motherboard übergeben (IRQ13 ist beim AT für den Coprozessor reserviert).
LA17–LA23	**L**arge **A**dress: Diese Signale können einen halben Bustakt vor den Adressbits A0 bis A19 des XT-Busses dekodiert werden.
MASTER	Ein Busmaster auf einer Peripheriekarte kann über die Aktivierung dieses Signals die Kontrolle über den Bus übernehmen.
MEMCS 16	**Mem**ory **C**hip **S**elect 16: Wenn eine Peripheriesteckkarte mit einer Datenbusbreite von 16 Bit bedient werden will, ist dieses Signal aktiv.
MEMR / MEMW	**Mem**ory **R**ead / **W**rite: Prozessor oder DMA-Steuerung möchte Daten aus dem Hauptspeicherbereich zwischen 0 und 16 MB lesen/schreiben.
OSC	**Os**cillator
RESET DRV	Rücksetzsignal für eine angeschlossene Einheit.
SBHE	**S**ystem **B**us **H**igh **E**nable: Werden Daten über das höherwertige Byte ausgegeben ist dieses Signal aktiv.
SD8–SD15	**S**ystem**d**aten: Die höherwertigen Bits des Datenbusses.
T/C	**T**erminal **C**ount
REF	**Ref**resh: Speicher auf dem Board wird derzeit aufgefrischt.

EISA-Signale

Anschluss	Beschreibung
BEx	**B**yte **E**nable: x steht für 0 bis 3. Die vier Signale geben an, auf welchem Byte des 32-Bit-Datenbusses Daten übertragen werden.
BCLK	**B**us **Cl**ock: Das Taktsignal des Busses wird aus einer Teilung der CPU-Taktfrequenz gewonnen. BCLK weist eine Frequenz von 8,33 Mhz auf. Im Burst-Modus beträgt der Datendurchsatz 33,3 Mbyte/s.
CMD	**Com**man**d**: Signal zur Taktabstimmung innerhalb eines EISA-Buszyklus, indem der Zyklus des Bustaktes geeignet verlängert wird.
D16–D31	Höherwertiges Datenwort des 32-Bit-EISA-Datenbusses.
EXRDY	Das Signal zeigt an, dass die adressierte EISA-Einheit den Buszyklus beenden kann.
EX32	Das Signal wird von einem EISA-Slave aktiviert, wenn er mit 32 Bit arbeiten kann.
EX16	Das Signal wird von einem EISA-Slave aktiviert, wenn er mit 16 Bit arbeitet.
LA2–LA16	**L**arge **A**dress: Adressignale, die den Adresssignalen A2 bis A16 des ISA-Bus entsprechen. Sie sind wesentlich früher gültig, weil sie im Gegensatz zu den ISA-Adresssignalen nicht verriegelt sind.
LA24–LA31	Höchstwertiges Byte des 32-Bit EISA-Bus.
LOCK	Das Signal ist aktiv, wenn ein EISA-Busmaster einen Lesezyklus mit einem EISA-Slave durchführt.
MACK	**M**aster **Ack**nowledge: Bestätigungssignal auf die $\overline{MREQ}$ -Anfrage.
M / IO	**M**em**o**ry/**I**nput-**O**utput: Unterscheidung zwischen Speicher- und I/O-EISA-Buszyklus.

© Verlag Gehlen

EISA-Signale (Fortsetzung)

Anschluss	Beschreibung
$\overline{\text{MREQ}}$	**M**aster **Req**uest: Eine externe Einheit aktiviert das Signal, um die Steuerung des Busses als Busmaster zu übernehmen.
$\overline{\text{MSBURST}}$	Ein EISA-Master aktiviert das Signal, um anzuzeigen, dass der nächste Zyklus als Burst-Zyklus ausgeführt wird.
$\overline{\text{SLBURST}}$	Ein EISA-Slave zeigt an, dass er den nächsten Zyklus im Burst-Modus ausführen kann.
$\overline{\text{START}}$	Beginn eines EISA-Buszyklus auf dem lokalen Bus.
W/$\overline{\text{R}}$	**W**rite/**R**ead: Unterscheidung zwischen Schreib- und Lese-EISA-Buszyklus.

ISA- und EISA-Steckerbelegung

- Mit dem Begriff „Codierung" sind Stege gemeint, die das falsche Einsetzen der Karte verhindern sollen.
- Vier Kontakte stehen dem Kartenhersteller zusätzlich für eigene Signale zur Verfügung.

Pin	ISA	EISA	Pin	ISA	EISA
A1	I/OCHCHK	$\overline{\text{CMD}}$	B1	GND	GND
A2	D7	$\overline{\text{START}}$	B2	Reset DRV	V_{CC}
A3	D6	EXRDY	B3	+5V	V_{CC}
A4	D5	$\overline{\text{EX32}}$	B4	IRQ9	Hersteller
A5	D4	GND	B5	−5V	Hersteller
A6	D3	Codierung	B6	DRQ 2	Codierung
A7	D2	$\overline{\text{EX16}}$	B7	−12 V	Hersteller
A8	D1	$\overline{\text{SLBURST}}$	B8	0WS	Hersteller
A9	D0	$\overline{\text{SLBURST}}$	B9	+12 V	+12V
A10	I/OCHRDY	W/$\overline{\text{R}}$	B10	GND	M/$\overline{\text{IO}}$
A11	AEN	GND	B11	$\overline{\text{SMEMW}}$	$\overline{\text{LOCK}}$
A12	A19	reserviert	B12	$\overline{\text{SMEMR}}$	reserviert
A13	A18	reserviert	B13	$\overline{\text{IOW}}$	GND
A14	A17	reserviert	B14	$\overline{\text{IOR}}$	reserviert
A15	A16	GND	B15	$\overline{\text{DACK3}}$	$\overline{\text{BE3}}$
A16	A15	Codierung	B16	DRQ 3	Codierung
A17	A14	$\overline{\text{BE1}}$	B17	$\overline{\text{DACK1}}$	$\overline{\text{BE2}}$
A18	A13	LA31	B18	DRQ 1	$\overline{\text{BE0}}$
A19	A12	GND	B19	$\overline{\text{REF}}$	GND
A20	A11	LA30	B20	BCLK	V_{CC}
A21	A10	LA28	B21	IRQ7	LA29
A22	A9	LA27	B22	IRQ6	GND
A23	A8	LA25	B23	IRQ5	LA26
A24	A7	GND	B24	IRQ4	LA24
A25	A6	Codierung	B25	IRQ3	Codierung
A26	A5	LA15	B26	$\overline{\text{DACK2}}$	LA16

ISA- und EISA-Steckerbezeichnung (Fortsetzung)

Pin	ISA	EISA[1]	Pin	ISA	EISA
A27	A4	LA13	B27	T/C	LA14
A28	A3	LA12	B28	ALE	V_{cc}
A29	A2	LA11	B29	+5V	V_{cc}
A30	A1	GND	B30	OSC	GND
A31	A0	LA9	B31	GND	LA10
C1	$\overline{SBHE}$	LA7	D1	$\overline{MEMCS16}$	LA8
C2	LA 23	GND	D2	$\overline{I/OCS16}$	LA6
C3	LA 22	LA4	D3	IRQ10	LA5
C4	LA 23	LA3	D4	IRQ11	V_{cc}
C5	LA 20	GND	D5	IRQ12	LA2
C6	LA 19	Codierung	D6	IRQ15	Codierung
C7	LA 18	D17	D7	IRQ14	D16
C8	LA 17	D19	D8	$\overline{DACK0}$	D18
C9	$\overline{MEMR}$	D20	D9	DRQ 0	GND
C10	$\overline{MEMW}$	D22	D10	$\overline{DACK5}$	D21
C11	D8	GND	D11	DRQ 5	D23
C12	D9	D25	D12	$\overline{DACK6}$	D24
C13	D10	D26	D13	DRQ 6	GND
C14	D11	D28	D14	$\overline{DACK7}$	D27
C15	D12	Codierung	D15	DRQ 7	Codierung
C16	D13	GND	D16	+5V	D29
C17	D14	D30	D17	$\overline{MASTER}$	V_{cc}
C18	D15	D31	D18	GND	V_{cc}
		$\overline{MREQ}$			$\overline{MACK}$

[1] Die Kontakte des EISA-Steckers sind etwas versetzt angeordnet. Dadurch können die Slots trotz der Erweiterung auf 32 Bit gleich groß bleiben, wie bei ISA.

MCA (Mikrokanal)-Bus

Beschreibung

- Der Bus arbeitet asynchron.
- Ein separater Systemtakt versorgt alle Komponenten des Mikrobusses mit 10 MHz.
- Der lokale Bus zwischen CPU und Speicher läuft schneller.
- Das Konzept unterstützt 16 verschiedene Busmaster, denen verschiedene Prioritäten zugeordnet sind.
- Jede Einheit kann den Bus für sich selbst übernehmen.

Prinzipschaltbild

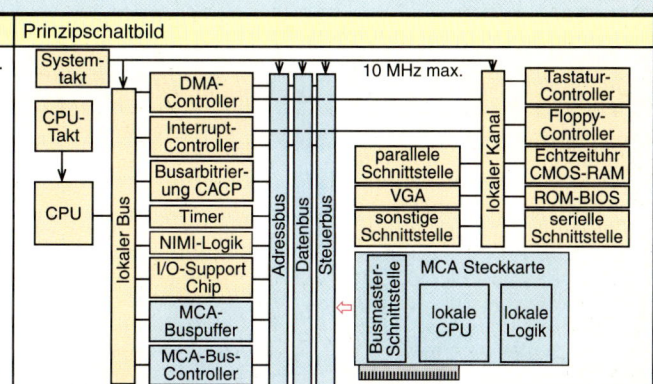

© Verlag Gehlen

VL (Vesa Local)-Bus

Beschreibung

- Die drei möglichen VL-Einheiten sind in Local Bus-Targets und Local Bus-Master aufgeteilt.
- Der VL-Bus ist zwischen Prozessor und Speichersystem und dem Standarderweiterungsbus angeordnet.
- Der VL-Busadapter kann aufgrund seiner Geometrie die Kontakte und Signale des VL-Bus sondern und des Standardslot verwenden.
- Die Busfrequenz entspricht der externen Taktfrequenz der CPU.
- Die Maximalfrequenz ist 66 MHz (aufgrund von Dämpfungen, Reflexionen und Kapazitäten über die Busslots sind maximal 40 MHz möglich).
- Die Standardbusbreite ist 32 Bit.
- Typische Local Buseinheiten sind Einheiten, die große Datenmengen benötigen oder abgeben (Grafikadapter bzw. Festplatten).

Prinzipschaltbild

Prozessorsystem / Motherboard-Chipsatz / Motherboard-Slots:

Komponente	Priorität
CPU ↔ Coprozessor	0
Cache-Controller ↔ Cache-SRAM	1
DRAM-Steuerung ↔ DRAM	2
VL-Bus-Controller ↔ VL-Bus-Einheiten	3
Erweit.-bussteuerung ↔ Busslots	4

PCI (Peripheral Component Interconnect)-Bus

Beschreibung

- Der PCI-Bus ist von der Firma INTEL entwickelt.
- Entkopplung des Prozessor-Hauptspeicher-Subsystems und des Standarderweiterungsbusses.
- Die Verbindung zwischen dem Prozessor-Hauptspeicher-Subsystem und dem Standarderweiterungsbus stellt eine PCI-Bridge her.
- Am PCI-Bus sind alle PCI-Erweiterungseinheiten zu finden wie SCSI-Host Adapter, LAN-Adapter usw.
- Über eine Schnittstelle zum Erweiterungsbus wird ein weiterer Bus wie ISA, EISA oder Mikrokanal mit eingebunden.
- Die Standardbusbreite ist 32 Bit.
- Die Maximalfrequenz ist 33 MHz.
- Der PCI-Bus nutzt ein Multiplexschema, nach dem Leitungen nacheinander als Daten und Adressen genutzt werden. Die Datenübertragungsrate beträgt daher 66 Mbyte/s.
- Im Burst-Mode wird die Adresse einmalig übergeben. Anschließend wird für die Datenübergabe bei jedem Taktzyklus die Adresse erhöht

Prinzipschaltbild

Prozessor-Hauptspeicher-Subsystem: CPU ↔ Cache ↔ Hauptspeicher

Audio-/Video-Erweiterung: DRAM, Audio, Motion-Video

PCI-Bridge → PCI-Bus

Am PCI-Bus: SCSI-Host-Adapter, Schnittstelle zum Erweiterungsbus, LAN-Adapter, I/O, Graphikadapter (Video-RAM)

Standarderweiterungsbus → Busslots, Busslots, Busslots, Busslots, Busslots

RAM · ROM · Zykluszeit · Zugriffszeit · Refresh-Zyklus

Halbleiterspeicher
Zugriffszeit. Beim Lesezugriff die Zeit zwischen dem Aufschalten der Speicheradresse und der Bereitstellung der Daten.   **Zykluszeit.** Die Zeit zwischen zwei aufeinander folgenden Speicherzugriffen.   **Refresh-Zyklus.** Die Zeitspanne, innerhalb der die gespeicherten logischen 1-Zustände erneut geschrieben (aufgefrischt) werden müssen.

Flüchtige Speicher, Schreib-Lese-Speicher (RAM)

Bezeichnung	Bedeutung	Eigenschaften
SRAM	**S**tatic **R**andom **A**ccess **M**emory: Statischer Speicher mit wahlfreiem Zugriff	• Geringe Speicherkapazität je IC • Kurze Zugriffszeiten
DRAM	**D**ynamic **R**andom **A**ccess **M**emory: Dynamischer Speicher mit wahlfreiem Zugriff	• Große Speicherkapazität je IC • Lange Zugriffszeiten • Zur Erhaltung der Daten muss der Speicher periodisch aufgefrischt werden (Refresh-Zyklen)
EDO-RAM	**E**xtended **D**ata **O**utput **RAM** (auch Hyper Page Mode-RAM genannt)	• DRAM mit kurzen Zugriffszeiten durch längere Refresh-Zyklen • Einsatz vorwiegend auf PS/2-Modulen
Dual-Port-RAM	RAM mit zwei voneinander unabhängigen Ports	• RAM mit zwei voneinander unabhängigen Zugängen zu den Speicherzellen. • In Multiprozessorsystemen können zwei Prozessoren gleichzeitig auf den Speicher zugreifen.
VRAM	**V**ideo **RAM**	• Dual-Port-DRAM • Kurze Zugriffszeiten • Einsatz zur Grafikbeschleunigung

Nicht flüchtige Speicher, Festspeicher (ROM)

Bezeichnung	Bedeutung	Löschen	Programmieren
ROM	**R**ead **O**nly **M**emory: Nur-Lese-Speicher	nicht möglich	Masken beim Hersteller
PROM	**P**rogrammable **R**ead **O**nly **M**emory: Programmierbarer Nur-Lese-Speicher	nicht möglich	elektrisch
EPROM	**E**rasable **PROM**: Löschbarer und programmierbarer Nur-Lese-Speicher	UV-Licht, gesamter Speicher	elektrisch
EEPROM	**E**lectrically **E**rasable **PROM**: Elektrisch löschbarer und programmierbarer Nur-Lese-Speicher	elektrisch, bitweise, byteweise	elektrisch
EAROM	**E**lectrically **A**lterable **ROM**: Elektrisch umprogrammierbarer Nur-Lese-Speicher	oder insgesamt	elektrisch
FEEPROM	**F**lash **EEPROM**: „Blitzschnell" elektrisch löschbarer und programmierbarer Nur-Lese-Speicher	elektrisch, gesamter Speicher	elektrisch

Kombination aus flüchtigem und nicht flüchtigem Speicher (RAM und ROM)

Bezeichnung	Bedeutung	Löschen	Programmieren
NVRAM	**N**on **V**olatile **RAM**: Kombination aus SRAM und EEPROM. Daten können vom SRAM in das EEPROM kopiert werden oder umgekehrt.	elektrisch	elektrisch

© Verlag Gehlen

Prozessor	
CISC-Prozessor	**RISC-Prozessor**
CISC steht für **C**omplex **I**nstruction **S**et **C**omputer (Computer mit einem komplexen Befehlssatz). Kennzeichen: • Umfangreicher Befehlssatz von typischerweise mehr als 300 Maschinenbefehlen • Leistungsfähige, komplexe Maschinenbefehle • Microcodierung der Maschinenbefehle: Jeder Maschinenbefehl setzt sich aus mehreren Microbefehlen zusammen • Komplexe Adressierungsmöglichkeiten für Speicheroperanden	**RISC** steht für **R**educed **I**nstruction **S**et **C**omputer (Computer mit einem reduzierten Befehlssatz). Kennzeichen: • Reduzierter Befehlssatz von typischerweise weniger als 100 Maschinenbefehlen • Befehls-Pipelining[1]: Mehrere Befehle werden gleichzeitig bearbeitet • Load-Store-Architektur: Auf den Speicher greifen nur die Befehle LOAD und STORE zu, alle anderen arbeiten mit prozessorinternen Registern
Prinzip der Befehlsbearbeitung	**Prinzip der Befehlsbearbeitung**
(Diagramm: Befehlszyklus mit Taktzyklus; Befehl n mit Mz 1 (Befehlsholstufe), Mz 2 (Dekodierstufe und Operandenholstufe), Mz 3 (Ausführungsstufe), Mz 4 (Abspeicherungsstufe). Mz: Maschinenzyklus)	Beispiel einer 4-stufigen Befehls-Pipeline: *(Diagramm: Befehlszyklus; Befehl 1: Mz 1, Mz 2, Mz 3, Mz 4; Befehl 2: Mz 1, Mz 2, Mz 3, Mz 4; Befehl 3: Mz 1, Mz 2, Mz 3, Mz 4; Befehl 4: Mz 1, Mz 2, Mz 3, Mz 4; Befehl 5, Befehl 6, Befehl 7. bearbeitete Maschinenzyklen. Mz: Maschinenzyklus)*
• Ein Befehl (Befehlszyklus) wird nach dem anderen bearbeitet. • Ein Befehlszyklus besteht aus mehreren Maschinenzyklen. Typisch sind vier Maschinenzyklen pro Befehl. • Innerhalb eines Maschinenzyklus wird eine Stufe bei der Bearbeitung des Befehls abgeschlossen, z. B. das Lesen eines Befehls aus dem Speicher (Befehlsholstufe, Mz 1). • Zur Bearbeitung eines Maschinenzyklus sind meist mehrere Taktzyklen erforderlich.	• Mehrere Befehle werden gleichzeitig bearbeitet. • In einer vierstufigen Pipeline wird je ein Maschinenzyklus von vier Befehlen gleichzeitig bearbeitet. Dabei besteht ein Befehlszyklus aus vier Maschinenzyklen (entsprechend der Darstellung beim CISC-Prozessor im Bild links). • Je Maschinenzyklus wird die Bearbeitung eines Befehls abgeschlossen. • Die meisten Maschinenzyklen benötigen nur einen Taktzyklus.
Hochleistungsprozessor (Beispiel)	
Leistungsmerkmale: • Taktfrequenz > 300 MHz • 32 Bit Adressbus (4 GByte Speicher adressierbar)	• 64 Bit Datenbus intern und extern • Je 8 KByte-Cache für Daten und Befehle • Befehls-Pipelining [1] • Branch-Prediction-Logik [2]

[1] Befehls-Pipelining. Die zu bearbeitenden Befehle werden in einen 256 Bit großen Puffer eingelesen und in zwei parallelen 32-Bit-Pipelines weitergeleitet. Durch diese parallele Verarbeitung können z. B. zwei Befehle mit einem Taktzyklus abgeschlossen werden.

[2] Branch-Prediction-Logik (Dynamische Verzweigungsvorhersage). Aufgrund der vorausgegangenen Befehlsbearbeitung sagt diese Logik voraus, welche Befehle nach einer Programmverzweigung verarbeitet werden. Bei korrekter Vorhersage wird der Pipeline-Betrieb nicht verzögert, da sich die nach einem Sprung zu bearbeitenden Befehle bereits in der Pipeline befinden.

Drucker

Druckprinzip	Kennzeichen
Nadeldrucker 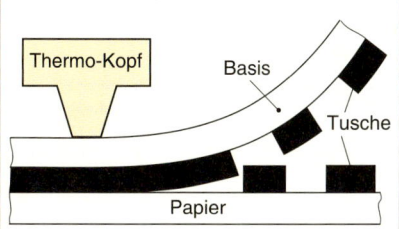	• Über Elektromagneten werden feine Nadeln gesteuert. Diese Nadeln sind in einer Matrix angeordnet. • Die Tinte gelangt über den Andruck der Nadeln auf ein Farbband auf das Papier. Der Ausdruck ist einfarbig. • Die Anzahl der Nadeln in der Matrix bestimmt die Auflösung. Es gibt Nadeldrucker mit 9, 24 und mit 48 Nadeln. **Vorteile** • Die laufenden Kosten und die Unterhaltskosten eines Nadeldruckers sind gering. • Es können Formulare mit Durchschlägen gedruckt werden. **Nachteile** • Die Geräuschentwicklung ist sehr hoch. • Die Druckgeschwindigkeit ist gering.
Thermotransferdrucker Das Thermo-Farbband besteht aus einem Träger und Tusche. 	• Die Tinte befindet sich auf einer wachsähnlichen Schicht und wird durch punktuelle Erhitzung von dieser Schicht abgelöst und auf das Papier übertragen. **Vorteile** • Die Druckqualität ist sehr hoch und mit fotografischen Druckergebnissen vergleichbar. • Ausdrucke können ein- und mehrfarbig sein. • Thermodrucker sind handlich und preiswert. Die Geräuschentwicklung ist gering. **Nachteile** • Für den Ausdruck ist Spezialpapier notwendig. • Formulare mit Durchschlägen können nicht gedruckt werden. • Die Druckgeschwindigkeit ist gering.
Tintenstrahldrucker mit Piezo-Verfahren Tintenstrahldrucker nach dem Bubble-Jet-Verfahren 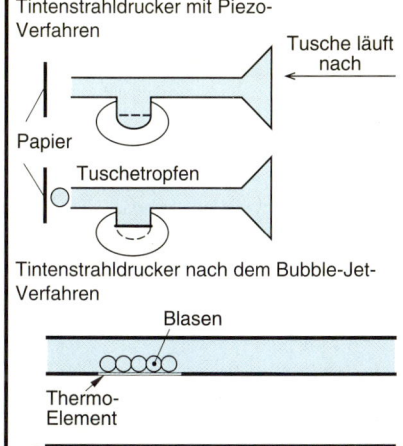	• Piezo-Verfahren: Wenn der Piezoschwinger durch eine Spannung angeregt wird, verbiegt er sich. Dadurch kann Tinte aus dem Vorratsbehälter in die Düse nachlaufen. Bei Abschalten der Erregerspannung kehrt der Piezoschwinger in seine Ruhelage zurück und drückt die Tusche heraus. • Bubble-Jet-Verfahren: An Stelle des Piezo-Elementes wird ein Heizelement verwendet, das sich in kurzem Abstand vor dem Ende der Düse befindet. Wenn an das Heizelement eine Spannung angelegt wird, bildet sich ein Dampfblase, die die Tusche am Ende der Düse herausdrückt. Nach Abschalten der Spannung löst sich die Dampfblase auf, und es kann wieder Tusche bis zum Ende der Düse nachfließen. • Tintenstrahldrucker sind einer grossen Anzahl Düsen ausgestattet. **Vorteile** • Alle Vorteile des Thermotransferdruckers. **Nachteile** • Alle Nachteile des Thermotransferdruckers. Für den Ausdruck ist jedoch gutes Normalpapier mit sehr glatter Oberfläche geeignet.

© Verlag Gehlen

Drucker (Fortsetzung)

Prinzipieller Aufbau	Erläuterung
Laserdrucker 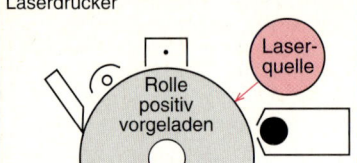	• Toner und Rolle werden auf dasselbe Potential vorgeladen. • Die Rasterdaten vom Computer werden mit dem Kontrollsignal des Lasers verknüpft. Durch das Lasersignal wird die Rolle an den zu druckenden Stellen umgeladen. • Nach dem Entwicklungsvorgang haftet Toner an den ungeladenen Stellen der Rolle. In der Fixierstation wird der noch lose aufliegende Toner in das Papier geprägt. **Vorteile** • Druckqualität und -geschwindigkeit sind hoch. • Der Ausdruck ist leise. **Nachteile** • Auf Durchschlagspapier kann nicht gedruckt werden. • Die Drucker sind verhältnismäßig teuer.

Scanner

Scanner setzen sich aus der optischen Abtasteinheit, einer Steckkarte zur Ankopplung an den PC und einer Scan-Software zusammen. Bei Farbscannern wird eine Vorlage dreimal für die Farben Rot, Grün und Blau abgetastet. Für Schwarz-Weiß genügt ein Scanvorgang.

Prinzipieller Aufbau	Erläuterung
CCD-Prinzip (**C**harged **C**oupled **D**evice) 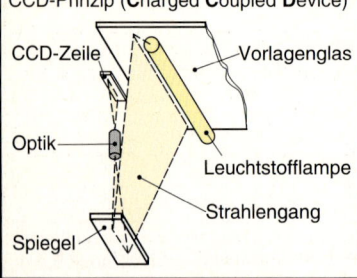	• Die Vorlage wird in der ganzen Breite beleuchtet. • Das von der Vorlage reflektierte Licht gelangt maßstabsgetreu über ein Spiegelsystem verkleinert auf ein Halbleiterelement aus Fotodioden. • Bei Lichteinfall auf die Fotodiode entlädt sich ein parallel geschaltet Kondensator, da sich der Widerstand der Diode verkleinert. Bedrucktes Papier liefert an den Druckstellen keine Reflektion. Der Kondensator bleibt durch den Widerstand der Fotodiode geladen. Die Information entspricht einer logischen „1" für diesen Bildpunkt. • Dieser Scanneraufbau ist durch das zu justierende Spiegelsystem aufwendiger in der Wartung.
CIS-Prinzip (**C**ontact **I**mage **S**ensor) 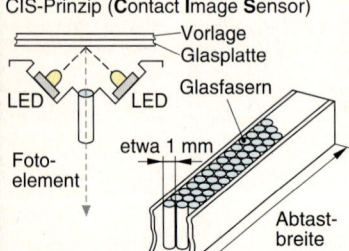	• Die zu scannende Vorlage wird über Leuchtdioden beleuchtet. • Das reflektierte Licht gelangt über Glaserfaser auf Fotoelemente, wo die optische Energie in elektrische umgewandelt wird. Da bei dieser Lösung auf ein Spiegelsystem verzichtet wurde, ist das CIS-Prinzip wartungsfreundlicher.

Scanner-Typen

Walzenscanner	Handscanner	Flachbettscanner
• Die Vorlage wird über eine Endlosrolle eingezogen und zeilenweise abgetastet. • Solche Scanner sind in einem Fax integriert oder werden in Architekturbüros verwendet.	• Der Handscanner wird manuell über die Vorlage geführt. • Die Scanbreite ist in der Regel 105 mm je Abtastvorgang. • Ein Handscanner ist nur für kleinere Vorlagen geeignet.	• Die Vorlage wird auf eine Glasplatte aufgelegt und automatisch zeilenweise abgetastet. • Die maximale Seitengröße ist in der Regel A4.

© Verlag Gehlen

FAX

Faxaufbau

Sender — Scanner → Bilddatei → Umwandlung in Faxformat → Modem (analoges Netz)[1] / ISDN-Karte

Empfänger — Drucker ← Bilddatei ← Umwandlung in Datenformat ← ISDN-Karte / Modem (analoges Netz)

Rückantwort[2] / Rückaufwort — **ISDN**

[1] Anbindung an ein öffentliches analoges und digitales ISDN-Netz
[2] Rückmeldugen sind im ISDN möglich

- Ein FAX setzt sich aus den Einheiten Scanner, MODEM/ISDN-Karte und Drucker zusammen.
- Über Software werden die FAX-Steuerdaten eingefügt und die zu übertragenden Daten komprimiert.
- Die Kommunikation erfolgt über MODEM-Befehle oder das D-Kanal- bzw. HDLC-Protokoll

Aufteilung in FAX-Gruppen

Name	Eigenschaften
G1	Eine DIN-A4-Seite wird in 6 Minuten übertragen. Diese Gerätetypen sind veraltet und waren in Deutschland nie zugelassen.
G2	Diese Geräte arbeiten nach CCITT-Empfehlung von 1976 mit einer Vertikalauflösung von 100 ppi (**p**ixel **p**er **i**nch). Die Übertragung dauert 3 Minuten.
G3	So benannte Geräte arbeiten nach einer CCITT-Empfehlung von 1980 mit einer Vertikalauflösung von 100 oder 200 ppi. Es werden Verfahren zur Redundanzminderung eingesetzt. Die Übertragung dauert eine Minute.
G4	• Mit der Übernahme der Telefax-Dienste in das ISDN sind die Gruppe-4-Geräte eingeführt. • Durch redundanzmindernde Verfahren und bei einer Übertragungsgeschwindigkeit von 64 kbps (**k**ilo **b**it **p**er **s**econd) liegen die Übertragungszeiten für ein Bild im Sekundenbereich. • Die Auflösung liegt bei 300 ppi bei einer höheren Übertragungssicherheit. • Speicher-zu-Speicher-Übertragungen sind möglich. • Ein Kennungsaustausch wird vollzogen und ein Kommunikationssignal ausgegeben, sodass der Dokumentationswert mit einem Telex vergleichbar ist. • Für die Auswahl des Zielgerätes ist kein Fernsprechapparat erforderlich.
G4 Klasse 0	Kein Faxbetrieb, nur Datenaustausch möglich.
G4 Klasse 1	Die Fernkopierer senden und empfangen pixelorientierte Bildinformationen.
G4 Klasse 2	Wie Klasse 1, jedoch können zusätzlich zeichenkodierte oder gemischt zeichen- und pixelkodierte Informationen empfangen werden.
G4 Klasse 3	Geräte, die pixelkodierte, zeichenkodierte oder gemischt pixel- und zeichenkodierte Informationen senden und empfangen können.

© Verlag Gehlen

AT-Befehle[1] für HAYES-kompatible Modems

Befehl	Bedeutung
A	Das Modem schaltet an die Telefonleitung
A/	Wiederholen des letzten Befehls
AT	Wird jedem Befehl vorangestellt
B0/B1/B2/B3	CCITT-Modus/Bell 103/212A-Modus/Autoscan-Modus/nur CCITT V.23-Modus
B4-n	Verbindungen ab 300 bps
D{0-9,*,#}	zu wählende Ziffern
DP	Ziffern werden im Impulswahlverfahren (IWV) abgearbeitet
DT	Ziffern werden im Mehrfrequenzverfahren (MFV) abgearbeitet
D,	Pause
D@	Warten auf Pause von 5 s
D!	Hook Flash
D;	Rückkehr in den Befehlsmodus nach dem Wählen
DS=n	Anwahl einer von 4 Rufnummern (n), die im Speicher des Modems abgelegt sind
En [2]	Echo aus (E0) oder ein (E1)
Hn	Modem legt auf (H0) / Modem hebt ab (H1)
Mn	Lautsprecher immer aus (M0) / Lautsprecher ist bis zum Trägersignal der Gegenseite eingeschaltet (M1) / Lautsprecher immer ein (M2) / Lautsprecher ist bis zum Trägersignal eingeschaltet, aber nicht bei der Anwahl (M3)
On	Rückkehr in den Datenmodus (O0) / Rückkehr in den Datenmodus und Durchführung eines Abgleichs (O1)
Qn	Modem schickt Rückmeldung (Q0) / Modem schickt keine Rückmeldung (Q1)
Sr?	Anzeige des R-Registerwertes (r = 0...28)
Sr=n	Setze Register r auf den Wert n (n = 0...255)
Vn	Zahlenrückmeldungen (V0) / Wortrückmeldungen (V1)
Xn	Hayes-Smartmodem-300-kompatible Rückmeldungen und Wählen ohne Warten auf Wählton (X0) / X0 und sämtliche CONNECT-Rückmeldungen (X1) / X1 und Wähltonerkennung (X2) / X1 und Besetzttonerkennung (X3) / Sämtliche Rückmeldung plus Wähl- und Besetzttonerkennung.
Yn	Modem sendet kein und reagiert auf kein Break-Signal (Y0) / Modem sendet ein Break-Signal 4 Sekunden bevor es abschaltet (Y1)
Z	Zurücksetzen der gespeicherten Werte
+++	Umschalten vom Daten- in den Befehlsmodus
&Bn	Einstellen der gewünschten Online-Betriebsart (Beispiel &B31: Voice-Modus)
&Cn	Trägersignal DCD immer ein (&C0) / Einschalten von DCD wenn ein fremdes Trägersignal anliegt (&C1)
&D0	Modem ignoriert das DTE-Signal
&D1	Modem kehrt in den Befehlsmodus zurück. Asynchroner Betrieb nach einem Ein-Aus-Übergang auf der DTR-Leitung
&D2	Modem legt auf und kehrt in den Befehlsmodus zurück und schaltet den automatischen Antwortmodus nach Erkennung eines Ein-Aus-Überganges auf der DTR-Leitung ab.
&D3	Reset des Modems nach Erkennung eines Ein-Aus-Überganges auf der DTR-Leitung
&F	Werksseitige Voreinstellung

[1] Der Hayes-Befehlssatz wird für die Integration neuer Technologien ständig erweitert.
[2] Die möglichen Zahlenwert n sind im Beschreibungstext erläutert.

AT-Befehle für HAYES-kompatible Modems (Fortsetzung)

Befehl	Bedeutung
&Gn	Überwachungston aus (&G0)/Überwachungston 550 Hz (&G1)/Überwachungston 1800 Hz (&G2)
&Ln	Modem ist auf Wahlleitung eingestellt (&L0) / Modem arbeitet auf einer Standleitung (&L1)
&V	Zeigt das aktive Konfigurationsprofil an, sowie die gespeicherten Konfigurationsprofile und die gespeicherten Rufnummern
&Wn	Speichert das Konfigurationsprofil n ab
&Yn	Nach Einschalten oder Reset des Modems wird das Konfigurationsprofil n aktiviert
%Ln	Aus- (%L0) und Einschalten eines Auto-Login am Modem
\B$n$	Mit diesem Modus wird eine Festverbindung auf einem ISDN-Kanal B1 (\B1) oder B2 (\B2) erstellt. Die Festverbindung kann auch aufgehoben werden (\B0).
\D9	Automatische D-Kanal-Protokollprüfung
\E	Einstellen der MSN (Mehrfachrufnummer im Euro-ISDN) oder der EAZ (Endgeräteauswahlziffer im nationalen ISDN)
\P	Point-to-Point-Modus: Das Modem arbeitet als Asynchron-Synchron-Konverter. Hierzu muss die Betriebsart HDLC-transparent eingeschaltet sein.
\S$n$	Eingehende Rufe, die sich mit Sprache melden werden ignoriert (\S1). Es werden alle digitalen Betriebsarten angenommen (\S2). Ankommende Rufe, die nicht mit der voreingestellten Betriebsart übereinstimmen, werden ignoriert.
*A=$p1,p2$	Wird für die Ausgabe von Strings beim Security-Check benutzt. $p1$ und $p2$ sind zwei auszugebende Strings, beispielsweise für Passwort- und Rufnummernabfrage.
*A?	Darstellung der derzeitgen Einträge von $p1$ und $p2$
*I	Gibt alle Security-Einträge seitenweise aus
*Ln=$p1,p2$	n ist die Nummer eines Speichers. $p1$ ist das Passwort und $p2$ die zugehörige Rufnummer.
*Ln?	Darstellung des Speicherinhaltes n
*P=$p1$	Für die Durchführung aller „*"-Befehle wird ein lokales Passwort festgelegt

Modem-Rückmeldungen

Rückmeldung	Bedeutung
OK	Das Modem hat einen Befehl erfolgreich ausgeführt und vom Daten- in den Befehlsmodus geschaltet.
CONNECT	Es wurde eine Datenverbindung mit der Gegenseite aufgebaut.
RING	Das Modem hat ein Klingelzeichen empfangen.
NO CARRIER	Innerhalb der vorgegebenen Zeit wurde das Trägersignal der Gegenseite nicht empfangen oder verloren. Das Modem kehrt in den Befehlsmodus zurück.
CONNECT n	Das Modem hat eine Datenverbindung mit der Übertragungsgeschwindigkeit n aufgebaut. n wird in bps (bits per second) angegeben.
CONNECT n /MNP	Aufbau einer MNP-Verbindung mit der Übertragungsgeschwindigkeit n.
CONNECT n /MNP KOMPRIMIERT	Das Modem hat eine MNP-Verbindung mit der Übertragungsgeschwindigkeit n und Datenkomprimierung aufgebaut.
CONNECT n /V42(BIS)	Das Modem hat eine V42 bzw. eine V42BIS-Verbindung mit der Übertragungsgeschwindigkeit n aufgebaut. V42BIS unterstützt die Komprimierung von Daten.
NODIALTONE	Das Modem erhält keine freie Leitung oder ein Freizeichen für die Wahl.
BUSY	Das Modem hat nach automatischer Wahl ein Besetztzeichen erhalten.
NOANSWER	Der Ruf wird nicht angenommen oder das Modem der Gegenseite reagiert nicht.
PLEASE WAIT FOR CALLBACK	Lokales Modem wird von einem entfernten Modem zurückgerufen.

© Verlag Gehlen

Modem-Übertragungsverfahren

Typ	Beschreibung
BELL 103 BELL 212A	Standard-Übertragungsprotokoll für 300 bzw. 1200 bps
V.21 V.22	Standard für 300- bzw 1200-bps-Datenübertragung. Dieser Standard ist nicht kompatibel mit BELL 103 bzw. BELL 212A und wird außerhalb der USA verwendet.
V.22BIS	BIS (lat.: Sekunde) bedeutet eine Verbesserung des V.22-Standards auf 2400 bps.
V.32	Standard für eine Datenübertragung von 9600 bps.
V.32BIS	Standard für eine Datenübertragung von 14400 bps.
HST	US-Robotics-Industriestandard für 14400 bps Datenübertragung. Die Gegenseite muss diesen Standard auch unterstützen oder das eigene Modem auch V.32BIS.
V.34	Standard für eine Datenübertragung von 28800 bps. Dieser Standard ist auf Übertragungsraten von 31200 bps und 33600 bps erweitert worden. Der erweiterte V.34-Standard wird in Datenblättern häufig auch als V.34+ gekennzeichnet.
V.FC	V.FC ist ein Industriestandard der Firma Rockwell für V.34. Die Gegenseite muss diesen Standard auch unterstützen oder das eigene Modem auch V.34.
X2	X2 ist ein Industriestandard der Firma US Robotics, das Datenübertragungsraten bis 56600 bps unterstützt. Diese Rate ist eine Empfangsrate und für die Internet-Datenübertragung entwickelt. Die Senderaten liegen zwischen 28800 bps und 33600 bps. Die Datenübertragung mit X2 ist nur möglich, wenn die Gegenseite auch X2 unterstützt und beide Modems über eine digitale Vermittlungsanlage geschaltet werden.
MNP Class x	MNP (**M**incronom **N**etworking **P**rotocol) ist für die Klassen 1 bis 10 entwickelt. Das Protokoll dient der Datenkompression und Fehlerkorrektur. Die Klassen 1...3 sind technisch überholt. Die Klassen 4...10 erhöhen den Datendurchsatz, abhängig vom Typ der übertragenen Daten.
V.42	Durch intelligente Algorithmen kann die Datenübertragungsrate um 20 Prozent zu der von MNP Class 4 übertroffen werden. V.42 nutzt auch das LAPM-Protokoll. LAPM (**L**ink **A**ccess **P**rocedure for **M**odems) bewirkt die erneute Sendung fehlerhaft übertragener Daten.
V.42BIS	Durch intelligente Algorithmen kann die Datenübertragungsrate um 35 Prozent zu der von MNP Class 5 übertroffen werden. Die Daten werden im Vorfeld analysiert, ob eine Kompression Sinn macht.
V.110 V.120	V.110 ist ein Verfahren zur Bitratenadaption im ISDN. V.110 packt die zu übertragenden Daten in Pakete und passt damit deren Bitraten an. Das Protokoll V.110 führt keine Fehlerkorrektur durch. Im öffentlichen Fernsprechnetz ist V.110 bis 19200 bps normiert und als Dienst festgelegt. Fast alle Endgeräte erlauben Bitraten bis 38400 bps angelehnt an V.110. Dieses Verfahren packt die Daten im V.110-Rahmen in Slots, von denen es umso mehr gibt, wenn die Bitrate sinkt. Bei 38400 bps existiert nur einer, bei 19200 bps nur zwei und bei 2400 bps können 16 parallele 2400-Bit-Übertragungen auf einer ISDN-Leitung ablaufen. V.120 ist ein in den USA verbreitetes Datensicherungsverfahren mit Fehlerkorrektur, das auf V.110 fußt. In Europa hat sich das X.75-Protokoll durchgesetzt.
X.75 T.70 NL	X.75 ist eine ITU[1]-Empfehlung (**I**nternational **T**elecommunications **U**nion), die ein Datensicherungsprotokoll beschreibt, das speziell auf die Gegebenheiten im ISDN abgestellt ist. Es verzichtet von vornherein auf eine Bitratenadaption und arbeitet direkt synchron mit der vollen zur Verfügung stehenden Geschwindigkeit. X.75 erreicht einen Datendurchsatz von 78000 bps. X.75 fußt auf einer weiteren ITU-Empfehlung zur Datenpaketierung, der T.70 NL. Diese reserviert in jedem Datenpaket zwei Byte für besondere Zwecke, die bei Inanspruchnahme von öffentlichen Fernsprechdiensten (Datex-J, Fax Gruppe 4) genutzt werden. Die Protokolle X.75 und T.70 NL sind zueinander nicht kompatibel.
T.90	T.90 ist eine ITU-Empfehlung, die sich unter anderm mit einer Implementation der Protokolle für die Telematic-Dienste im ISDN beschäftigt (Telefax Gruppe 4).

[1] Das ITU ist aus dem CCITT (Comite Consultatif International Telegraphique et Telephonique) hervorgegangen. Aus dem CCITT sind die Hochgeschwindigkeitsstandards bis V.42BIS hervorgegangen.

© Verlag Gehlen

Ergonomischer Bildschirmarbeitsplatz

Ergonomischer Bildschirmarbeitsplatz (Richtlinie 90/270/EWG)	
Gerät	
Allgemein	• Die Benutzung des Gerätes darf keine Gefährdung der Arbeitnehmer mit sich bringen.
Bildschirm	• Die auf dem Bildschirm dargestellten Zeichen müssen scharf und deutlich, ausreichend groß und mit angemessenem Zeichen- und Zeilenabstand dargestellt werden. • Das Bild muss stabil und frei von Flimmern sein und darf keine Instabilität anderer Art aufweisen. • Die Helligkeit und/oder der Kontrast zwischen Zeichen und Bildschirmhintergrund müssen leicht vom Benutzer eingestellt und den Umgebungsbedingungen angepasst werden können. • Der Bildschirm muss zur Anpassung an die individuellen Bedürfnisse des Benutzers frei und leicht drehbar und neigbar sein. • Ein separater Ständer für den Bildschirm oder ein verstellbarer Tisch kann ebenfalls verwendet werden. • Der Bildschirm muss frei von Reflexen und Spiegelungen sein, die den Benutzer stören.
Tastatur	• Die Tastatur muss neigbar und eine vom Bildschirm getrennte Einheit sein, damit der Benutzer eine bequeme Haltung einnehmen kann, die Arme und Hände nicht ermüdet. • Die Fläche vor der Tastatur muss ausreichend sein, um dem Benutzer ein Auflegen von Händen und Armen zu ermöglichen. • Zur Vermeidung von Reflexen muss die Tastatur eine matte Oberfläche haben. • Die Anordnung der Tastatur und die Beschaffenheit der Tasten müssen die Bedienung der Tastatur erleichtern. • Die Tastenbeschriftung muss sich vom Untergrund deutlich genug abheben und bei normaler Arbeitshaltung lesbar sein.
Arbeitstische oder Arbeitsfläche	• Der Arbeitstisch bzw. die Arbeitsfläche muss eine ausreichend große und reflexionsarme Oberfläche besitzen und eine flexible Anordnung von Bildschirm, Tastatur, Schriftgut und sonstigen Arbeitsmitteln ermöglichen. • Der Manuskripthalter muss stabil und verstellbar sein und ist so einzurichten, dass unbequeme Kopf- und Augenbewegungen soweit wie möglich eingeschränkt werden. • Ausreichender Raum für eine bequeme Arbeitshaltung muss vorhanden sein.
Arbeitsstuhl	• Der Arbeitsstuhl muss kippsicher sein, darf die Bewegungsfreiheit des Benutzers nicht einschränken und muss ihm eine bequeme Haltung ermöglichen. • Die Sitzhöhe muss verstellbar sein. • Die Rückenlehne muss in Höhe und Neigung verstellbar sein. • Auf Wunsch ist eine Fußstütze zur Verfügung zu stellen.
Mensch-Maschine-Schnittstelle	
Bei Konzipierung, Auswahl, Erwerb und Änderung von Software und der Gestaltung von Tätigkeiten, bei denen Bildschirmgeräte zum Einsatz kommen, sind die folgenden Faktoren zu berücksichtigen: • Die Software muss der auszuführenden Tätigkeit angepasst sein. • Die Software muss benutzerfreundlich sein und gegebenenfalls dem Kenntnis- und Erfahrungsstand des Benutzers angepasst werden können; ohne Wissen des Arbeitnehmers darf keinerlei Vorrichtung zur quantitativen oder qualitativen Kontrolle verwendet werden. • Die Systeme müssen den Arbeitnehmern Angaben über die jeweiligen Abläufe bieten. • Die Systeme müssen die Informationen in einem Format und in einem Tempo anzeigen, das den Benutzern angepasst ist. • Die Grundsätze der Ergonomie sind insbesondere auf die Verarbeitung von Informationen durch den Menschen anzuwenden.	

© Verlag Gehlen

Ergonomischer Bildschirmarbeitsplatz (Richtlinie 90/270/EWG, Fortsetzung)

Umgebung

Platzbedarf	Der Arbeitsplatz ist so zu bemessen und einzurichten, dass ausreichend Platz vorhanden ist, um wechselnde Arbeitshaltungen und -bewegungen zu ermöglichen.
Beleuchtung	Die allgemeine Beleuchtung und/oder die spezielle Beleuchtung (Arbeitslampen) sind so zu dimensionieren und anzuordnen, dass zufriedenstellende Lichtverhältnisse und ein ausreichender Kontrast zwischen Bildschirm und Umgebung im Hinblick auf die Art der Tätigkeit und die sehkraftbedingten Bedürfnisse des Benutzers gewährleistet sind. Störende Blendung und Reflexe oder Spiegelungen auf dem Bildschirm und anderen Ausrüstungsgegenständen sind durch Abstimmung der Einrichtung von Arbeitsraum und Arbeitsplatz auf die Anordnung und die technischen Eigenschaften künstlicher Lichtquellen zu vermeiden.
Reflexe und Blendung	Bildschirmarbeitsplätze sind so einzurichten, dass Lichtquellen wie Fenster und sonstige Öffnungen, durchsichtige oder durchscheinende Trennwände sowie helle Einrichtungsgegenstände und Wände keine Direktblendung und keine störenden Reflexionen auf dem Bildschirm verursachen.
Lärm	Dem Lärm, der durch die zum Arbeitsplatz (zu den Arbeitsplätzen) gehörenden Geräte verursacht wird, ist bei der Einrichtung des Arbeitsplatzes Rechnung zu tragen, insbesondere um eine Beeinträchtigung der Konzentration und Sprachverständlichkeit zu vermeiden.
Wärme	Die zum Arbeitsplatz (zu den Arbeitsplätzen) gehörenden Geräte dürfen nicht zu einer Wärmezunahme führen, die auf die Arbeitnehmer störend wirken könnte.
Strahlungen	Alle Strahlungen mit Ausnahme des sichtbaren Teils des elektromagnetischen Spektrums müssen auf Werte verringert werden, die vom Standpunkt der Sicherheit und des Gesundheitsschutzes der Arbeitnehmer unerheblich sind.
Feuchtigkeit	Es ist für ausreichende Luftfeuchtigkeit zu sorgen.

Zeichen auf Sichtgeräten mit Matrixdarstellung (DIN 66233-1)

Die Schriftgröße ist abhängig vom Beobachtungsabstand

$h = 0{,}0052 \cdot a$ bei $a \geq 500$ mm
$h_{min} = 0{,}0052 \cdot a$ bei $a \ldots 500$ mm

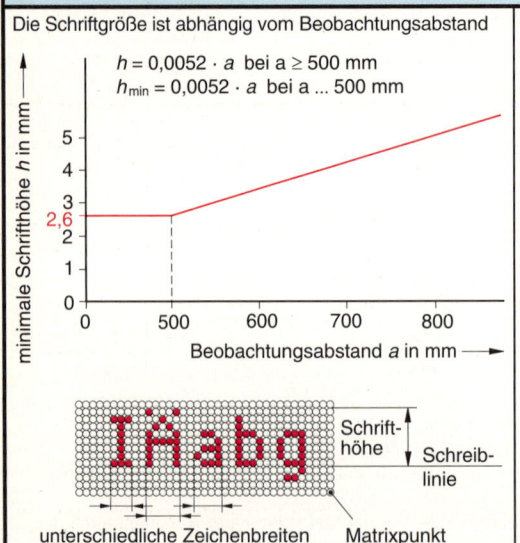

1. Höhe von Großbuchstaben mindestens 7 Matrixpunkte.
   Breite von Großbuchstaben mindestens 5 Matrixpunkte.
2. Überlängen für Großbuchstaben Ä, Ö und Ü mindestens 1 Matrixpunkt nach oben.
3. Höhe von Kleinbuchstaben ohne Ober- und Unterlänge mindestens 5 Matrixpunkte.
4. Höhe von Kleinbuchstaben mit Oberlänge entspricht der Höhe von Großbuchstaben ohne Oberlänge.
5. Höhe von Kleinbuchstaben mit Unterlänge mindestens 2 Matrixpunkte nach unten verlängert.
   Zeichenbreite für Kleinbuchstaben mindestens 4 Matrixpunkte.
   Ausnahmen: Buchstaben f, i, j, l, t; für m, w und x mindestens 5 Matrixpunkte.
   Zeichenabstand horizontal und vertikal mindestens 1 Matrixpunkt.

Sitzposition am Bildschirmarbeitsplatz (DIN 33402)

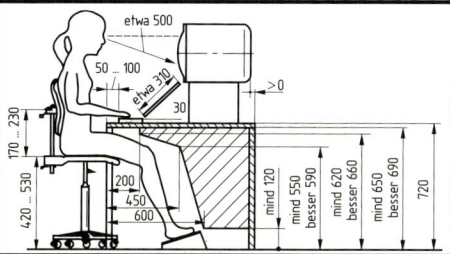

Maß	Frauen, groß	Frauen, klein	Männer
a	140 mm	137 mm	142 mm
b	714 mm	541 mm	756 mm
c	608 mm	470 mm	639 mm

Maß *a*: Abstand Ellenbogen über Oberschenkelseite
Maß *b*: Ellenbogen über Fußsohle
Maß *c*: Oberschenkeloberseite über Fußsohle
Verstellbereich des Stuhles: 420 mm bis 540 mm

Arbeitsfläche eines Bildschirmarbeitsplatzes (DIN 33402)

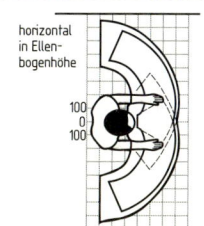 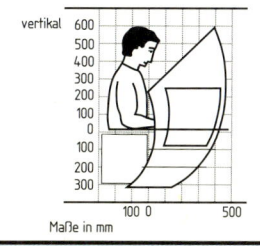

A   bevorzugter Greifraum
A_b beidhändig
A_l linke Hand
A_r rechte Hand
B   zulässiger Greifraum

Die Abmessungen für den Greifraum werden aus den Maßen für die Reichweite nach vorn und der Schulterbreite bestimmt.

Sehraum am Bildschirmarbeitsplatz (DIN 33402)

Sehraum ist der Bereich, in dem Objekte durch Augen- und Kopfbewegungen wahrgenommen werden.
- Objekte, die häufig oder lange beobachtet werden, sind im bevorzugten Sehraum anzuordnen.
- Seltene oder kurzfristige Beobachtungen dürfen über die Grenzen des Sehraums hinaus erfolgen.
- Überschreitungen in der Seite sind weniger belastend als in der Höhe.

Sehraum	horizontal	vertikal, sitzend	vertikal, stehend
A bevorzugt B zulässig	B 65 A / 30 / 0 / 30 / 65 A / B	0 / 60 / B	0 / 45 / B

Allgemeiner Vergleich von Dateisystemen

Dateisysteme	FAT	VFAT	HPFS	NTFS	EXT2
Betriebssystem	DOS	WINDOWS95	OS/2	Windows NT	Linux (Unix)
Dateinamen	8+3 Zeichen	255 Zeichen (UNICODE)	254 Zeichen bestehend aus 16-Bit-Zeichen	255 Zeichen (UNICODE)	255 Zeichen (UNICODE)
max. Dateigröße	4 GByte	4 GByte	4 GByte	$18 \cdot 10^{18}$ Byte	16 GByte
max. Pfadlänge	64 Zeichen	255 Zeichen	keine Grenze	keine Grenze	keine Grenze
Organisation der Verzeichnisse	unsortiert	unsortiert	B-Baum (binärer Baum)	B-Baum	B-Baum
Attribute	fest (hidden, read-only, system, archiv)	fest (hidden, read-only, system, archiv)	wie FAT plus maximal 64 KByte erweiterte Attribute (EEA)	keine Einschränkung	keine Einschränkung
Sicherheit	nicht integriert	nicht integriert	nicht integriert	in Windows NT Security	integriert

© Verlag Gehlen

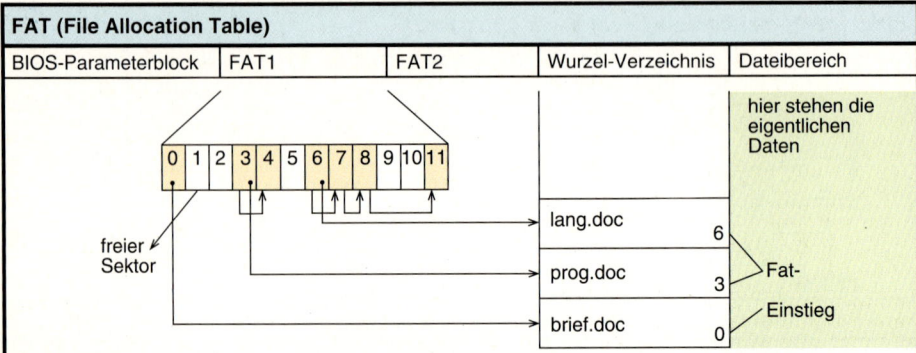

- Eine Festplatte wird entsprechend der logischen Blöcke einer Festplatte in Allokationseinheiten (Cluster) unterteilt. Jedem Cluster wird eine Nummer zugewiesen. Die Größe eines Clusters ist abhängig von der Größe der Festplatte. In 16-Bit FAT-Systemen beträgt die Clustergröße
  - 8 Kbyte bei einer Festplattengröße bis 511 MByte,
  - 16 Kbyte bei einer Festplattengröße von 512 MByte bis 1023 MByte,
  - 32 KByte bei einer Festplattengröße ab 1 GByte.

  In 32-Bit-FAT-Systemen beträgt die Clustergröße
  - 4 KByte bei einer Festplattengröße bis 6 GByte,
  - 8 KByte bei einer Festplattengröße von 6 bis 16 GByte,
  - 16 KByte bei einer Festplattengröße von 16 bis 32 GByte,
  - 32 KByte bei einer Festplattengröße von 32 bis 2048 GByte.
- Die Anzahl der Dateien im Wurzelverzeichnis ist auf 64 Dateien begrenzt. In Unterverzeichnissen können beliebig viele Dateien angelegt werden.
- Im Wurzelverzeichnis ist ein Verzeichniseintrag fester Größe eingerichtet:
  - der Dateiname mit maximal 8+3 Zeichen,
  - das Attribut-Byte für die Attribute „Read-Only", „Hidden", „System", „Volume" und „Directory",
  - Zeit und Datum der Erzeugung bzw. Modifikation,
  - der erste Cluster als Einstieg in die FAT-Kette,
  - die Dateigröße als 32-Bit-Größe.
- Die FAT ist als eine Kette realisiert. In ihr sind alle verfügbaren Cluster wie in einer Datenbank abgebildet. Der Einstiegs-Cluster in der FAT-Datenbank liefert die Information möglicher weiterer Cluster, abhängig von der Dateigröße. Am Ende der Cluster-Kette steht als Hex-Eintrag jeweils „0xFF". Freie Cluster in der FAT haben den Eintrag „0x00".
- Die zweite FAT dient als Sicherungskopie der ersten FAT, da die Informationen auf der Festplatte nicht mehr rekonstruiert werden können, wenn die FAT zerstört ist. Problematisch ist die feste Zuordnung der FAT auf der Festplatte. Tritt in diesem Bereich ein Defekt auf, sind alle Informationen der Platte verloren.
- Defragmentierungsprogramme sorgen dafür, dass die Cluster in einer Kette möglichst auf den direkten Nachfolger zeigen. Dies beschleunigt den Zugriff auf die Dateien.

VFAT (alternative FAT-Version)

- Der Aufbau der VFAT entspricht dem der FAT. Der einzige Unterschied zur FAT ist die Möglichkeit, lange Dateinamen zu bilden. Hierzu werden die Attribute „Read-Only", „Hidden", „System" und „Volume" gleichzeitig gesetzt. Ein solches Attribut-Byte wird von der herkömmlichen FAT ignoriert. Jeder Verzeichniseintrag mit diesem Attribut enthält 11 Zeichen des längeren Namens.
- Unter MSDOS wird der längere Name auf 8+3 Zeichen gekürzt. Alle zu kürzenden Dateinamen werden auf 6 Buchstaben und „~" plus Zahlenwert begrenzt.
  Beispiel: Unter VFAT wurden die Dateinamen *abteilung1.doc* und *abteilung2.doc* angelegt. Das Betriebssystem MSDOS stellt diese Dateinamen als *abteil~1.doc* und *abteil~2.doc* dar.
- Ältere Wartungsprogramme zur Defragmentierung von Festplatten erkennen die Attributzuordnung unter VFAT als Fehler und zerstören die Information.

HPFS (High Performance File System)

Boot-Block	Boot-strap	Superblock	Spareblock	Band 1	Bitmap 1	Bitmap 2	Band 2	Band 3	...	Bitmap n-1	Bitmap n	Band n

Typ	Beschreibung
Bootblock	Der Bootsektor startet im Sektor 0. Hier sind auch der Namen des Volumes und die 32-Bit-Volume-ID abgelegt (Sektor 0 bis 15).
Bootstrap	Der Bootstrap-Loader wird durch den Bootvorgang geladen. Er ist bis maximal 8 KByte groß und nur vorhanden wenn die Platte bootfähig ist.
Superblock	Der Superblock liegt in Sektor 16. Hier stehen jeweils Zeiger auf den Root-Directory-Knoten, die Größe der Partition, die Zahl der defekten Sektoren auf die Bitmap-Sektorenliste, die Liste der defekten Sektoren, Datum und Zeit der letzten Optimierung, Größe, Start- und Endsektor des Direktory-Bandes, das Bitmap des Direktory-Bandes und auf die ACL (Access Control List).
Spareblock	Dieser Block beginnt in Sektor 17. Hier wird das Volume-Status-Flag gesetzt, wenn die Festplatte nicht vorschriftsmäßig heruntergefahren wurde. Sektoren, die im laufenden Betrieb defekt geworden sind, werden in einem vier Sektoren großen Band vermerkt. Der Ort, an den der Inhalt dieser Sektoren kopiert wurde, wird ebenfalls hier vermerkt.
Band und Bitmaps	Zu jedem 8 MByte großen Band existiert ein 2 KByte großes Bitmap, das ähnlich einer FAT unter MSDOS aufgebaut ist. Die Organisation der Dateien erfolgt über eine Verzeichnisstruktur, die mithilfe von binären Bäumen realisiert ist. Diese Form der Strukturierung liefert einen schnelleren Zugriff auf einzelne Informationen.

NTFS (Windows NT File System)

Boot-Sektor							
BIOS Parameter Block	MFT Verweis	variabler Bereich	Master File Table (MFT)	variabler Bereich	Master File Table Mirror (MFT2)	variabler Bereich

- Die Aufteilung der Festplatte erfolgt in Allokationseinheiten (Cluster), die bei der Formatierung angegeben werden. Mithilfe des Cluster-Faktors berechnet NTFS den physikalischen Sektor. Die voreingestellten Clustergrößen sind:
  - 512 Byte bei einer Festplattengröße bis 512 MByte
  - 1024 Byte bei einer Festplattengröße von 512 MByte bis 1 GByte,
  - 2048 Byte bei einer Festplattengröße von 1 GByte bis 2 GByte,
  - 4096 Byte bei einer Festplattengröße ab 2 GByte.
- Alle Bestandteile des NTFS sind selbst korrekte NTFS-Dateien. Der MFT (**M**aster **F**ile **T**able) organisiert die Festplatte. Der Startsektor des MFT wird durch einen Verweis im Boot-Sektor festgelegt.
- Der erste MFT-Record beschreibt die MFT selbst.
- Der zweite MFT-Record enthält die Namen eines MFT-Spiegelsatzes.
- Der dritte MFT-Record beschreibt den Ort eines für die Kontrolle der Fehlersicherheit notwendiges Logfiles.
- Für jede Datei wird ein weiterer MFT-Record angelegt, der eine Größe von 2 KByte hat. Die Position der Datei hat eine eindeutige Filenummer innerhalb der MFT.
- Kleine Dateien bis zu einer Größe von 1,4 KByte werden direkt im MFT-Record abgelegt.

© Verlag Gehlen

NTFS (Fortsetzung)

MFT-Record für kleine Dateien bis 1,4 Kbyte

Header	Attribut Standard Information	Attribut Dateiname	Daten	Attribut Sicherheits-Beschreibung

- Im Header liegt unter anderem ein „Update-Sequence-Array" in dem unvollständige Multisektor-Schreiboperationen festgehalten sind.
- Die Attribut-Standardinformationen enthalten Angaben über Dateigröße, Datum und Uhrzeit der Erzeugung, des letzten Zugriffs und die klassischen Attribute „hidden" und „read-only" aus der MSDOS-Umgebung.
- Das Attribut „Dateiname" und die Sicherheitsbeschreibung enthalten die ACL (Access Control List) und die Sicherheitsbeschreibung für die Datei.

MFT-Record für Dateien über 1,4 Kbyte

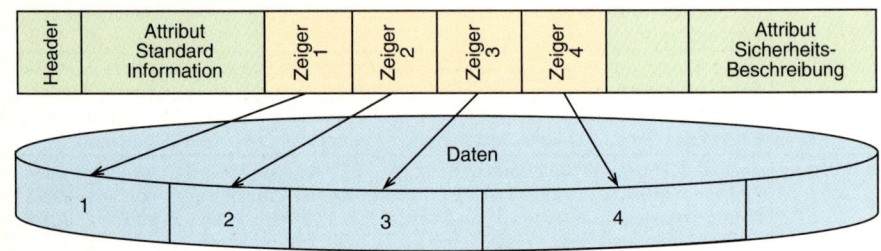

Im Datenfeld eines MFT-Recods sind Zeiger, die auf die Daten verweisen. Dieses Verfahren ist vergleichbar mit dem Aufbau des Dateisystems unter Linux (Unix).

MFT-Record für sehr große Dateien

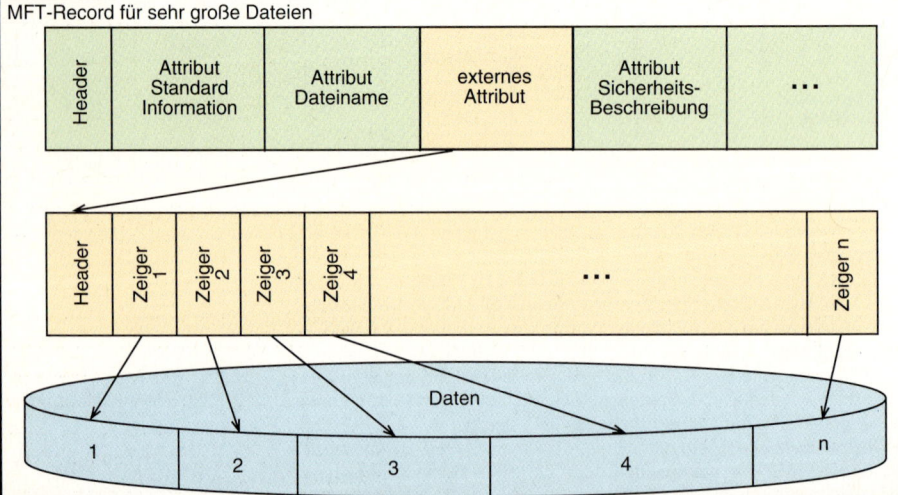

Übersteigt die Dateigröße die Zahl der verfügbaren Zeiger im Datenfeld eines MFT-Records, erfolgt ein Verweis auf einen weiteren MFT-Record, der wiederum genügend Zeiger auf die realen Daten verfügbar macht.

© Verlag Gehlen

EXT2 (extended 2)-Filesystem

Dateisystem-Bereiche

Bootblock	Superblock	I-Node Bitmap	D-Zone Bitmap	I-Nodes (Informations-Knoten)	Daten

- Eine Partition wird im EXT2-Dateisystem in Gruppen von 8192 Blöcken (oder einer variablen Anzahl) eingeteilt. Die Gruppen enthalten eine Kopie des Superblocks sowie einen Gruppenblock. Der Gruppenblock entspricht in seiner Funktion dem Superblock.
- Die Gruppen werden so verwaltet, wie eine gesamte Partition.
- Neben dem Geschwindigkeitsvorteil, den Gruppen gegenüber einer partitionsweiten Verwaltung bieten, erhöht die Unterteilung die Datensicherheit.
- Weil auf der Partition des Superblocks mehrere Kopien des Superblocks auf genau definierten Stellen des Dateisystems zu finden sind, kann der Superblock möglicherweise repariert werden. Beim mount eines Dateisystems kann angegeben werden, auf welchem Block der Superblock gelesen wird.
- Das valid-Flag im Superblock wird vom Kernel beim Starten der EXT2-Partition gelöscht. Sollte das System abstürzen oder nicht heruntergefahren werden, wird die Partition mit einem check-Programm beim nächsten Systemstart neu überprüft. Beim Systemende ohne Fehler, wird beim unmount des Systems das valid-Flag wieder gesetzt.
- Die im EXT2 vorgegebene Struktur spiegelt sich auch im NTFS-System wider.

Typ	Beschreibung
Bootblock	Der erste Block einer Festplatte oder Diskette kann hier ein Programm zum Laden des Betriebssystems, den Boot-Loader, enthalten.
Superblock	Im Superblock ist die Größe der Informationsknoten (I-Knoten)-Bitmaps, der Datenzonen-Bitmaps, der Informationsknoten, der Datenbereiche und der magischen Zahl (magic number) abgelegt. Die magische Zahl beinhaltet den Typ des Dateisystems.
I-Knoten-Bitmaps	In den Bitmaps ist hinterlegt welche I-Knoten belegt und welche frei sind.
D-Zone-Bitmaps	In den Bitmaps ist hinterlegt welche Sektoren im Datenbereich belegt oder frei sind.
I-Knoten (I-Node)	Eine genaue Beschreibung eines EXT2-I-Knoten folgt im nächsten Abschnitt.
Daten	In diesem Bereich sind die eigentlichen Daten hinterlegt.

EXT2-I-Knoten (*I-Node*)

Rechte (permission) (2 Byte)		Verknüpfung (link) (2 Byte)		Besitzer (owner) (2 Byte)	Gruppe (group) (2 Byte)
Größe der Datei oder des Verzeichnisses (4 Byte)				Zeitpunkt der Erstellung (4 Byte)	
Zeitpunkt von Änderungen (4 Byte)				Zeitpunkt des letzten Zugriffs (4 Byte)	
Löschzeitpunkt (4 Byte)				Anzahl der Blöcke (4 Byte)	
Flags (4 Byte, 7 Bit derzeit verplant)				Dateiversion für NFS (Network Filesystem) (4 Byte)	
Datei-Sicherheitsbeschreibung (4 Byte)				Verzeichnis-Sicherheitsbeschreibung (4 Byte)	
Fragment-Adresse (2 Byte)		Fr.-Größe (1Byte)	Fr.-Nr (1 Byte)	reserviert (4 Byte)	
1. Datenblock (4 Byte)				2. Datenblock (4 Byte)	
3. Datenblock (4 Byte)				4. Datenblock (4 Byte)	
5. Datenblock (4 Byte)				6. Datenblock (4 Byte)	
7. Datenblock (4 Byte)				8. Datenblock (4 Byte)	
9. Datenblock (4 Byte)				10. Datenblock (4 Byte)	
11. Datenblock (4 Byte)				12. Datenblock (4 Byte)	
einfach indirekter Zonenzeiger (4 Byte)				doppelt indirekter Zonenzeiger (4 Byte)	
dreifach indirekter Zonenzeiger (4 Byte)				reserviert (4 Byte)	
reserviert (4 Byte)				reserviert (4 Byte)	

© Verlag Gehlen

Eigenschaften des EXT2-Dateisystems

- Die Größe der I-Knoten ist jeweils gleich groß (128 Byte).
- Bis zu 12 Zeiger zeigen direkt auf einen Datenblock. Bei Dateien bis zu einer Größe von 12 KByte können die Datenblöcke im I-Knoten direkt benannt werden.
- Bei größeren Dateien wird auf ein Datenfeld gezeigt, in dem sich nicht die Daten der Dateien befinden, sondern weitere Zonenzeiger auf die Datei. Der Zonenzeiger ist vorzeichenlos und bis zu 4 Byte groß. In einem 1 Kbyte großen Datenfeld können daher bis zu 256 Zonenzeiger untergebracht werden. Ein einfach indirekter Zonenzeiger ist ein Datenfeld, in dem sich Zonenzeiger befinden, die auf Datenfelder zeigen.
- Doppelt und dreifach indirekte Zonenzeiger weisen zunächst auf weitere Zonenzeiger, die schließlich auf die Daten zeigen. Mit diesem Verfahren multipliziert sich die Zahl der über das Dateisystem erreichbaren Zonenzeiger auf bis zu 16 GByte.
- Zonenzeiger mit einer Größe von 4 Byte können Partitionen bis zu 4 TByte adressieren.
- Die zulässige Länge für Dateinamen beträgt 1 bis 255 Zeichen und entspricht so dem UNICODE-Standard.
- Felder für die zusätzliche Zugriffskontrolle finden sich in den Feldern für die Sicherheitsbeschreibung.
- Mithilfe unterschiedlicher Zeitmarken kann das Datum des letzten Schreibzugriffs auf die I-Node gesichert werden und das Datum des letzten Zugriffs auf die Daten der Datei. Mithilfe der Zeitmarken ist eine Versionshaltung von Dateien möglich. Die Zeitmarken für I-Nodes sind von POSIX festgelegt und werden im EXT2 alle unterstützt.
- Da das Dateisystem in einzelne Gruppen eingeteilt ist, können Daten auch aus sensiblen Bereichen rekonstruiert werden.

Flag	Bedeutung
a (*append*)	Eine so gekennzeichnete Datei erlaubt das Anhängen weiterer Dateien. Das Überschreiben, Löschen, Umbenennen oder Verschieben der bereits gespeicherten Daten ist nicht möglich.
d (*dump*)	So gekennzeichnete Daten sind von einer Datensicherung ausgenommen.
i (*immutable*)	Eine so gekennzeichnete Datei kann nicht gelöscht, umbenannt, erweitert oder überschrieben werden. *Links* auf eine solche Datei lassen sich nicht erzeugen.
s (*secure*)	Diese Kennzeichnung bietet Schutz vor unberechtigtem Zugriff auf den Inhalt vor anderen Systembenutzern, wenn die Datei zum sicheren Löschen markiert ist.
S (*Sync*)	Der Kernel wird mit diesem Flag veranlasst, jede Veränderung dieser I-Node synchron durchzuführen. Veränderte Daten werden ungepuffert sofort auf das Speichermedium geschrieben.
u (*undelete*)	Mit dieser Option ist es möglich, bereits gelöschte Daten intakt zu halten und mithilfe einer *undelete*-Funktion wieder herzustellen.
c (*compressed*)	Mit dieser Option wird eine Datei bereits komprimiert gespeichert.

Sicherheitszertifizierung für Betriebssysteme und Datenbanken[1]

Typ	Beschreibung
D	Es wurden keine oder nur geringe Sicherheitsmerkmale berücksichtigt.
C1	Sichere Zuordnung von Benutzern und Projektdaten. Es besteht die Möglichkeit der Einschränkung von Zugriffsrechten. Benutzer können ihre Projekte eigenständig schützen.
C2	Benutzer können durch Login-Routinen geführt werden. Systemspezifische Sicherheitsmeldungen können mitgeschrieben werden.
B1	Neben C2 muss ein grundsätzliches Modell für den Zugriff auf Daten und Geräte definiert sein.
B2	Das Sicherheitsmodell aus B1 muss klar definiert sein.
B3	Das Sicherheitskonzept muss sich in überschaubare Einheiten (Security Domains) einteilen lassen.
A	Neben B3 wird dieses Zertifikat von der formalen Planung, Verifikation, Analyse und der korrekten Implementierung der Sicherheitsrichtlinien abhängig gemacht.

[1] Nach NCSC (National Computer Security Criteria).

Betriebssysteme · MMU (Memory Managment Unit) **165**

Betriebssysteme

Betriebs-system	Hardware[1] (empfohlene Konfiguration)	Datei-systeme	Netzwerk-Protokolle	Sonstiges
DOS / WIN 3.11	• Intel-kompatibler PC ab 80386 (8 MB Speicher und 250 MB Festplatte)	• FAT	• NetBEUI • IPX/SPX	16-Bit-System
Windows95	• Intel-kompatibler PC ab 80486 (16 MB Speicher und 500 MB Festplatte)	• FAT • VFAT	• NetBEUI • TCP/IP • IPX/SPX	• 32-Bit-System • Multithreading • Multiprocessing
Windows NT	• Intel-kompatibler PC ab 80486 (24 MB Speicher und 500 MB Festplatte) • MIPS-RISC-Prozessoren der Reihe R4000 • DEC-RISC-Prozessoren der Alpha-Reihe • IBM/Motorola Power PC	• FAT • NTFS	• Apple-Talk • DLC[2] • NetBEUI • TCP/IP • IPX/SPX • DHCP • WINS	• 32-Bit-System • POSIX-konform[3] • Multiprocessing, Multithreading • C2-Security
LINUX	• Verfügbar auf PC- und RISC-basierten Plattformen[4]	• alle gängigen Dateisysteme[4]	• alle gängigen Protokolle[4]	• 32-/64-Bit-System • Multithreading • Multiprocessing
OS2	• Intel-kompatibler PC ab 80486 (6 MB Speicher und 500 MB Festplatte)	• HPFS • FAT • VFAT	• TCP/IP • IPX/SPX • Netware • Peer for OS2	• 32-Bit-System • Abwärtskompatibel zu MSDOS und 16-Bit-Windows • Multithreading
Netware	• Intel-kompatibler PC ab 80486 (6 MB Speicher und 500 MB Festplatte)	• NCP	• TCP/IP • IPX/SPX • AppleTalk • DLC	• 32-Bit-System • Betriebssystemaufsatz auf DOS und Windows-Systeme

[1] In Klammern steht die empfohlene Konfiguration. [2] Protokoll von HP für Netzwerkdrucker.
[3] Programme nach POSIX-Spezifikation sind plattformunabhängig. [4] Dezentrale Entwicklung.

MMU (Memory Managment Unit)

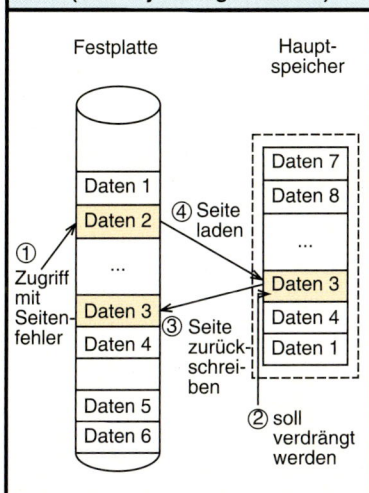

- Die MMU ist im Prozessor realisiert. Ein linearer Zugriff auf den maximal möglichen Arbeitsspeicher eines Prozessors wird mit der MMU in Verbindung mit einer Auslagerungsdatei erzielt.
- Der Hauptspeicher wird hier in einzelne Seiten (pages) aufgeteilt. Die Größe der Seiten ist variabel und liegt im kB-Bereich.
- Die Seiten können im realen Arbeitsspeicher in Seitenrahmen (page frames) geladen werden und stehen dem Betriebssystem und Anwendungsprogrammen zur Verfügung.
- Jede Seite kann den Zustand vorhanden (valid) oder ausgelagert (invalid) annehmen. Eine Seite, die im Hauptspeicher vorhanden ist, wird als gültig erkannt und direkt angesprochen. Eine ausgelagerte Seite löst einen Seitenfehler (page fault) aus. Die MMU des Prozessors erkennt den Seitenfehler und löst einen Interrupt aus. Das auslösende Programm wird in seiner Ausführung unterbrochen und eine derzeit nicht benötigte Seite aus dem Hauptspeicher gelangt in den Auslagerungsspeicher. Die aufgerufenen Seite kann jetzt in den Hauptspeicher übernommen werden.

Prozess	Thread
• Die Kopie eines ausführbaren Programms im Arbeitsspeicher wird Prozess genannt. • Jeder Prozess erhält einen eigenen Datenbereich im Arbeitsspeicher. • Wird dasselbe Programm mehrfach gestartet, entstehen unterschiedliche Prozesse mit jeweils privatem Datenbereich im Speicher. • Über die Prozesskontrolle im Betriebssystem können Prozesse synchronisiert werden.	• Programme können in Einzelfunktionen zerlegt werden. Das Zusammenspiel der Einzelfunktionen bildet das Gesamtprogramm. Die Einzelfunktionen werden als Threads bezeichnet. • Ein Thread arbeitet auf dem privaten Arbeitsbereiches des Gesamtprozesses. • Werden innerhalb eines Programmes mehrere Threads erzeugt, müssen geeignete Maßnahmen zur Synchronisierung getroffen werden.

Multitasking

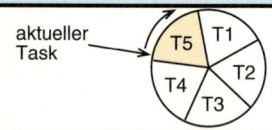

Ein Einprozessorsystem kann Programme nur sequentiell ausführen. Der Prozessor verteilt abhängig von den Rechten für jedes Programm Zeiten, in denen es arbeiten kann. Alle anderen Programme, auch Tasks genannt, sind dann inaktiv.

Asymmetrisches Multiprocessing

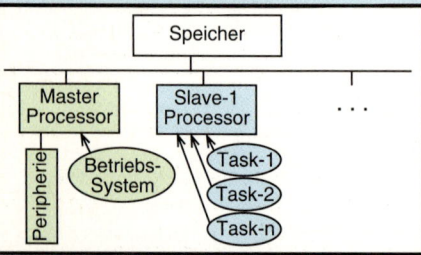

• Ein System arbeitet parallel mit mehreren Prozessoren. Der für das Betriebssystem zuständige Prozessor ist der Hauptprozessor.
• Das Betriebssystem kontrolliert die Synchronisation zwischen Haupt- und Nebenprozessor.
• Jeder Prozessor ist für die Erledigung bestimmter Aufgaben zuständig.
• Die Belastung der einzelnen Prozessoren ist asymmetrisch. Der Prozessor mit der höchsten Rechenbelastung bildet den Flaschenhals.

Symmetrisches Multiprocessing

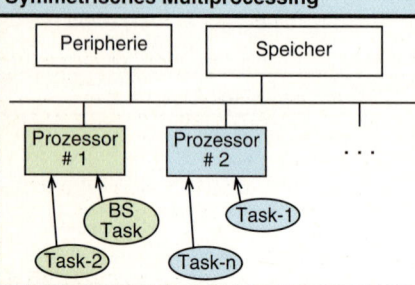

• Alle Prozessoren arbeiten parallel und haben dieselbe Priorität.
• Ein Programm wird während der Ausführung in Teilprogramme mit bestimmten Aufgaben, sogenannte Threads, zerlegt.
• Das System wird über Threads synchronisiert.
• Der hohe Datendurchsatz auf dem Systembus erfordert große Cache-Speicher.
• Prozessorunabhängige Speicher- und Peripheriezugriffe (Cache-Speicher Burst-Modus) sollten zur Entlastung des Prozessors möglich sein.

Zustände von Threads

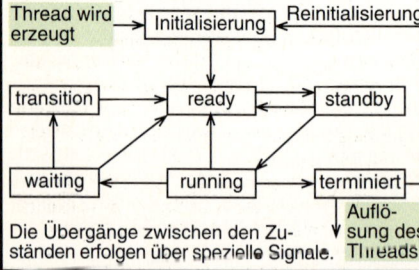

Die Übergänge zwischen den Zuständen erfolgen über spezielle Signale.

Signalname	Erläuterung
Initialisierung	Einstellen von Anfangswerten
ready	Warteschlange mit Prioritätsstufen
waiting	Warten auf ein Signal
running	Der Thread ist aktiv
transisition	Der Thread ist bereit zu arbeiten, aber eine Ressource ist noch belegt
standby	Der Thread mit der höchsten Priorität wird in den Zustand standby versetzt
terminiert	Der Thread ist beendet

Synchronisation von Threads · OLE

Synchronisation von Threads

Objekt	Synchronisationssignal	Bemerkung
Prozess	Am Ende des letzten Threads im Prozess	Der Vorgang entspricht der Beendigung eines Programms
Thread	Am Ende des Threads	Eine Teilfunktion eines Programms ist abgeschlossen.
Datei	Bei Fertigstellung der Ein/Ausgabeoperation	Daten werden in eine Datei geschrieben oder aus ihr gelesen.
Event	Bei Auslösung eines entsprechenden Signals durch einen aktiven Thread	Zum Datenaustausch zwischen Threads
Event-Pair	Bei Auslösung durch einen expliziten Server oder Klienten-Thread	Zum Datenaustausch zwischen Threads
Semaphor	Bei Rückgang des Semaphorzählers auf Null	Semaphoren gehören zu einem Synchronisationssystem zwischen Prozessen
Timer	Bei Ablauf der angegebenen Wartezeit oder Änderung der Systemzeit	keine
Mutex	Wenn ein aktiver Thread den Mutex verlässt	**mut**ual **ex**clusion (gegenseitiger Ausschluss): Überwachung von kritischen Systemanweisungen, in denen nur ein Thread arbeiten darf.

Office-Paket

- Office-Pakete sind für alle gängigen Betriebssysteme verfügbar. Eine weite Verbreitung haben derzeit Produkte unter den zugehörigen Windows-Betriebssystemen.
- Die Kennzeichnung Office-Paket ist ein Oberbegriff für Anwendersoftware der Bürokommunikation.
- Die Softwareprodukte teilen sich in eine Datenbankanwendung und/oder eine Tabellenkalkulation, ein Textverarbeitungsprogramm und eine Präsentationsgrafikerstellung auf.
- Die Einbindung von Daten aus fremden Anwendungen erfolgt bei Windows-Produkten über die **OLE-** (**O**bject **L**ink and **E**mbedding) Spezifikation.
- Mithilfe des dynamischen Datenaustausches werden über die **DDE** (**D**ynamic **D**ata **E**xchange)-Spezifikation eingebundene Daten einer fremden Anwendung nach deren Änderung aktualisiert.

Datenaustausch über OLE (Object Link and Embedding)

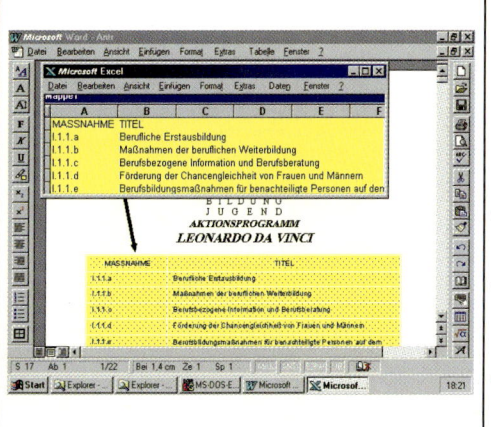

- Mit OLE wird das Ziel des dokumentorientierten Arbeitens verfolgt. Objekte unterschiedlicher Datenformate (Tabellen, Texte usf.) rufen die zugehörige Applikation auf, wenn das entsprechende Objekt vom Anwender angewählt wird.
- Die Applikation, die die unterschiedlichen Objekte einbindet, wird Client genannt. Die zu dem jeweiligen Objekt gehörige Applikation ist der Server.
- Ein Objekt kann komplett in die Client-Applikation integriert werden oder mithilfe einer Verknüpfung (link) referenziert werden.
- Objekte können zwischen den Applikationen verschoben werden. Die ursprüngliche Form dieses Austausches ist DDE (Dynamic Data Exchange).
- Veränderungen des Objektes in der Client-Applikation werden vom Server des Objektes übernommen, ohne die Serverapplikation explizit zu starten.

© Verlag Gehlen

USV

Offline USV (Unterbrechungsfreie Stromversorgung)

Merkmale	Schaltbild
• Die Frequenz ist netzgeführt. • Die Spannung ist netzgeführt. • Die Schaltzeit erfolgt innerhalb von 10 ms. • Es können Lasten bis etwa 5 kVA versorgt werden. • Der Wirkungsgrad ist etwa 99 %. • Die Autonomiezeit beträgt 15 Minuten.	Netz → Filter → Rechner-Netz; Gleichrichter, Wechselrichter, Batterie

Online USV

Merkmale	Schaltbild
• Das Rechnernetzwerk ist galvanisch vom Netz getrennt. • Es lässt sich eine gute Spannungsregulierung erzielen. • Es existieren keine Schaltzeiten. • Lasten bis etwa 500 kVA können versorgt werden. • Der Wirkungsgrad ist ca. 90 %. • Die Autonomiezeit beträgt bis 100 Minuten.	Netz → Gleichrichter → Wechselrichter → Rechner-Netz; Bypass (optional); Batterie

Line-Interactive USV

Merkmale	Schaltbild
• Die Frequenz ist netzgeführt. • Die Spannung ist netzgeführt. • Die Schaltzeit liegt innerhalb von 10 ms. • Lasten bis etwa 10 kVA können versorgt werden. • Der Wirkungsgrad ist etwa 99 %. • Die Autonomiezeit beträgt bis 15 Minuten. • Die Line-Interactive-USV ist preiswerter als die Online-USV.	Netz → Filter → Schalter → Rechner-Netz; Batterie, Gleich/Wechselrichter umschaltbar

— Normalbetrieb
— Batteriebetrieb

© Verlag Gehlen

Feldbussysteme

Feldbussysteme sind seriell arbeitende Bussysteme, die der automatisierten Datenübertragung im Feldbereich dienen. Der Feldbereich umfasst den Bereich der Automatisierungstechnik, der unmittelbar zur Produktion gehört. Wesentliche Gründe für den Einsatz von Feldbussystemen sind
- die Dezentralisierung in der Automatisierungstechnik, wodurch Automatisierungsaufgaben auf mehrere kleinere Steuerungen verteilt werden und dadurch eine höhere Produktionssicherheit erreicht wird,
- die Reduzierung der Installationskosten durch Einsparung von Leitungen zu Sensoren und Aktoren,
- die Einbindung in die Prozessführung und Prozessüberwachung.

Kriterien zur Klassifizierung von Feldbussystemen

Kriterium	Erläuterungen
Offenheit oder Geschlossenheit	• **Offene Feldbussysteme** sind herstellerunabhängig ausgelegt, sodass auf sie mit Komponenten verschiedener Firmen zugegriffen werden kann. Sie sind zum Teil genormt oder zur Normung vorgeschlagen. • **Geschlossene Feldbussysteme** sind firmenspezifische Systeme, die in der Praxis vorwiegend Geräte eines Herstellers verbinden.
Einsatzbereich	• Im Sensor-Aktor Bereich werden **Sensor-Aktor-Bussysteme** eingesetzt. Sie verbinden die Steuergeräte mit den Sensoren und Aktoren und übertragen verhältnismäßig geringe Datenmengen bei schneller Signalübertragung. • Die Verbindung der Steuergeräte untereinander und zu überlagerten Zellrechnern zur Übertragung größerer Datenmengen erfolgt über ein **Prozessbussystem**.
Topologie	Im Feldbusbereich unterscheidet man im wesentlichen zwei Bustopologien: • die **Linie** mit willkürlicher Adressierung der Busteilnehmer, • den **Ring** mit physikalischer Erkennung der Busteilnehmer.
Architektur	• Die **Master-Slave-Struktur** wird vorwiegend bei Sensor-Aktor-Bussen eingesetzt, wobei sich der Master als Anschaltbaugruppe an der Steuerung befindet und die Slaves in der untersten Feldebene mit den Sensoren und Aktoren verbunden sind. • Die **Multi-Master-Struktur** wird vorwiegend bei Prozessbussystemen verwendet, wobei die Master unmittelbar mit den Steuerungsgeräten sowie übergeordneten Zellrechnern verbunden sind.
Geschwindigkeit	Dazu wird meistens die **Buszykluszeit** angegeben. Das ist die Zeit, die bei einer bestimmten Teilnehmerzahl für die Übertragung der gesamten Ein- und Ausgangsdaten für ein Zyklus benötigt wird. Sie ist von der Teilnehmerzahl, der Datenübertragungsgeschwindigkeit und dem Aufbau des Übertragungsprotokolls abhängig.
Schutzfunktion	Der Schutz bei der Datenübertragung erfolgt durch Prüfbytes (z. B. CRC-Verfahren). Als Maß wird die Hamming Distanz angegeben. Typischer Wert bei Feldbussen: 4.
Übertragungsmedium	• Zwei oder Mehr-Drahtleitungen für Übertragungsraten bis 10 Mbit/s • Koaxialkabel für Übertragungsraten von 10 bis 300 Mbit/s • Lichtwellenleiter für Übetragungsraten von 100 bis 1000 Mbit/s

Feldbussysteme in den verschiedenen Ebenen einer Produktionsstätte

Ebene der Fertigung	Vernetzungsstruktur einer Produktionsstätte	Bussystem

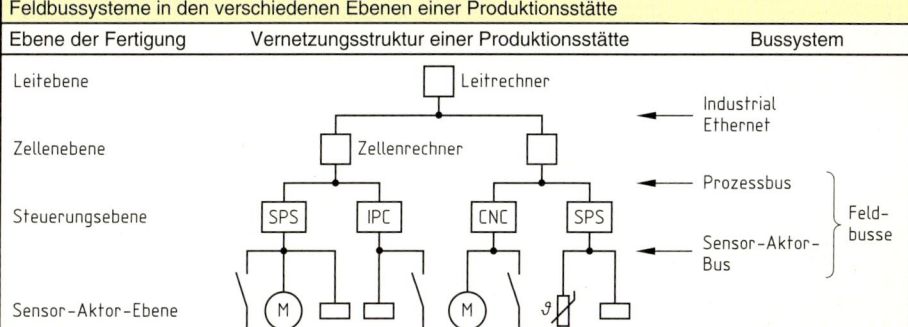

© Verlag Gehlen

Offene Feldbussysteme			
Offene Sensor-Aktor-Bussysteme			
Bussystem	Profibus DP	Interbus-S	ASI
Begriff/Norm	Bus für Dezentrale Peripherie (DP), DIN 19245-3	Sensor-Aktor-Bus, DIN E 15258	Aktuator-Sensor-Interface (ASI), Normung beantragt
Übertragungstechnik	• geschirmte Zweidrahtleitung oder Lichtwellenleiter • RS 485 • 9,6 kbit/s bis 12 Mbit/s	• paarig verdrillte 5-adrige Leitung • RS 485 • 500 kbit/s	• ungeschirmte Zweidrahtleitung $2 \times 1,5$ mm^2 für die Datenübertragung und Hilfsenergie • Kontaktierung mit Durchdringungstechnik
Reichweite	• 100 m bei 12 Mbit/s • 200 m bei 1,5 Mbit/s • mit Repeater erweiterbar	• 400 m zwischen 2 Busklemmen	• 100 m • mit 2 Repeatern auf 300 m erweiterbar
Geschwindigkeit	Buszykluszeit bei 32 Teilnehmern und 512 bit Eingangs- und 512 bit Ausgangsworte • bei 1,5 Mbit/s: ca. 6 ms • bei 12 Mbit/s: < 2 ms	• Buszykluszeit bei 32 Teilnehmern und 64 Nutzdatenbytes ca. 2 ms • Vollständiges Prozessabbild bei vollem Ausbau in etwa 7 ms	Buszykluszeit bei Vollausbau (31 Teilnehmer): 5 ms
Topologie	Linie mit maximal 32 Teilnehmer, durch Repeater auf 127 zu erhöhen	Ringstruktur in einer Leitung mit Hin- und Rückleitung, maximal 64 Busknoten, 4096 Ein-/Ausgabed.	Linie, maximal 31 Slaves mit je 8 Bit Daten (Summe 248 Bits), auch Baumstruktur möglich
Hierarchie	Master-Slave, auch Multi-Master möglich	Master-Slave	Master-Slave
Schutzfunktion	Übertragung mit Hamming-Distanz: 4	Übertragung mit Hamming-Distanz: 4	Identifikation und Wiederholung gestörter Telegramme
Besonderheiten	Auch Mischbetrieb mit Profibus-FMS möglich	Durch Ringstruktur keine Adressierung und große Datennutzrate, dadurch trotz geringer Übertragungsrate sehr schnell	System für binäre Sensoren und Aktoren im untersten Feldbereich. Als Sub-Netz mit Profibus-DP und Interbus-S kombinierbar.
Offener Prozessbus: Profibus-FMS			
Begriff/Norm	Fieldbus Message Specification (FMS), DIN 19245-2		
Übertragungstechnik	• geschirmte Zweidrahtleitung ($A \geq 0,22$ mm^2) oder Lichtwellenleiter, RS 485 • 9,6 kbit/s, 19,2 kbit/s, 93,75 kbit/s, 187,5 kbit/s, 500 kbit/s, 1,5 Mbit/s einstellbar		
Reichweite	• mit Zweidrahtleitung und $A = 0,22$ mm^2 bei 9,6 kbit/s 1200 m, bei 1,5 Mbit/s 100 m • mit Zweidrahtleitung und $A \geq 0,5$ mm^2 doppelte Leitungslänge wie mit $A = 0,22$ mm^2 • mit Repeatern Verlängerung der Buslänge möglich		
Geschwindigkeit	mittlere Buszykluszeit bei 1,5 Mbit/s ca. 60 ms		
Topologie	• Linie mit Abschlusswiderständen und Pull-up/down-Widerständen am Busabschluss • maximal 32 Teilnehmer, mit Repeatern 127 Teilnehmer möglich (einschließlich Repeater), zwischen zwei kommunizierenden Teilnehmern dürfen nicht mehr als drei Repeater sein • auch Stichleitungen möglich		
Hierarchie	Multi-Master mit unterlagertem Master-Slave		
Schutzfunktion	Übertragung mit Hamming-Distanz: 4		
Besonderheit	Mischbetrieb mit Profibus-FMS möglich		

ISO-OSI-Referenzmodell

Das ISO-OSI (International Standards Organization-Open Systems Interconnection) Modell ist ein offizieller Standard, um Netzwerksysteme und Netzwerkprotokolle zu beschreiben. Das siebenschichtige Referenzmodell soll die Kommunikation zwischen verschiedenen Herstellern ermöglichen. Es ist ein offener Standard, der zukünftige Entwicklungen berücksichtigt. In der Praxis weichen die Implementierungen häufig von dem OSI-Modell ab. Es stellt jedoch ein Modell zur Analyse und Strukturierung von Netzwerken dar.

Grundbegriffe für das OSI Modell sind:
- Instanzen: Eine Instanz ist ein Modul in einer Schicht, das in Hard- oder Software realisiert werden kann. Die Kommunikation kann vertikal mit Instanzen in höheren oder niedrigeren Schichten, sowie horizontal mit räumlich getrennten Instanzen erfolgen.
- Dienste: Dienste sind die Leistungen, die eine Schicht einer höheren Schicht anbietet.
- Protokolle: Die Kommunikation zwischen Instanzen auf derselben Ebene erfolgt über Protokolle.
- Pakete: Nachrichten zwischen den Schichten werden über Pakete ausgetauscht.

Ebene 7 Anwendungsschicht Application Layer	Die Anwendungsschicht steht nicht für eine Anwenderapplikation wie ein Textverarbeitungsprogramm, sondern ermöglicht die Verbindung der Anwendung zum Netzwerk. Beispiele für Funktionen dieser Schicht sind Anwendungsprogramme wie Filetransfer, Remote-File-Access, Jobtransfer und Nachrichtendienste wie X.400 und SMTP (Simple Mail Transfer Protocol).
Ebene 6 Darstellungsschicht Presentation Layer	Diese Schicht bietet eine einheitliche Datenformat-Darstellung zwischen der Kommunikationssteuerungsschicht und der Anwendungsschicht. Dabei werden verschiedene Datenumwandlungen vorgenommen, sowie Datenkompression, Verschlüsselung und Datenprüfung.
Ebene 5 Kommunikationssteuerungsschicht Session Layer	Die Kommunikationssteuerungsschicht dient der Kommunikation zwischen unterschiedlichen Netzwerkknoten. Die Zugangskontrolle, Sicherheit, Fehlerbehandlung und der Datentransfer werden hier gesteuert.
Ebene 4 Transportschicht Transport Layer	Die Transportschicht bildet die Grenze zwischen dem Anwendungssystem und dem Transportsystem. In der Transportschicht werden Verbindungen aufgebaut, freigegeben und der Transportmechanismus netzunabhängig bereitgestellt.
Ebene 3 Vermittlungsschicht Network Layer	In der Vermittlungsschicht, auch Netzwerkschicht genannt, werden Datenpakete zugestellt. Es erfolgt die Steuerung der Wegewahl (Routing), Multiplexing und Kopplung von Netzwerken.
Ebene 2 Darstellungsschicht Data Link Layer	Die Darstellungsschicht, auch Sicherungsschicht genannt, sichert eine möglichst fehlerfreie Übertragung zwischen den Netzwerkknoten. Sie bildet aus dem Bitstrom Datenrahmen und kontrolliert den Zugriff zum Kommunikationsmedium.
Ebene 1 Physikalische Schicht Physical Layer	Die unterste Ebene wird auch als Bitübertragungsschicht bezeichnet. Hier werden die Bitsequenzen in ein Format umgewandelt, das für die Übertragung geeignet ist. Es werden unterschiedliche Übertragungsarten unterstützt und mechanische, elektrische und funktionale Eigenschaften definiert.

© Verlag Gehlen

Netzwerk-Topologien

Die Topologie eines Netzwerks ist die geometrische Anordnung der Netzwerkknoten. Im Netzwerkbereich haben sich vier grundlegende Topologien, die Ring-, Bus-, Stern- und die Baumtopologie durchgesetzt. In größeren Netzwerken werden häufig Mischformen dieser Topologien auftreten.

Typ	Beschreibung	Beispiel	Vor- und Nachteile
Ring	Bei der Ringtopologie werden die Netzwerkstationen jeweils mit der nächsten Station verbunden und die letzte mit der ersten, sodass ein Ring entsteht.	Token Ring FDDI	+ Ausfallsicherheit + garantierte Bandbreite – hohe Kosten – Komplexität
Bus	Alle Netzwerkstationen kommunizieren über ein gemeinsames Datenkabel.	Ethernet	+ Komplexität in kleinen Netzen – Ausfallprobleme – Fehleranalyse – Bandbreite in großen Netzen
Stern	Von einem zentralen Netzwerkknoten (Hub, Switch) bestehen Punkt- zu- Punkt-Verbindungen zu den einzelnen Netzwerkknoten.	Ethernet (Hub, Switch)	+ Ausfallsicherheit + Bandbreite – Ausfall des zentralen Netzwerkknotens
Baum	Die Baumtopologie zeichnet sich durch eine hohe Flexibilität in ihrer Struktur aus. Sie kann durch Kaskadierung von Hubs oder Switches aufgebaut werden.	100Base-AnyLan	+ Flexibilität – Komplexität

Schematische Darstellung der Topologien

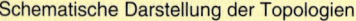

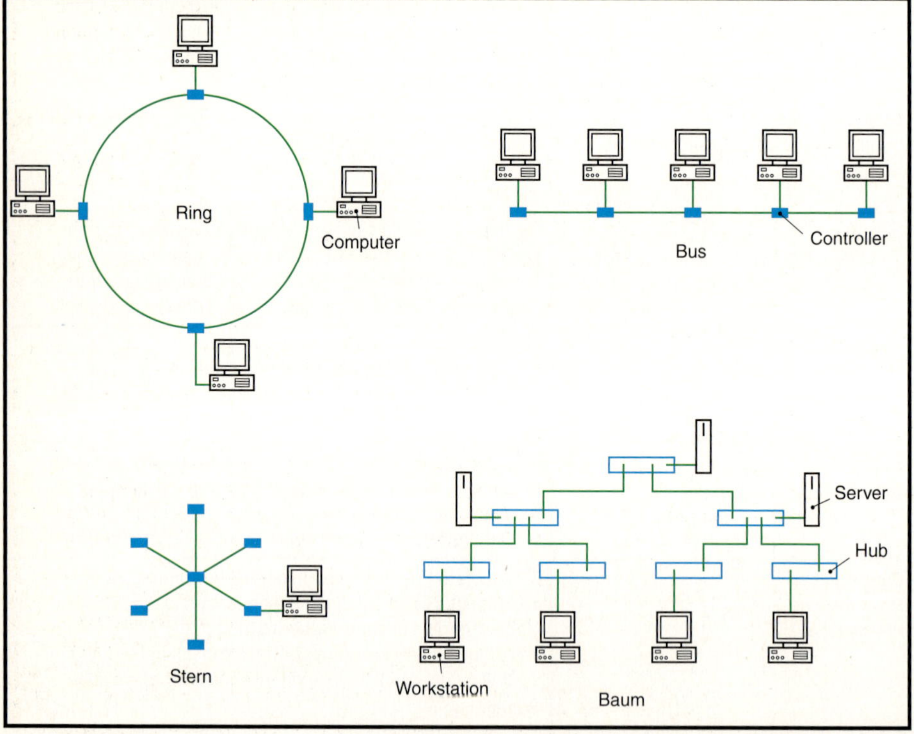

Protokollsätze

Es gibt eine Vielzahl von Netzwerkprotokollen die in Protokollsätzen zusammengefasst werden. In einem Protokollsatz können Protokolle unterschiedlicher Netzwerkebenen zusammengefasst sein, die für verschiedene Aufgaben in der Kommunikation zwischen Netzwerkknoten benötigt werden.

Protokollsatz	Beschreibung	Eigenschaften
TCP/IP	**T**ransmission **C**ontrol **P**rotocol/**I**nternet **P**rotocol: Das TCP/IP-Protokoll wurde Ende der 70er Jahre vom US amerikanischen Verteidigungsministerium entwickelt. Er ist einer der weitverbreitesten Protokollsätze. Implementierungen kommen auf allen wichtigen Betriebssystemplattformen, wie Unix, VMS, Windows und DOS zum Einsatz. Daher ist der Protokollsatz im heterogenen Umfeld besonders geeignet.	+ heterogenes Umfeld + routbar + weite Verbreitung
OSI	**O**pen **S**ystem **I**nterconnect: OSI ist ein standardisierter Protokollsatz. Er ist nicht sehr verbreitet, nur die Protokolle der Anwenderschicht wie X.400-Mail-Service und X.500-Directory-Service finden inzwischen weite Verwendung.	+ standardisiertes Protokoll + routbar – geringe Verbreitung
XNS	**X**erox **N**etworking **S**ystem: XNS wurde von Xerox entwickelt und hat gegenüber TCP/IP einen geringeren Overhead. Die Protokollsätze Banyan Vines und Novell-Netware basieren auf XNS.	+ geringer Overhead + routbar – geringe Verbreitung
Netware (IPX)	Der Netware-Protokollsatz von Novell ist im PC-Bereich weit verbreitet. Er ist eine Weiterentwicklung des XNS Protokollsatzes. Hervorzuheben ist die Leistungsfähigkeit und Flexibiltät, die es ermöglicht größere Netzwerke mit diesen routbaren Protokollen aufzubauen.	+ routbar + weite Verbreitung – Verbreitung nur im PC-Umfeld
DECnet	DECnet wurde von Digital entwickelt. Dieser leistungsfähige Protokollsatz wird zur Vernetzung von Digital-Rechnern eingesetzt. PCs können integriert werden.	+ routbar – Verbreitung nur im Digital- und PC-Umfeld
LAT	**L**ocal **A**rea **T**ransport: Das LAT-Protokoll dient überwiegend der Kommunikation zwischen Terminal-Servern und Rechnern der Firma Digital. Mithilfe von LAT können Terminals und Drucker in einem lokalen Netz eingebunden werden.	– nicht routbar – Verbreitung nur im Digital- und PC-Umfeld
AppleTalk	AppleTalk ist ein spezieller Protokollsatz von Apple. Er unterstützt die Kommunikation von Macintosh-Rechnern und Peripheriegeräten. Es ist ein routbares Protokoll.	+ routbar – Verbreitung nur im Apple-Umfeld
NetBEUI	**Net**BIOS **E**xtended **U**ser **I**nterface: NetBEUI wird im Microsoft Umfeld, z. B. unter Windows for Workgroups und Windows NT eingesetzt. Der Protokollsatz eignet sich für kleine, nicht segmentierte Netze, da die Protokolle nicht routbar sind.	– nicht routbar – Verbreitung nur im Microsoft-Umfeld
NetBIOS	**N**etwork **B**asic **I**nput/**O**utput **S**ystem: NetBIOS ist ein Protokollsatz von IBM, der z. B. unter dem Betriebssystem OS/2 genutzt wird. NetBIOS ist einfach zu handhaben. Es findet nur in kleinen Netzen Verwendung, da viele Broadcasts generiert werden und das Protokoll nicht routbar ist.	– nicht routbar – es werden viele Broadcasts generiert – Verbreitung nur im IBM-Umfeld

© Verlag Gehlen

TCP/IP Protokollsatz

Ebene 7 Anwendungsschicht Application Layer					
Ebene 6 Darstellungsschicht Presentation Layer	SMTP, rlogin, FTP, Telnet		TFTP, BOOTP, NFS		
Ebene 5 Kommunikationssteuerungsschicht Session Layer					
Ebene 4 Transportschicht Transport Layer	TCP		UDP		
Ebene 3 Vermittlungsschicht Network Layer	ICMP / Internet Protocol (IP)			ARP	RARP
Ebene 2 Darstellungsschicht Data Link Layer	PPP	SLIP	Netz-Hardware		
Ebene 1 Physikalische Schicht Physical Layer					

Kürzel	Beschreibung	Kürzel	Beschreibung
ARP	Adress Resolution Protocol	SMTP	Simple Mail Transfer Protocol
BOOTP	BOOT-Protocol	Telnet	remote Terminal login
FTP	File Transfer Protocol	TFTP	Trivial File Transfer Protocol
ICMP	Internet Control Message Protocol	RARP	Reverse Adress Resolution Protocol
NFS	Network File System	rlogin	remote login
PPP	Point to Point Portocol	TCP	Transmission Control Protocol
SLIP	Serial Line Internet Protocol	UDP	User Datagram Protocol

NetWare-Protokollsatz

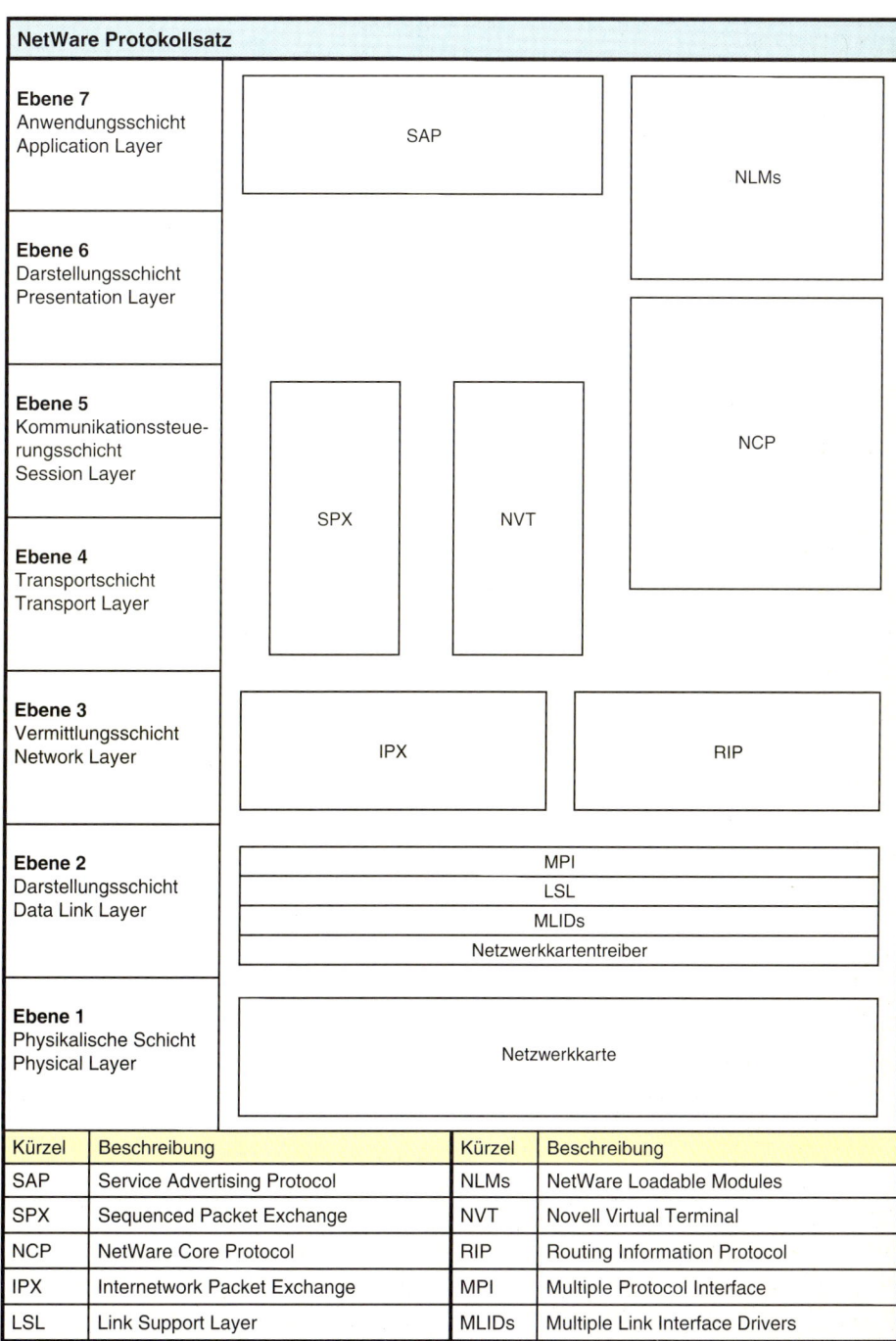

Kürzel	Beschreibung	Kürzel	Beschreibung
SAP	Service Advertising Protocol	NLMs	NetWare Loadable Modules
SPX	Sequenced Packet Exchange	NVT	Novell Virtual Terminal
NCP	NetWare Core Protocol	RIP	Routing Information Protocol
IPX	Internetwork Packet Exchange	MPI	Multiple Protocol Interface
LSL	Link Support Layer	MLIDs	Multiple Link Interface Drivers

© Verlag Gehlen

LAN Standards

Ebene 2
Darstellungsschicht
Data Link Layer

IEE 802.2

Ebene 1
Physikalische Schicht
Physical Layer

IEE 802.3   IEE 802.4   IEE 802.5   IEE 802.12

FDDI

Name	Beschreibung
IEEE 802.2	Logical Link Layer
IEEE 802.3	IEEE Ethernet: 10Base2, 10Base5, 10BaseT, 10BaseF, 100BaseT
IEEE 802.3z	IEEE Ethernet: 1000BaseCX, 1000BaseLX, 1000BaseSX
IEEE 802.4	Token Bus
IEEE 802.5	Token Ring
IEEE 802.12	100BaseVG
FDDI	**F**iber **D**istributed **D**ata **I**nterface ANSI ASC X3T9.5

Ethernet (IEEE 802.3)

Name	Kabeltyp	Segmentlänge	Segmente	Stationen in allen Segmenten	min. Abstand der Stationen	Bandbreite
10Base5 Thick Wire	Koaxialkabel	500/3000 m	5	100/492	2 m	10 Mbit/s
10Base2 Thin Wire	Koaxialkabel	185/925 m	5	30/142	0,5 m	10 Mbit/s
10BaseT Twisted Pair	verdrilltes Kupferkabel	100 m	1	1	–	10 Mbit/s
10BaseFP	Glasfaser	500 m	1	1	–	10 Mbit/s
10BaseFB	Glasfaser	2 km	1	1	–	10 Mbit/s
100BaseT	verdrilltes Kupferkabel	100 m	1	1	–	100 Mbit/s
100BaseVG	verdrilltes Kupferkabel	100 m	1	1	–	100 Mbit/s
1000BaseCX	Twinax-Kupferkabel	25 m	1	1	–	1000 Mbit/s
1000BaseLX	Glasfaser Multimode Monomode	440/550 m 3000 m	1	1	2 m	1000 Mbit/s
1000BaseSX	Glasfaser Multimode	260/550 m	1	1	2 m	1000 Mbit/s

© Verlag Gehlen

Ethernet IEEE 802.3 Rahmen

				Bytes			
7	1	6	6	2	46-1500		4
Preamble	SFD	DA	SA	Length	Data (LLC)	Pad	FCS

Name	Beschreibung
Preamble	Der Vorspann (Präambel) dient der Taktsynchronisation des Empfängers und besteht aus einer binären 1-0-Folge.
SFD	Der **S**tart **F**rame **D**elimiter ist eine unverwechselbare Bitfolge (10101011).
DA	Die **D**estination **A**ddress ist die Zieladresse mit einer Länge von 6 Byte.
SA	Die **S**ource **A**ddress ist die Quelladresse mit einer Länge von 6 Byte.
Length	Das Längenfeld gibt die Länge des nachfolgenden Datenfeldes an.
Daten (LLC)	Neben den Nutzdaten werden durch die **L**ogical **L**ink **C**ontrol auch Steuerinformationen höherer Ebenen übergeben.
Pad	Die **Pad**ding Bits dienen der Auffüllung der Daten auf eine gerade Anzahl von Bytes.
FCS	Die **F**rame **C**ontrol **S**equence ist eine 32-Bit-Prüfsequenz gemäß CRC-32.

PPP (Point to Point Protocol)

			Bits			
8	8	8	16	16		8
Flag 01111110	Adresse 11111111	Kontrolle 00000011	Protokoll	Daten	Prüfsumme	Flag 01111110

- PPP ist ein Internet-Standardprotokoll der Darstellungsschicht (RFC 1171) für asynchrone oder bit-synchrone Übertragung von IP-Datagrammen zwischen TCP/IP-Systemen.
- PPP basiert auf der ISO-Norm 7776 für das HDLC-Protokoll und wurde für die CCITT-Empfehlung X.25 übernommen. Dadurch kann PPP mit bit-orientierter Standardhardware eingesetzt werden.
- Die übermittelten Daten werden durch das Protokoll kontrolliert und geprüft.

SLIP (Serial Line Internet Protocol)

	Bits	
8		8
SLIP END 0xC0	Daten (IP-Datagramm)	SLIP END 0xC0

```
Daten vor SLIP   0x31    0x21    0xC0            0x5F
SLIP Daten       0x31    0x21    0xDB    0xC0    0x5F
SLIP fügt        0xDB vor    0xC0 ein
```

- SLIP ist ein einfaches nicht standardisiertes Internet-Protokoll für serielle Verbindungen (RFC 1055).
- Im SLIP sind die Ausweichzeichen 0xC0 (SLIP END) und 0xDB (SLIP ESCAPE) definiert. Enthält ein IP-Datagramm ein Zeichen mit dem Wert 0xC0 wird ein 0xDB vor dem 0xC0 eingefügt.
- Bei fehleranfälligen Leitungen wird die Übertragungsleistung dieses Protokolls stark herabgesetzt, da das Protokoll im Rahmen keine Schutzmechanismen gegen Störungen enthält.

© Verlag Gehlen

IP(Internet Protokoll)v4-Datagramm

32 Bits								
4	4	8		4	4	4		4
Version	IHL	Pri.	TOS	Total Length				
Identification				Flags	Fragment Offset			
Time-to-Live		Protocol		Header-Checksum				
Source-Address								
Destination-Address								
Options							Padding	

- Das IPv4 unterstützt die Internet-Adressierung bis 32 Bit.
- Die Basisfunktion des IP ist die Adressierung und Fragmentierung von Datagrammen.

Name	Beschreibung
Version	Die Versionsnummer des IP-Protokolls.
IHL	Die **I**nternet **H**eader **L**ength ist die Länge des Internet-Protokollkopfs in 32-Bit-Worten.
Pri.	Es wird die **P**riorität der Datagramme festgelegt.
TOS	Mit dem **T**ype **o**f **S**ervice können verschiedene Anforderungen (Verzögerungsrate, Datendurchsatz und Zuverlässigkeit) an die Routenwahl festgelegt werden.
Total Length	Dieses Feld gibt die Gesamtlänge des IP-Datagramms in Bytes an.
Identification	**Identification** ist die Kennung der Fragmente eines Datagramms.
Flags	**Flags** dienen zur Steuerung der Fragmentierung.
Fragment Offset	Dieses Feld wird verwendet, um die ursprüngliche Position eines Fragments im Datagramm anzugeben.
TTL	Das Feld **T**ime-**t**o-**L**ive beschreibt die Lebensdauer eines Datagramms im Netzwerk.
Protocol	Das Feld gibt an, welches Protokoll der Transportschicht im Datagramm verwendet wird.
Header-Checksum	**Header-Checksum** ist die Prüfsumme des IP-Protokollkopfs.
Source-Address	In dem Feld steht die Absender-IP-Adresse.
Destination-Address	In dem Feld steht die Empfänger-IP-Adresse.
Options	Mit diesem Feld werden Debug-, Mess- und Sicherheitsfunktionen unterstützt.
Padding	Füllzeichen, um die 32-Bit-Länge des letzten Wortes zu erreichen.

IP-Adressbildung

Adressklasse	Klassenbit	Anzahl der Netzbits	gültiger Adressbereich	Kommentar
A	0	7	1 bis 126	0 und 127 sind reserviert
B	10	14	128.1 bis 191.254	255 ist für Broadcast reserviert
C	100	21	192.0.1 bis 223.255.254	
D	1110	–	224.0.0.0 bis 230.255.255.254	ist für Multicasting reserviert
E	1111	–	224.0.0.0 bis 255.255.255.254	ist für Multicasting reserviert

© Verlag Gehlen

IPv6-Datagramm

4	4	8	8	8
Version	Priority	Flow Label		
Payload-Length			Next Header	Hop Limit
Source-Address				
Destination-Address				

32 Bits

- IPv6 ist das Nachfolgeprotokoll von IPv4. Sein Hauptmerkmal ist die Erweiterung des Adressraumes auf 128 Bit.
- Migrationsmöglichkeiten von IPv4 zu IPv6 sind gegeben.
- Das Header-Format ist vereinfacht.
- Verbesserte Optionen und Erweiterungen.

Name	Beschreibung
Flow Label	Dient der Flusskontrolle von IP-Paketen (z.B. Unicast, Multicast)
Payload-Length	Beschreibt die Länge eines Paketes der nächsthöheren Schicht wie TCP oder UDP.
Next Header	Beschreibt den Header-Typ des nächsten Datagramms, das dem IPv6 folgt.
Hop Limit	Beschreibt die Anzahl der Router zwischen Quelle und Ziel.

TCP (Transmission Control Protocol)

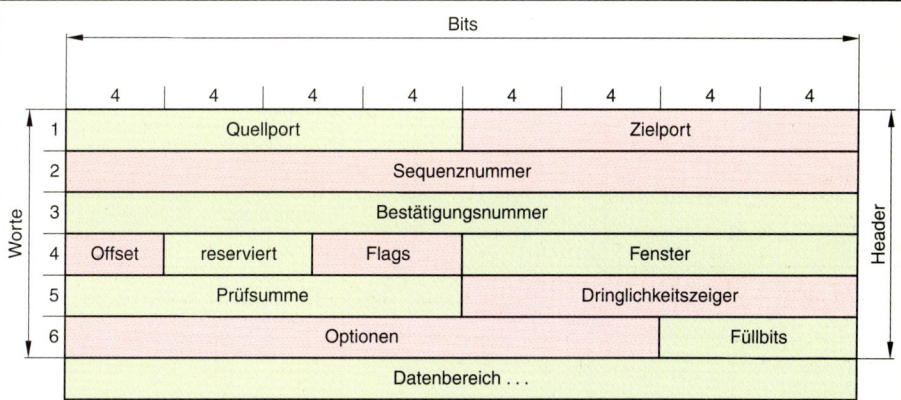

- TCP ist ein verbindungsorientiertes Protokoll mit Diensten zur Fehlerkorrektur und Flusskontrolle.
- Die Bereitstellung dieses Dienstes ist mit zusätzlichen Aufwänden verbunden, da Verbindungen eingerichtet und geschlossen werden müssen.
- Die Korrektur von Fehlern nimmt zusätzliche Kapazitäten in Anspruch.
- Im Gegensatz zum UDP ist TCP zuverlässiger.

UDP (User-Datagramm-Protokoll)

- UDP ist ein verbindungsloses Protokoll ohne Maßnahmen zur Fehlererkennung und -korrektur.
- Das Protokoll wird bei Anwendungen genutzt, wo die Zuverlässigkeit der Datenübertragung keine große Rolle spielt.
- Der Protokolloverhead ist geringer und kann für manche Anwendungen von Vorteil sein.

Bits	
16	16
Quellport	Zielport
Länge	Prüfsumme
Daten ...	

Standardportnummern unter TCP und UDP

Die Daten von IP werden über TCP/UDP an den richtigen Anwendungsprozess über Portnummern verteilt.
Die Portnummern sind in der Datei *services* (unter UNIX */etc/services*) abgelegt. Die Tabelle gibt ein Beispiel für die Standardportnummern.

Dienstname	Anschlussnummer/ Protokoll	Kommentar
echo	7/UDP und 7/TCP	
ftp-data	20/TCP	File Tranfer Protocol
ftp	21/TCP	File Transfer Protocol
telnet	23/TCP	
smtp	25/TCP	Simple Mail Transfer Protocol
time	37/UDP und 37/TCP	Time Server
domain	53/UDP und 53/TCP	Name Server
bootp	67/UDP	Boot Program Server
tftp	69/TCP	Trivial File Transfer Protocol
finger	79/TCP	
x400	103/TCP	ISO Mail
pop3	110/TCP	Post Office Protocol
nntp	119/TCP	Network News Transfer Protocol
snmp	161/UDP	Simple Network Managment Protocol
exec	512/TCP	
login	513/TCP	
who	513/UDP	
shell	514/TCP	
syslog	514/UDP	
printer	515/TCP	
talk	517/UDP	
route	520/UDP	
uucp	540/TCP	Unix To Unix Copy

Standardprotokollnummern unter TCP/UDP

Die Protokollnummer befindet sich im dritten Wort des IP-Datagramms.
Diese Nummern werden in der Datei *protocols* (unter UNIX */etc/protocols*) verwaltet. Die Tabelle enthält die wichtigsten Protokolle.

Protokollname	Portnummer	Alias	Kommentar
ip	0	IP	Internet Protocol
icmp	1	ICMP	Internet Control Message Protocol
ggp	3	GGP	Gateway-Gateway Protocol
tcp	6	TCP	Transmission Control Protocol
egp	8	EGP	Exterior Gateway Protocol
pup	12	PUP	PARC Universal Packet Protocol
udp	17	UDP	User Datagram Protocol

CSMA/CD (Carrier Sense Multiple Access with Collision Detection)

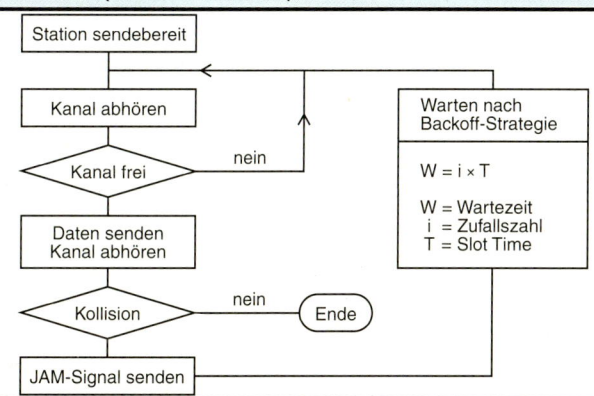

- Das Medium wird abgehört, bevor die Übertragung gestartet wird.
- Die Übertragung beginnt, wenn das Medium frei ist.
- Während der Übertragung wird das Medium weiter abgehört. Die Übertragung wird abgebrochen, wenn eine Kollision auftritt und die Übertragung nach einer durch die Backoff-Strategie festgelegten Wartezeit erneut startet.
- Nach dem Erkennen einer Kollision wird ein JAM-Signal ausgesendet.

Begriffe zum TCP/IP-Protokollsatz

Begriff	Erläuterung
ARP	**A**dress **R**esolution **P**rotocol: Zuordnung von Hardwareadressen zu IP-Adressen.
BGP	**B**order **G**ateway **P**rotocol: enthält Erreichbarkeitsinformationen und Informationen über die beste Routenwahl.
BIND	**B**erkeley **I**nternet **N**ame **D**omain: Implementierung des DNS.
BOOTP	**Boot**-**P**rotocol: Ein Netzknoten fordert Informationen aus einem Netz an. Die Anfragen werden von einem BOOTP-Server beantwortet.
Datagram	Informationseinheit in Schicht drei oder vier des TCP/IP-Modells.
DNS	**D**omain **N**ame **S**ystem: Aufbau eines Name-Service-Systems.
EGP	**E**xterior **G**ateway **P**rotocol: Bietet Routeninformation und sucht nicht nach der besten Route.
ftp	**F**ile **t**ransfer **p**rotocol: Protokoll zur Datenübertragung.
HELLO	Das HELLO-Protokoll ermittelt die Route über die Antwortzeit.
ICMP	**I**nternet **C**ontrol **M**essage **P**rotocol: Das ICMP-Protokoll liefert Informationen über den Status und Fehler im TCP/IP.
MAC	**M**edium **A**ccess **C**ontrol: physikalische Medienzugriffsadressen.

© Verlag Gehlen

TCP/IP-Rahmenbildung

Wie im OSI Modell werden die Daten von einer Schicht zur anderen nach unten gereicht und über das Netz übertragen. In jeder Schicht wird eine Kontrollinformation (Header) den Daten vorangestellt, um eine korrekte Datenübertragung sicherzustellen. In der Ebene 3 ist das der Header des TCP oder UDP, in der Ebene 2 zusätzlich der IP-Header.
Die Daten werden zum Empfänger von unten nach oben durchgereicht und die Kontrollinformationen in den entsprechenden Schichten wieder entfernt.

ISO/OSI Modell	TCP/IP Modell	
Ebene 7 Ebene 6 Ebene 5	Ebene 4 Anwendungsschicht (FTP, SMTP..)	Daten
Ebene 4	Ebene 3 Transportschicht (TCP, UDP)	TCP-Header | Daten
Ebene 3	Ebene 2 Internet-Schicht (IP)	IP-Header | TCP-Header | Daten
Ebene 2 Ebene 1	Ebene 1 Netzzugangsschicht (Ethernet, FDDI..)	Ethernet Header | IP-Header | TCP-Header | Daten

TCP/IP-Datenstruktur

- Das TCP/IP-Modell besteht aus vier Schichten die, wie nachfolgend dargestellt, dem OSI-Modell zugeordnet werden können.
- Wenn Anwendungen über TCP oder UDP kommunizieren, werden die Datenpakete in den einzelnen Ebenen unterschiedlich bezeichnet. Erfolgt die Datenübertragung z. B. über das TCP, heißt das Paket in der Anwendungsschicht „stream", in der Transportschicht „segment", in der Internet-Schicht „datagram" und in der Netzwerkzugangsschicht „frame".

ISO/OSI Modell	TCP/IP Modell		
Ebene 7 Ebene 6 Ebene 5	Ebene 4 Anwendungsschicht	stream	message
Ebene 4	Ebene 3 Transportschicht (TCP, UDP)	segment	packet
Ebene 3	Ebene 2 Internet-Schicht (IP)	datagram	datagram
Ebene 2 Ebene 1	Ebene 1 Netzzugangsschicht (Ethernet, FDDI..)	frame	frame

Network Interface Card (NIC)

- Die Netzwerkkarte (NIC) besteht aus den Funktionsmodulen Netzwerkinterface, Prozesslogik und Busschnittstelle. Die Karten arbeiten auf den OSI-Modellschichten eins und zwei.
- Das Netzwerkinterface kann IO-Base 5, IO-Base 2 oder IO-BaseT sein.
- Mithilfe der Prozesslogik werden die Daten vom Bus zum Netzwerkinterface transportiert. Dabei werden die vom parallelen Bus empfangenen Daten mit einem Kopf versehen und in einen bitseriellen Datenstrom umgesetzt.
- Die Busschnittstelle stellt das Interface zum Rechner dar. Typische Schnittstellen sind ISA, EISA oder PCI.
- Von den Kartenherstellern werden einheitliche Treiberschnittstellen für die Betriebssysteme geliefert. Für Novell werden NDIS-Treiber angeboten und für Microsoft ODIS-Treiber.
- Karten, die 100 und 10 Mbit/s unterstützen, stellen sich mithilfe der Auto-Negotiation-Funktion des nWay-Protokolls auf physikalischer Ebene automatisch auf die richtige Übertragungsgeschwindigkeit ein.

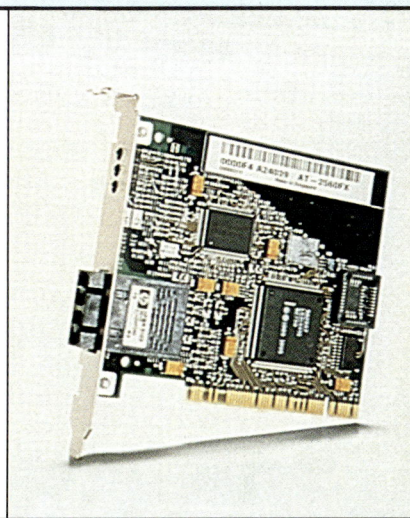

Repeater

- Ein Repeater arbeitet auf der physikalischen Ebene des ISO-OSI-Referenzmodells.
- Mithilfe eines Repeaters kann die maximale Länge eines Segments verlängert werden. Das Signal wird durch den Repeater wieder aufgefrischt.
- Ein Netz kann durch einen Repeater in mehrere Segmente unterteilt werden, die die Verfügbarkeit des Netzwerkes erhöhen. Fehlerhafte elektrische Signale werden nicht in andere Segmente überführt.
- Über einen Repeater ist ein Medienwechsel (z.B von 10 Base 5 auf 10 Base 2) möglich.

Multiport-Repeater (Hub)

- Multiport-Repeater, auch Hubs genannt, werden häufig für den Aufbau von Netzen in Sterntopologie eingesetzt. Sie verfügen über 8, 16 oder mehr Ports und einen zusätzlichen 10 Base 2-Port zum Anschluss an ein Backbone.
- Einige Hubs lassen sich durch einen herstellerspezifischen Bus-Port kaskadieren (Stack). Alle so miteinander verbundenen Hubs zählen nach den Repeater-Regeln wie ein Hub.

Regeln für Netze mit Repeatern

- Es darf nur genau einen Weg zwischen zwei Arbeitsstationen geben, wenn die Segmente nicht durch Bridges oder Router getrennt sind.
- Ein Kommunikationsweg darf aus maximal fünf Segmenten mit vier Repeatern bestehen.
- Zwei dieser Segmente dürfen nur reine Verbindungssegmente sein, in denen sich keine Endgeräte befinden.

© Verlag Gehlen

Konzentratoren

In größeren Netzwerken werden Konzentratoren eingesetzt. Mit ihnen lassen sich Netzwerke flexibler konfigurieren, verwalten und überwachen.
In diese Konzentratoren können Module wie Repeater, Router, Bridges oder Switches eingesetzt werden. Häufig lassen sich alle Module über SNMP (**S**imple **N**etwork **M**anagement **P**rotocol) verwalten.

Bridge (Brücke)

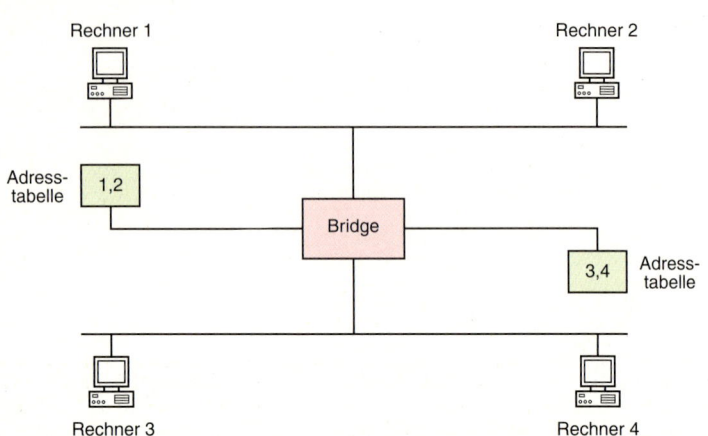

Bridges arbeiten auf der Ebene 2 des ISO/OSI-Referenzmodells und teilen Netzwerke in kleinere Einheiten auf. Die Daten werden von einem Subnetz in ein anderes transportiert, wenn die Bridge anhand ihrer Adressliste erkennt, dass der Empfänger sich im anderen Subnetz befindet. Im Gegensatz zum Repeater werden die Datenpakete nicht in das gesamte Netzwerk weitergeleitet. Der lokale Datenverkehr bleibt im Subnetz. Die Bridge erkennt, wenn sich der Empfänger eines Datenpakets im selben Subnetz wie der Absender befindet, und leitet die Daten nicht weiter. Durch ihren Einsatz ist es möglich ein Netzwerk über die spezifizierten Vorgaben, wie maximale Anzahl der Stationen hinaus zu erweitern.

Eigenschaften von Bridges

- Die Ausfallsicherheit wird erhöht, da Störungen nicht in andere Segmente übertragen werden.
- Intelligente Bridges bilden die Adresstabellen automatisch durch Mitlesen der Quelladressen aller Pakete auf den angeschlossenen Subnetzen.
- Die Datensicherheit und der Durchsatz wird verbessert, da nicht alle Pakete in die Subnetze weitergeleitet werden. Es findet eine Lasttrennung statt.
- Es können Netzwerke mit redundaten Mehrfachverbindungen aufgebaut werden. Mit dem Spanning-Tree-Algorithmus nach IEEE 802.1d wird sichergestellt, dass nur ein Datenpfad aktiv ist.
- Mit Bridges ist es möglich, Daten oder Ereignisse zu filtern. So können Zugriffe auf andere Segmente verhindert werden.

Typen von Briges

- Können mehr als zwei Segmente an eine Bridge angeschlossen werden, werden diese **Multiport-Bridges** genannt.
- **Local-Bridges** verbinden sowohl physikalisch gleichartige Netzwerke, als auch Netze mit Medienwechsel (z.B. von Glasfaser- auf Koax-Verkabelung). Eine Bridge wird in jedem Segment wie eine Station behandelt. Aus diesem Grund können mit Bridges größere Netzwerke aufgebaut werden.
- **Remote-Bridges** können LANs über Standleitungen miteinander verbinden.

Router

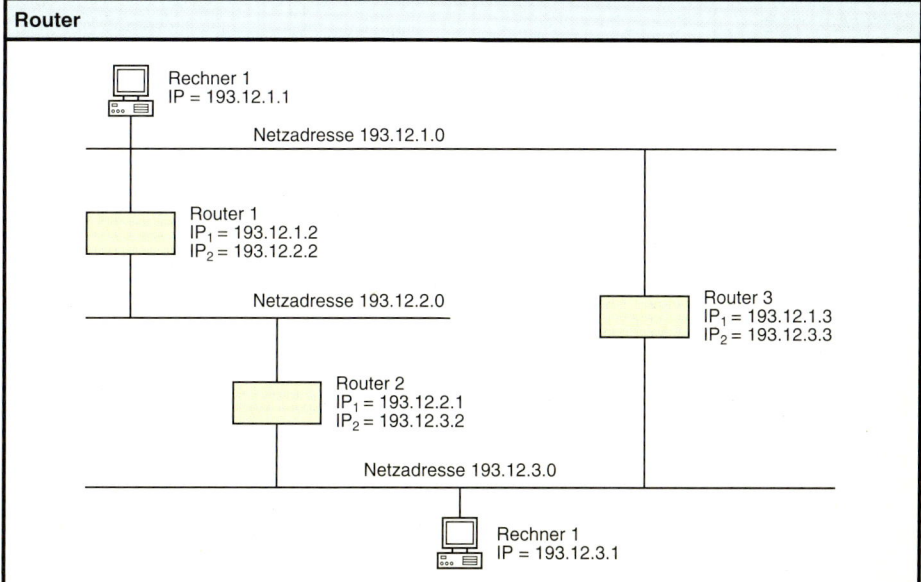

- Router arbeiten auf der Ebene 3 des ISO/OSI-Referenzmodells. Sie verbinden unterschiedliche Netzwerktypen, Topologien sowie Protokolle zu einem strukturierten Gesamtnetzwerk. Die Grundfunktion eines Routers ist die Wegfindung in einem Netzwerk, das aus LAN- und WAN-Netzen aufgebaut sein kann.
- Im Vergleich zu Bridges erfolgt eine bessere Trennung der Netzwerke, da Broadcasts nicht in andere Netze übertragen werden. Der Datentransfer in verzweigte Netzwerke wird jedoch verlangsamt.
- Die Wegfindung (Routing) in einem Netzwerk ist die Grundfunktion eines Routers. Der Weg den ein Datenpaket vom Sender zum Empfänger nimmt, wird durch Routing-Tabellen, die in den Routern gebildet werden, festgelegt.
- Die Tabellen werden beim dynamischen Routing automatisch gebildet und aktualisiert. Die Router tauschen dazu Informationen über Routing-Protokolle aus. Diese liefern Informationen zu unterschiedlichen Netzwerkparametern, wie Übertragungsdauer, Last und Bandbreite. Die Routing-Tabellen werden mit protokollabhängigen Algorithmen gebildet. Häufig eingesetzte Routing-Protokolle sind das IGP (**I**nterior **G**ateway **P**rotocol), das RIP (**R**outer **I**nformation **P**rotocol), das OSPF (**O**pen **S**hortest **P**ath **F**irst), EGP (**E**xterior **G**ateway **P**rotocol), BGP (**B**oarder **G**ateway **P**rotocol) und das NLSP (**N**etware **L**ink **S**tate **P**rotocol). Der Weg eines Paketes ist beim dynamischen Routen nicht festgelegt und kann sich ändern.
- Beim statischen Routing werden die Routing-Tabellen manuell im Router angelegt.
- Beim Default-Routing werden alle Pakete an Netzwerke, die dem Router nicht bekannt sind, an einen Router weitergeleitet der in der Routing-Tabelle als Default-Router eingetragen ist.
- Router sind nicht für alle Protokolle der Ebene 3 transparent oder durchlässig. Sie müssen die entsprechenden Protokolle verarbeiten können. Werden unterschiedliche Netzwerke über Router verbunden, sind protokollspezifische Umsetzungen notwendig. So werden die Paketlängen beim Übergang von Ethernet auf Token-Ring verändert und Geschwindigkeitsanpassungen beim Übergang vom LAN zum WAN vorgenommen.
- Häufig unterstützte Protokolle sind IP, IPX und DECnet im LAN, sowie X25, ISDN und FrameRelay im WAN.
- Protokolle die nicht routbar sind, wie NetBIOS, können auch unterstützt werden wenn der Router eine Bridge-Komponente enthält. Diese Router werden auch als Brouter bezeichnet.

© Verlag Gehlen

Switches

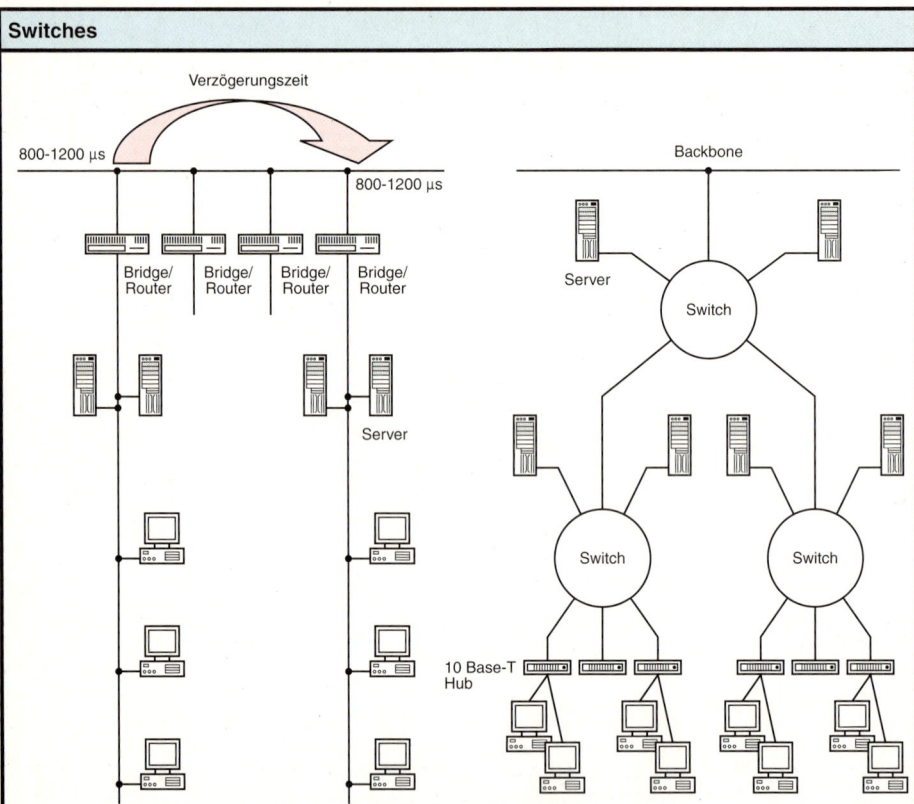

Reicht die Bandbreite im LAN nicht mehr aus, bestehen mehrere Möglichkeiten Leistungsengpässe zu vermeiden. Mithilfe von Bridges kann das Netzwerk segmentiert werden. Reicht dies nicht aus, können Bridges an ein schnelleres zentrales Medium als Backbone, z. B. FDDI, angeschlossen werden. Eine andere Möglichkeit ist der Einsatz von Switches.
- Switches haben einen schnellen internen Bus, über den die Pakete zwischen den Ports mit nahezu maximaler Geschwindigkeit und nahezu gleichzeitig übertragen werden können.
- Der Einsatz von Switches im Ethernet bricht die Bus-Topologie in eine Bus-Sternstruktur auf.
- An die Ports können Segmente mit mehreren Stationen angeschlossen werden (shared Ethernet) oder, wenn große Bandbreiten erforderlich sind, einzelne Stationen (private Ethernet).
- Der Switch arbeitet wie eine Multiport-Bridge, erfüllt jedoch nicht die IEEE-Spezifikationen.
- Switches die mit der Technik On-the-Fly-Switching arbeiten, lesen nicht ein ganzes Paket ein, sondern nur die 6-Byte-Destination-Adresse und leiten dann das Paket weiter. Die Verzögerungszeiten (latency) von 40 Mikrosekunden ist gegenüber Bidges mit maximal 800 Mikrosekunden bei großen Paketen gering. Switches, die mit dieser Technik arbeiten übertragen fehlerhafte Pakete auch in andere Segmente, da eine Fehlerprüfung erst nach dem vollständigen Einlesen eines Paketes stattfinden kann. Bei größeren Netzen kann dies zu Problemen führen.
- Eine andere Technik ist, das Paket vollständig einzulesen, eine Fehlerprüfung durchzuführen und erst dann das Paket weiterzuleiten. Sie wird als Store-and-Forward-Switching bezeichnet. Sie hat den Vorteil, dass kein fehlerhaftes Paket weitergeleitet wird. Andererseits erhöht sich die Verzögerungszeit.
- Einige Switches nutzen beide Technologien und können, wenn zu viele Fehler im Netzwerk auftreten, von On-the-Fly auf Store-and-Forward-Switching wechseln.

Weitverkehrsnetz (WAN) · X.25 · Frame Relay

X25

X.25-Dienste eignen sich insbesondere für die Kopplung lokaler Netze mit X.25-fähigen Remote-Routern. Gegenüber dem Fernsprechnetz liegen die wesentlichen Vorteile in der kürzeren Verbindungsaufbauzeit von einer Sekunde und der besseren Übertragungsqualität. Übertragungsgeschwindigkeiten von 300 bis 64000 bit/s sind möglich.
Das X.25-Protokoll ist ein verbindungsorientiertes Protokoll. Es baut vor der Datenübertragung eine Verbindung mit dem Kommunikationspartner auf.

Datenflusskontrolle

| Kontrolle d. Datenübertragungseinrichtung (DÜE) | Kontrolle d. Datenendeinrichtung (DEE) |

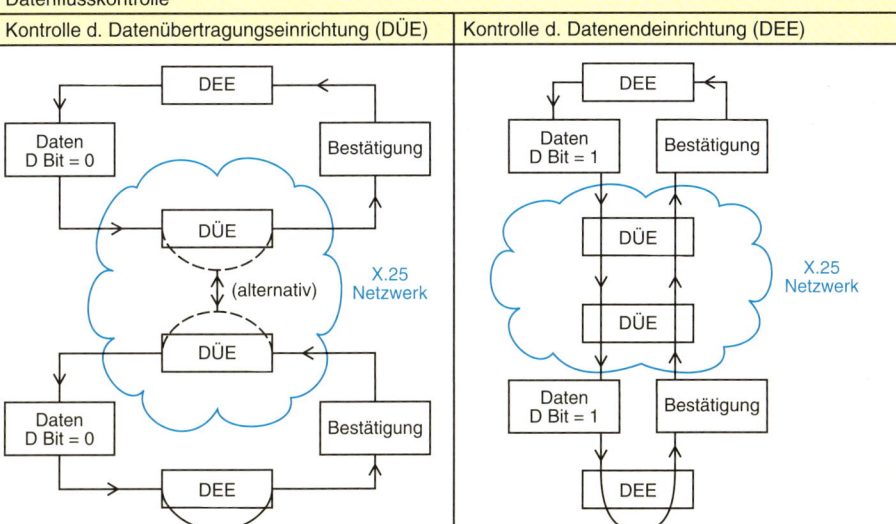

Frame Relay

- Frame Relay ist mit dem Übertragungsverfahren von X.25 vergleichbar. Es zeichnet sich durch seinen geringen Protokolloverhead aus und arbeitet nur auf den Ebenen 1 und 2 des OSI-Modells. Der Datendurchsatz wird durch das effizientere Protokoll gesteigert.
- Die Fehlerkorrektur wird durch die Endgeräte selbständig durchgeführt. Im Vergleich zu Standleitungen bringt Frame Relay dann Vorteile, wenn Punkt-zu-Punkt-Verbindungen nur unzureichend ausgelastet sind.
- Frame Relay eignet sich vor allem als Weitverkehrstechnik für die Kopplung von Netzen und ermöglicht einen späteren Umstieg auf ATM (**A**synchronous **T**ransfer **M**ode). Es unterstützt sowohl SVC (Switched Virtual Circuits) als auch PVC (Permanent Virtual Circuits). SVCs öffnen wie X.25 eine Verbindung, die nach Beendigung wieder abgebaut wird. PVCs öffnen Verbindungen wie Standleitungen. Eine aktuelle Verbindung wird wie „auf Zuruf" aufgebaut.

Bild	Erläuterung
<table><tr><td>0</td><td colspan="4">Flag 0 x 7E</td></tr><tr><td>1</td><td colspan="2">DLCI (Higher)</td><td>C/r</td><td>ea</td></tr><tr><td>2</td><td>DLCI (Lower)</td><td>FECM BECM</td><td>DE</td><td>ea</td></tr><tr><td>3</td><td colspan="4">Daten</td></tr><tr><td>11 11 + 1</td><td colspan="4">FCS</td></tr><tr><td>11 + 2</td><td colspan="4">Flag 0 × 7E</td></tr></table>	• Die Übertragung von Frame Relay erfolgt auf der Ebene 2 des OSI-Modells mithilfe von DLCI (**D**ata **L**ink **C**onnection **I**dentifier). • Das Datenfeld hat eine variable Länge. Da die Übertragung sequentiell über den gleichen Netzwerkpfad erfolgt, erreichen die Pakete ihr Ziel stets in der korrekten Reihenfolge. • Der Rest des Protokolls lehnt sich an das LAP-D (**L**ink **A**ccess **P**rotocol for **D**-channels) -Protokoll an.

© Verlag Gehlen

Prinzipielle Struktur für weltweite Informationsdienste

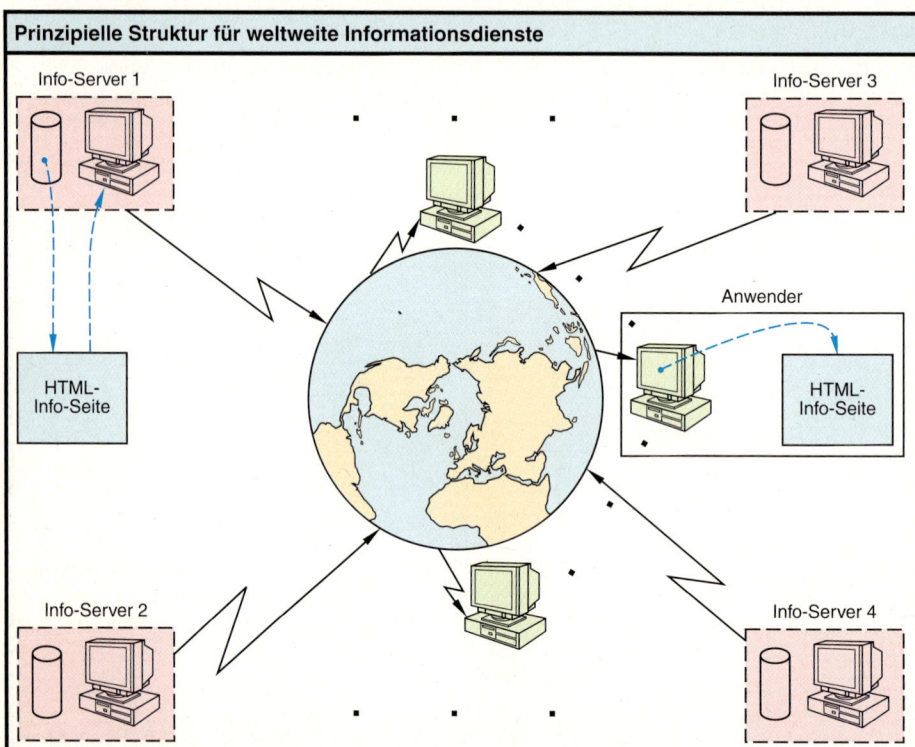

Informationsserver
- Alle abrufbaren Informationen werden auf Servern gehalten, die Tag und Nacht verfügbar (online) sind.
- Es existieren Online- Server mit demselben Datenbestand an verschiedenen Einwählknoten. Diese Server spiegeln ihre Daten untereinander. So entstehen Knotenpunkte in den verschiedenen Ortsnetzbereichen. Beispiele für Online-Server sind Dienste unter DatexJ, AOL oder CompuServe.
- Dienste mit dezentraler Informationshaltung bieten gleichfalls Server in allen Ortsnetzbereichen an. Es können alle Server in diesem Netz über ein Adressierungskonzept erreicht werden. Beispiel für ein Netz mit dezentraler Datenhaltung ist das Internet.
- Der Anbieter muss einen Dienst einrichten, der es einem Informationsabrufer ermöglicht, den Anbieter über eine serielle Telefonleitung oder ISDN zu erreichen. Neben einer Kennung und einem Passwortschutz muss dem Abrufer der Dienst mitgeteilt werden, über den er mit dem Anbieter arbeiten kann. Im Internet muss von einem Informationsserver beispielsweise ein http-Server aufgebaut werden.

Informationsabrufer
- Ein temporärer Zugang zu einem Informationsserver erfolgt über Telefonleitung oder ISDN.
- Hinter diesem temporären Zugang steht ein einzelner Rechner oder ein Rechnernetzwerk. Bei einem Rechnernetzwerk dient der Verbindungsrechner als Router. Ein einzelner Rechner kann über eine eigene Internet-Adresse auf das Internet zugreifen. Wird dieser Rechner als Firewall betrieben, werden Anfragen an das Internet über diesen Rechner an weitere Rechner vermittelt.
- Der Informationsabrufer muss sich mit einer Kennung, die ihm vom Betreiber des Informationsservers zugeteilt wurde, beim Server anmelden. Nach korrektem Anmeldevorgang wird eine Netzwerkverbindung aufgebaut und dem Anmelder eine temporäre Internet-Adresse zugeteilt.
- Das Netzwerkprotokoll entspricht dem Netzwerkprotokoll des Anbieters. Der Informationsabrufer muss eine Software besitzen, die es ihm ermöglicht, dieses Protokoll über eine serielle Telefonleitung oder über ISDN zu betreiben. Im Internet heißt das Netzwerkprotokoll TCP/IP. Der Abrufer erhält einen Zugang überwiegend über PPP (**P**oint to **P**oint **P**rotocol) oder über SLIP (**S**erial **L**ine **I**nternet **P**rotocol).

© Verlag Gehlen

Glossar zum Oberbegriff Internet

Begriff	Erläuterung
Archie	System zur Softwaresuche im Internet. Archie stellt eine Verbindung zu sogenannten Archie-Servern her, die den Fundort verfügbarer Softwareprodukte in einer Datenbank gespeichert haben.
ARPAnet	**A**dvanced **R**esearch **P**roject **A**gency: Entwicklung des ersten Weitverkehrsnetzes in den USA in den 70er Jahren. Das Internet ist aus dem ARPAnet entstanden.
Browser	Ein Programm, mit dem HTML-Seiten gelesen und interpretiert werden können.
CIX	**C**ommercial **I**nternet **E**xchange: Eine Vereinbarung zwischen Netzanbietern zur Erfassung des Datenverkehrs
DNS	**D**omain **N**ame **S**ystem: System zum Aufbau einer Rechnerhierarchie
FTP	**F**ile **T**ransfer **P**rotocol: Ein Internetdienst zum Kopieren von Dateien
Gopher	Abkürzung für „go for it": Eine Suchmaschine für das Internet. Die Suche erfolgt auf gopher-Servern.
HTML	**H**yper**t**ext **M**arkup **L**anguage: Textdatei, die vereinbarte Steueranweisungen enthält, die ein Internet-Browser interpretieren kann
http	Hypertext-Protokoll: Ein Protokoll, das auf einem Internet-Server installiert ist und den Abruf von Internet-Seiten ermöglicht.
Internet	• Weitverkehrsnetze, die zu einem großen Netzwerk zusammengefasst worden sind • Weltweiter Verbund aller Netze, die einen Datentransfer über das IP-Protokoll ermöglichen
InterNIC, NIC	**N**etwork **I**nformation **C**enter: Vergabe von weltweit eindeutigen Rechneradressen für das Internet. Der internationale Verbund ist das InterNIC. Jedes Land hat ein eigenes NIC. Das deutsche NIC befindet sich in Karlsruhe.
IP	**I**nternet **P**rotocol: Das Basisprotokoll des Internet.
IRC chat	**I**nternet **R**elay **C**ommunication: Ein „Live"-Diskussionsforum
ISOC	**I**nternet **Soc**iety: Eine Organisation, deren Mitglieder den Aufbau eines weltweites Informationsnetzes unterstützen
MILNET	**Mil**itary **Net**: Das Netzwerk für militärische Kommunikation und Bestandteil des ursprünglichen Internet
MIME	Multipurpose Internet Mail Extension: Eine email im MIME-Format kann neben ASCII-Texten auch binäre Datendateien enthalten. Der Sender erzeugt eine zusammenhängende mail-Datei, die beim Empfänger wieder entpackt wird.
NNTP	**N**et **N**ews **T**ransfer **P**rotocol: Protokoll zum Transfer von news-Nachrichten
PPP	**P**oint-to-**P**oint **P**rotocol: gebräuchliches TCP/IP-Protokoll über eine serielle (Telefon)-Leitung
SLIP	**S**erial **L**ine **I**nternet **P**rotocol: alternatives TCP/IP-Protokoll über eine serielle (Telefon)-Leitung
TELNET	Terminalverbindung zu einem entfernten Rechner im Netz
URL	**U**nified **R**esource **L**ocator: Sprachelement aus der HTML-Sprache. Über eine URL kann eine Grafikdatei, ein Programm oder eine Datei auf einem beliebigen Rechner im Internet referenziert werden.
USENET	Zusammenschluss der Rechner, die *news* transportieren. USENET ist Teil des Internet.
UUCP	**U**nit to **U**nit **C**opy: Mithilfe dieses Dienstes ist ein Offline-Betrieb im Internet möglich. Die für einen Rechner bestimmten *mail* und *news* werden zu bestimmten Zeiten mithilfe von *uucp* als Bündel vom Internet-Provider kopiert.
WAIS	**W**ide **A**rea **I**nformation **S**ervice: Suche nach Informationen im Internet in indizierten Datenbanken
WAN	**W**ide **A**rea **N**et: Weitverkehrsnetzwerk
White Pages	Liste von Benutzern, die im Internet erreichbar sind
WWW	**W**orld **W**ide **W**eb: Ein hypertextbasiertes Informationssystem im Internet

© Verlag Gehlen

Internet-Browser

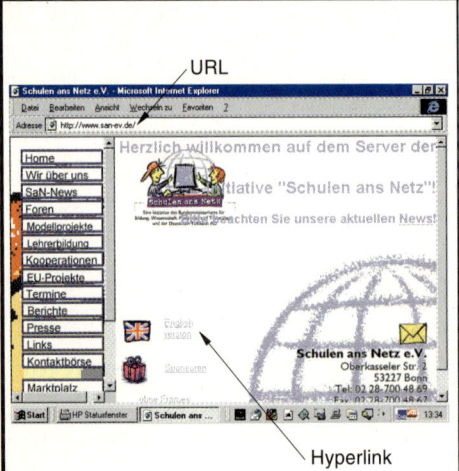

URL — Hyperlink

- Mit einem Internet-Browser kann ein Textdokument im HTML-Format gelesen und für die Darstellung grafisch umgesetzt werden.
- Im URL-Aufruf (Seite 192) wird der Dokumentname und der Rechnername, auf dem sich das Dokument befindet, angewählt. Neben der reinen Darstellung von Dokumenten können mithilfe der ftp-URL auch Dateien kopiert werden.
- Für einen eigenen Internet-Zugang muss der Rechner die Protokolle ppp und TCP/IP unterstützen. Zusätzlich wird der name-Service benötigt, mit dem die angewählten Namen (www.gehlen.de) in Internet-Adressen (193.1.2.121) umgewandelt werden können. Der Nameserver muss bei der TCP/IP-Konfiguration berücksichtigt werden.
- Bei einem Internet-Dienstanbieter (z.B. DFN, das Deutsche Forschungsnetz) muss ein Zugang für den eigenen Rechner eingerichtet werden, der die gewünschten Dienste (http, ftp, email usw.) unterstützt.

email

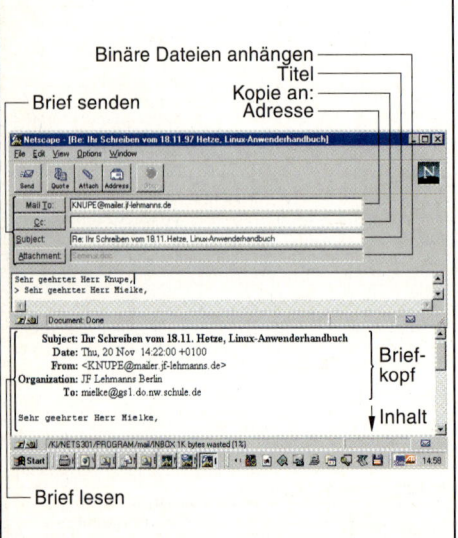

Brief senden — Binäre Dateien anhängen — Titel — Kopie an: — Adresse — Briefkopf — Inhalt — Brief lesen

- Mit dem email-Dienst wird ein Briefaustausch zwischen zwei Teilnehmern ermöglicht. Für email-Programme, die das MIME (Multipurpose Internet Mail Extensions)-Format unterstützen, ist auch ein Versand von binären Dateien möglich. Programme, Bilder, Video- und Tonsequenzen können in dem Brief zusätzlich transportiert werden.
- Die jeweilige Adresse des Partners muss bekannt sein. Es erfolgt keine Rückmeldung über eine erfolgreiche Kontaktaufnahme mit dem Partner. Nicht zustellbare Briefe werden jedoch zum Absender zurückgeführt.
- Um einen neuen email-Zugang einzurichten muss auf einem Rechner, der Zugang zu einem Mail-Server hat, ein neuer Benutzername eingerichtet werden. Der Benutzername ist mit dem Rechnernamen auf dem der Benutzer eingerichtet ist und der Domain dieses Rechners die email-Adresse des neuen Zugangs.
- Alle Briefe werden auf dem Mail-Server gesammelt und zu festgelegten Seiten auf den nächstgrößeren Mail-Server übertragen. Die Zustelldauer eines Briefes ist abhängig von der Anzahl der zwischenliegenden Mail-Server und dauert zwischen wenigen Stunden bis zu mehreren Tagen.

Beispiel für den Aufbau einer email-Adresse

Name des Adressaten plus "@"-Zeichen	Rechnername plus "."	Name der Domain
werner @	www.	gehlen.de

URL (Uniform Resource Locator)

Mithilfe von URL's (URL: **U**nified **R**essource **L**ocator) können Dateien verschiedener Formate kopiert und/oder in einem Browser dargestellt werden. Die Schreibweise einer URL besteht aus Protokoll, Rechnername, Verzeichnis und Datei. Die gängigsten Protokolle sind http, ftp, file und mailto.

Protokoll	Beispiel	Erläuterung
http	http://www.gehlen.de/index.html	Eine HTML-Datei wird geladen und dargestellt.
ftp	ftp://www.gehlen.de/pub/buch.zip	Die Datei buch.zip wird auf die Festplatte kopiert.
file	file:///lokal/gruss.html	Die Datei gruss.html wird von der lokalen Festplatte geladen.
mailto	mailto: werner@www.gehlen.de	Ein email-Programm wird durch den Browser gestartet. Die Adresse des Empfängers wird zugeordnet.

HTML (Hypertext Markup Language)

- HTML ist eine Dokument-Beschreibungssprache, die unterschiedliche Dokumententypen beschreibt. So kann ein Dokumentinhalt in Überschriften, Abschnitte, Tabellen, Listen usw. geordnet werden. Anders als in Postscript wird das Layout des Dokumentes auf dem Bildschirm oder auf dem Papier in HTML nicht geregelt.
- Jedes Internet-Dokument, das von einem Internet-Browser dargestellt wird, ist in HTML geschrieben.
- Die Ordnungsbefehle in HTML werden als *tags* bezeichnet. Sie stehen in eckigen Klammern. HTML wird um zusätzliche *tags* ständig erweitert. Der Browser, der die HTML-Dokumente liest, muss das entsprechende HTML-Format auch unterstützen.

HTML-Referenz (Auswahl)[1]

	Tag	Beschreibung
Dokument-struktur	<HTML> </HTML>	Markiert Beginn und Ende eines HTML-Dokumentes
	<HEAD> </HEAD>	(Meta-)Information über das Dokument
	<TITLE>Überschrift<TITLE>	Dokument-Titel (wird in HEAD aufgeführt)
	<BODY></BODY>	Innerhalb von BODY steht der Dokumentinhalt
	<!-- Kommentar-->	Kommentare werden im Browser nicht dargestellt
Anker	<A Href="URL">Text</A>	Die Referenz „Text" wird mit der URL verknüpft.
	<A Name="Anker">	Eine Referenz wird im lokalen Dokument definiert.
	<A Href="Anker">Text</A>	Eine Referenz im lokalen Dokument wird verknüpft.
	<A Href="URL#Anker">Text</A>	Eine Referenz im Dokument der URL wird verknüpft.
Text-blöcke	<UL></UL>	Eine nichtnummerierte Liste wird definiert.
	<OL></OL>	Eine nummerierte Liste wird definiert.
	<MENU></MENU>	Eine Menüliste wird definiert.
	<LI>	Ein Listenpunkt innerhalb der Liste.
Trenn-marken	<H1>Text</H1>...<H6>Text</H6>	Abschnittsformatierungen
	<HR>	Fügt eine horizontale Linie ein.
	 	Fügt einen Zeilenumbruch ein.
	<P>	Beginnt einen neuen Absatz
Format	<B>Text</B>, <I>Text</I>	Text wird fett (<B>) oder kursiv (<I>) ausgegeben.
Einbinden von Bildern	<IMG Src="URL">	Ein Bild wird mithilfe der URL „URL" geladen.
	<IMG Src="URL" ALT="string">	Soll das geladene Bild nicht angezeigt werden, wird alternativ der Text „string" ausgegeben.
	<IMG Src="URL">Align="top|bottom|middle">	Das Bild wird an einer der Positionen dagestellt.

[1] Aktuelle Liste aller HTML-Befehle: Abruf über die Adresse des WWW-Konsortiums **http://www.w3.org/**

© Verlag Gehlen

Sinnbilder für Programmablaufpläne (DIN 66001) (Auswahl)

Sinnbild	Bedeutung	Sinnbild	Bedeutung
▭	Verarbeitung einschließlich Eingabe und Ausgabe	⬭	Grenzstelle, z. B. Beginn oder Ende eines Programms
◇	Verzweigung	○	Verbindungsstelle zur Kennzeichnung, wenn ein PA aufgeteilt ist
⎔	Schleifenbegrenzung zur Eingrenzung eines Programmteils, der wiederholt durchlaufen wird	→⊦	Ablauflinie zur Verbindung der Sinnbilder
		----⌐	Bemerkung, kann an das Sinnbild zur Erläuterung angefügt werden

Programmablaufplan und Struktogramm

Programmablaufplan und Struktogramm dienen dazu, den Ablauf der aufeinander folgenden Verarbeitungsschritte in einem Programm während des Programmlaufs grafisch darzustellen.

Programmablaufplan (PA) (DIN 66001), Beispiel	Struktogramm nach Nassi-Shneiderman (DIN 66262), Beispiel

Programmablaufplan:
- Beginn
- Eingabe: U, I
- Berechnung: $P = U \times I$
- $P \geq 1000$?
  - nein → Ausgabe: P in W
  - ja → $P = \dfrac{P}{1000}$ → Ausgabe: P in kW
- Ende

Struktogramm:
- Eingabe: U, I
- Berechnung: $P = U \times I$
- $P \geq 1000$
  - nein: Ausgabe: P in W
  - ja: $P = \dfrac{P}{1000}$; Ausgabe: P in kW

Gegenüberstellung der Sinnbilder für Programmablaufpläne und Struktogramme

Programmablaufplan (PA)	Bemerkungen	Struktogramm nach Nassi-Shneiderman
Folge von Verarbeitungen		
Verarbeitung 1 → Verarbeitung 2 → Verarbeitung 3; Als Unterprogramm: ▯	• Folge mehrerer Aufgabenbeschreibungen • Aufeinander folgende Anweisungen • Unterprogrammname	Verarbeitung 1 Verarbeitung 2 Verarbeitung 3

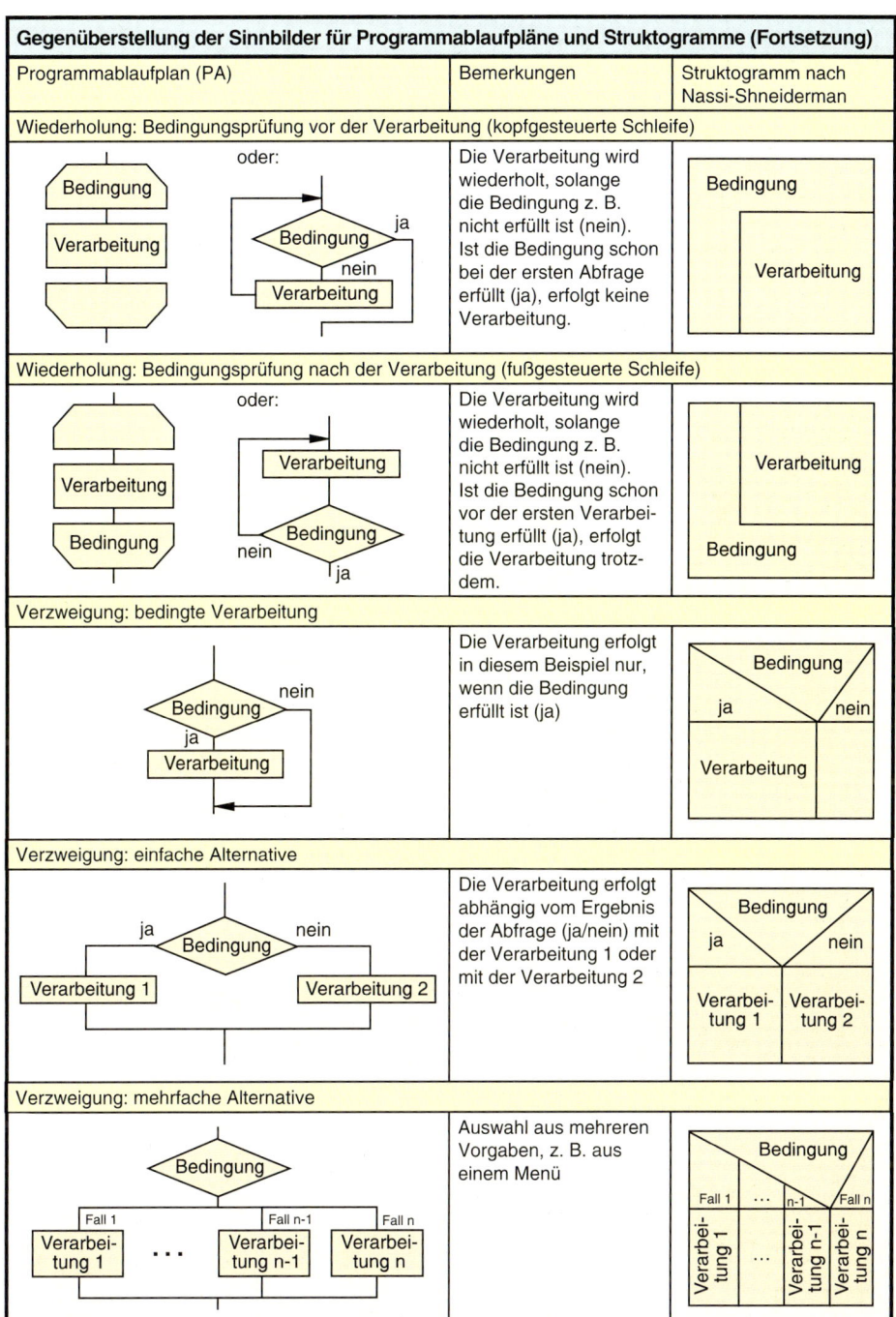

Objektorientierter Programmentwurf und die Unified Modeling Language (UML)

- Mit der Objektorientierung soll die Komplexität der Software-Entwicklung erleichtert werden. Objekte sind geschlossene, kleine Programmeinheiten, die in Beziehung zu anderen Objekten stehen. Im objektorientierten Programmentwurf kommt es darauf an, die Objekte möglichst allgemeingültig (für Programme wiederverwendbar) definieren zu können und die Beziehungen der Objekte untereinander zu bestimmen.
- Ein objektorientiert durchgeführtes Softwareprojekt wird in unterschiedlichen Entwicklungsschritten durchlaufen. Für jeden dieser Schritte stellt die UML Vorgehensweisen und Entwurfsmodelle zur Verfügung. Jeder nachfolgend dargestellte Projektzyklus kann mehrfach durchlaufen werden.
- Das Projektmanagment sollte nach den Methoden der Teamarbeit realisiert werden.

Projektzyklen

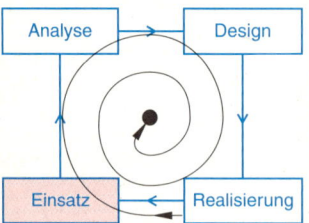

Analyse: Die Softwarelösung wird mit den künftigen AnwenderInnen in einem Pflichtenheft abgestimmt. Hier werden die problem- und softwarebezogene Ebene zusammengeführt.
Design: Das in der Analyse beschriebene Softwareproblem wird in ein objektorientiertes Modell überführt.
Realisierung: Die Realisierungsphase schließt die Codierung und den Softwaretest ein.
Einsatz: Softwareinstallation und Schulung sind Teil der Einsatzphase. Hier ist auch die Schulung der MitarbeiterInnen und ein Abgleich mit dem Pflichtenheft angesiedelt.

Analyse

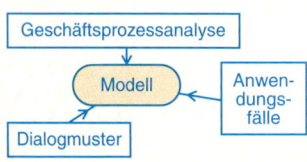

Geschäftsprozessanalyse: Der innerbetriebliche Ablauf, der durch Software unterstützt werden soll, wird analysiert.
Anwendungsfälle: Unterschiedliche typische Szenarien des Geschäftsprozesses werden untersucht und beschrieben.
Dialogmuster: Typische Begriffe, Ausdrucke, Formulare oder betriebliche Vorgehensweisen werden erfasst, sodass die Software später ein Abbild der betrieblichen Wirklichkeit wird.

Design

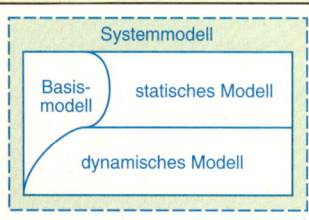

Basismodell: Im Basismodell werden die Grundelemente Klassen, Objekte, Attribute und Operationen entworfen.
Statisches Modell: Dieses Modell beschreibt die Beziehungen der Klassen und Objekte, die Ergebnis des Basismodells waren.
Dynamisches Modell: Das dynamische Modell beschreibt den Zustand und die Reaktion der Objekte auf Aktivitäten zur Laufzeit. Die Beschreibung kann in der UML in unterschiedlichen Diagrammen erfolgen. Diese sind das Sequenz-, Kollaborations-, Zustands- oder Aktivitätsdiagramm.

Realisierung

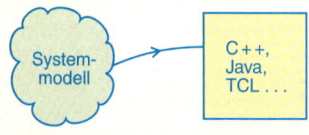

Kodierung: Die Kodierung sollte in einer objektorientierten Programmiersprache erfolgen, da der Entwurfsansatz so direkt programmtechnisch umsetzbar ist. Beispiele sind C++, Java, Smalltalk oder die Scriptsprache TCL.
Softwaretest: Beim Softwaretest wird kontrolliert, ob die Ergebnisse der Designphase entsprechend umgesetzt wurden.

Einsatz

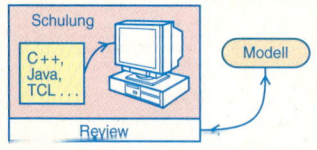

Installation: Das Produkt wird auf den Rechnern des Auftraggebers implementiert.
Schulung: Die Mitarbeiter erhalten eine Einweisung, um mit dem Produkt arbeiten zu können.
Review: Ein Vergleich des tatsächlichen Endproduktes mit dem geplanten Produkt zeigt, ob Änderungen notwendig sind.

© Verlag Gehlen

Symbolik der Unified Modeling Language

Name	Bild	Erläuterung
Grundelemente		
Klasse	«Stereotyp» Paket :: Klasse { Merkmale }	• Eine Klasse entspricht einem Plan oder einer Baubeschreibung. Die Definitionen einer Klasse setzt sich aus Attributen und Operationen zusammen. • Dem Klassennamen kann die zugehörige Fachklasse als Stereotyp und der Paketname vorangestellt sein.
Attribut	attribut: Typ = Initialwert { Zusicherung }	• Attribute sind Datenelemente, die in jedem Objekt einer Klasse enthalten sind und die für jedes Objekt individuell veränderbar sind.
Operation/ Methode	operation (Arg. liste): Rückg. typ { Zusicherung }	• Objekte kommunizieren über Nachrichten. Sie spiegeln das Verhalten eines Objektes wider. Die Methoden oder Operationen eines Objektes sind eine Sequenz von Anweisungen, die für eine Klasse definiert sind.
Objekt	objekt: Klasse attributname = wert	Ein Objekt ist ein Abbild einer Klasse im laufenden System. Die „Klassenkopie" zur Laufzeit trägt alle definierten Eigenschaften der Klasse und ist durch die Interaktion mit anderen Objekten und dem Zustand der Attribute eindeutig.
Zusicherungen	{ Zusicherung }	• Zusicherungen sind Bedingungen, die erfüllt sein müssen, sodass eine Operation durchgeführt wird. • Zusicherungen werden frei formuliert an die jeweilige Methode oder das Attribut einer Klasse geheftet.
Schnittstelle	« interface » Schnittstellenklasse operation1( ) operation2( )	Schnittstellen sind besondere Klassen mit dem Stereotyp „interface". Sie stellen das „Baugerüst" für eine Klasse dar. Klassen, die nach einer Schnittstellenklasse deklariert sind, entsprechen der Umsetzung eines Interfaces.
Objektbeziehungen		
Vererbung	Oberklasse, Diskriminator 1, Diskriminator 2, Unterklasse1, Unterklasse2, Unterklasse3, Unterklasse4, Unterklasse5	• Beim Vererbungskonzept werden Ober- und Unterklassen gebildet und Beziehungen zwischen den Klassen aufgebaut. Attribute und Operationen der Oberklassen sind auch den Unterklassen zugänglich. • Der **Diskriminator** wird als Unterscheidungsmerkmal für die Notwendigkeit von Hierarchieebenen dargestellt. • Bei der Mehrfachvererbung wird die Zahl der Hierarchieebenen vergrößert. Attribute und Methoden können so über mehrere Ebenen vererbt werden. • Der Mechanismus der **Delegation** ermöglicht die Mitbenutzung von Objekt-Eigenschaften, die auf einer Hierarchieeben stehen.
Assoziation	Multiplizität « Stereotypen » Beziehungsname ▶ { Zusich./Merkm.} Klasse 1 — * Klasse rolle rolle	• Eine Assoziation beschreibt die gemeinsame Beziehung von unterschiedlichen Klassen. • Der Rollenname einer Klasse drückt aus, welcher Aspekt der jeweiligen Klasse mit der anderen Klasse verknüpft ist. • Der Richtunsname wird mit einem Pfeil für die Richtung der Beziehung versehen.
Aggregation	Aggregation Ganzes ◇— Teil Komposition ◆— Existenzabhängiges Teil	• Eine Aggregation ist eine Assoziation, die berücksichtigt, dass eine Klasse Teil einer anderen Klasse ist (z. B.: Klasse „Auto" und Klasse „Rad"). Beide Klassen können auch unabhängig voneinander existieren. • Die Raute deutet jeweils auf die Gesamtklasse. • Bei einer Komposition sind die Klassen voneinander existenzabhängig.

© Verlag Gehlen

Unified Modeling Language (Fortsetzung)	
Symbolik	Erläuterung
Zustand	
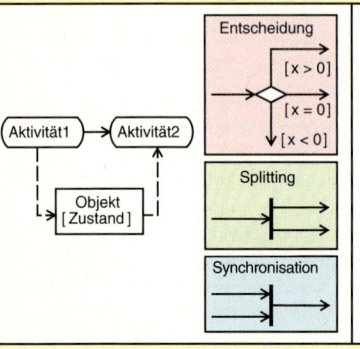	• Ein Zustand ist genau einer Klasse zugeordnet. Durch die Attributwerte der Klasse kann diese unterschiedliche Zustände annehmen. • Zustände werden als abgerundete Rechtecke dargestellt. Unterhalb des Zustandsnamen steht die Zustandsvariable und darunter das Ereignis. • Der Startzustand wird mit einem ausgefüllten Kreis eingeleitet. Der Endpunkt wird durch einen ausgefüllten Kreis, der in einem nicht ausgefüllten Kreis liegt, gekennzeichnet.
Aktivitäts- und Zustandsdiagramm	
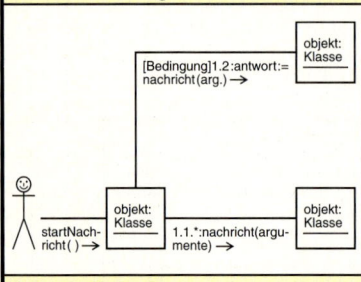	• Aktivitäten sind einzelne Schritte im gesamten Verarbeitungsablauf. Aktivitäten können dazu führen, dass sich der Zustand einzelner Objekte ändert. • Der Übergang von einer Aktivität zur nächsten wird durch einen Pfeil dargestellt. Bei Bedingungen wird ein Aktivitätspfeil an eine nicht ausgefüllte Raute geführt, die zu den weiteren Aktivitäten weiterleitet. • Die Synchronisation von Aktivitäten werden durch eine senkrechte, kurze Linie und mehrerer zulaufender Aktivitätspfeilen und einem abgehenden gekennzeichnet. • Ein Splitting einer Aktivität wird durch eine senkrechte, kurze Linie und einem zulaufenden Aktivitätspfeil, sowie mehrerer abgehender Aktivitätspfeile gekennzeichnet.
Kollaborationsdiagramm	
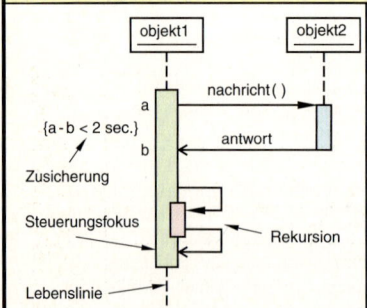	• Beim Kollaborationsdiagramm stehen die Objekte und ihre Zusammenarbeit im Vordergrund. Der zeitliche Verlauf der Nachrichten wird durch die Nummerierung der einzelnen Nachrichten verdeutlicht. • Es wird dargestellt, welche Nachrichten aus anderen Kommunikationsprozessen bereits abgeleistet sein müssen, bevor die anstehende Nachricht übermittelt wird. • Die von einer Nachricht gelieferten Antwort kann zum besseren Verständnis mit einem Namen versehen werden. • Die Richtung der jeweiligen Nachrichten zwischen den Objekten wird mit einem Pfeil markiert.
Sequenzdiagramm	
objekt1, objekt2, nachricht( ), antwort, {a - b < 2 sec.}, Zusicherung, Steuerungsfokus, Rekursion, Lebenslinie	• Beim Sequenzdiagramm wird der zeitliche Verlauf der Kommunikation zwischen den Objekten hervorgehoben. Beim Kollaborationsdiagframm dagegen wird besonderen Wert auf den Nachrichtenaustausch gelegt. • Objekte werden durch gestrichelte senkrechte Linien dargestellt. Über der Linie steht der Objektname. • Die Nachrichten werden als waagerechte Linien zwischen den Objektlinien gezeichnet. • Breite, nicht ausgefüllte Balken zeigen an, welches Objekt als Steuerungseinheit in diesem Zeitausschnitt anzusehen ist.

Programmiersprachen

C/C++

C ist eine höhere Programmiersprache, in der Elemente wie Prozeduren, Blöcke, Schleifen, Datentypen und Assembler-ähnliche Konstrukte vereinigt sind.
Bei der Entwicklung der Sprache war es ein Ziel, Assemblersprachen, welche zur Implementierung von Betriebssystemen notwendig sind, weitgehend zu ersetzen.
Die Programmiersprache C++ ist die objektorientierte Erweiterung von C.

Java

Java bietet ähnliche Funktionalitäten wie die Programmiersprachen C und C++, ist jedoch einfacher, besser erweiterbar und unabhängig von der eingesetzten Plattform.
Java ist eine objektorientierte, verteilte, interpretierende, robuste, sichere, architekturneutrale, portable, schnelle, multithreaded und dynamische Sprache.

Visual Basic

Visual Basic von Microsoft ist eine Entwicklungsumgebung zur Erstellung von Windows-Anwendungen. Sie verfügt über Elemente mit denen die grafischen Oberflächen von Programmen gestaltet und der Programmcode erstellt werden kann.
In Visual Basic wird zwischen visueller- und Code-Programmierung unterschieden. Für die visuelle Programmierung werden Werkzeuge zur Verfügung gestellt, mit denen es möglich ist, mit Maus und Tastatur Programme zu erstellen, ohne Programmcode einzugeben.

Programmstruktur

Beispiel	Erläuterung	
// Beispielprogramm Hello World	Kommentar	C
#include <iostream.h>	Header- bzw. Include-Datei(en) einfügen	+
#define FLAG 1	Konstanten- und Makrodefinition	+
int size = 100;	globale Variablendeklaration	
int hello_world(char* text);	Funktionsprototypen deklarieren	
void main() {	Hauptprogramm	
int z=0;	Variablenzuweisung und Deklaration	
z = hello_world("Hello World ");	Funktionsaufruf	
}	Ende des Hauptprogramms	
int hello_world(char* text){	Funktionsdefinition	
cout << *text <<"\n";	Ausgabe der Variable *text* und einem *return*	
return 1;	Rückgabewert	
}	Funktionsende	
// Beispielprogramm Hello World	Kommentar	J
public class HelloWorld {	Klassendefinition	a
public static void main(String argv[]) {	Aufruf der Methode *main* (für ausführbare Programme)	v a
System.out.println("Hello World!");	Ausgabe des Textstring *Hello World*	
}	Ende der Methode *main*	
}	Programmende	

© Verlag Gehlen

Programmstruktur (Fortsetzung)

Beispiel	Erläuterung		

`import java.applet.*;`
`import java.awt.*;`
`public class HelloApplet extends Applet`
`{`
  `public void paint(Graphics g) {`
    `g.drawString("Hello World", 30, 60);`
  `}`
`}`
	Das Beispiel zeigt ein Applet, das in einem Applet-Viewer oder HTML-Browser ablaufen kann. Im Gegensatz zum Standalone-Programm wird nicht die Methode *main()*, sondern die Methode *Applet* erweitert.	Java	

`<APPLET code="HelloApplet.class"`
`width=100 height=100>`
`</APPLET>`
	Das Applet wird in einer HTML-Datei zur Anzeige referenziert.		

' Programm "Hello World"	Kommentar		VB
Private Sub cmdExit_Click()	Beginn der Prozedur-Definition *cmdExit_Click*.		
End	Kommando für das Programmende		
End Sub	Ende der Prozedur		
Private Sub cmdHello_Click()	Beginn der Prozedur-Definition *cmdHello_Click*.		
txtDisplay.Text = "Hello World!"	Ausgabe von "Hello World"		
End Sub	Ende der Prozedur		

Kommentare

Beispiel	Erläuterung		

`/* Kommentar`
`....`
`*/`
`// Kommentar`
	Kommentar im C Stil
	
	Kommentar im C++ Stil einzeilig
		C++	Java

`/** Kommentar`
`.....`
`*/`
	Dokumentations-Kommentar in der Programmiersprache Java		

' Kommentar	Kommentar in Visual Basic		VB

Compiler-Direktiven

Anweisung	Erläuterung	

`#include <Datei>`
`#include "Datei"`
`#define`
`#undef`
`#error,`
`#if und #elif`
`#ifdef und #ifndef`
	Die Compiler-Direktiven steuern die Übersetzung eines Programmes. Es können Dateien eingelesen werden, Makros definiert und es kann die Übersetzung bedingt durchgeführt werden.	C++

Die Programiersprachen Java und Visual Basic haben keine Precompiler. In diesen Sprachen gibt es keine Compiler-Direktiven.

Namen und Schlüsselworte

Beispiel	Erläuterung			
name Name _abc A1	Ein Name ist eine beliebige Folge aus Buchstaben und Ziffern. Das erste Zeichen muss ein Buchstabe sein. Ein Tiefstrich "_" gilt als Buchstabe. Es dürfen keine Schlüsselworte wie z. B. in C++ „int", „main", usw. verwendet werden. In C++ und Java wird Groß- und Kleinschreibung berücksichtigt.	C++	Java	VB

Konstanten

Beispiel	Erläuterung			
const Tage = 7; const char ACHTUNG = '!'; #define MINUTEN 60	Werte, die unveränderlich sind, werden in C++ mit *const* deklariert. Eine weitere Möglichkeit ist, die *define*-Anweisung zu nutzen.	C++		

public final class Math {
   ...
   public static final double PI = 3.14159;
   ...
}
	Jede Variable, die in Java mit *final* deklariert wird, ist eine Konstante und kann nicht verändert werden.		Java	

Const Tage = 7 Const Achtung As String = "!"	In Visual Basic werden Konstanten mit dem Schlüsselwort *Const* deklariert.			VB

Variablen

Beispiel	Erläuterung			

int Tag;
int Tag = 6;
int i, j, Index = 1;
	Variablen können mit der Deklaration gleichzeitig Werte zugewiesen werden. Variablen gleichen Typs können in einer Anweisung deklariert werden.	C++	Java	

DIM Tage Tage = 7 DIM Tage AS Integer Tage = 7	In Visual Basic müssen Variablen nicht generell deklariert werden, mit Ausnahme wenn die Anweisung *Option Explicit*, in einem Programm verwendet wird. Mit der *DIM*-Anweisung werden Variablen deklariert. Wird der Typ nicht angegeben, ist die Variable vom Typ Variant.			VB

Elementare Datentypen

Typ	Bits	Wertebereich/Erläuterung [1]		
bool	8	true, false; Boolscher Datentyp	C	
char	8	Zeichen	+	
short	16	Ganze Zahl mit Vorzeichen	+	
int	16	Ganze Zahl mit Vorzeichen		
long	32	Ganze Zahl mit Vorzeichen und erweiterter Genauigkeit		
float	32	Gleitkommazahl		
double	64	Gleitkommazahl doppelte Genauigkeit		

[1] In C++ ist der Wertebereich und die Darstellung der Typen compiler- bzw. betriebssystemabhängig.

© Verlag Gehlen

Elementare Datentypen (Fortsetzung)

Typ	Bits	Wertebereich/Erläuterung	
long double	80	Gleitkommazahl mit erweiterter Genauigkeit.	C++
long short unsigned		Die Schlüsselworte long (erweiterte Genauigkeit), short (kleinste Darstellung) und unsigned (Darstellung ohne Vorzeichen) können auf den Typ int angewandt werden; das Schlüsselwort unsigned außerdem auf char, short und int, z. B. unsigned long int.	
void		untypisierter Datentyp	
boolean	1	true oder false; Boolscher Datentyp	JAVA
char	16	\u0000 bis \uFFFF; Unicode Zeichen	
byte	8	–128 bis127; Ganze Zahl mit Vorzeichen	
short	16	–32768 bis 32767; Ganze Zahl mit Vorzeichen	
int	32	-2147483648 bis 2147483647; Ganze Zahl mit Vorzeichen	
long	64	–9223372036854775808 bis 9223372036854775807; Ganze Zahl mit Vorzeichen	
float	32	+/–3.40282347E+38 bis +/–1.40239846E–45; IEEE 754 Gleitkommazahl einfache Genauigkeit	
double	64	+/–1.79769313486231570E+308 bis +/–4.94065645841246544E–324 IEEE 754 Gleitkommazahl doppelte Genauigkeit	
Boolean	16	True oder False; Boolscher Datentyp	VB
Byte	8	0 bis 255	
Integer	16	–32768 bis 32767; Ganze Zahl	
Long	32	–2,147483648 bis 2,147483647; Ganze Zahl	
Currency	64	–922,337,203,685,477.5808 bis 922,337,203,685,477.5807	
Single	32	–3.402823E38 bis –1.401298E–45; 1.401298E–45 bis 3.402823E38; Gleitkommazahl	
Double	64	–1.79769313486232E308 bis –4.94065645841247E–234; 4.94065645841247E–234 bis 1.79769313486232E308; Gleitkommazahl mit doppelter Genauigkeit	
Decimal	96	+/–79,228,162,514,264,337,593,543,950,335 ohne Dezimalstellen; +/–7.9228162514264337593543950335 mit 28 Dezimalstellen; +/–0.0000000000000000000000000001 kleinste Zahl ungleich Null	
Date	64	1. Januar 100 bis 31. Dezember 9999	
Object	32	Objekt-Referenz	
String	10+L[1]	maximale Größe ca. 2 Billionen	
String	L[1]	1 bis 65,400; Feste Länge	
Variant	96	Jede Zahl im Wertebereich von Double	
Variant	176+L[1]	maximale Größe ca. 2 Billionen; für Zeichen	

[1] Länge der Zeichenkette

Referenzen · Aufzählungstypen · Zeichenketten **201**

Referenzen

Beispiel	Erläuterung	

int n = 10;
int& Tage = n;
Tage++;
	Eine Referenz ist ein alternativer Name für eine Variable. Sie muss initialisiert sein.	C++

Aufzählungstypen

Beispiel	Erläuterung	
enum wochende { samstag = 6, sonntag }; wochende tag = samstag;	Mit Aufzählungstypen können Variablen deklariert werden, die eine Liste von benannten Konstanten (in C++ vom Typ int., in Visal Basic vom Typ long) annehmen können. Werden den Elementen der Liste nicht explizit Werte zugeordnet, ist der Wert des ersten Elementes 0. Die Werte der nachfolgenden Elemente werden jeweils um 1 erhöht. In Java können Aufzählungstypen durch *static final* simuliert werden.	C++

Enum Wochende
  Nichtdefiniert = 0
  Samstag = 6
  Sonntag
End Enum
Wochende = Samstag
		VB

Zeichenketten (Strings)

Beispiel	Erläuterung	
char* z = "Eine Zeichenkette"; char z1[ ] = "Zweite String"; cout << "Eine Zeichenkette"; count << "Eine Zeichenkette" << z1;	C++ besitzt keinen elementaren Datentyp für Zeichenketten. Eine Zeichenkette ist eine in Anführungszeichen eingeschlossene Folge von Zeichen, die intern durch ein Null-Zeichen '\0´ abgeschlossen wird.	C++
String z = "Eine Zeichenkette"; String z1 = new String("Zweiter String"); System.out.println("Eine Zeichenkette"); System.out.println("Eine Zeichenkette" + z1);	In Java können Zeichenketten mit String definiert werden. Sie werden nicht durch ein Null-Zeichen abgeschlossen. Zeichenketten sind kein elementarer Datentyp, sondern eine Instanz der Klasse String.	Java
Dim z As String = "Eine Zeichenkette" z1 = "Zweiter String" Debug.Print "Eine Zeichenkette" Debug.Print "Eine Zeichenkette"; z1	Visal Basic besitzt einen elementaren Datentyp für Zeichenketten.	VB

Zeichenkettenverarbeitung

Funktion, Methode	Erläuterung	
#include <string.h> #include <cstring.h>	In der Header-Datei sind die Funktionen zur Stringmanipulation definiert.	C++
char* strcpy (char* p, const char* q);	kopiert q nach p	
char* strncpy (char* p, const char* q, int n);	kopiert n char von q nach p	
char* strcat (char* p, const char* q);	hängt q an p an	

© Verlag Gehlen

Zeichenkettenverarbeitung (Fortsetzung)

Funktion, Methode	Erläuterung	
char* **strncat** (char* p, const char* q, int n);	hängt n Zeichen von q an p an	C++
char* **strchr** (char* p, int c);	erstes Zeichen c in p suchen	
char* **strpbrk** (char* p, const char* q);	erstes Zeichen von q in p suchen	
char* **strstr** (char* p, const char* q);	ersten Teilstring q in p suchen	
char* **strrchr** (char* p, int c);	letztes Zeichen c in p suchen	
int **strcmp** (const char* p, const char* q);	p und q vergleichen	
int **stricmp** (const char* p, const char* q);	p und q vergleichen (keine Unterscheidung von Groß- und Kleinbuchstaben)	
int **strncmp** (const char* p, const char* q, int n);	vergleicht die ersten n Zeichen	
size_t **strlen** (const char* p);	Länge von p ohne ´\0´ (Stringende)	
size_t **strcspn** (const char* p, const char* q);	Anzahl von Zeichen in p vor einem Zeichen nicht in q	
size_t **strspn** (const char* p, const char* q);	Anzahl von Zeichen in p vor einem Zeichen von q	
char* **strlwr** (char* p);	wandelt Großbuchstaben in Kleinbuchstaben	
char* **strupr** (char* p);	wandelt Kleinbuchstaben in Großbuchstaben	
char* **strrev** (char *p);	kehrt Reihenfolge der Zeichen um	
java.lang.String	Die Klasse *java.lang.String* enthält Methoden zur Zeichenkettenmanipulation.	Java
public char **charAt**(...);	extrahiert ein Zeichen aus einer Zeichenkette	
public int **compareTo**(...);	vergleicht zwei Zeichenketten	
public String **concat**(...);	verbindet zwei Zeichenketten	
public boolean **endsWith**(...);	vergleicht das Ende einer Zeichenkette mit einem Wert	
public int **indexOf**(...);	sucht vorwärts nach einem Wert	
public boolean **equals**(...);	prüft zwei Strings auf Gleichheit	
public boolean **equalsIgnoreCase**(...);	prüft zwei Strings auf Gleichheit (keine Unterscheidung von Groß- und Kleinbuchstaben)	
public int **length**();	bestimmt die Länge einer Zeichenkette	
public String **replace**(...);	erzeugt eine neue Zeichenkette wobei ein Zeichen gegen ein anderes ersetzt wird	
public boolean **startsWith**(...);	vergleicht den Beginn einer Zeichenkette mit einem Wert	

Zeichenkettenverarbeitung (Fortsetzung)

Funktion, Methode	Erläuterung	
public String **substring**(...);	extrahiert einen Teilstring	Java
public char[] **toCharArray**();	konvertiert einen String zu einem Feld	Java
public String **toLowerCase**(...);	konvertiert in Kleinbuchstaben	Java
public String **toUpperCase**(...);	konvertiert in Großbuchstaben	Java
public String **trim**();	entfernt Leerzeichen	Java
InStr([start,]string1, string2[, compare])	vergleicht zwei Zeichenketten compare gleich 0: binärer Vergleich compare gleich 1: Textvergleich (ohne Groß- und Kleinschreibung) compare gleich 2: für Microsoft Access	VB
Left(string, length)	extrahiert von vorn Zeichen	VB
Len(string)	bestimmt die Länge	VB
LCase(string)	konvertiert in Kleinbuchstaben	VB
LTrim(string)	entfernt von vorn Leerzeichen	VB
Mid(string, start[, length])	extrahiert Zeichen in einer Zeichenkette	VB
Right(string, length)	extrahiert von hinten Zeichen	VB
Rterm(string)	entfernt von hinten Leerzeichen	VB
Trim(string)	entfernt alle Leerzeichen	VB

Zeiger

Beispiel	Erläuterung	

char b = ´a´;
char* p = &b; // p enthält die Adresse von b
char b2 = *p; // b2 enthält den Wert ´a´
cahr p2 = p; // p2 enthält die Adresse
	Ein Zeiger ist eine Variable vom Typ T* und speichert die Adresse einer Variablen oder eines Objekts vom Typ T. Soll auf den Wert der Adresse zugegriffen werden, wird der Zeigername mit vorangestelltem "*" verwendet. Der Adressoperator & liefert die Adresse eines Objekts.	C++

int a[4] = { 1, 2, 3};
int* p = a; // entspricht &a[0];
int* p2 = a[2]; // Zeiger auf das dritte Element
cout << *p // gibt a[0] aus
p++; / Zeiger auf das nächste Element
cout << *p
	Es ist möglich, arithmetische Operationen mit Zeigern durchzuführen.
	Zeiger und Felder sind in C++ eng verwandt. Der Name eines Feldes kann als Zeiger auf sein erstes Element verwendet werden.
		C++

char const* pc; // Zeiger auf konstanten char
const char* pc; // Zeiger auf konstanten char
char *const cp; // Konstanter Zeiger auf char
	Wird der Deklaration eines Zeigers ein *const* vorangestellt, wird das Objekt, aber nicht der Zeiger eine Konstante. Der Zeiger wird konstant mit der Deklaration **const*.	C++

char** ppc; // Zeiger auf Zeiger auf char	Mit der Deklaration *Typ*** können Zeiger auf Zeiger deklariert werden.	C++

© Verlag Gehlen

Felder

Beispiel	Erläuterung	
int array[3]; const int MAX = 10; char string[MAX+1]; char string[];	In Feldern werden mehrere Werte vom gleichen Typ gespeichert. Sie werden mit „Typ Feld[Anzahl]" deklariert. Die Elemente werden von 0 bis „Anzahl-1" indiziert.	C++
int array[3] = { 1, 2, 3}; array[0] = 1; int a[3][2]; int a[3][2] = { 1, 2, 3}	Initialisierung von eindimensionalen Feldern. Zugriff auf eindimensionale Felder. Deklaration von mehrdimensionalen Feldern. Initialisierung von mehrdimensionalen Feldern. Es werden a[0][0], a[0][1], a[1][0] die Werte 1, 2, 3 zugeordnet und dem Rest 0.	

int pArray = new int[3];
delete [] pArray;
a = pArray[1];
a = *(pArray + 1);
	Deklaration von dynamischen Feldern.
	Freigabe des Speicherplatzes.
	Zugriff auf ein dynamisches Feld.	

int array[]; int [] array;	Deklaration eines Feldes.	Java
int array[] = new int[3];	Felder müssen initialisiert werden. Dies kann mit dem Operator *new* erfolgen.	
int table [] = {1, 2, 3, 4, 5}; String info[] = {"Glelb", "Blau"};	Eine zweite Möglichkeit ist, Felder dynamisch zu initialisieren.	

char a = info[1][3];
int n[] =new int[10];
a[0] = 0;
for(int i = 1; i < n.length; i++) n[i] = i + n[i-1];
	Der Zugriff erfolgt über die Referenz. Der Speicherplatz wird automatisch mittels *garbage collection* freigegeben, wenn das Feld nicht mehr referenziert wird.	

int a[][] = new int[10][]; char info[][] = { {"A", "B", "C"}, {"1", "2", "3"}};	Initialisierung von mehrdimensionalen Feldern. Die Indizierung erfolgt wie in C++.	
Dim array	Deklaration eines Feldes ohne Typenangabe, ist vom Typ *Varinat*.	VB
array = Array(1, "ABC", 45.6, False)	Initialisierung mit der Funktion *Array*.	
Dim array(3) array(0) = 2	Der Index beginnt mit 0 wenn er nicht durch *Option Base* festgelegt wird.	
Option Base 1 Dim array(3)	Der Indexbereich beginnt durch Verwendung von Option Base 1 mit 1 und endet bei 3.	
Dim array(1 To 3) As Integer Dim countDown(-3 To 0)	Für jedes Datenfeld kann der Indexbereich individuell festgelegt werden.	
Dim array() ReDim array(2) ReDim array(1)	Es können dynamische Felder deklariert werden. Der Indexbereich kann mit *ReDim* verändert werden.	
Dim array(1 to 31, 1 To 20) As Single	Deklaration eines mehrdimensionalen Feldes.	
Dim array() As Byte ReDim array(FileLen ("C:\WIN\SETUP.DMP")	In Byte-Felder können binäre Daten, wie Programme, Bild- und Sounddateien, abgelegt werden.	

Strukturen und benutzerdefinierte Typen

Beispiel	Erläuterung	

struct adresse {
  char* name;
  int* nummer;
};
	Eine Struktur ist eine Zusammenfassung von beliebigen Typen. Die Definition eines neuen Typs erfolgt mit der Anweisung *struct*.	C++

adresse a;	Deklaration einer Variablen.	
a.name = "Meier";	Zugriff mit dem Punktoperator ".".	
adresse a = { "Meier", "21"};	Die Initialisierung von Strukturen erfolgt wie bei Feldern.	
adresse* p; p->name = "Meier"; p->nummer = "21";	Auf Strukturen kann mit dem -> Operator zugegriffen werden. Es ist p->name äquivalent zu (*p).name.	
adresse b; b = a;	Mit dem Zuweisungsoperator = können Strukturen kopiert werden.	

Type Adresse
  Name As String
  Nummer As Interger
End Type
	Mit der *Type* Anweisung können benutzerdefinierte Typen deklariert werden, die ein oder mehrere Elemente enthalten. Die Elemente können beliebige Typen sein.	VB

Dim a AS Adresse	Deklaration einer Variablen.	
a.name = "Meier"	Zugriff auf ein Element.	

Operatoren

Pri.	Operator	Syntax	Bedeutung	
1	::	Klassen :: Element, ::Name	Bereichsauflösung, global	C
2	.	Objekt . Element	Elementselektion	++
	->	Zeiger -> Element,	Elementselektion	+
	[]	Zeiger [Ausdruck]	Indizierung	
	()	Ausdruck, Typ (Ausdruckliste)	Funktionsaufruf, Werterzeugung	
	++, --	Lvalue ++, Lvalue --	Postinkrement, Postdekrement	
	typeid	typeid (Typ), typeid (Ausdruck)	Typidentifikation zur Laufzeit	
	dynamic_cast	dynamic_cast<Typ(Ausdruck)	Konvertierung zur Laufzeit	
	static_cast	static_cast<Typ>(Ausdruck)	gepr. Konvertierung zur Laufzeit	
	reinterpret_cast	reinterpret_cast<Typ>(Ausdruck)	ungeprüfte Konvertierung	
	const_cast	const_cast<Typ>(Ausdruck)	const-Konvertierung	
3	sizeof	sizeof Objekt, sizeof(Typ)	Objektgröße, Typgröße	
	++, --	++ Lvalue, -- Lvalue	Präinkrement, Prädekrement	JAVA
	~, !	~Ausdruck, !Ausdruck	Komplement, Negation	
	-, +	-Ausdruck, +Ausdruck	unäres Minus, unäres Plus	
	new	new Typ (Ausdrucksliste)	Erzeugung (Initialisierung)	
	()	(Typ) Ausdruck	Typkonvertierung	
	&, *	&Lvalue, *Ausdruck	Adresse, Dereferenzierung	
	delete	delete Zeiger, delete [] Zeiger	Freigabe, Feldfreigabe	
4	.*	Objekt .* Zeiger auf Element	Elementselektion	
	->*	Objekt ->* Zeiger auf Element	Elementselektion	

© Verlag Gehlen

Operatoren (Fortsetzung)

Pri.	Operator	Syntax	Bedeutung	C	Java	VB
5	*	Ausdruck * Ausdruck	Multiplikation	+	✓	✓
	/	Ausdruck / Ausdruck	Division	+	✓	✓
	%	Ausdruck % Ausdruck	Modulo	+	✓	
	Mod	Ausdruck Mod Ausdruck	Modulo			✓
6	+	Ausdruck + Ausdruck	Addition			
	−	Ausdruck − Ausdruck	Subtraktion			
7	<<, >>	Ausd. << Ausd., Ausd. << Ausd.	Linksshift, Rechtsshift			
	>>>	Ausdruck >>> Ausdruck	Rechtsshift mit Nullen auffüllen			
8	<	Ausdruck < Ausdruck	kleiner als			
	<=	Ausdruck <= Ausdruck	kleiner gleich			
	>	Ausdruck > Ausdruck	größer als			
	>=	Ausdruck >= Ausdruck	größer gleich			
	instanceof	Referenztype instanceof Type	Typenvergleich			
9	==	Ausdruck == Ausdruck	gleich			
	!=	Ausdruck != Ausdruck	ungleich			
10	&	Ausdruck & Ausdruck	bitweises Und			
11	^	Ausdruck ^ Ausdruck	bitweises Exklusiv-Oder			
12	|	Ausdruck | Ausdruck	bitweises Oder			
13	&&	Ausdruck && Ausdruck	logisches Und			
14	||	Ausdruck || Ausdruck	logisches Oder			
15	=	Lvalue = Ausdruck	einfache Zuweisung			
	*=	Lvalue *= Ausdruck	Multiplikation und Zuweisung			
	/=	Lvalue /= Ausdruck	Division und Zuweisung			
	%=	Lvalue %= Ausdruck	Modulo und Zuweisung			
	+=	Lvalue += Ausdruck	Addition und Zuweisung			
	−=	Lvalue −= Ausdruck	Subtraktion und Zuweisung			
	<<=	Lvalue <<= Ausdruck	Linksshift und Zuweisung			
	>>=	Lvalue >>= Ausdruck	Rechtsshift und Zuweisung			
	&=	Lvalue &= Ausdruck	Und und Zuweisung			
	|=	Lvalue |= Ausdruck	Oder und Zuweisung			
	~	Lvalue ~= Ausdruck	Exklusiv-Oder und Zuweisung			
16	?:	Ausdruck ? Ausdruck : Ausdruck	Bedingte Zuweisung			
17	throw	throw	Ausnahmebehandlung			
18	,	Ausdruck , Ausdruck	Sequenzoperator			
	And	Ausdruck And Ausdruck	logisches Und			
	Or	Ausdruck Or Ausdruck	logisches Oder			
	Xor	Ausdruck Xor Ausdruck	logisches Exklusiv-Oder			
	Not	Not Ausdruck	Negation			
	Imp	Ausdruck Imp Ausdruck	logische Implikation			
	Eqv	Ausdruck Eqv Ausdruck	logische Äquivalenz			
	Is	Objekt1 Is Objekt2	Objektvergleich			
	Like	Zeichenkette Like Teilstring	Zeichenkettensuche			

© Verlag Gehlen

Anweisungen

Syntax	Beispiel	Erläuterung	C	Java
if (Bedingung) Anweisung;	if (j == 4) j=1;	einfache *if*-Anweisung	+	a

if (Bedingung) Anweisung
else Anweisung
	if (x > 0) {
	  x *= 7;
	} else {
	  x *= -7;
	}
		Die *if-else*-Anweisung erlaubt eine Entscheidungsfindung auf Basis der formulierten Bedingung.	+	v
				a

switch (Variable) {
  case wert1:
    Anweisung;
    [break;]
  ...
  case wertn:
    Anweisung;
    [break];
  default:
    Anweisung;
}
	switch (rc) {
	  case 1:
	    msg = "Fehler1";
	    break;
	  case 2:
	    msg = "ok";
	    break;
	  default:
	    msg = "Fehler2";
	    break;
	}
		Mit der *switch*-Anweisung wird der Wert der Variablen nacheinander mit jedem *case*-Block verglichen und bei Übereinstimmung die jeweilige Anweisung ausgeführt. Nach einem *break* wird das Programm nach der *switch*-Anweisung fortgesetzt. Wird keine Übereinstimmung gefunden, wird die *default*-Anweisung ausgeführt.		

while (Bedingung)
  Anweisung
	while (c >= 0) {
	  a=10;
	}
		Die *while*-Anweisung überprüft die Bedingung, bevor die Anweisung ausgeführt wird.		

do Anweisung
  while(Bedingung);
	do {
	  a+=c;
	  ....c++;
	} while (c <=5);
		Die *do*-Anweisung überprüft die Bedingung nachdem die Anweisung ausgeführt wurde und wiederholt sie, bis die Bedingung erfüllt ist.		

for (Initialisierung; Bedingung; Ausdruck)
  Anweisung
	for (i = 0; i < 10; i++) {
	  a[i] = i; }
		Die *for*-Anweisung wir verwendet, um eine Schleife mit einer bestimmten Anzahl zu durchlaufen.		

case Konstanter-Ausdruck:
  Anweisung
	case 3:
	  a=1;
		Das *case*-Label für die *switch*-Anweisung muss disjunkte Werte enthalten.		

default: Anweisung[1]	default: a=5;	Falls kein Wert mit dem *case*-Label übereinstimmt, wird das *default*-Label ausgewählt.		
break [Bezeichner];[1]	break;	Die *break*-Anweisung verlässt die aktuelle *switch*-Anweisung oder Schleife (*for*, *do while*).		
continue [Bezeichner];[1]	continue;	Die *continue*-Anweisung bewirkt einen Sprung zum Ende der Schleife.		
label:[1]	Ziel:	Das *label*-Statement wird als Sprungziel für Anweisungen genutzt.		
return Ausdruck	return 1;	Die *return*-Anweisung initialisiert den Rückgabewert.		

[1] Diese Ausdrücke können in den dargestellten Schleifen auftreten.

© Verlag Gehlen

Anweisungen (Fortsetzung)

Syntax	Beispiel	Erläuterung		
goto Label;	goto ende;	Sprung zu einem Label.	C++	Java

try { Anweisungsliste }
catch(Ausnahmetyp) {
   Anweisungsliste }
...
catch(Ausnahmetyp) {
   Anweisungsliste }
	try {
	   out.write(b);
	}
	catch (OutputError e){
	   out.error;
	}
		Wirft eine Anweisung im *try*-Block aus. Diese wird in einem der Ausnahme zugehörigen *catch*-Block ausgewertet.	C++	Java

If Bedingung Then
   [Anweisungen]
[Else Anweisungen]
	If X<12 Then
	   Y=10
	Else Y=15
		Einfache *If*-Anweisung mit optionaler *Else*-Anweisung.		VB

If Bedingung Then
   [Anweisungen]
[Elseif Bedingung Then]
   [Anweisungen]
...
[Else Anweisungen]
End If
	If X<12 Then
	   Y=10
	Elseif X<10 Then
	   Y=5
	Else
	   Y=15
	End If
		Erweiterte *if*-Anweisung mit *ElseIf*- und *Else*-Anweisung.
		Die *If*-Anweisung schließt mit *End If* ab.
				VB

Select Case Variable
  [Case Ausdruck
    [Ausdrucksliste]]
...
  [Case Else
    [Ausdrucksliste]]
End Select
	Select Case X
	   Case Is=5
	     Debug.Print "Ist 5"
	   Case Else
	     Debug.Print "Error"
	End Select
		Mit der *Select*-Case-Anweisung wird der Wert der Varibalen nacheinander mit den *Case*-Ausdrücken verglichen. Trifft keiner dieser Ausdrücke zu, wird der *Case-Else*-Ausdruck ausgewertet.		VB

Do While Bedingung
   [Anweisungen]
Loop
	Do While Num < 10
	   Sum = Sum + Num
	   Num = Num + 2
	Loop
		Die *Do-While*-Anweisung wird ausgeführt, solange die Bedingung erfüllt ist.		VB

Do Until Bedingung
   [Anweisungen]
Loop
	Do Until Num >=10
	   Sum = Sum + Num
	   Num = Num + 2
	Loop
		Die *Do-Until*-Anweisung wird ausgeführt, bis die Bedingung erfüllt ist.		VB

Do
   [Anweisungen]
Loop Until Bedingung
	Do
	   Sum = Sum + Num
	   Num = Num + 2
	Loop Until Num >= 10
		Die *Do-Loop-Until*-Anweisung überprüft die Bedingung, nachdem die Anweisung ausgeführt wird.		VB

Do
   [Anweisungen]
Loop While Bedingung
	Do
	   Num = Num + 2
	Loop While Num < 10
		Die *Do-Loop-While*-Anweisung überprüft die Bedingung, nachdem die Anweisung ausgeführt wird.		VB

For zähler = start To ende [Step schritt]
....[Anweisungen]
   [Exit For]
   [Anweisungen]
Next [zähler]
	For I = 1 To 10 Step 2
	   If I > 5 Then Exit For
	   Sum = Sum + 1
	Next I
		Die *For*-Anweisung wird verwendet, um eine Schleife mit einer bestimmten Anzahl zu durchlaufen.
		Mit *Exit For* kann die Schleife vorzeitig abgebrochen werden.
				VB

© Verlag Gehlen

Datenmodelle

Hierarchisches Datenmodell

- Das hierarchische Datenmodell ist eine Baumstruktur.
- In physikalischen Speicherstrukturen lassen sich Hierarchien effizient in einfachen linearen Listen abbilden.
- Nachteil: In einer Datenstruktur sind häufig auch Mehrfachbeziehungen zwischen Hierarchieebenen vorhanden, die in dem Modell nicht berücksichtigt werden können.

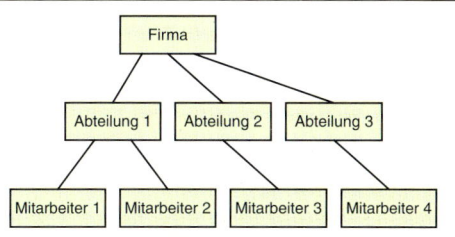

Netzwerk-Datenmodell

- Das Netzwerk-Datenmodell führt auf das mathematische Modell eines Graphen zurück.
- Das vorliegende Modell ermöglicht Mehrfachbeziehungen in unterschiedlichen Hierarchieebenen.
- Nachteil: Die Abbildung auf physikalische Speicherstrukturen ist gegenüber dem hierarchischen Modell komplexer.

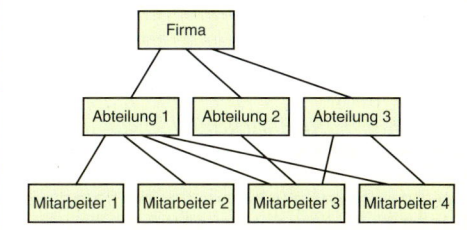

Relationales Datenmodell

- Das relationale Datenmodell kann auf die Struktur der „Tabelle" (Relation) zurückgeführt werden. Die Objekte und deren Beziehungen werden in der Datenbank durch Tabellen dargestellt.
- Die Beziehungen zwischen den Relationen sind vorhanden, wenn ein Wert in mehreren Relationen oder Tabellen auftritt.
- Die Abbildung auf physikalische Speicherstrukturen ist leicht möglich.
- Nachteil: Reale Problemstellungen lassen sich nicht immer in Relationen abbilden.

Abteilung	Name	Vorname	Alter
1	Meyer	Hans	30
2	Müller	Albert	42
.	.	.	.
.	.	.	.

ER (entity relationship)-Modell

- Das ER-Modell ist ein allgemeiner Ansatz zur Datenmodellierung, das leicht in eine Datenbank umgesetzt werden kann. Es geht davon aus, dass sich ein Problem in unterscheidbare Exemplare (entities) zerlegen lässt.
- Die Beziehungen zwischen den Exemplaren werden „relationships" bezeichnet.
- Attribute sind die charakterisierenden Größen der entities.
- Im Diagramm werden entities als Rechtecke, relationships als Raute und Attribute als Ellipsen dargestellt. Attribute werden durch gestrichelte Linien und relationships mit durchgezogenen Linien verbunden.

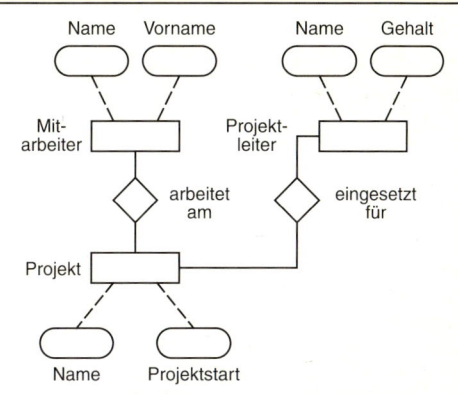

© Verlag Gehlen

Datenbanken

Dateisysteme

In den 60er Jahren wurden Daten, die dauerhaft gespeichert werden sollten, in Dateisystemen abgelegt. Programme benutzten diese Dateien als Eingabedaten, verarbeiteten sie und speichern sie wiederum in Dateien. Dieses Modell hatte jedoch einige gravierende Nachteile in der Datenhaltung, die durch Datenbanksysteme gelöst werden sollten.

Datenbanksysteme

Das Konzept der Datenbanksysteme trennt die Daten von den Anwendungsprogrammen. Ein Datenbanksystem besteht aus einer oder mehreren Datenbasen und einem Datenbank-Managementsystem (DBMS). Eine Datenbasis ist eine Sammlung von Informationen bzw. Daten, die dauerhaft im Sekundärspeicher z. B. auf einer Festplatte eines Rechnersystems gehalten werden. Das Datenbank-Managementsystem ist ein Programm, über das alle Anwendungsprogramme auf die Daten zugreifen können. Bei verteilten Datenbanken befinden sich die Datenbasis oder das Datenbank-Managementsystem bzw. Teile davon auf mehreren Rechnern.

Die Vorteile eines Datenbanksystems gegenüber einem Dateisystem sind:
- Die Redundanz wird vermindert, da alle Daten in einem integrierten Datenbestand der Datenbasis gespeichert werden.
- Es werden Inkonsistenzen vermieden, da die Verwaltung der Datenbestände durch eine zentrale Kontrollinstanz, dem Datenbank-Management, durchgeführt wird.
- Es kann ein besserer Schutz und eine bessere Integrität der Daten gewährleistet werden.
- Die logische Sicht der Daten kann für Benutzer oder Benutzergruppen unterschiedlich gestaltet werden. So können anwendungsbezogene Daten neu strukturiert werden.
- Standards können besser unterstützt bzw. besser eingehalten werden.

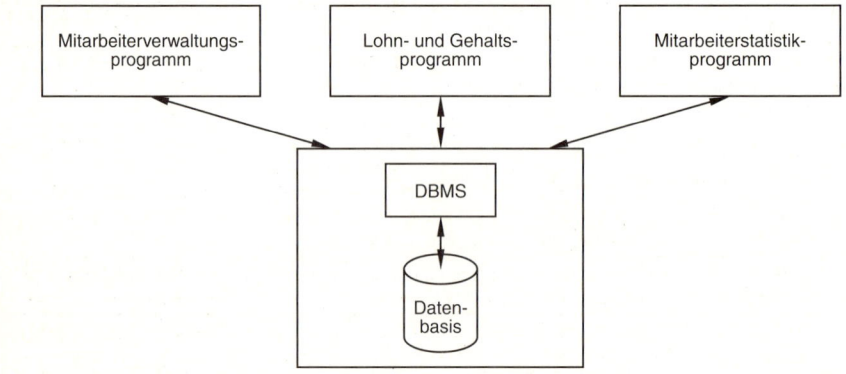

Client-Server-Konzept

Datenbanken sind vielfach nach einem Client-Server-Konzept aufgebaut. Das Client-Server-Prinzip ist ein verteiltes Softwaremodell, das unabhängige Prozesse realisiert, die in festgelegter Form miteinander kommunizieren. Ein Client sendet dem Server eine Anfrage (Request), der Server bearbeitet diese und sendet dem Client eine Antwort (Reply).
Bei relationalen Datenbanken sendet der Client dem Server eine SQL-Anweisung und der Server antwortet auf diese Anfrage mit einer Menge von Tupeln.

SQL (Structured Queried Language)

- SQL ist eine weit verbreitete Datenbanksprache zur Manipulation von relationalen Datenbanken.
- Das ANSI (American National Standards Institute) hat zwei SQL-Sprachumfänge standardisiert: SQL-Level I (X3.135) und SQL-Level II (X3.136).
- SQL kann interaktiv über Benutzereingaben oder in Programmen eingebettet werden (embedded SQL).

Kontrollieren von Datenbanken

Kommando	Erläuterung	Beispiel
CREATE DATABASE [Verzeichnis] Datenbank	Erzeugt eine neue Datenbank.	CREATE DATABASE Neue_Datenbank
DROP DATABASE Datenbank	Löscht eine bestehende Datenbank.	DROP DATABASE Neue_Datenbank
SHOW DATABASE	Zeigt alle verfügbaren SQL-Datenbanken an.	–
START DATABASE Datenbank	Mit diesem Kommando wird eine Datenbank geöffnet.	START DATABASE Neue_Datenbank
STOP DATABASE	Eine geöffnete Datenbank wird geschlossen.	–

Anlegen oder Ändern von Datenbank-Objekten

Kommando	Erläuterung	Beispiel
ALTER TABLE Tabelle ADD (Spalte Datentyp [, Spalte Datentyp ...])	Eine Tabelle wird um eine weitere Spalte durch die Angabe von Spaltennamen und Datentyp ergänzt.	ALTER TABLE Personal ADD (Vorname CHAR(25))
ALTER TABLE Tabelle MODIFY (Spalte Datentyp [, Spalte Datentyp ...])	Der Wertebereich oder der Datentyp einer Spalte in einer Tabelle wird geändert.	ALTER TABLE Personal MODIFY (Vorname CHAR(10))
CREATE [UNIQUE] INDEX Index ON Tabelle (Spalte [ASC/DESC][,...])	Für eine Tabelle wird eine Indextabelle erzeugt. Die Sortierreihenfolge erfolgt standardmäßig aufsteigend (ASC) oder absteigend (DESC). UNIQUE stellt sicher, dass der Schlüssel nur einmal vorkommt.	CREATE INDEX Personen ON Personal (Name, Strasse, Wohnort)
CREATE SYNONYM Synonym FOR Tabelle	Der Befehl erzeugt ein Synonym als zweiten Namen für eine Tabelle.	CREATE SYNONYM Leute FOR Personal
CREATE TABLE Tabelle (Spalte Datentyp [,...])	Es wird eine neue Tabelle angelegt, in der mindestens eine Spalte definiert sein muss.	CREATE TABLE Personal (Name CHAR(25))
CREATE VIEW Sicht (Spalte,...) AS SELECT Abfrage	Der Befehl erzeugt eine neue Sicht auf Tabellen als virtuelle Tabelle mithilfe der SELECT-Anweisung.	CREATE VIEW Rentner (Name,Alter) AS SELECT Name,Alter FROM Personen WHERE Alter >65

Embedded SQL

Kommando	Erläuterung	Beispiel
CLOSE Cursor	Schließt einen SQL-Zeiger.	CLOSE zeige_wert
DECLARE Cursor CURSOR FOR SELECT Befehl	Erzeugt einen Zeiger mit den zugehörigen Spalten, auf die die Ergebnisse von SQL-Anweisungen geschrieben werden können.	DECLARE zeiger CURSOR FOR SELECT Name,Alter FROM Personal
FETCH Cursor INTO Variable, Variable	FETCH bewegt den Zeiger zur nächsten Zeile der SELECT-Ergebnistabelle und kopiert den Inhalt in die Speichervariablen.	FETCH zeiger INTO name2,alter2

© Verlag Gehlen

SQL (Fortsetzung)

Embedded SQL (Fortsetzung)

Kommando	Erläuterung	Beispiel
OPEN Cursor	Ein Zeiger wird geöffnet.	OPEN zeiger
UPDATE Tabelle / Sicht SET Spalte = Ausdruck,... [WHERE CURRENT OF Cursor]	Ändert die letzte Zeile, die vom SQL-Server mit dem FETCH-Befehl geholt worden ist.	UPDATE Personal SET Name = 'Kramer' WHERE CURRENT OF zeiger

Löschen von Datenbank-Objekten

Kommando	Erläuterung	Beispiel
DROP INDEX index	Löscht eine Indextabelle.	DROP INDEX Personen
DROP SYNONYM Name	Löscht ein Synonym.	DROP SYNONYM Leute
DROP TABLE Tabelle	Löscht eine Tabelle.	DROP TABLE Personal
DROP VIEW Sicht	Löscht eine Sicht.	DROP VIEW Rentner

Abfragen und Ändern von Tabellen

Kommando	Erläuterung	Beispiel
DELETE FROM Tabelle [Alias][WHERE Bedingung]	Löscht Spalten aus einer Tabelle. Ohne WHERE werden alle Spalten gelöscht.	DELETE FROM Personal WHERE Alter>65
INSERT INTO Tabelle [Spalte,...] VALUES (Wert,..)	Der Befehl INSERT fügt Zeilen aus einer Werteliste in die Zeile ein. Bei fehlender Spaltenliste wird die Tabellendefinition zugrunde gelegt.	INSERT INTO Personal VALUES ('Mielke',34)
SELECT [DISTINCT/ALL] Spalte1,Spalte2,.../* [INTO] FROM Table1,Table2,... /Alias1,Alias2,... [WHERE Bedingung] [GROUP BY Spalte1,...] [HAVING Bedingung] [UNION Abfrage] [ORDER BY Sortierung / FOR UPDATE OF Bed.] [SAVE TO TEMP Table [Spalte1,...]/[KEEP]	• Mit SELECT wird eine Abfrage aus einer oder mehreren Tabellen gestartet. • Die einfachste Form der Abfrage lautet SELECT ...FROM. • SELECT-Abfragen können als Unterabfragen weitere SELECT-Anweisungen enthalten. • Werden Abfragen auf alle Spalten einer Tabelle durchgeführt, kann auch ein '*' verwendet werden. • Alle weiteren Optionen des Befehls sind Klauseln.	SELECT Name,Alter FROM Personal WHERE Name = (SELECT Name FROM Telefonbuch WHERE Vorwahl = '0231')
UPDATE Tabelle / Sicht SET Spalte = Ausdruck,... [WHERE Bedingung]	Ändert die Werte in einer Zeile.	UPDATE Personal SET Name='Kramer' WHERE Name = 'Mielke'

Klauseln, Operatoren und Funktionen

Ausdruck	Erläuterung	Beispiel
ALL	ALL Operator vergleicht mit allen Werten einer Datenmenge	SELECT Name,Vorname FROM Personal WHERE Alter <= ALL(SELECT Alter FROM Personal WHERE Name LIKE "M%")
ANY	ANY Operator vergleicht jeden Einzelwert einer Datenmenge	SELECT Name,Vorname FROM Personal WHERE Alter <= ANY(SELECT Alter FROM Personal WHERE Name LIKE "M%")

© Verlag Gehlen

SQL (Fortsetzung)

Klauseln, Operatoren und Funktionen (Fortsetzung)

Ausdruck	Erläuterung	Beispiel
AND	Logischer Operator UND.	WHERE Alter > 16 AND Alter < 23
AVG	AVG bestimmt den Mittelwert einer Tabellenspalte.	SELECT AVG(Alter) FROM Pers..
BETWEEN	BETWEEN vereinfacht die Suche nach Werten in einem Bereich.	WHERE Alter BETWEEN 16 AND 20
COUNT	COUNT bestimmt die Anzahl der Werte einer Spalte oder die Anzahl der Zeilen einer Tabelle.	SELECT COUNT(*) FROM Personal
DISTINCT	DISTINCT vermeidet Mehrfachzählungen.	SELECT DISTINCT Name FROM P
EXISTS	EXISTS wird in Unterabfragen genutzt, um zu prüfen ob die Abfrage Zeilen liefert.	SELECT Name FROM Personal1 WHERE EXISTS (SELECT * ....
GROUP BY	GROUP BY gruppiert die Zeilen der Ergebnistabelle.	SELECT Name, Alter FROM Personal GROUP BY Name, Alter
HAVING	HAVING wählt Zeilen von Datengruppen aus.	SELECT Name FROM Personal HAVING Alter < 30
IN	IN vereinfacht den logischen Vergleich von Werten.	WHERE Alter IN (21, 22, 23)
INTO	INTO wird im Embedded SQL genutzt um eine Zeile der Ergebnistabelle in Variablen zu speichern.	SELECT Name INTO name FROM Personal
LIKE	LIKE vereinfacht den Vergleich von Zeichenketten.	WHERE Name LIKE "Mie"
MAX	MAX bestimmt den größten Wert einer Spalte.	SELECT MAX(Alter) From Personal
MIN	MIN bestimmt den kleinsten Wert einer Spalte.	SELECT MAX(Alter) From Personal
NOT	Logischer Operator NICHT.	WHERE NOT Urlaub
OR	Logischer Operator ODER.	WHERE Alter > 16 OR Alter > 65
ORDER BY	ORDER BY sortiert die Ergebnistabelle.	SELECT Name, Vorname FROM Personal ORDER BY
SUM	SUM bestimmt die Summe einer Spalte.	SELECT SUM(Alter) FROM Personal
UNION	UNION bildet aus mehreren Ergebnistabellen eine neue Ergebnistabelle.	SELECT Name FROM M1 UNION SELECT Name FROM M2
WHERE	WHERE wird im SELECT Befehl verwendet um die Suche auf bestimmte Zeilen zu beschränken.	SELECT Name FROM Personal WHERE Name LIKE "Kr"

Vergleichsoperatoren				Datentypen	
Operator	Erläuterung	Operator	Erläuterung	Datentyp	Erläuterung
<=	kleiner gleich	>=	größer gleich	CHAR	Zeichenfolge
				DECIMAL	Festkommazahl
<	kleiner als	>	größer als	FLOAT	Gleitkommazahl
=	gleich	!	Negation	INTERGER	Ganze Zahlen
<>	ungleich			SMALLINT	Ganze Zahlen

© Verlag Gehlen

Elektromagnetische Wellen

Wellenausbreitung	Ausbreitungsgeschwindigkeit, allgemein
(Diagramm: elektrisches Feld E und magnetisches Feld B als senkrecht zueinander stehende Querwellen mit Wellenlänge λ)	$c = \dfrac{1}{\sqrt{\varepsilon_0 \cdot \varepsilon_r \cdot \mu_0 \cdot \mu_r}}$ oder $c = \lambda \cdot f$
	im Vakuum ($\mu_r = \varepsilon_r = 1$): $\quad c_0 = \dfrac{1}{\sqrt{\varepsilon_0 \cdot \mu_0}}$ **in Materie** ($\mu_r \approx 1$): $\quad c = \dfrac{c_0}{\sqrt{\varepsilon_r}}$
Das elektrische und magnetische Wechselfeld sind polarisierte Querwellen, die senkrecht aufeinander stehen.	c Ausbreitungsgeschwindigkeit in m/s c_0 Ausbreitungsgeschwindigkeit im Vakuum in m/s ε_0 elektrische Feldkonstante in As/Vm ε_r Permittivitätszahl μ_0 magnetische Feldkonstante in Vs/Am μ_r Permeabilitätszahl λ Wellenlänge in m f Frequenz in Hz

- Für die meisten Stoffe – mit Ausnahme der ferromagnetischen – ist die Permeabilitätszahl $\mu_r \approx 1$.
- Die Ausbreitungsgeschwindigkeit ist in Materie kleiner als im Vakuum.

$\varepsilon_0 = 8{,}86 \cdot 10^{-12} \,\dfrac{As}{Vm}$; $\quad \mu_0 = 1{,}25 \cdot 10^{-6} \,\dfrac{Vs}{Am}$

- Die Lichtgeschwindigkeit beträgt $c_0 = 2{,}99792 \cdot 10^8 \,\dfrac{m}{s} \;\Rightarrow\; c_0 \approx 3 \cdot 10^8 \,\dfrac{m}{s}$

Frequenzbereiche für Hör- und Fernsehfunk

Bezeichnung	Fequenzbereich	Bezeichnung	Fequenzbereich
AM-Hörfunk; 9 kHz Senderabstand		VHF-Bereich, Band I (Kanal 2 bis 4; 7 MHz Senderabstand)	47 bis 68 MHz
Langwellenbereich	150 bis 285 kHz		
Mittelwellenbereich	510 bis 1605 kHz		
Kurzwellenbereich	2,3 bis 2,498 MHz	UKW-Bereich, Band II (Kanal 2 bis 66; 300 kHz Senderabstand)	87,5 bis 108 MHz
94-m-Band	3,20 bis 3,4 MHz 3,95 bis 4,0 MHz		
60-m-Band	4,75 bis 4,995 MHz 5,005 bis 5,06 MHz	VHF-Bereich, Band III (Kanal 5 bis 12; 7 MHz Senderabstand)	174 bis 230 MHz
49-m-Band	5,95 bis 6,2 MHz		
41-m-Band	7,1 bis 7,3 MHz	UHF-Bereich, Band IV (Kanal 38 bis 69; 8 MHz Senderabstand)	470 bis 606 MHz
31-m-Band	9,5 bis 9,775 MHz		
25-m-Band	11,7 bis 11,975 MHZ		
19-m-Band	15,1 bis 15,45 MHz	SHF-Bereich	11,7 bis 12,5 GHz
16-m-Band	17,1 bis 17,9 MHz		
13-m-Band	21,45 bis 21,75 MHz 25,6 bis 26,1 MHz		

Frequenzbereiche für Satelliten

L-Band in GHz	S-Band in GHz	C-Band in GHz	X-Band in GHz	Ku-Band in GHz	Ka-Band in GHz
1,10 bis 2,60	2,60 bis 2,95	3,70 bis 4,80	7,20 bis 7,75	K1: 10,95 bis 11,70 K1: 11,70 bis 12,50 K1: 12,50 bis 12,75	18,30 bis 22,22

© Verlag Gehlen

Das Spektrum der elektromagnetischen Wellen

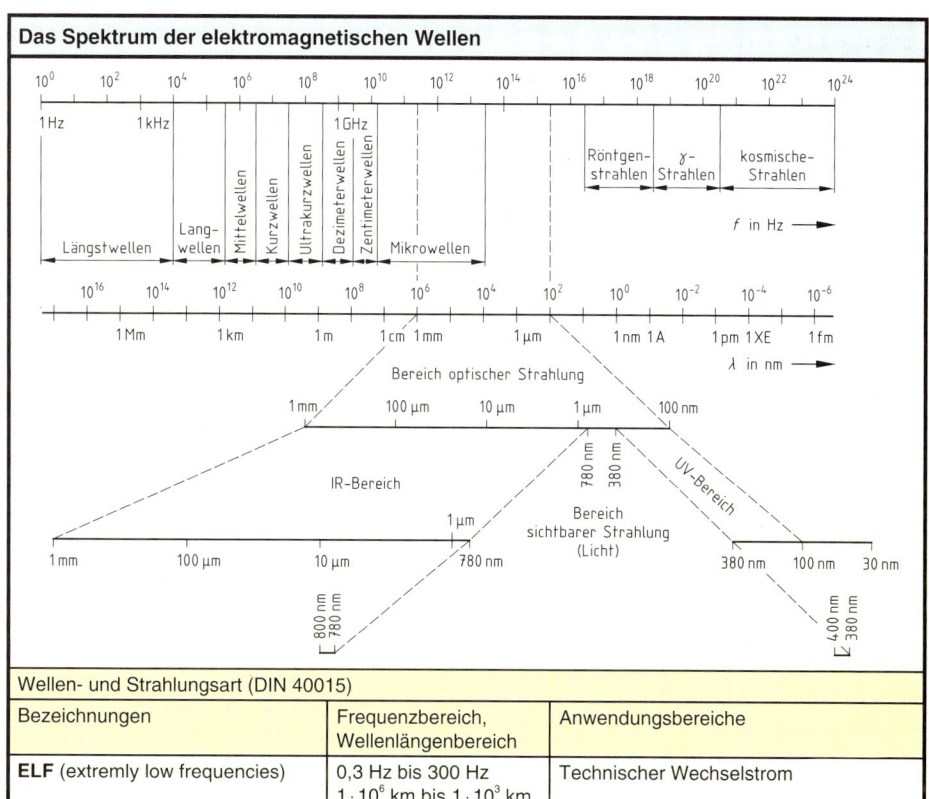

Wellen- und Strahlungsart (DIN 40015)

Bezeichnungen	Frequenzbereich, Wellenlängenbereich	Anwendungsbereiche
ELF (extremly low frequencies)	0,3 Hz bis 300 Hz $1 \cdot 10^6$ km bis $1 \cdot 10^3$ km	Technischer Wechselstrom
ILF (infra low frequencies) **Niederfrequente Schwingung**	300 Hz bis 3 kHz $1 \cdot 10^3$ km bis 100 km	
VLF (very low frequencies) **Myrianderwellen** (Längswellen)	3 kHz bis 30 kHz 100 km bis 10 km	Funkverkehr zwischen Feststationen (Reichweite bis 20000 km); U-Boot
LF (low frequencies) **Kilometerwellen** (Langwellen)	30 kHz bis 300 kHz 10 km bis 1 km	Funkverkehr zwischen Feststationen, Rundfunk und Überseefunk
MF (medium frequencies) **Hektometerwellen** (Mittelwellen)	300 kHz bis 3 MHZ 1 km bis 0,1 km	Rundfunk, Schiffsfunk, Amateurfunk, Polizeifunk; (Reichweite bis 4000 km)
HF (high frequencies) **Dekameterwellen** (Kurzwellen)	3 MHz bis 30 MHz 100 m bis 10 m	Rundfunk für große Reichweiten (20000 km), Küstenfunk, Amateurfunk, Medizin
VHF (very high frequencies) **Meterwellen** (Ultrakurzwellen)	30 MHz bis 300 MHz 10 m bis 1 m	Rundfunk, Fernseh-, Richtfunk, Flugnavigation, Amateur-, Küstenfunk, Medizin
UHF (ultra high frequencies) **Dezimeterwellen** (Ultrakurzwellen)	300 MHz bis 3 GHz 1m bis 0,1 m	Fernsehfunk, Richtfunk, Flugnavigation, Amateurfunk
SHF (super high frequencies) **Zentimeterwellen** (Mikrowellen)	3 GHz bis 30 GHz 10 cm bis 1 cm	Radar, Richtfunk, Navigation
EHF (extremly high frequencies) **Millimeterwellen**	30 GHz bis 300 GHz 1 cm bis 0,1 cm	Radar, Richtfunk
Mikrometerwellen	300 GHz bis 3 THz 1mm bis 0,1 mm	

© Verlag Gehlen

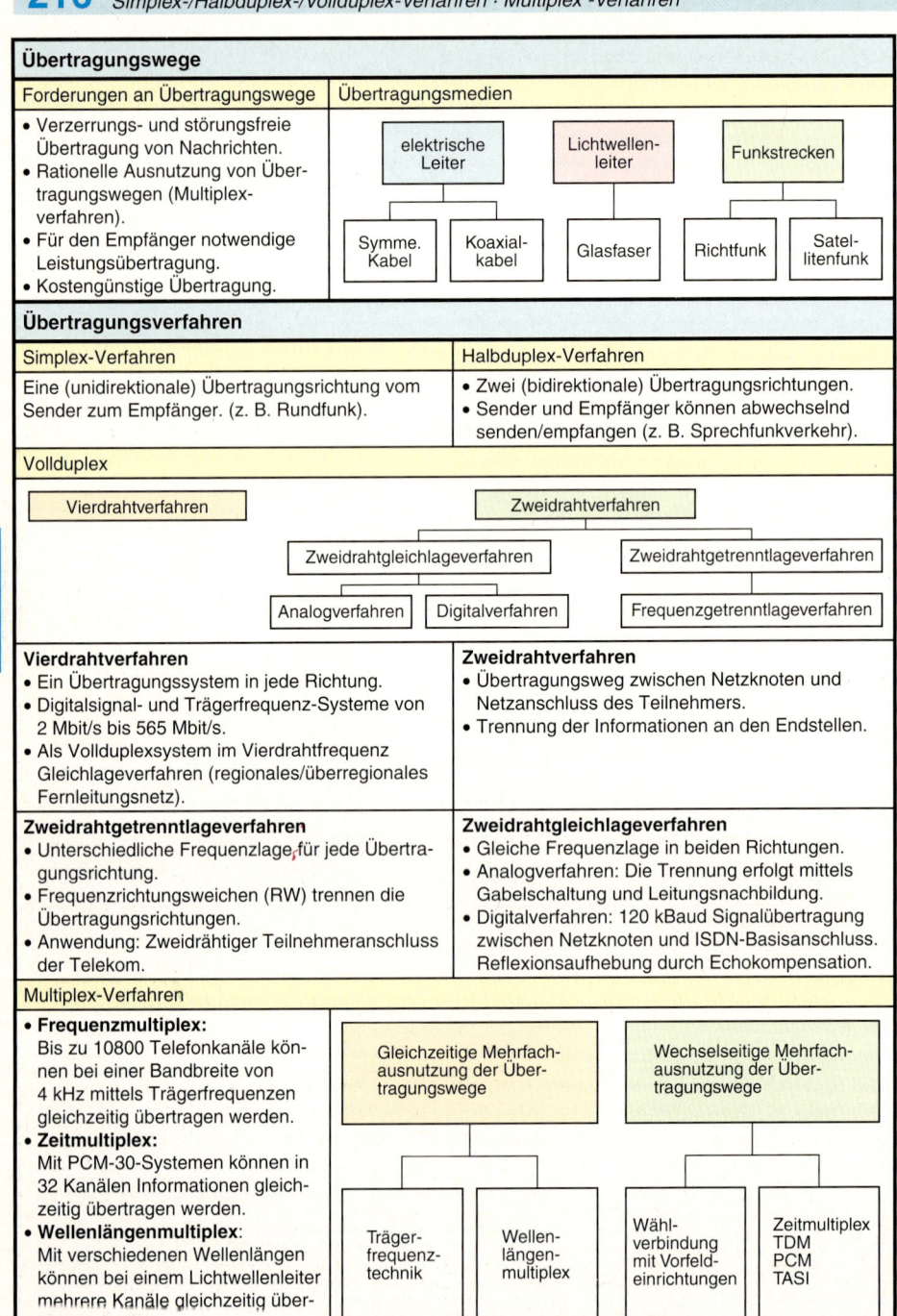

Elektrische Multiplexverfahren

Zeitmultiplex TDM [1]
- Zeitliche Staffelung mehrere Signale.
- Abtastung der Signale und Zuordnung zu einem Zeitfenster
- Mindestens zwei Abtastungen innerhalb einer Periode der Übertragungsfrequenz.

Abtasttheorem: $f_A \geq 2 \cdot f_{Emax}$

f_A Abtastfrequenz in Hz
f_{Emax} max. Informationsfrequenz in Hz

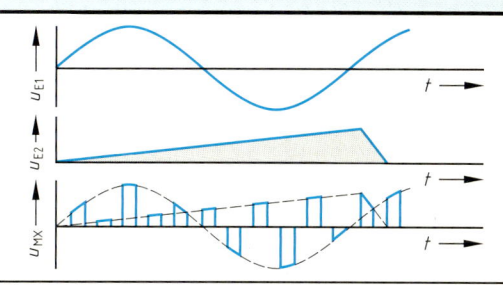

Frequenzmultiplex FDM [2]
- Gleichzeitige Übertragung aller Signale.
- Umsetzung der Eingangssignale in andere Frequenzbereiche mithilfe geeigneter Trägerfrequenzen (Trägerfrequenztechnik).
- Die Bandbreite muss größer als die Gesamtheit der Teilfrequenzbereiche sein.

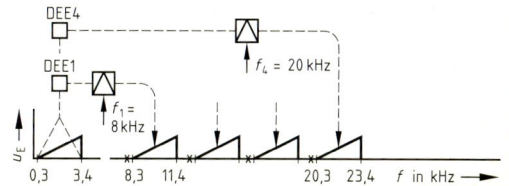

Trägerfrequenztechnik (Sprachkanal: 300 Hz bis 3,4 kHz)

Vorgruppe 12 bis 24 kHz	Primärgruppe 60 bis 108 kHz	Sekundärgruppe 312 bis 552 kHz	Tertiärgruppe 812 bis 2044 kHz	Quartärgruppe 8516 bis 12388 kHz
3 Kanäle	12 Kanäle	60 Kanäle	300 Kanäle	900 Kanäle
f_{T1} = 12 kHz	f_{T1} = 84 kHz	f_{T1} = 420 kHz	f_{T1} = 1364 kHz	f_{T1} = 10560 kHz
f_{T2} = 16 kHz	f_{T2} = 96 kHz	f_{T2} = 468 kHz	f_{T2} = 1612 kHz	f_{T2} = 11880 kHz
f_{T3} = 20 kHz	f_{T3} = 108 kHz	f_{T3} = 516 kHz	f_{T3} = 1860 kHz	f_{T3} = 13200 kHz
	f_{T4} = 120 kHz	f_{T4} = 564 kHz	f_{T4} = 2108 kHz	
		f_{T5} = 612 kHz	f_{T5} = 2356 kHz	

[1] TDM: Time Division Multiplex; [2] FDM: Frequenz Division Multiplex.

Optische Multiplexverfahren

Raummultiplex
- Je Übertragungsweg eine Glasfaser.
- Uni- oder bidirektionale Nutzung der Übertragungswege mit gleichen/verschiedenen Wellenlängen.

Simplex-Wellenlängenmultiplex
- Eine Glasfaser für einen WDM-Koppler (WDM: Wavelength Division Multiplex).
- WDM-Koppler fassen auf der Senderseite unterschiedliche Wellenlängen zusammen.
- WDM-Koppler trennen auf der Empfängerseite die unterschiedlichen Wellenlängen.

Halbduplex-Wellenlängenmultiplex
- Eine Glasfaser für einen WDM-Koppler.
- WDM-Koppler sind auf der Sender- und auf der Empfängerseite gleich aufgebaut.
- WDM-Koppler können auf beiden Seiten Wellenlängen ein- und auskoppeln.

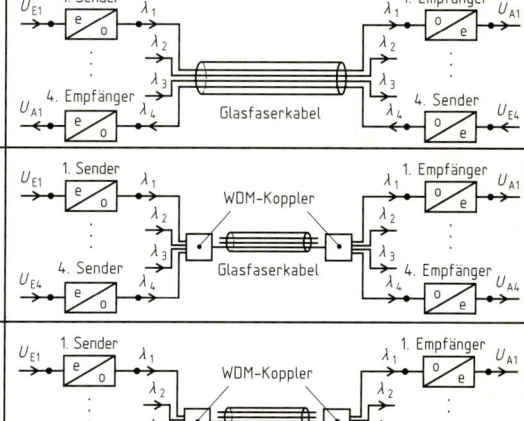

© Verlag Gehlen

Übertragungskonstante bei HF-Leitungen

Ersatzschaltbild einer homogenen Leitung

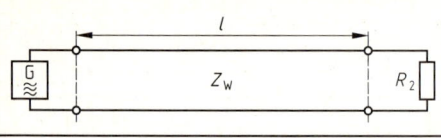

Leitungskennwerte

$R' = \dfrac{R}{l}$	Leitungsbelag in $\dfrac{\Omega}{km}$
$L' = \dfrac{L}{l}$	Induktivitätsbelag in $\dfrac{H}{km}$
$G' = \dfrac{G}{l}$	Leitwertbelag in $\dfrac{S}{km}$
$C' = \dfrac{C}{l}$	Kapazitätsbelag in $\dfrac{F}{km}$

Die vier Leitungskennwerte sind Werte einer homogenen Leitung bezogen auf 1 km Länge.

Wellenwiderstand Z_W

$$Z_W = \sqrt{\dfrac{R' + j\omega L'}{G' + j\omega C'}} \quad \text{in } \Omega$$

Dämpfungskonstante α

$$\alpha = 8{,}686 \cdot \left(\dfrac{R'}{2} \sqrt{\dfrac{C'}{L'}} + \dfrac{G'}{2} \sqrt{\dfrac{L'}{C'}} \right) \quad \text{in } \dfrac{dB}{km}$$

Wellenwiderstand und Dämpfungskonstante bei unterschiedlichen Frequenzen

hohe Frequenzen	niedrige Frequenzen	Trennfrequenz
$Z_W \approx \sqrt{\dfrac{L'}{C'}}$ in Ω	$Z_W \approx \sqrt{\dfrac{R'}{\omega C'}}$ in Ω	$f^* \approx \dfrac{R'}{2 \cdot \pi \cdot L}$ in Hz
$\alpha = 8{,}686 \cdot \dfrac{R'}{2} \sqrt{\dfrac{C'}{L'}}$ in $\dfrac{dB}{km}$	$\alpha = 8{,}686 \cdot \sqrt{\dfrac{\omega \cdot R' \cdot C'}{2}}$ in $\dfrac{dB}{km}$	Die Trennfrequenz f^* legt niedrige und hohe Frequenzen fest.

Leitungskennwerte häufig verwendeter Fernmeldekabel

| Adern-ø d | Leitungskennwerte | | | | Dämpfungskonstante α bei 800 Hz | Wellenwiderstand Z_W bei 800 Hz |
	R'	L'	G'	C'		
0,4 mm	270 Ω/km	0,7 mH/km	0,1 μS/km	34 nF/km	1,31 dB/km	1260 Ω
0,6 mm	122 Ω/km	0,7 mH/km	0,1 μS/km	37 nF/km	0,91 dB/km	810 Ω
0,8 mm	67 Ω/km	0,7 mH/km	0,1 μS/km	38 nF/km	0,69 dB/km	590 Ω
0,9 mm	52 Ω/km	0,7 mH/km	0,1 μS/km	34 nF/km	0,58 dB/km	550 Ω
1,2 mm	29 Ω/km	0,7 mH/km	0,1 μS/km	35 nF/km	0,45 dB/km	430 Ω

Reflexion

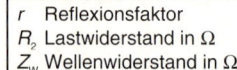

$$r = \dfrac{R_2 - Z_W}{R_2 + Z_W} \qquad -1 \leq r \leq +1$$

r Reflexionsfaktor
R_2 Lastwiderstand in Ω
Z_W Wellenwiderstand in Ω

$R_2 \rightarrow \infty$; stehende Welle; keine Energieübertragung

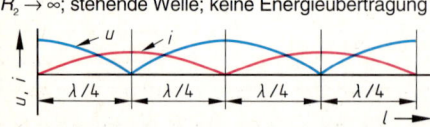

$R_2 = 0\ \Omega$; stehende Welle; keine Energieübertragung

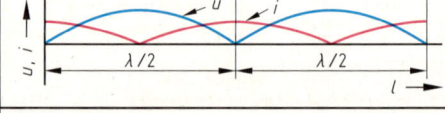

$R_2 = Z_W$; Anpassung: maximale Energieübertragung

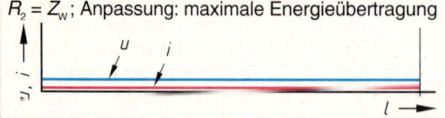

$R_2 \neq Z_W$; Fehlanpassung: verminderte Energieübertrg.

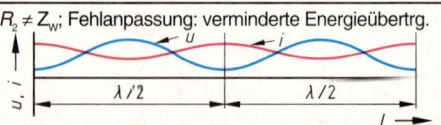

Dämpfungs- und Übertragungsfaktoren

Vierpoldarstellung	Dämpfungsfaktor D		Übertragungsfaktor T	
$I_1 \rightarrow$ [Dämpfung oder Verstärkung] $I_2 \rightarrow$; $U_1 \Rightarrow P_1$; $P_2 \Rightarrow U_2$; Eingang — Ausgang	$D_P = \dfrac{P_1}{P_2}$	Leistungsdämpfungsfaktor	$T_P = \dfrac{P_2}{P_1}$	Leistungsübertragungsfaktor
	$D_U = \dfrac{U_1}{U_2}$	Spannungsdämpfungsfaktor	$T_U = \dfrac{U_2}{U_1}$	Spannungsübertragungsfaktor
	$D_I = \dfrac{I_1}{I_2}$	Stromdämpfungsfaktor	$T_I = \dfrac{I_2}{I_1}$	Stromübertragungsfaktor

Dämpfungs- und Übertragungsmaße

Vierpoldarstellung (Einzelglied)	Dämpfungsmaß A	Übertragungsmaß $-A$
$I_1 \rightarrow$ [Dämpfung oder Verstärkung] $I_2 \rightarrow$; $U_1 \Rightarrow P_1$; $P_2 \Rightarrow U_2$; R_1 — Z — R_2 ; Eingang — Ausgang	Leistungsdämpfungsmaß: $A_P = \lg \dfrac{P_1}{P_2}$ in B (Bel) oder $A_P = 10 \cdot \lg \dfrac{P_1}{P_2}$ in dB	Leistungsübertragungsmaß: $-A_P = 10 \cdot \lg \dfrac{P_2}{P_1}$ in dB (Dezibel)
	Spannungsdämpfungsmaß: $A_U = 20 \cdot \lg \dfrac{U_1}{U_2}$ in dB (bei $R_1 = R_2$)	Spannungsübertragungsmaß: $-A_U = 20 \cdot \lg \dfrac{U_2}{U_1}$ in dB (bei $R_1 = R_2$)
	Stromdämpfungsmaß: $A_I = 20 \cdot \lg \dfrac{I_1}{I_2}$ in dB (bei $R_1 = R_2$)	Stromübertragungsmaß: $-A_I = 20 \cdot \lg \dfrac{I_2}{I_1}$ in dB (bei $R_1 = R_2$)

Dämpfungsgrößen

Wellendämpfung		Betriebsdämpfung	
Schaltung: S — R_1 — U_1 — Z_W — U_2 — R_2 — E ; $R_1 = Z_W$ Leitung $Z_W = R_2$		Schaltung: S — Messpunkt 1 ($Z_{W1} = 600\,\Omega$) — U_1 — Messpunkt 2 ($Z_{W2} = 75\,\Omega$) — U_2 — $R_2 = 75\,\Omega$; $R_1 = 600\,\Omega$; $R_1 = Z_{W1}$; $Z_{W2} = R_2$	
$R_1 = Z_W = R_2$	$A_U = 20 \cdot \lg \dfrac{U_1}{U_2}$ in dB	$R_1 = Z_{W1}$; $R_2 = Z_{W2}$; $Z_{W1} \neq Z_{W2}$	$A_U = 20 \cdot \lg \dfrac{U_1}{U_2} + 10 \cdot \lg \dfrac{R_2}{R_1}$ in dB
Stoßdämpfung		**Restdämpfung**	
A o—Ltg 1—$Z_{W1} = 1260\,\Omega$ ≠ $Z_{W2} = 600\,\Omega$—Ltg 2—o B		$R_1 = 600\,\Omega$; $Z_W = 600\,\Omega$; $R_2 = 600\,\Omega$; Ort A — S — E — Ort B	
$R_1 \neq Z_{W1}$ oder $R_2 \neq Z_{W2}$ oder $Z_{W1} \neq Z_{W2}$	$A_U = 20 \cdot \lg \dfrac{R_1 + R_2}{2\sqrt{R_1 \cdot R_2}}$	$R_1 = Z_W = 600\,\Omega$ und $f = 800\,\text{Hz}$	$A_U = 20 \cdot \lg \dfrac{U_1}{U_2} + 10 \cdot \lg \dfrac{R_2}{600\,\Omega}$

Leistungs- und Spannungspegel		Absoluter Pegel	Relativer Pegel
$L_P = 10 \cdot \lg \dfrac{P_x}{P_0}$ in dB	$L_U = 20 \cdot \lg \dfrac{U_x}{U_0}$ in dB	$L_P = 10 \cdot \lg \dfrac{P_x}{1\,\text{mW}}$ in dBm	$L_P = 10 \cdot \lg \dfrac{P_x}{P_0}$ in dBr

L_P; L_U Leistungs- bzw. Spannungspegel in dB
P_x Leistung am Messpunkt in W
P_0 Leistung am Vergleichspunkt in W
U_x Spannung am Messpunkt in V
U_0 Spannung am Vergleichspunkt in V

Schaltung: $i = 1{,}29\,\text{mA}$; $f = 800\,\text{Hz}$; $R_i = 600\,\Omega$; G ; $R = 600\,\Omega$; $u = 0{,}775\,\text{V}$

Beim relativen Pegel ist der Vergleichswert der Leistung/Spannung der Übertragungsbezugspunkt (0-dBr-Punkt).

© Verlag Gehlen

Signalarten

Der **Signalwert** und der **Signalverlauf** sind Komponenten eines Signals, aus deren unterschiedliche Darstellungsmöglichkeiten sich die **Signalart** ergibt.

Signalwert	Signalverlauf	
	kontinuierlich	zeitdiskret
kontinuierlich	Wert- und zeitkontinuierliches Signal: • sinusförmiges Signal	wertkontinuierliches und zeitdiskretes Signal: • Pulsamplitudenmodulation PAM • Pulsdauermodulation PDM • Pulsphasenmodulation PPM
zeitdiskret	Wertdiskretes und zeitkontinuierliches Signal: • rechteckförmiges Signal mit nicht festgelegter Rechteckdauer	wert- und zeitdiskretes Signal: • Pulscodemodulation PCM • Deltamodulation DM • Differenz-Pulscodemodulation DPCM

Beispiele für Signalarten	Erläuterungen
Wert- und zeitkontinuierliche Signale	Signale, deren zeitlicher Verlauf kontinuierlich ist und deren Signalwert innerhalb eines bestimmten Bereichs unendlich viele verschiedene Werte annehmen kann.
Wertkontinuierliche und zeitdiskrete Signale	Signale, denen nur in bestimmten Zeitpunkten ein Signalwert zugeordnet ist. Der Signalwert kann innerhalb eines definierten Bereichs alle Größen annehmen.
Wertdiskrete und zeitkontinuierliche Signale	Signale, deren Signalwert sich nur in bestimmten Stufen ändern kann. Werte, die zwischen den Stufen liegen, können nicht dargestellt werden. Der zeitliche Verlauf ist kontinuierlich; das Signal nicht pulsförmig.
Wert- und zeitdiskrete Signale	Signale, denen nur zu bestimmten Zeitpunkten ein Signalwert zugeordnet ist, z. B. Pulscodemodulation.

Zeitpunkt	Signalwert in	Binärcode	Dualwert
1 s	2,2 V	0010	2
2 s	4,1 V	0100	4
3 s	2,6 V	0011	3
4 s	0,9 V	0001	1

© Verlag Gehlen

Amplitudenmodulation

Modulationsprinzip und Liniendiagramme

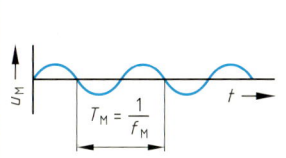 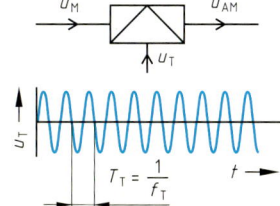 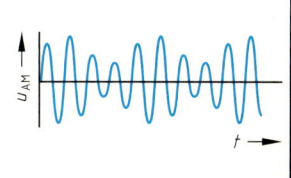

Moduliertes Signal

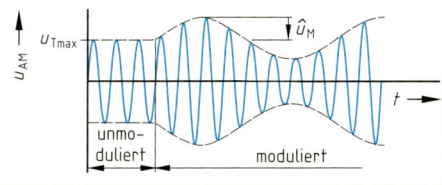

$m = \dfrac{u_{Mmax}}{u_{Tmax}}$

m Modulationsgrad
u_M Modulationsspannung in V
u_T Trägerspannung in V

Zeitfunktion

$u_{AM} = u_T + u_{S1} + u_{S2}$ mit $u_T = u_{Tmax} \cdot \sin(\omega_T \cdot t)$

$u_{S1} = \dfrac{u_{Mmax}}{2} \cdot \cos\left[(\omega_T - \omega_M) \cdot t\right]$

$u_{S2} = \dfrac{u_{Mmax}}{2} \cdot \cos\left[(\omega_T + \omega_M) \cdot t\right]$

u_{AM} Amplitudenmodulierte Spannung in V
u_T Trägerspannung in V
u_M Modulationsspannung in V
ω_T Kreisfrequenz der Trägerspannung in 1/s
ω_M Kreisfrequenz der Modulationsspannung in 1/s

Seitensignale

u_T Trägerspannung	u_{S1} Unteres Seitensignal	u_{S2} Oberes Seitensignal
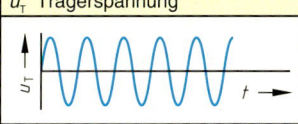	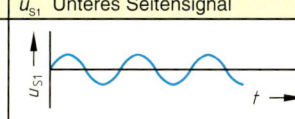	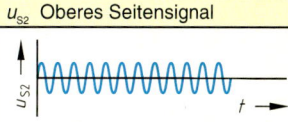

Frequenzspektrum

Seitenfrequenzen / Seitenbänder

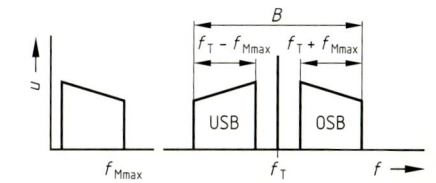

$B = 2 \cdot f_{Mmax}$

B Bandbreite in Hz
f_{Mmax} max. Frequenz der Modulationsspannung in Hz

Mittlere Leistung (Leistung bei kleinster Frequenz der Modulationsspannung)

$P_M = P_T + P_{S1} + P_{S2}$ oder $P_M = \left[1 + \dfrac{m}{2}\right]^2 \cdot P_T$

P_M mittlere Leistung in W
P_T Leistung des Trägers in W
P_{S1} Leistung des unteren Seitensignals in W
P_{S2} Leistung des oberen Seitensignals in W

Zeigerdarstellung

obere Seitenschwingung
untere Seitenschwingung
modulierte Amplitude des Trägers
Amplitude des Trägers

Demodulation von AM-Signalen durch Gleichrichtung

Prinzipieller Aufbau und Arbeitsweise (Hüllkurvendedektor)

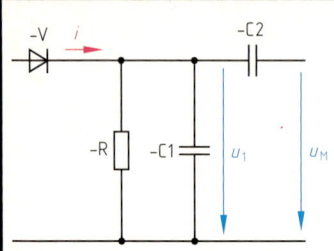

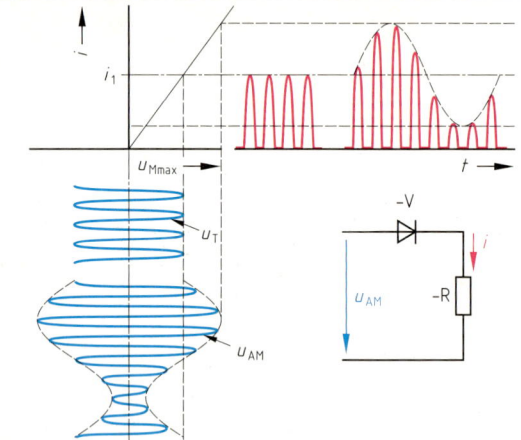

- Der Kondensator C1 ist so bemessen, dass zwischen zwei trägerfrequenten Halbwellen keine nennenswerte Entladung über R stattfindet.
- Über den Kondensator C2 wird die Modulationsspannung u_M von der Gleichspannung getrennt.
- Die Gleichspannung kann dazu genutzt werden, um die Verstärkung zu regeln (Fadingregelung, AVC: automatic volume control; AGC: automatic gain control)

Der Diodenstrom besteht aus folgenden Anteilen:
- Gleichanteil
- Wechselanteil mit der Modulationsfequenz f_M
- Wechselanteil mit der Trägerfequenz f_T

Schaltungsbeispiele

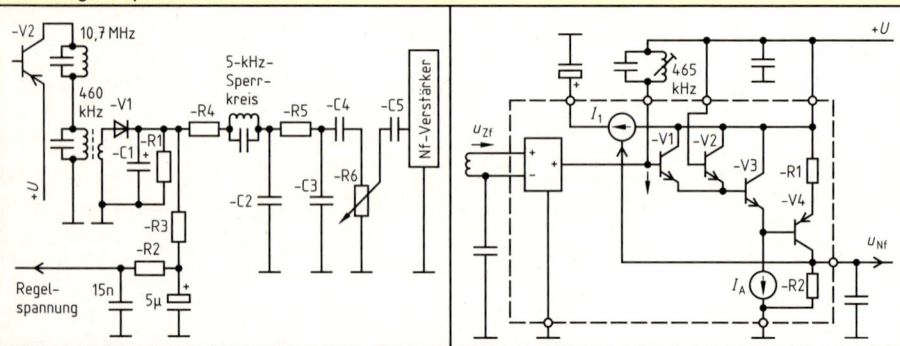

Demodulation winkelmodulierter Schwingungen

Struktur und Rückgewinnung

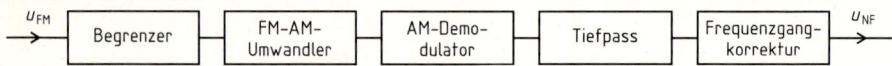

- Eine dem Demodulator vorgeschaltete Begrenzerstufe beseitigt Amplitudenschwankungen, die auf dem Übertragungsweg entstanden sind.
- Winkelmodulierte Schwingungen werden in einem FM/AM-Umsetzer (Diskriminator) in amplitudenmodulierte Schwingungen umgesetzt.
- In einem AM-Demodulationsverfahren (meist Hüllkurvendedektor) wird die Modulationsfrequenz aus der Trägerfrequenz zurückgewonnen und mit einem Tiefpass getrennt.
- Bei phasenmodulierten Schwingungen muss eine Frequenzkorrektur vorgenommen werden, weil sonst hohe Modulationsfrequenzen überhöht wiedergegeben werden.

© Verlag Gehlen

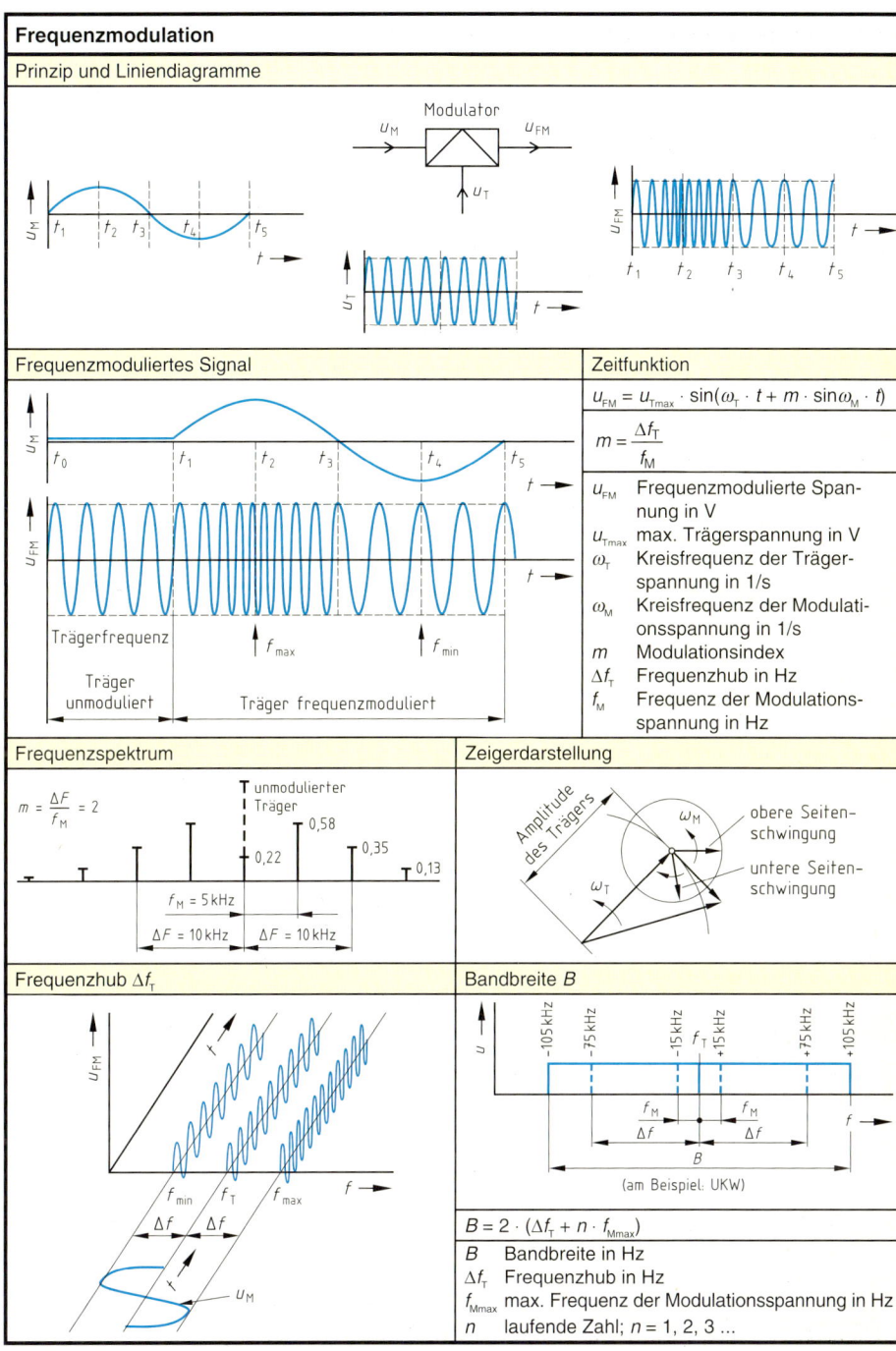

Phasendiskriminator

Schaltung eines Phasendiskriminators

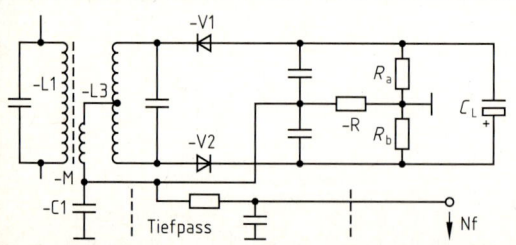

Eigenschaften

- Beide Kreise sind auf die Mittenfrequenz f_0 abgestimmt.
- Die Teilspannungen $u_2/2$ und $u_2'/2$ sind 180° phasenverschoben.
- Der Phasenwinkel φ ist proportional der prozentualen Frequenzabweichung von der Mittenfrequenz.
- Die Spannung u_{NF} entsteht durch geometrische Addition der Diodenspannungen u_{V1} und u_{V2}.

Zeigerdiagramm

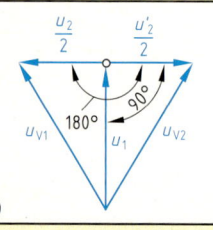

$f = 0$

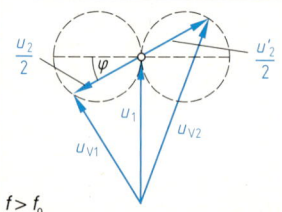

$f > f_0$

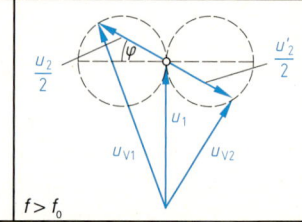

$f > f_0$

Schaltung eines Verhältnisdiskriminators

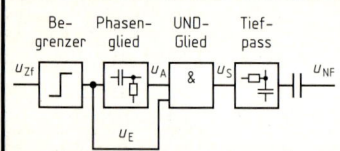

Eigenschaften

- Der Verhältnisdiskriminator ist im Prinzip ein Phasendiskriminator mit Begrenzereigenschaften.
- Die durch die Schaltung $(R_a + R_b)$ parallel C_L erzeugte Vorspannung für die Dioden ist unabhängig von Schwankungen der Amplitude.
- Durch die veränderte Polung der Dioden ist bei sonst gleichen Bedingungen die demodulierte Spannung halb so groß.

Koinzidenz-Demodulator (Phasendemodulator)

Schaltungsstruktur

Begrenzer – Phasenglied – UND-Glied – Tiefpass

u_{Zf} → u_A → u_S → u_{NF}
u_E

Eigenschaften

- Die frequenzmodulierte Spannung wird zunächst begrenzt.
- Die Frequenzabweichung (der Frequenzhub) wird in eine Phasenabweichung zweier Spannungen umgesetzt.
- Durch eine UND-Verknüpfung der beiden Spannungen wird eine impulsförmige Spannung u_S erzeugt.
- Durch Integration entsteht eine pulsierende Gleichspannung, deren Wechselanteil über den Kondensator weitergeführt wird.

Spannungsverläufe

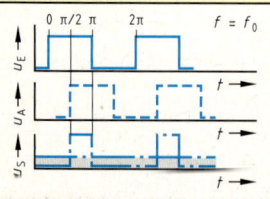

$f = f_0$

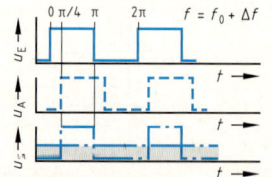

$f = f_0 + \Delta f$

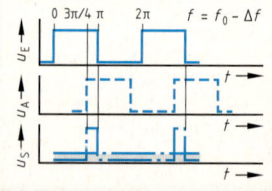

$f = f_0 - \Delta f$

© Verlag Gehlen

Phasenmodulation

Prinzip und Liniendiagramme

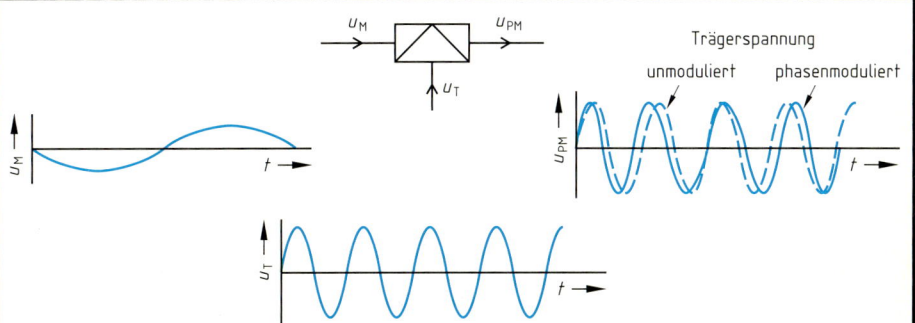

Phasenhub $\Delta\varphi$ und Modulationsindex m

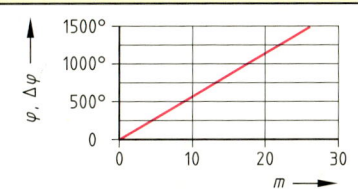

Zeitfunktion

$u_{PM} = u_{ST} \cdot \sin(\omega_T \cdot t + \Delta\varphi \cdot \sin\omega_M \cdot t)$

u_{PM} modulierte Spannung in V
u_M Modulationsspannung in V
u_T Trägerspannung in V
$\Delta\varphi$ Phasenhub in rad
ω_T Kreisfrequenz der Trägerspannung in 1/s
ω_M Kreisfrequenz der Modulationsspannung in 1/s

Phasenhub $\Delta\varphi$

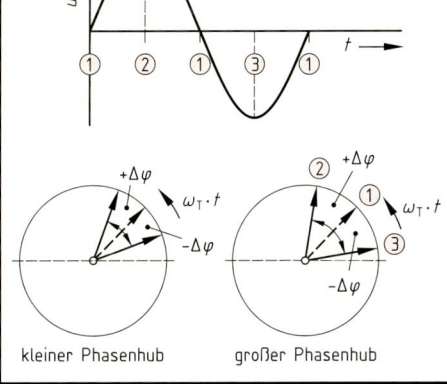

kleiner Phasenhub   großer Phasenhub

Prinzipieller Verlauf des Phasenwinkels φ

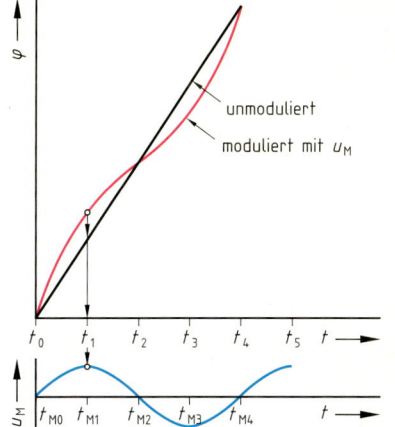

Frequenz- und Phasenmodulation im Vergleich

Frequenzmodulation
- Frequenzhub Δf und Modulationsspannung u_M sind proportional.
- Phasenhub $\Delta\varphi$ und Modulationsfrequenz f_M sind umgekehrt proportional (bei Δf_T = konstant).
- Bei u_M = konstant ist die Bandbreite B von der Modulationsfrequenz f_T unabhängig.

Phasenmodulation
- Phasenhub $\Delta\varphi$ und Modulationsspannung u_M sind proportional.
- Frequenzhub Δf_T und Modulationsfrequenz f_T sind proportional (bei $\Delta\varphi$ = konstant).
- Bei u_M = konstant ist die Bandbreite B von der Modulationsfrequenz f_T unabhängig.

© Verlag Gehlen

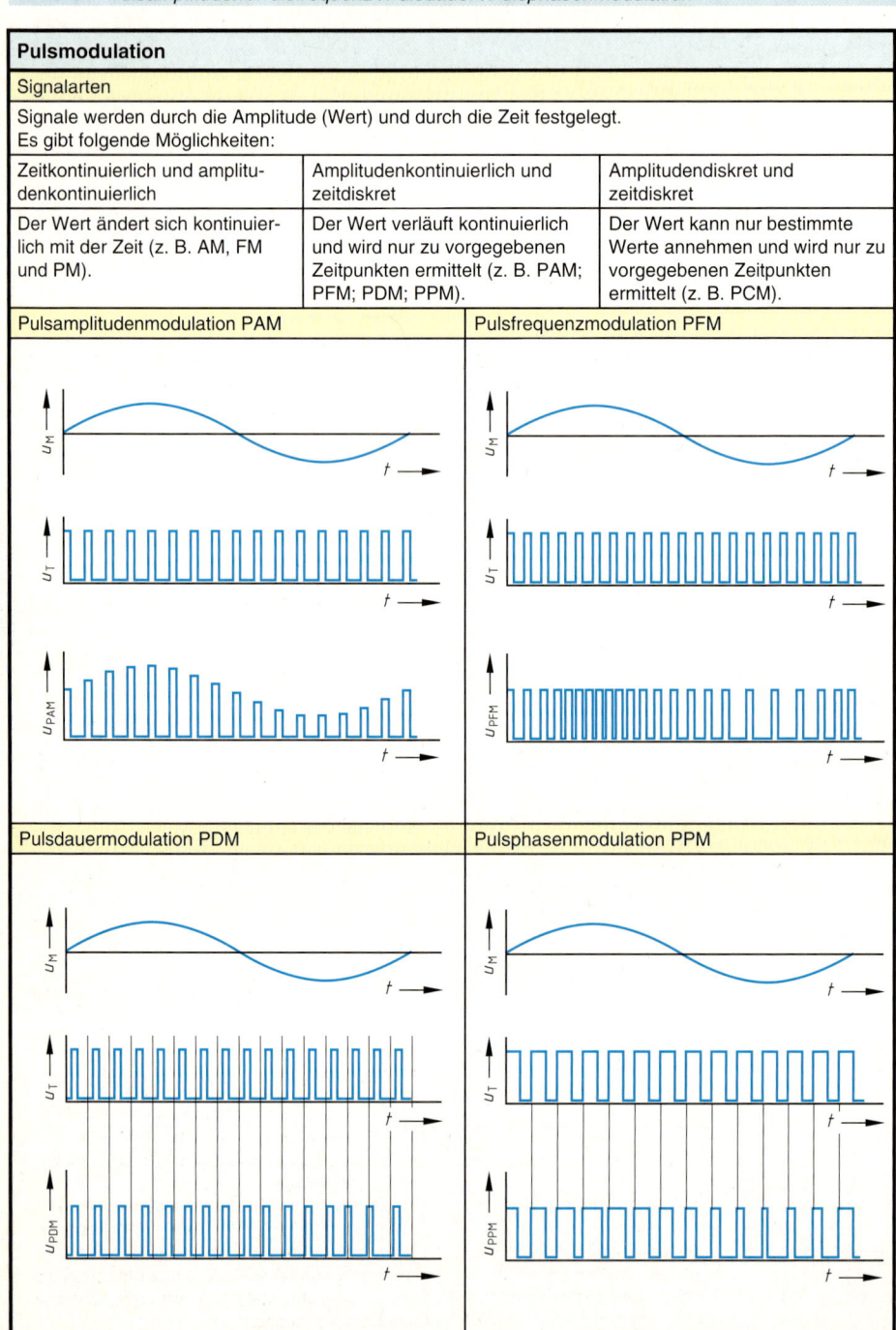

Pulscodemodulation PCM

Aufbau eines Einkanal-PCM-Modulators

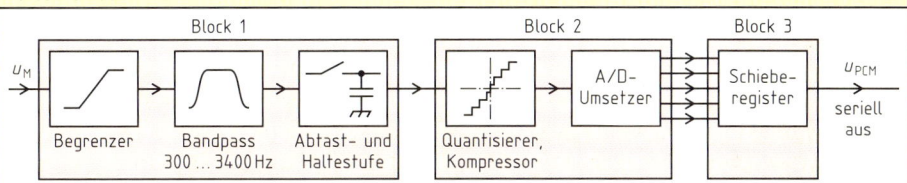

Block 1: Erzeugen eines PAM-Signals durch Amplitudenabtastung; Abtastfrequenz $f \geq 2 \cdot B$ (8 kHz, CCITT)
Block 2: Amplitudenquantisierung und Kompression; 256 Quantisierungsabschnitte
Block 3: Codierung; 256 Code-Wörter; 64 kbit/s je Sprachkanal

PAM-Signal und Zuordnung zu Codewörtern

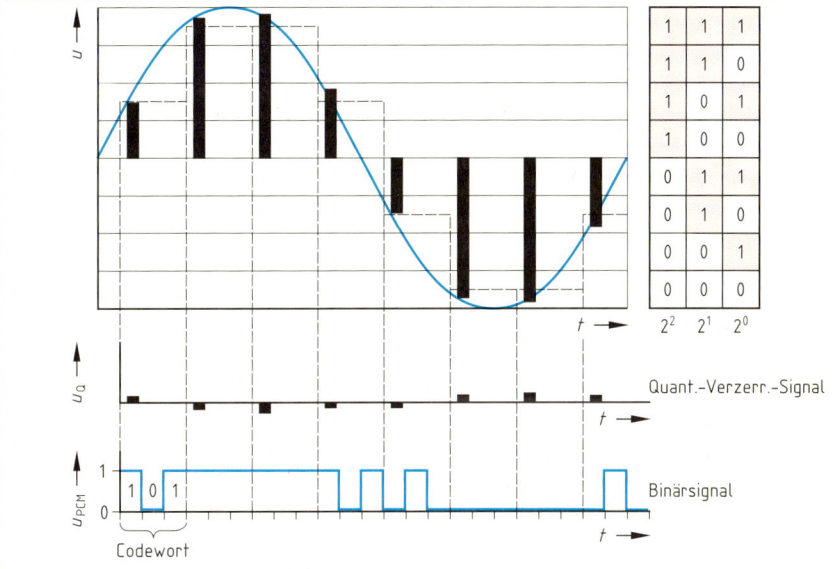

Quantisierungsfehler bei linearer Kennlinie

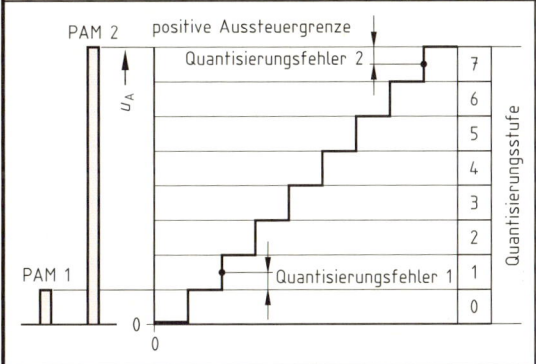

- Die dargestellte Quantisierungskennlinie hat acht gleichmäßige Quantisierungsintervalle.
- Quantisierungsabstand: $1/8 \cdot u_{Amax}$.
- Das PAM-Signal 1 hat eine Höhe von annähernd $1/8 \cdot u_{Amax}$. Dadurch entsteht ein relativer Fehler von 50 %.
- Das PAM-Signal 2 hat nur einen relativen Fehler von 6,25 %.
- Um einen von der Aussteuerung unabhängigen Quantisierungs-Geräuschabstand zu haben, werden niedrige Signalwerte mit viel kleineren Quantisierungsintervallen, die höheren mit größeren quantisiert.

Kompressorkennlinie

13-Segment-Kompressorkennlinie (positive Signalwerte)

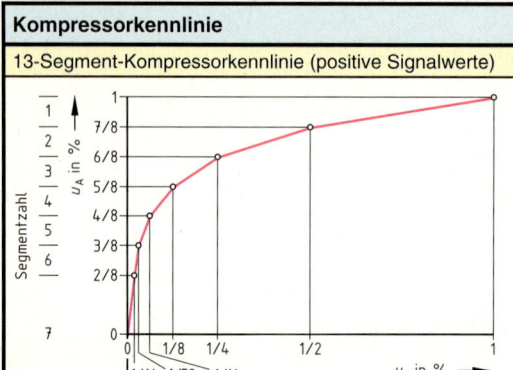

Eigenschaften

- $1/4$ der Ausgangsspannung U_A ist $1/64$ der Eingangsspannung U_E zugeordnet.
- Der halben Eingangsspannung von $0,5 \cdot U_E$ bis U_E ist nur $1/8$ der Ausgangsspannung zugeordnet (zwischen $7/8 \cdot U_{Amax}$ und U_{Amax}).
- Bei 8-Bit-Codierung sind 256 Quantisierungsstufen möglich.
- Der Quantisierungs-Geräuschabstand beträgt mindestens 33 dB.
- Das Leerkanalgeräusch hat gegenüber der Vollaussteuerung 66 dB Abstand.

PCM-Codewort nach der Kompressorkennlinie

Lfd.-Nr.	13-Segment-Kennlinie	Vorzeichen	Segment			Quantisierungsstufe			
1	7	1	1	1	1	x	x	x	x
2	6	1	1	1	0				
3	5	1	1	0	1				
4	4	1	1	0	0				
5	3	1	0	1	1				
6	2	1	0	1	0				
7	1b	1	0	0	1	je Segment jeweils 16 Quantisierungsstufen			
7	1a	1	0	0	0				
	−1a	0	0	0	0				
	−1b	0	0	0	1				
8	−2	0	0	1	0				
9	−3	0	0	1	1	x	x	x	x
usw.									
		MSB	2.	3.	4.	5.	6.	7.	8. Bit

$-u_E \leftarrow 0 \rightarrow +u_E$

Vollständige Quantisierungskennlinie (Kompanderkennlinie)

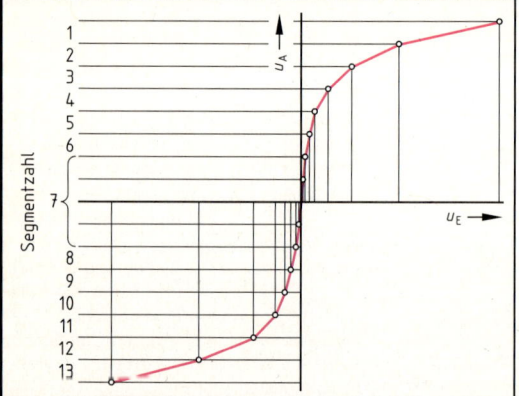

- Beim Empfänger muss das PCM-Signal mit der gleichen Kennlinie expandiert werden.
- Die 13-Segment-Kompanderkennlinie wird auch als **Kompander** bezeichnet.
- Kompander ergibt sich aus **Komp**ressor und Ex**pander.**

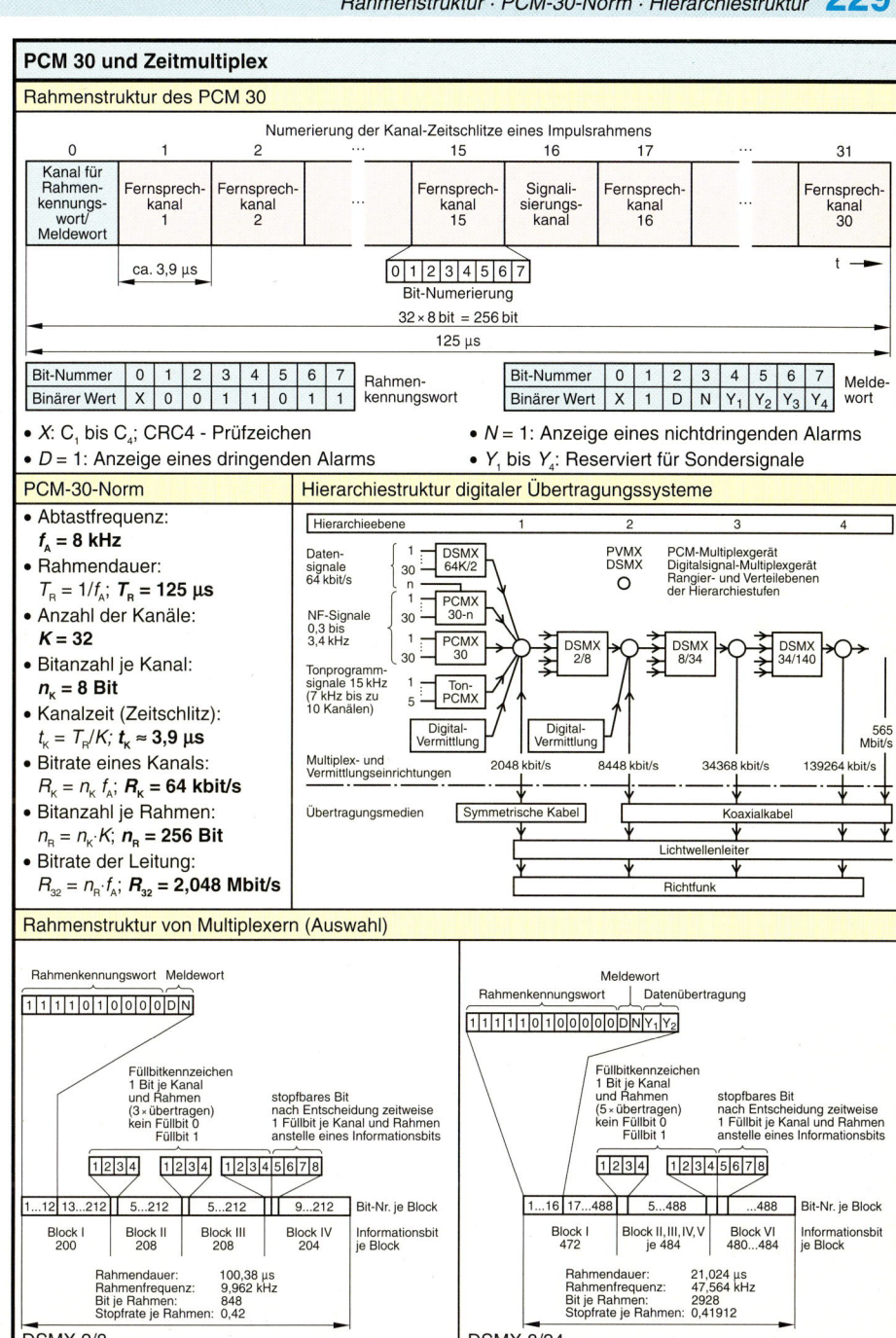

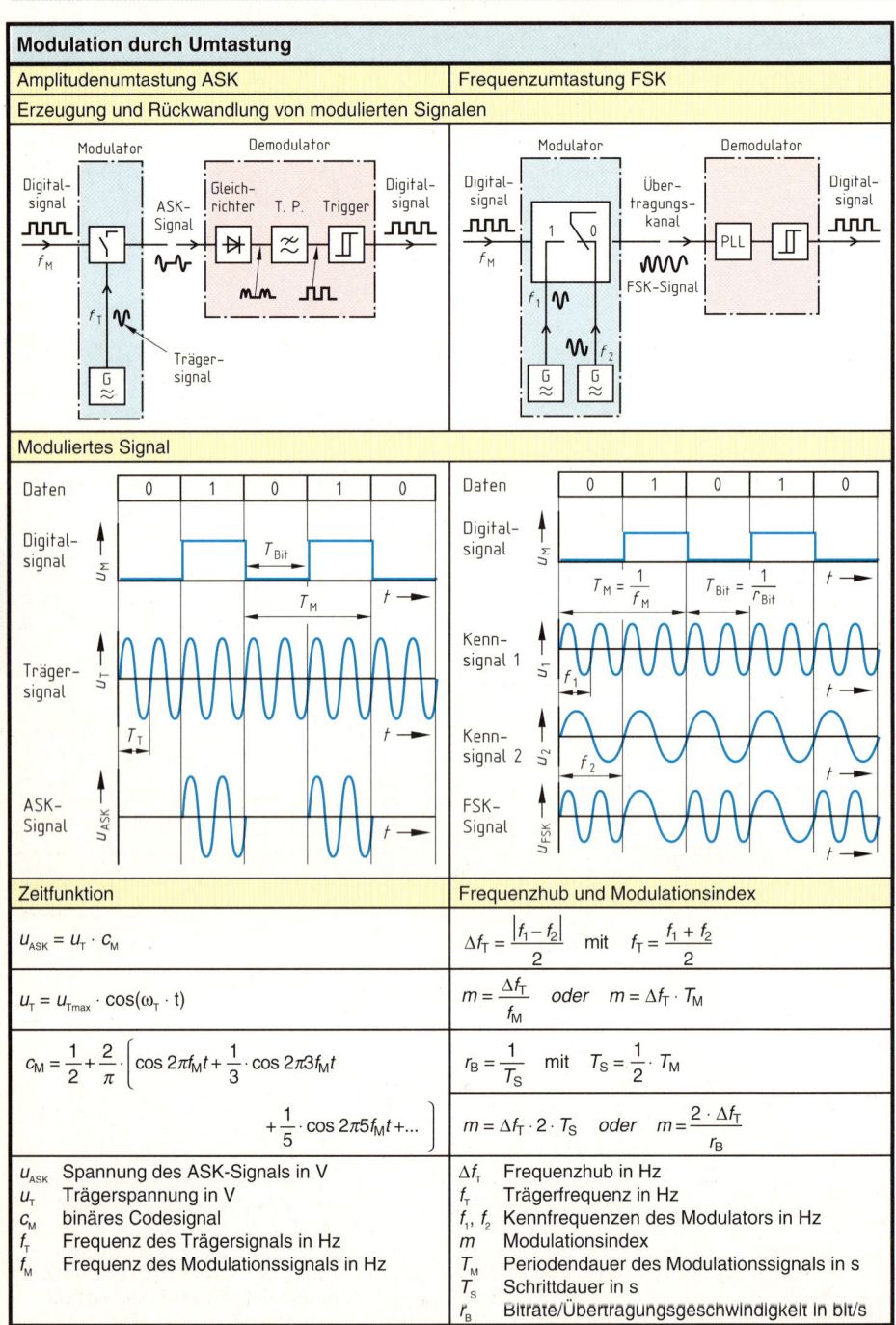

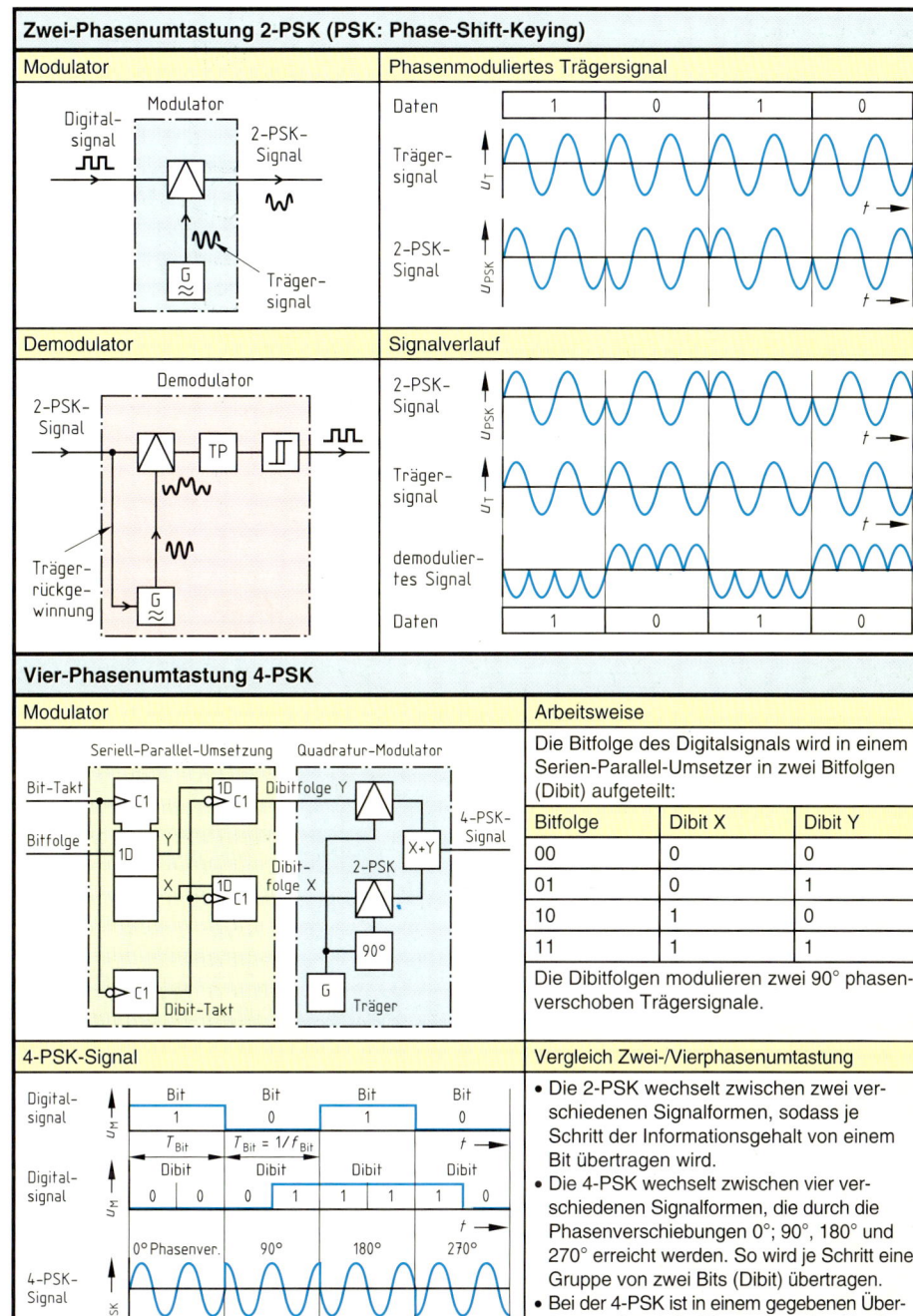

LC-Sinusoszillatoren

Struktur der Oszillatoren

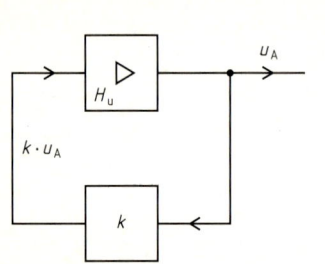

Ringverstärkung

$k \cdot H_U = 1$

k Rückkopplungsfaktor (ohne Einheit)
H_U Spannungsverstärkungsfaktor (ohne Einheit)

Die Gleichung $k \cdot H_U = 1$ beinhaltet zwei Bedingungen:
- Die **Amplitudenbedingung**:
  Die im Rückkopplungsnetzwerk verursachten Verluste müssen durch den Verstärker kompensiert werden.
- Die **Phasenbedingung**:
  Eingangs- und Ausgangsspannung des Verstärkers müssen abhängig von der Schaltungsart einen Phasenunterschied von 180° bzw. 360° aufweisen.

Schaltungsbeispiele | Kennzeichen

Meißner-Oszillator

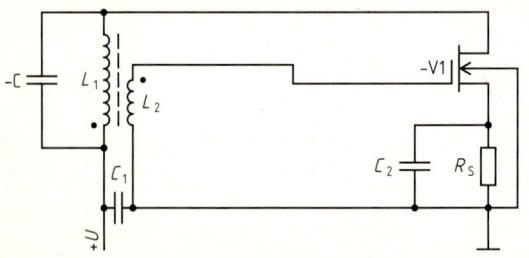

- Die Rückkopplung wird mit einem Übertrager vorgenommen
- Resonanzfrequenz f_0:
  10 kHz bis 30 MHz
- Die Resonanzfrequenz f_0 liegt um etwa 1 % höher, als die Schwingungsgleichung es errechnet

$$f_0 = \frac{1}{2 \cdot \pi \cdot \sqrt{L \cdot C}}$$

Hartley-Oszillator

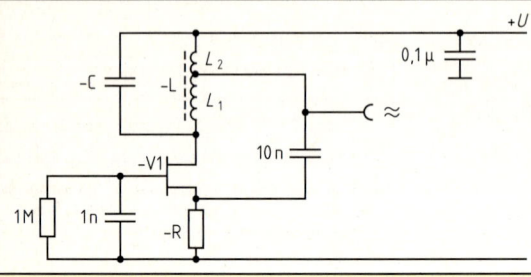

- Die Rückkopplung erfolgt durch eine induktive Spannungsteilung an der Schwingkreisspule
- Resonanzfrequenz f_0:
  bis 100 MHz
- Die Resonanzfrequenz f_0 liegt um etwa 1 % höher, als die Schwingungsgleichung es errechnet

$$f_0 = \frac{1}{2 \cdot \pi \cdot \sqrt{L \cdot C}}$$

Colpitts-Oszillator

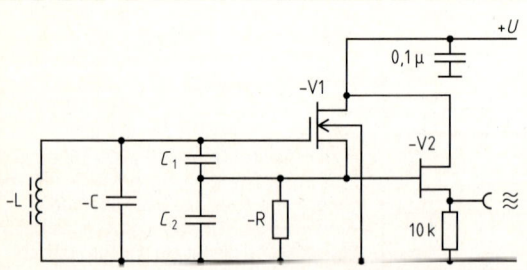

- Die Rückkopplung erfolgt durch eine kapazitive Spannungsteilung an den Schwingkreiskondensatoren
- Resonanzfrequenz f_0
  bis >100 MHz
- Die Resonanzfrequenz f_0 liegt um etwa 1 % höher, als die Schwingungsgleichung es errechnet

$$f_0 = \frac{1}{2 \cdot \pi \cdot \sqrt{L \cdot (C_1 + C_2)}}$$

© Verlag Gehlen

RC-Sinusoszillatoren

RC-Phasenschieberoszillatoren

Struktur der Oszillatoren	Schaltungsbeispiel
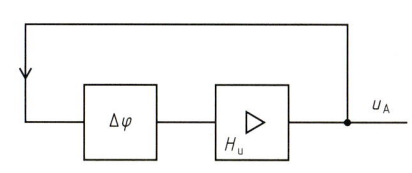	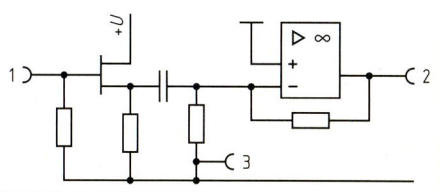

Beispiele von RC-Netzwerken

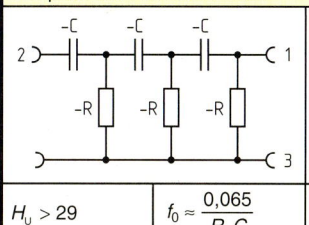 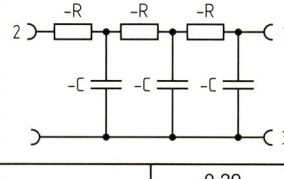 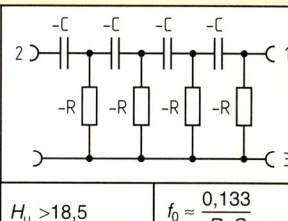

| $H_U > 29$ | $f_0 \approx \dfrac{0{,}065}{R \cdot C}$ | $H_U > 29$ | $f_0 \approx \dfrac{0{,}39}{R \cdot C}$ | $H_U > 18{,}5$ | $f_0 \approx \dfrac{0{,}133}{R \cdot C}$ |

Wien-Robinson-Oszillator

Struktur	Eigenschaften
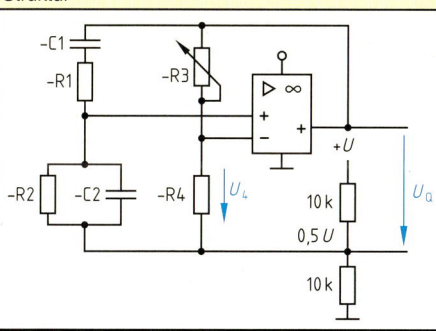	• $\Delta\varphi = 0°$ • R_3 oder R_4 muss ein spannungabhängiger Widerstand (z. B. ein FET) sein, da das Widerstandverhältnis R_3/R_4 im Einschwingvorgang und im eingeschwungenen Zustand unterschiedlich sein muss. Einschwingvorgang: $R_3/R_4 > 2$ Eingeschwungener Zustand: $R_3/R_4 = 4$ $f_0 = \dfrac{1}{2 \cdot \pi \cdot \sqrt{R_1 \cdot C_1 \cdot R_2 \cdot C_2}}$

Dreieck-Rechteck-Oszillator

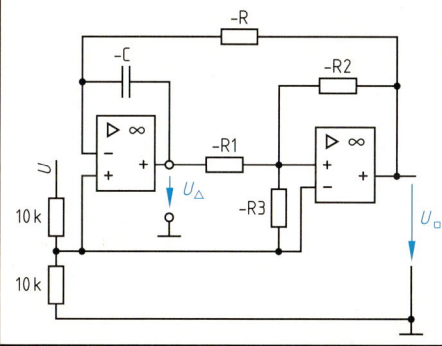

$f_0 = \dfrac{R_2}{4 \cdot R_1 \cdot R \cdot C}$

$R_1 = \dfrac{R_2}{4 \cdot f_0 \cdot R \cdot C}$

$R_2 = R_1 \cdot 4 \cdot f_0 \cdot R \cdot C$

$R_3 = \dfrac{R_1 \cdot R_2}{R_2 - R_1}$

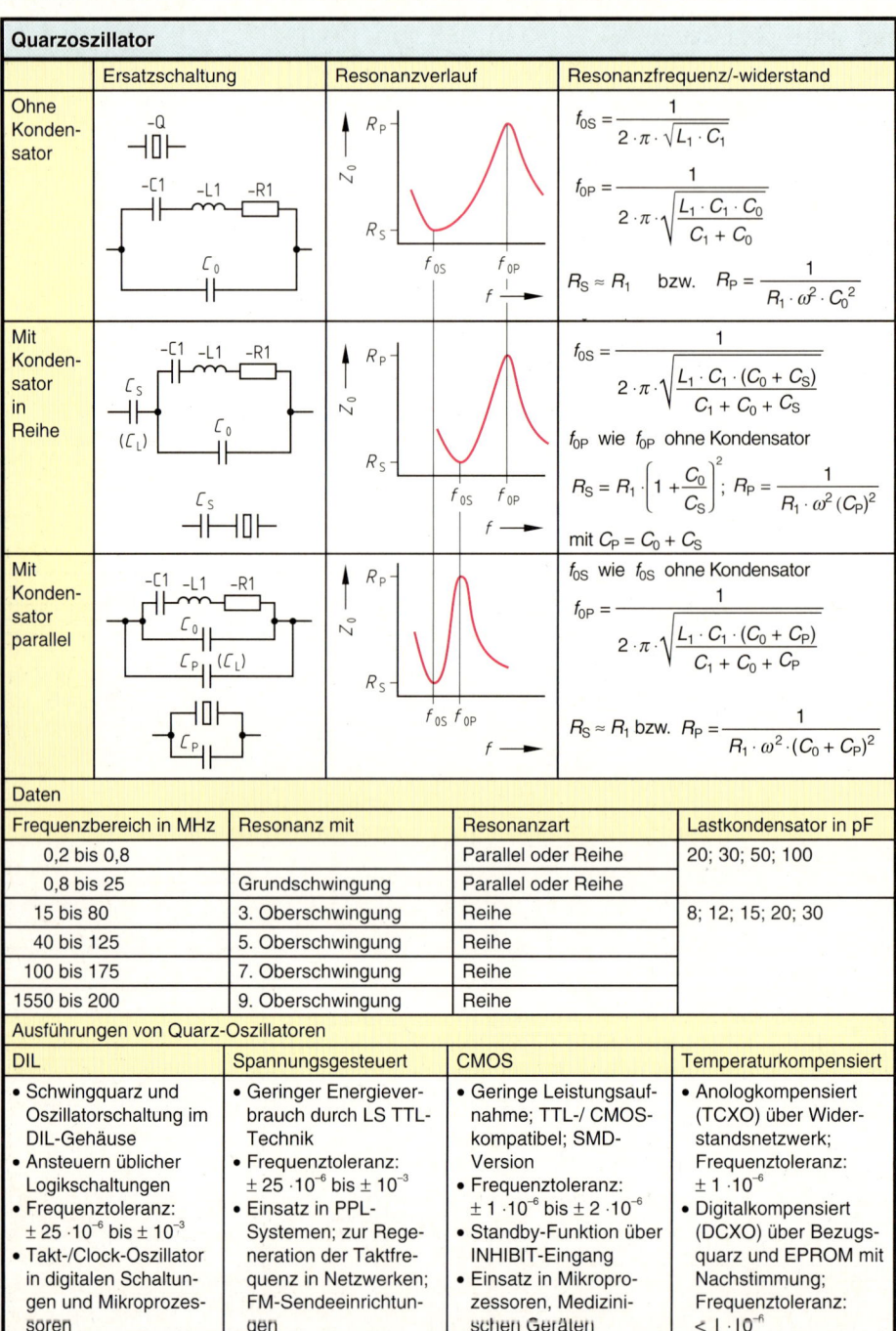

Tiefpass 1. und 2. Ordnung · Hochpass 1. und 2. Ordnung · Bandpass · Bandsperre

Aktive Filterschaltungen

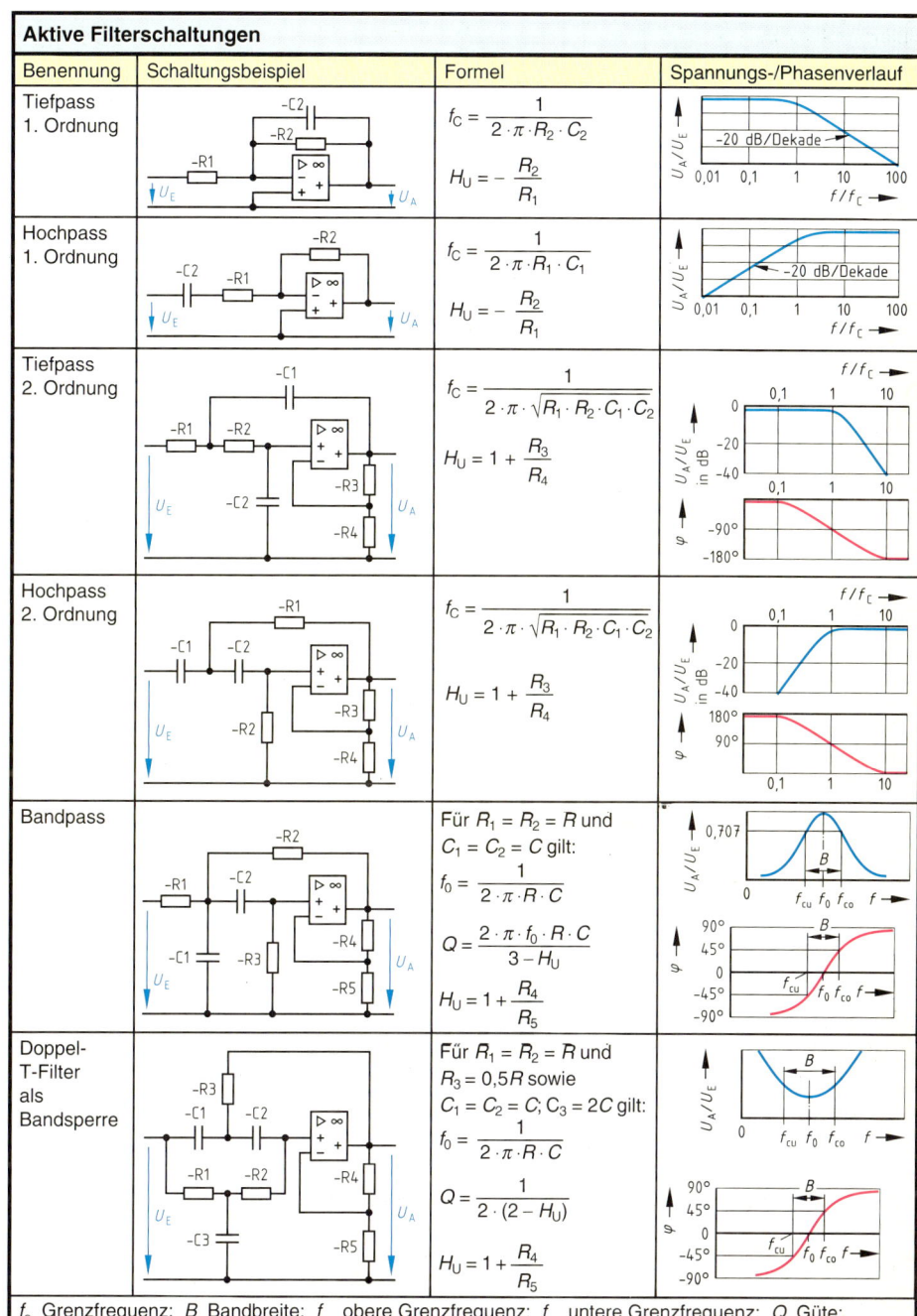

Benennung	Schaltungsbeispiel	Formel	Spannungs-/Phasenverlauf
Tiefpass 1. Ordnung		$f_C = \dfrac{1}{2 \cdot \pi \cdot R_2 \cdot C_2}$ $H_U = -\dfrac{R_2}{R_1}$	
Hochpass 1. Ordnung		$f_C = \dfrac{1}{2 \cdot \pi \cdot R_1 \cdot C_1}$ $H_U = -\dfrac{R_2}{R_1}$	
Tiefpass 2. Ordnung		$f_C = \dfrac{1}{2 \cdot \pi \cdot \sqrt{R_1 \cdot R_2 \cdot C_1 \cdot C_2}}$ $H_U = 1 + \dfrac{R_3}{R_4}$	
Hochpass 2. Ordnung		$f_C = \dfrac{1}{2 \cdot \pi \cdot \sqrt{R_1 \cdot R_2 \cdot C_1 \cdot C_2}}$ $H_U = 1 + \dfrac{R_3}{R_4}$	
Bandpass		Für $R_1 = R_2 = R$ und $C_1 = C_2 = C$ gilt: $f_0 = \dfrac{1}{2 \cdot \pi \cdot R \cdot C}$ $Q = \dfrac{2 \cdot \pi \cdot f_0 \cdot R \cdot C}{3 - H_U}$ $H_U = 1 + \dfrac{R_4}{R_5}$	
Doppel-T-Filter als Bandsperre		Für $R_1 = R_2 = R$ und $R_3 = 0{,}5 R$ sowie $C_1 = C_2 = C; C_3 = 2C$ gilt: $f_0 = \dfrac{1}{2 \cdot \pi \cdot R \cdot C}$ $Q = \dfrac{1}{2 \cdot (2 - H_U)}$ $H_U = 1 + \dfrac{R_4}{R_5}$	

f_C Grenzfrequenz; B Bandbreite; f_{co} obere Grenzfrequenz; f_{cu} untere Grenzfrequenz; Q Güte; f_0 Resonanzfrequenz; H_U Spannungsverstärkungsfaktor

Mikrofone

Arten	Innenwiderstand	Empfindlichkeit	Frequenzgang	Klirrfaktor	Anwendung
Kohle-mikrofon	30 bis 500 Ω	10 mV/Pa	800 Hz bis 4 kHz	20 %	Telefon, Spannung erforderlich
Kristall-mikrofon	2 bis 5 MΩ	0,1 mV/Pa	30 Hz bis 10 kHz	2 %	Tonaufzeichnung, Tonübertragung
Bändchen-mikrofon	0,1 Ω	8 mV/Pa	50 Hz bis 18 kHz	0,5 %	hochwertige Tonaufzeichnung/-übertragung
Elektromag. Mikrofon	2 kΩ	10 mV/Pa	300 Hz bis 6 kHz	10 %	Telefon, Wechselsprechanlagen
Kondensator-mikrofon	50 MΩ	0,2 mV/Pa	20 Hz bis 20 kHz	0,1 %	hochwertige Tonaufzeichnung/-übertragung Spannung erforderlich

Kenngrößen

Übertragungs-faktor	$T = \dfrac{U}{\Delta p}$ in $\dfrac{mV}{Pa}$; bei $f = 1$ kHz	Verhältnis der erzeugten Spannung U zur einwirkenden Schalldruckänderung Δp.
Übertragungs-maß	$G = 20 \cdot \lg \dfrac{T}{T_0}$ in dB; $T_0 = 1 \dfrac{V}{Pa}$	Logarithmisches Verhältnis des Übertragungsfaktors T zum Bezugsübertragungsfaktor T_0.

Schaltungen mit und ohne getrennter Stromversorgung

Phantomspeisung				Tonader-Speisung	
Versorgungsspannung in V	12 ± 1	12 ± 4	48 ± 4	Versorgungsspannung in V	12 ± 1
Versorgungsstrom in mA	max. 15	max. 10	max. 10	Versorgungsstrom in mA	max. 15
typische Werte für R_1, R_2	680 Ω	1,2 kΩ	6,8 Ω	typische Werte für R_1, R_2	180 Ω

Lautsprecher und Kopfhörer

System	magnetisch		dynamisch				piezo-elektrisch	elektro-statisch
	Lautspr.	Kopfhörer	Breitband	Tiefton	Hochton	Kopfhö.		
Nennwert	200 bis 2000 Ω	200 bis 2000 Ω	3 bis 25 Ω	2 bis 8 Ω	3 bis 25 Ω	15 bis 200 Ω	1 bis 5 nF	100 bis 500 nF
Frequenzbereich in Hz	300 bis 5000	100 bis 6000	30 bis 18000	30 bis 500	500 bis 20000	16 bis 20000	1000 bis 20000	1000 bis 20000
max. Leistung	3 W	50 mW	200 W	500 W	80 W	100 mW	2 W	5 W

Kenngrößen

Übertragungs-faktor	$T = \dfrac{\Delta p}{U}$ in $\dfrac{Pa}{mV}$; Abstand: 1 m	Verhältnis der einwirkenden Spannung U zur Schalldruckänderung Δp.
Übertragungs-maß	$G = 20 \cdot \lg \dfrac{T}{T_0}$ in dB; $T_0 = 1 \dfrac{Pa}{V}$	Logarithmisches Verhältnis des Übertragungsfaktors T zum Bezugsübertragungsfaktor T_0.
Nennscheinwiderstand Z_n	Der Scheinwiderstand darf unabhängig von der Frequenz innerhalb des Übertragungsbereichs nicht mehr als 20 % unter dem Nennscheinwiderstand Z_n liegen.	
Übertragungsbereich $f_{cu} - f_{co}$	Der Übertragungsbereich ist der Frequenzbereich zwischen unterer und oberer Grenzfrequenz (Abfall 10 dB vom Mittelwert).	

© Verlag Gehlen

Mikrofonanschlüsse · SCART **237**

Steckverbinder

Monoanschluss Rundfunkgerät / Monoanschluss Tonbandgerät / Monoanschluss Phonogerät

Stereoanschluss Rundfunkgerät / Stereoanschluss Tonbandgerät / Stereoanschluss Phonogerät

Euro-AV-(SCART-)Anschluss (DIN EN 50049)

Pin	Belegung	Pin	Belegung	Pin	Belegung
1	Audio-Aus, rechts	8	Schaltspannung	15	Rot (0,7 V; 75 Ω)
2	Audio-Ein, rechts	9	Masse (Grün)	16	Austastung
3	Audio-Aus, links	10	Datenleitung 2	17	Masse (Video)
4	Masse (Audio)	11	Grün (0,7 V; 75 Ω)	18	Masse (Austastg.)
5	Masse (Blau)	12	Datenleitung 1	19	Video-Aus (1 V)
6	Audio-Ein, links	13	Masse (Rot)	20	Video-Ein (1 V)
7	Blau (0,7 V; 75 Ω)	14	Masse (Datenltg.)	21	Video-Stecker

Mikrofonanschluss (Stereo)

Niederohmig, asymmetrisch | $R_i > 500\ \Omega$ | Niederohmig, symmetrisch

Mono: Anschlüsse 2-3 | Mono: Anschlüsse 1-2 | Mono: Anschlüsse 1-3; Masse 2

Lautsprecher / Cinch (Spannung) / Cinch (Signal) / Klinke (Mono) / Klinke (Stereo)

Übertragungstechnik

© Verlag Gehlen

Das Kommunikationsmodell für Nachrichtenverbindungen

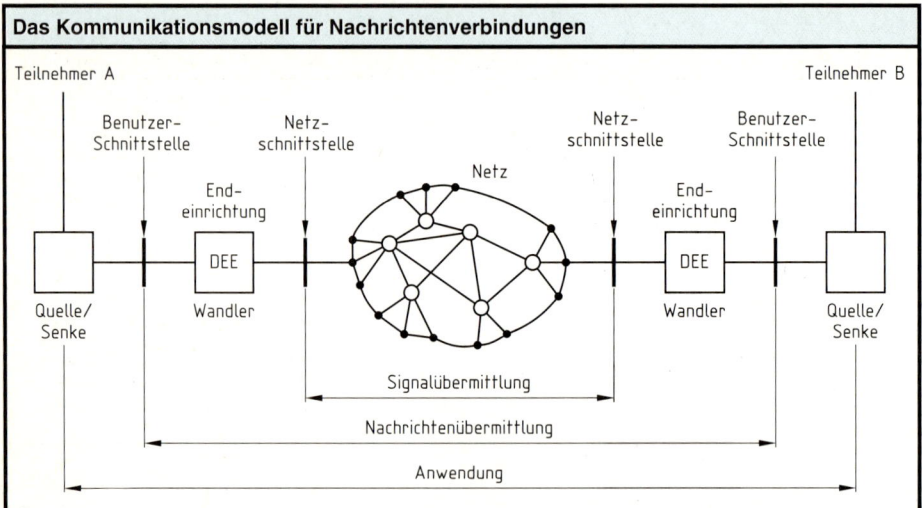

○ Netzknoten ● Netzzugangspunkt

Begriffe der Kommunikationstechnik

Begriff	Erläuterung	Begriff	Erläuterung
Datenendeinrichtung **DEE**	Z. B. DV-Anlage, die über eine Datenübertragungseinheit an die TAE-Dose angeschlossen wird.	Quelle/ Senke	Menschen oder Maschinen, die die Nachrichten liefern oder aufnehmen.
Daten**ü**bertragungs**e**inrichtung **DÜE**	Sie hat die Aufgabe, die digitalen Signale der Endeinrichtung in analoge Signale umzusetzen und an das Netz anzupassen.	Schnittstelle (Interface)	Verbindungsstelle für Systemkomponenten. Für sie gibt es vereinbarte (standardisierte) Steuer- und Datenleitungen und Pegel.
Durchschaltung	Ist die Herstellung eines Übertragungsweges in einem Koppelfeld.	Signalisierung	Austausch vermittlungstechnischer Informationen.
Endgerät (**TE T**erminal **E**quipment)	Gerät, das die Nachrichten umwandelt, die erforderlichen Steuerzeichen erzeugt und die Anrufsignalisierung auswertet.	Steuerung	Koordinierung der Funktionsblöcke und Erzeugung der Einstellbefehle für die Koppeleinrichtungen.
ISDN	**I**ntegrated **S**ervices **D**igital **N**etwork, Diensteintegrierendes digitales Kommunikationsnetz für Sprache, Texte, Daten und Bilder.	Teilnehmer	Menschen oder Maschinen, die an der Kommunikation beteiligt sind.
		Übertragungskanal	Physikalisches Medium zur Übertragung der Daten. Übertragen werden die Daten als elektrische oder optische Signale.
Kopplung	Herstellung eines Übertragungsweges im Koppelfeld des Netzknotens (Teilnehmer verbinden).		
Netzknoten	Sie stellen die Verbindungen zwischen den Teilnehmern her. Vielfach werden sie als Vermittlungsstellen bezeichnet.	Vermittlung	Herstellung der Individualkommunikation. Die Übertragungskanäle der Teilnehmer werden für die Kommunikation miteinander verbunden.
Protokolle	Vereinbarung eines Datenübertragungsablaufs.	Wandler	Technische Geräte, die die Nachrichten oder allgemein Daten in elektrische oder optische Signale umwandeln oder umgekehrt.

© Verlag Gehlen

Aufgaben und Prinzipien der Vermittlungstechnik

Grundaufgaben einer Vermittlung

Aufgabe	Erläuterung	Aufgabe	Erläuterung
Anreizerkennung	Verbindungswunsch des rufenden Teilnehmers (Tln A) erkennen (Schleife des Tln A erkennen).	Meldung des Tln B erkennen	Verbindung freigeben, wenn der Tln B sich gemeldet hat (nach Erkennen der Schleife von Tln B).
Wahlaufnahme	Wahlinformation des rufenden Teilnehmers (Tln A) für Verbindungsziel aufnehmen (Rufnummer registrieren).	Überwachung des Betriebszustandes	Weitere Verbindungsanforderungen erkennen, Störungen erkennen und signalisieren.
Leitweglenkung	Wahlinformation auswerten und geeignetes Leitungsbündel auswählen.	Verbindungsauflösung	Auflösung der Verbindung, wenn einer der beiden Teilnehmer die Kommunikation beendet hat (Überwachen der Schleifen).
Wegesuche	Einen freien Weg durch das Koppelnetz auswählen und die Verbindung durchschalten.	Tarifeinheitenerfassung	Die Tarifeinheiten erfassen und teilnehmerindividuell zur weiteren Verarbeitung verbuchen.
Rufen des Tln B	Den gerufenen Teilnehmer B (Tln B) über den anstehenden Verbindungswunsch informieren.	Verkehrsmessung	Verkehrsmesstechnische und statistische Werte ermitteln.

Grundlegende Vermittlungsprinzipien

Zeichnung	Begriff	Erläuterungen
(Durchschaltenetzwerk: Tln A — X — Tln B, Steuerung)	Durchschalte-Vermittlung (Kanal- oder Leitungsvermittlung)	• Für die Dauer der Verbindung wird ein Übertragungskanal fest zugeordnet. • Die Durchschaltung kann im Raum- oder Zeitmultiplex erfolgen. • Die Verbindung ist dialogfähig. • Die Anzahl der Durchschaltungen ist begrenzt; weitere Verbindungsanforderungen können nicht bearbeitet werden.
(Speicher: Tln A — Speicher — Tln B, Steuerung)	Speichervermittlung (Paketvermittlung)	• Die Nachrichten werden in einzelne Blöcke aufgeteilt und durch Zwischenspeicherung übertragen. • Es ist eine virtuelle Verbindung. • Die Dialogfähigkeit ist hierbei nur gegeben, wenn die Speicherzeit sehr klein ist. • Keine Verbindung geht verloren, wenn ein genügend großer Speicher vorhanden ist und die Übertragungszeit groß sein darf.
(Koppelnetz: Tln A — Konzentrationsstufe — Verteilung — Expansionsstufe — Tln B)	Konzentrationsstufe	• In der Eingangsstufe eines Vermittlungssystems werden viele Anschlussleitungen auf wenige abgehende Leitungen gebündelt. • Einschränkung des Gleichzeitigkeitsverkehrs aus wirtschaftlichen Gründen.
	Expansionsstufe	• In der Ausgangsstufe eines Vermittlungssytems werden die Signale von den wenigen ankommenden Leitungen auf die vielen Anschlussleitungen verteilt. • Einschränkung des Gleichzeitigkeitsverkehrs wie bei der Konzentrationsstufe.

© Verlag Gehlen

Vermittlung von digitalen Signalen

Koppelstufe. Die einzelnen Bytes (8-Bit-Codewörter) werden durch die Koppelstufe zeitlich oder räumlich neu geordnet und damit vermittelt. Bei digitalen Vermittlungsstellen gibt es die zwei grundsätzlichen Koppelstufen **Zeitlagenvielfach** und **Raumlagenvielfach**. Die Koppelstufen können die digitalen Signale nur in einer Richtung vermitteln.

Koppelstufen

Art	Zeichnung	Erläuterungen
Zeitlagenvielfach	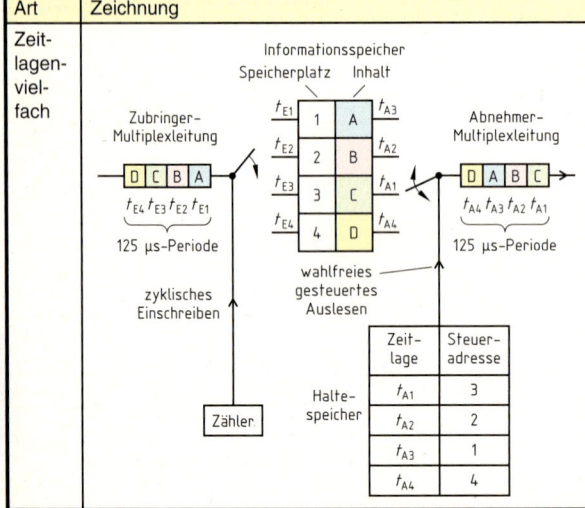	• **Vermittlungsvorgang.** Die Zeitlagen der 8-Bit-Codewörter eines PCM-Systems werden zeitlich neu geordnet. • **Blockierungsfreiheit.** Es stehen den Zeitlagen am Eingang gleich viele Zeitlagen am Ausgang gegenüber. Damit kann jedes 8-Bit-Codewort weitervermittelt werden. • **Volle Erreichbarkeit.** Jedes 8-Bit-Codewort kann von jeder beliebigen Zeitlage am Eingang auf jede beliebige Zeitlage am Ausgang vermittelt werden. • **Verzögerung.** Durch das Vertauschen der Zeitlagen werden die 8-Bit-Codewörter für die einzelnen Verbindungen unterschiedlich verzögert. Es entstehen Durchlaufzeiten.
Raumlagenvielfach	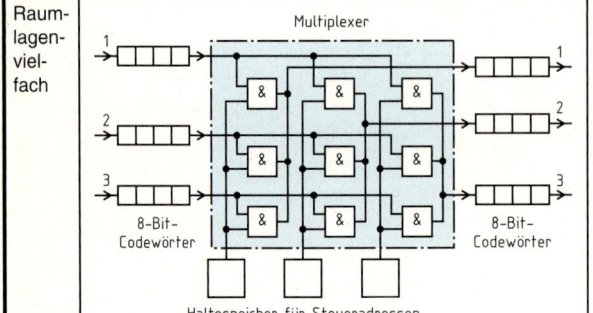	• **Vermittlungsvorgang.** Die 8-Bit-Codewörter werden auf eine andere Ausgangsleitung vermittelt. • **Zeitlagenneutralität.** Die 8-Bit-Codewörter werden ohne Änderung der Zeitlage vermittelt. • **Volle Erreichbarkeit.** Jedes 8-Bit-Codewort kann zu jeder beliebigen Abnehmerleitung vermittelt werden. • **Verzögerung.** Die Verzögerungszeit ist für alle 8-Bit-Codewörter gleich.
Zeit-Raumlagenvielfach	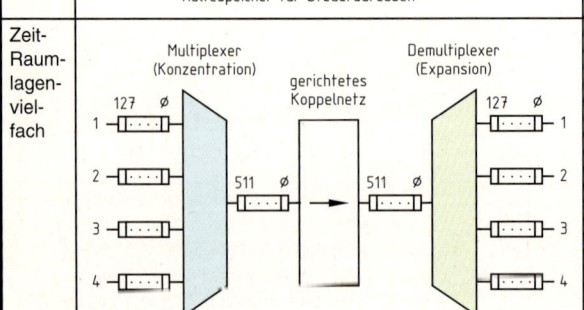	• **Vermittlungsvorgang.** Die 8-Bit-Codewörter werden in ihrer Zeitlage und Raumlage neu geordnet. • **Volle Erreichbarkeit.** Die Anzahl der Abnehmerleitungen ist größer oder gleich der Anzahl der Zubringerleitungen und die Anzahl der Abnehmerzeitlagen ist größer oder gleich der Zubringerzeitlagen. • **Verzögerung.** Die 8-Bit-Codewörter werden zeitlich unterschiedlich vermittelt.

© Verlag Gehlen

Gerätezulassung

Grundlegende Anforderung an Telekommunitationseinrichtungen

- Sicherheit für den Benutzer und das Servicepersonal der Telekommunikationseinrichtung und des Netzes.
- Elektromagnetische Verträglichkeit EMV.
- Schutz des öffentlichen Telekommunikationsnetzes vor Schaden.
- Effektive Nutzung des Netzes und des Frequenzspektrums.
- Kommunikationsfähigkeit der Telekommunikationsendeinrichtungen untereinander und mit dem öffentlichen Netz.

Zulassungszeichen der Europäischen Union (EU)

Zeichen	Erläuterung
 0188 Zulassungsstelle BZT	Endeinrichtungen, die nach den harmonisierten Bestimmungen der EU zugelassen sind, haben als Nachweis die CE-Kennzeichnung. Die Überprüfung erfolgt in den europäischen Ländern durch die zugelassenen Stellen (in Deutschland das BZT). Im Rahmen eines Konformitätsbewertungsverfahrens ist auch der Hersteller dazu berechtigt. Das Zulassungszeichen enthält folgende Angaben: CE-Zeichen, Kennnummer der zulassenden Stelle, Netzsymbol

Zulassungszeichen des Bundesamtes für Zulassungen in der Telekommunikation BZT

Zeichen	Erläuterung
B A999 Z T 999N	Werden die nationalen (deutschen) Vorschriften vom Bundesamt für Zulassungen in der Telekommunikation BZT geprüft, dann tragen Endeinrichtungen neben dem CE-Zeichen auch das deutsche Zulassungszeichen. Das Zulassungszeichen enthält folgende Angaben: Bundesadler, BZT-Kürzel, Zulassungsart, Zulassungsnummer, Jahresangabe und eine Umrandung mit festgelegten Größenverhältnissen und definierter Schrift.

Personenzulassung

Am 20. Juli 1994 trat die Verordnung über die Personenzulassung zum Errichten, Ändern und Instandhalten von Telekommunikationsendeinrichtungen (Personenzulassungsverordnung PersZulV) in Kraft. Sie regelt, wer Endeinrichtungen an das öffentliche Netz anschalten darf und wann eine Zulassung nicht erforderlich ist.

Ohne Zulassung, §2 PersZulV (Ausnahmen)	Zulassungsklassen

1. TK-Endeinrichtungen mit und ohne Vermittlungs-, Verteil- oder Konzentratorfunktion, die
  a) mittels Steckvorrichtung direkt an die Abschlusseinheit des öffentlichen Netzes anschaltbar sind,
  b) nur mit Anschlüssen von bis zu zwei Telekommunikationskanälen oder einem ISDN-Basisanschluss an das öffentliche Netz anschaltbar sind,
  c) an analogen Telefonwählanschlüssen nicht in Durchwahl betrieben werden können und
  d) über eindeutig gekennzeichnete Anschlusspunkte zum Verbinden der Module verfügen.
2. Eine Personenzulassung ist für das Errichten, Ändern und Instandhalten von Verbindungsleitungen durch Angehörige der Berufsgruppen der Fachrichtungen Elektrotechnik und Nachrichtentechnik nicht erforderlich.
	Klasse A
	Berechtigung zum Errichten, Ändern und Instandhalten von folgenden TK-Endeinrichtungen:
	1. TK-Endeinrichtungen, wenn sie
	  a) zur Anschaltung an das öffentliche Netz über maximal 4 Telekommunikationskanäle oder 2 ISDN-Basisanschlüsse geeignet sind und
	  b) bei analogen Anschlüssen nicht in Durchwahl betrieben werden können.
	2. Verbindungsleitungen auf einem oder benachbarten Grundstücken zwischen der Abschlusseinheit des öffentlichen Netzes und der TK-Endeinrichtung.
	
	Klasse B
	Berechtigung zum Errichten, Ändern und Instandhalten von TK-Endeinrichtungen, die ohne die zuvor genannten Einschränkungen betrieben werden.

© Verlag Gehlen

Analoge Telefone

Prinzipschaltung eines Telefons

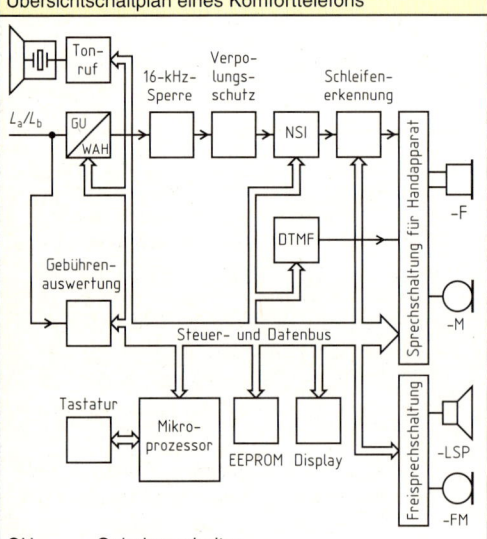

Erläuterungen

- Jedes Telefon besteht aus drei Grundeinheiten: Sprech-, Ruf- und Wähleinheit.
- Zur Sprecheinheit gehören das Mikrofon, der Fernhörer, der Übertrager, die Gehörschutzgleichrichter und die Leitungsnachbildung (Parallelschaltung von R_N und C_N).
- Die Sprecheinheit ist eine Gabelschaltung zur Trennung der ankommenden und abgehenden Sprechsignale.
- Die Sprechschaltung ist so konzipiert, dass abgehende Sprechsignale gedämpft auf den Fernhörer übertragen werden und damit eine Rückkopplungsdämpfung erreicht wird.
- Die Rufeinheit erzeugt den Rufton aus dem Wechselstromsignal mit 25 Hz, das von der Vermittlungsstelle gesendet wird.
- Die Wähleinheit besteht aus einem Nummernschalter zur Impulswahlerzeugung oder einem Tastwahlblock für das Impulswahl- (IWV) oder das Mehrfrequenzen- (MFV) Verfahren.

Übersichtschaltplan eines Komforttelefons

Symbol	Erläuterung
⇨	Programmiermodus
⊙●	Wahlwiederholung
→•	Kurzwahl
→▯	Direktwahl
⊓⊔	Impulswahlverfahren
♪	Mehrfrequenzwahlverfahren
⊗	Stummschaltung
⊲	Lauthören, Freisprechen
①	Gebührenprozedur ausgewählt

Erläuterungen

- Das Komforttelefon hat die zusätzlichen Leistungsmerkmale: Wahlwiederholung, Kurzwahl, Direktwahl, Freisprechen, Lauthören, Umschaltung des Wahlverfahrens IWV/MFV, Gebührenanzeige.
- Alle Funktionseinheiten werden von dem Mikroprozessor über den Steuer- und Datenbus koordiniert und gesteuert.
- Im Display angezeigte Symbole kennzeichnen Betriebszustände und Dienstmerkmale.

GU   Gabelumschalter
WAH   Wahl bei aufgelegtem Hörer
NSI   Nummernschalter-Impulskontakt
DTMF   Dual-Tone-Multifequenz-Generator

Signalisierungen bei analogen Anschlüssen

- Anrufsignalisierung durch die Schleifenbildung.
- Rufnummernsignalisierung durch Impulswahl oder Mehrfrequenzwahl.
- Anrufsignalisierung durch ein Wechselstromsignal von 25 Hz.
- Gebührensignalisierung durch einen kurzzeitigen 16 kHz-Impuls für jede Einheit.

Wahlverfahren **243**

Wahlverfahren zur Rufnummernsignalisierung

Impulswahlverfahren IWV

Diagramm	Eigenschaften
Ziffernwahlbeginn — Beginn der ersten Unterbrechung — Ziffernwahlende SLF / $\overline{SLF}$ Leerlaufzeit — Impuls/Pause (62 ms / 38 ms) 200 ms / 100 ms 700 ms ≙ Ziffer 5 Impuls: Schleifenstromunterbrechung von 62 ms SLF Schleife geschlossen; Strom fließt $\overline{SLF}$ Schleife unterbrochen; es fließt kein Strom	• Beim IWV wird die Ziffer der Rufnummer durch eine der Ziffer entsprechenden Anzahl von Schleifenunterbrechungen signalisiert. • Ein Wahlimpuls dauert 100 ms und besteht aus einem Schleifenunterbrechungsimpuls von 62 ms und einer darauf folgenden Pause von 38 ms. • Ziffer 1 entspricht einem Wahlimpuls, Ziffer 2 entspricht zwei Wahlimpulsen usw., Ziffer 0 entspricht 10 Wahlimpulsen. • An den Anfang der Wahlimpulse für jede gewählte Ziffer wird eine Leerlaufzeit von 200 ms gesetzt. Die Leerlaufzeit ist notwendig, um eine sichere Trennung der gewählten Ziffern zu erreichen. • Der Wahlvorgang ist bei der IWV-Wahl relativ lang.

Mehrfrequenzverfahren MFV

Kodierung, Frequenzen

Frequenzmatrix:

$f_2 = 1209$ Hz, $f_2 = 1336$ Hz, $f_2 = 1477$ Hz, $f_2 = 1633$ Hz

$f_1 = 697$ Hz : 1 2 3 A
$f_1 = 770$ Hz : 4 5 6 B
$f_1 = 852$ Hz : 7 8 9 C
$f_1 = 941$ Hz : * 0 # D

Taste	MFV-Signal f_1 kHz	f_2 kHz
1	679	1209
2	679	1336
3	679	1477
4	770	1209
5	770	1336
6	770	1477
7	852	1209
8	852	1336
9	852	1477
0	941	1336
*	941	1209
#	941	1477
-----	---------	---------
A	679	1633
B	770	1633
C	852	1633
D	941	1633

Eigenschaften
- Beim MFV wird die Ziffer oder das Zeichen (die Taste) durch zwei überlagerte Tonsignale signalisiert.
- Die beiden Tonsignale haben Frequenzen, die im Sprachbandbereich von 300 Hz bis 3400 Hz liegen. Das erste Tonsignal hat eine Frequenz kleiner als 1 kHz und das zweite Tonsignal eine Frequenz größer als 1 kHz.
- Es sind vier Tonfrequenzen kleiner als 1 kHz und vier Tonfrequenzen größer als 1 kHz festgelegt.
- Die Ziffern- und Zeichengabe erfolgt bei der MFV-Wahl nach dem Internationalen 2 × (1 aus 4)-Code.
- Der Wahlvorgang ist bei der MFV-Wahl relativ kurz, weil keine Mindestzeiten eingehalten werden müssen.

Prüfmöglichkeiten des eingestellten Wahlverfahrens

Harmoniert das am Endgerät eingestellte Wahlverfahren mit der Vermittlungsstelle?	Überprüfung des Wahlverfahrens mithilfe der Service-Rufnummer **0130 0333**:
• Endgerät auf MFV-Wahl einstellen. • Ziffer 0 wählen. • Hört man nach der Wahl noch den Wählton, dann harmoniert das Wahlverfahren des Endgerätes nicht mit der Vermittlungsstelle.	• Service-Rufnummer 0130 0333 wählen. • Ansagetext beachten und eine Ziffer wählen. • Bei fehlerfreier MFV-Wahl wird die gewählte Ziffer angesagt; bei IWV-Wahl wird der Ansagetext wiederholt.

Übertragungstechnik

© Verlag Gehlen

Signaltöne und Rufsignal

Signalton	Darstellung	Erläuterung
Wählton WT		Der Wählton ist ein Dauerton von 425 Hz und ertönt nach dem Abheben des Hörers. Die Vermittlungsstelle ist bereit zur Wahlaufnahme.
Rufton RT		Der Rufton ist ein Tonintervall von etwa 1s (425 Hz) Tonimpuls und von etwa 4 s Tonpause. Der Rufton wird nur an den Anrufenden (Tln A) gesendet.
Besetztton BT		Der Besetztton ist ein gleichmäßiges Tonintervall von etwa 1 s (425 Hz) Tonimpuls und etwa 1 s Tonpause. Der Besetztton wird an den Anrufenden gesendet.
Aufschalteton		Eine Dienststelle des Netzbetreibers (z. B. Telekom) hat sich aufgeschaltet.
Rufsignal		Bei einem analogen Anschluss ist das Rufsignal ein Wechselspannungssignal von 25 Hz und 40 V ... 60 V. Das Intervall ist das selbe wie beim Rufton.

Leistungsmerkmale für Anschlüsse an eine digitale Vermittlungsstelle

Leistungsmerkmal	Erläuterung
Anklopfen	Ein Anklopfton wird in ein bestehendes Gespräch eingeblendet, um einen weiteren Anrufer zu melden. Wird das signalisierte weitere Gespräch nicht entgegengenommen, dann erhält der Anklopfende nach einer bestimmten Zeit den Besetztton.
Anrufweiterschaltung	Die Vermittlungsstelle des Angerufenen leitet alle Anrufe sofort oder nach einer bestimmten Dauer auf einen vorgegebenen Zielanschluss um. Der Zielanschluss kann ein analoger, mobiler oder ISDN-Anschluss weltweit sein.
Bandbreite	Die Bandbreite ist auf den Sprachbereich von 300 Hz bis 3,4 kHz begrenzt. Alle Nutzsignale, wie Sprache und Telefax, werden in diesem Frequenzbereich übertragen.
Dreierkonferenz	Hierbei kann der Teilnehmer ein Gespräch gleichzeitig mit zwei Teilnehmern führen. Alle drei Teilnehmer können gleichberechtigt miteinander telefonieren.
Durchwahl	Bei TK-Anlagen mit mindestens 8 Anschlussleitungen kann der Anrufende direkt die gewünschte Nebenstelle erreichen.
Einzelnachweis der Tarifeinheiten	Zur genauen Aufschlüsselung der Telefonkosten werden von jeder Verbindung das Datum, die Uhrzeit, die gewählte Rufnummer, die Gesprächsdauer und die Tarifeinheiten gespeichert. Nach einer bestimmten Zeit werden diese Daten wieder gelöscht. Es werden keinerlei Nutzdaten gespeichert.
Makeln	Beim Makeln kann der Teilnehmer zwischen zwei Gesprächspartner hin- und herschalten.
Rückfragen	Bei der Rückfrage hat der Teilnehmer die Möglichkeit, eine bestehende Verbindung zu halten und mit einem Dritten zu telefonieren, ohne das der Erste das Gespräch mit dem Dritten hört.
Sperren	Der Anschluss lässt sich wahlweise für Fernverbindungen, internationale oder interkontinentale Verbindungen sperren. Die Sperre kann durch eine persönliche Identifikationsnummer PIN wieder aufgehoben werden.
Tarifeinheiten-signalisierung	Für jede Tarifeinheit (früher Gebühreneinheit) wird kurzzeitig ein 16 kHz-Signal von der Vermittlungsstelle an das anrufende Endgerät gesendet und vom Endgerät ausgewertet. (Nur bei analogen Anschlüssen !)

© Verlag Gehlen

TAE-Dosen · TAE-Stecker

Telekommunikations-Anschlusseinheiten TAE für analoge Endgeräte (DIN 41715)

Anschlussdosen (Auswahl)

Dosenart	Innenschaltung	Erläuterungen
TAE 6F		Asl — Anschlussleitung Asl_1 — Anschlussleitung 1 Asl_2 — Anschlussleitung 2 L_a oder a_1 — a-Ader der Anschlussleitung L_b oder b_1 — b-Ader der Anschlussleitung a_2 — geschaltete a-Ader b_2 — geschaltete b-Ader
TAE 2x6 NF		W — Anschluss für Rufweiterleitung (zusätzliche Signalisierungseinheit) E — Erdung F — Codierung für Fernsprechen (Telefonie) N — Codierung für Nicht-Fernsprechen
TAE 3x6 NFN		• Die Endgeräte werden nur durch eine Anschlussleitung mit TAE-Stecker mit der Dose verbunden. • An die Anschlussleitung muss nicht mehr mindestens ein Endgerät angeschlossen sein. • Die Kontakte in der Anschlussdose öffnen beim Einstecken des Steckers. • Das Telefon muss bei einer Reihenschaltung an die letzte Dose angeschlossen werden.
TAE 2x6/6 NF/F		

Stecker für Anschlussleitungen

Steckerstifte und Belegung	Steckercodierung	Erläuterungen
E 4 — 3 W b_2 5 — 2 L_b a_2 6 — 1 L_a	F	• Bei Anschluss eines Telefons (auch mit integriertem Anrufbeantworter) sind nur die Stifte 1 bis 4 belegt. • Die beiden Nasen für die F-Codierung sind unten angebracht.
E 4 — 3 W b_2 5 — 2 L_b a_2 6 — 1 L_a	N	• Bei Anschluss eines Modems oder Telefax-Gerätes sind vielfach die Stifte 3 und 4 nicht belegt. • Die beiden Nasen für die N-Codierung sind oben angebracht.

Übertragungstechnik

© Verlag Gehlen

ISDN Anschlusseinheit IAE und Universal-Anschlusseinheit UAE (IEC 603-7)

Steckerform	Erläuterungen
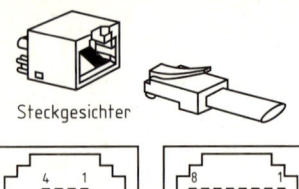 Steckgesichter IAE-4 UAE-8 Anpassungselemente UAE-6	• Der IAE-Stecker IAE-4 ist der Standardstecker zur Verbindung von ISDN-Endgeräten mit der ISDN-Anschlusseinheit. • Er wird für den Anschluss von S_0-Endgeräten benutzt. • Die Form des Steckers entspricht dem international gebräuchlichen achtpoligen Western-Stecker. • Der IAE-Stecker ist vierpolig ausgeführt. • Der UAE-Stecker dient zum Anschluss von digitalen oder analogen Endgeräten (je nach Ausführung) an die Universal-Anschlusseinheit. • Die achtpolige Ausführung UAE-8 entspricht dem 8poligen Western-Stecker, ist kompatibel zum IAE-Stecker IAE-4 und wird für den Anschluss digitaler Endgeräte eingesetzt. • Die 6polige Ausführung UAE-6 ist schmaler und wird zum Anschluss analoger Endgeräte eingesetzt. In die UAE-Buchse wird ein Anpassungselement eingesetzt. • Zur Verbindung des Hörers mit dem Telefon werden Stecker (Telefonsteckverbinder) verwendet, die die Bauform eines vierpoligen Western-Steckers haben.

Aufbau und Schaltung der Anschlusseinheiten

Aufbau und Schaltung	Erläuterungen
IAE 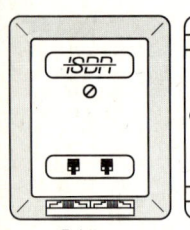 Gehäuse 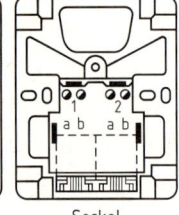 Sockel 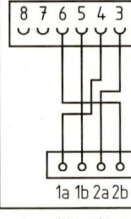 Anschlussklemmen	IAE 8 (4) └ vier Buchsenkontakte └ Buchse mit achtpoligem Steckgesicht └ ISDN-Anschlusseinheit • Die Bauform entspricht der Western-Buchse mit 8poligem Steckgesicht und 4 Anschlussklemmen. • Die Grundausführung für ein Endgerät ist die IAE 8 (4)-Anschlusseinheit. • IAE gibt es für Auf- und Unterputzmontage.
UAE 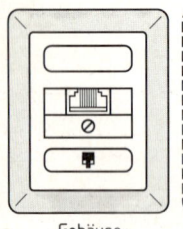 Gehäuse 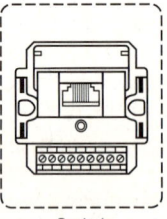 Sockel 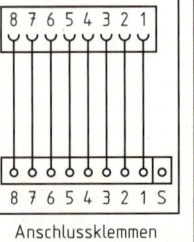 Anschlussklemmen	UAE 8 (8) └ acht Buchsenkontakte └ Buchse mit achtpoligem Steckgesicht └ Universal-Anschlusseinheit • Die Bauform entspricht der Western-Buchse mit achtpoligem Steckgesicht und hat 8 plus S Anschlussklemmen. • S ist die Schirmungsklemme. • Die UAE 8 (8) +2 hat zwei Öffnerkontakte, um über ein vorgeschaltetes Endgerät (z. B. Modem) das nachgeschaltete Endgerät (z. B. Telefon) abschalten zu können. • UAE gibt es für Auf- und Unterputzmontage.

© Verlag Gehlen

Bus-Installation für den ISDN-Mehrgeräteanschluss

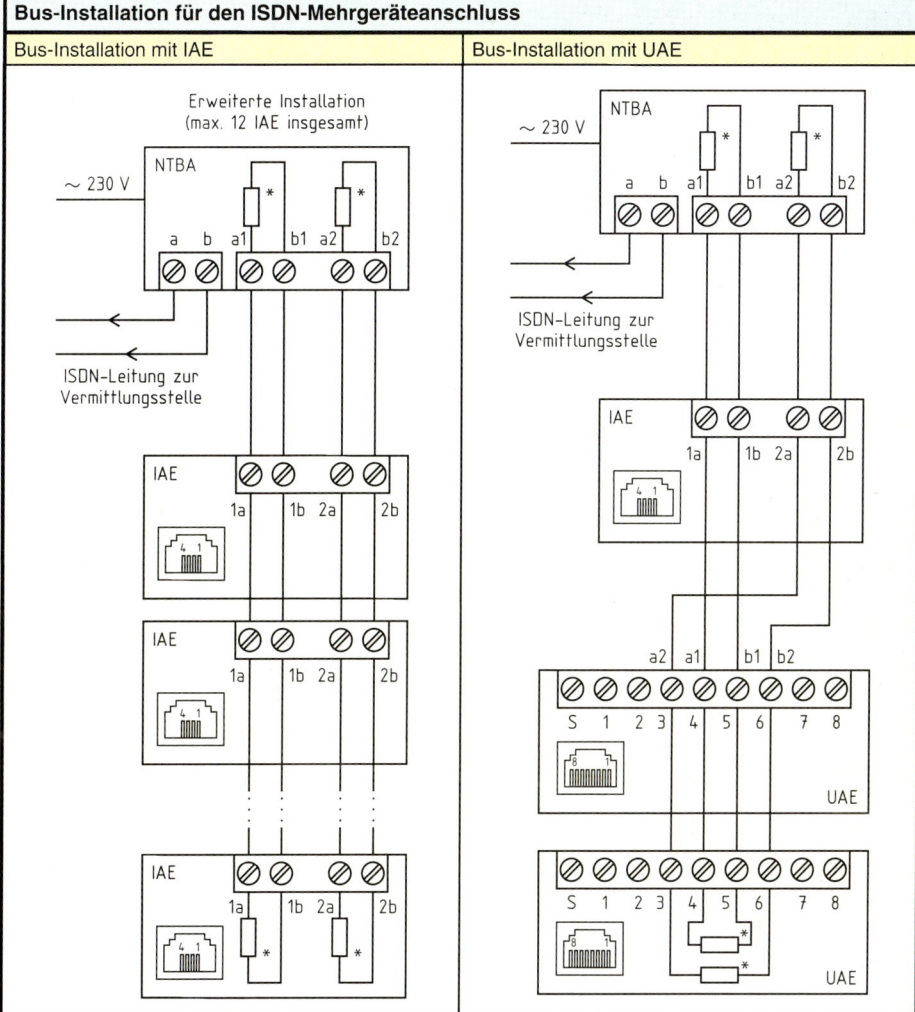

- An den Bus können maximal 12 Anschlusseinheiten angeschlossen werden.
- Jedes Paar der Sende- und Empfangsleitung (a1/b1 und a2/b2) muss im NTBA und der letzten Anschlusseinheit mit einem 100 Ω Abschlusswiderstand (∗) abgeschlossen werden.

Mehrfachrufnummern (MSN) für Endgeräte am gemeinsamen S_o-Bus

- Für jeden Basisanschluss lassen sich bis zu zehn Mehrfachrufnummern (MSN **M**ultiple **S**ubscriber **N**umber) einrichten.
- Ein Endgerät kann unter einer oder auch unter mehreren Mehrfachrufnummern erreicht werden.
- Werden gleiche Mehrfachrufnummern für mehrere Endgeräte vergeben, so wird ein Anruf nur dorthin geleitet, bei dem die Dienstekennung (z. B. Telefon oder FAX der Gruppe 4) übereinstimmt.
- Wird ein FAX-Gerät der Gruppe 3 über einen Terminaladapter (TA) angeschlossen, dann sollte immer nur eine separate Mehrfachrufnummer vergeben werden, weil sich während der Rufphase ein Telefongespräch nicht von einem FAX unterscheidet.

© Verlag Gehlen

Netzabschluss für den Basisanschluss NTBA

Übersichtsschaltplan des NTBA

Erläuterungen

- IEC **I**SDN **E**cho Chancelation **C**ircuit
  ISDN-Baustein der Leitungsschnittstelle U_{KO}
- SBC **S**$_0$-**B**us Interface **C**ircuit
- ISDN-Baustein für Geräteschnittstelle S_0
- IOM **I**SDN **O**riented **M**odular
  Interne Schnittstelle zur Kommunikation zwischen Leitungs- und Geräteschnittstelle.
- Regelspeisung durch das 230 V-Netz
- Bei Regelspeisung ist die Sendeleitung positiv und die Empfangsleitung negativ.
- Im Notfallbetrieb (Ausfall des 230 V-Netzes) erfolgt die Speisung durch die Vermittlungsstelle.
- Bei Notfallbetrieb wird die Polarität für die Sende- und Empfangsleitung umgepolt.
- Für den Notfallbetrieb wird nur das notfallberechtigte Telefon-Endgerät gespeist.
- TE ist das Endgerät oder die Endeinrichtung.

Leitungscode der U_{KO}-Schnittstelle

- Die Echokompensation wird durch den **4B/3T**-Code (4 Bit-/3 Ternär-Signal) begünstigt. Der Code wird auch als **M**odified-**M**onitoring-**S**tate-Code **MMS43** bezeichnet.
- Der Datenstrom wird in 4-Bit-Blöcke (4B-Wort) aufgeteilt und jeder Block in ein 3-Schritt-Ternärsignal (3T-Wort) umgesetzt.
- Es gibt vier Alphabete (Status 1 bis 4). Die Auswahl des Folgealphabetes (Folgestatus) hängt vom gerade codierten 3T-Wort ab. Der Folgestatus ergibt sich aus der Codetabelle.
- Der 4B/3T-Code ist ein pseudoternärer, gleichstromfreier Code.
- Durch die Herabsetzung der Schrittgeschwindigkeit um ¼, verringert sich die Leitungsdämpfung und der Aufbau des Echokompensators vereinfacht sich.

Tabelle für den 4B/3T-Code (MMS43-Code)

4B-Wort	3T-Wort und Folgestatus (FS)							
	Status 1	FS	Status 2	FS	Status 3	FS	Status 4	FS
0000	+ 0 +	3	0 – 0	1	0 – 0	2	0 – 0	3
0001	0 – +	1	0 – +	2	0 – +	3	0 – +	4
0010	+ – 0	1	+ – 0	2	+ – 0	3	+ – 0	4
0011	0 0 +	2	0 0 +	3	0 0 +	4	– – 0	2
0100	– + 0	1	– + 0	2	– + 0	3	– + 0	4
0101	0 + +	3	– 0 0	1	– 0 0	2	– 0 0	3
0111	– 0 +	1	– 0 +	2	– 0 +	3	– 0 +	4
1000	+ 0 0	2	+ 0 0	3	+ 0 +	4	0 – –	2
1001	+ – +	2	+ – +	3	+ – +	4	– – –	1
1010	+ + –	2	+ + –	3	+ – –	2	+ – –	3
1011	+ 0 –	1	+ 0 –	2	+ 0 –	3	+ 0 –	4
1100	+ + +	4	– + 0	1	– + 0	2	– + –	3
1101	0 + 0	2	0 + 0	3	0 + 0	4	– 0 –	2
1110	0 + –	1	0 + –	2	0 + –	3	0 + –	4
1111	+ + 0	3	0 0 –	1	0 0 –	2	0 0 –	3

- Der Folgestatus gibt an, nach welchem Alphabet oder Status das nächste 4B-Wort codiert wird.
- Ein empfangenes 3T-Wort „000" wird in das 4B-Wort „0000" decodiert.

Leitungscodes · ISDN-Telefon

Weitere Leitungscodes

Benennung	Zeitablaufdiagramm	Erläuterung
Binäres Signal Takt		Der Takt erzeugt auf der Sendeseite die serielle Bitfolge. Zur Synchronisation wird der Takt auf der Empfangsseite aus dem empfangenen Signal zurückgewonnen.
NRZ-Code **N**o **R**eturn to **Z**ero		Es ist ein Binärcode, bei dem das 1-Bit als 1-Signal bleibt, bis wieder ein 0-Bit folgt.
RZ-Code **R**eturn to **Z**ero		Bei einem 1-Bit wird das 1-Signal nach der halben Bitdauer auf das 0-Signal gesetzt.
AMI-Code **A**lternating **M**ark **I**nversion		Die 1-Bits des binären Signals werden abwechselnd als „+1" und „–1" Signal übertragen. Der Gleichstromanteil ist Null. Es ist ein pseudoternäres Signal („+1", „0" und „–1"), das aber nur die Informationen „0" und „1" enthält.
Modifizierter AMI-Code		0-Bits wird abwechsend das Signal „+0", „–0", „+0" usw. zugeordnet. Das 1-Bit hat immer das „1"-Signal. Dieser Code wird für die S_0-Schnittstelle verwendet.
HDB3-Code **H**igh **D**ensity **B**ipolarcode **3**rd Order		Erweiterter AMI-Code, ohne lange Nullfolgen für eine gute Taktrückgewinnung. Folgen vier „0"-Signale aufeinander, dann wird das vierte „0"-Signal durch ein „V"-Signal (Verletzung) ersetzt, das die gleiche Polarität wie das codierte letzte „1"-Signal hat. Liegt zwischen zwei „V"-Signalen eine gerade Anzahl von „1"-Signalen, so ist das erste der vier „0"-Signale durch ein „B"-Signal zu ersetzen, um die Gleichstromfreiheit wieder herzustellen. Dieser Code wird hauspächlich im PCM30-System verwendet.

ISDN-Telefon

Übersichtsschaltplan	Erläuterungen
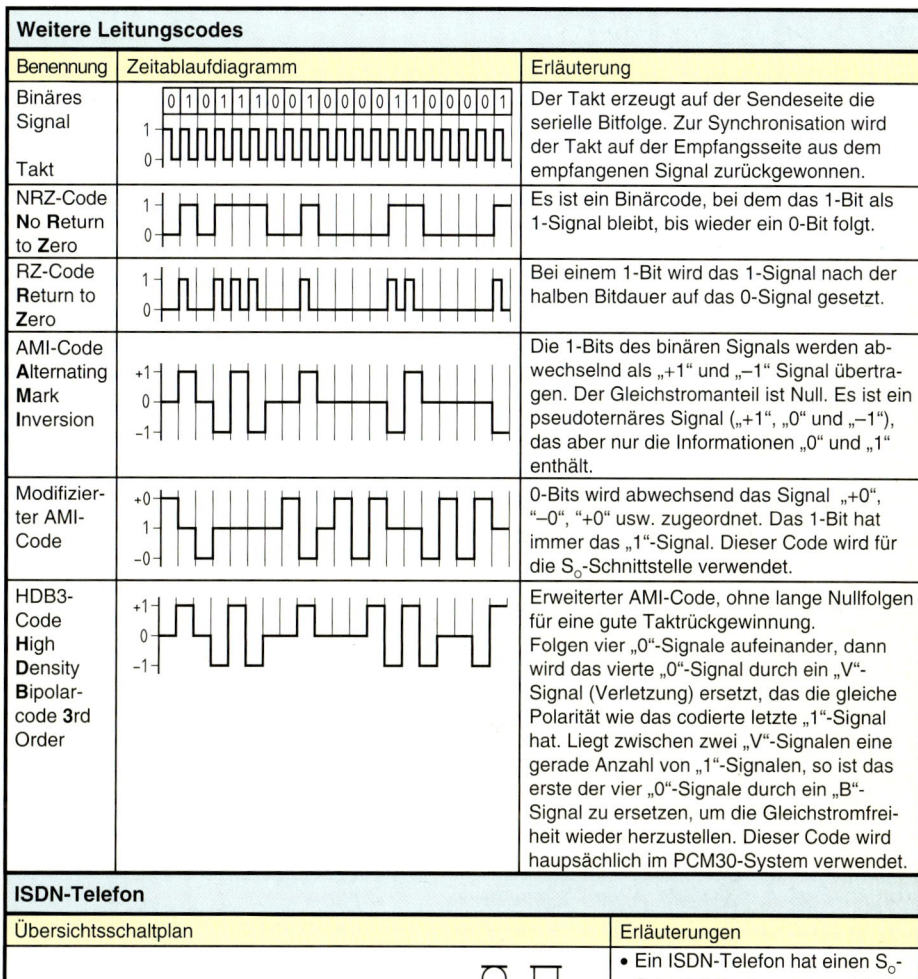	• Ein ISDN-Telefon hat einen S_0-Schnittstellenbaustein und kann direkt an den S_0-Bus angeschlossen werden. • Eine eigene Speisung durch das 230 V-Netz ist nicht erforderlich. • Bilinguale ISDN-Telefone unterstützen das nationale 1-TR6- und das europäische E-DSS1- D-Kanal-Protokoll. • Vielfach haben die ISDN-Telefone Terminaladapter für einen analogen Anschluss (TA a/b) oder für eine V.24 Schnittstelle (TA V.24) zum Anschluss eines PC.

© Verlag Gehlen

Netz- und Rufnummernaufbau

Netzaufbau und Bereichsebenen des leitungsgebundenen Telekom-Netzes (Beispiel)	Rufnummernzusammensetzung	
	Ziffer der Rufnummer	Erläuterungen
(siehe Diagramm unten)	1. Ziffer 0 (2. Ziffer 0)	• Die Ziffer 0 als erste Ziffer, ist die **Verkehrsausscheidungsziffer**. • Der rufende Teilnehmer Tln A wird von der Ortsebene (E-Ebene) auf die Fernebene (K-Ebene) geschaltet. Ist die erste Ziffer eine 0, so ist es ein nationales Ferngespräch, ein Sonderdienst, oder ein anderes Netz. • Ist die zweite Ziffer auch eine 0, dann handelt es sich um ein Auslandsgespräch.
		• Die Ortsnetzkennzahl besteht aus mindestens zwei (große Ortsnetze wie Berlin) und maximal vier (kleine Ortsnetze) Ziffern. • Die Ortsnetzkennzahl ist von dem geografischen Ort des anzurufenden Teilnehmers abhängig.
	2. Ziffer 3. Ziffer 4. Ziffer 5. Ziffer	Z-Ebene, Bereich der ZVSt H-Ebene, Bereich der HVSt K-Ebene, Bereich der KVSt E-Ebene, Bereich des Ortsnetzes
	6. bis maximal 12. Ziffer	• Die Teilnehmerrufnummer besteht aus drei bis maximal acht Ziffern. In großen Ortsnetzen, wie Berlin, sind es sieben oder acht Ziffern, bei kleineren Ortsnetzen weniger Ziffern.

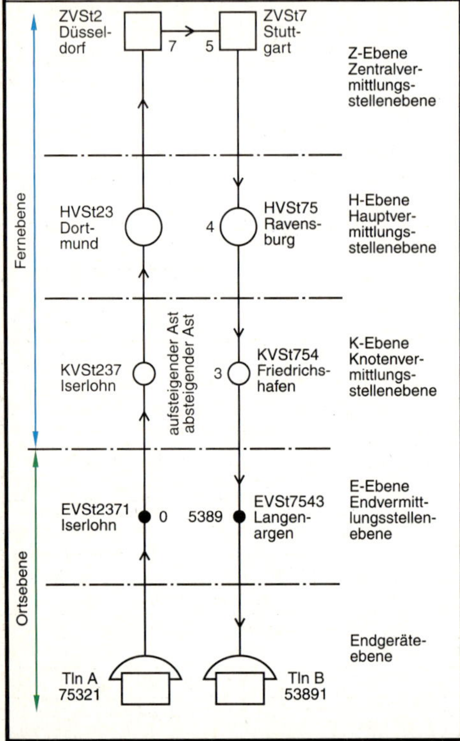

Netzdiagramm (Beispiel):

- **Fernebene:**
  - Z-Ebene (Zentralvermittlungsstellenebene): ZVSt2 Düsseldorf — 7 → 5 — ZVSt7 Stuttgart
  - H-Ebene (Hauptvermittlungsstellenebene): HVSt23 Dortmund — 4 — HVSt75 Ravensburg
- aufsteigender Ast / absteigender Ast
- **Ortsebene:**
  - K-Ebene (Knotenvermittlungsstellenebene): KVSt237 Iserlohn — 3 — KVSt754 Friedrichshafen
  - E-Ebene (Endvermittlungsstellenebene): EVSt2371 Iserlohn — 0 5389 — EVSt7543 Langenargen
  - Endgeräteebene: Tln A 75321, Tln B 53891

Rufnummernaufbau beim Mobilfunk (GSM-Netz) [1]

Die Rufnummer eines Mobilteilnehmers MSISDN (**M**obile **S**tation **ISDN** **N**umber) setzt sich aus der Ländernummer, der Netznummer, der Heimdateinummer und der Teilnehmernummer zusammen.

Rufnummernaufbau und Erläuterung

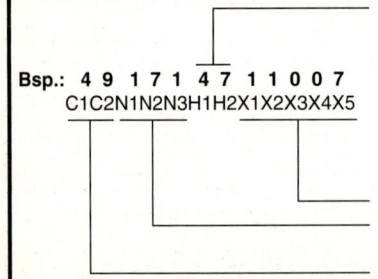

Bsp.: 4 9 1 7 1 4 7 1 1 0 0 7
       C1C2 N1N2N3 H1H2 X1X2X3X4X5

- **Home Location Register Number** (HLRN; logisches HLR) Heimdatei einer Datenbank zur Verwaltung der Teilnehmer. In ihr sind zwei wichtige Informationen abgelegt:
  - Daten, die das Vertragsverhältnis zum Teilnehmer enthalten und
  - Daten, die es ermöglichen, ankommende Gespräche zur Mobilvermittlungseinrichtung der Vermittlungsstelle des gerufenen Teilnehmers weiterzuleiten.
- **Subscriber Identification** (SI) Teilnehmer-Nummer
- **Network Destination Code** (NDC), Netznummer
 161 für C, 171 für D1, 172 für D2 und 177 für E1 (Eplus)
- **Country Code** (CC), Ländernummer, z. B. 49 für Deutschland
 Die Ländernummern sind für die Fest- und Mobilnetze gleich.

[1] GSM **G**lobal **S**ystem for **M**obile Communications.

ISDN-Netzebenen · Abkürzungen

Netzebenen des nationalen ISDN-Netzes

Netzebenen	Erläuterungen
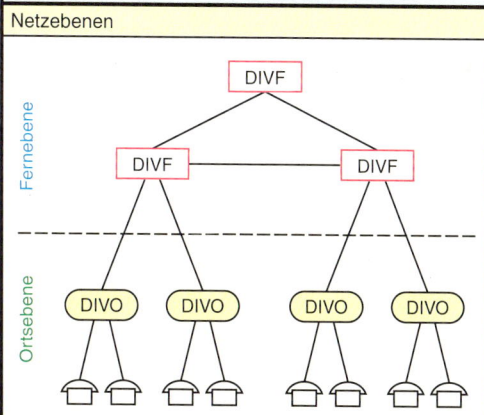	• Das ISDN-Netz besteht aus der Orts- und der Fernebene. • Die Vermittlungsstellen der Ortsebene sind die digitalen Ortsvermittlungsstellen DIVO und für die Fernebene sind es die digitalen Fernvermittlungsstellen DIVF. • Die DIVOs sind meistens sternförmig mit einer DIVF und die DIVFs sind maschenförmig miteinander verbunden. • Im ISDN-Netz haben die Nutzkanäle die Übertragungsrate von 64 kbit/s. • Die Zeichengabe erfolgt über den getrennten Zeichengabekanal. • Die Sprache wird mit der festen Bandbreite von 300 Hz bis 3,4 kHz übertragen.

Abkürzungen für ISDN (Auswahl)

Abk.	Erläuterung	Abk.	Erläuterung
a/b	analoge Endgeräteschnittstelle	NTA	analoger Netzabschluss
APE	abgesetzte periphere Einrichtung für Basisanschlüsse	NTBA	Netzabschluss für den Basisanschluss
BaAs	Basisanschluss	NTPM	Netzabschluss für den Primärmultiplexanschluss
B-Kanal	Nutzsignalkanal mit 64 kbit/s	NÜ	Netzübergang
DEE	Datenendeinrichtung	PMxAs	Primärmultiplexanschluss
D-Kanal	Zeichenkanal mit 16 oder 64 kbit/s	R, S, T, U, V	Bezugspunkte
DIV	Digitale Vermittlungsstelle	S_0	Schnittstelle mit 2×64 kbit/s und 16 kbit/s
DIVO	Digitale Ortsvermittlungsstelle	S_{2M}	Schnittstelle mit 30×64 kbit/s und 64 kbit/s
DIVF	Digitale Fernvermittlungsstelle	TA	Terminaladapter (Anpassung für analoge Endgeräte)
EE	Endeinrichtung	TAE	Telekommunikationsanschlusseinheit
HKZ	Hauptanschlusskennzeichengabe	TK-Anl	Telekommunikationsanlage
IAE	ISDN-Anschlusseinheit	U_{K0}	Leitungsschnittstelle für den Basisanschluss
IKZ	Impulszeichengabe	U_{2M}	Leitungsschnittstelle für den Primärmultiplexanschluss
ISDN	**I**ntegrated **S**ervices **D**igital **N**etwork Diensteintegrierendes digitales Netz	X.21	International standardisierte Schnittstelle für die leitungsvermittelte Datenübertragung
LE	Leitungseinheit in der Vermittlungsstelle zwischen den Schnittstellen V_{2M} und U_{2M} für den Primärmultiplexanschluss	X.25	International standardisierte Schnittstelle für die paketvermittelte Datenübertragung
NT	Network Terminator (Netzabschlussgerät)	ZGS Nr. 7	Zeichengabesystem Nr. 7 für den zentralen Zeichenkanal nach ITU-T.[1]

[1] ITU-T **I**nternational **T**elecommunication **U**nion - **T**elecommunication Standardisation Sector (früher CCITT)

252 ISDN-Netzübergänge, Anschlüsse und Bezugspunkte

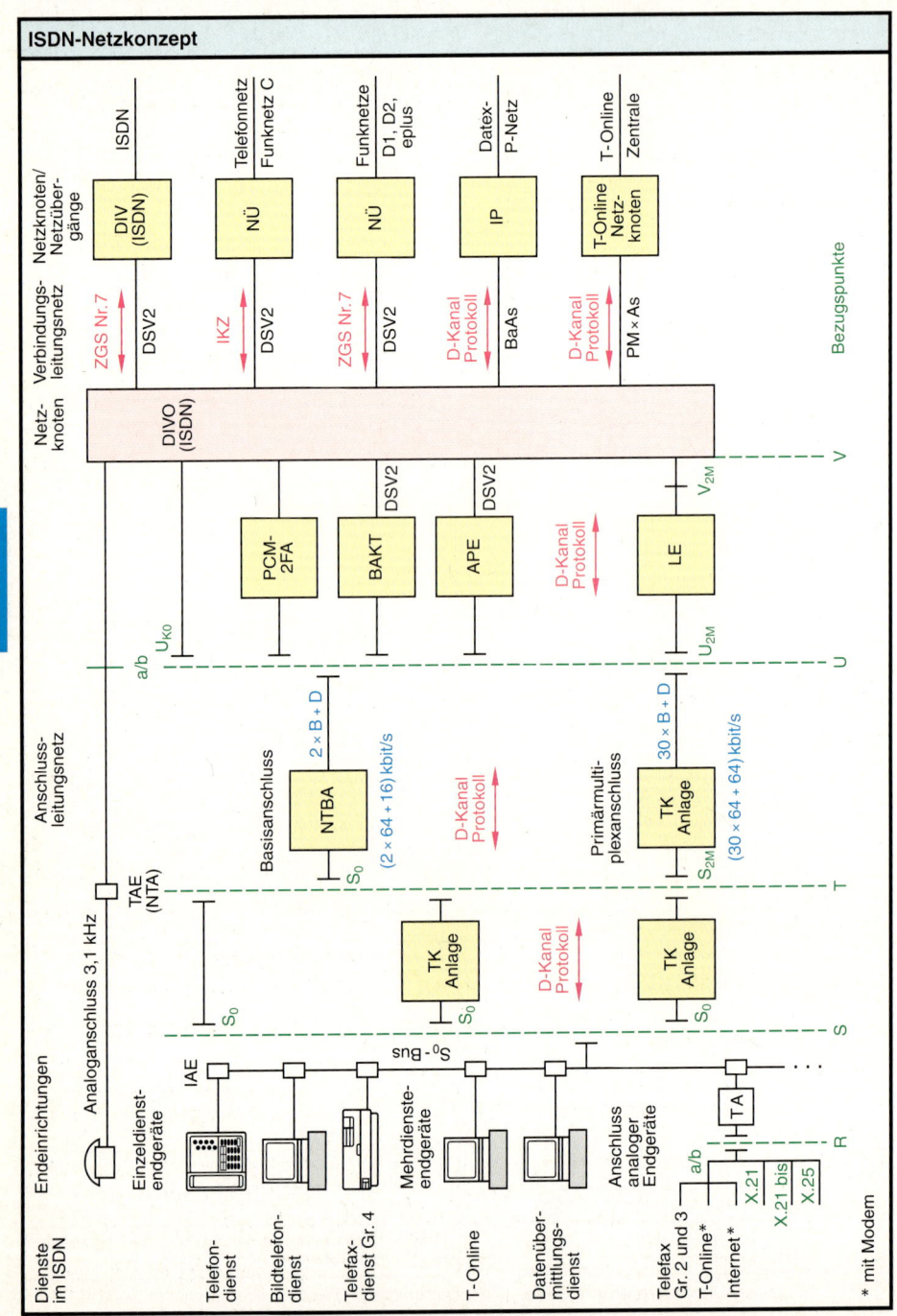

ISDN-Schnittstellen

Benennung	Erläuterung
U_{KO}-Schnittstelle	2-Draht-Übertragungsschnittstelle zwischen der digitalen Vermittlungsstelle DIV und dem Basis-Netzabschluss NTBA.
U_{2M}-Schnittstelle	4-Draht-Übertragungsschnittstelle zwischen der digitalen Vermittlungsstelle DIV und dem Primärmultiplex-Netzabschluss NTPM.
U_{PO}-Schnittstelle	2-Draht-Übertragungsschnittstelle zwischen einer ISDN-TK-Anlage und einem Endgerät oder einem Netzabschluss mit S_O-Schnittstelle. Diese Schnittstelle ist nur für TK-Anlagen vorgesehen. Die Signale werden im Ping-Pong-Verfahren (Burstmode) übertragen. Die Übertragungsstrecke ist bei einem Endgerät auf 3 km begrenzt.
S_O-Schnittstelle	4-Draht-Schnittstelle zwischen dem NTBA und den ISDN-Endgeräten, den Terminaladaptern, den S_O-Zusatzeinrichtungen oder einer TK-Anlage.
S_{2M}-Schnittstelle	4-Draht-Schnittstelle zwischen dem Primärmultiplex-Netzabschluss NTPM und einer ISDN-TK-Anlage.

Eigenschaften von Schnittstellen (Auswahl)

Eigenschaft	Schnittstelle		
	U_{KO}	S_O	S_{2M}
Übertragungsmedium	1 Cu DA [1]	2 Cu DA [1]	2 Cu Da [1]
Reichweite	5 ... 8 km	200 ... 1000 m [2]	250 m
Übertragungsverfahren	2-Draht mit Richtungstrennung durch Echokompensation	4-Draht-Verfahren mit je einer symmetrischen DA je Richtung	4-Draht-Verfahren mit je einer symmetrischen DA je Richtung
Kanalstruktur	B1 + B2 + D16	B1 + B2 + D16	30 × B + D64
Konfiguration	Punkt-zu-Punkt	Punkt-zu-Mehrpunkt oder Punkt-zu-Punkt	Punkt-zu-Punkt
Codierung	4B/3T (MMS 43)	modifizierter AMI-Code	HDB3-Code
Bruttoübertragungsrate	160 kbit/s	192 kbit/s	2048 kbit/s
Nettoübertragungsrate	144 kbit/s	144 kbit/s	1920 kbit/s
Übertragungsrate des D-Kanals (Zeichenkanal)	16 kbit/s	16 kbit/s	64 kbit/s

[1] Cu DA Kupfer-Doppelader.
[2] Je nach Installationsbedingungen und insbesondere des Kabeltyps; 1000 m nur bei Punkt-zu-Punkt-Konfiguration.

Bezugspunkte im ISDN-Netz

Bezugspunkt	Erläuterung
allgemein	Bezugspunkte kennzeichnen Übergangspunkte im ISDN-Netz
V	Beim Primärmultiplexanschluss zwischen der Vermittlungsstelle und dem Leitungsabschluss (LT); **Schnittstelle V_{2M}**
U	Liegt zwischen Leitungs- und Netzabschluss; **Schnittstellen U_{KO} und U_{2M}**
T	Trennung zwischen zwei Netzabschlussfunktionen; **Schnittstellen S_O und S_{2M}**
S	Bezugspunkt der Kundeneinrichtung zwischen Netzabschluss und Endeinrichtung; **Schnittstelle S_O**
R	Bezugspunkt an Terminaladaptern (TA); hier ist der Anschluss von analogen Endgeräten möglich; **Schnittstellen a/b, X.21/X.21bis und X.25**

© Verlag Gehlen

Kleine ISDN-Anlagen

ISDN-Anlage am Mehrgeräteanschluss

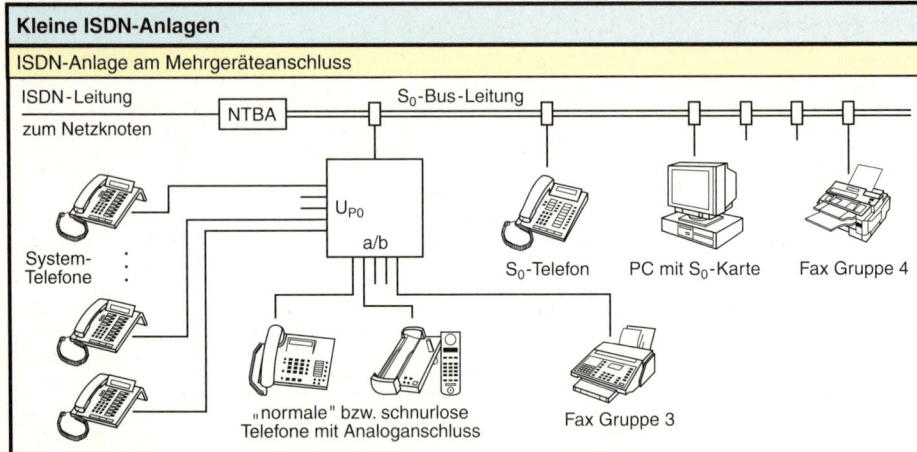

ISDN-Anlage am Anlagenanschluss

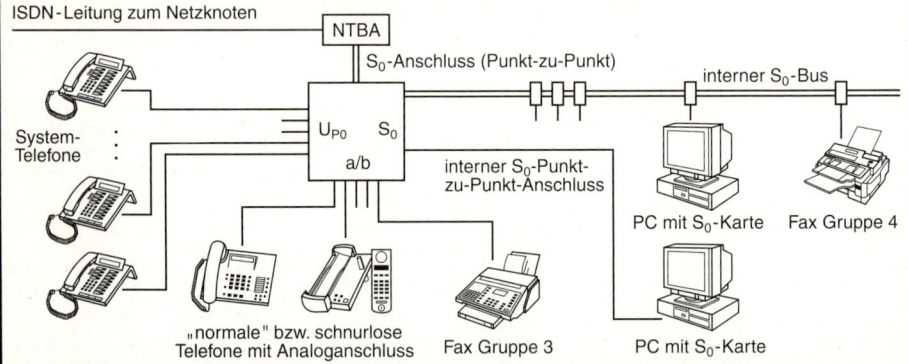

S_O-Bus-Installation und Eigenschaften

- An den S_O-Bus dürfen maximal zwölf IAE-Dosen angeschlossen werden (IAE ISDN-Anschlusseinheit).
- Gleichzeitig dürfen maximal acht Endgeräte an den Bus angeschlossen werden.
- Auf dem S_O-Bus werden die Signale auf getrennten Sende- und Empfangsleitungen übertragen. Der S_O-Bus wird deshalb vierdrähtig installiert.
- Die Empfangs- und Sendeseite des Busses sind grundsätzlich beidseitig mit 100 Ω Abschlusswiderständen abzuschließen. Bei der Installation des NTBA in der Mitte des Busses, werden die im NTBA vorhandenen Widerstände aus Stabilitätsgründen nicht ausgeschaltet.
- Die Entfernung zwischen erster und letzter IAE-Dose oder zwischen NTBA und letzter IAE-Dose soll 200 m nicht überschreiten.
- Die Anschlussleitung zwischen IAE-Dose und Endgerät soll 10 m Länge nicht überschreiten.
- Die Speisung des NTBA und damit des Busses (Phantomspeisung) erfolgt im Regelfall durch das 230 V-Netz beim Kunden. Es können bis zu vier Telefon-Endgeräte über den S_O-Bus gespeist werden.
- Im Notfallbetrieb (Ausfall des 230 V-Netzes) erfolgt eine Notspeisung durch die Vermittlungsstelle des Netzbetreibers. In diesem Fall kann nur ein notfallberechtigtes Telefon versorgt werden.
- Nichtfernsprech-Endgeräte werden nicht über die Phantomspeisung des NTBA versorgt, sondern benötigen einen eigenen 230 V-Netzanschluss.
- Mit einem Terminaladapter (TA) können auch analoge Endgeräte an den S_O-Bus angeschlossen werden.

Leistungsmerkmale des Euro-ISDN für den Mehrgeräte- und Anlagenanschluss

Merkmal	Erläuterung
Anklopfen [1]	Signalisierung eines dritten Teilnehmers.
Anrufer-Identifikation	Anzeige der Rufnummer, des Namens oder der Verbindungsart (z. B. extern oder intern) auf dem Telefondisplay.
Anrufweiterschaltung	Alle ankommenden Anrufe werden durch die Vermittlungsstelle weitergeleitet.
Dauerüberwachung	Bei der Dauerüberwachung wird in der Vermittlungsstelle die Funktionsfähigkeit und Übertragungsqualität des Anschlusses ständig überwacht.
Durchwahl [2]	Der Anrufer wählt mit der Endziffer gezielt ein Endgerät an.
Geschlossene Benutzergruppe	Bei einer Geschlossenen Benutzergruppe werden Dritte von der Kommunikation ausgeschlossen; nur die Notrufnummern sind von der Gruppe uneingeschränkt anwählbar.
Halten einer Verbindung [1]	Die Verbindung wird aufrechterhalten, wenn der Angerufene z. B. Rückfragen will. In der ISDN-Vermittlungsstelle können je B-Kanal des Mehrgeräteanschlusses zwei Verbindungen gleichzeitig gehalten werden.
Identifizierung unerwünschter Anrufer	Zur Identifizierung unerwünschter Anrufer kann der angerufene Teilnehmer während der Rufphase, während und kurz nach der Verbindung eine Identifizierungsprozedur auslösen. In der Vermittlungsstelle werden dann Rufnummer des Anrufers, Datum und Uhrzeit der Verbindung gespeichert.
Makeln	Zwischen zwei oder mehreren Gesprächen hin und her schalten. Es können ankommende Gespräche angenommen werden, obwohl bereits telefoniert wird, oder zwischendurch über den eigenen Übertragungskanal mit einem anderen Gesprächspartner Rückfrage halten.
Mehrfachrufnummer [1]	Es können einem Endgerät des Anschlusses ein oder mehrere Rufnummern zugeordnet werden.
Parken	Ein Telefongespräch auf Wartestellung schalten, ohne die Verbindung zu verlieren. Anwendung z. B. bei Rückfragen oder Makeln.
Rückfragen	Möglichkeit nach dem Anklopfen das erste Gespräch zu parken und das neue Gespräch entgegenzunehmen.
Rufnummernübermittlung	Es wird die Ortsnetzkennzahl, die Teilnehmerrufnummer und gegebenenfalls die Durchwahlnummer übermittelt und im Display angezeigt.
Subadressierung	Die Subadressierung ist eine Erweiterung der Rufnummer, mit der bestimmte Prozeduren, z. B. Start eines PC-Programms, eingeleitet werden. Die Subadresse wird beim Verbindungsaufbau transparent übertragen.
Teilnehmer-zu-Teilnehmer-Zeichengabe	Hierbei können die Endgeräte beim Verbindungsauf- und abbau individuelle Nachrichten, z. B. Passwörter, austauschen.
Übermittlung der Tarifinformationen	Die Tarifinformation kann während oder am Ende der Verbindung erfolgen. Sie kann am Endgerät angezeigt oder in einer TK-Anlage weiterverarbeitet werden.
Umstecken von Endgeräten [1]	Während einer bestehenden Verbindung kann das Endgerät von einer Kommunikationssteckdose getrennt und an einer anderen wieder einsteckt werden.
Unterdrückung der Rufnummernübermittlung	Aus Datenschutzgründen kann die Rufnummernübermittlung unterdrückt werden.

[1] Leistungsmerkmal nicht am Anlagenanschluss. [2] Leistungsmerkmal nur am Anlagenanschluss

Standards für schnurlose Telefone

Allgemeines
- Schnurlose Telefone sind Endgeräte, bei denen die Übertragung für kurze Entfernungen zwischen der Basisstation (sie ist an das Festnetz angeschlossen) und dem Mobilteil (Hörer) durch Funksignale erfolgt.
- Schnurlose Telefone gibt es mit einer a/b-Schnittstelle für den analogen Anschluss oder mit einer S_0-Bus-Schnittstelle für den ISDN-Anschluss.
- Für die Übertragung zwischen Basisstation und Mobilteil stehen mehrere Funkkanäle zur Verfügung.
- Die Sendeleistung darf maximal 10 mW betragen.
- Durch die begrenzte Sendeleistung ist die Mehrfachnutzung der Frequenzen bei großem räumlichem Abstand der Schnurlostelefone möglich. Gleichartige Schnurlostelefone in näherer Umgebung belegen verschiedene Funkkanäle innerhalb des zugewiesenen Frequenzbandes.

Standard CT1 und CT1+ (CT Cordless Telephone)
- Anfang der achtziger Jahre wurde der Standard CT1 und 1990 CT1+ in Deutschland eingeführt.
- Die Signale zwischen Basisstation und Mobilteil werden als analoge Signale übertragen.
- Die Kanäle werden alle 15 Sekunden von der Basisstation automatisch neu zugeteilt.
- Beim Standard CT1+ gibt es die doppelte Anzahl an Kanälen wie beim Standard CT1.

Standard CT2
- In Großbritannien seit 1985 eingeführter Standard für die digitale Signalübertragung. In Deutschland ist dieser Standard nur zögerlich eingeführt und durch den Standard DECT verdrängt worden.
- Mobilteile können über Softwareparameter mehreren, räumlich verteilten Basisstationen zugeordnet werden.
- Die Verkehrsdichte ist größer und beträgt etwa 10000 Teilnehmer je Quadratkilometer.

Standard DECT (DECT Digital European Cordless Telecommunications)
- Einheitlicher europäischer Standard für die schnurlose Kommunikation (z. B. Telefonie und FAX).
- Die Signale werden digital im Zeitmultiplex-Verfahren mit 12 Duplex- bzw. 24 Simplex-Kanälen je Trägerfrequenz übertragen.
- Es gibt 10 Trägerfrequenzen und damit 120 bidirektionale Übertragungskanäle.
- Die Sprache wird mit 32 kbit/s je Übertragungsrichtung übertragen.

Eigenschaften der Standards

Standard	CT1	CT1+	CT2	DECT
Signalübertragung	analog	analog	digital	digital
Frequenz Basisstation → Mobilteil Mobilteil → Basisstation	959 ... 960 MHz 914 ... 915 MHz	930 ... 932 MHz 885 ... 887 MHz	kein Frequenzpaar erforderlich 864 ... 886 MHz	kein Frequenzpaar erforderlich 1880...1900 MHz
Kanäle	40	80	40	120
Übertragungsverfahren	FDD [1]	FDD [1]	TDD [2]	TDD [2]
Zugriffsverfahren	FDMA [3]	FDMA [3]	FDMA [3]	TDMA [4]
Kanalzuteilung	dynamisch	dynamisch	dynamisch	dynamisch
Reichweite im Haus Reichweite im Freien	< 50 m < 300 m	< 50 m < 300 m	< 50 m < 300 m	< 50 m < 300 m
Verkehrsdichte	gering	gering	mittel	groß
Sprachqualität	befriedigend	befriedigend	gut	sehr gut

[1] FDD   Frequenz Division Duplexing (Frequenz-Duplex)
[2] TDD   Time Division Duplexing (Zeit-Duplex)
[3] FDMA   Frequenz Division Multiplex Access (Frequenz-Multiplex-Verfahren)
[4] TDMA   Time Division Multiplex Access (Zeit-Multiplex-Verfahren)

Zellulare Netzstruktur von Mobilfunknetzen

Allgemeine Netzstruktur von Mobilfunknetzen

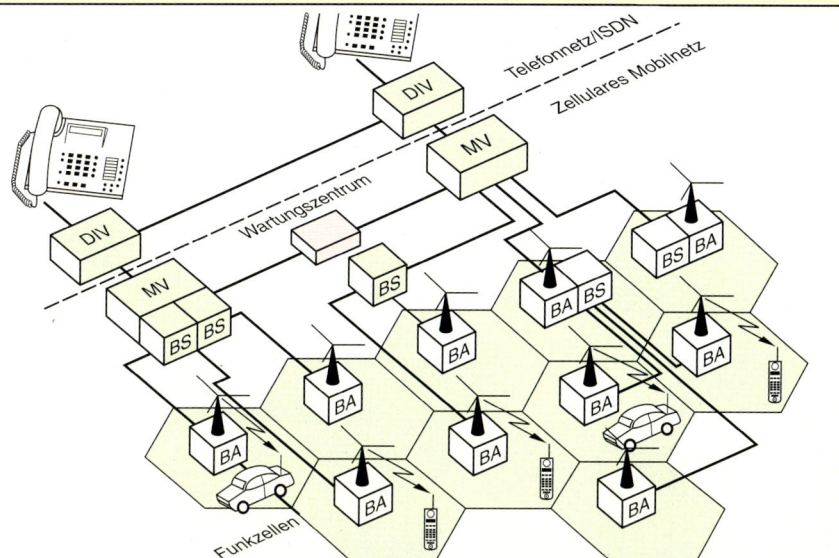

DIV Digitale Vermittlungsstelle (Netzknoten des ISDN)
MV Mobilfunkvermittlungsstelle (Netzknoten des Mobilfunknetzes)
BS Steuerung der Basisstation
BA Basisstation

Kenndaten der verschiedenen Mobilfunknetze

Eigenschaft	C-Netz	D1- und D2-Netz	eplus-Netz (E1-Netz)
Mobilteilfrequenzen Sendeband Empfangsband	451,3 ... 455,74 MHz 461,3 ... 465,74 MHz	890 ... 915 MHz 935 ... 960 MHz	1710 ... 1785 MHz 1805 ... 1880 MHz
Zellenradius	2 ... 35 km	2 ... 35 km	300 m ... 8 km
Übertragungssignale	Nutzsignale analog Steuersignale digital	digital	digital
Vorwahlrufnummer	0161	0171 (D1); 0172 (D2)	0177
typ. Sendeleistung	Festeinbau 15 W tragbar 2,5 W (Handy < 1 W spezielle Kleinzellen)	Festeinbau 8 W tragbar 8 W Handy 2 W	Handy 1 W
Fax, Datenübertragung	4800 bit/s	9600 bit/s	9600 bit/s
Leistungsmerkmale	Rufumleitung, Mailbox	Rufumleitung, Mailbox, Anklopfen, Rückrufautomatik, Halten, Konferenzschaltung, Rufnummernübermittlung, Kurznachrichten, Rufsperre, Gesprächsdaueranzeige	Rufumleitung, Mailbox, Anklopfen, Rückrufautomatik, Halten, Konferenzschaltung, Rufnummernübermittlung, Kurznachrichten, Rufsperre, Gesprächsdaueranzeige
Nutzungsbereich	Deutschland	Europa (weltweit bedingt)	Deutschland (Europa, asiatische Länder und USA nur bedingt)

© Verlag Gehlen

Öffentliche Dienste und Netze

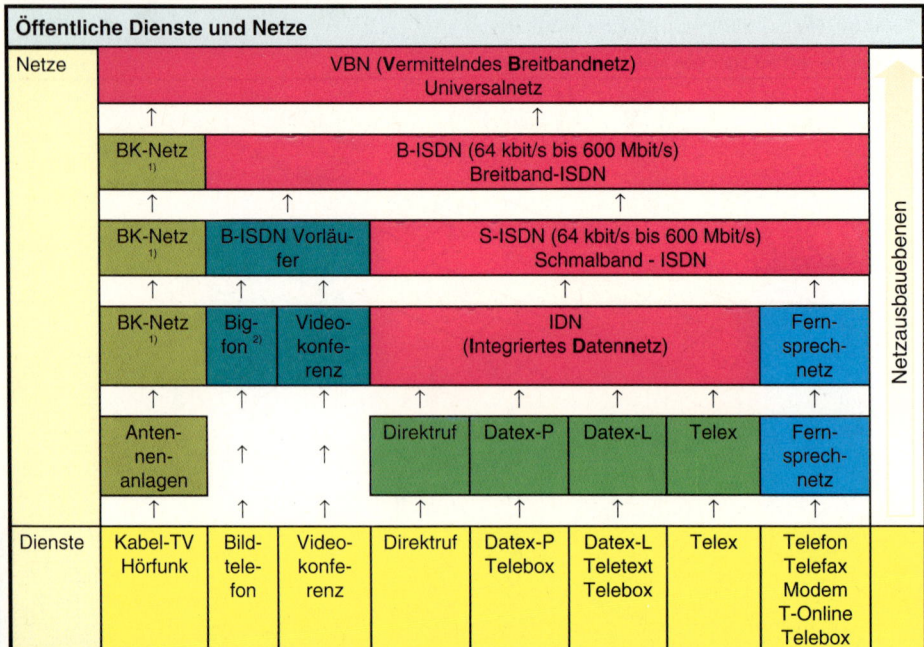

[1)] **B**reitband**k**ommunikations-Netz. [2)] **B**reitbandiges **I**ntegriertes **G**lasfaser-**F**ernmelde-**O**rts**n**etz.

Kennzahlen für Verbindungsnetzbetreiber und Rufnummern für Auskunftsdienste

- Die Nutzer von Telefondiensten können einen bestimmten Fernnetzbetreiber auswählen. Dazu wird der Rufnummer die Verbindungsnetzbetreiberkennzahl vorangestellt. Diese Kennzahlen haben die Struktur 010xy. (xy sind die Ziffern für den Netzbetreiber.)
- Die Rufnummern der Auskunftsdienste haben die Struktur 118xy. (xy sind die Ziffern der Auskunftsanbieter.)
- Für die Kennzahl- und Rufnummernverwaltung ist die Regulierungsbehörde für Telekommunikation und Post Reg TP in Mainz zuständig.

Netzbetreiber und/oder Auskunftsanbieter (Auswahl)	Kennzahl	Auskunft Inland	Auskunft Ausland
Debitel Kommunikationstechnik GmbH & Co. KG, Stuttgart	01018	11818	11828
DeTeMobil Deutsche Telekom MobilNet GmbH, Bonn	01071		
Deutsche Telekom AG, Bonn	01033	11833	11834
E-Plus Mobilfunk GmbH, Düsseldorf	01077	11877	11878
EWE TEL GmbH, Oldenburg	01014	11816	11817
Mannesmann Arcor AG & Co., Eschborn	01070	11870	11871
Mannesmann Mobilfunk GmbH, Düsseldorf	01072	11872	11873
o.tel.o communications GmbH, Düsseldorf	01011	11888	11898
TALKLINE PS PhoneServices GmbH, Elmshorn	01050	11850	11851
Telecom-InfoService GmbH, Wien (A)	01060	11861	11860
Teleglobe GmbH, Frankfurt	01010	11810	11814
VIAG INTERKOM GmbH & Co. KG, München	01090	11881	11889
WorldCom Telecommunication Services GmbH, Frankfurt	01088	11855	11856

Ton-Rundfunkempfänger

Überlagerungsempfänger (Doppel-Superheterodyn-Empfänger)

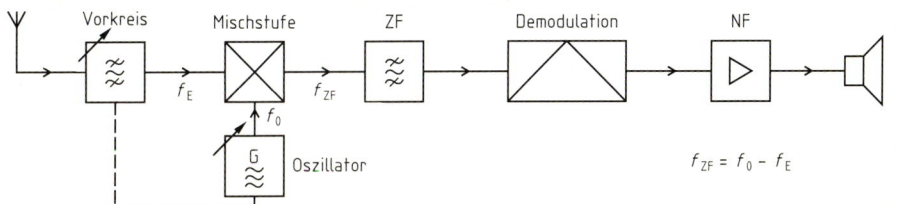

Überlagerungsprinzip. Der Eingangsfrequenz f_E wird in der Mischstufe die Oszillatorfrequenz f_O überlagert, aus der die Zwischenfrequenz f_{ZF} gewonnen und anschließend weiterverarbeitet wird.

AM-/FM-Empfänger (Übersichtsschaltplan)

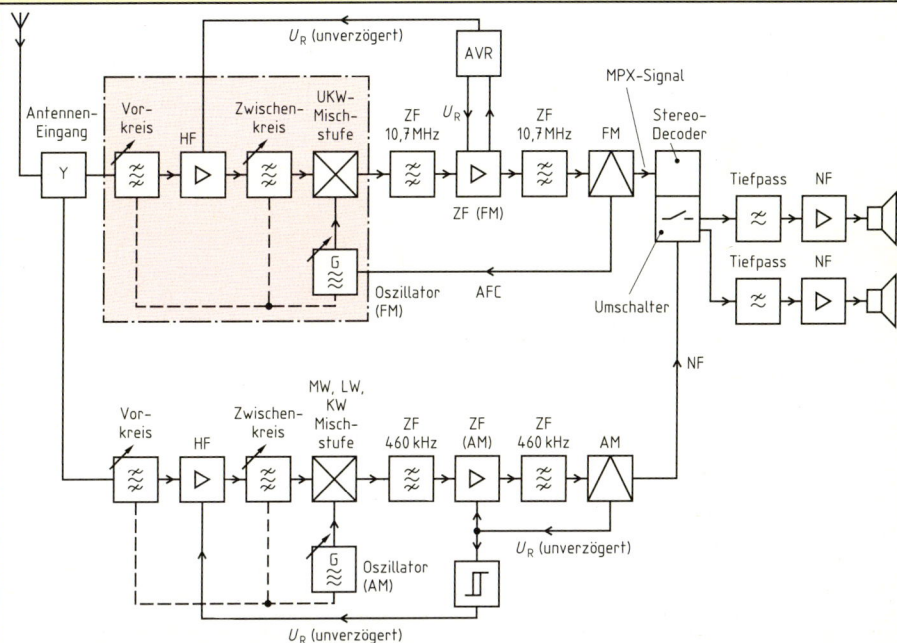

Funktionsblöcke des Empfängers

- **Vorkreis oder Eingangskreis.** Mit einem Resonanzkreis wird aus dem am Antennenkreis ankommenden Frequenzgemisch die gewünschte Senderfrequenz ausgewählt und alle anderen Frequenzen unterdrückt (Fernselektion).
- **Oszillator.** Erzeugen einer festen Frequenz, die bei AM um 460 kHz und bei FM um 10,7 MHz über der Eingangsfrequenz liegt (Gleichlaufbedingung zwischen Eingangs- und Oszillatorkreis).
- **Mischstufe.** Aus der Eingangs- und der Oszillatorfrequenz wird die Zwischenfrequenz gewonnen.
- **ZF-Verstärkerstufe.** Verstärken der Zwischenfrequenz; Nahselektion durch steile Flanken der Bandfilter.
- **Demodulator.** Gewinnen der NF durch Gleichrichten und Sieben der vom letzten ZF-Kreis abgenommenen HF.
- **NF-Verstärkerstufe.** Verstärken der Tonfrequenz im Bereich von etwa 15 Hz bis 20 kHz. Bei Stereo-Verstärkern werden zwei gleiche vollständige NF-Verstärkerstufen mit Vorstufe und Endstufe benötigt.

Fernseh-Normen (CCIR)[1]

CCIR-System	FFS-System	Zeilen-zahl	Bild-frequenz in Hz	Vertikal-frequenz in Hz	Horizon-talfrequenz in Hz	Video-bandbreite in MHz	Abstand Bild-Ton in MHz	Kanal-bandbreite in MHz	Modulation Bild	Modulation Ton
B	PAL[2]	625	25	50	15625	5	5,5	7	AM–	FM
G, H	PAL[3]	625	25	50	15625	5	5,5	8	AM–	FM
I	PAL	625	25	50	15625	5,5	6	8	AM–	AM
L	SECAM	625	25	50	15625	6	6,5	8	AM+	AM
D, K	SECAM	625	25	50	15625	6	6,5	8	AM–	FM
E	SECAM	819	25	50	20475	10	±11,75	14	AM+	AM
M	NTSC	525	29,97	59,94	15734	4,2	4,5	6	AM+	FM

B/PAL[2] G/PAL[3]	Deutschland, Österreich, Schweiz, Jugoslawien, Bosnien, Kroatien, Slowenien, Spanien, Portugal, Griechenland, Niederlande, Dänemark, Norwegen, Schweden
B, H	Belgien
D, K	Russland, Rumänien, Bulgarien, Ungarn, Slowakei, Tschechien, Polen
E	Frankreich
I	Großbritannien, Irland
M	USA, Kanada, Mexiko

[1] Comité Consultatif International des Radiocommunications; [2] PAL (VHF); [3] PAL (UHF).

Übertragungsbereiche

Bereich	Kanal	Frequenzbereich in MHz	Bildträgerfrequenz in MHz	Farbträgerfrequenz in MHz	Tonträgerfrequenz in MHz
F I (VHF)	2 3 4	47 ... 54 54 ... 61 61 ... 68	48,25 55,25 62,25	52,68 59,68 66,68	53,75 60,75 67,75
Unterer Sonder-kanalbereich (USB)	S2/3	111 ... 125	Satelliten-Rundfunk 118 MHz ± 7 MHz		
	S4...S10	125 ... 132 167 ... 174	126,25 168,25	130,68 172,68	131,75 173,75
F III (VHF)	5...12	174 ... 181 219 ... 230	175,25 220,25	179,68 224,68	180,75 225,75
Oberer Sonderka-nalbereich (OSB)	S11...S20	230 ... 237 293 ... 300	231,25 294,25	235,68 298,68	236,75 299,75
Erweiterter Sonder-kanalbereich (ESB)	S21...S41	302 ... 310 438 ... 446	303,25 439,25	307,68 443,68	308,75 444,75
F IV (UHF)	21...37	470 ... 478 598 ... 606	471,25 599,25	475,68 603,68	476,75 604,75
F V (UHF)	38...69	606 ... 614 854 ... 862	607,25 855,25	611,68 859,68	612,75 860,75

Störgefährdete Kanalkombinationen

Störender Kanal	Gestörter Kanal	Störender Kanal	Gestörter Kanal	Störender Kanal	Gestörter Kanal
2	5, 27, 38, 49, 60	6	11, 45	10	24, 55
3	7, 21, 32, 44, 56	7	12, 47	11	26, 58
4	9, 25, 38, 50	8	21, 50	12	28, 60
5	10, 42	0	22, 53	21 ... 55	26 ... 60

© Verlag Gehlen

PAL-Farbfernsehen

Bandabgrenzung eines Fernsehkanals

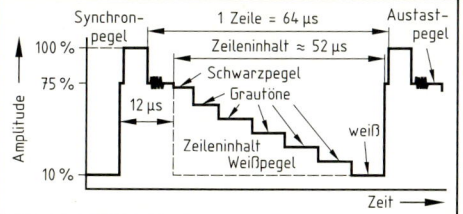

Beschreibung
- Kanalbreite VHF: 7 MHz; obere Kanalgrenze liegt 0,25 MHz über dem Tonträger.
- Kanalbreite UHF: 8 MHz; obere Kanalgrenze liegt 1,25 MHz über dem Tonträger.
- Abstand Bildträger – Tonträger: 5,5 MHz.
- Restseitenbandverfahren: das obere Seitenband wird vollständig, das untere im Bereich von 0 MHz bis 1,25 MHz übertragen.

Bild-, Austast- und Synchronsignal (BAS-Signal)

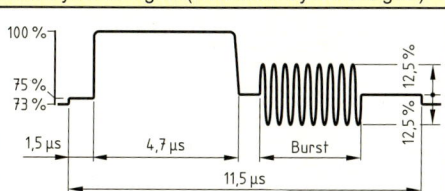

Beschreibung
Bei der CCIR-Norm wird die **Negativmodulation** verwendet, d. h.,
- die Farbe Weiß entspricht der Minimalamplitude des Trägers (10 %),
- die Synchronsignale werden mit 100 % Trägerleistung gesendet.

Vorteil: Störimpulse erscheinen als dunkle Flecken auf dem Bildschirm, die weniger stark auffallen als helle.

Zeilensynchronsignal (Horizontal-Synchronsignal)

Beschreibung
- Gewährleisten den Gleichlauf der Zeilenanfänge beim Sender und Empfänger.
- Vordere und hintere Schwarzschulter bilden zusammen mit dem Zeilensynchronimpuls die Zeilenaustastlücke, in der der Zeilenrücklauf erfolgt.
- Farbsynchronsignal (Burst). Etwa 10 Schwingungen der Farbträgerfrequenz von 4,43 MHz auf der hinteren Schwarzschulter.

Bildsynchronsignale (Vertikal-Synchronsignal)

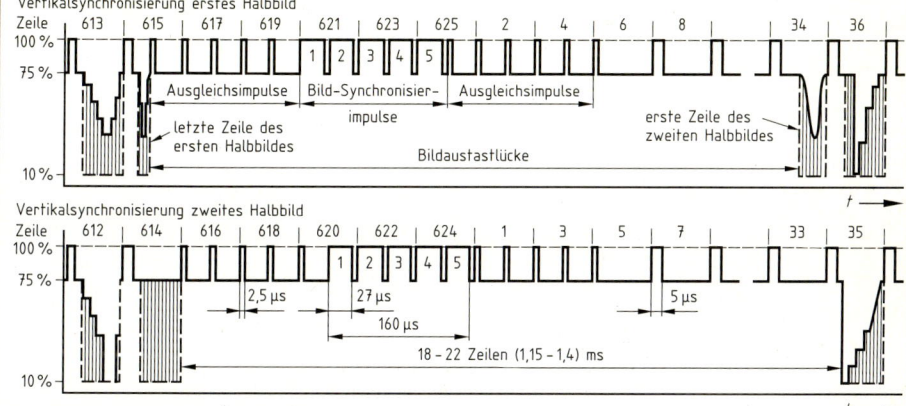

- Im **Zeilensprungverfahren** werden nacheinander zwei Halbbilder gesendet.
- Zeile 623 des zweiten Rasters enthält nur während der ersten Hälfte Videosignal. Es folgen 5 Ausgleichssignale (Vortrabanten), der Bild-Synchronimpuls und 5 Ausgleichsignale (Nachtrabanten).
- Zeilen 6 bis 22 und 318 bis 335 sind auf dem Bildschirm nicht sichtbar; so enthalten die Zeilen 17, 18, 330 und 331 Prüfzeilensignale, Zeilen 20, 21, 333 und 334 Videotext- und Teletextsignale.

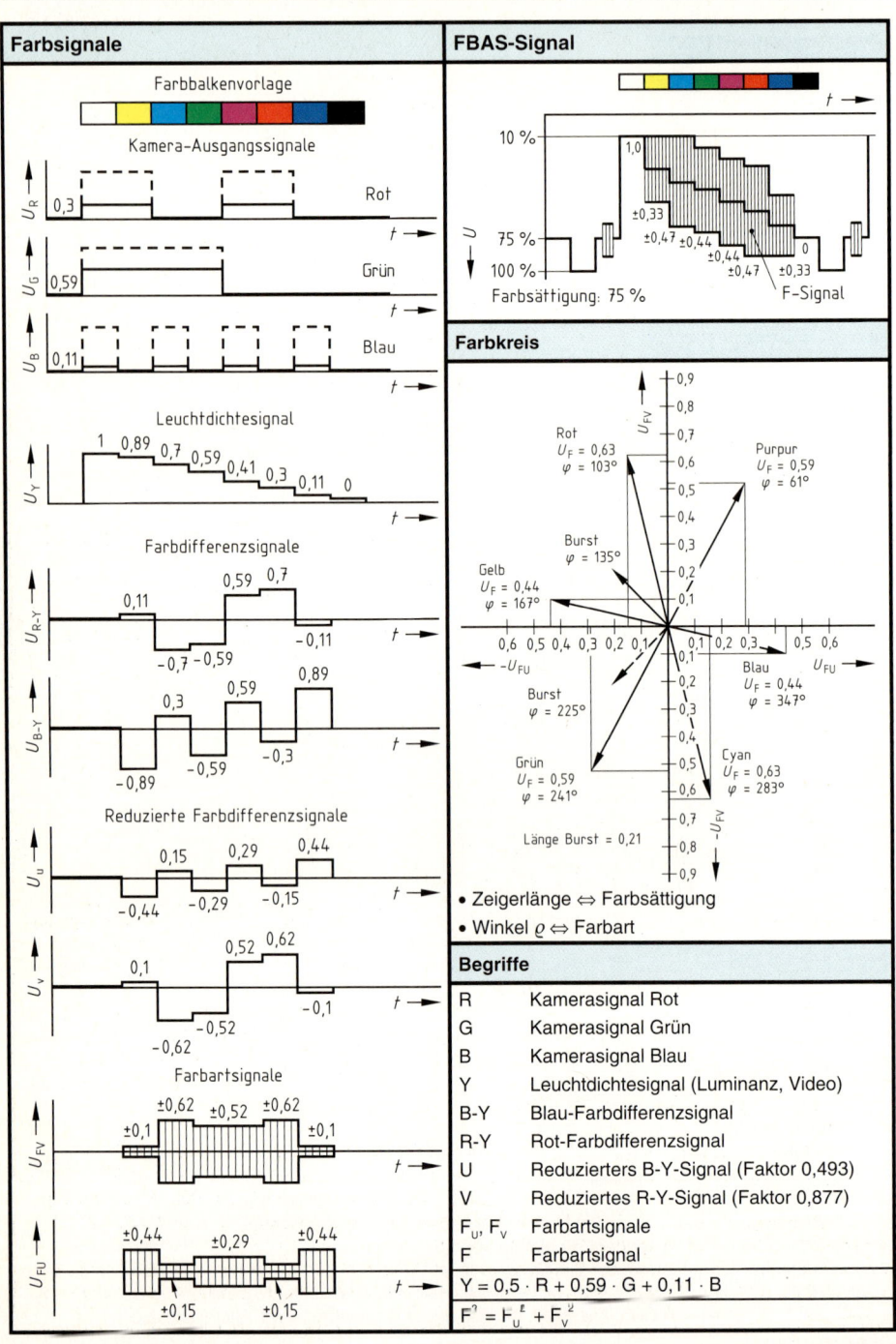

PAL- Farbfernsehempfänger (Vereinfachter Übersichtsschaltplan)

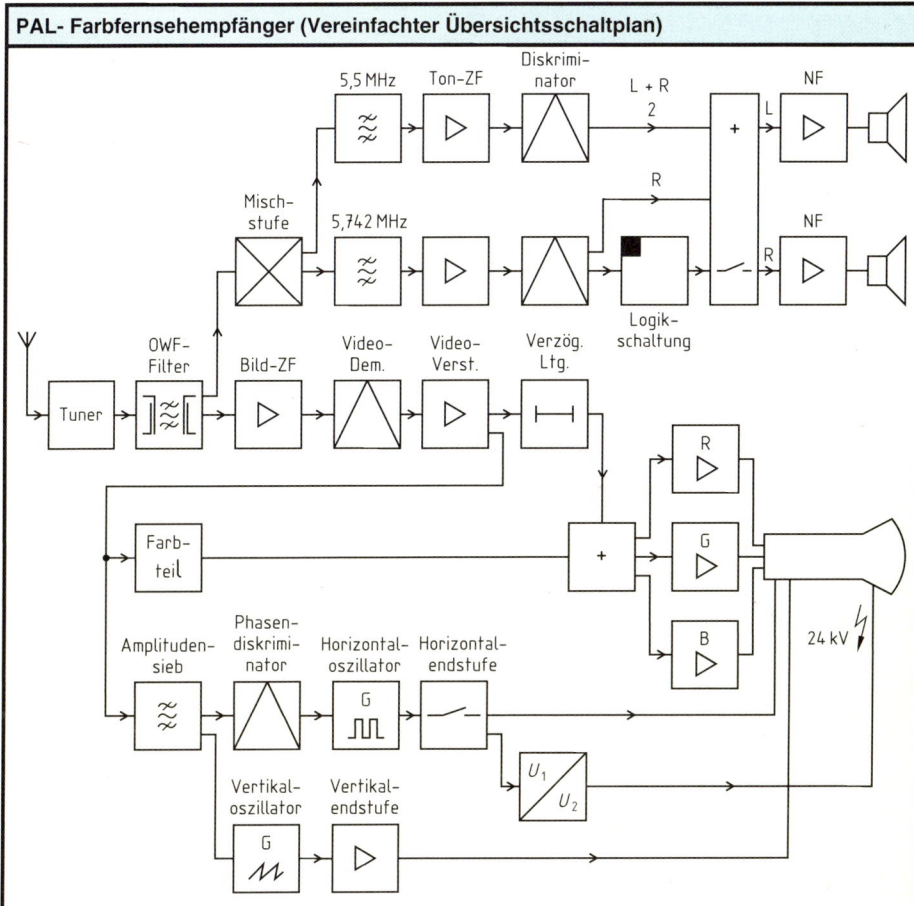

- **Allbereichstuner.** Die Eingangsstufe des Empfängers hat die Aufgabe, den gewünschten Sender aus den vorhandenen Fernsehbändern F I, F III, F IV/V oder den Sonderkanalbereichen auszuwählen.
- **Bild-ZF-Verstärker mit Oberflächenwellenfilter.** Der mehrstufige Verstärker zerlegt das ankommende Signal in die Komponenten Video-, Farbart-, Synchron- und Tonsignal.
- **Tongewinnung.** Die Ton-ZF von 5,5 MHz, die frequenzmodulierte NF enthält, wird mit dem Ton-ZF-Filter herausgefiltert, verstärkt, demoduliert und die gewonnene NF nochmals verstärkt.
- **Bildgewinnung.** Der Bildinhalt (Videosignal) wird im Bereich von etwa 0 bis 4 MHz gefiltert, demoduliert, um etwa 0,8 µs (wegen der längeren Laufzeit des Farbartsignals) verzögert und weiterverarbeitet (in einer Matrix wird es außerdem zur Rückgewinnung der Farbsignale verwendet).
- **Farbteil** (S. 264).
- **Synchronisation.** Im Amplitudensieb mit Impulstrennung werden die Synchronisierimpulse vom FBAS-Signal getrennt. Die Ausgangsspannung des Horizontaloszillators wird als Puls der Endstufe zugeführt, die als Schalter arbeitet. Der Strom im Zeilentransformator steigt nach dem Schaltvorgang sägezahnförmig an, wodurch der Elektronenstrahl „langsam" von links nach rechts und „schnell" von rechts nach links abgelenkt wird (neue Zeile).

Die sägezahnförmige Ausgangsspannung des Vertikaloszillators wird in der Vertikalendstufe verstärkt; sie lenkt den Elektronenstrahl „langsam" von oben nach unten und „schnell" von unten nach oben (Bildwechsel).

© Verlag Gehlen

Farbteil (Chrominanz-Verarbeitung)

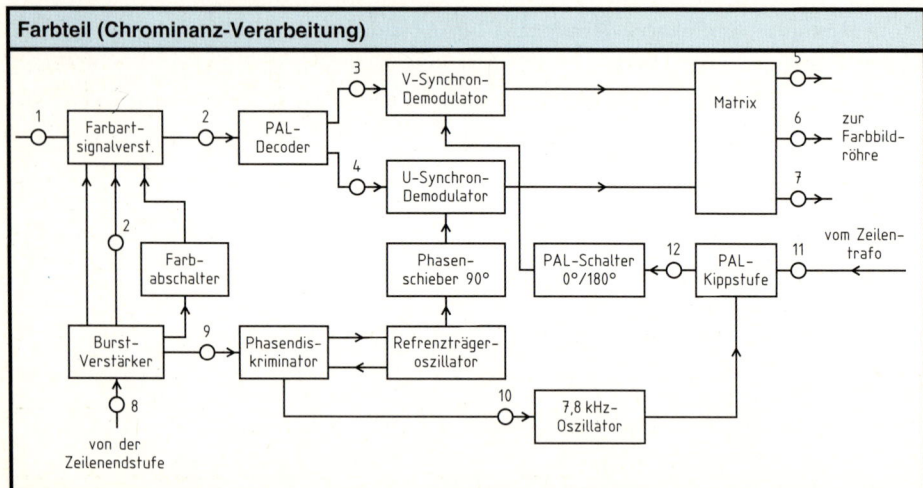

Mess-punkt	Signalverlauf	Signalart	Spannungs-wert in V (ca.)
1		Farb-Bild-Austast- und Synchron-signal (FBAS-Signal)	5
2		Farbartsignal F	10
3		Amplitudenmoduliertes Farbart-signal $\pm F_v$ (für Rot)	7
4		Amplitudenmoduliertes Farbart-signal F_u (für Blau)	5
5		Reduziertes Farbdifferenzsignal $R - Y$	190
6		Reduziertes Farbdifferenzsignal $G - Y$	105
7		Reduziertes Farbdifferenzsignal $B - Y$	210
8		Burst-Auftastimpuls	40
9		Burst	40
10		Burst mit Sägezahnspannung	50
11		Zeilenrückschlagimpuls	8
12		Steuerspannung für PAL-Schalter	30

Kennfarben · Aufbau von TK-Kabeln und -leitungen

Kennfarben blanker und isolierter Leiter

Stromsystem	Leiterbezeichnung	Kurzzeichen	Farbe	Leiterbezeichnung	Kurzzeichen	Symbol	Farbe
Gleichstrom	positiv	L+	1)	Neutralleiter mit Schutzfunktion	PEN	⏚	gegn
	negativ	L−	1)				
	Mittelleiter	M	hbl				
Wechselstrom	Außenleiter	L1; L2; L3	1)	Schutzleiter	PE	⏚	gegn
	Neutralleiter	N	hbl				
1) Farbe ist nicht festgelegt.				Erde	E	⏚	1)

Farbkennzeichnung der Außenhüllen von Starkstromleitungen (DIN VDE 0293)

Farbe	Leitungsart	Farbe	Leitungsart
Schwarz	Leitungen und Kabel bis 1 kV	Hellgrau	Leitungen und Kabel bis 1 kV für Sonderfälle, z. B. Küchen, Wohnungen
Rot	Leitungen und Kabel über 1 kV		

Bauartkurzzeichen für Leitungen und Kabeln der TK-Technik (DIN VDE 0811...0817, 0881)

Beispiel:	J	−	Y	(St)	Y	16	×	2	×	0,8	Bd
siehe Erläuterung Nr.	1		2	3	4	5		6		7	8 9 10 11

Installationskabel mit zweifacher Umhüllung aus PVC, getrennt durch einen statischen Schirm aus Metallband oder durch eine kunststoffkaschierte Metallfolie; 16 Doppeladern mit einem Leiterdurchmesser von 0,8 mm zu einem Bündel verseilt.

Kurzzeichen	Erläuterung (vgl. Beispiel)	Kurzzeichen	Erläuterung (vgl. Beispiel)
1 Kabeltyp		**6 Anzahl der Verseilelemente**	
A-	Außenkabel	**7 Verseilelement**	
FL-	Flachleitung	× 1	Einzeladar
J-	Installationskabel und Stegleitung	× 2	Paar (Doppeladar)
Li-	Litzenleiter	× 3	Dreier
S-	Schaltkabel	× 4	Vierer
2 Isolierhülle		**8 Leiterdurchmesser in mm**	
Y	Polyvinylchlorid (PVC)	**9 Verseilart / Ausführung**	
2Y	Polyethylen (PE)	DM	Dieselhorst-Martin-Vierer-Verseilung
02Y	Zell-PE	Kx	Koaxialleitung
3 Schirm		P	Paarverseilung
C	Kupferbeflechtung	PiMF	Paare in Metallfolie
(K)	Schirm aus Cu-Band über PE-Mantel	St	Sternvierer mit besond. Eigenschaften
(L)	Aluminiumband	St I	Sternvierer ohne Phantomausnutzung
(mS)	Magnetischer Schirm aus Stahlband	St II	Sternvierer für Ortskabel
(St)	Statischer Schirm	St III	Sternvierer, bei 800 Hz
4 Mantel		St IV	Sternvierer, bei 120 kHz
E	Eingebettetes Kunststoffband	St V	Sternvierer, bei 550 kHz
FE	Kabel mit Flammenschutz < 20 Minuten	St VI	Sternvierer, bei 17 MHz
G	Gummihülle	**10 Verseilanordnung**	
H	Halogenfreier Werkstoff	Bd	Bündelverseilung
L	Glatter Aluminiummantel	Lg	Lagenverseilung
(L)2Y	Al-Mantel mit PE-Material verschweißt	rd	Rund
M	Bleimantel	se	Sektorförmig
5 Schutzhülle		**11 Bewehrung**	
Y (v)	PVC-Mantel (verstärkt)	A	Lage Al-Drähte für Induktionsschutz
2Y	PE-Mantel	B	Stahlband für Induktionsschutz

Übertragungstechnik

© Verlag Gehlen

Verseilelemente (DIN VDE 0811...0817, 0881)

Begriff	Aufbau	Erläuterung
Ader		Eine Ader ist ein Leiter mit Isolierhülle.
Paar (Doppelader)		Ein Paar (Doppelader) besteht aus zwei miteinander verseilten (verdrallten) Adern, die einen Leitungskreis (Schleife) bilden. Das Paar ist das einfachste symmetrische Verseilelement.
Geschirmtes Paar (PiMF)	Beidraht	Ein geschirmtes Paar ist ein **P**aar **i**n **M**etall**f**olie (PiMF). Es besteht aus zwei miteinander verseilten Adern, die einen Leitungskreis (Schleife) bilden und über denen ein statischer Schirm aufgebracht ist. Ein verzinkter Eisendraht (Beidraht) ist auf der ganzen Länge mit dem statischen Schirm verbunden.
Dreier		Ein Dreier besteht aus drei miteinander verseilten Adern. Die Adern a und b bilden einen Leitungskreis (Schleife), Ader c dient Signalzwecken.
Vierer Sternvierer	Stamm 1 / Stamm 2	Ein Vierer besteht aus vier miteinander verseilten Adern, von denen jeweils zwei gegenüberliegende Adern einen Leitungskreis (Schleife, Stamm, Stammkreis) bilden. Die Stämme werden auch als Doppeladern bezeichnet.
Dieselhorst-Martin-Vierer (DM-Vierer)	Stamm 1 / Stamm 2	Beim Deiselhorst-Martin-Vierer werden zwei Adern zu einem Paar und zwei Paare miteinander verseilt. Beide Paare haben unterschiedliche Dralle, um bessere Nebensprechendämpfung zu erzielen. Ein DM-Vierer hat geringere Betriebskapazitäten und eine geringere Leitungsdämpfung als ein Sternvierer.
Fünfer		Ein Fünfer besteht aus einem Vierer und einer in der Regel unverseilten Ader e, die Signalzwecken dient. Die Adern werden durch eine offene Kunststoffwendel zusammengehalten.
Bündel	Verseilelement z.B. Paar	Ein Bündel besteht aus fünf zusammengefassten Verseilelementen.

Aufbaubeispiele für Bündelverseilung

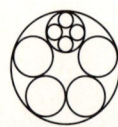      

Grundbündel aus 5 Sternvierern · Hauptbündel aus 5 Grundbündeln · Hauptbündel mit 10 Grundbündeln

© Verlag Gehlen

Farbcode · Auszählung

Farbcode für Installationskabel (DIN VDE 0815)

- TK-Kabel werden **immer paarweise** gezählt
- Bei zweipaarigen Kabeln:
  1. Paar: a-Ader rot, b-Ader schwarz
  2. Paar: a-Ader weiß, b-Ader gelb
- Bei vier- und mehrpaarigen Kabeln:
  a-Ader beim 1. Paar (Zählpaar) jeder Lage rot, bei allen anderen Paaren weiß
  b-Ader blau, gelb, grün, braun, schwarz in fortlaufender Wiederholung
- Zählweise: Von der Außenlage beginnend durch alle Lagen gleichsinnig fortlaufend nach innen

Beispiel: J-Y(St)Y 20 × 2 × 0,6 Lg

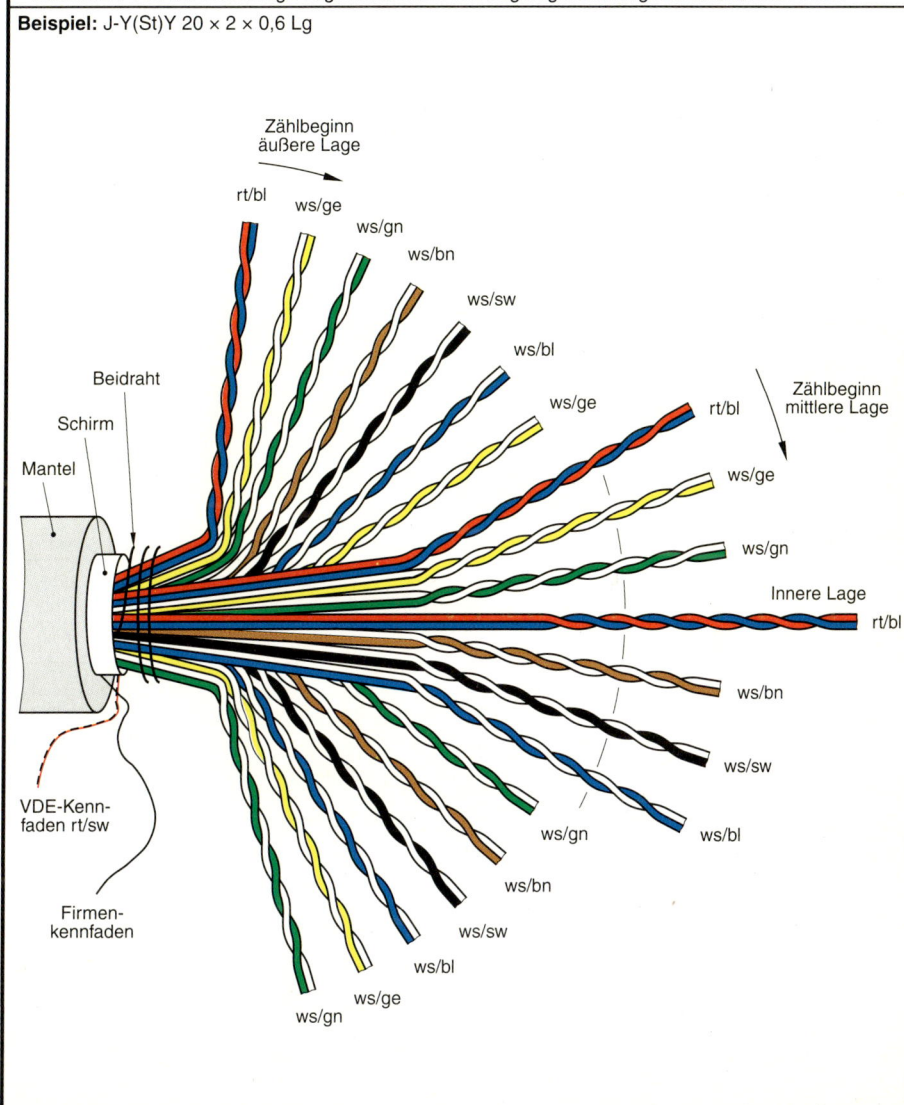

Adernkennzeichnung für Installationskabel und Außenfernmeldekabel (DIN VDE 0815, 0816)[1]

Die Einzeladern eines Vierers werden durch schwarze Ringe gekennzeichnet.

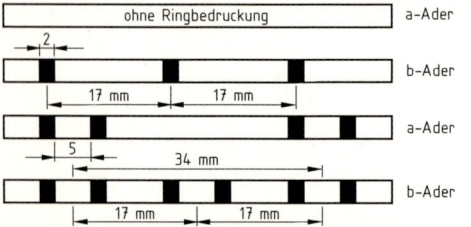

Die Adern der fünf Sternvierer eines Grundbündels sind wie folgt eingefärbt:

Verseilelement	Grundfarbe aller Adern
Vierer 1	Rot
Vierer 2	Grün
Vierer 3	Grau
Vierer 4	Gelb
Vierer 5	Weiß

- Das Zählbündel ist in jeder Lage mit einer roten Kunststoffwendel versehen.
- Alle übrigen Bündel haben eine weiße oder naturfarbene Wendel.
- Die Vierer eines Grundbündels werden in der Reihenfolge der Grundfarbe gezählt.
- Bei Kabeln mit mehr als fünf Sternvierern werden die Grund- und Hauptbündel, mit dem Zählbündel der ersten Innenlage beginnend, fortlaufend nach außen gezählt.

[1] J-HH, J-H(St)H, J-YY, J-Y(St)Y, J-2Y(St)Y und A-2Y(L)2Y, A-2YF(L)2Y, A-2YSF(L)2Y, A-2Y0F(L)2Y

Adernkennzeichnung für Installationskabel (DIN VDE 0815)[1]

Die Einzeladern werden durch die Anzahl der Ringe bestimmten Ringgruppen zugeordnet.

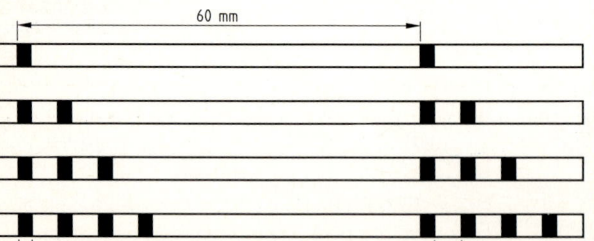

Paar-Kennzeichnung. Die Adern sind durch folgende Grundfarben gekennzeichnet.

Paar	Ader a	Ader b
1	Blau	Rot
2	Grau	Gelb
3	Grün	Braun
4	Weiß	Schwarz

Kennzeichnung der Bündel

Nummer	Ringfarbe	Ringgruppe	Wendelfarbe	Nummer	Ringfarbe	Ringgruppe	Wendelfarbe
1	Rosa	I	–	11	Violett	III	–
2	Rosa	II	–	12	Violett	IV	–
3	Rosa	III	–	13	Rosa	I	Blau
4	Rosa	IV	–	14	Rosa	II	Blau
5	Orange	I	–	15	Rosa	III	Blau
6	Orange	II	–	16	Rosa	IV	Blau
7	Orange	III	–	17	Orange	I	Rot
8	Orange	IV	–	18	Orange	II	Rot
9	Violett	I	–	19	Orange	III	Rot
10	Violett	II	–	20	Orange	IV	Rot

Bei Kabeln mit mehr als 12 Bündeln erhalten die weiteren Bündel zusätzlich zur Ringkennzeichnung eine farbige Kunststoffwendel.

[1] JE-HCH, JE-H(St), JE-LiYCY, JE-Y(St)Y

NF-Leitungen · Koax-Kabel

Leitungen für niederfrequente Signalübertragung (Auswahl)

Anwendung	LiYY	LiCY-CY	LiY-LiYCY-Y	Li2YCY(TP)-Li2YCYv	Li2YCY PiMF	JE-Y(St)Y	JE-LiYCY(TP)	J-YY-J-Y(St)Y	J-Y(St)Y/J-YY, rot	J-2Y(St)Y-...×2×0,6
Zutrittskontrolle	×	×	×	×		×	×	×		×
Zeiterfassung	×	×	×	×		×	×	×		×
Uhrenanlagen	×	×	×	×		×	×	×		×
Einbruchmeldeanlagen	¤	¤	¤	¤		¤	×	×		
Brandmeldeanlagen	¤	×	¤					¤	×	¤
TK-Nebenstellenanlagen	×	×						×		×
Sprechanlagen	×	×	×	×				×		×
Elektroakustische Anlagen	×	×	¤	×	×			×		×
Mikrofonkabel	¤	¤	×	×	×					
Drucker, Plotter	×	×			×	×				
Mess-, Steuer-, Regelung	×	×	×	×	×	¤	¤	¤		¤
MSR, digital	¤	×	×	×	¤	¤	¤			¤
Weg-, Winkelgeber	×	×	×	×	¤		¤			
Industrielle Sensoren <50 V	×	×	×	×	¤	¤	¤			
Industrielle Aktoren <50 V	×	×	×	×						
In elektronischen Geräten	×	×	×	×	×					
Gleichstromschrittmotoren	×	×	¤				¤			

× Hauptsächliche Anwendung; ¤ Geeignet, aber keine typische Anwendung

Koaxialkabel (DIN VDE E 0887)

Beispiel: HF 75 - J - 0,75/4,75 - Cu

Innenkabel mit einem Wellenwiderstand von 75 Ω und einer Abschirmung aus Kupfer, wobei der Innendurchmesser 0,75 mm und der Außendurchmesser 4,75 mm hat.

Kabeltyp	0,5/1,5	0,4/3,3	0,65/4,3	0,75/4,75	1,1/5,3	1,1/7,5
Innenleiter						
• in mm	0,5	0,4	0,65	0,75	1,1	1,1
• Werkstoff	Cu-Litze	Staku	Cu	Staku	Cu	Cu
Außenleiter	Cu-Geflecht	Al + CuSn	Al + CuSn	Al + CuSn	Al + CuSn	Cu
Mantel-⌀ in mm	1,5	3,3	4,3	4,75	5,3	7,5
Wellenwiderstand in Ω	50	75	75	75	75	75
Biegeradius in mm	> 10	> 30	> 35	> 35	> 35	> 150
Dämpfung in dB/100m						
• 100 MHz	11	15	10	9	6	5
• 200 MHz	16	21	14	13	8	8
• 300 MHz	–	26	17	15	10	10
• 450 MHz	28	32	22	19	12	12
• 800 MHz	37	42	29	26	18	17
• 1 GHz	–	48	34	30	21	19
• 1,75 GHz	–	64	45	41	28	27
• 2,05 GHz	–	72	50	46	31	30
Anwendung	Datenkabel	Innenverlegung von BK-Anlagen				Erdkabel

Übertragungstechnik

© Verlag Gehlen

Koaxialkabel für BK-Verteilanlagen (Herstellerangaben)

Kabel-Bezeichnung	A-2Y0KD2Y-1tKx	A-2Y0K2Y-1sKx	A-2Y0k2Y-1qKx	A-2Y0K2Y-1nKx	A-2YK2Y-1iKx
Kabelart	Flexwell-Kabel	Luftkammerkabel	Luftkammerkabel	Luftkammerkabel	Voll-PE-Kabel
Einsatz (Netzebene) (S. 302)	BKV1 TV-Empfangstelle	A-Ebene BK-Verstärkerstelle	A-/B-Ebene BK-Verstärkerstelle	C-Ebene BK-Verstärkerstelle	D-Ebene ÜP-private BK-Anlage
Abmessungen: • Innenleiterdurchmesser in mm • Außenleiterdurchmesser in mm • Manteldurchmesser in mm	11,0 42,0 51,0	4,9 19,4 23,0	3,3 13,5 17,0	2,2 8,8 12,5	1,1 7,3 11,0
Mechanische Eigenschaften: • Biegeradius in mm (mehrmalig/ einmalig) • Maximale Zugbelastung in N	800 / 350 3700	500 / 250 –	200 / 250 550	250 / 250 350	150 / 150 300
Gleichstrom-Widerstand in Ω/km • Innenleiter • Außenleiter • Schleifenwiderstand	0,40 0,35 0,75	1,0 1,2 2,2	2,5 2,0 4,5	5,6 3,0 8,6	18,1 2,9 21,0
Wellenwiderstand in Ω	75 ± 1,5	75 ± 1,5	75 ± 1,5	75 ± 2	75 ± 2
Kapazität in pF/m	–	50	50	50	67
Reflexionsdämpfung (40 bis 300 MHz)	≥ 26 dB	≥ 26 dB	≥ 26 dB	≥ 26 dB	≥ 26 dB
Dämpfung in dB/100 m bei 450 MHz	1,5	2,9	4,1	6,2	12,2

Dämpfung in Abhängigkeit von der Frequenz

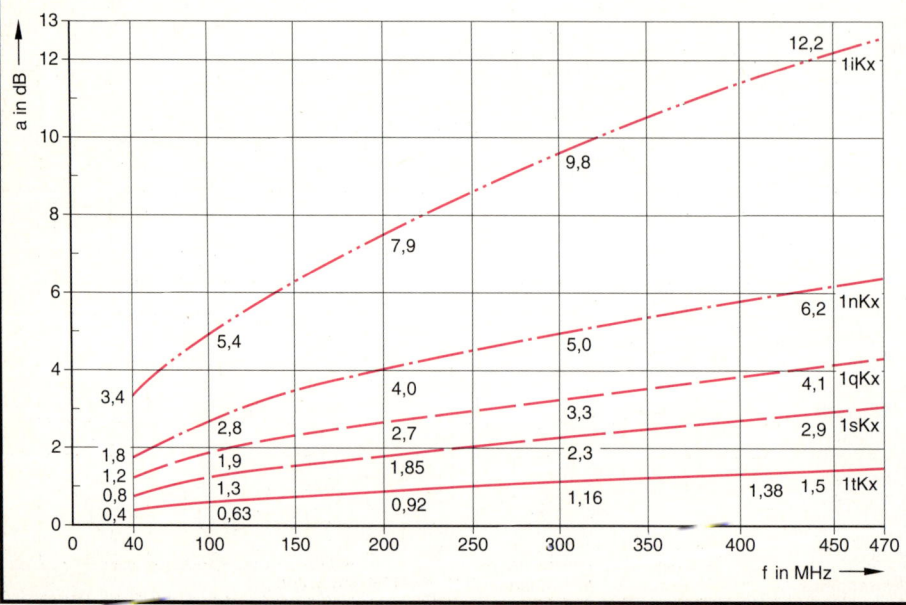

Übertragungstechnik

© Verlag Gehlen

Datenleitungen (Koax, LAN, Schnittstellen)

Kabel- und Leitungsbezeichnung

Verwendung	RG 11 A/U	RG 58	RG 59 B/U	RG 62 A/U	IBM LAN Typ 1	IBM LAN Typ 1 mini	IBM LAN Typ 1A	IBM LAN Typ 6A (600 MHz)	IBM LAN Typ 9A (600 MHz)	IBM TWINAX	LAN-Kabel Transceiver	LAN-Kabel Transceiver mini	LAN UTP/S CAT 5 100 Ω	LAN UTP/B CAT 5 100 Ω	LAN UTP/B CAT 5 DUPLEX	LAN STP/S PIMF CAT 5 100 MHz	LAN STP/S PIMF CAT 5 500 MHz	Li2YCY PIMF	BUS Yv L2/F. I. P.
IEEE 802.3 (Ethernet)	¤	×										×							
IEEE 802.4 (MAP)			¤								×								
IEEE 802.5 (IBM)					×	×	×	×	×			×							
IBM 3270, 3600, 4300				×															
IBM AS 400, 36, 38										×									
IBM PC-Network	×																		
10 bT (UTP) 100 Ohm														×				¤	
Token Ring (STP) 150					×	×	×	×	×			×	×	×	×	×	×		
Token Bus	×		¤																
EIA RS 232 / V.24						¤	¤		¤		¤	¤						¤	
EIA RS 485					×	¤	¤		¤	×		×						×	
EIA RS 232 / 20 mA						¤	¤		¤	×								×	
PROFIBUS																			×
Bitbus (Intel)																		×	
IBM-LAN, Ethernet-LAN		×	×	×	×	×	×	×	×	×	×	×	×	×	×	×			
Radio, Fernsehen		×								¤								¤	
Video BAS/FBAS	×	×																	
Video RGB-Monitore	¤	¤																	

Leistungskategorie

	RG 11 A/U	RG 58	RG 59 B/U	RG 62 A/U	IBM LAN Typ 1	IBM LAN Typ 1 mini	IBM LAN Typ 1A	IBM LAN Typ 6A	IBM LAN Typ 9A	IBM TWINAX	LAN-Kabel Trans.	LAN-Kabel Trans. mini	LAN UTP/S CAT 5	LAN UTP/B CAT 5	LAN UTP/B CAT 5 DUPLEX	LAN STP/S CAT 5 100	LAN STP/S CAT 5 500	Li2YCY PIMF	BUS Yv
CAT. 2 (< 4 MBit/s)																		¤	
CAT. 4 (< 16 MBit/s)											¤								
CAT. 5 (<100 MBit/s)													×	×	×	×			

Wellenwiderstand

	RG 11 A/U	RG 58	RG 59 B/U	RG 62 A/U	IBM LAN Typ 1	IBM LAN Typ 1 mini	IBM LAN Typ 1A	IBM LAN Typ 6A	IBM LAN Typ 9A	IBM TWINAX	LAN-Kabel Trans.	LAN-Kabel Trans. mini	LAN UTP/S CAT 5	LAN UTP/B CAT 5	LAN UTP/B DUPLEX	LAN STP/S 100	LAN STP/S 500	Li2YCY PIMF	BUS Yv
< 150 Ohm					×	×	×	×	×	×									×
< 100 Ohm													×	×	×	×		×	
< 75 Ohm	×		×	×							×	×							
< 50 Ohm		×																	

Verlegung

	RG 11 A/U	RG 58	RG 59 B/U	RG 62 A/U	IBM LAN Typ 1	IBM LAN Typ 1 mini	IBM LAN Typ 1A	IBM LAN Typ 6A	IBM LAN Typ 9A	IBM TWINAX	LAN-Kabel Trans.	LAN-Kabel Trans. mini	LAN UTP/S CAT 5	LAN UTP/B CAT 5	LAN UTP/B DUPLEX	LAN STP/S 100	LAN STP/S 500	Li2YCY PIMF	BUS Yv
Feste Verlegung im Freien (außen)	×	×	×	×							×								×
Feste Verlegung (innen)					×	×	×	×	×	×		×	×	×	×	×	×	×	×

× Hauptsächliche Anwendung. ¤ Geeignet, aber keine typische Anwendung.

© Verlag Gehlen

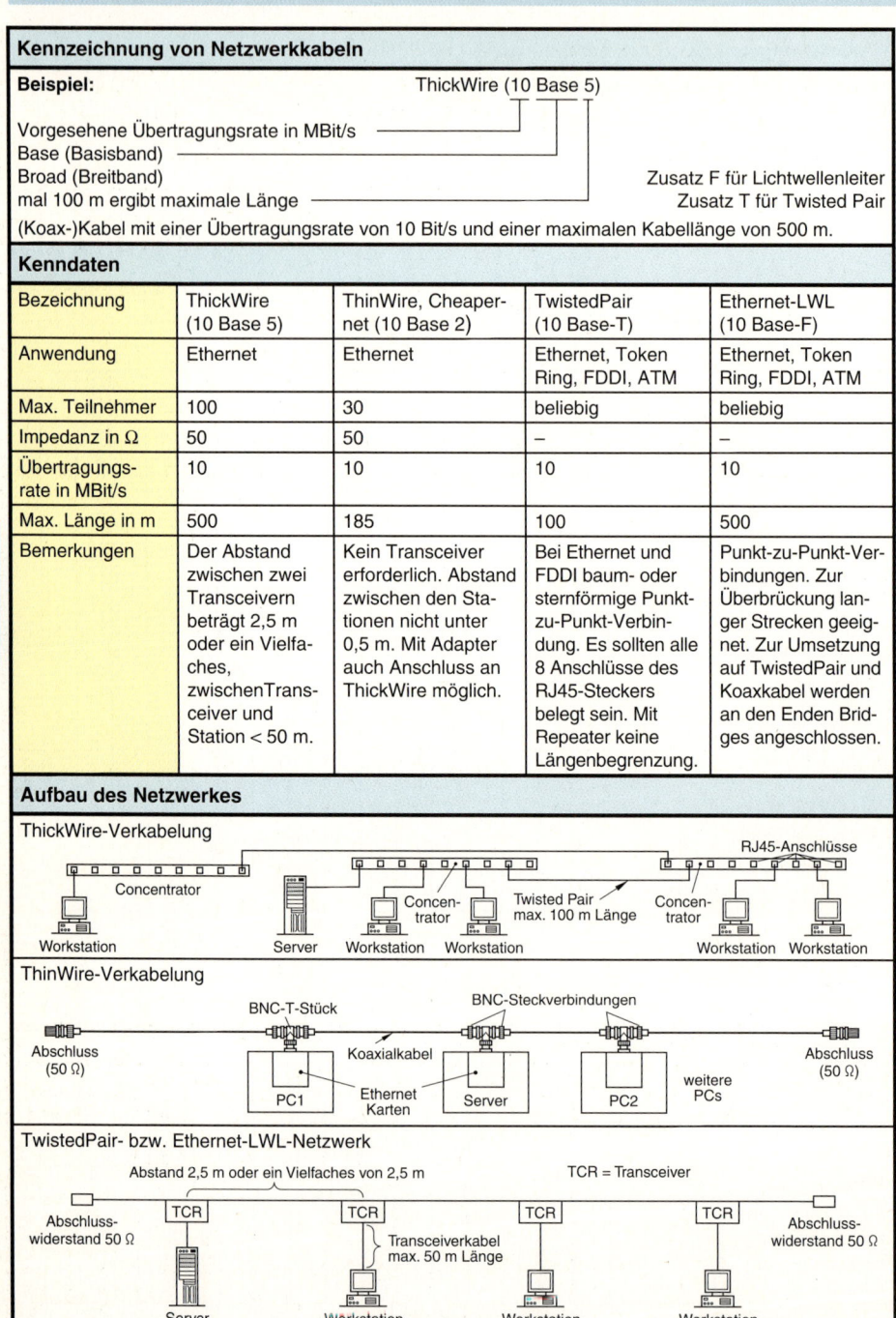

Farbzuordnung · Kontaktbelegung · RJ-Stecker **273**

Paar- und Farbzuordnung für Datenkabel und Stecksysteme

Paare	EIA/TIA 568/V1		EIA/TIA 568/V2		DIN 47100		IEC 189.2	
	Anschluss	Kabel	Anschluss	Kabel	Anschluss	Kabel	Anschluss	Kabel
Paar 1	ws/bl	bl	gn	rt	ws	br	ws	bl
Paar 2	ws/or	or	sw	gb	gn	gb	ws	or
Paar 3	ws/gn	gn	bl	or	gr	rs	ws	gn
Paar 4	ws/br	br	br	sf	bl	rt	ws	br

Farbkurzbezeichnung

Kurzzeichen	Farbe	Kurzzeichen	Farbe	Kurzzeichen	Farbe
ws	Weiß	br	Braun	sf	Schiefer
bl	Blau	gr	Grau	tk	Türkis
or	Orange	rt	Rot	vl	Violett
gn	Grün	gb	Gelb	rs	Rosa

Kontaktbelegung für Datendienste

Ethernet, 100VG/4, 100BaseTX — Paar 1-2, Paar 3-6, Paar 4-5, Paar 7-8

Token Ring — Paar 1-2, Paar 3-6, Paar 4-5, Paar 7-8

ATM, TP-DDI — Paar 1-2, Paar 3-6, Paar 4-5, Paar 7-8

Analog oder ISDN-Telefon — Paar 1-2, Paar 3-6, Paar 4-5, Paar 7-8

Belegung des RJ-45-Steckers (Western Stecker)

ISO/IEC 11801, EN 50173 — Paar 1-2, Paar 3-6, Paar 4-5, Paar 7-8

EIA/TIA 568, Version 1: Paar 3 (1-2), Paar 2 (3-6), Paar 1 (4-5), Paar 4 (7-8)

EIA/TIA 568, Version 2: Paar 2 (1-2), Paar 3 (3-6), Paar 1 (4-5), Paar 4 (7-8)

Übertragungstechnik

© Verlag Gehlen

Kennzeichnung von LWL (DIN VDE 0888-3,4)

Beispiel:	A-	W	S	F	(ZN)2Y	Y	12	G	50 /	125	3,0	B	600	Lg
siehe Erläuterung Nr.	1	2	3	4	5		6	7	8	9	10	11	12	13	14

Außenkabel mit gefüllten Hohladern, Metallelemente in der Kabelseele, die gefüllt ist, PE-Mantel mit nichtmetallenen Zugentlastungselementen und PVC-Mantel, 12 Gradientenfasern mit 50 mm Kerndurchmesser und 125 mm Manteldurchmesser, die einen Dämpfungskoeffizienten von ≤ 3 dB/km und einer Bandbreite von 600 MHz je km bei einer Wellenlänge von 850 nm, Lagenverseilung.

Nr.	Kurz-zeichen	Erläuterung	Nr.	Kurz-zeichen	Erläuterung
1	A	Außenkabel	6	B	Bewehrung
	AT	Außenkabel, aufteilbar		BY	Bewehrung aus PVC-Schutzhülle
	J	Innenkabel		B2Y	Bewehrung aus PE-Schutzhülle
2	F	Faser		H	Mantel aus halogenfreiem Material
	V	Vollader		Y	PVC-Mantel
	W	Hohlader, gefüllt	7	xxx	Anzahl der Adern
	D	Bündelader, gefüllt	8	E	Einmodenfaser (MNM)
3	S	Metallenes Element in der Kabelseele		G	Gradientenfaser Glas/Glas
				K	Stufenfaser Kunststoff
4	F	Füllung mit Petrolat	9	xxx	Kerndurchmesser in mm oder Felddurchmesser in mm bei Einmodenfasern (MNM)
5	H	Außenmantel aus halogenfreiem Material			
	Y	PVC-Mantel	10	xxx	Manteldurchmesser in mm
	2Y	PE-Mantel	11	xxx	Dämpfungskoeffizient in dB/km
	(L)2Y	Schichtenmaterial	12	B	Wellenlänge 850 nm
	(ZN)2Y	PE-Mantel mit nichtmetallenen Zugentlastungselementen		F	Wellenlänge 1300 nm
				H	Wellenlänge 1550 nm
	(L)(ZN)-2Y	Schichtenmaterial mit nichtmetallenen Zugentlastungselementen	13	xxx	Bandbreite in MHz für L = 1 km
			14	Lg	Lagenverseilung

Kenndaten von LWL (Herstellerangaben)

Fasertyp	G 50/125	E 9/125
Kerndurchmesser in mm	50 ± 3	≈ 9
Felddurchmesser in mm	–	9 ± 1
Manteldurchmesser in mm	250 ± 25 mm	250 ± 25 mm
Zugfestigkeit	5 N	5 N
Mittlere Bruchfestigkeit	50 N	50 N
Biegeradius	50 mm	50 mm
Bandbreite in MHz · km bei	850 nm: 200...600; 1300 nm: 600...1200	–
Dämpfung in dB/km bei	850 nm: 2,5...3,5; 1300 nm: 0,7...1,5	–
Dispersion in ps/nm · km bei	–	1300 nm: < 5; 1550 nm: < 20

LWL-Steckverbindungen

Kupplung eines Lichtsenders an einen LWL

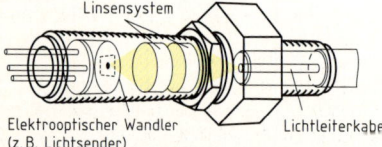

Kupplung zweier LWL

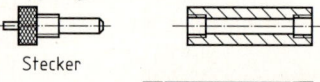

Normbegriffe · Signale · Größen · Formelzeichen

Steuerkette (vergl. Regelkreis S. 286)

Wirkungsplan einer Steuerung	Beispiel

Der offene Wirkungsablauf ist das Kennzeichen einer Steuerkette.
In einer Steuerung beeinflussen die Eingangsgrößen nach einer vorgegebenen Gesetzmäßigkeit die Ausgangsgrößen. Störgrößen können ebenfalls die Ausgangsgrößen beeinflussen, ohne das dieses fortlaufend erfasst wird und zu einer Rückwirkung auf die Ausgangsgrößen führt.

Die Steuerung hat die Aufgabe, den Gleichstrommotor für den Plattentellerantrieb eines Vinyl-Plattenspielers so zu steuern, dass der Plattenteller mit 45 U/min oder mit 33 U/min läuft. Die Führungsgröße w wird mit einem stufigen Potentiometer an die Steuereinrichtung gegeben, die daraus die Stellgröße y bildet und das Stellglied mit dem Leistungstransistor ansteuert.

Begriffe der Steuerungs- und Regelungstechnik (DIN 19226-1/4/5)

- Die **Steuerstrecke** stellt den zu beeinflussenden Teil der Steuerung dar.
- Die **Steuereinrichtung** bewirkt aufgrund der Eingangsgrößen und vorgegebener Verarbeitung die Beeinflussung der Steuerstrecke (**E**ingabe, **V**erarbeitung, **A**usgabe = EVA-Prinzip).
- Die **Eingangsgröße** u wirkt auf eine Steuerung ein, ohne von ihr beeinflusst zu werden.
- Die **Ausgangsgröße** v wird von der Steuerung und den Eingangsgrößen beeinflusst.
- Die **Aufgabengröße** x_A ist die Größe, die nach den Regeln der Steuerung beeinflusst werden soll.
- Im **Aufgabenbereich** X_{Ah} kann die Aufgabengröße bei voller Funktion der Steuerung liegen.
- Das **Stellglied** ist der Teil der Steuerstrecke, der den Energie- bzw. Massenfluss beeinflusst.
- Die **Stellgröße** y überträgt die Wirkung der Steuereinrichtung auf die Steuerstrecke.
- Im **Stellbereich** Y_h ist die Stellgröße veränderbar.
- Die **Führungsgröße** w ist eine, von außen zugeführte Größe, der die Ausgangsgröße folgen sollen.
- Im **Führungsbereich** W_h ist die Führungsgröße veränderbar.
- Die **Störgröße** z wirkt von außen auf die Steuerung und beeinträchtigt die Aufgabengröße.
- Liegen die Störgrößen im **Störbereich** Z_h wird die größte Sollwertabweichung nicht überschritten.
- Das **Signal** stellt den Wert oder den Werteverlauf einer physikalischen Größe dar:
  Analoge Signale haben einen kontinuierlichen Werteverlauf, wobei jedem Punkt unterschiedliche Informationen zugeordnet sind.
  Digitale Signale haben eine bestimmte Anzahl von Wertebereichen, wobei jedem Wertebereich eine bestimmte Information zugeordnet ist.
  Binäre Signale sind digitale Signale mit nur zwei Wertebereichen (z. B. 0 und 1).
- **Strukturieren** ist das Festlegen der Beziehungen zwischen Funktions- oder Baueinheiten.
- **Konfigurieren** ist das Zusammensetzen der Steuerung aus den Funktions- oder Baueinheiten.
- **Parametrieren** ist das Zuweisen von Werten zu den Parametern der Funktionseinheiten.

© Verlag Gehlen

Einteilung von Steuerungen (DIN 19226-5)

Unterscheidung nach der Informationsdarstellung

- Analoge Steuerungen verarbeiten analoge Signale in vorwiegend kontinuierlich wirkenden Funktionseinheiten. Hierzu zählen auch die Zeitplan- und die Wegplansteuerungen, bei denen die Führungsgrößen von der Zeit bzw. vom zurückgelegten Weg abhängen.
- Binäre Steuerungen verarbeiten binäre Eingangssignale in Verknüpfungsgliedern, Speichern- und Zeitgliedern zu binären Ausgangssignalen.
- Digitale Steuerungen arbeiten mit digitalen Signalen in digitalen Funktionseinheiten wie Zähler, Register, Speicher, Rechenwerke. Die Information wird in einem Binärcode (z. B. BCD) dargestellt.

Unterscheidung nach der Signalverarbeitung

- Synchrone Steuerungen verarbeiten die Signale taktabhängig.
- Asynchrone Steuerungen lösen Signaländerungen taktunabhängig nur von den Änderungen der Eingangssignale aus.
- Verknüpfungssteuerungen ordnen den Ausgangssignalen durch logische Verknüpfungen definierte Zustände der Eingangssignale zu. Hierzu zählen auch Steuerungen mit Verknüpfungsgliedern ohne schrittweisen Ablauf.

Unterscheidung nach dem Ablauf

- Ablaufsteuerungen arbeiten mit einem zwangsläufig schrittweisen Ablauf, bei dem eine Übergangsbedingung das Weiterschalten in den folgenden Schritt auslöst.
- Zeitgeführte Ablaufsteuerungen haben nur zeitabhängige Übergangsbedingungen.
- Prozessabhängige Ablaufsteuerungen bekommen die Signale für die Übergangsbedingungen vorwiegend von der zu steuernden Anlage.

Unterscheidung nach dem Programm

- Verbindungsprogrammierte Steuerungen (VPS) verarbeiten die Signale mit Steuerungsanweisungen, die durch die Art der Funktionseinheiten und deren Verbindungen festgelegt sind.
- Speicherprogrammierte Steuerungen (SPS) sind Steuerungen, deren Steuerungsanweisungen und Vereinbarungen (Programm) in einem Programmspeicher gespeichert sind.
- Freiprogrammierte Steuerungen besitzen einen Schreib-Lese-Speicher, bei dem das Programm ohne mechanische Eingriffe beliebig verändert werden kann.
- Austauschprogrammierte Steuerungen besitzen einen Nur-Lese-Speicher, dessen Programm nur durch mechanischen Eingriff in die Steuereinrichtung, z. B. durch Auswechseln eines Speicherbausteins, verändert werden kann.

Unterscheidung nach der Hierarchie

- Einzelsteuerungen umfassen die Funktionseinheiten zum Steuern eines einzelnen Stellgliedes.
- Gruppensteuerungen sind Funktionseinheiten zum Steuern eines Teilprozesses und sind den dazugehörigen Einzelsteuerungen übergeordnet.
- Prozesssteuerungen sind den Gruppensteuerungen übergeordnete Funktionseinheiten zum Steuern des gesamten Prozesses.

Unterscheidung von Steuerungssignalen (DIN 19226-5)

- Ein Eingabesignal wirkt von außerhalb der Steuerung auf die Signalverarbeitung.
- Das Ausgabesignal wird von der Signalverarbeitung nach außen bereitgestellt.
- Ein Grenzsignal (Grenzwertsignal) ist das binäre Ausgangssignal eines Grenzsignalgebers, das sich bei Über- oder Unterschreiten eines festgelegten Wertes ändert.
- Eine Meldung (Meldesignal) erfolgt vorwiegend zur Information des Menschen und kennzeichnet einen Zustand oder eine Zustandsänderung der Steuerung. Eine Meldung kann optisch oder akustisch erfolgen.
- Die Rückmeldung erfolgt als direkte Auswirkung eines Befehls. Sie wird als Bestätigung der Befehlsausführung genutzt.
- Ein Befehl (Steuerungsbefehl) ist eine Vorschrift für eine Zustandsänderung in der Steuereinrichtung oder für eine Zustandsänderung im zu steuernden Prozess. Der Steuerungsbefehl wird durch ein Signal verwirklicht, welches das Ergebnis einer Signalverarbeitung ist.

Elektromagnetische Verträglichkeit (DIN EN 60204-1)

Störeinwirkungen auf die elektrische Ausrüstung können durch folgende Maßnahmen verkleinert werden:
- Masseverbindungen zu einem gemeinsamen Punkt führen und so kurz wie möglich halten.
- Signalleitungen mit niedrigem Pegel mit elektrostatischer, elektromagnetischer Abschirmung und verdrillten Adern getrennt von Steuer- und Hauptstromleitungen verlegen.
- Trennung oder Abschirmung von empfindlichen Ausrüstungsteilen von Schaltgeräten.
- Erzeugte Störsignale können durch Unterdrückung an der Störquelle geringgehalten werden.

Schutzbeschaltungen von Schütz- und Relaisspulen

Schutzbeschaltungen sind notwendig, wenn hohe Ausschaltinduktionsspannungen benachbarte elektronische Einrichtungen zerstören können oder über kapazitive Koppelmechanismen Störspannungsimpulse und damit Funktionsstörungen erzeugen.

Bauteil (Schaltung)	Spannungsart (Polung)	Abfallverzögerung	Spannungsbegrenzung	Vorteile	Nachteile
VDR	AC und DC (ungepolt)	klein	bis U_{VDR}	• einfache Dimensionierung • hohe Energie-Absorption	• keine Bedämpfung unterhalb U_{VDR}
RC-Glied	AC und DC (ungepolt)	klein	nicht definiert	• Hf-Dämpfung • schnelle Abschaltbegrenzung • gut geeignet für Wechselspg.	• genaue Dimensionierung erforderlich • zusätzliche Leistungsaufnahme (AC)
Diode	nur DC (gepolt)	groß	bis ca. 1 V	• einfache Dimensionierung • kleinstmögliche Induktionsspannung • sehr zuverlässig	• große Abfallverzögerung

Sicherheitssteuerungen

Fehler in Steuerungen, auch Ausfälle von Bauteilen, dürfen nicht zu einer Gefahr von Personen führen. Zur Klassifizierung von Steuerungen muss deshalb eine Risikoabschätzung vorgenommen werden (DIN V 19250). Daraus ergeben sich folgende Anforderungsstufen (CEN / TC 114 N 109 D Entwurf):

0	1.1	1.2	2	3.1 bis 3.4	4.1 und 4.2
Keine Anforderungen im Fehlerfall	Bewährte Bauteile und Prinzipien	Partielle Redundanz	Testung (automatische Anlauftestung)	Einfehlersicherheit	Selbstüberwachung
Keine gesicherte Funktion bei Auftreten eines Fehlers	Keine gesicherte Funktion bei Auftreten eines Fehlers	Teilweise gesicherte Funktion bei Auftreten eines Fehlers	Erkennung eines oder mehrerer Fehler bei Test der Funktion	Gesicherte Funktion bei Auftreten eines Fehlers gegeben	Gesicherte Funktion bei Auftreten mehrerer Fehler gegeben

Zweihandschaltung. Je nach Risikoabschätzung kommen folgende Typen in Betracht:
- **Typ 1** erfordert zwei Stellteile, die gleichzeitig durch beide Hände dauernd betätigt werden müssen; bei Loslassen nur eines Stellteiles muss der Gefahr bringende Betrieb beendet werden.
- **Typ 2** ist eine Typ-1-Steuerung, die vor einem Wiederanlauf das Loslassen beider Stellteile erfordert.
- **Typ 3** ist eine Typ-2-Steuerung, bei der beide Stellteile innerhalb einer Zeit von ≤ 0,5 s betätigt werden müssen. Zum Wiederanlauf und bei Zeitüberschreitung müssen beide Stellteile losgelassen werden.

© Verlag Gehlen

Begriffe der Messtechnik (DIN 1319-1) (Auswahl)

Begriff	Beschreibung	Beispiel
Messung	Quantitativer Vergleich der Messgröße mit einer Einheit.	Strommessung, Vergleich eines elektrischen Stromes mit der Einheit Ampere.
Zählen	Ermitteln der Messgröße durch die Anzahl der Elemente einer Menge.	Drehzahl, Zählung der Anzahl der Umdrehungen in einer Minute.
Prüfung	Feststellen, ob ein Prüfobjekt eine Forderung erfüllt. Vergleich mit einer Forderung ist immer Bestandteil der Prüfung.	Isolationswiderstand, Messung des Widerstandes und Vergleich mit dem geforderten Wert in der VDE-Vorschrift.
Messgröße	Physikalische Größe, die gemessen werden soll.	Elektrische Spannung, elektrische Stromstärke, elektrischer Widerstand.
Messobjekt	Träger der Messgröße.	Messobjekt: Galvanisches Element, Messgröße: elektrische Spannung.
Messprinzip	Physikalische Grundlage der Messung.	Kraftwirkung eines Magnetfeldes als Grundlage zur Messung der elektrischen Stromstärke (Drehspulmessgerät).
Messmethode	Vom Messprinzip unabhängige, spezielle Art der Vorgehensweise bei einer Messung.	Direkte oder indirekte Messmethode der elektrischen Leistung. Analoge oder digitale Messmethode der Spannung.
Messverfahren	Anwendung eines Messprinzips und einer Messmethode in der Praxis.	Messung der elektrischen Spannung nach der digitalen Messmethode.
Messsignal	Der Messgröße eindeutig zugeordnete Größe in einem Messgerät oder in einer Messeinrichtung.	Messgröße: Temperatur, Messsignal: elektrische Spannung des Thermoelementes.

Begriffe zu Messgeräten (DIN 1319-1) (Auswahl)

Begriff	Beschreibung	Beispiele
Messgerät	Gerät für die Messung einer Messgröße, auch wenn der Messwert nicht angezeigt wird (z. B. Messumformer u. Ä.).	Messeinrichtung (siehe Abbildung)
Messeinrichtung	Gesamtheit aller zu einer Messung erforderlichen Mess- und Hilfsgeräte.	
Messkette	Elemente eines Messgerätes oder einer Messeinrichtung, die den Weg des Messsignales vom Aufnehmer zur Ausgabe bilden.	Messkette (siehe Abbildung)
(Messgrößen-) Aufnehmer (Sensor)	Der Teil des Messgerätes oder der Messeinrichtung, der auf die Messgröße unmittelbar anspricht.	
Messbereich	Bereich, in dem die Messabweichung des Messgerätes innerhalb der Fehlergrenzen bleibt. Er wird durch **Anfangswert** und **Endwert** angegeben. Die Differenz zwischen Anfangs- und Endwert heißt **Messspanne**.	
Messwert	Wert, der zur Messgröße gehört und vom Messgerät ausgegeben wird.	
Messergebnis	Auf der Grundlage von Messwerten und Messabweichungen geschätzter wahrer Wert einer Messgröße.	

© Verlag Gehlen

Messgeräte mit Zeiger (Auswahl)

Skalensymbole (DIN 43780)

Messwerke	Stromarten	Klassenzeichen	Nennlagen	Prüfspannungen
Drehspulmesswerk / Gleichrichter	– Gleichstrom ~ Wechselstrom ≈ Gleich- und Wechselstrom	Gibt die Messabweichung des Messgerätes in % vom Endwert an.	Senkrecht	500 V
Dreheisenmesswerk	≈ Drehstrommessgerät mit einem Messwerk	Feinmessgeräte: Genauigkeitsklassen 0,1; 0,3; 0,5	Waagerecht	≥ 500 V Angabe in kV, hier 2 kV
Elektrodynamisches Messwerk	≈ Drehstrommessgerät mit drei Messwerken	Betriebsmessgeräte: Genauigkeitsklassen 1; 1,5; 2,5 ...	Schräg mit Angabe des Winkels	Keine Spannungsprüfung

Technische Daten von Messgeräten mit Zeiger

	Drehspul (ohne Zusatz)	Dreheisen	Elektrodynamisch
Messung	arithmet. Mittelwert (AV)	Effektivwert (RMS)	Leistung (AC und DC)
Genauigkeitsklasse	0,1 ... 1,5	0,5 ... 2,5	0,5 ... 2,5
Frequenzbereich	0 Hz (Gleichstrom)	0 ... 100 Hz	0 ... 10 kHz
Eigenverbrauch	< 5 mW	0,5 ... 5 VA	0,5 VA je Messpfad
Anwendungsbeispiele	Betriebs-, Labor- und als Vielfachmessgeräte mit Messgleichrichter	Betriebs- und Schalttafel-Einbaumessgeräte	Labor- und Betriebs-Leistungsmessgeräte

Digitale Messgeräte (Auswahl)

Digitale Messmethoden digitalisieren die Messsignale und arbeiten mit zählenden Messgeräten. Zum digitalisieren wird das Dual-Slope-Verfahren angewendet. Die Anzahl der Impulse ist hierbei proportional zur Messspannung. Symbole werden zur Kennzeichnung von digitalen Messgeräten nicht verwendet. Eine Einteilung in Genauigkeitsklassen gibt es nicht.

Technische Daten von Digital-Messgeräten[1]

	Messgerät mit LED-Anzeige	Messgerät mit LCD-Anzeige
Messung	Arithmetischer Mittelwert AV (ohne zusätzlichen Messgleichrichter)	
Anzeige	7-Segment-Leuchtdioden-Anzeige (Stromaufnahme ca. 30 mA)	Flüssigkristall-Anzeige (Stromaufnahme ca. 4 mA)
Genauigkeit	± 0,05 % vom Messwert + 3 Digits (mit Messgleichrichter ± 0,5 % + 10 Digits)	
Messzeit	2 Messungen je Sekunde (nicht geeignet für sich schnell ändernde Messgrößen)	
Anwendungsbeispiele	Betriebsmessgerät für Schalttafeleinbau mit guten Ablesemöglichkeiten	Vielfachmessgerät mit Messgleichrichter, Messwertspeicher u. Ä.

[1] Herstellerangaben.

Messgleichrichter

Wichtig für die Beurteilung von Messgleichrichtern sind Formfaktor F und Crestfaktor F_{CREST} der Messgrößen. Die meisten Messgeräte sind nur mit einfachen Messgleichrichtern ausgestattet.

$$F = \frac{U_{RMS}}{U_{AV}} \qquad F_{CREST} = \frac{\hat{u}_{MAX}}{U_{RMS}}$$

	einfacher Messgleichrichter	TRUE-RMS-Gleichrichter	Thermoumformer
Formfaktor	1,11 (Sinus) bei 40 ... 400 Hz	beliebig bei 40 Hz ... 2 kHz	beliebig
Crestfaktor	1,57 (Sinus) bei 40 ... 400 Hz	bis 10 bei 40 Hz ... 2 kHz	beliebig

© Verlag Gehlen

Anschlussbezeichnungen von Leistungs- und Leistungsfaktor-Messgeräten (DIN 43807)

Messgeräte-Anschluss	L1 (oder L+)	L2 (oder N; oder L−)	L3
Strompfad Zuleitung	1	4	7
Strompfad Ableitung	3	6	9
Spannungspfad	2	5	8

Messschaltungen zur Leistungs- und Leistungsfaktormessung (DIN 43807) (Auswahl)

Leistungsmessgeräte. Bei Anschluss an Wechselstrom zeigen sie nur den Wirkleistungsanteil an. Die Blindleistung kann mit speziellen Blindleistungsmessgeräten gemessen werden, die Scheinleistung kann nicht direkt gemessen werden.

Leistungsfaktormessgeräte. Sie zeigen die Phasenverschiebung zwischen Spannung und Strom als Cosinus des Phasenverschiebungswinkels φ an. Für eine genaue Anzeige ist eine Mindeststromstärke von etwa 40 % des Messbereichsendwertes des Strompfades erforderlich.

Leistungsmessung

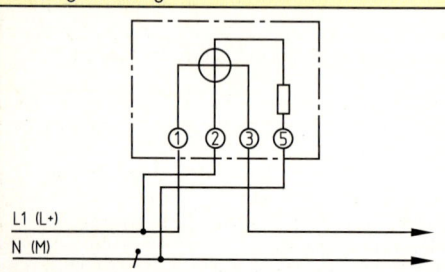

Leistungsfaktormessung (Einphasen-Wechselstrom)

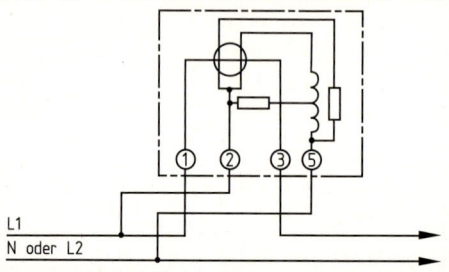

Messbrücken

Wheatstone-Messbrücke

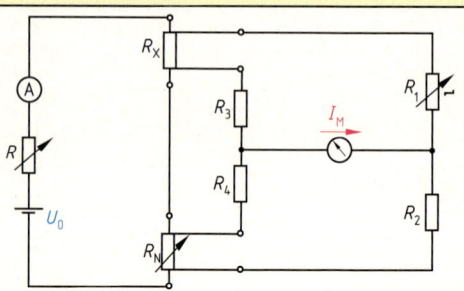

Thomson-Messbrücke

Beschreibung (Wheatstone)

- Abgleichbedingung $I_M = 0$ A

$$R_X = R_N \cdot \frac{R_1}{R_2}$$

- Messgenauigkeit 0,02 %, von den Vergleichswiderständen und Galvanometer abhängig

Beschreibung (Thomson)

- Abgleichbedingung $I_M = 0$ A

$$R_X = R_N \cdot \frac{R_1}{R_2} \text{ wenn } \frac{R_1}{R_2} = \frac{R_3}{R_4}$$

- Messgenauigkeit 0,1 %, auch vom Strom abhängig
- Kompensation der Übergangswiderstände durch R_3 und R_4

Anwendung (Wheatstone)

- Widerstandsmessungen von 1 Ω bis 1 MΩ.
- Zur Temperaturmessung in Widerstandsthermometern.

Anwendung (Thomson)

- Zur Messung sehr kleiner Widerstände.
- Messbereich 1 µΩ bis 10 Ω.

Schreibende Messgeräte

Schreiber können Messgrößen über einen längeren Zeitraum oder kontinuierlich erfassen und auf Papier aufzeichnen. Sie werden in der Prozessautomation eingesetzt, um Produktionsabläufe zu dokumentieren. Schreiber, die mit Tinte oder Filzstiften schreiben, müssen regelmäßig gewartet werden. Schreiber mit Thermodruckköpfen sind verschleißfrei. Man unterscheidet:

Linienschreiber	Punktschreiber
• Bis zu 4 galvanisch getrennte Messsysteme mit jeweils einem Schreibsystem. • Messeingänge für Strom und Spannung. Thermoelemente, Widerstandsthermometer u. Ä. an spezielle Messeinsätze direkt anschließbar. • Genauigkeit groß (typisch 0,25 %). • Papiervorschub einstellbar von ca. 50 cm je Minute bis 0,1 cm je Stunde.	• Bis zu 32 galvanisch getrennte Messsysteme werden nacheinander abgefragt und mit einem Schreibsystem als Punkte aufgezeichnet. • Messeingänge meist Einheitssignale 0 bis 20 mA; 4 bis 20 mA oder pneumatisch 0,2 bis 1,0 Bar. • Genauigkeit groß (typisch 0,25 %). • Nur Messgrößen registrierbar, die sich im Verhältnis zum Abfragezyklus nur langsam ändern.

Logik-Analysator

- Mit einem Logik-Analysator können 8 bis 32 digitale Signale parallel aufgezeichnet, gespeichert, ausgewertet und angezeigt werden.
- Die Aufzeichnung und Darstellung von analogen Signalen ist nicht möglich.
- Logikanalysatoren werden zur Analyse von Betriebsabläufen in Mikrocomputern und anderen digitalen Schaltungen sowie zur Störungssuche in Rechnern verwendet.
- Die Signale können als Binär-, Timing-, Hexadezimal-, Oktaldiagramm, im ASCII-Code oder in Form von dissamblierten Mnemonik (Quelltext) dargestellt und ausgedruckt werden.
- Verschiedene Triggermöglichkeiten ermöglichen auch die Aufzeichnung bestimmter Ereignisse.
- Die Signalabtastung kann wahlweise synchron oder asynchron erfolgen.
- Logikanalysatoren sind als autonomes- oder PC-gekoppeltes System verfügbar.

Synchrone Signalabtastung	Asynchrone Signalabtastung

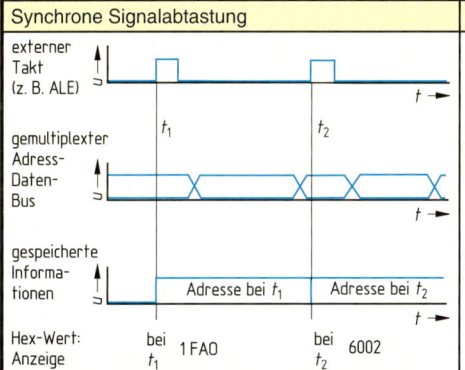

| Dem Logikanalysator muss ein externes Taktsignal für die Aufzeichnen zugeführt werden. Das Taktsignal wird dem Messobjekt entnommen, bei einem Mikrocomputer kann z. B. mit dem ALE-Signal der gültige Wert der Adressleitungen aufgezeichnet und ausgewertet werden. Der ordnungsgemäße Programmablauf kann so überprüft werden. | Der Logik-Analysator stellt das Taktsignal zur Verfügung (ns bis ms). Durch eine schnelle Abtastung wird eine fast lückenlose Signalaufzeichnung erreicht, bei der Signalüberschneidungen und Spikes erkannt werden können. Bei der Hardwareanalyse werden Datenleitungen und andere, taktunabhängige Signale mit der asynchronen Signalabtastung geprüft. |

Technische Daten eines Service-Logikanalysators (Herstellerangaben)

32 Datenkanäle von DC bis 25 MHz
16 Dateneingänge oder 8 Bit-Eingänge bei DC bis 25 MHz
4 Kanäle bis 100 MHz (nur asynchron)
Eingangsimpedanz 100 kΩ 6 pF; Triggerpegel –2,5 V bis 7,3 V (mit delay- und restart-Funktionen)

Oszilloskop

Zweikanal-Oszilloskop

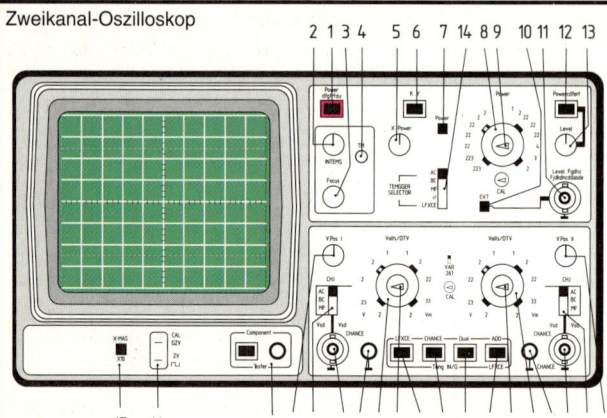

Oszilloskope machen den zeitlichen Verlauf von Spannungen sichtbar. Direkt gemessen werden kann die Amplitude, die Periodendauer und die Phasenverschiebung von Spannungen und von allen Messgrößen, die sich in elektrische Spannung umformen lassen. Die Anzeige erfolgt durch einen trägheitslosen Elektronenstrahl, der beim Auftreffen auf eine Schicht einen Punkt aufleuchten lässt. Ein stehendes Bild ist bei periodisch wiederkehrenden Spannungssignalen oder bei der Speicherung einmaliger Signale möglich.

Nr.	Benennung	Beschreibung	Nr.	Benennung	Beschreibung
1	Power	Netzschalter	15	X-Mag. x10	Dehnung der X-Achse
2	Intens.	Helligkeitseinstellung	16	Cal. 0,2 V; 2 V	Abgleichsignal (Rechteck)
3	Focus	Schärfeeinstellung	17	Y-Pos. I (II)	Verschiebung der Y-Achse
4	Tr	Waagerecht-Abgleich	18	CH I (II)	AC-DC-GND Umschaltung
5	X-Position	Verschiebung der X-Achse	19	GND	Masse-Buchse für I und II
6	X–Y	X-Y-Betrieb ohne Zeitachse	20	CH I (II)	Messeingangs-Buchse
7	Slope +/–	Umschaltung der Messflanke	21	Volts / Div.	Spannungsmaßstab
8	Time / Div	Zeitmaßstab für I und II	22	Variable Spg.	Stufenlose Anpassung
9	Variable Zeit	Stufenlose Anpassung	23	Inv. I	Invertierung Kanal I
10	Ext.	Umschaltung Triggersignal	24	CH I / II	Darstellung Kanal I oder II
11	Trig. Inp.	Eingang ext. Triggersignal		Trig. I / II	Triggersignal von I oder II
12	AT / Norm	Umschaltung Triggerpegel	25	Dual	Zweikanal-Darstellung
13	Level	Triggerpegel bei Normal	26	Add-Chop.	Addition I + II / Chopperbetr.
14	Trigger Selektor	Einstellung des Triggermodus zur Bildstabilität	27	Component Tester	Darstellung von Bauteilkennlinien zum Bauteil-Test

Digital-Oszilloskop

Eigenschaften	Vor- und Nachteile
• Tragbare digitale Oszilloskope sind mit LCD-Displays ausgestattet. Sie beinhalten meist auch die Funktionen von Digital-Multimetern. Genaue Signaldarstellungen sind mit LCD-Displays jedoch nicht möglich. • Digitale Oszilloskope mit Elektronenstrahlröhre zur Signaldarstellung vereinigen die Vorteile von analogen und digitalen Geräten. Die Qualität der Signaldarstellung hängt vom AD-Umsetzer ab. Langsame Vorgänge misst man mit dem digitalen, höherfrequente Signale mit dem analogen Teil des Oszilloskops.	Vorteile: • Darstellung einmaliger Vorgänge • Darstellung sehr langsamer Vorgänge • Speicherung der Messwerte • Verarbeitung der Messwerte in DV-Systemen • Darstellung von vorhergehenden und nachfolgenden Ereignissen Nachteile: • Höherfrequente Signale nicht darstellbar • Verfälschte Signalverläufe durch die Quantisierung bei der Analog-Digital-Umsetzung • Zusätzliche Störpegel durch AD-Umsetzung

© Verlag Gehlen

Drehzahlmessung

Mittelwertmessung

Eine Mittelwertmessung ist mit Messaufnehmern möglich, die Impulse liefern.

Prinzip

Induktive, kapazitive Aufnehmer. Ein induktiver oder ein kapazitiver Näherungsschalter wird vom Rotor angesteuert. Die Anzahl der Impulse ist proportional zur Drehzahl. Eine Drehrichtungserkennung ist nur mit zwei Näherungsschaltern möglich.

Optische Aufnehmer. Die optische Abtastung erfolgt mit Infrarot-Reflexlichtschranken oder Schlitzinitiatoren. Die Anzahl der Impulse ist proportional zur Drehzahl. Für eine Drehrichtungserkennung sind zwei Aufnehmer erforderlich.

Momentanwertmessung

Die Momentanwertmessung von Drehzahlen ist mit Tachogeneratoren möglich.

Prinzip

Wechselspannungs-Tachogenerator. Als Tachogenerator verwendet man mehrphasige Innenpolmaschinen. Die Wechselspannung wird gleichgerichtet und steht als zur Drehzahl proportionale Gleichspannung zur Verfügung. Eine Drehrichtungserkennung ist nicht möglich.

Gleichspannungs-Tachogenerator. Gleichspannungs-Tachogeneratoren entsprechen vom Aufbau den Gleichstrom-Generatoren. Die Höhe der Spannung ist zur Drehzahl proportional, die Polarität hängt von der Drehrichtung ab.

Wegmessung, Winkelmessung

Analoge Weg- oder Winkelmessung

Potentiometer

Die Weg- oder Winkeländerung bewegt den Schleifer eines Potentiometers. Die Spannungsänderung am Ausgang des Spannungsteilers ist bei einem hochohmigen Messverstärker proportional dem Weg oder dem Winkel. Bereich 20 ... 2000 mm, bis 50°. Auflösung 0,01 mm; 0,01°.

Induktiver Aufnehmer

Ein Tauchanker wird durch die Weg- oder Winkelmessung in einem Magnetfeld einer mit Wechselstrom durchflossenen Spule bewegt. Der induktive Blindwiderstand ändert sich proportional mit dem Weg oder dem Winkel. Bereich 1 bis 2000 mm oder 0,1 μm bis 1mm. Auflösung <0,1 μm oder <0,01 μm.

Digitale Weg- oder Winkelmessung

Inkrementale Aufnehmer

Ein optischer Sensor wird über einem Rasterlineal bewegt. Die Impulse werden von einem Zähler gezählt und der Zählerstand entspricht der Wegänderung. Zur Bestimmung von absoluten Messwerten muss vorher ein Nullpunkt definiert werden. Bereich bis 3000 mm, bis 360°. Auflösung <0,5 μm.

Absolute Aufnehmer

Ein optisches Abtastsystem wird über einem Rasterlineal bewegt, dessen Einteilung den Messwert des Weges oder dem Winkel im Dual- oder im Graycode entspricht. Eine digitale Auswertungsschaltung kann so den Weg oder den Winkel direkt bestimmen. Bereich bis 3000 mm, bis 360°. Auflösung <0,5 μm.

© Verlag Gehlen

Elektrische Thermometer

Mess-Aufnehmer		Bereich	Messspanne	Empfindlichkeit	Ansprechzeit	Genauigkeit
PT 100	nackt	–200 … 870 °C	< 200 K	groß	klein	hoch
	im Schutzrohr				groß	
Thermo-element	nackt	–270 …1770 °C	> 1000 K	gering	sehr klein	klein
	im Schutzrohr				groß	
Infrarot-Strahlungsfühler		–50 … 1000 °C	≥ 100 K	gering	klein	klein

Messumformer für Widerstandsthermometer (PT 100)

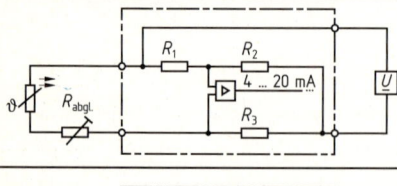

Wheatstone-2-Leiterschaltung
Einfache Wheatstone-Brückenschaltung, bei der der Widerstand des PT 100 gemessen und in °C als Temperatur angezeigt oder übertragen wird. Weil der Leitungswiderstand zum PT 100 das Messergebnis verfälscht, muss ein Leitungsabgleich durchgeführt werden (auf 4 Ω, 10 Ω oder 20 Ω).

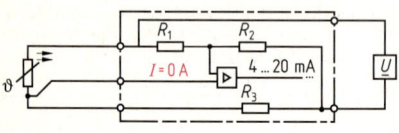

Wheatstone-3-Leiterschaltung
Diese Schaltung behebt den Einfluss der Leitungen zum PT 100, indem der Leitungswiderstand in beiden Brückenzweigen liegt und Auswirkungen des Leitungswiderstandes sich somit aufheben. Erforderlich ist nur ein Nullabgleich.

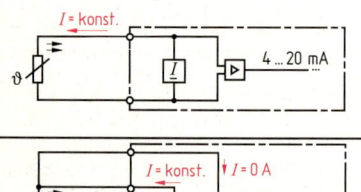

Konstantstrom-2-Leiterschaltung
Der Mess-Aufnehmer (PT 100) wird mit einem konstanten Strom gespeist. Die Spannung der Konstantstromquelle entspricht der Messspannung und damit der Temperatur. Bei kurzen Entfernungen ist kein Leitungsabgleich erforderlich.

Konstantstrom-4-Leiterschaltung
Der Mess-Aufnehmer (PT 100) wird mit einem konstanten Strom gespeist. Die Messspannung ist hier nur vom Widerstand des Messaufnehmers abhängig. Der Leitungswiderstand beeinflusst das Messergebnis nicht; kein Abgleich erforderlich.

Messumformer für Thermoelemente

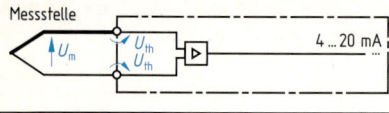

Ohne Vergleichsstelle
Die Anschlussstellen des Thermoelementes bilden ebenfalls Thermopaare, deren Thermospannungen bei Änderung der Temperatur an den Anschlussstellen das Messergebnis verfälschen.

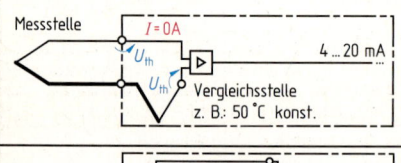

Mit Vergleichsstelle
Das Thermoelement wird über Ausgleichsleitungen an den Messumformer angeschlossen. Durch die konstante Vergleichsstelle heben sich die Thermospannungen der Anschlussstellen auf. Gemessen wird die Differenz zur Messstelle.

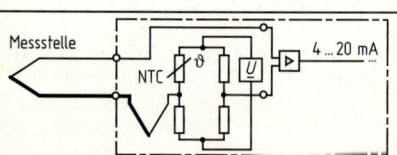

Mit Kompensation
Auch hier wird das Thermoelement über Ausgleichsleitungen angeschlossen. Die Vergleichsstelle ist nicht konstant temperiert. Die veränderlichen Thermospannungen an den Anschlüssen heben sich aber in der Brückenschaltung auf.

© Verlag Gehlen

Pneumatische Signale

Pneumatische Signalverarbeitungseinrichtungen arbeiten mit trockener, ölfreier und gereinigter Druckluft. Signalverarbeitungseinrichtungen benötigen einen Betriebsdruck von 1,4 bar. Stelleinrichtungen mit Membranantrieb arbeiten mit 3 bis 6 bar; Stellzylinder benötigen z. T. auch Drücke > 6 bar.

Pneumatisches Einheitssignal	Umrechnung
Für analoge Druckluftsignale ist der Bereich von 0,2 bis 1,0 bar entsprechend 0 bis 100 % weltweit genormt (DIN 19231). • **Vorteile**: Robust, keine Explosionsschutzmaßnahmen erforderlich (Chemieanlagen o. Ä.) • **Nachteile**: Übertragungsstrecken max. 200 m, keine schnellen Signaländerungen übertragbar	Signaldruck 0,2 … 1,0 bar in 0 … 100 % 0 10 20 30 40 50 60 70 80 90 100 % ├──┼──┼──┼──┼──┼──┼──┼──┼──┼──┤ 0,2 0,3 0,4 0,5 0,6 0,7 0,8 0,9 1,0 bar

Life Zero. Der **lebende Nullpunkt** von 0,2 bar ist erforderlich, weil ein Druck 0,0 bar für den Signalwert 0 % nicht eindeutig einstellbar ist; gleichzeitig kann der Signalwert 0 % von einer Störung (0 bar) unterschieden und eine Störung erkannt werden.

Elektrische Signale

Ein einziges, genormtes, elektrisches Einheitssignal, vergleichbar mit dem pneumatischen Einheitssignal (0,2 … 1,0 bar), gibt es nicht. Für die analoge Signalverarbeitung und Signalübertragung werden Gleichspannungssignale (z. B. 0 … 10 V) oder Gleichstromsignale (z. B. 4 … 20 mA) eingesetzt.

Gleichstromsignal	Umrechnung
Eingeprägte Gleichströme benutzt man zur Signalübertragung über längere Entfernungen, z. B. vom Feld zur Messwarte. Häufig wird der Signalbereich von 4 bis 20 mA, seltener 0 bis 20 mA entsprechend dem Signalwert 0 bis 100 % eingesetzt. • **Vorteile**: Niederohmiger, störungssicherer Signalstromkreis ($R_{ges} \leq 500\ \Omega$); explosionsgeschützte, eigensichere Ausführung möglich • **Nachteile**: Alle Einrichtungen in Reihe geschaltet, bei Änderungen o. Ä. muss der Signalstromkreis aufgetrennt werden; Bürde $\leq 500\ \Omega$	Signal 4 … 20 mA in 0 … 100 % 0 10 20 30 40 50 60 70 80 90 100 % ├──┼──┼──┼──┼──┼──┼──┼──┼──┼──┤ 4 5 10 15 20 mA Signal 0 … 20 mA in 0 … 100 % 0 10 20 30 40 50 60 70 80 90 100 % ├──┼──┼──┼──┼──┼──┼──┼──┼──┼──┤ 0 5 10 15 20 mA

Gleichspannungssignal	Umrechnung
Eingeprägte Gleichspannungen (0 … 10 V; 2 … 10 V) werden bei kurzen Übertragungsstrecken eingesetzt. • **Vorteile**: Einfache Handhabung, alle Einrichtungen sind parallel geschaltet; 0 bis 10 V Signal kann einfach in 0 bis 100 % umgerechnet werden • **Nachteile**: Hochohmiger, störungsanfälliger Signalstromkreis; kurze Übertragungsstrecken	Signal 2 … 10 V in 0 … 100 % 0 10 20 30 40 50 60 70 80 90 100 % ├──┼──┼──┼──┼──┼──┼──┼──┼──┼──┤ 2 3 4 5 6 7 8 9 10 V

Life Zero. Der **lebende Nullpunkt** von 4 mA (bzw. 2 V) hat den Vorteil, dass der Signalwert 0 % von einer Störung (0 mA bzw. 0 V) unterschieden und eine Störung erkannt werden kann.

Signalumformer

Beschreibung	Umrechnung (Beispiel P-/I-Umformer)
Mit Signalumformern kann jedes analoge Signal in ein anderes analoges Signal umgeformt werden, oder analoge Signale an Feldbusse angepasst werden, z. B. • U-/I-Umformer formen ein Spannungssignal in ein Stromsignal um (z. B. 0 … 10 V in 4 … 20 mA) • I-/P-Umformer formen ein Stromsignal in ein Drucksignal um (z. B. 4 … 20 mA in 0,2 … 1,0 bar	0,2 … 1,0 bar in 4 … 20 mA 0,2 0,3 0,4 0,5 0,6 0,7 0,8 0,9 1,0 bar ├──┼──┼──┼──┼──┼──┼──┼──┤ 4 5 10 15 20 mA

Regelkreis (vergl. Steuerkette S. 275)

Wirkungsplan einer Regelung

[Blockschaltbild: Bildung der Führungsgröße → Vergleichsglied → Regelglied → Steller → Stellglied → Regelstrecke; mit Messeinrichtung im Rückführzweig; Eingangsgröße u, Führungsgröße w, Regeldifferenz e, Reglerausgangsgröße y_R, Stellgröße y, Regelgröße x, Rückführgröße r, Störgrößen z_1, z_2; Regler umfasst Vergleichsglied und Regelglied; Stelleinrichtung umfasst Steller und Stellglied; Regeleinrichtung umfasst Regler, Stelleinrichtung und Messeinrichtung.]

Beschreibung

Das Kennzeichen einer Regelung ist der geschlossene Regelkreis. Zusätzlich zu den Eingangsgrößen werden die Ausgangsgrößen ständig erfasst und mit den Führungsgrößen verglichen. Der Einfluss von Störgrößen kann dadurch ausgeglichen werden.

Beispiel (Regelung eines Plattentellerantriebs)

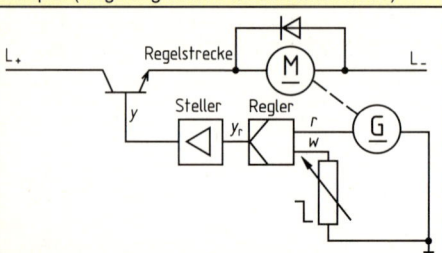

Die Drehzahl des Plattentellers eines Vinyl-Plattenspielers soll konstant 45 U/min bzw. 33 U/min betragen. Die Führungsgröße w wird mit einem 2-stufigen Potentiometer gebildet, die Rückführgröße r des Tachogenerators entspricht der Plattentellerdrehzahl. Der Regler vergleicht die beiden Größen und bildet daraus die Reglerausgangsgröße y_R und der Steller die Stellgröße y, die das Stellglied ansteuert.

Begriffe der Regelungstechnik (Auswahl) (DIN 19226)

- **Bildung der Führungsgröße.** In dieser Funktionseinheit wird aus der Eingangsgröße u gemäß der Aufgabe der Regelung die Führungsgröße w gebildet, die dem Regler zugeführt werden kann.
- **Regeleinrichtung.** Sie bewirkt die aufgabengemäße Beeinflussung der Strecke über das Stellglied.
- **Regler.** Er ist eine Funktionseinheit, die aus Vergleichsglied und Regelglied besteht.
- **Vergleichsglied.** Es bildet aus der Führungsgröße w und der Rückführgröße r die Regeldifferenz e.
- **Regelglied.** Das Regelglied bildet aus der Regeldifferenz e die Ausgangsgröße y_R des Reglers.
- **Stelleinrichtung.** Ist eine aus Steller und Stellglied bestehende Funktionseinheit.
- **Steller.** Er bildet die zur Ansteuerung des Stellgliedes erforderliche Stellgröße y.
- **Stellglied.** Es gehört zur Regelstrecke und beeinflusst im Regelkreis den Massen- oder Energiestrom.
- **Regelstrecke.** Ist der zu beeinflussende Teil des Systems. Eingangsgröße ist die Stellgröße y, Ausgangsgröße ist die Regelgröße x. Störgrößen z wirken ebenfalls auf die Regelstrecke.
- **Messeinrichtung.** Sie dient dem Aufnehmen, Anpassen, Weitergeben und Ausgeben von Größen.

Größen der Regelungstechnik (Auswahl) (DIN 19226)

Zeichen	Erläuterung
u	**Eingangsgröße.** Ist die zugeführte Größe, die nicht von der Regelung beeinflusst wird.
w	**Führungsgröße.** Dieser Größe soll die Ausgangsgröße x der Regelung folgen.
r	**Rückführgröße.** Ist eine aus der Messung der Regelgröße x hervorgegangene, dem Vergleichsglied zurückgeführte Größe. Ihre Größe entspricht der Größe der Regelgröße x.
e	**Regeldifferenz.** Ist die Differenz aus Führungsgröße w und Rückführgröße r, $e = w - r$.
y_R	**Reglerausgangsgröße.** Sie wird dem Eingang der Stelleinrichtung zugeführt.
y	**Stellgröße.** Ist die Ausgangsgröße der Regeleinrichtung und Eingangsgröße der Strecke.
z	**Störgröße.** Sie wirkt von außen auf die Regelung ein und beeinträchtigt das Ergebnis.
x	**Regelgröße.** Sie wird zum Zwecke des Regelns erfasst und der Regeleinrichtung zugeführt.
v	**Ausgangsgröße.** Ist die Ausgangsgröße der Regelung, die nicht messtechnisch erfasst wird.

Verläufe von Regelvorgängen

Periodisch instabil	Periodisch kritisch	Periodisch stabil	Aperiodisch stabil

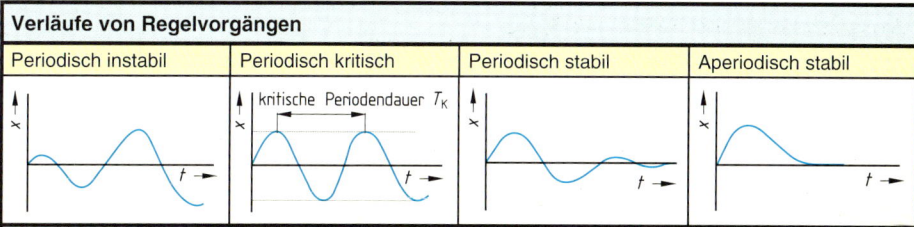

Gütekriterien für Regelungen

Die Optimierung von Regelkreisen kann unter vielfältigen Gesichtspunkten erfolgen, z. B. gutes Führungsverhalten, gutes Störungsverhalten, schnelles Ausregeln, geringes Überschwingen, einfaches Einstellen, niedrige Herstellungskosten oder hohe Betriebssicherheit. Als gemeinsame Kriterien für die meisten Regelungen ist das **Überschwingen** und das **Einschwingen** bei einem **Führungsverhalten** oder einem **Störungsverhalten** von Bedeutung.

Führungsverhalten	Störungsverhalten
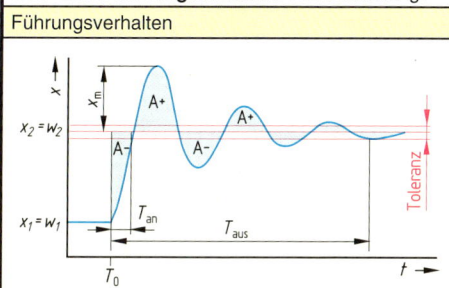	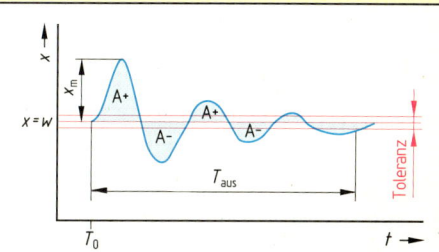
Die Sprungantwort zeigt den Verlauf der Regelgröße nach einer sprunghaften Änderung der Führungsgröße zum Zeitpunkt t_0. Für das Regelkreisverhalten sind die folgenden Größen von Bedeutung: • Überschwingweite x_m • Anregelzeit T_{an} [1] • Ausregelzeit T_{aus} [2]	Die Sprungantwort zeigt den Verlauf der Regelgröße nach einem definierten Störgrößensprung zum Zeitpunkt t_0. Die Regelgröße führt nach dem maximalen Überschwingen eine gedämpfte Schwingung aus. Für das Regelverhalten sind die folgenden Größen von Bedeutung: • Überschwingweite x_m • Ausregelzeit T_{aus} [2]

Die Reglereinstellung ist umso besser, je kleiner die Überschwingweite ist und je kürzer die Anregel- und Ausregelzeiten sind, wobei die Größen aber in folgender Beziehung zueinander stehen:
- Kleine Überschwingweite x_m bedeutet eine große Ausregelzeit T_{aus} [2]
- Kleine Ausregelzeit T_{aus} [2] bedeutet eine große Überschwingweite x_m
- **Kleine Überschwingweite** ist bei Spannungs-, Positionier- und verfahrenstechnischen Regelungen von Bedeutung.
- **Kurze An- und Ausregelzeit** sind bei Antriebsregelungen von Bedeutung.
- **Kleine Regelflächen** ober- und unterhalb der Führungsgröße sind bei Mengen- und Durchflussregelungen von Bedeutung.

[1] T_{an} = Zeit bis zum erstmaligen Erreichen des Toleranzwertes der Regelgröße x nach einer Änderung.
[2] T_{aus} = Zeit bis zum letztmaligen Erreichen des Toleranzwertes der Regelgröße x nach einer Änderung.

Optimierungsverfahren (Auswahl)

Betrags-Regelfläche	Quadratische Regelfläche	ITAE-Bedingung
Ziel: Die Summe der Flächenbeträge ober- und unterhalb der Führungsgröße sollen möglichst klein sein.	Ziel: Die Flächen ober- und unterhalb der Führungsgröße werden quadriert ($\Delta x^2 \cdot \Delta t$), die Summe soll möglichst klein sein.	Ziel: Die Flächen ober- und unterhalb der Führungsgröße werden mit der Zeit multipliziert, die Summe der Flächen soll klein sein.

© Verlag Gehlen

Reglereinstellung nach Ziegler und Nicols

Dieses Verfahren kann bei unbekannten Kennwerten der Regelstrecke angewandt werden.
- Regler als P-Regler betreiben ($T_N = \infty$; $T_V = 0$)
- K_P so weit vergrößern, bis die Regeldifferenz e eine Dauerschwingung mit konstanter Amplitude ausführt (Stabilitätsgrenze), dann …
- Proportionalbeiwert K_{Pkrit} bestimmen
- Schwingungsdauer T_K bestimmen

Regelverlauf an der Stabilitätsgrenze

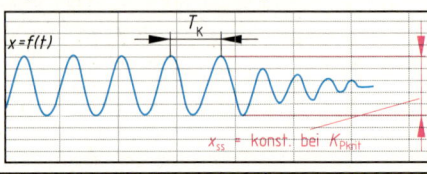

Größe	P-Regler	PI-Regler	PD-Regler	PID-Regler
K_P	$0,5 \cdot K_{Pkrit}$	$0,45 \cdot K_{Pkrit}$	$0,8 \cdot K_{Pkrit}$	$0,6 \cdot K_{Pkrit}$
T_N	–	$0,85 \cdot T_K$	–	$0,5 \cdot T_K$
T_V	–	–	$0,12 \cdot T_K$	$0,12 \cdot T_K$

Selbstoptimierung von Reglern (Beispiel nach Herstellerangaben)

Regler werden heute vom Hersteller mit einer „Selbstoptimierung" ausgestattet, die ein schnelles Inbetriebnehmen von Regelkreisen ermöglicht. Bei der Inbetriebnahme des Regelkreises kann die Selbstoptimierung gestartet werden. Während der Selbstoptimierung stellt der Regler die Reglerausgangsgröße y_R zunächst auf 100 %. Ist als Grenzwert der Wert der halben Differenz zwischen Regelgröße und Führungsgröße erreicht, wird y_R auf 0 % geschaltet. Nach dem Überschwingen durchläuft die Regelgröße wieder den Grenzwert der halben Differenz, und y_R wird nochmals auf 100 % geschaltet, bis nach dem Unterschwingen der Grenzwert wieder erreicht wird. Aus den Werten Δx und der Periodendauer T berechnet der Regler nach Einstellregeln von Ziegler und Nicols die Werte für K_P, T_N, und T_V und stellt diese im Regler ein.

Regelverlauf bei Selbstoptimierung

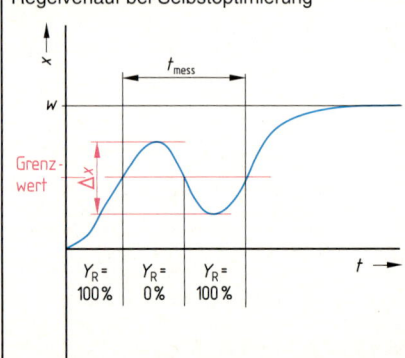

Auswahl des Reglers für bestimmte Regelgrößen

Regelgröße	P-Regler	PD-Regler	PI-Regler	PID-Regler
Temperatur	Geringe Regelgüte	Gut geeignet	Hohe Regelgüte	Hohe Regelgüte
Druck	Geeignet (T_u klein)	Ungeeignet	Hohe Regelgüte	Hohe Regelgüte
Durchfluss	Weniger geeignet	Ungeeignet	Gut geeignet	Nicht erforderlich
Drehzahl	Geeignet (T_u klein)	Geeignet	Gut geeignet	Nicht erforderlich

Fuzzy-Logik

Fuzzy-Logik ist eine Mengenlehre, die der menschlichen Denkweise besser entspricht als die boolesche Logik mit nur zwei Zuständen (0 und 1). Ein Fuzzy-Controller beurteilt Prozessgrößen mit unscharfen Einschätzungen, z. B. Temperatur viel zu hoch, zu hoch, richtig, zu niedrig, viel zu niedrig. Diese unscharfen Aussagen (Subsets) werden mithilfe von Operator-Familien und Regeln verarbeitet. Die Regelbasis wird mit WENN-DANN-Regeln gebildet, z. B. WENN die Temperatur zu hoch ist, DANN muss die Stellgröße 0 annehmen. Mithilfe von Zugehörigkeitsfunktionen setzt die Fuzzy-Logik diese Regeln zur Berechnung in eine mathematische Ebene um (Defuzzyfizierung). Die Ergebnisse der mathematischen Berechnungen werden wieder in die sprachliche Ebene umgesetzt (Fuzzyfizierung). Die Schnittstellen zum Prozess entsprechend denen herkömmlicher Regler.
- Fuzzy-Regler arbeiten mit unscharfen Mengen, liefern aber konkrete Ergebnisse (Signale).
- Fuzzy-Logik hat Vorteile beim Regeln von Prozessen, die nicht eindeutig bestimmbar sind und die mit herkömmlichen PID-Reglern bisher nicht optimal geregelt werden konnten.
- Fuzzy-Logik ergänzt oder optimiert Funktionen von normalen PID-Reglern (z. B. Selbstoptimierung).

Begriffe von Transformatoren (DIN VDE 0532-1, DIN VDE 0551)

- **Bemessungsspannung (Nennspannung)**
ist die Spannung, die zwischen den Anschlüssen einer Wicklung anzulegen ist oder im Leerlauf auftritt (Bei Anzapfungen bezieht sie sich auf die Hauptanzapfung). Bei Drehstromwicklungen ist es die Spannung zwischen den Leiteranschlüssen.
Nach DIN VDE 0551 (gilt für Trenn-, Sicherheittransformatoren) ist die Bemessungs-Eingangsspannung die Versorgungsspannung des Transformators und die Bemessungs-Ausgangsspannung die Ausgangsspannung bei Bemessungs-Eingangsspannung, Bemessungsfrequenz, Bemessungs-Ausgangsstrom und Bemessungs-Leistungsfaktor.

- **Bemessungsleistung (Nennleistung)**
ist die Scheinleistung, aus der über die Bemessungsspannung der Bemessungsstrom bestimmt wird.
Nach DIN VDE 0551 (gilt für Trenn-, Sicherheitstransformatoren) ist die Bemessungsleistung das Produkt aus Bemessungs-Ausgangsspannung, Bemessungs-Ausgangsstrom und Phasenfaktor;
bei Wechselspannung: 1, bei Dreiphasen-Wechselspannung: $\sqrt{3}$.

- **Bemessungsstrom (Nennstrom)**
ist die Stromstärke, die sich aus der Bemessungsleistung und Bemessungsspannung ergibt und über einen Leiteranschluss des Transformators fließt.
Nach DIN VDE 0551 (gilt für Trenn-, Sicherheitstransformatoren) ist der Bemessungs-Ausgangsstrom der Ausgangsstrom bei Bemessungs-Eingangsspannung, Bemessungsfrequenz und den vom Hersteller festgelegten Betriebsbedingungen.

- **Bemessungsübersetzung (Nennübersetzung)**
ist das Verhältnis der Bemessungsspannung einer Wicklung zur niedrigeren oder gleichen Bemessungsspannung einer anderen Wicklung. Bei Drehstromtransformatoren bezieht sich das Übersetzungsverhältnis auf die Leiterspannungen.

- **Bemessungsfrequenz (Nennfrequenz)**
ist die Frequenz, für die der Transformator ausgelegt ist.

Berechnungsformeln zum Transformator

	Schaltung	Formeln	Formelzeichen mit Erläuterung
Spannungen und Stromstärken beim idealen Transformator	Eingangs-wicklung / Ausgangs-wicklung (1.1, 1.2, 2.1, 2.2; U_1, U_2, I_1, I_2)	$ü = \dfrac{N_1}{N_2}$ $\dfrac{U_1}{U_2} = \dfrac{N_1}{N_2}$ $\dfrac{I_1}{I_2} = \dfrac{N_2}{N_1}$	U_1 Eingangsspannung in V U_2 Ausgangsspannung in V N_1 Windungszahl der Eingangswicklung N_2 Windungszahl der Ausgangswicklung I_1 Stromstärke in der Eingangswicklung I_2 Stromstärke in der Ausgangswicklung $ü$ Übersetzungsverhältnis
Bemessungsleistung beim Einphasentrafo		$S_N = U_N \cdot I_N$	S_N Bemessungsleistung in VA U_N Bemessungsspannung in V I_N Bemessungsstrom in A

Leistungsschild von Kleintransformatoren (DIN VDE 0532-1/6)

Angaben	Beispiel
Bei Kleintransformatoren werden nur angegeben: • Bemessungsspannungen (Nennspannungen) • Bemessungsfrequenz (Nennfrequenz) • Bemessungsleistung (Nennleistung) • Bemessungsströme (Nennströme) • Name des Herstellers • Typ- oder Modellbezeichnung • Schutzart • besondere Kennzeichen (z. B. für Schutzisolierung oder als Sicherheitstransformator)	Hersteller Typ. Nr. Bem.-Leist. 1000 VA — B.-Frequenz 50 Hz Bem.-Spg. 230 V — 42 V Bem.-Str. 4,5 A — 23,8 A Schutzart IP 54

Sicherheitstransformatoren (DIN VDE 0551)

Sicherheitsransformatoren für allgemeine Anwendung

Bildzeichen		Bedingungen	Verwendung
Sicherheits-transformator	kurzschlussfest	• Bemessungsleistung S_N ≤ 10 kVA bei einphasigen und ≤ 16 kVA bei dreiphasigen Transformatoren • Bemessungs-Eingangsspannung U_{1N} ≤ 1000 V • Leerlauf-Ausgangsspannung U_{20} ≤ 50 V AC (Effektivwert) und ≤ 120V DC (gilt auch für Bemessungs-Ausgangsspannung U_{2N})	Als Transformator für die Schutzmaßnahmen „Schutzkleinspannung" (SELV) und „Funktionskleinspannung mit sicherer Trennung" (PELV)

Sicherheitsransformatoren für besondere Verwendungen

Für alle Sicherheitstransformatoren für besondere Verwendungen gelten die Bedingungen für Sicherheitstransformatoren für allgemeine Anwendungen. Darüber hinaus gelten jedoch noch zusätzliche Bedingungen.

Bezeichnung	Bildzeichen	Zusätzliche Bedingungen	Verwendung
Klingeltransformator		• U_{2N} ≤ 24 V AC oder ≤ 24 · $\sqrt{2}$ DC • müssen ortsfeste Transformatoren sein • S_N ≤ 100 VA	In Haussignalanlagen
Spielzeugtransformator		• U_{2N} ≤ 24 V AC /DC • U_{1N} ≤ 250 V • schutzisoliert • S_N ≤ 200 VA	Versorgung von elektrisch betriebenem Spielzeug mit Schutzkleinspannung
Transformator für Handleuchten der Schutzklasse III		• Abweichung von U_2 bei halber Bemessungsleistung ≤ 5 % vom Bemessungswert	Versorgung von Leuchten der Schutzklasse III mit Glühlampen

Transformatoren für besondere Verwendung (DIN VDE 0550, DIN VDE 0532)

Bezeichnung	Bildzeichen	Bedingungen	Verwendung
Steuertransformator		• Abweichung von U_2 im Nennbetrieb ≤ 5 % vom Bemessungswert • Leerlauf-Ausgangsspannung ≤ 110 % des Nennwertes	Netztransformator zur Versorgung von Steuerstromkreisen
Zündtransformator		• unbedingt kurzschlussfest • Nennausgangsspannung ≤ 15 kV • Schutzklasse I	Einsatz in Zündeinrichtungen von Öl- und Gasbrennern
Schweißtransformator	–	• spannungsweich und kurzschlussfest • Leerlauf-Ausgangsspannung ≤ 70 V	Elektroschweißen

Kleintransformatoren

Kernbleche (DIN 41302-1,2)

EI-Kernblech | **M-Kernblech**

Kurzzeichen	EI 30	EI 130	EI 150	EI 170	M 42	M 55	M 65	M 74	M 85	M 102
a in mm	30	130	150	170	42	55	65	74	85	102
b in mm	20	87,5	100	118	42	55	65	74	85	102
f in mm	10	35	40	45	12	17	20	23	29	34

Berechnung von Kleintransformatoren mit M- und EI-Kernblechen

- Ermittlung der Leistung, die der Transformator liefern muss. Beim Anschluss von Gleichrichterschaltungen muss die Leistung um folgende Faktoren größer sein:
  - bei Brückenschaltung um 1,23,
  - bei Mittelpunktschaltung um 1,5,
  - bei Einweggleichrichtung um 3,1.
- Mit dieser Bemessungsleistung (Nennleistung) bestimmt man mit folgender Tabelle die Kernabmessungen, die Windungszahlen je Volt Nennspannung, den Wirkungsgrad und die Stromdichten.
- Mithilfe dieser Größen können die Windungszahlen, die Nennströme und die Drahtdurchmesser bestimmt werden.

Tabelle für Kleintransformatoren mit M- und EI-Kernblech bei $f = 50$ Hz und $B_{max} = 1,2$ T

Nennleistung bei 1 oder 2 Ausgangswicklungen	4 VA	12 VA	25 VA	50 VA	70 VA	95 VA	120 VA	250 VA	370 VA	550 VA
Kernblech	M 42	M 55	M 65	M 74	M 85a	M 85b	M 102a	EI 130a	EI 150a	EI 150c
Pakethöhe in mm	15	21	27	32	32	45	35	36	40	60
Eisenquerschnitt in cm² bei Füllfaktor 0,9	1,6	3,3	4,8	6,6	8,3	11,7	10,7	11,3	14,5	21,6
Wirkungsgrad ca.	0,6	0,7	0,77	0,83	0,84	0,86	0,88	0,9	0,92	0,94
Windungszahl je V der Eingangswicklung	23,4	11,4	7,8	5,68	4,51	3,2	3,5	3,3	2,59	1,74
Windungszahl je V der Ausgangswicklung	34,8	14,1	9	6,3	4,95	3,5	3,86	3,51	2,72	1,8
Stromdichte, innen in A/mm²	4,5	3,8	3,3	3	2,9	2,6	2,4	1,7	1,5	1,5
Stromdichte, außen in A/mm²	5,2	4,3	3,6	3,4	3,3	3	2,8	2,2	1,9	1,8
mittlere Windungslänge, innen in mm	73	96	120	140	145	170	170	200	230	270
mittlere Windungslänge, außen in mm	98	124	152	180	183	208	214	280	330	360

© Verlag Gehlen

Begriffe elektrischer Motoren (DIN VDE 0530-1)

- **Bemessungsgrößen (auch Nenngrößen)**
  sind Größen, für die der Motor vom Hersteller ausgelegt wurde und die auf dem Leistungsschild angegeben werden.
- **Bemessungsleistung (auch Nennleistung)**
  ist bei Motoren die mechanisch an der Welle verfügbare Leistung in Watt (W).
- **Bemessungsspannung (auch Nennspannung)**
  ist die Spannung an den Klemmen des Motors bei Bemessungsleistung.
- **Bemessungsstrom (auch Nennstrom)**
  ist die Stromstärke in den Außenleitern des Motors bei Bemessungsleistung.
- **Bemessungsdrehzahl (auch Nenndrehzahl)**
  ist die Drehzahl des Motors bei Bemessungsleistung.
- **Bemessungsmoment (auch Nennmoment)**
  ist das Drehmoment an der Welle bei Bemessungsleistung.
- **Anzugsmoment, Anzugsstrom**
  ist das Drehmoment bzw. die Stromstärke bei feststehendem Läufer und Bemessungswerten für Spannung und Frequenz. Die Werte treten auch im Einschaltaugenblick auf.
- **Leerlauf (-betrieb)**
  ist der Lauf einer Maschine unter normalen Betriebsbedingungen aber ohne Belastung.
- **Volllast**
  ist die höchste festgelegte Belastung für eine Maschine, die mit Bemessungsleistung betrieben wird.
- **Drehsinn (auch Drehrichtung)**
  gibt die Richtung der Drehbewegung der Motorwelle an. Die Drehrichtung im Uhrzeigersinn gilt als Rechtslauf. Die Drehrichtung wird festgelegt durch den Blick auf die Stirnseite des dickeren bzw. einzigen Wellenendes. Bei gleichen Wellenenden wird die Drehrichtung durch einen Pfeil angegeben oder es gilt als Blickrichtung die Stirnseite des Wellenendes, das auf der anderen Seite des Kommutators (soweit vorhanden) liegt.

Servomotoren

Motorart	Scheibenläufer-Motor (Gleichstrommotor)	Schlankläufer-Motor (Gleichstrommotor)	Bürstenlose Gleichstrommotor, EK-Motor
Prinzipieller Aufbau (Scheibenläufer- und Schlankläufer-Motoren gibt es auch für Wechselspannung als Synchron- und Asynchronmotor)	Der Läufer besteht aus einer dünnen nichtleitenden Scheibe mit Leiterbahnen, die Erregung erfolgt durch Dauermagnete.	Der Läufer hat einen verhältnismäßig kleinen Durchmesser, die Erregung erfolgt bei kleinen Motoren durch Dauermagnete.	Der Läufer ist ein Dauermagnet, der elektronische Stromwender erzeugt abhängig von der Lage des Läufers ein Magnetfeld.
Eigenschaften	• kurze Hochlauf- und Bremszeiten (hochdynamisch) • gut steuerbar in großem Drehzahlbereich • Nebenschlussverhalten		• keine Kohlebürsten, aber aufwendige Ansteuerung • Nebenschlussverhalten
Anwendungen	• Positionierung bei Werkzeugmaschinen • Antrieb von Komponenten bei Industrierobotern	• Positionierung bei Werkzeugmaschinen	• Positionierung bei Werkzeugmaschinen • Antrieb von Komponenten bei Industrierobotern

© Verlag Gehlen

Schrittmotor

	Ansteuerungsart	Unipolar	Bipolar
	Prinzipieller Aufbau	Ständer mit Wicklungssträngen, Läufer als Dauermagnet mit mehreren Polen, die Drehbewegung wird durch eine besondere Ansteuerung der Wicklungen erreicht.	
	Ansteuerung mit Schaltern		
	Ansteuerung mit Transistoren (auf die Darstellung der Freilaufdioden wurde verzichtet)		

Ansteuertabelle für Halbschrittbetrieb und Rechtslauf (bei Vollschrittbetrieb entfallen die Zeilen mit t_1, t_3, t_5 und t_7); 1 Transistor leitet, 0 Trans. gesperrt

Zeit	V1	V2	V3	V4	Zeit	V1/V4	V2/V3	V5/V8	V6/V7
t_0	1	0	1	0	t_0	1	0	1	0
t_1	1	0	0	0	t_1	1	0	0	0
t_2	1	0	0	1	t_2	1	0	0	1
t_3	0	0	0	1	t_3	0	0	0	1
t_4	0	1	0	1	t_4	0	1	0	1
t_5	0	1	1	1	t_5	0	1	1	1
t_6	0	1	1	0	t_6	0	1	1	0
t_7	0	0	1	0	t_7	0	0	1	0
t_8, (t_0)	1	0	1	0	t_8, (t_0)	1	0	1	0

Schrittwinkel bei Vollschritt:

$$\alpha = \frac{360°}{2 \cdot p \cdot m}$$

α Schrittwinkel in Grad
p Polpaarzahl
m Phasenzahl (entspricht der Zahl der Wicklungsstränge)

Drehmoment-Schrittfrequenz-Kennlinie: Start-Grenzmoment-Kennlinie, Betriebs-Grenzmoment-Kennlinie (Drehmoment M über Schrittfrequenz f_Z)

Eigenschaften: Ansteuerung erforderlich, Positionierung durch Steuerimpulse, hohes Haltemoment

Vergleich: uni- und bipolare Ansteuerung

- einfache Ansteuerung
- geringeres Drehmoment
- geringere Schrittfrequenz

- aufwendige Ansteuerung
- höheres Drehmoment
- höhere Schrittfrequenz

© Verlag Gehlen

Hausanschluss (DIN 18012) und Hauptleitung (DIN 18015-1)

Erläuterungen	Spannungsfall zwischen Hausanschluss und Zähler		
• Der Hausanschluss ist die Übergabestelle des Elektrizitätsversorgungsunternehmens (EVU) und dem Verbraucher. Er besteht aus dem Hausanschlusskasten mit Sicherungen und befindet sich im Hausanschlussraum. • Die Hauptleitung ist die Verbindungsleitung zwischen Hausanschlusskasten und den Zählern. • Die Bemessung der Hauptleitung erfolgt unter Berücksichtigung der erforderlichen Leistung für das Gebäude und des maximal zulässigen Spannungsfalls (siehe Tabelle rechts).	Leistungsbedarf		zulässiger maximaler Spannungsfall
	bis 100 kVA		0,50 %
	über 100 kVA bis 250 kVA		1,00 %
	über 250 kVA bis 400 kVA		1,25 %
	über 400 kVA		1,50 %

Zulässiger Spannungsfall bei der Hausinstallation (DIN 18015-1)

Erläuterungen	Zuordnungsgrenzen für den zulässigen Spannungsfall
• Nach DIN 18015 und den TAB (Technischen Anschlussbedingungen) wird der Spannungsfall auf die Hauptleitung und auf die weiteren Leitungen bis zum Verbraucher aufgeteilt (s. rechts). • Der zulässige Spannungsfall in der Hauptleitung richtet sich nach dem Leistungsbedarf (s. Tabelle oben). • Nach DIN VDE 0100 darf der Spannungsfall vom Hausanschluss zum Verbraucher 4% der Nennspannung nicht überschreiten.	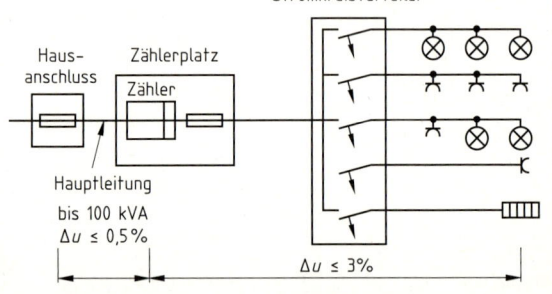

Installationszonen in Wohnungen (DIN 18015-3)

Installationszonen und Vorzugsmaße für Wohnräume

Installationszonen und Vorzugsmaße für Küchen, Hausarbeitsräume und vergleichbare Räume

Maße in cm

▫ Vorzugshöhe für Schalter
— Vorzugsmaße für elektrische Leitungen
▫ Vorzugshöhe für Steckdosen
▫ Installationszonen

Installationsschaltungen mit mechanischen Schaltern

Schaltung	Stromlaufplan in zusammenhängender Darstellung	Übersichtsschaltplan
Ausschaltung		
Ausschaltung mit Kontrollschalter und mit Steckdose. Die Kontrollleuchte leuchtet bei eingeschaltetem Zustand.		
Serienschaltung mit beleuchtetem Schalter. Beide Lampen können unabhängig voneinander geschaltet werden		
Gruppenschaltung. Entweder ist die Lampe E1 oder die Lampe E2 eingeschaltet.		
Wechselschaltung. Die Lampe E1 kann von zwei Schaltstellen geschaltet werden.		

© Verlag Gehlen

Installationsschaltungen mit mechanischen Schaltern (Fortsetzung)

Schaltung	Stromlaufplan in zusammenhängender Darstellung	Übersichtsschaltplan
Sparwechselschaltung mit Steckdosen. Gegenüber der normalen Wechselschaltung wird bei dieser Schaltung Leitungsmaterial eingespart	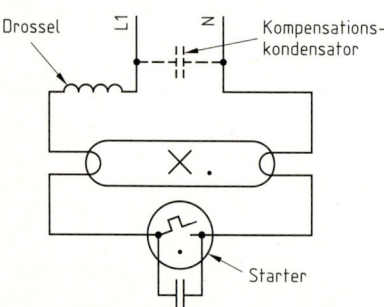	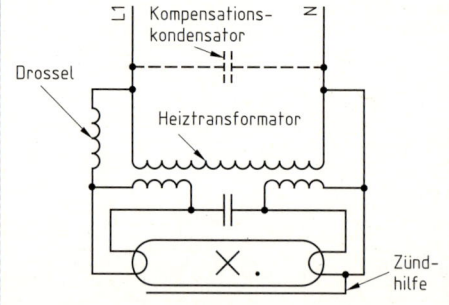

Leuchtstofflampen-Schaltungen

Schaltung mit Starter (Glimmzünder)

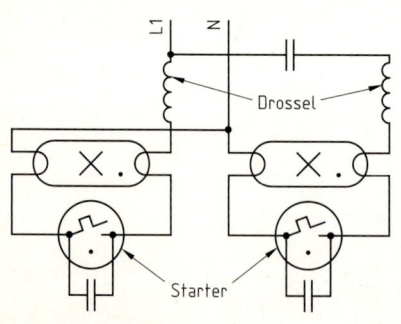

- Zündung erfolgt nicht sofort nach dem Einschalten und nicht flackerfrei
- Ohne Kompensation Leistungsfaktor $\cos\varphi \approx 0{,}5$

Schaltung ohne Starter mit Heiztransformator

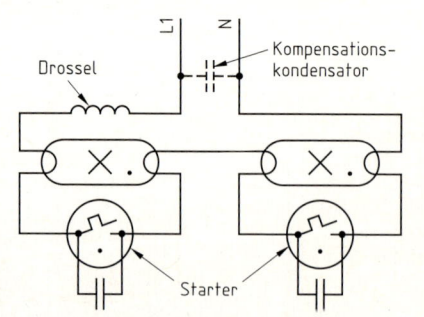

- Flackerfreie und schnelle Zündung nach dem Einschalten
- Ohne Kompensation Leistungsfaktor $\cos\varphi \approx 0{,}5$

Duo-Schaltung

- Leistungsfaktor $\cos\varphi \approx 1$
- Kein Flimmereffekt

Tandem-Schaltung

- Ohne Kompensation Leistungsfaktor $\cos\varphi \approx 0{,}5$
- Nur bei Lampen mit geringer Leistung

© Verlag Gehlen

Ruf- und Türöffneranlagen

Schaltung	Stromlaufplan in zusammenhängender Darstellung	Übersichtsschaltplan
Weckerschaltung. Als Transformatoren für Weckerschaltungen dürfen nur Klingeltransformatoren verwendet werden.		
Wecker- und Türöffneranlage eines Wohnhauses mit zwei Etagen. S1 und S2 sind die Klingeltaster an der Haustür, S3 und S5 die Klingeltaster an den Wohnungstüren. S4 und S5 sind die Taster für die Türöffner.		

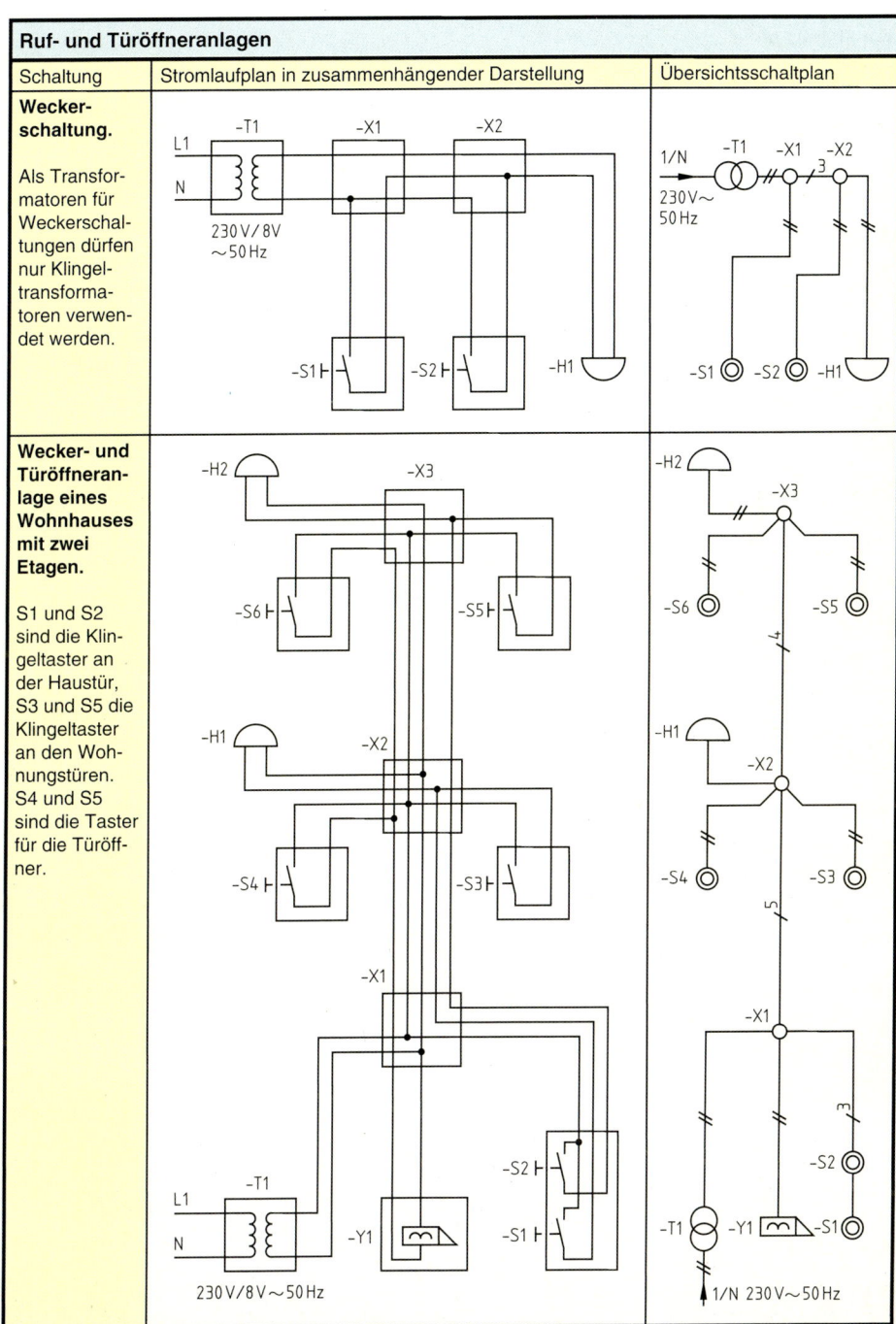

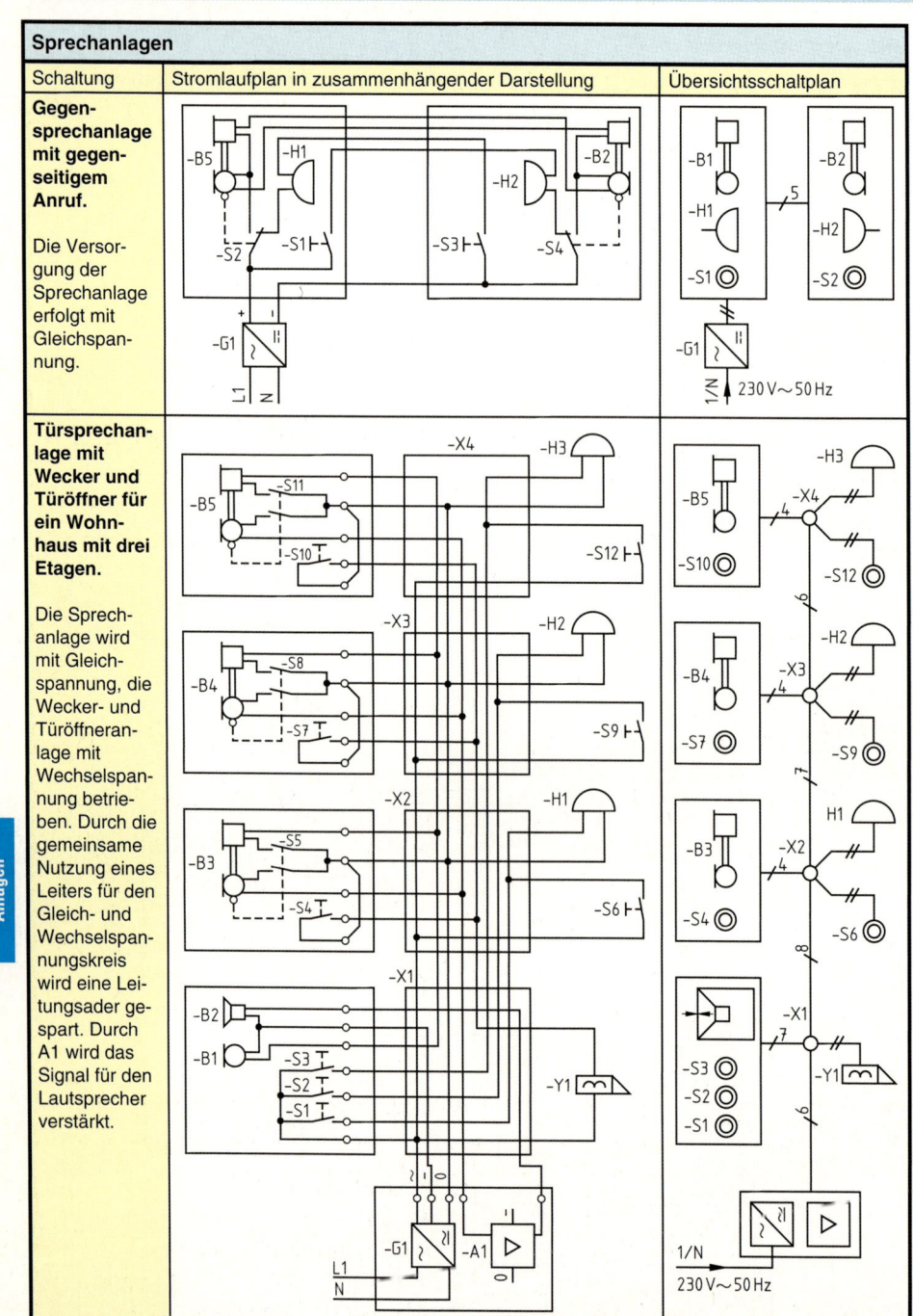

Antennen · Antennenanlagen

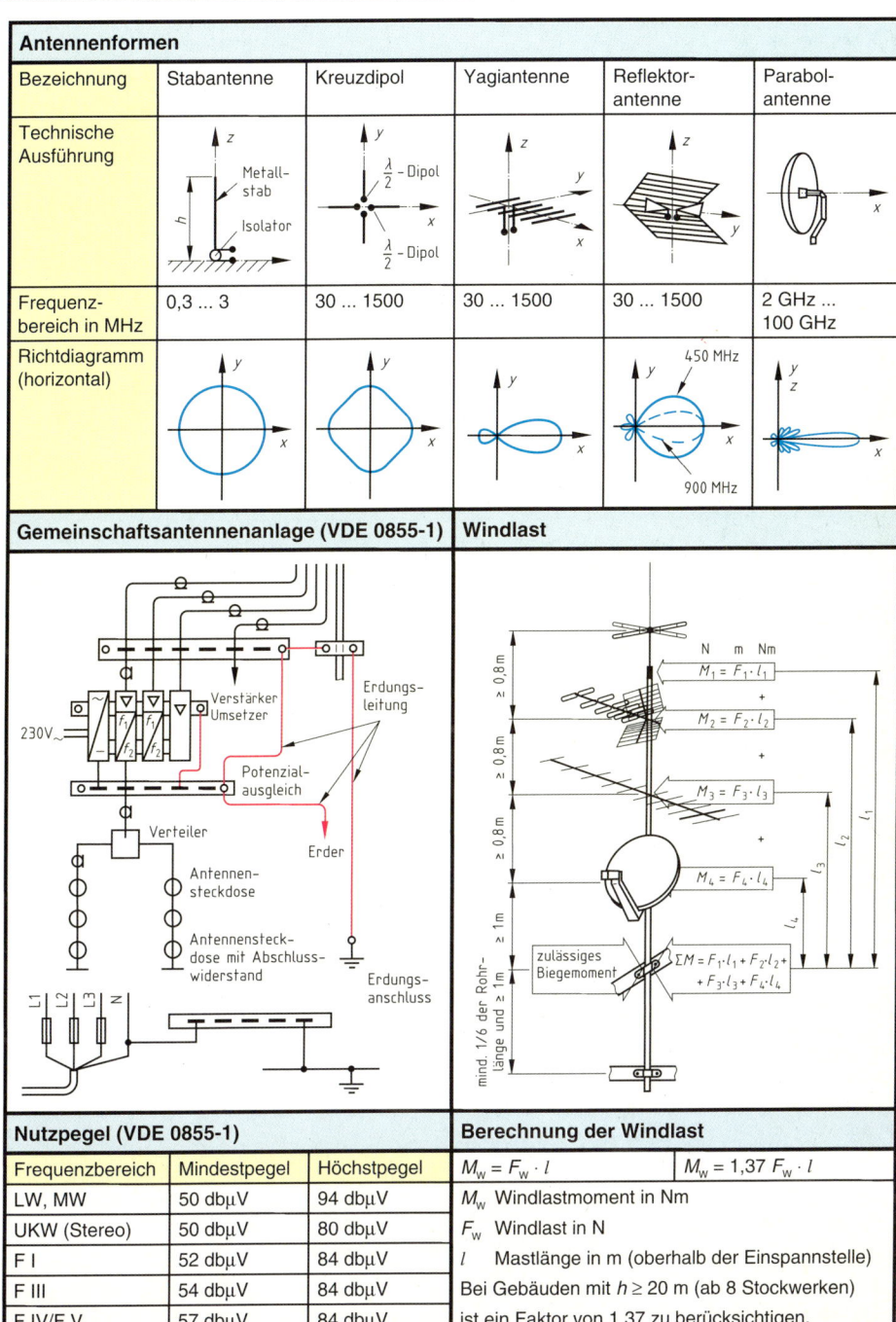

Antennenformen

Bezeichnung	Stabantenne	Kreuzdipol	Yagiantenne	Reflektorantenne	Parabolantenne
Technische Ausführung	Metallstab, Isolator	$\frac{\lambda}{2}$-Dipol / $\frac{\lambda}{2}$-Dipol			
Frequenzbereich in MHz	0,3 ... 3	30 ... 1500	30 ... 1500	30 ... 1500	2 GHz ... 100 GHz
Richtdiagramm (horizontal)				450 MHz / 900 MHz	

Gemeinschaftsantennenanlage (VDE 0855-1)

Windlast

Nutzpegel (VDE 0855-1)

Frequenzbereich	Mindestpegel	Höchstpegel
LW, MW	50 dbµV	94 dbµV
UKW (Stereo)	50 dbµV	80 dbµV
F I	52 dbµV	84 dbµV
F III	54 dbµV	84 dbµV
F IV/F V	57 dbµV	84 dbµV

Berechnung der Windlast

$M_W = F_W \cdot l$ $\qquad$ $M_W = 1{,}37 \, F_W \cdot l$

M_W Windlastmoment in Nm
F_W Windlast in N
l Mastlänge in m (oberhalb der Einspannstelle)
Bei Gebäuden mit $h \geq 20$ m (ab 8 Stockwerken) ist ein Faktor von 1,37 zu berücksichtigen.

© Verlag Gehlen

Leitungssysteme

Leitungsabstände (1000 V)

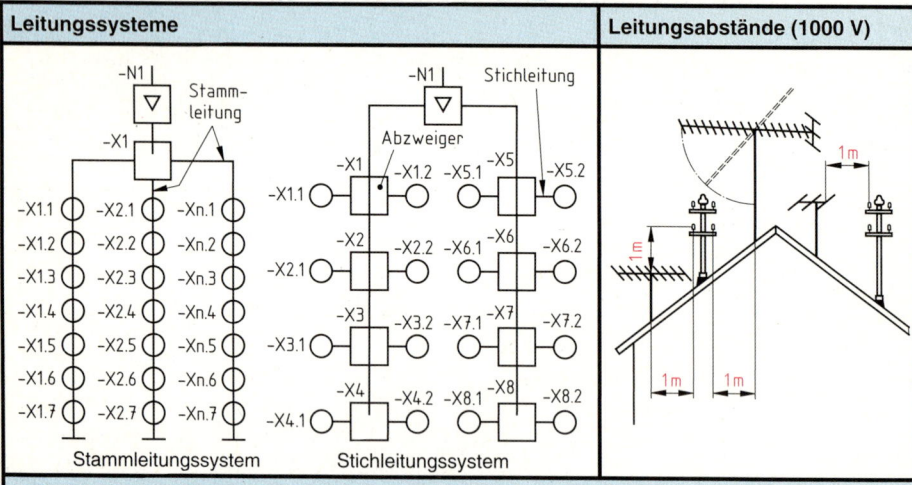

Stammleitungssystem   Stichleitungssystem

Erder für Antennenanlagen (Beispiele) (EN 50083-1)

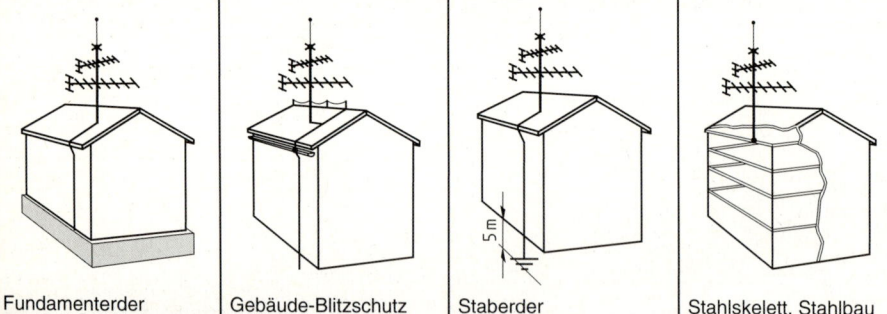

Fundamenterder · Gebäude-Blitzschutz · Staberder · Stahlskelett, Stahlbau

Erdungsleitung (VDE 0855-1)

Als Erdungsleitung dürfen verwendet werden:
- Erdungsleitungen, die nur für die Antennenanlage gelegt wurden, und Verbindungen zum Anschluss der Erdungsleitungen.
  Innerhalb von Gebäuden. Die Erdungsleitung muss
  - ein blanker Volldraht aus Kupfer mit mindestens 10 mm^2 Querschnitt oder
  - ein blanker Volldraht aus Aluminium mit mindestens 16 mm^2 Querschnitt sein.

  Außerhalb von Gebäuden. Die Erdungsleitung muss
  - ein Volldraht mit mindestens 8 mm Durchmesser oder ein massives Band mit einem Mindestquerschnitt von 20 mm × 25 mm sein;
  - ein Volldraht mit Kunststoffisolierung, z. B. NYY, sein. Bei Aluminium ist ein Querschnitt von mindestens 1,6 mm^2 erforderlich.
- Metallene Rohre, wenn sie gut leitfähig und mit dem Erder verbunden sind.
- Ableitungen von Blitzschutzanlagen, unter Beachtung der Allgemeinen Blitzschutzbestimmungen (ABB).
- Metallene Konstruktionsteile von Gebäuden und Feuerleitern, wenn sie untereinander und mit dem Erder verbunden sind.
- Mäntel von Koaxialkabeln der Antennenzuleitungen und Hohlleiter, wenn der leitende Querschnitt mindestens 10 mm^2 ist.

Achtung: Schutzleiter und metallische Rohre von elektrischen Installationen dürfen als Erdungsleitung **nicht** verwendet werden.

Azimut-Elevations-Tabelle

Ort	Lage		Kopernikus 1 23,5° Ost		Astra 1 A ... F 19,2° Ost		TV-Sat 2/TDF 1 19° West	
	Länge	Breite	Azimut	Elevation	Azimut	Elevation	Azimut	Elevation
Aachen	6,1	50,8	158,0	29,6	163,5	30,6	211,2	27,2
Augsburg	10,9	48,4	163,3	33,1	169,2	33,9	217,5	27,5
Berlin	13,1	52,4	167,4	29,2	173,0	29,7	218,7	22,9
Bonn	7,1	50,7	159,2	29,8	164,8	30,8	212,3	26,8
Braunschweig	10,5	52,3	163,8	29,0	169,3	29,7	215,6	24,2
Bremen	6,8	53,1	161,8	27,8	167,3	28,6	213,4	24,2
Chemnitz	12,9	50,8	166,9	30,8	171,9	31,4	218,8	24,5
Cottbus	14,3	51,7	168,4	30,0	173,8	30,6	222,1	23,2
Darmstadt	8,7	49,9	160,9	31,1	166,6	32,0	214,4	27,1
Dortmund	7,5	51,5	159,9	29,1	165,4	30,0	212,5	26,0
Dresden	13,8	51,1	167,7	30,6	173,1	31,2	219,6	23,9
Düsseldorf	6,8	51,2	158,9	29,3	164,5	30,2	211,8	26,6
Erfurt	11,0	51,0	164,1	29,6	169,5	31,1	216,6	25,1
Essen	7,0	51,5	159,3	29,1	164,8	30,0	212,0	26,2
Frankfurt/Main	8,7	50,1	161,0	30,9	166,7	31,7	214,4	26,9
Frankfurt/Oder	14,5	52,4	168,8	29,4	174,1	29,9	219,8	21,8
Freiburg/Breisgau	7,9	48,0	159,3	32,8	165,1	33,8	214,2	29,1
Göttingen	9,9	51,5	162,8	30,2	168,4	30,9	215,4	25,5
Halle	12,0	51,5	165,5	29,9	170,8	30,6	217,5	24,3
Hamburg	9,7	53,6	163,4	27,6	168,8	28,3	214,6	23,3
Hannover	9,7	52,4	162,8	28,8	168,4	29,5	214,7	24,5
Heidelberg	8,7	49,4	160,8	31,6	166,5	32,5	214,7	27,5
Jena	11,6	50,9	164,8	30,5	170,2	31,2	217,5	25,0
Kaiserslautern	7,8	49,4	159,7	31,3	165,4	32,3	213,6	27,8
Karlsruhe	8,4	49,0	160,3	31,9	166,1	32,9	214,5	27,9
Kassel	9,5	51,3	162,3	29,8	167,5	30,6	214,8	25,5
Leipzig	12,3	51,3	165,9	30,2	171,2	30,8	217,9	24,4
Lübeck	10,7	53,9	164,3	27,4	169,8	28,0	215,2	22,8
Magdeburg	11,7	52,1	165,3	29,2	170,5	29,9	217,0	27,1
Mainz	8,3	50,0	160,4	30,9	166,1	31,8	213,9	27,1
Mannheim	8,5	49,5	160,5	31,5	166,3	32,4	214,4	27,5
München	11,6	48,1	164,2	33,5	170,1	34,3	218,4	27,4
Nürnberg	11,1	49,5	163,8	32,0	169,6	32,8	217,3	26,5
Regensburg	12,1	49,0	165,1	32,7	170,9	33,4	218,6	26,4
Rostock	12,1	54,1	165,9	27,2	171,3	27,8	216,7	22,0
Saarbrücken	7,0	49,2	158,6	31,3	164,3	32,4	212,8	28,3
Schwerin	11,4	53,6	165,2	27,6	170,4	28,3	216,1	22,7
Stuttgart	9,2	48,8	161,3	32,4	167,0	33,2	215,5	27,8
Würzburg	9,9	49,8	162,5	31,5	168,3	32,3	215,9	26,6
Zwickau	12,6	50,7	166,1	30,8	171,5	31,5	218,5	24,7

© Verlag Gehlen

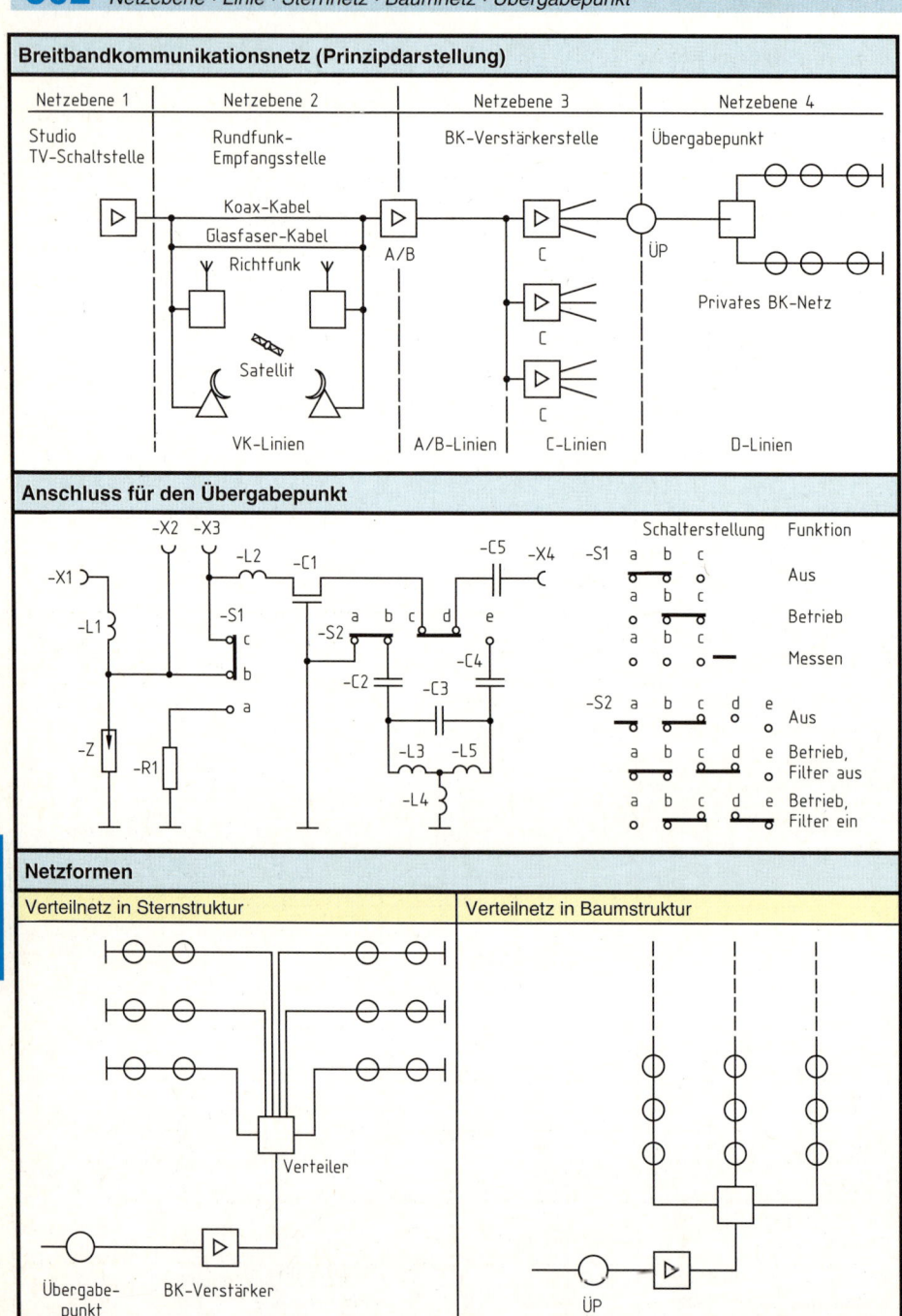

Übertragungsbereiche für Signale in BK-Anlagen (FTZ 1R8-15)

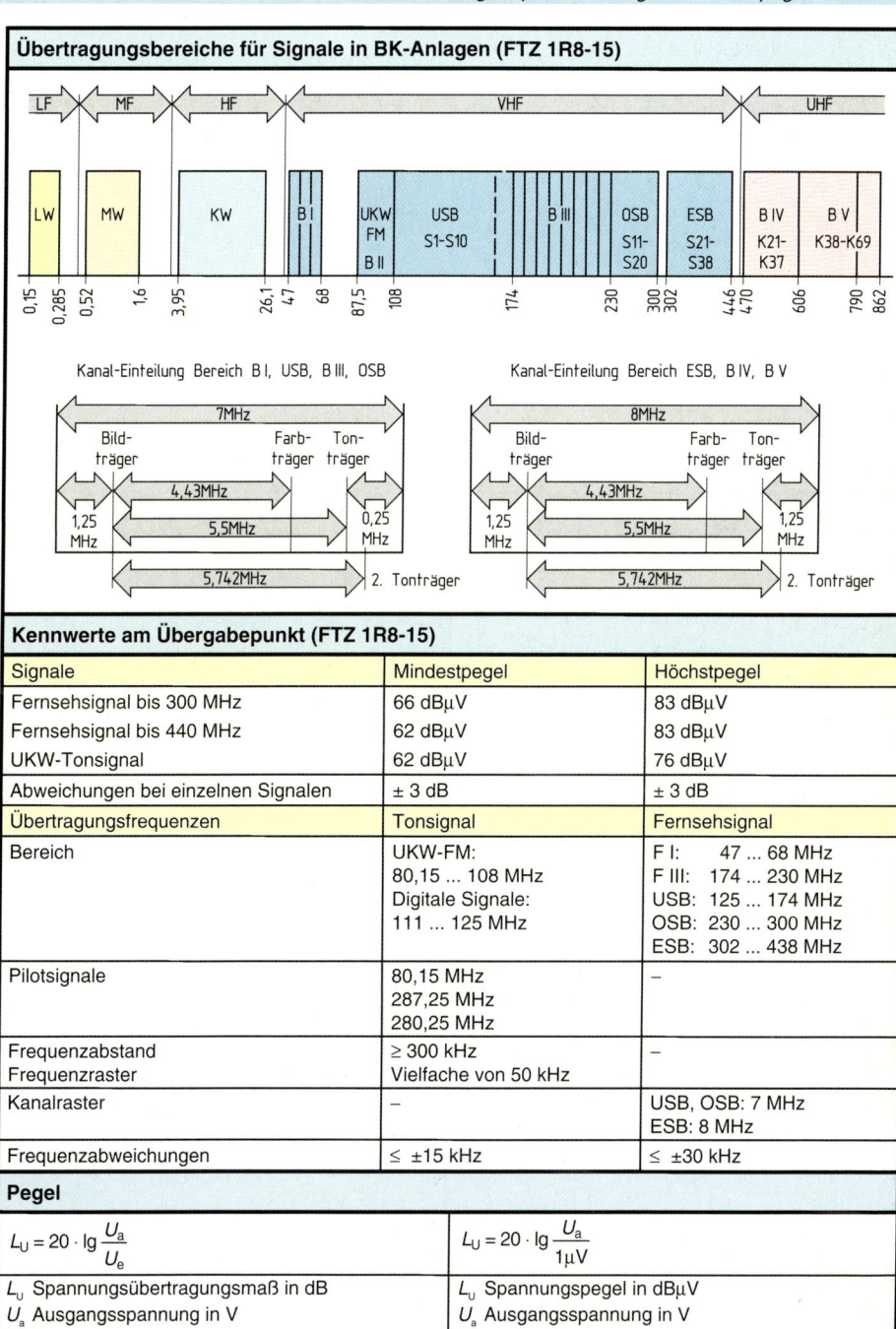

Kennwerte am Übergabepunkt (FTZ 1R8-15)

Signale	Mindestpegel	Höchstpegel
Fernsehsignal bis 300 MHz	66 dBµV	83 dBµV
Fernsehsignal bis 440 MHz	62 dBµV	83 dBµV
UKW-Tonsignal	62 dBµV	76 dBµV
Abweichungen bei einzelnen Signalen	± 3 dB	± 3 dB
Übertragungsfrequenzen	Tonsignal	Fernsehsignal
Bereich	UKW-FM: 80,15 ... 108 MHz Digitale Signale: 111 ... 125 MHz	F I: 47 ... 68 MHz F III: 174 ... 230 MHz USB: 125 ... 174 MHz OSB: 230 ... 300 MHz ESB: 302 ... 438 MHz
Pilotsignale	80,15 MHz 287,25 MHz 280,25 MHz	–
Frequenzabstand Frequenzraster	≥ 300 kHz Vielfache von 50 kHz	–
Kanalraster	–	USB, OSB: 7 MHz ESB: 8 MHz
Frequenzabweichungen	≤ ±15 kHz	≤ ±30 kHz

Pegel

$L_U = 20 \cdot \lg \dfrac{U_a}{U_e}$ $\qquad$ $L_U = 20 \cdot \lg \dfrac{U_a}{1\,\mu V}$

L_U Spannungsübertragungsmaß in dB $\qquad$ L_U Spannungspegel in dBµV
U_a Ausgangsspannung in V $\qquad$ U_a Ausgangsspannung in V
U_e Eingangsspannung in V $\qquad$ Bezugsgröße 1 µV

© Verlag Gehlen

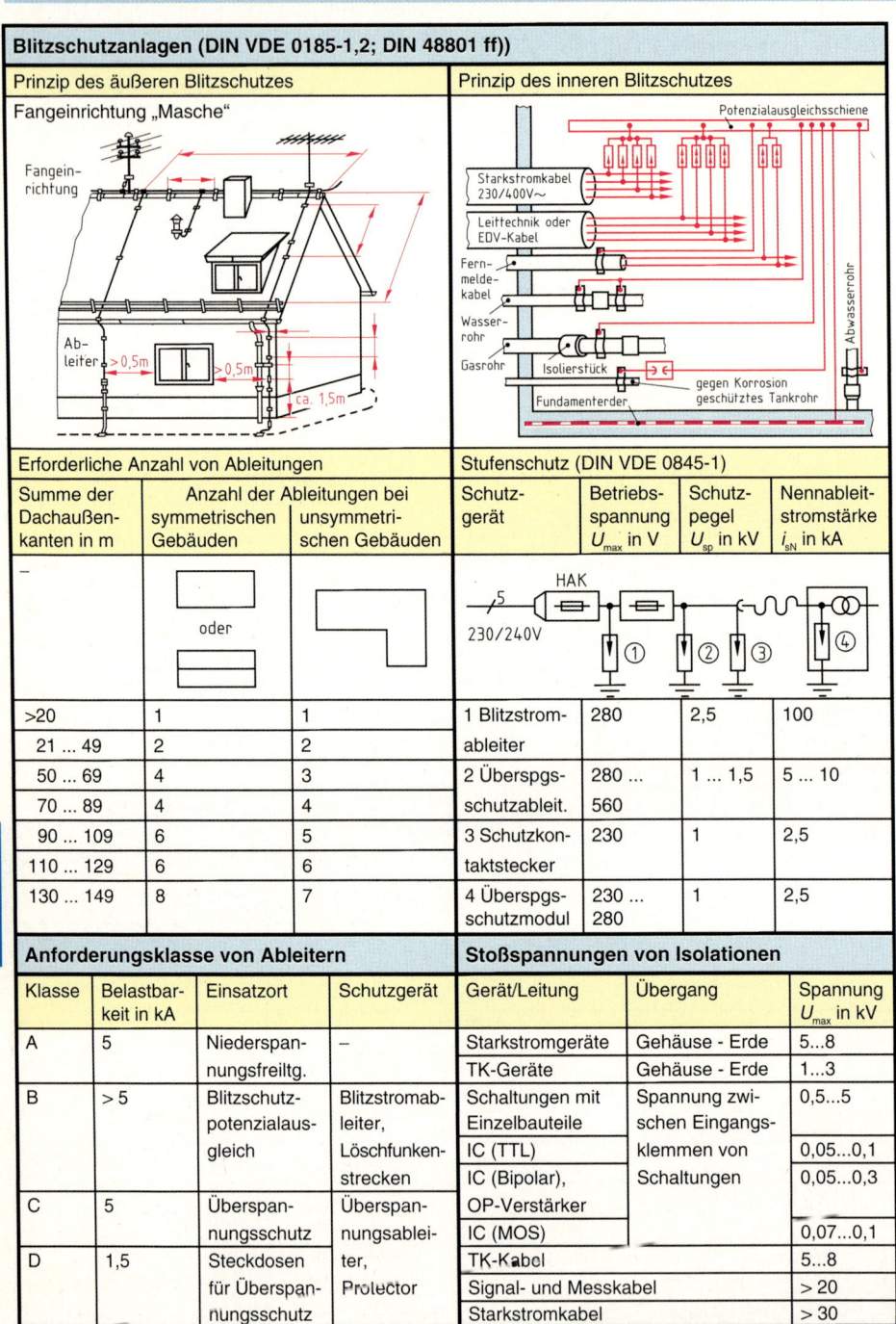

Aufbau von GMA · Leitungen · Arbeitsstromprinzip · Ruhestromprinzip

Gefahrenmeldeanlage (DIN VDE 0833, VdS)

Zu den Gefahrenmeldeanlagen (GMA) gehören
- Brandmeldeanlagen (BMA)
- Einbruchmeldeanlagen (EMA)
- Überfallmeldeanlagen (ÜMA)
- Übertragungsanlagen für Gefahrenmeldungen (ÜAG)

Wartung von Gefahrenmeldeanlagen

Jährlich vier Mal in denselben zeitlichen Abständen sind zu überprüfen
- Signalgeber
- Steuer- und Alarmierungseinrichtungen
- Primär-Meldelinien
- Anzeige- und Betätigungseinrichtungen
- automatische Wähl- und Ansagegerät (AWAG)
- mindestens ein Melder

Brandmeldeanlage (DIN VDE 0833-2)

Aufbau einer BMA

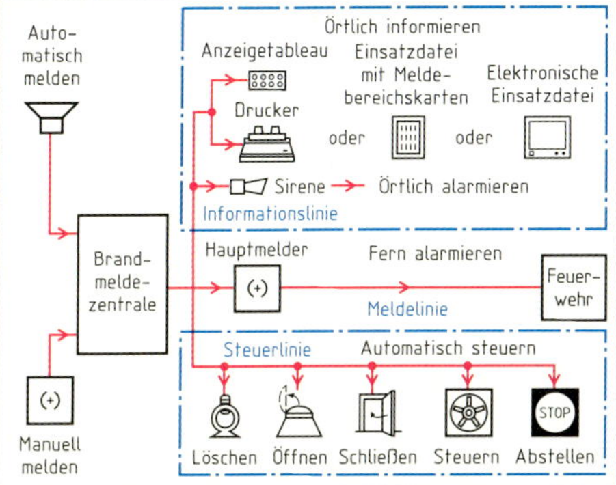

Einbruchmeldeanlage (DIN VDE 0833-3)

Aufbau einer EMA

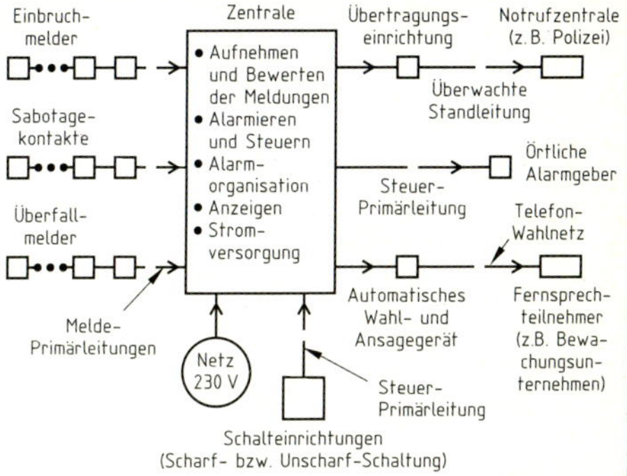

Melderarten (BMA)
- Rauchmelder nach dem Ionisationsprinzip
- Rauchmelder nach dem optischen Prinzip
- Wärmemelder (Maximaltemperatur)
- Wärmedifferenzialmelder
- Flammenmelder
- Druckknopfmelder

Melderarten (EMA)
- Mikrowellen-, Infrarot-Richtstrecke
- Riegelkontakte
- Magnetschalter
- Durchbruch-, Körperschallmelder
- Alarmdrahttapete
- Bewegungsmelder
- Überfallmelder für Handbetätigung

Zulässige Leitungen (Auswahl) – BMA
- J-Y(St)Y ... × 2 × 0,6/0,8 mm für Melder und Signalgeber
- NYM-J 3 × 1,5 mm² für Netzzuleitung
- NYM-J 3 × 2,5 mm² für Batteriezuleitung

Zulässige Leitungen (Auswahl) – EMA
- J-Y(St)Y 1 (2) × 2 × 0,8 mm für alle Meldertypen
- NYM-J 3 × 1,5 mm² oder
- NYY-J 3 × 1,5 mm² für Netzzuleitung
- NYM-J 3 × 2,5 mm² für Batteriezuleitung

Anordnung der Meldelinien

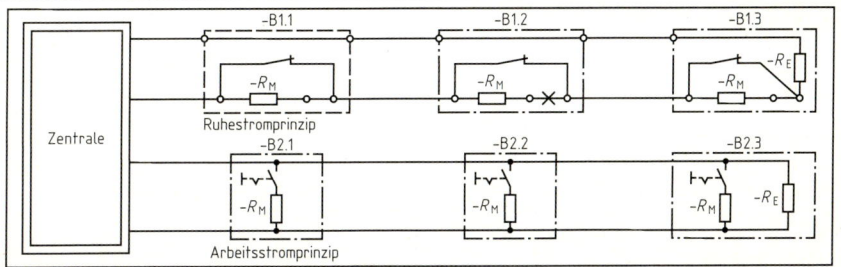

Maschinen, Anlagen

Lichtfarbe und Farbwiedergabeeigenschaften von Lichtquellen

Lichtfarbe	Farbwiedergabestufe			
	1 (sehr gut)	2 (gut)	3 (weniger gut)	4 (ungenügend)
tw (tageslichtweiß)	Leuchtstofflampen: Lichtfarbe 11, 19, Halogenlampen	–	–	–
nw (neutralweiß)	Leuchtstofflampen: Lichtfarbe 21, Halogenlampen	Leuchtstofflampen: Lichtfarbe 25, Mischlichtlampen	Leuchtstofflampen: Lichtfarbe 20, Quecksilberdampflampen	–
ww (warmweiß)	Leuchtstofflampen: Lichtfarbe 31, 41, Glühlampe	Mischlichtlampe, Halogenlampen	Leuchtstofflampe, Lichtfarbe 30, Quecksilberdampflampen	Natriumdampflampen

Richtwerte für Beleuchtungsstärken (DIN 5035-2)

Beleuchtungsstärke in lx	Lichtfarbe	Farbwiedergabe	Art der Tätigkeit bzw. Art des Raumes
50	ww, nw	Stufe 3	Abstellräume, Lagerräume, Produktionsanlagen ohne manuelle Eingriffe
100	ww, nw	Stufe 3	Lagerräume mit Suchaufgaben, Verkehrswege in Gebäuden für Personen und Fahrzeuge, Maschinenräume, Energieversorgung
100	nw, ww	Stufe 2	Umkleideräume, Waschräume, Toilettenräume, Treppen, Flure
200	nw, ww	Stufe 3	Lagerräume mit Leseaufgaben, Versand, Grobmontage, ständig besetzte Plätze in Produktionsanlagen
200	nw, ww	Stufe 2	Kantinen, Arbeiten an der Hobelbank, Arbeitsplätze im Brauhaus und in Zuckerfabriken
200	ww	Stufe 1	Speiseräume
300	ww, nw	Stufe 3	Schweißen, mittlere und grobe Maschinenarbeit, Montage großer elektrischer Maschinen
300	ww nw	Stufe 2	Büroräume mit Arbeitsplätzen in Fensternähe, Sitzungszimmer, Besprechungsräume, Verkaufsräume, Steuerbühnen
300	nw	Stufe 2	Arbeitsplätze in Schlachtereien, Molkereien und Mühlen
500	ww, nw	Stufe 3	Karosserie-Bearbeitung, Wickeln von Spulen mit mittlerem Draht
	tw	Stufe 1	Haarpflege
500	ww, nw	Stufe 3	Feine Maschinenarbeiten, Feinmontage, Modellbau
500	ww, nw	Stufe 2	Büroräume, Räume für Datenverarbeitung, Arbeiten mit erhöhter Sehaufgabe, Labor- und Übungsräume
500	nw	Stufe 2	Küchen, Herstellung von Feinkost, Nahrungsmittelindustrie: Kontrolle von Produkten
750	ww, nw	Stufe 3	Lackiererei-Schleifplätze und Inspektion
750	ww, nw	Stufe 3	Anreiß- und Kontrollplätze, Messplätze
750	ww, nw	Stufe 2	Großraumbüros, Technisches Zeichnen
750	ww, nw	Stufe 1	Fehlerkontrolle
1000	ww, nw, tw	Stufe 3	Montage feiner Geräte, Rundfunk- und Fernsehapparate, Wickeln feiner Drahtspulen, Justieren, Prüfen, Eichen
1500	ww, nw, tw	Stufe 2	Montage feinster Teile, elektronische Bauteile, Optiker- und Uhrmacherwerkstatt

Lichtausbeute und Lebensdauer verschiedener Lampen

Lampenart	Lichtausbeute in lm/W	Lebensdauer in Stunden	Lampenart	Lichtausbeute in lm/W	Lebensdauer in Stunden
Glühlampen	10 ... 15	1000	Halogenlampen	15 ... 25	2000
Leuchtstofflampen, stabförmig	60 ... 100	≈12000	Leuchtstofflampen, kompakt	60 ... 80	8000
Halogen-Metalldampflampen	60 ... 100	≈8000	Natrium-Hochdrucklampen	100 ... 150	16000

Glühlampen 230V

Leistungsaufnahme in W	Standardlampe	Kryptonlampe	Sockel	Leistungsaufnahme in W	Standardl. Lichtstrom in lm	Sockel
	Lichtstrom in lm					
25	230	235		150	2220	E 27/E40
40	430	475		200	3150	
60	730	800	E 27	300	5000	E 40
75	960	1030		500	8400	
100	1380	1500		1000	18800	

Halogen-Glühlampen

Leistungsaufnahme in W	Spannung in V, klar/matt	Lichtstrom in lm	Sockel	Leistungsaufnahme in W	Spannung in V	Lichtstrom in lm	Sockel
75	230 klar	1050		20	12	350	G 4
100	230 klar	1400		35	12	650	
150	230 klar	2500	B 15 d	50	12	1000	
75	230 matt	1000		75	12	1350	GY 6,35
100	230 matt	1350		100	12	2300	
150	230 matt	2400					

Energiesparlampen 230 V

Lampenform: Zylinder				Lampenform: Kugel			
Leistungsaufnahme in W	vergleichbar mit Glühlampe	Lichtstrom in lm	Sockel	Leistungsaufnahme in W	vergleichbar mit Glühlampe	Lichtstrom in lm	Sockel
9	40	450		9	40	400	
13	60	650	E 27	13	60	600	E 27
18	75	900		18	75	850	
25	100	1200		20	100	960	

Leuchtstofflampen 230 V, Stabform

Leistungsaufnahme in W ohne Vorschaltgerät	mit	Hellweiß (L ... /20)	Universalweiß (L ... /25)	Warmton (L ... /30)	Warmton de luxe (L.../32)	Länge in mm
		Lichtstrom in lm				
18	23	1150	1050	1150	1000	590
36	46	3000	2500	3000	2350	1200
58	71	4800	4000	4800	3750	1500

© Verlag Gehlen

Lampentypen

Glühlampen

Bezeichnung	Lampenform	Erläuterungen
Standardlampe		• Standard-Glühlampen für 230 V • Leistungen bis 1000 W • Sockel: E 27 und E 40
Kerzen- und Tropfenlampe		• Glühlampen für dekorative Zwecke • Leistungen bei 230 V bis 60 W • Sockel: E 14
Niedervolt-Halogen-Glühlampen	ohne mit Reflektor	• Für 6 V, 12 V und 24 V • Leistungen bis 100 W • Sockel: G 4 G Y 6,35 B 15 d GX/GU 5,3

Gasentladungslampen

Bezeichnung	Lampenform	Erläuterungen
Leuchtstofflampe	Stabform / U-Form	• Vorschaltgerät erforderlich • Leistungen bei 230 V bis 58 W • Auch in Ringform erhältlich • Sockel: G 13, 2 G 13
Kompaktleuchtstofflampe (Energiesparlampe)		• Vorschaltgerät und Starter in Lampe • Leistungen bei 230 V bis 25 W • Auch in Kugelform erhältlich • Sockel: E 27
Hochdruck-Lampen	Ellipsoid Röhre (Z. T. auch soffittenförmig)	• Vorschaltgerät erforderlich • Quecksilber-, Natriumdampf-Hochdrucklampen und Halogen-Metalldampflampen bei 230 V bis 1000 W • Sockel: E 27/40

Lampensockel

Edison-Sockel

E 10 (EX 10) DIN 49610	EP 10 DIN 49701
E 14 DIN 49615	E 27 DIN 49620
E 40 DIN 40025	

Bajonettsockel

BA 9s DIN 49715	B 15s DIN 49721
B 15d DIN 49721	BA 15 d DIN 49720
BY 22 d IEC 7004-17	

Weitere Sockel

G 13 DIN 49653	2 G 13 DIN 49653
G 4 DIN 49757	GY 16 DIN 49753
GX 9,5 DIN 49638	SV 8,5 DIN 49705

© Verlag Gehlen

Leuchten

Einteilung von Leuchten (DIN 5040)

Leuchten werden hinsichtlich ihrer Lichtstromverteilung eingeteilt und entsprechend gekennzeichnet, z. B. :

$$A\ 2\ 1$$

Kennbuchstabe für die Lichtstromverteilung
1. Kennziffer für den auf die Nutzebene strahlenden Lichtstromanteil
2. Kennziffer für den auf die Decke strahlenden Lichtstromanteil

- Kennbuchstabe: Angabe zur Verteilung des Lichtstromes der Leuchte auf den unteren und oberen Halbraum (s. Tabelle unten)
- 1. Kennziffer: Angabe zum Anteil des Lichtstromes des unteren Halbraumes, der direkt auf die Nutzfläche fällt (s. Tabelle unten)
- 2. Kennziffer: Angabe zum Anteil des Lichtstromes des oberen Halbraumes, der direkt auf die Decke fällt (s. Tabelle unten)

Kenn-buch-stabe	Art der Beleuchtung	Lichtstromanteil in % bezogen auf die Horizontale		1. Kenn-ziffer	Anteil vom unteren Lichtstrom auf die Nutzebene in %	2. Kenn-ziffer	Anteil vom oberen Lichtstrom auf die Decke in %
		unterhalb	oberhalb				
A	direkt	90...100	0 ... 10	1	0 ... 30	1	0 ... 50
B	vorwiegend direkt	60 ... 90	10 ... 40	2	30 ... 40	2	50 ... 70
C	direkt/indirekt	40 ... 60	40 ... 60	3	40 ... 50	3	70 ... 90
D	vorwiegend indirekt	10 ... 40	60 ... 90	4	50 ... 60	4	90 ... 100
E	indirekt	0 ...10	90 ...100	5	60 ... 70	–	–
–	–	–	–	6	70 ... 100	–	–

Kennzeichen von Leuchten (DIN VDE 0100-559)

Kennzeichen	Erläuterung	Montagehinweis
▽F	Leuchten mit Entladungslampen (z. B. Leuchtstofflampe), bei denen im Normalbetrieb 130 °C und im Fehlerfall 180 °C nicht überschritten werden.	Für die direkte Montage auf schwer- und normalentflammbaren Baustoffen geeignet.
▽F/▽F	Leuchten mit Entladungs- oder Glühlampen, bei denen keine Temperaturen auftreten, die zur Entzündung von brennbaren Stäuben und Fasern führen.	Für die Montage in staub- und faserstoffgefährdeten Betriebsstätten geeignet.
▽M	Leuchten mit Entladungslampen (z. B. Leuchtstofflampe), bei denen im Normalbetrieb 130 °C und im Fehlerfall 180 °C nicht überschritten werden.	Für die direkte Montage bei Einrichtungsgegenständen aus schwer- oder normalentflammbaren Werkstoffen geeignet z. B. auf Holz oder Holzwerkstoffe von Möbeln, selbst wenn sie beschichtet, furniert oder lackiert sind.
▽M/▽M	Leuchten mit Entladungs- oder Glühlampen, bei denen eine Temperatur von 115 °C im Fehlerfall an der Befestigungsfläche nicht überschritten wird.	Für die direkte Montage bei Einrichtungsgegenständen auf Stoffen, deren Brandverhalten nicht bekannt ist, geeignet. Dieses gilt auch, wenn sie beschichtet, furniert oder lackiert sind.

© Verlag Gehlen

Starkstromanlagen bis 1000 V, Begriffe (DIN VDE 0100-200)

Betriebsmittel, Erdung, Leiter und leitfähige Teile

- **Elektrische Betriebsmittel** sind Gegenstände, die zur Umwandlung, Übertragung, Verteilung und Anwendung von elektrischer Energie eingesetzt werden. Sie sind **ortsfest**, wenn sie während des Betriebes am Aufstellungsort bleiben, sie sind **ortsveränderlich**, wenn sie während des Betriebes bewegt werden können.
- **Körper** sind berührbare leitfähige Teile von elektrischen Betriebsmitteln, die nur im Fehlerfall unter Spannung stehen können.
- **Erde** ist die Bezeichnung für das leitfähige Erdreich, dessen Potential als Null betrachtet wird.
- **Erder** ist ein Leiter mit elektrisch leitender Verbindung zur Erde.
- **Bezugserde** ist der Teil der Erde, dessen elektrisches Potential keine merklichen Abweichungen von dem mit Null festgelegten Potential der Erde hat.
- **Ausbreitungswiderstand** eines Erders ist der Widerstand zwischen dem Erder und der Bezugserde.
- **Erdungswiderstand** ist die Summe vom Ausbreitungswiderstand des Erders und dem Widerstand der Erdungsleitung.
- **Aktive Teile** sind unter Spannung stehende leitfähige Teile oder Leiter bei normalen Betriebsbedingungen. Hierzu zählen auch Neutralleiter, nicht aber PEN-Leiter.
- **Außenleiter** (L1, L2, L3) sind Verbindunsleitungen zwischen Stromquellen und Verbrauchsmitteln, die aber nicht vom Mittel- oder Sternpunkt ausgehen.
- **Neutralleiter** (N) ist der Leiter, der mit dem Mittel- oder Sternpunkt verbunden ist.
- **Schutzleiter** (PE) ist der Leiter, der bei einigen Schutzmaßnahmen Körper, leitfähige Teile und Erder miteinander verbindet.
- **PEN-Leiter** (PEN) ist der Leiter, der die Funktion von Schutz- und Neutralleiter vereinigt.

Fehlerarten und elektrische Größen im Fehlerfall

- **Kurzschluss** (1) ist die durch einen Fehler entstandene leitende Verbindung zwischen gegeneinander unter Spannung stehenden Leitern oder aktiven Teilen, ohne dass ein Nutzwiderstand im Fehlerstromkreis liegt. Der dabei fließende Strom ist der **Kurzschlussstrom**.
- **Leiterschluss** (2) ist die durch einen Fehler entstandene Verbindung zwischen gegeneinander unter Spannung stehenden Leitern oder aktiven Teilen, wobei ein Nutzwiderstand im Fehlerstromkreis liegt.
- **Körperschluss** (3) ist eine durch einen Fehler entstandene leitende Verbindung zwischen dem Körper und aktiven Teilen elektrischer Betriebsmittel.
- **Erdschluss** (4) ist eine durch einen Fehler entstandene leitende Verbindung eines Außen- oder Neutralleiters mit der Erde oder geerdeten Teilen.
- **Fehlerspannung** (U_F) ist die Spannung, die im Fehlerfall zwischen Körpern oder zwischen diesen und der Bezugserde auftritt.
- **Fehlerstrom** (I_F) ist der Strom, der aufgrund eines Isolationsfehlers fließt.
- **Berührungsspannung** (U_B) ist der Teil der Fehlerspannung, der vom Menschen überbrückt werden kann.

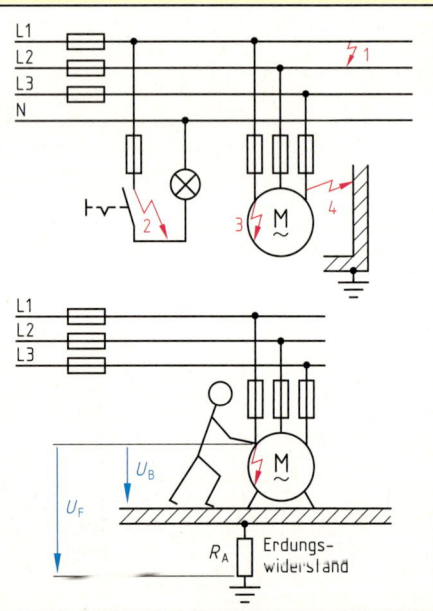

Starkstromanlagen bis 1000 V, Begriffe (Fortsetzung)

Raumarten und Bereiche

Erläuterung	Beispiele
Elektrische Betriebsstätten sind Räume oder Orte, die vorwiegend zum Betrieb elektrischer Anlagen dienen. Sie werden in der Regel von unterwiesenen Personen betreten.	Schalträume, Schaltwarten, elektrische Prüffelder, Verteilungsanlagen
Abgeschlossene elektrische Betriebsstätten dienen ausschließlich zum Betrieb elektrischer Anlagen und sind verschlossen zu halten. Sie dürfen nur von unterwiesenen Personen betreten werden.	Abgeschlossene Schalt- und Verteilungsanlagen, Transformator- und Schaltzellen
Trockene Räume haben in der Regel kein Kondenswasser und die Luft ist nicht mit Feuchtigkeit gesättigt.	Wohnräume, Büros, Dachböden, Treppenhäuser, beheizte und belüftbare Keller, Küchen und Baderäume in Wohnungen, Geschäftsräume
Feuchte und nasse Räume sind Orte, in denen elektrische Betriebsmittel durch Feuchtigkeit oder chemische Einflüsse beeinträchtigt werden können.	Großküchen, unbeheizte oder unbelüftbare Keller, Waschküchen, Backstuben, Wagenwaschräume, Kühlräume, Gewächshäuser, Duschecken
Feuergefährliche Betriebsstätten sind Orte, in denen durch leichtentzündliche Materialien Brandgefahr besteht.	Heu- und Strohlager, Orte mit Papier-, Textil- oder Holzverarbeitung
Explosionsgefährdete Bereiche sind Orte mit möglicher explosionsfähiger Atmosphäre, sodass durch elektrische Betriebsmittel ohne Explosionsschutz eine Explosion ausgelöst werden kann.	Lackierräume, schlagwettergefährdete Grubenbaue, Mühlen, Silos, chemische Anlagen
Landwirtschaftliche und gartenbauliche Anwesen sind Orte, die der Landwirtschaft oder ähnlichen Zwecken dienen.	Ställe, Scheunen, Aufzucht und Bruträume, Heu- und Strohböden
Medizinisch genutzte Räume sind Räume zur Untersuchung und Behandlung von Menschen oder Tieren.	Praxisräume, Operationsräume, Bettenräume

Anlagen und Netze

- **Starkstromanlagen** sind elektrische Anlagen mit Betriebsmitteln zum Erzeugen, Umwandeln, Speichern, Fortleiten, Verteilen und Verbrauchen elektrischer Energie, um Arbeit zu verrichten.
- **Hausinstallationen** sind Starkstromanlagen mit Nennspannungen bis 250 V gegen Erde für Wohnungen und in Umfang und Art entsprechenden Anlagen.
- **Verbraucheranlage** ist die Gesamtheit aller Betriebsmittel hinter dem Hausanschlusskasten.
- **Hauptstromkreise** sind Stromkreise mit Betriebsmitteln zum Erzeugen, Umformen, Verteilen, Schalten und Umwandeln elektrischer Energie.
- **Hilfsstromkreise** sind Stromkreise für zusätzliche Funktionen wie z. B. Steuerung, Messung u. Ä.

Gefährliche Körperströme (IEC 479)

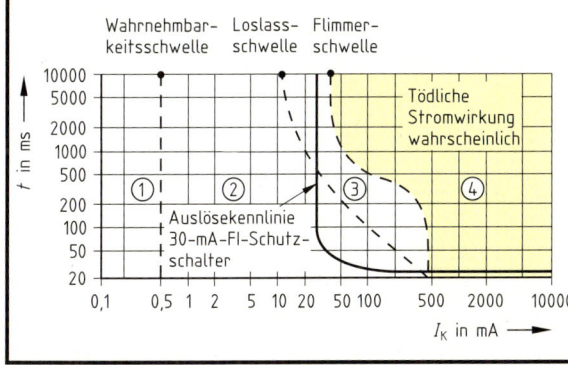

Gefährdungsbereiche von Körperwechselströmen (50 Hz) bei Erwachsenen und einem Stromweg von der linken Hand zu beiden Füßen.

Bereich	Reaktion
1	Nicht wahrnehmbar
2	Keine schädigende Einwirkungen
3	Unregelmäßigkeiten beim Herzschlag möglich, Muskelverkrampfungen
4	Mögliches Herzkammerflimmern, Herzstillstand

Fehlerstrom-Schutzeinrichtung/RCD ohne Hilfsspannungsquelle (DIN VDE 0664-100)

Begriffe und Erläuterungen

- **RCD** (residual current device) **ohne Hilfsspannungsquelle** oder **Fehlerstrom-Schutzeinrichtung** (auch FI-Schalter) ist eine Schutzeinrichtung, die auslöst, wenn der Fehlerstrom (Differenzstrom) einen bestimmten Wert überschreitet.
- **Nennfehlerstrom** oder **Bemessungsdifferenzstrom** $I_{\Delta n}$ ist der Fehlerstrom, bei dem die Einrichtung spätestens nach 200 ms auslöst. Der Toleranzbereich liegt zwischen 50 % und 100 % von $I_{\Delta n}$, d. h., die Einrichtung darf bis $0{,}5 \times I_{\Delta n}$ nicht auslösen.
  Typische Werte für $I_{\Delta n}$: 10 mA, 30 mA, 100 mA, 300 mA, 500 mA.
- **Nennstrom** I_n ist die maximal zulässige Stromstärke für die Schutzeinrichtung. Typische Werte für I_n: 16 A, 25 A, 40 A, 63 A, 125 A, 160 A.

Schaltung

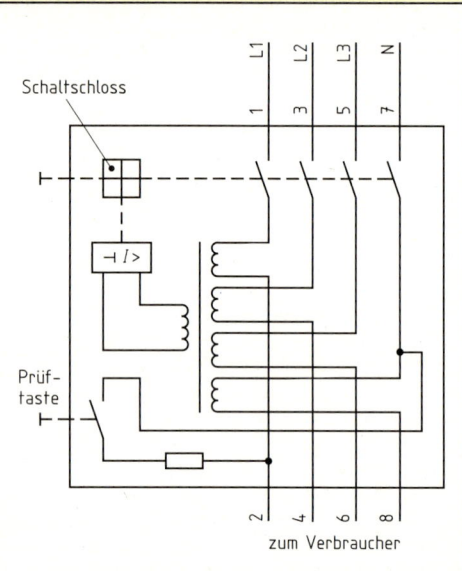

Kennzeichnung	Erläuterung
⌐∿⌐	geeignet für Wechselströme und pulsierende Gleichströme
S	selektiver FI-Schalter, d. h., die Abschaltung erfolgt verzögert

Sicherheitsregeln (VDE 0105-1)

Bei Arbeiten an elektrischen Anlagen müssen vor Arbeitsbeginn und Freigabe der Arbeit folgende fünf Maßnahmen in der angegebenen Reihenfolge eingehalten werden:

1. Freischalten
Alle Spannung führenden Leiter an der Arbeitsstelle sind zuverlässig abzuschalten z. B. an einer Stromkreisverteilung durch Abschalten der Leitungsschutzschalter. In Anlagen mit Nennspannungen über 1 kV müssen die erforderlichen Trennstrecken hergestellt werden. Hat der Arbeitende nicht selbst freigeschaltet, dann muss die mündliche, fernmündliche, schriftliche oder fernschriftliche Bestätigung der Freischaltung abgewartet werden. Die Vereinbarung eines Zeitpunktes, zu dem die Anlage freigeschaltet werden soll, ist nicht zulässig!

2. Gegen Wiedereinschalten sichern
Alle Schalter und Sicherungen, mit denen freigeschaltet wurde, sind gegen Wiedereinschalten zu sichern. Dieses geschieht z. B. durch Ersetzen der herausgedrehten Sicherungen, durch abschließbare Sperrelemente, durch Klebfolien bei fest eingebauten Leitungsschutzschaltern, durch Abschließen des Schaltschrankes usw. Für die Dauer der Arbeit muss ein Verbotsschild an dem Betriebsmittel angebracht sein, mit dem freigeschaltet worden ist, oder durch das die Anlage unter Spannung gesetzt werden kann.

3. Spannungsfreiheit feststellen
In jedem Fall muss die Spannungsfreiheit mit zuverlässigem Messgerät allpolig festgestellt werden.

4. Erden und Kurzschließen
In Anlagen mit Nennspannungen bis 1000 V ohne Freileitungen darf vom Erden und Kurzschließen abgesehen werden, wenn der spannungsfreie Zustand gemäß der Maßnahmen 1., 2. und 3 sichergestellt ist. Teile, an denen gearbeitet werden soll, müssen an der Arbeitsstelle erst geerdet und dann kurzgeschlossen werden.

5. Benachbarte, unter Spannung stehende Teile, abdecken oder abschranken
Ist es aus zwingenden Gründen nicht möglich, den spannungsfreien Zustand benachbarter Teile herzustellen, dann sind diese durch hinreichend feste und zuverlässig angebrachte isolierende Abdeckungen gegen zufälliges Berühren zu sichern.

© Verlag Gehlen

Netzsysteme (DIN VDE 0100-300)

Bedeutung der Kurzzeichen

Erster Buchstabe	Zweiter Buchstabe	Weitere Buchstaben
Erdungsverhältnisse der Stromquelle	Erdungsverhältnisse der Körper	Anordnung von Neutralleiter und Schutzleiter im TN-System
T direkte Erdung I Isolierung gegenüber Erde oder Erdung über Impedanz	T Betriebsmittel direkt geerdet N Betriebsmittel mit dem Betriebserder verbunden	S N- und PE-Leiter getrennt C N- und PE-Leiter kombiniert (PEN-Leiter)

TN-System

TN-S-System
Getrennte Neutralleiter und Schutzleiter im gesamten System

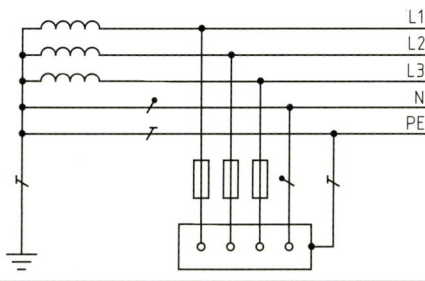

TN-C-System
Neutral- und Schutzleiterfunktion sind im gesamten System im PEN-Leiter zusammengefasst

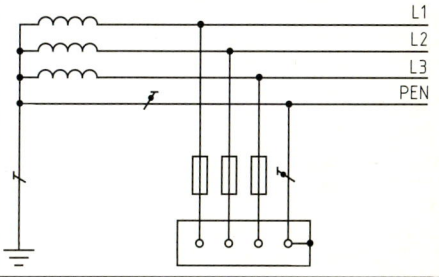

TN-C-S-System
Neutral- und Schutzleiterfunktion sind in einem Teil des Systems zusammengefasst

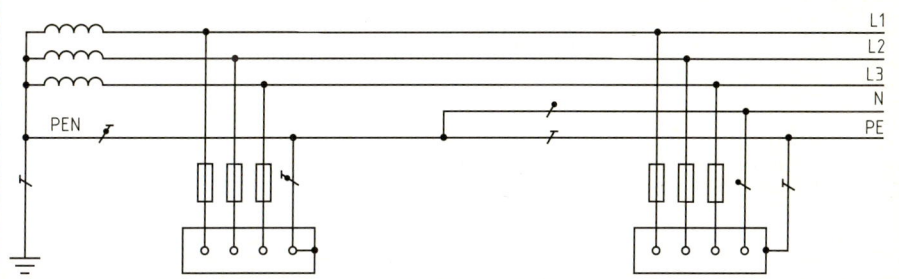

TT-System
Schutzleiter mit Erde verbunden, aber vom N-Leiter getrennt

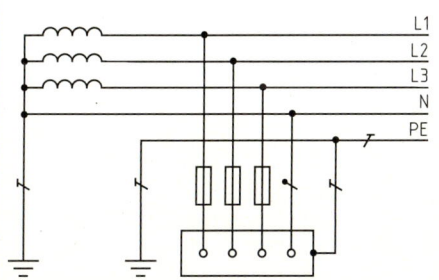

IT-System
Keine Spannung der aktiven Leiter gegenüber Erde

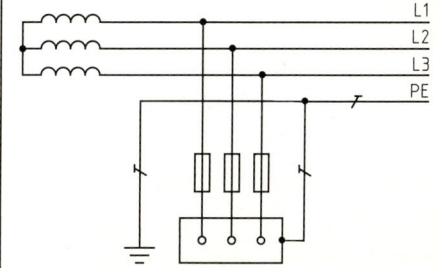

Schutzmaßnahmen: Schutz gegen elektrischen Schlag (DIN VDE 0100-410)

Beim Schutz gegen elektrischen Schlag (auch Schutz gegen gefährliche Körperströme) unterscheidet man zwischen dem Schutz unter normalen Bedingungen (auch Schutz gegen direktes Berühren oder Basisschutz) und unter Fehlerbedingungen (auch Schutz bei indirektem Berühren oder Fehlerschutz).

Schutz sowohl gegen direktes als auch bei indirektem Berühren	Schutz gegen elektr. Schlag unter normalen Bedingungen	Schutz gegen elektrischen Schlag unter Fehlerbedingungen
• Schutz durch Kleinspannung: SELV (Safety Extra Low Voltage) und PELV (Protective Extra Low Voltage)	• Schutz durch Isolierung, Abdeckungen, Umhüllungen • Schutz durch Hindernisse und durch Abstand • Zusätzlicher Schutz durch RCD	• Schutz durch automatische Abschaltung • Schutz durch Schutzklasse II • Schutz d. nichtleitende Räume • Schutztrennung

Schutz sowohl gegen direktes als auch bei indirektem Berühren (DIN VDE 0100-410)

Schutz durch Kleinspannung: SELV und PELV

Schaltungen

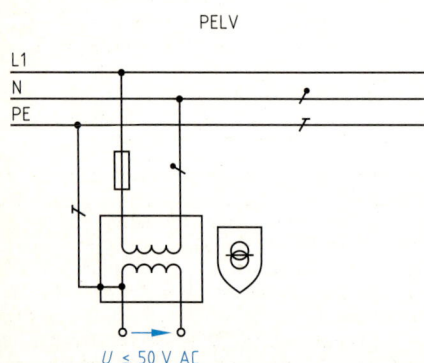

Der Kleinspannungs-Stromkreis oder die Körper der Betriebsmittel sind aus Funktionsgründen geerdet.

Prinzip
Beim Schutz durch SELV (auch Schutzkleinspannung) und PELV (auch Funktionskleinspannung mit sicherer Trennung) werden Nennspannungen verwendet, die 50 V Wechsel- bzw. 120 V Gleichspannung nicht überschreiten.

Bedingungen
- Stromquellen müssen sein:
  Transformatoren mit sicherer Trennung nach EN 60742, Generatoren mit gleichwertig getrennten Wicklungen, elektrochemische Stromquellen, z. B. galvanische Elemente oder elektronische Geräte, die sicherstellen, dass die zulässigen Spannungen nicht überschritten werden.
- Die Steckvorrichtungen dürfen nicht zu denen anderer Spannungssysteme passen.
- Leitungen für Stromkreise von Kleinspannungen für SELV oder PELV (z. B. auch Busleitungen) können mit Leitungen mit Niederspannungen (z. B. Mantelleitung NYM mit 230V/400V) nebeneinander verlegt werden,
  wenn die Leiter der Kleinspannungsstromkreise mit einer Isolierung versehen sind, die für die höchste vorkommende Spannung bemessen ist, oder
  die Leitungen in eine Kabelwanne mit Trennung oder in getrennte Isolationsrohre verlegt werden.
- SELV-Stromkreise dürfen nicht mit der Erde verbunden werden, die Stecker und Steckdosen dürfen keinen Schutzkontakt haben.
- PELV-Stromkreise dürfen geerdet sein, Stecker und Steckdosen dürfen Schutzkontakte haben.

Anwendung
SELV bei besonders gefahrenträchtigen Umgebungsbedingungen sowie in Fällen, bei denen ein Höchstmaß an Sicherheit gewährleistet sein soll, wie z. B. bei Kinderspielzeug.
PELV wenn aus Funktionsgründen eine Erdung bzw. Verbindung zum Schutzleiter erforderlich ist, z. B. bei Steuerstromkreisen.

Schutz sowohl gegen direktes als auch bei indirektem Berühren (DIN VDE 0100-470)

Schutz durch Kleinspannung: FELV (auch Funktionskleinspannung ohne sichere Trennung)

Schaltung

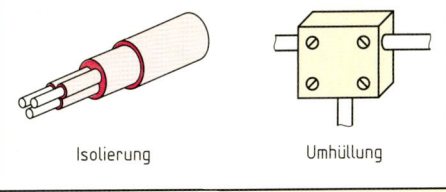

$U \leq 50\ V\ AC$

Für die Leitungsverlegung für FELV-Stromkreise gelten die gleichen Bedingungen wie für SELV und PELV-Stromkreise.

Prinzip
Wie bei SELV und PELV, im Gegensatz dazu ist FELV keine eigenständige Schutzmaßnahme.

Bedingungen
- Als Stromquelle genügt ein Transformator mit einfacher Trennung (Basisisolierung).
- Zum Schutz gegen direktes Berühren muss die Isolierung der aktiven Teile der Mindestspannung standhalten, die den Betriebsmitteln der Stromkreise der höheren Spannung entspricht.
- Zum Schutz bei indirektem Berühren z. B. durch Abschaltung, müssen die Körper der FELV-Stromkreise mit dem Schutzleiter des Primärstromkreises verbunden werden.
- Die Steckvorrichtungen dürfen nicht zu denen anderer Spannungssysteme passen.

Anwendung
Bei Kleinspannung ohne sichere Trennung, wo SELV und PELV nicht notwendig sind.

Schutz gegen elektrischen Schlag unter normalen Bedingungen (DIN VDE 0100-410)

Vollständiger Schutz (durch Isolierung von aktiven Teilen und durch Abdeckungen oder Umhüllungen)

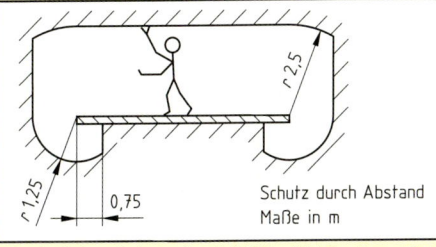

Isolierung   Umhüllung

- Die Isolierung muss die aktiven Teile vollständig umgeben und sie darf nur durch Zerstörung entfernt werden können.
- Abdeckungen oder Umhüllungen müssen eine ausreichende Festigkeit und Haltbarkeit haben und sicher befestigt werden. Sie dürfen nur mittels Werkzeug entfernbar sein und müssen mindestens der Schutzart IP 4X entsprechen.

Teilweiser Schutz (durch Hindernisse und durch Abstand)

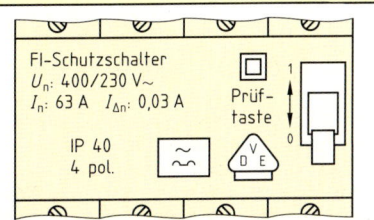

Schutz durch Abstand
Maße in m

- Hindernisse, z. B. Schranken, Geländer, Gitterwände müssen die zufällige Annäherung an aktive Teile verhindern. Die Hindernisse dürfen ohne Werkzeug abnehmbar sein, müssen jedoch so befestigt sein, dass ein unbeabsichtigtes Entfernen nicht möglich ist.
- Beim Schutz durch Abstand dürfen sich im Handbereich keine gleichzeitig berührbaren Teile unterschiedlichen Potentials befinden.

Zusätzlicher Schutz durch RCDs (Fehlerstrom-Schutzeinrichtungen)

FI-Schutzschalter
U_n: 400/230 V~
I_n: 63 A $I_{\Delta n}$: 0,03 A
Prüftaste
IP 40
4 pol.

- RCDs (Fehlerstrom-Schutzeinrichtungen) mit einem Bemessungsdifferenzstrom (Nennfehlerstrom) von $I_{\Delta n} \leq 30$ mA ermöglichen einen zusätzlichen Schutz beim direkten Berühren aktiver Teile.
- Die Verwendung als alleiniger Schutz ist nicht zulässig, der Schutz ist daher nur als Ergänzung von Schutzmaßnahmen gegen elektrischen Schlag unter normalen Bedingungen anzusehen.

Schutz gegen elektrischen Schlag unter Fehlerbedingungen (DIN VDE 0100-410)

Hauptpotentialausgleich

Schaltung

- Schutzleiter PE bei TT-System
- zur Fernmeldeanlage, Antennenanlage
- Hauptleitung
- Hausanschlußkasten
- PA
- Verbindungsleitung bei TN-System
- Gasinnenleitung
- Isolierstück
- Wasserzähleranlage
- Fundamenterder

Prinzip

An zentraler Stelle eines Gebäudeanschlusses werden zur Verminderung möglicher Berührungsspannungen bei Isolationsfehlern folgende leitfähige Teile miteinander verbunden:

- Hauptschutzleiter (von der Stromquelle kommender oder vom Hausanschlusskasten abgehender Schutzleiter),
- Haupterdungsleitung (die vom Erder oder den Erdern kommende Leitung),
- metallene Rohrleitungen, wie Wasser- und Gasrohre (Wasserverbrauchsleitungen und Gasinnenleitungen nach der Hauseinführung in Fließrichtung hinter der ersten Absperrarmatur),
- Metallteile der Gebäudekonstruktion, Zentralheizungs- und Klimaanlagen,
- metallische Umhüllungen von Fernmeldeleitungen mit Zustimmung des Betreibers.

Bedingungen

Der Querschnitt der Hauptpotentialausgleichsleitung muss mindestens halb so groß sein wie der Querschnitt des größten Schutzleiters der Anlage (mind. 6 mm^2, bei Kupfer höchstens 25 mm^2). Als größter Schutzleiter der Anlage gilt dabei der vom Hauptverteiler abgehende Schutzleiter.

Anwendung

Bei jedem Hausanschluss oder jeder gleichwertigen Versorgungseinrichtung.

Zusätzlicher Potentialausgleich

Schaltung

- Kunststoffabflussrohr
- metallene Wasserverbrauchsleitung
- Ablaufventil
- zusätzlicher Potentialausgleich Badezimmer
- Potentialausgleichsleiter
- Potentialausgleichsleiter
- zum Hauptpotentialausgleich

Prinzip

Alle gleichzeitig berührbaren Körper ortsfester Betriebsmittel, Schutzleiteranschlüsse und, soweit möglich, die Bewehrung der Stahlbetonkonstruktion des Gebäudes werden zur Vermeidung von Berührungsspannungen miteinander verbunden.

Bedingungen

- Die Potentialausgleichsleiter, die zwei Körper miteinander verbinden, müssen einen Querschnitt haben, der mindestens so groß ist wie der des kleineren Schutzleiters der Körper.
- Die Potentialausgleichsleiter, die einen Körper mit fremden leitfähigen Teilen verbinden, müssen einen Querschnitt haben, der mindestens halb so groß ist wie der des Schutzleiters.

Anwendung

Bei besonderer Gefährdung aufgrund der Umgebungsbedingungen (z. B. in Badezimmer) und wenn Bedingungen für das Abschalten als Schutz gegen elektrischen Schlag unter Fehlerbedingungen nicht eingehalten werden können.

© Verlag Gehlen

Schutz gegen elektrischen Schlag unter Fehlerbedingungen (Fortsetzung)

Schutzmaßnahmen im TN-System

Schaltungen
Schutz durch Überstrom-Schutzeinrichtung

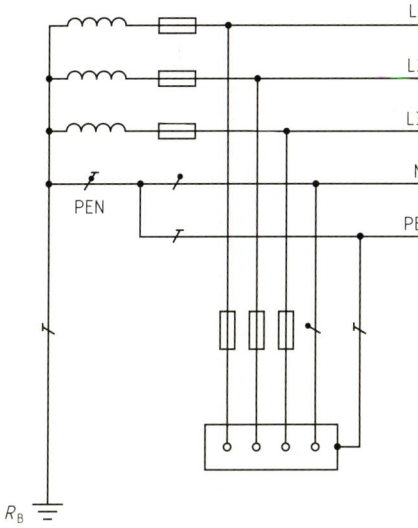

Schutz durch Fehlerstrom-Schutzeinrichtung

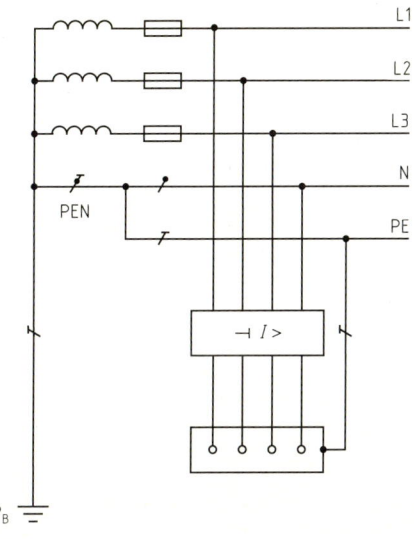

Prinzip
Ein Fehlerstrom führt zur Abschaltung durch eine Überstrom-Schutzeinrichtung oder beim Einsatz eines RCDs zur Abschaltung durch die FI-Schutzeinrichtung. Dazu werden alle Körper durch Schutz- bzw. PEN-Leiter mit dem geerdeten Punkt des speisenden Netzes verbunden.

Bedingung für das Abschalten
Die Kennwerte der Schutzeinrichtungen und die Leiterquerschnitte sind so auszuwählen, dass die Abschaltung innerhalb der festgelegten Zeit erfolgt. Dieses ist der Fall, wenn gilt:

$$Z_s \cdot I_a \leq U_0$$

- Z_s Scheinwiderstand (Impedanz) der Fehlerschleife
- U_0 Nennspannung gegen Erde
- I_a Strom, der das automatische Abschalten innerhalb der festgelegten Zeit bewirkt.

Die festgelegte Abschaltzeit beträgt
- für Endstromkreise, die über Steckdosen oder einen festen Anschluss Handgeräte der Schutzklasse I oder ortsveränderliche Betriebsmittel der Schutzklasse I versorgen, maximal 0,4 s bei U_0 = 230 V und 0,2 s bei U_0 = 400 V,
- für Verteilungsstromkreise von Gebäuden ≤ 5 s,
- für Endstromkreise für ortsfeste Verbrauchsmittel unter näher in VDE 0100-410 beschriebenen Bedingungen ≤ 5 s.

Werden als Überstrom-Schutzeinrichtungen Leitungsschutzschaltern vom Typ B verwendet, dann kann für eine Abschaltzeit von ≥ 0,2 s mit $I_a = 5 \cdot I_n$ (Nennstrom des LS-Schalters) gerechnet werden. Beim Einsatz eines Fehlerstromschutzschalters ist I_a der Nennfehlerstrom (Bemessungsdifferenzstrom) $I_{\Delta n}$.

Bedingung zum Schutz bei Erdschluss
Zur Begrenzung der Spannung bei einem Erdschluss soll der Gesamtwiderstand aller Betriebserder R_B möglichst niedrig sein. Für R_B gilt:

$$\frac{R_B}{R_E} \leq \frac{50 \text{ V}}{U_0 - 50 \text{ V}}$$

- R_B Gesamterdungswiderstand aller Erder
- R_E kleinster Erdübergangswiderstand eines nicht mit einem Schutzleiter verbundenen Teils, über dem ein Erdschluss entstehen kann
- U_0 Nennspannung gegen Erde

Anwendung
In geerdeten Netzen bei gegebenen Bedingungen.

Schutz gegen elektrischen Schlag unter Fehlerbedingungen (Fortsetzung)

Schutzmaßnahmen im TT-System

Schaltungen

Schutz durch Überstrom-Schutzeinrichtung

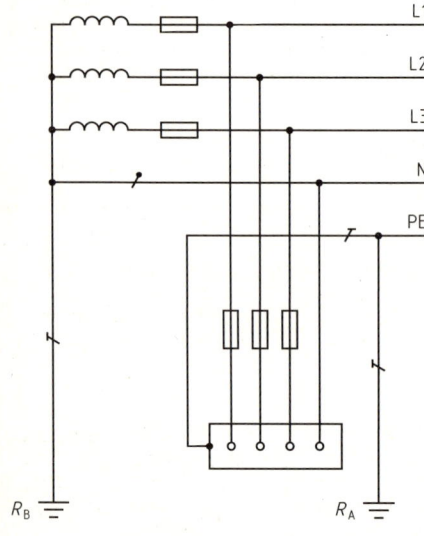

Prinzip
Ein Fehlerstrom führt zur Abschaltung durch eine Überstrom-Schutzeinrichtung oder beim Einsatz eines Fehlerstromschutzschalters zur Abschaltung durch die Fehlerstrom-Schutzeinrichtung (RCD). Dazu werden alle Körper durch Schutzleiter an einen gemeinsamen Erder angeschlossen.

Bedingung für das Abschalten
Die Kennwerte der Schutzeinrichtungen und die Leiterquerschnitte sind so auszuwählen, dass die Abschaltung innerhalb der festgelegten Zeit erfolgt. Dieses ist der Fall, wenn gilt:

$$R_A \cdot I_a \leq 50 \text{ V}$$

R_A Widerstand des Anlagenerders und des Schutzleiters der Körper
I_a Strom, der das automatische Abschalten der Schutzeinrichtung bewirkt

Werden zum Schutz Überstrom-Schutzeinrichtungen verwendet, dann muss I_a so groß sein, dass die Einrichtung je nach Charakteristik unverzögert oder innerhalb von maximal 5 s abschaltet. Bei Leitungsschutzschaltern vom Typ B kann mit $I_a = 5 \cdot I_n$ (Bemessungsstrom des LS-Schalters) gerechnet werden.

Schutz durch Fehlerstrom-Schutzeinrichtung

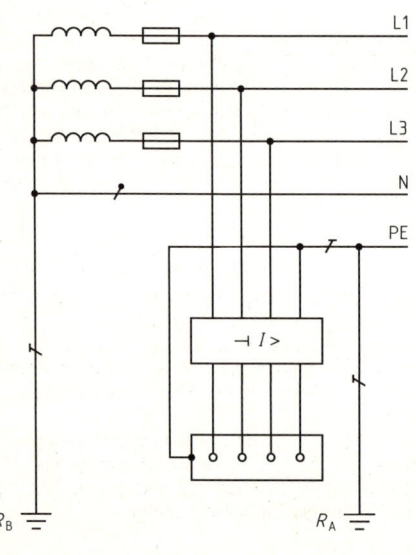

Beim Einsatz eines Fehlerstromschutzschalters ist I_a der Bemessungsdifferenzstrom (Nennfehlerstrom) $I_{\Delta n}$.

Zur Erreichung von Selektivität können zeitverzögerte Fehlerstrom-Schutzeinrichtungen (z. B. mit der Kennzeichnung „S") in Reihe mit Fehlerstromschutzeinrichtungen der allgemeinen Bauart geschaltet werden. Bei Fehlerstrom-Schutzeinrichtungen mit der Kennzeichnung „S" wird zur Überprüfung der Abschaltbedingung für den Bemessungsdifferenzstrom $2 \cdot I_{\Delta n}$ eingesetzt.

Anwendung
Die Verwendung von Überstrom-Schutzeinrichtungen im TT-Netz ist problematisch, da der Erdungswiderstand sehr gering sein muss, was in der Praxis häufig nicht realisiert werden kann. Die übliche Schutzeinrichtung im TT-Netz ist die Fehlerstrom-Schutzeinrichtung (RCD). In Sonderfällen können auch Fehlerspannungs-Schutzeinrichtungen eingesetzt werden.

Schutz gegen elektrischen Schlag unter Fehlerbedingungen (Fortsetzung)

Schutzmaßnahmen im IT-System

Schaltungen

Schutz durch Überstrom-Schutzeinrichtung

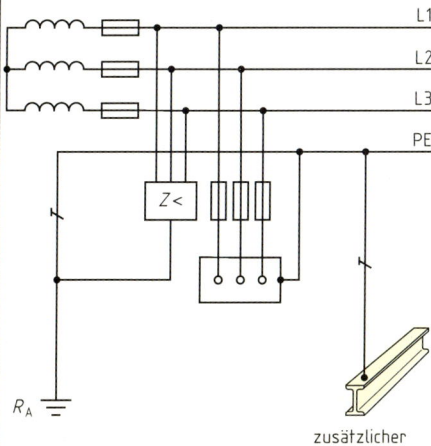

Schutz durch Fehlerstrom-Schutzeinrichtung

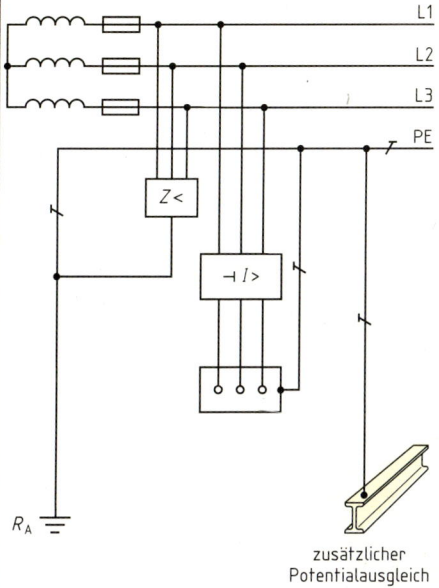

zusätzlicher Potentialausgleich

Prinzip
Alle aktiven Leiter sind gegen Erde isoliert oder über einen ausreichend hohen Widerstand geerdet, sodass bei einem einzigen Körper- oder Erdschluss keine gefährliche Berührungsspannung auftritt. Entsteht durch einen zweiten Fehler eine gefährliche Berührungsspannung, dann erfolgt eine Abschaltung wie im TN- oder TT-System.

Bedingungen
- Der Erdungswiderstand muss so gering sein, dass gilt:

$$R_A \cdot I_d \leq 50\ V$$

R_A Erdungswiderstand aller geerdeten Körper
I_d Fehlerstrom im Falle des ersten Fehlers. Der Strom berücksichtigt die Ableitströme und den Gesamtwiderstand der elektrischen Anlage gegen Erde und ist normalerweise sehr gering.

- Die Körper müssen einzeln, gruppenweise oder in ihrer Gesamtheit geerdet werden.
- Es ist eine Isolationsüberwachung vorzusehen, mit der der erste Fehler durch ein akustisches oder optisches Signal angezeigt wird.
- Als Schutzeinrichtungen können Überstrom-Schutzeinrichtungen oder Fehlerstrom-Schutzeinrichtungen verwendet werden.
- Sind die Körper in Gruppen oder einzeln geerdet, dann gelten beim Auftreten eines zweiten Fehlers die Bedingungen für das TT-System.
- Sind die Körper über einen Schutzleiter gemeinsam geerdet, gelten die Bedingungen für das TN-System mit zusätzlichen in DIN VDE 0100-410 aufgeführten Einschränkungen. Unter Umständen ist ein zusätzlicher Potentialausgleich erforderlich.

Anwendung
Die Schutzmaßnahme wird dann eingesetzt, wenn bei einem auftretenden Fehler in der Anlage keine Abschaltung der elektrischen Energieversorgung erfolgen darf. Dieses kann z. B. bei bestimmten Produktionsprozessen in Industrieanlagen oder in Operationsräumen in Krankenhäusern der Fall sein.
Durch die Isolationsüberwachungseinrichtung wird der erste Fehler gemeldet. Er sollte möglichst schnell beseitigt werden, damit keine Abschaltung durch einen zweiten Fehler erfolgt.

Schutz gegen elektrischen Schlag unter Fehlerbedingungen (Fortsetzung)

Schutz durch Verwendung von Betriebsmitteln der Schutzklasse II (Schutzisolierung)

Prinzipieller Aufbau
Vollisolierung bei einem Verteilerkasten

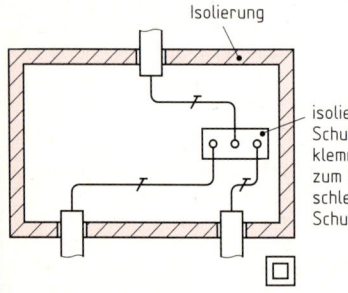

Zwischenisolierung bei einer Bohrmaschine

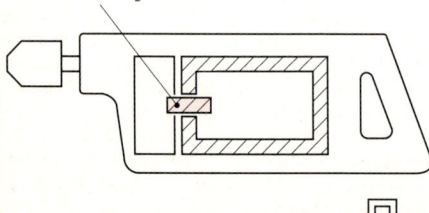

Prinzip
Durch eine zusätzliche oder verstärkte Isolierung zur Basisisolierung wird vermieden, dass infolge eines Fehlers in der Basisisolierung eine gefährliche Spannung an berührbaren Teilen von Betriebsmitteln auftreten.

Bedingungen
- Alle leitfähigen Teile mit Basisisolierung müssen von einer isolierenden Umhüllung mindestens in Schutzart IP 2X umschlossen sein.
- Kennzeichen schutzisolierter Betriebsmittel ist ein Doppelquadrat.
- Leitfähige Teile innerhalb der Umhüllung dürfen nur an einen Schutzleiter angeschlossen werden, wenn dieses die Normen für die betreffenden Betriebsmittel vorsehen. Schutzleiteranschlüsse zum Durchschleifen sind zulässig.
- Enthält die Anschlussleitung eines Betriebsmittels einen Schutzleiter, dann muss er im Stecker angeschlossen werden, im Betriebsmittel nicht.

Anwendung
Häufig verwendete Maßnahme bei fabrikfertigen Geräten und Betriebsmitteln, z. B. Haushaltsgeräte, Werkzeuge, Installationsmaterial usw.
In Anlagen wird die Schutzisolierung vom Errichter durch Herstellen entsprechender Isolierstoffumhüllungen angewendet.

Schutz durch nichtleitende Räume

Anordnung der Betriebsmittel

Prinzip
Durch die Anordnung der Betriebsmittel in großem Abstand voneinander und zu fremden leitfähigen Teilen, kann eine Person auch im Fehlerfall nur ein potentialbehaftetes Teil berühren.

Bedingungen
- Es muss ausgeschlossen sein, dass Personen gleichzeitig zwei Körpern bzw. einen Körper und ein fremdes leitfähiges Teil berühren.
- An Betriebsmitteln der Schutzklasse I und an Steckdosen dürfen keine Schutzleiter angeschlossen werden.
- Der Widerstand isolierender Fußböden und Wände darf folgende Werte nicht unterschreiten: 50 kΩ bei einer Nennspannung bis 500 V Wechselspannung, 100 kΩ bei höheren Nennspannungen.

Anwendung
Nur in Sonderfällen als Notbehelf.

Schutz gegen elektrischen Schlag unter Fehlerbedingungen (Fortsetzung)

Schutztrennung

Schaltungen

Schutztrennung mit erhöhtem Schutz bei einem Verbrauchsmittel je Stromquelle

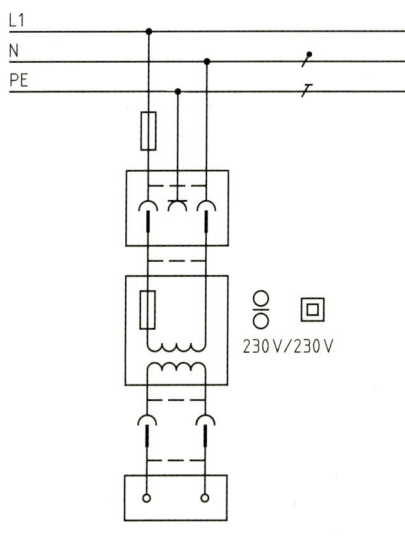

Schutztrennung bei mehreren Verbrauchsmitteln je Stromquelle

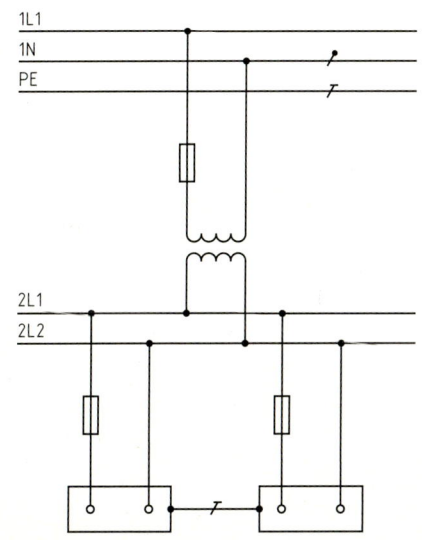

Prinzip
Ein Verbrauchsmittel bzw. eine begrenzte elektrische Anlage wird z. B. durch ein Trenntransformator galvanisch vom Netz getrennt, sodass durch das neue erdfreie Netz bei einem Körperschluss keine gefährliche Berührungsspannung entstehen kann.

Bedingungen
- Zur Versorgung dürfen nur verwendet werden: Trenntransformatoren, Motorgeneratoren mit gleichwertig isolierten Wicklungen oder andere Stromquellen mit gleicher Sicherheit.
- Ortsveränderliche Transformatoren müssen schutzisoliert sein. Ortsfeste Transformatoren müssen schutzisoliert sein oder so beschaffen sein, dass der Ausgang vom Eingang und vom leitfähigen Gehäuse durch eine Isolierung, die der Schutzisolierung entspricht, getrennt sind.
- Aktive Teile des Ausgangsstromkreises dürfen weder geerdet noch mit dem Schutzleiter verbunden werden und müssen von anderen Stromkreisen sicher getrennt sein.
- Die Spannung eines Stromkreises mit Schutztrennung darf 500 V nicht überschreiten.
- Ist die Schutztrennung wegen besonderer Gefährdung zwingend vorgesehen, dann darf an der Stromquelle nur ein einziges Verbrauchsmittel angeschlossen werden.
- Wird nur ein einziges Betriebsmittel versorgt, dann darf der Körper des Betriebsmittels weder mit dem Schutzleiter noch mit Körpern anderer Stromkreise verbunden werden.
- Liegt keine besondere Gefährdung vor, dann dürfen mehrere Verbrauchsmittel von einer Sicherheitsstromquelle versorgt werden, wenn alle Körper und die Schutzkontakte von Steckdosen miteinander durch ungeerdete Potentialausgleichsleiter verbunden werden und sichergestellt ist, dass beim Auftreten von zwei Fehlern durch Abschaltung wie im TN-Netz keine gefährliche Berührungsspannungen auftreten können.

Anwendung
Der Schutz ist bei elektrischen Handgeräten und Werkzeugen erforderlich, die in beengten Räumen mit leitfähigen Wänden wie z. B. Kessel, Großbehälter, Montagegerüste usw. eingesetzt werden. Außerdem ist er auch bei Handgeräten, die unmittelbar mit Wasser in Verbindung stehen, z. B. Handschleifmaschinen, vorgeschrieben. Schutztrennung wird in Unterrichtsräumen mit Experimentierständen empfohlen, wenn mit höheren Spannungen als mit Kleinspannung gearbeitet wird.

IP-Schutzarten durch Gehäuse (DIN VDE 0470-1)

Der IP-Code legt die Schutzart (Schutzgrad) durch Gehäuse von elektrischen Betriebsmitteln hinsichtlich dem Personenschutz, dem Fremdkörperschutz und dem Wasserschutz fest.

Anordnung des IP-Code

```
                                                          IP 2 3 C H
Code-Buchstaben (International Protection) ─────────────────┘ │ │ │ │
1. Kennziffer (Personen- und Fremdkörperschutz) ──────────────┘ │ │ │
2. Kennziffer (Wasserschutz) ───────────────────────────────────┘ │ │
Zusätzlicher Buchstabe (zusätzlicher Berührungsschutz) ───────────┘ │
Ergänzender Buchstabe (ergänzende Information) ─────────────────────┘
```

Erläuterungen zum zusätzlichen und ergänzenden Buchstaben

Diese Angaben erfolgen nur bei Bedarf. Der zusätzliche Buchstabe wird nur dann verwendet,
- wenn der Personenschutz höher ist als der durch die erste Kennziffer angegebene oder
- wenn nur Personenschutz angegeben wird.

Der ergänzende Buchstabe folgt hinter der zweiten Ziffer oder dem zusätzlichen Buchstaben.

1. Kenn-ziffer	Schutzgrad Personenschutz	Fremdkörperschutz	2. Kenn-ziffer	Schutzgrad Wasserschutz
0	Nicht geschützt	Nicht geschützt	0	Nicht geschützt
1	Geschützt gegen den Zugang • mit dem Handrücken	Geschützt gegen feste Fremdkörper mit einem • Durchmesser ≥ 50 mm	1	Geschützt gegen • Tropfwasser
2	• mit einem Finger	• Durchmesser ≥ 12,5 mm	2	• Tropfwasser bis zu 15° Neigung des Gehäuses
3	• mit einem Werkzeug	• Durchmesser ≥ 2,5 mm	3	• Sprühwasser bis 60° zur Senkrechten
4	• mit einem Draht	• Durchmesser ≥ 1,0 mm	4	• Spritzwasser
5	• mit einem Draht	Staubgeschützt	5	• Strahlwasser
6	• mit einem Draht	Staubdicht	6	• starkes Strahlwasser
			7	• zeitweiliges Untertauchen in Wasser
			8	• dauerndes Untertauchen in Wasser
X	keine Angabe des Schutzgrades (gilt auch für die zweite Kennziffer)			

Zusätzlicher Buchstabe	Schutzgrad (nur Personenschutz)	Ergänzender Buchstabe	Bedeutung
A	Schutz gegen Zugang m. d. Handrücken (wie unter 1. Kennziffer: 1)	H	Hochspannungs-Betriebsmittel
B	Schutz gegen Zugang mit dem Finger (wie unter 1. Kennziffer: 2)	M	Geprüft auf Wassereintritt bei beweglichen Teilen in Betrieb
C	Schutz gegen Zugang mit Werkzeug (wie unter 1. Kennziffer: 3)	S	Geprüft auf Wassereintritt bei beweglichen Teilen im Stillstand
D	Schutz gegen Zugang mit Draht (wie unter 1. Kennziffer: 4)	W	Geeignet bei festgelegten Wetterbedingungen

Symbole für Schutzarten

Symbol	Bedeutung	Symbol	Bedeutung
💧	tropfwassergeschützt, entspr. etwa IPX1	💧💧	wasserdicht, entspricht etwa IPX7
💧 (im Kasten)	regengeschützt, entspricht etwa IPX3	💧💧 ... bar	druckwasserdicht, entspricht etwa IPX8
⚠	spritzwassergeschützt, entspr. etwa IPX4	▦	staubgeschützt, entspricht etwa IP5X
⚠⚠	strahlwassergeschützt, entspricht etwa IPX5	◆	staubdicht, entspricht etwa IP6X

© Verlag Gehlen

Schutzklassen (DIN VDE 0106-1)

Schutzklasse	Merkmal	Kennzeichen	Beispiel
I	Anschlussstelle für Schutzleiter	⏚	Geräte mit Metallgehäuse, z. B. Bügeleisen, Durchlauferhitzer
II	Zusätzliche Isolierung, keine Anschlussstelle für Schutzleiter	▫	Geräte mit Kunststoffgehäuse, z. B. Rundfunkgeräte, Küchengeräte
III	Verwendung von Schutzkleinspannung	⬨III⬨	Geräte mit Nennspannungen bis 25 V oder 50 V AC und 60 V oder 120 V DC, z. B. Spielzeug

Unterrichtsräume mit Experimentierständen (DIN VDE 0100-723)

Anwendungsbereich

Zu den Unterrichtsräumen mit Experimentierständen zählen Räume in Schulen, Ausbildungsstätten oder Hochschulen, in denen Plätze zum Experimentieren mit elektrischen Betriebsmitteln eingerichtet sind. Diese Einrichtungen können sowohl zum Vorführen als auch zum Üben dienen.

Anforderungen

Einrichtungen	Bedingungen
Schaltgeräte	• Die Experimentierstände dürfen einzeln, in Gruppen oder zentral eingeschaltet werden. Dabei müssen die Schaltgeräte so ausgeführt sein, dass sie alle nicht geerdeten Leiter gleichzeitig schalten, und gegen unbefugtes Schalten gesichert werden können.
NOT-AUS-Einrichtung	• Die NOT-AUS-Einrichtung muss ermöglichen, dass bei Betätigung sämtliche Stromkreise an allen Experimentierständen abgeschaltet werden. • Unbefugtes Wiedereinschalten nach Betätigung der NOT-AUS-Einrichtung darf nicht möglich sein. • Die NOT-AUS-Betätigung muss an den Ausgängen und an jedem Experimentierplatz vorhanden sein.
Schutz gegen gefährliche Körperströme	• Soweit möglich, sollte nur Schutzkleinspannung (SELV) oder Funktionskleinspannung mit sicherer Trennung (PELV) verwendet werden. • Werden auch Niederspannungen (z. B. 230 V AC) verwendet, dann ist in TT- und TN-Netzen eine Fehlerstrom-Schutzeinrichtung (RCD) mit $I_{\Delta n} \leq 30$ mA erforderlich. Dieses gilt auch, wenn in diesen Netzen für die Experimentierstände Funktionskleinspannung ohne sichere Trennung (FELV) eingesetzt wird. • Bei einpoligen Anschlüssen sind als Steckbuchsen Sicherheitsbuchsen mit vollständigem Berührungsschutz einzusetzen. Auf die Einhaltung dieser Bedingungen darf verzichtet werden, wenn Experimente dieses erforderlich machen und die Unterrichtsräume ausschließlich der elektrotechnischen Fachausbildung dienen. In diesen Fällen muss jedoch der Fußboden im Bereich des Experimentierstandes isolierend sein.
Fremde leitfähige Teile	• Fremde leitfähige Teile im Handbereich des Experimentierstandes sind zu isolieren oder abzudecken bzw. zu umhüllen oder mit dem Schutzleiter über einen Potentialausgleichsleiter zu verbinden.

© Verlag Gehlen

Erstprüfung von Schutzmaßnahmen im TN-, TT- und IT-System (DIN VDE 0100-610)

Die Erstprüfung von Schutzmaßnahmen in TN-, TT- oder IT-Systemen sollte vorzugsweise in folgender Reihenfolge durchgeführt werden:
- Besichtigen
- Erproben und Messen

Besichtigen

	Netzsystem	
TN-System	TT-System	IT-System

Das Besichtigen muss vor dem Erproben und Messen bei abgeschalteter Anlage durchgeführt werden. Es umfasst die visuelle Überprüfung der Anlage.
Damit sollen insbesondere
- die richtige Auswahl der Betriebsmittel einschließlich der Leitungen und Schutzorgane,
- die ordnungsgemäße Anordnung und Montage der Betriebsmittel,
- die fachgerechte Leitungsverlegung und die ordnungsgemäßen Leitungsverbindungen,
- die Maßnahmen zum Schutz gegen gefährliche Körperströme,
- die Schaltungsunterlagen der Anlage

überprüft werden (S. 325).

TN-System	TT-System	IT-System
–	Alle Körper, die gleichzeitig berührbar oder an derselben Schutzeinrichtung angeschlossen sind, müssen einen gemeinsamen Erder haben.	Es darf kein aktiver Leiter geerdet sein. Die Körper müssen mit einem Schutzleiter verbunden sein.

Erproben und Messen

	Netzsystem	
TN-System	TT-System	IT-System

Erproben bzw. Messen der Durchgängigkeit des Schutzleiters und der Verbindungen des Hauptpotentialausgleichs und zusätzlichen Potentialausgleichs (S. 325).

Messung des Isolationswiderstandes der elektrischen Anlage (S. 325).

TN-System / TT-System		IT-System
Im Freileitungsnetz ist der Gesamterdungswiderstand R_B zu messen (möglichst $\leq 2\,\Omega$). Die Messung fällt in den Zuständigkeitsbereich des Errichters oder Betreibers des Freileitungsnetzes. Bei Verwendung von Fehlerstrom-Schutzeinrichtungen (RCDs) ist die Wirksamkeit z. B. durch Messung des Auslösestromes und der Berührungsspannung bei Auslösung zu überprüfen (S. 328). Eine Erprobung der Funktion der Fehlerstrom-Schutzeinrichtung (RCD) ist durch die Betätigung der Prüftaste möglich.		Messung und Prüfung des Erdungswiderstandes R_A oder Messung des Spannungsfalls an R_A nach Erdung eines Außenleiters. Der Spannungsfall darf die zulässige Berührungsspannung nicht überschreiten.
Bei Verwendung von Überstrom-Schutzeinrichtungen zum Schutz bei indirektem Berühren muss die Schleifenimpedanz durch • Messung • Rechnung oder • Nachbildung des Netzes am Modell überprüft werden (S. 327).	Bei Verwendung von Überstrom-Schutzeinrichtungen zum Schutz bei indirektem Berühren muss der Erdungswiderstand R_A gemessen und geprüft werden (S. 327). Da R_A in den meisten Fällen sehr gering sein muss, werden vorwiegend Fehlerstromschutzschalter (RCDs) im TT-System eingesetzt.	Bei Verwendung von Isolationsüberwachungseinrichtungen ist diese durch Betätigung der Prüfeinrichtung und durch einen simulierten Isolationsfehler im Netz zu prüfen. Ist keine Isolationsüberwachung vorgesehen, dann gelten für den zweiten Fehler die Bedingungen für TN- bzw. TT-Systeme.

Die Drehfeldrichtung von Drehstrom-Steckdosen ist, falls vorhanden, zu überprüfen. Die Kontaktbuchsen jeder Drehstrom-Steckdose müssen ein Rechtsdrehfeld aufweisen, wenn sie von vorn im Uhrzeigersinn betrachtet werden.

Prüfung von Schutzmaßnahmen (DIN VDE 0100-610)

Besichtigung

Sofern zutreffend, muss die Besichtigung (bei abgeschalteter Anlage) u. a. folgendes umfassen:
- Die Betriebsmittel sind so ausgewählt, dass sie den äußeren Einflüssen standhalten.
- Geeignete Maßnahmen zum Schutz gegen gefährliche Körperströme sind vorgesehen.
- Bei der Auswahl der Leitungen und Stromschienen sind Strombelastbarkeit und Spannungsfall berücksichtigt.
- Besondere Vorsichtsmaßnahmen gegen Ausbreitung von Feuer und der Schutz gegen thermische Einflüsse sind berücksichtigt.
- Schutz- und Überwachungseinrichtungen sowie Schaltgeräte sind vorhanden, richtig ausgewählt und ggf. eingestellt und an der richtigen Stelle angeordnet.
- Neutral- und Schutzleiter sind gekennzeichnet.
- Stromkreise, Sicherungen, Schalter, Klemmen u. Ä. sind gekennzeichnet.
- Schaltungsunterlagen sind vorhanden.
- Leiterverbindungen sind ordnungsgemäß hergestellt.

Erproben bzw. Messen der Durchgängigkeit des Schutzleiters

Die Durchgängigkeit des Schutzleiters einschließlich des Potentialausgleichs muss überprüft werden. Dazu wird empfohlen, die Messung mit einer Spannungsquelle mit einer Leerlaufspannug zwischen 4 V und 24 V durchzuführen, wobei mindestens ein Strom von 0,2 A fließen sollte. Die prüfende Elektrofachkraft entscheidet selbst, ob das Prüfergebnis einer ordnungsgemäß ausgeführten Verbindung entspricht. Übliche Werte sind 0,8 Ω bis 1Ω.

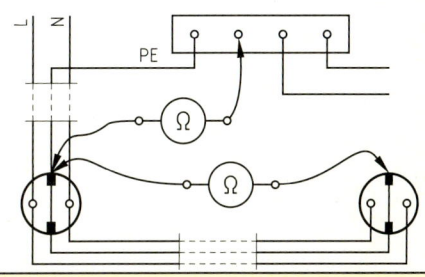

Messung des Isolationswiderstandes in Anlagen

- Der Isolationswiderstand muss gemessen werden zwischen jedem aktiven Leiter (z. B. L1, L2, L3, N) und der Erde, wobei auch der geerdete Schutzleiter (z. B. PEN, PE) als Erde betrachtet werden darf. Bei der Messung dürfen auch alle aktiven Leiter miteinander verbunden werden.
- Die Messungen sind mit Gleichspannung gemäß den Werten unten stehender Tabelle durchzuführen. Das Prüfgerät muss bei der angegebenen Spannung noch einen Messstrom von 1 mA liefern.
- Bei der Durchführung ist zu beachten, dass alle aktiven Leiter, d. h. auch der Neutralleiter, vom Netz getrennt sein müssen und elektronische Baugruppen zum Schutz vor der Messspannung für den Zeitraum der Messung von der Anlage getrennt werden.

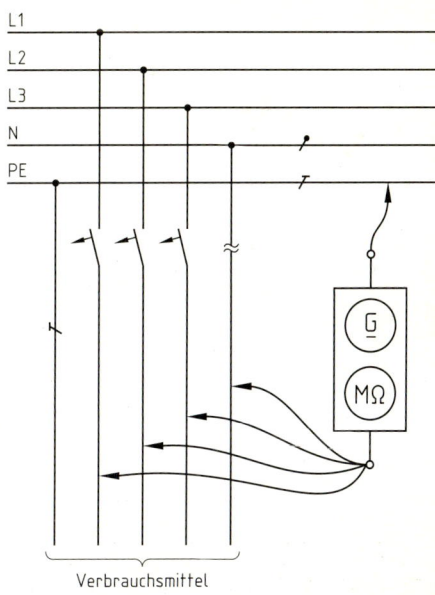

Mindestwerte des Isolationswiderstandes R_{iso}

Nennspannung	Messspannung in V	R_{iso} in MΩ
SELV und PELV	250	≥ 0,25
≤ 500 V (außer SELV und PELV)	500	≥ 0,5
> 500 V	1000	≥ 1,0

Verbrauchsmittel

Prüfung von Schutzmaßnahmen (Fortsetzung)

Messung des Isolationswiderstandes bei SELV, PELV und Schutztrennung

- Bei Schutzkleinspannung (SELV) und bei Schutztrennung muss die sichere Trennung der aktiven Teile verschiedener Stromkreise und von der Erde durch Messung des Isolationswiderstandes geprüft werden.
- Bei Funktionskleinspannung mit sicherer Trennung (PELV) muss die sichere Trennung der aktiven Teile verschiedener Stromkreise durch Messung des Isolationswiderstandes geprüft werden.
- Der Isolationswiderstand darf bei einer Messgleichspannung von 250 V bei SELV und PELV nicht kleiner als 0,25 MΩ sein (S. 325).
- Bei der Schutztrennung mit Nennspannungen bis 500 V (außer SELV und PELV) darf der Isolationswiderstand bei einer Messgleichspannung von 500 V nicht kleiner als 0,5 MΩ sein (S. 325).

Isolationswiderstandsmessung bei Schutzkleinspannung

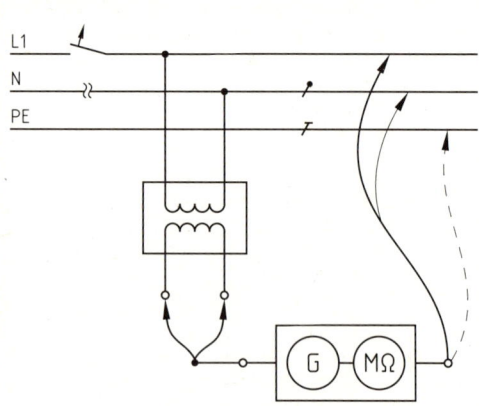

Messung des Widerstandes von isolierenden Fußböden und Wänden

Bei der Schutzmaßnahme „Schutz durch nichtleitende Räume" darf der Widerstand isolierender Wände und Fußböden an keiner Stelle folgende Werte unterschreiten:
- 50 kΩ bei Nennspannungen bis 500 V AC oder 750 V DC,
- 100 kΩ bei Nennspannungen über 500 V AC oder 750 V DC.

Zur Messung kann ein Isolationsmessgerät mit einer Leerlaufspannung von etwa
- 500 V bei Anlagen mit Spannungen ≤ 500 V oder
- 1000 V bei Anlagen mit Spannungen >500 V

verwendet werden.

Die Messung kann auch mit den vorkommenden Nennspannungen und Nennfrequenzen durchgeführt werden. Die Meßanordnung geht aus nebenstehender Skizze hervor. Der Widerstand kann errechnet werden nach:

$$R_{iso} = R_i \left(\frac{U_0}{U_x} - 1 \right)$$

R_{iso} Isolationswiderstand in Ω
R_i Innenwiderstand Spannungsmesser in Ω
U_0 Spannung gegen Erde in V
U_x Spannung gegen Metallplatte in V

R_i sollte dabei 0,7 kΩ/V Messbereichsendwert nicht unterschreiten und für Messbereiche bis 500 V AC den Wert 500 kΩ nicht überschreiten. Für Messbereiche bis 1000 V AC sollte der Wert 1 MΩ nicht überschritten werden.

Messanordnung zur Messung des Widerstandes von Fußböden und Wänden mit Wechselspannung. Bei Messung mit Gleichspannung mit einem Isolationsmessgerät kann der Widerstandswert direkt abgelesen werden.

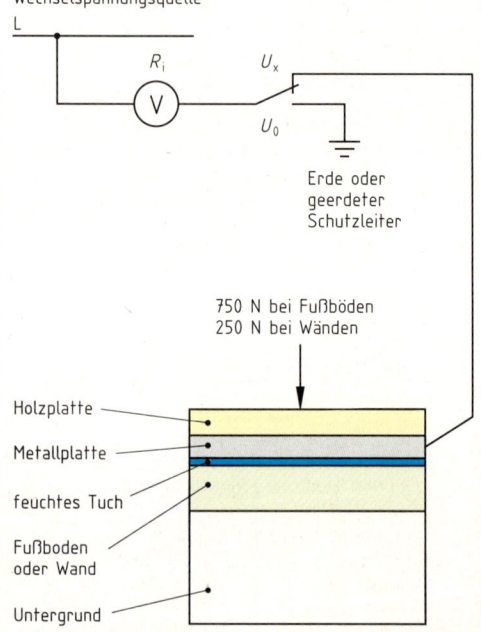

Prüfung von Schutzmaßnahmen (Fortsetzung)

Prüfen der Schleifenimpedanz

- Werden zum Schutz bei indirektem Berühren im TN-System Überstrom-Schutzeinrichtungen verwendet, dann ist durch Ermittlung der Schleifenimpedanz festzustellen, ob der erforderliche Abschaltstrom fließt.
- Die Schleifenimpedanz kann ermittelt werden
  - durch Messung,
  - durch Rechnung oder
  - durch Nachbildung des Netzes am Modell.
- Bei Messungen sollten mehrere Messungen durchgeführt und der Mittelwert gebildet werden.
- Die Mindestwerte der Schleifenimpedanz kann errechnet werden nach:

$$Z_S \leq \frac{U_0}{I_a}$$

Z_S Schleifenimpedanz in Ω
U_0 Nennspannung gegen Erde in V
I_a Stromstärke in A, die das automatische Abschalten innerhalb der festgelegten Zeit bewirkt (Zeiten S. 317, Abschaltströme S. 328)

Beispiel für eine Messanordnung zur Messung des Schleifenwiderstandes

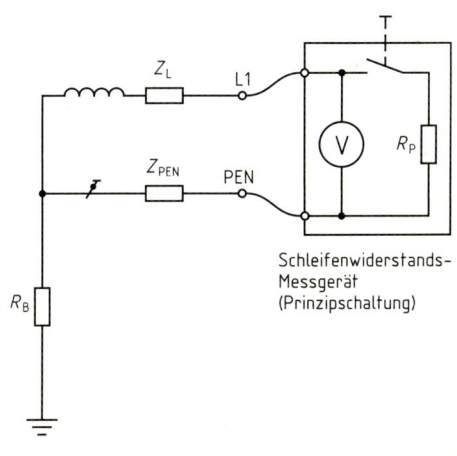

Schleifenwiderstands-Messgerät (Prinzipschaltung)

Messung des Erdungswiderstandes

- Werden zum Schutz bei indirektem Berühren im TT-Netz Überstrom-Schutzeinrichtungen verwendet, dann muss der zu messende Erdungswiderstand R_A so niederohmig sein, dass der erforderliche Abschaltstrom in der entsprechenden Abschaltzeit fließt.
- Die Messung des Erdungswiderstand R_A erfolgt nach dem Strom-Spannungs-Messverfahren oder nach dem Kompensationsverfahren.
- In dicht besiedelten Gebieten wird empfohlen, den Erdungswiderstand zur Messung des Gesamtwiderstandes von Anlagenerder R_A, Betriebserder R_B und Schleifenimpedanz Z_S zu ermitteln. Dabei muss der gemessene Wert kleiner oder gleich dem höchst zulässigen Wert des Erdungswiderstandes sein.
- Der Mindestwert des Erdungswiderstandes kann errechnet werden nach:

$$R_A \leq \frac{U_L}{I_a}$$

R_A Erdungswiderstand der Anlage in Ω
U_L Zulässige Berührungsspannung in V (z. B. 50 V oder 25 V)
I_a Stromstärke in A, die das automatische Abschalten innerhalb von 5 s bewirkt (S. 328).

Beispiel für eine Widerstandsmessung mit einem Erdungs-Widerstandsmessgerät

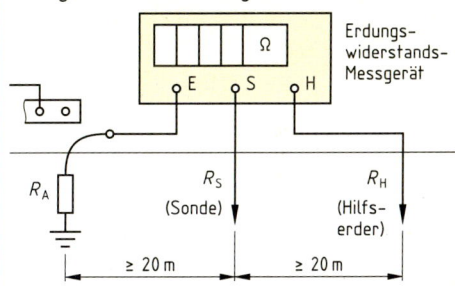

Beispiel für eine Messung in dicht besiedeltem Gebiet mit einem Schleifenwiderstandsmessgerät

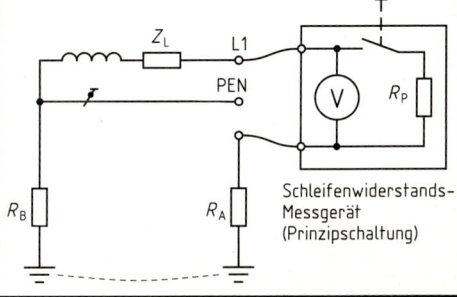

Schleifenwiderstands-Messgerät (Prinzipschaltung)

© Verlag Gehlen

Prüfung von Schutzmaßnahmen (Fortsetzung)

Abschaltströme I_a bei Abschaltzeiten von 0,2 s für Leitungsschutz- und Leistungsschalter

Abschaltstrom I_a	Schaltertyp
5 · Nennstrom I_n	Leitungsschutzschalter mit Charakteristik B (früher L)
10 · Nennstrom I_n	Leitungsschutzschalter mit Charakteristik C (früher G und U)
15 · Nennstrom I_n	Motorstarter und Leistungsschalter bei entsprechender Einstellung

Bei überschlägiger Prüfung dürfen diese Werte mit hinreichender Genauigkeit verwendet werden. Genauere Werte können den Herstellerkennlinien entnommen werden (S. 343).

Abschaltströme I_a bei Abschaltzeiten von 0,2 s und 5 s für Niederspannungssicherungen vom Typ gL

I_n in A	10	16	20	25	32	35	40	50	63	80	100	125
$I_{a\,0,2\,s}$ in A	100	148	191	270	332	367	410	578	750	–	–	–
$I_{a\,5\,s}$ in A	47	72	88	120	156	173	200	260	351	452	573	751

Wirksamkeit von Fehlerstrom-Schutzeinrichtungen

Beim Einsatz von Fehlerstrom-Schutzeinrichtungen müssen Prüfungen dieser Einrichtungen durchgeführt werden:
- Es muss nachgewiesen werden, dass die Fehlerstrom-Schutzeinrichtung (RCD) mindestens bei Erreichen ihres Nennfehlerstromes (Bemessungsdifferenzstromes) $I_{\Delta n}$ auslöst, und dass dabei die zulässige Berührungsspannung U_L nicht überschritten wird.
- Der Nachweis kann dadurch erfolgen, dass bei Erzeugung eines ansteigenden Fehlerstromes Fehlerstrom und Berührungsspannung beim Auslösen gemessen werden.
- Es genügt die Prüfung der Wirksamkeit an einer Stelle hinter der Fehlerstrom-Schutzeinrichtung, wenn nachgewiesen werden kann, dass alle weiteren dazugehörigen Anlagenteile über den Schutzleiter mit dieser Messstelle zuverlässig verbunden sind.
- Mithilfe der gemessenen Werte ist auch eine Beurteilung des Erdungswiderstandes R_A möglich. Der maximal zulässige Erdungswiderstand kann errechnet werden nach:

$$R_A \leq \frac{U_L}{I_{\Delta n}}$$

R_A Erdungswiderstand in Ω
U_L Zulässige Berührungsspannung in V (z. B. 50 V oder 25 V)
$I_{\Delta n}$ Nennfehlerstrom (Bemessungsdifferenzstrom) der Fehlerstrom-Schutzeinrichtung in A

Typische Werte für $I_{\Delta n}$ sind 10 mA, 30 mA, 100 mA, 300 mA und 500 mA.
Bei Verwendung von selektiven Fehlerstrom-Schutzeinrichtungen (Kennzeichen „S") ist in der oben angegebenen Formel der Nennfehlerstrom mit 2 zu multiplizieren. Daraus ergibt sich nur der halbe Widerstandswert.

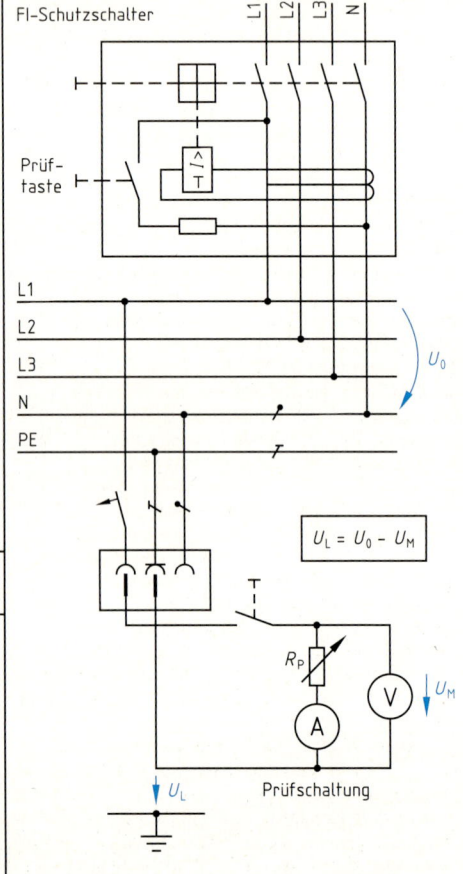

In der Praxis werden meistens spezielle Prüfgeräte verwendet, die U_L direkt anzeigen

© Verlag Gehlen

Instandsetzung, Änderung und Prüfung elektrischer Geräte (DIN VDE 0701-1/240)

Anwendungsbereich und Anforderungen

- Zu den Geräten gehören Gebrauchs- und Arbeitsgeräte wie elektrische Werkzeuge, Wärmegeräte, Motorgeräte, Leuchten, elektronische Geräte (z. B. der Unterhaltungselektronik), Geräte der Informationstechnik einschließlich Fernmeldegeräte und elektrische Büromaschinen.
- Die Bestimmungen gelten nicht, wenn Teile entsprechend der Gebrauchsanweisung vom Benutzer ausgewechselt werden, wie das Wechseln von Lampen oder Sicherungen.
- Instandsetzungen und Änderungen sind fachgerecht durchzuführen.
- Sind bei der Instandsetzung oder Änderung von Geräten elektrische Teile beeinflusst worden, dann sind folgende elektrische Prüfungen durchzuführen.

Besichtigung

- Die zur Sicherheit beitragenden Teile dürfen weder beschädigt noch ungeeignet sein.
- Insbesonder sind Geräteanschlussleitungen auf Beschädigung und korrekte Zugentlastung zu überprüfen.
- Sicherungen sind hinsichtlich der geforderten Kennwerte zu überprüfen.
- Aufschriften zur Sicherheit müssen vorhanden und lesbar sein.

Prüfung des Schutzleiters

- Schutzleiteranschluss durch Sichtkontrolle und Handprobe überprüfen.
- Bei Geräten mit Netzanschlussleitung und Stecker ist der Schutzleiterwiderstand zwischen Gehäuse und Schutzkontakt des Steckers zu messen. Während der Messung ist die Anschlussleitung zu bewegen.
- Bei Geräten mit festem Netzanschluss ist der Schutzleiterwiderstand zwischen Gehäuse und dem Schutzleiteranschluss oder einem anderen geeigneten Messpunkt zu messen.
- Bei Geräten mit Wasseranschluss kann es notwendig sein, den Schutzleiter des Netzes am Geräteanschluss abzuklemmen, da sonst eine Fehlmessung über das Wasserrohrsystem und dem Potentialausgleich erfolgt.
- Der Widerstandswert des Schutzleiters muss niederohmig sein; dazu zählen Werte bis etwa 1 Ω.
- Bei handgeführten Elektrowerkzeugen muss der Messstrom zur Widerstandsbestimmung mindestens 10 A betragen.

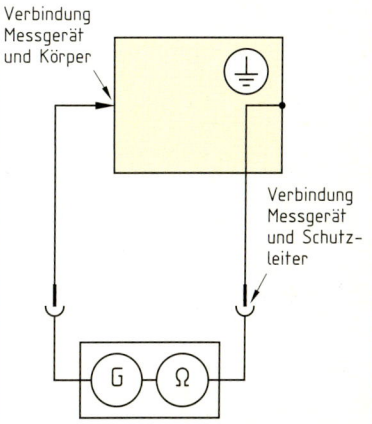

Schutzleiterprüfung und Prüfung von Berührungsspannungen bei Geräten der Informationstechnik

- Der Widerstandwert des Schutzleiters der Netzanschlussleitung darf bei Einzelgeräten mit Netzstecker 0,3 Ω, bei Geräten mit Festanschluss 1 Ω nicht überschreiten.
- Bei einer Gerätekombination z. B. einem Datenverarbeitungssystem oder einer Büromaschinenkombination mit Festanschluss ist außer der Schutzleiterverbindung zur Verbraucheranlage (höchstens 1 Ω) entsprechend nebenstehender Messschaltung auch die Verbindung zwischen den einzelnen Geräten zu prüfen. Bei den Einzelmessungen dürfen sich keine größeren Widerstandsdifferenzen als 0,2 Ω von Gerät zu Gerät ergeben.
- Bei Geräten der Schutzklasse II muss die Spannungsfreiheit berührbarer leitfähiger Teile des Benutzerbereichs geprüft werden. Dies gilt auch für Geräte der Schutzklasse I, wenn die leitfähigen Teile nicht mit dem Schutzleiter verbunden sind. Dazu ist der Berührungsstrom wie bei der Wiederholungsprüfung (S. 331) zu messen. Er darf höchstens 0,25 mA betragen.

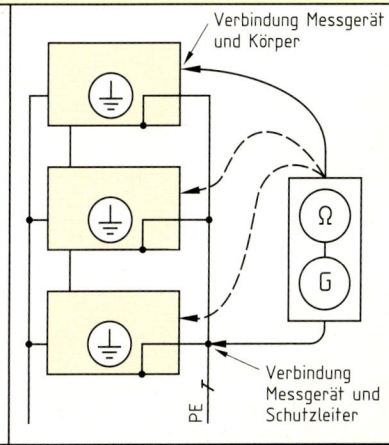

© Verlag Gehlen

Instandsetzung, Änderung und Prüfung elektrischer Geräte (Fortsetzung)

Messung des Isolationswiderstandes und des Ersatz-Ableitstromes

- Der Isolationswiderstand ist zwischen betriebsmäßig unter Spannung stehenden Teilen und dem Gehäuse zu messen. Bei Geräten der Schutzklasse I ist die Messung zwischen betriebsmäßig unter Spannung stehenden Teilen und dem Schutzleiteranschluss durchzuführen.
- Bei der Messung sind alle Schalter, Temperaturregler usw. zu schließen. Die Ausgangsgleichspannung des Isolationsmessgerätes muss bei einer Last von 0,5 MΩ mindestens 500 V DC betragen.
- Der Isolationswiderstand darf nicht kleiner sein als
  - 0,5 MΩ bei Geräten der Schutzklasse I,
  - 2,0 MΩ bei Geräten der Schutzklasse II,
  - 250 kΩ bei Geräten der Schutzklasse III.
- Wird bei Geräten der Schutzklasse I mit Heizkörpern oder Entstörkondensatoren der Widerstandswert nicht erreicht, dann ist eine Ersatz-Ableitstrommessung durchzuführen.
- Für die Ersatz-Ableitstrommessung ist der Messstromkreis vom Netz galvanisch zu trennen.
- Die Ersatz-Ableitstrommessung ist mit einer Leerlaufspannung zwischen 25 V und 250 V (AC 50 Hz) durchzuführen. Bei Leerlaufspannungen über 50 V darf der Kurzschlussstrom 3,5 mA nicht überschreiten.
- Das verwendete Messgerät zur Ersatz-Ableitstrommessung muss den Stromwert anzeigen, der sich bei 1,06-facher Nennspannung einstellen würde.
- Der angezeigte Stromstärke darf 7 mA,
  - bei Geräten mit einer Heizleistung ≥ 6 kW 15 mA,
  - bei Geräten mit zusätzlichem Potentialausgleich und festem Netzanschluss 1 mA je kW
  nicht überschreiten.

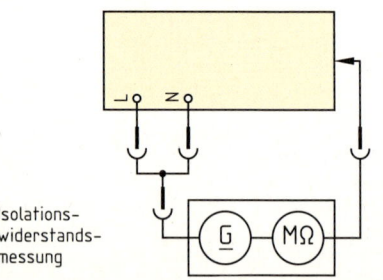

Funktionsprüfung

- Nach der Reparatur oder Änderung eines Gerätes ist eine Funktionsprüfung durchzuführen. Dabei soll nachgewiesen werden, dass bei dem Gebrauch entsprechend der Herstellerangaben keine Sicherheitsmängel bestehen.
- Bei ortsfesten Wassererwärmern ist während einer Aufheizung die Funktion von Temperaturreglern, Temperaturbegrenzern und Strömungsschaltern zu prüfen. Außerdem ist die Funktion des Sicherheitsventils durch Beobachtung des austropfenden Wassers nach entsprechender Aufheizzeit zu prüfen.
- Bei druckfester Ausführung von Wassererwärmern ist die Dichtigkeit des Behälters durch Besichtigung (5 min Betrieb mit Nennüberdruck) zu prüfen.
- Bei offenen Warmwasserspeichern muss geprüft werden, ob das Wasser ungehindert austreten kann.
- Bei handgeführten Elektrowerkzeugen sind zum Nachweis der Betriebssicherheit folgende Funktionen zu prüfen:
  - Schalt- und Regeleinrichtungen,
  - Schutzeinrichtungen und richtiger Drehsinn.

Aufschriften

- Aufschriften, die nicht mehr lesbar sind und der Sicherheit dienen, sind wieder herzustellen. Gegebenenfalls müssen nach Änderungen Aufschriften ergänzt oder geändert werden.
- Bei ortsfesten Wassererwärmern müssen mindestens folgende Daten auf dem Gerät angegeben sein: Nennspannung in V, Symbol für die Stromart, Nennleistung in W oder kW (Leistungsaufnahme), Name des Herstellers.

Wiederholungsprüfung an elektrischen Geräten (DIN VDE 0702-1)

Anwendungsbereich

- Die Wiederholungsprüfung ist eine Prüfung in bestimmten Zeitabständen. Notwendigkeit und Häufigkeit ergeben sich aus der Unfallverhütungsvorschrift VBG 4 „Elektrische Anlagen und Betriebsmittel". (Prüffrist für ortsfeste Geräte alle 4 Jahre, in Bereichen besonderer Art jährlich. Richtwert für ortsveränderliche Betriebsmittel halbjährlich, in Büros oder ähnlichen Bedingungen mindestens alle 2 Jahre).
- Die Prüfung dient dem Nachweis, dass der Schutz gegen direktes und bei indirektem Berühren wirksam ist. Werden die Bedingungen nicht erfüllt, dann darf das Gerät nicht weiter betrieben werden.
- Zu den Geräten, die der Prüfung unterzogen werden, gehören
  - Geräte der Informationstechnik, einschließlich Fernmeldegeräte und elektrische Büromaschinen,
  - Elektronische Geräte, z. B. der Unterhaltungselektronik,
  - Gebrauchs- und Arbeitsgeräte, z. B. Elektro-Wärmegeräte, Elektro-Werkzeuge, Leuchten,
  - Mess-, Steuer- und Regelgeräte, Kleintransformatoren, Verlängerungsleitungen, Anschlussleitungen

Besichtigung

Die Geräte werden ohne das Öffnen des Gerätes hinsichtlich äußerer Mängel besichtigt. Dabei ist insbesondere auf folgendes zu achten:
- Schäden am Gehäuse, Zustand von Schutzabdeckungen und von Kühlöffnungen
- Mängel an der Anschlussleitung, am Biegeschutz und der Zugentlastung
- Verschmutzung und Korrosion, die die Sicherheit beeinträchtigen
- Lesbarkeit von Aufschriften zur Sicherheit, z. B. Warnsymbole, Schutzklassen usw.

Prüfung des Schutzleiters

Die Prüfung erfolgt wie die Schutzleiterprüfung bei instandgesetzten Geräten (S. 329) mit der zusätzlichen Bedingung, dass der Widerstandswert bei Geräten mit Anschlussleitungen bis 5 m Länge $\leq 0{,}3\ \Omega$ sein muss. Bei längeren Anschlussleitungen ist zuzüglich mit $0{,}1\ \Omega$ je weitere 7,5 m zu rechnen.

Messung des Isolationswiderstandes und des Ersatz-Ableitstromes

Die Messung erfolgt wie bei instandgesetzten Geräten (S. 330)

Messung des Schutzleiterstromes

Wenn bei Geräten der Schutzklasse I bei der Messung des Isolationswiderstandes nicht alle Teile erfasst werden können oder die Messung aus anderen Gründen nicht durchgeführt werden kann, dann darf die Messung des Schutzleiterstromes durchgeführt werden. Dabei gilt:
- Die Messung ist nach nebenstehender Schaltung durchzuführen oder kann auch nach dem Differenzstromverfahren (s. Schaltung rechts unten) erfolgen.
- Das Gerät muss mit Nennspannung betrieben werden.
- Der Strom im Schutzleiter darf 3,5 mA nicht überschreiten. Ist die Position des Netzsteckers vertauschbar, ist in beiden Positionen zu messen.

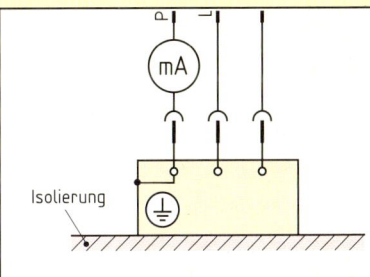

Messung des Berührungsstromes

Wenn bei Geräten der Schutzklasse II mit berührbaren leitfähigen Teilen z. B. bei Geräten der Informationstechnik Bedenken gegen die Messsung des Isolationswiderstandes bestehen, darf die Messung des Berührungsstromes durchgeführt werden. Der Berührungsstrom ist der Strom, der bei Geräten mit berührbaren leitfähigen Teilen, die nicht mit einem Schutzleiter verbunden sind, über eine Person zur Erde fließen kann.
Es gelten folgende Bedingungen:
- Die Messung erfolgt nach nebenstehenden Schaltungen.
- Das Gerät muss an Nennspannung betrieben werden.
- Der Berührungsstrom darf 0,5 mA nicht überschreiten. Ist die Position des Netzsteckers vertauschbar, ist in beiden Positionen zu messen.

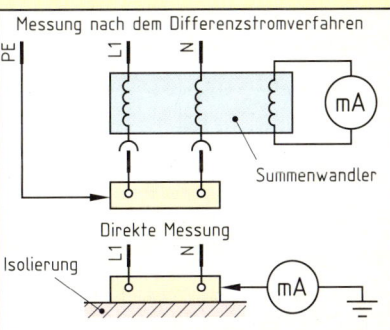

Sicherheitskennzeichen (VBG 125, ISO 3864)

Sicherheitskennzeichen ermöglichen eine bestimmte und eindeutige Sicherheits- und Gesundheitsschutzaussage durch die Kombination von **geometrischer Form plus Farbe plus Bildzeichen.**

Zeichenart	Form	Farbe	Bedeutung der Farbe	Anwendungen
Verbotszeichen	Kreis	Rot	Halt! Verbot!	Haltezeichen, Notausschalteinrichtungen
Warnzeichen	Dreieck	Gelb	Vorsicht! Mögliche Gefahr	Gefahr von Feuer, Explosion, Strahlen usw., Kennzeichnen von Hindernissen, Schwellen
Gebotszeichen	Kreis	Blau	Hinweise	Pflicht zum Tragen von Schutzkleidung
Rettungszeichen	Viereck	Grün	Keine Gefahr! Erste Hilfe	Kennzeichnen von Rettungswegen und Notausgängen, Erste-Hilfe- und Rettungsstation
Brandschutzzeichen	Viereck	Rot	Hinweise	Kennzeichnen des Standortes von Feuermelde- und Feuerlöscheinrichtungen und Wege dorthin
Zusatzzeichen	Viereck	wie das zugehörige Sicherheitszeichen		Erläutert die Sicherheitsaussage in Form eines kurzen Textes

Verbotszeichen (VBG 125, DIN 4844) (Auswahl)

Bildzeichen				
Bedeutung	Rauchen verboten	Feuer, offenes Licht u. Rauchen verboten	Mit Wasser löschen verboten	Zutritt verboten
Bedeutung	Berühren verboten	Gehäuse unter Spannung, nicht berühren	Nicht schalten	Mobilfunk verboten

Warnzeichen (VBG 125, DIN 4844) (Auswahl)

Bedeutung	Warnung vor feuergefährlichen Stoffen	... vor explosionsgefährlichen Stoffen	... vor giftigen Stoffen	... vor ätzenden Stoffen

Sicherheitskennzeichen · Brandschutzkennzeichen

Warnzeichen (Fortsetzung)

Bildzeichen				
Bedeutung	Warnung vor gefährlicher el. Spannung	Warnung vor Laserstrahl	Warnung vor magnetischem Feld	Warnung vor automatischem Anlauf

Gebotszeichen (VBG 125, DIN 4844) (Auswahl)

Bildzeichen				
Bedeutung	Augenschutz tragen	Auffanggurt tragen	Vor dem Öffnen Netzschalter ziehen	Vor Arbeiten freischalten

Brandschutzszeichen (VBG 125, DIN 4844) (Auswahl)

Bildzeichen				
Bedeutung	Löschschlauch	Leiter	Feuerlöschgerät	Brandmelder

Rettungszeichen (VBG 125, DIN 4844) (Auswahl)

Bildzeichen				
Bedeutung	Arzt	Erste Hilfe	Notruftelefon	Sammelstelle
Bildzeichen				
Bedeutung	Rettungsweg	Rettungsweg. Treppe runter rechts. (Auch herabführende Rettungswege sind möglich.)		Notausgang

© Verlag Gehlen

Symbole · Bezeichnungen

Arbeiten in elektrischen Anlagen (DIN 40008, VDE 0105-1)

Sicherheitsvorkehrungen	Maßnahmen vor dem Wiedereinschalten	Erste Hilfe
Vor Beginn der Arbeiten: 1. Regel: Freischalten 2. Regel: Gegen Wiedereinschalten sichern. 3. Regel: Spannungsfreiheit feststellen. 4. Regel: Erden und Kurzschließen 5. Benachbarte, unter Spannung stehende Teile abdecken oder abschrauben.	1. Werkzeuge und Hilfsmittel entfernen. 2. Gefahrenbereich verlassen. 3. Kurzschließen und Erdung zuerst an der Arbeitsstelle, dann an den übrigen Stellen aufheben. 4. Erdungsseil zuerst von den Anlagenteilen, dann von der Erde aufheben. 5. Entfernte Schutzverkleidungen und Sicherheitsschilder wieder anbringen. 6. Schutzmaßnahmen nach dem Freimelden aufheben.	1. Stromkreis sofort unterbrechen. 2. Feststellen, ob Atemstillstand vorliegt. 3. Feststellen, ob Kreislaufstillstand vorliegt. 4. Feststellen, ob Verbrennungen vorliegen. 5. Liegt kein Atem- oder Kreislaufstillstand vor, Verletzten in stabile Lage bringen.

Kurzzeichen und Symbole für elektrische Betriebsmittel

Symbol	Symbol	Symbol	Symbol
Verband deutscher Elektrotechniker	VDE-Kabelkennzeichnung	Conformité Européen (Communauteé Européen)	Geprüfte Sicherheit Maschinenschutzzeichen
Bundesamt für Post und Telekommunikation	Funkschutzzeichen (Funkstörgrad G, N, K)	Zulassungszeichen für Messwandler u. E-Zähler Physikalisch-Technische Bundesanstalt	Zulassungszeichen für Tarifschaltuhren Physikalisch-Technische Bundesanstalt

Gefahrensymbole und Gefahrenbezeichnungen (GefStoffV) (Auswahl)

Symbol	Kurzzeichen	Bezeichnung / Beispiel	Symbol	Kurzzeichen	Bezeichnung / Beispiel
Explosionsgefährlich	E	**Explosionsgefährlich.** Ammoniumdichromat, Dibenzolperoxid	Sehr giftig	T +	**Sehr giftig.** Phosgen, Blausäure
				T	**Giftig** Phenol, Methanol
Brandfördernd	O	**Brandfördernd.** Natriumchlorat, Salpetersäure $\geq$ 70 %	Ätzend	C	**Ätzend.** Natronlauge $\geq$ 5 %, Salzsäure $\geq$ 25 %
Hochentzündlich	F +	**Hochentzündlich.** Acetylen, Butan, Ether	Mindergiftig	Xn	**Mindergiftig.** Toluol, Xylol
Leichtentzündlich	F	**Leichtentzündlich.** „Nitroverdünnung", Toluol		Xi	**Reizend.** Natronlauge 1 ... 5 %

© Verlag Gehlen

R-Sätze

Bezeichnung besonderer Gefahren – R-Sätze (GefStoffV)

Kurzzeichen	Erläuterung	Kurzzeichen	Erläuterung
	Explosionsgefahr		**Giftig**
R 1	• in trockenem Zustand	R 23	• beim Einatmen
R 2	• durch Schlag, Reibung, Feuer und dgl.	R 24	• bei Berührung mit der Haut
R 4	• durch hochempfindliche Metallverbind.	R 25	• beim Verschlucken
R 5	• beim Erwärmen		**Sehr giftig**
R 6	• mit und ohne Luft	R 26	• beim Einatmen
R 9	• bei Mischung mit brennbaren Stoffen	R 27	• bei Berührung mit der Haut
R 16	• mit brandfördernden Stoffen	R 28	• beim Verschlucken
R 19	• Bilden von bestimmten Peroxiden		**Giftige Gase**
R 44	• bei Erhitzen unter Einschluss	R 29	• in Verbindung mit Wasser
	Besondere Explosionsgefahr	R 31	• bei Berührung mit Säure
R 3	• durch Schlag, Reibung, Feuer und dgl.	R 32	• sehr giftige Gase mit Säure
	Feuergefahr/Entzündlichkeit		**Ätzungen**
R 7	• kann Brand verursachen	R 34	• verursacht Ätzungen
R 8	• bei Berührung mit brennbaren Stoffen	R 35	• verursacht schwere Ätzungen
R 10	• entzündlich		**Reizung**
R 11	• leichtentzündlich	R 36	• der Augen
R 12	• hochentzündlich	R 37	• der Atmungsorgane
R 13	• hochentzündliches Flüssiggas	R 38	• der Haut
R 17	• selbstentzündlich an der Luft		**Besondere Gefahren für die Gesundheit**
	Reagiert	R 42	• Sensibilisierung durch Einatmen bzw.
R 14	• heftig auf Wasser	R 43	• durch Hautkontakt möglich
R 15	• mit Wasser (leicht entzündliche Gase)	R 39	• ernste Gefahr irreversiblen Schadens
	Gesundheitsschädlich	R 40	• irreversibler Schaden möglich
R 20	• beim Einatmen	R 45	• kann Krebs erzeugen
R 21	• bei Berührung mit der Haut	R 46	• kann vererbbare Schäden bzw.
R 22	• beim Verschlucken	R 47	• kann Missbildungen verursachen

Kombination von R-Sätzen (Auswahl)

Kurzzeichen	Erläuterung	Kurzzeichen	Erläuterung
R 14/15	Reagiert heftig mit Wasser unter Bildung leicht entzündlicher Gase	R 24/25	Giftig bei Berührung mit der Haut und beim Verschlucken
R 15/29	Reagiert mit Wasser unter Bildung giftiger und leichtentzündlicher Gase	R 23/24/25	Giftig beim Einatmen, Verschlucken und Berühren mit der Haut
R 20/21	Gesundheitsschädlich beim Einatmen und bei Berührung mit der Haut	R 26/27	Sehr giftig beim Einatmen und bei Berührung mit der Haut
R 21/22	Gesundheitsschädlich bei Berührung mit der Haut und beim Verschlucken	R 26/27/28	Sehr giftig beim Einatmen, Verschlucken und Berühren mit der Haut
R 20/21/22	Gesundheitsschädlich beim Einatmen, Verschlucken u. Berühren mit der Haut	R 36/37/38	Reizt Augen, Atmungsorgane und die Haut
R 23/24	Giftig beim Einatmen und bei Berührung mit der Haut	R 42/43	Sensibilisierung durch Einatmen und Hautkontakt möglich

© Verlag Gehlen

Sicherheitsratschläge – S-Sätze (GefStoffV)

Kurz-zeichen	Erläuterung	Kurz-zeichen	Erläuterung
	Aufbewahren		**Bei der Arbeit**
S 1	• unter Verschluss	S 20	• nicht essen bzw. trinken
S 3	• kühl aufbewahren	S 21	• nicht rauchen
S 5	• unter ... (geeignete Flüssigkeit angeben)	S 36	• geeignete Schutzkleidung tragen
S 6	• unter ... (inertes Gas angeben)	S 37	• geeignete Schutzhandschuhe tragen
S 2	• Darf nicht in die Hände von Kindern	S 38	• Atemschutzgerät anlegen
S 4	• Von Wohnplätzen fernhalten	S 39	• Schutzbrille/Gesichtsschutz tragen
	Behälter		**Arzt hinzuziehen**
S 7	• dicht geschlossen halten	S 44	• bei Unwohlsein (wenn möglich, dieses Etikett vorzeigen)
S 8	• trocken halten		
S 9	• an einem gut gelüfteten Ort lagern	S 45	• bei Unfall oder Unwohlsein (wenn möglich, dieses Etikett vorzeigen)
S 12	• nicht gasdicht verschließen		
S 18	• mit Vorsicht handhaben bzw. öffnen	S 46	• bei Verschlucken (und Verpackung oder Etikett vorzeigen)
S 49	• nur im Originalbehälter aufbewahren		
	Fernhalten		**Handhabung**
S 13	• von Nahrungsmitteln, Getränken usw.	S 29	• Nicht in die Kanalisation lassen
S 14	• von bestimmten Substanzen	S 30	• Niemals Wasser hinzugeben
S 15	• Vor Hitze schützen	S 34	• Schlag und Reibung vermeiden
S 17	• von Zündquellen – Nicht rauchen	S 43	• Zum Löschen ... verwenden
S 18	• von brennbaren Stoffen	S 50	• Nicht mischen mit ...
	Berührung		**Anwendung**
S 24	• mit der Haut vermeiden	S 33	• Maßnahmen gegen elektrostatische Aufladungen treffen
S 25	• mit den Augen vermeiden		
S 26	• mit den Augen – gründlich abspülen und Arzt konsultieren	S 35	• Abfälle und Behälter müssen in gesicherter Weise beseitigt werden
S 28	• mit der Haut sofort abwaschen und mit viel ... (vom Hersteller anzugeben)	S 40	• Fußböden und verunreinigte Gegenstände mit ... reinigen
	Nicht einatmen	S 52	• Nicht großflächig für Wohn- und Aufenthaltsräume verwenden
S 22	• Staub nicht einatmen		
S 23	• Gas/Aerosol usw. nicht einatmen	S 53	• Exposition vermeiden - vor Gebrauch besondere Anweisungen einholen
S 41	• Explosions-/Brandgase nicht einatmen		

Kombination von S-Sätzen (Auswahl)

Kurz-zeichen	Erläuterung	Kurz-zeichen	Erläuterung
S 1/2	Unter Verschluss und für Kinder unzugänglich aufbewahren	S 20/21	Bei der Arbeit nicht essen, trinken bzw. rauchen
S 3/9	Behälter an einem kühlen, gut gelüfteten Ort aufbewahren	S 24/25	Berührung mit den Augen und der Haut vermeiden
S 3/7/9	Behälter dicht geschlossen halten und an einem kühlen, gut gelüfteten Ort aufbewahren	S 36/37	Bei der Arbeit geeignete Schutzhandschuhe und Schutzkleidung tragen
		S 47/49	Nur im Originalbehälter bei Temperaturen von nicht über ... °C aufbewahren
S 7/8	Behälter trocken und dicht geschlossen halten		

© Verlag Gehlen

Auswahl und Errichtung von Kabel- und Leitungssystemen (DIN VDE 0100-520)

Bei der Auswahl und Errichtung von Leitungen und Kabeln müssen die Gegebenheiten und insbesondere die Umgebungseinflüsse berücksichtig werden. Dabei ist zu beachten:
- Leitungen müssen so ausgewählt und errichtet werden, dass Schädigungen am Mantel und der Isolierung vermieden werden.
- Fest in Wänden verlegte Leitungen müssen waagerecht, senkrecht oder parallel zu den Raumkanten geführt werden. Ausgenommen sind Decken und Fußböden, in denen der kürzeste Weg gewählt werden darf.
- Beim Auftreten von Wasser, festen Fremdkörpern und korrosiven Stoffen muss ein geeigneter Schutz eine Schädigung der Leitungen und Kabel verhindern. Daher müssen die Leitungen die IP-Schutzart erfüllen, die für den jeweiligen Ort erforderlich ist.
- Mehrer Stromkreise in einem Elektro-Installationskanal sind nur dann zulässig, wenn alle Leiter für die höchste vorhandene Nennspannung isoliert sind. Ist das nicht der Fall, dann muss eine entsprechende Trennung im Kanal vorgenommen werden oder es müssen verschiedene Kanäle verwendet werden.

Die Bemessung der Leitungen erfolgt unter Berücksichtigung
- der Mindestquerschnitte,
- der Strombelastbarkeit,
- des zulässigen Spannungsfalls.

Erläuterungen zur Bemessung elektrischer Leitungen

Mindestquerschnitte	Strombelastbarkeit	Spannungsfall
Für Leiter von Kabeln und Leitungen sind Mindestquerschnitte erforderlich (s. Tabelle unten). In mehrphasigen Wechselstromkreisen darf der Neutralleiter keinen kleineren Querschnitt als der Außenleiter haben, wenn der Außenleiter ≤ 16 mm^2 Cu oder ≤ 25 mm^2 Al ist.	Die Strombelastbarkeit ist abhängig von der Verlegeart und von Umgebungsbedingungen wie der Temperatur. Sie wird in Tabellen in DIN VDE 0289 und DIN VDE 0100 angegeben (S. 339, 340).	Der Spannungsfall soll vom Hausanschlusskasten bis zu den Verbrauchsmitteln nach DIN VDE 0100 nicht größer als 4% der Nennspannung des Netzes sein. Außerdem werden in der DIN 18015 Aussagen zum zulässigen Spannungsfall gemacht (S. 294).

Mindestquerschnitte für Leiter von Kabeln und Leitungen (DIN VDE 0100-520)

Die Querschnitte von Außenleitern in Wechselstromkreisen und von spannungsführenden Leitern in Gleichstromkreisen dürfen nicht kleiner sein als die in der Tabelle angegebenen Werte.

Arten von Leitungs- und Kabelsystemen		Stromkreisanwendung	Mindestquerschnitt in mm^2	
			bei Cu	bei Al
Feste Verlegung	• Aderleitungen • Mantelleitungen • Kabel	• Lichtstromkreise • Leistungsstromkreise	1,5	16 (mit entsprechenden Anschlussverbindern)
		• Meldestromkreise • Steuerstromkreise	0,5 (für elektronische Betriebsmittel 0,1)	–
	• blanke Leiter	• Leistungsstromkreise	10	16
		• Meldestromkreise • Steuerstromkreise	4	–
Bewegliche Verbindungen mit isolierten Leitern und Kabeln		• Schutz- und Funktionskleinspannung für besondere Anwendung	0,75	–
		• für Anwendungen mit vieladrigen flexiblen Leitungen mit 7 oder mehr Adern	0,1	–

© Verlag Gehlen

Verlegearten von Kabeln und Leitungen (DIN VDE 0298-4)

Verlegeart	Erläuterungen
A	Verlegung in Wänden, Decken und Fußböden mit wärmedämmenden Materialien, z. B. • Aderleitungen im Elektroinstallationsrohr in der Wand, Decke oder im Fußboden, • Aderleitungen im Elektroinstallationsrohr im geschlossenen Kanal im Fußboden ohne wärmedämmende Materialien, • Aderleitungen im Elektroinstallationskanal im Fußboden mit oder ohne wärmedämmende Materialien, • mehradrige Leitung im Elektroinstallationsrohr in der Wand, in der Decke oder im Fußboden, • mehradrige Leitung im Elektroinstallationskanal im Fußboden, mit oder ohne wärmedämmende Materialien, • einadrige Mantelleitung im Elektroinstallationskanal im Fußboden, mit oder ohne wärmedämmende Materialien, • mehradrige Leitung in der Wand oder Decke.
B1	Verlegung in Elektroinstallationsrohren oder -kanälen auf oder in der Wand bzw. Decke oder unter Putz, z. B. • Aderleitungen im Elektroinstallationsrohr oder -kanal auf der Wand oder Decke, • Aderleitungen im Elektroinstallationsrohr im belüfteten Fußbodenkanal, • Aderleitungen im Elektroinstallationsrohr in der Wand, Decke oder im Fußboden aus Mauerwerk oder Beton, • einadrige Mantelleitung und mehradrige Leitung im Elektroinstallationsrohr in der Wand, Decke oder im Fußboden aus Mauerwerk oder Beton.
B2	Verlegung in Elektroinstallationsrohren oder -kanälen auf der Wand bzw. Decke oder auf dem Fußboden, z. B. • mehradrige Leitungen im Elektroinstallationsrohr oder im geschlossenen Elektroinstallationskanal auf der Wand, Decke oder auf dem Fußboden.
C	Direkte Verlegung auf der Wand bzw. Decke oder auf dem Fußboden und in der Wand bzw. Decke oder unter Putz, z. B. • mehradrige Leitung auf der Wand, Decke oder im Fußboden oder in der Wand oder unter Putz oder im offenen Kanal oder im belüfteten geschlossenen Elektroinstallationskanal, • einadrige Mantelleitung auf der Wand, Decke oder auf dem Fußboden, • Stegleitung in der Wand oder auf der Wand oder Decke unter Putz.
E	Verlegung frei in der Luft, d. h., die ungehinderte Wärmeabgabe wird gewährleistet, z. B. • mehradrige Leitungen bei einem Abstand von der Wand $\geq 0{,}3 \cdot d$.

Strombelastbarkeit von Leitungen für feste Verlegung und ϑ_U = 30 °C (DIN VDE 0298-4)

Die folgende Tabelle gibt die Strombelastbarkeit I_z in Ampere bei Leitungen für feste Verlegung mit zwei und drei stromführenden Adern aus Kupfer für eine Umgebungstemperatur ϑ_U = 30 °C an.
Sie gilt für Leitungen mit Isolierwerkstoff PVC (zul. Betriebstemperatur 70 °C), wie NYM, NYBUY, NYIF, H07V-U, H07V-R, HO7V-K.

Nenn-querschnitt in mm²	Verlegeart									
	A		B1		B2		C		E	
	Anzahl der belasteten Adern									
	2	3	2	3	2	3	2	3	2	3
1,5	15,5	13	17,5	15,5	15,5	14	19,5	17,5	20	18,5
2,5	19,5	18	24	21	21	19	26	24	27	25
4	26	24	32	28	28	26	35	32	37	34
6	34	31	41	36	37	33	46	41	48	43
10	46	42	57	50	50	46	63	57	66	60
16	61	56	76	68	68	61	85	76	89	80
25	80	73	101	89	90	77	112	96	118	101
35	99	89	125	111	110	95	138	119	145	126
50	119	108	151	134	–	–	–	–	–	–
70	151	136	192	171	–	–	–	–	–	–
95	182	164	232	207	–	–	–	–	–	–
120	210	188	269	239	–	–	–	–	–	–

Strombelastbarkeit von flexiblen Leitungen und ϑ_U = 30 °C (DIN VDE 0298-4)

Die folgende Tabelle gibt die Strombelastbarkeit I_z in Ampere für flexible Leitungen mit Adern aus Kupfer und mit Nennspannungen bis 1000 V an. Die Werte gelten bei Leitungen in Spalte 2 für frei in Luft gespannte, in den Spalten 3 bis 8 für aufliegende Leitungen.

1	2	3	4	5	6	7	8
Nenn-querschnitt in mm²	A05RN-F H07RN-F	H03RT-F, H05RR-F A05RR-F, A05RRT-F H05RN-F, A05RN-F H07RN-F, A07RN-F		NMHVÖU NSHTÖU H07RN-F A07RN-F	H03VH-H H03VV-F H05VV-F H03VVH2-F u. ä.	H03VV-F H05VV-F	NYMHYV NYSLYÖ H05VVH6-F u. ä.
		(Isolierwerkstoff: NR/SR, zulässige Betriebstemperatur 60 °C)			(Isolierwerkstoff: PVC, zulässige Betriebstemperatur 70 °C)		
	Anzahl der belasteten Adern						
	1	2	3	2 oder 3	2	3	2 oder 3
0,5	–	3	3	–	3	3	–
0,75	15	6	6	12	6	6	12
1	19	10	10	15	10	10	15
1,5	24	16	16	18	16	16	18
2,5	32	25	20	26	25	20	26
4	42	32	25	34	–	–	34
6	54	40	–	44	–	–	44
10	73	63	–	61	–	–	61
16	98	–	–	82	–	–	82
25	129	–	–	10	–	–	108

© Verlag Gehlen

Strombelastbarkeit von Leitungen: Umrechnungsfaktoren (DIN VDE 0298-4)

Die folgenden Tabellen geben Umrechnungsfaktoren für abweichende Betriebsbedingungen an. Die Strombelastbarkeit I_z erhält man, indem man die Werte für die Strombelastbarkeit bei den vorgegebenen Betriebsbedingungen (S. 339) mit den Umrechnungsfaktoren bei abweichenden Betriebsbedingungen multipliziert, z. B. $\vartheta_u = 30\ °C$: $I_{z30} = 17{,}5\ A$; $\vartheta_u = 50\ °C$: $I_{z50} = 17{,}5\ A \cdot 0{,}71\ (PVC) = 12{,}4\ A$

Umrechnungsfaktoren für abweichende Umgebungstemperaturen

Umgebungstemperatur in °C	10	15	20	25	30	35	40	45	50	55	60
Faktor f. Isol.-werkstoff NR/SR zul. Betriebstemperatur 60 °C	1,29	1,22	1,15	1,08	1,0	0,91	0,82	0,71	0,58	0,41	–
Faktor für Isolierwerkstoff PVC zul. Betriebstemperatur 70 °C	1,22	1,17	1,12	1,06	1,0	0,94	0,87	0,79	0,71	0,61	0,50

Umrechnungsfaktoren für vieladrige Leitungen mit Leiternennquerschnitten bis 10 mm²

Anzahl der belasteten Adern	5	7	10	14	19	24	40	61
Umrechnungsfaktor	0,75	0,65	0,55	0,50	0,45	0,40	0,35	0,30

Umrechnungsfaktoren für Häufung

Anordnung der Leitungen	Anzahl der mehradrigen Leitungen oder Anzahl der Wechsel- oder Drehstromkreise aus einadrigen Leitungen								
	1	2	3	4	5	6	7	8	9
Gebündelt direkt auf der Wand, dem Fußboden, im Installationsrohr oder -kanal, auf oder in der Wand	1,00	0,80	0,70	0,65	0,60	0,57	0,54	0,52	0,50
Einlagig mit Berührung • auf der Wand oder dem Fußboden • unter der Decke	1,00 0,95	0,85 0,81	0,79 0,72	0,75 0,68	0,73 0,66	0,72 0,64	0,72 0,63	0,71 0,62	0,70 0,61

Strombelastbarkeit von Leitungen für feste Verlegung und $\vartheta_U = 25\ °C$ (DIN VDE 0100-430)

Die folgende Tabelle gibt die Strombelastbarkeit I_z in Ampere bei Leitungen für feste Verlegung mit zwei oder drei stromführenden Adern aus Kupfer für eine Umgebungstemperatur $\vartheta_U = 25\ °C$ an.
Sie gilt für Leitungen mit Isolierwerkstoff PVC (zul. Betriebstemperatur 70 °C), wie NYM, NYBUY, NYIF, H07V-U, H07V-R, HO7V-K, NYIFY.
Die dieser Tabelle zugeordneten Werte für die Überstrom-Schutzeinrichtungen sind in der Tabelle auf S. 342 aufgeführt.

Nenn-querschnitt in mm²	Verlegeart									
	A		B1		B2		C		E	
	Anzahl der belasteten Adern									
	2	3	2	3	2	3	2	3	2	3
1,5	16,5	14	18,5	16,5	16,5	15	21	18,5	21	19,5
2,5	21	19	25	22	22	20	28	25	29	27
4	28	25	34	30	30	28	37	35	39	36
6	36	33	43	38	39	35	49	43	51	46
10	49	45	60	53	53	50	67	63	70	64
16	65	59	81	72	72	65	90	81	94	85
25	85	77	107	94	95	82	119	102	125	107
35	105	94	133	118	117	101	146	126	154	134
50	126	114	160	142	–	–	–	–	–	–
70	160	144	204	181	–	–	–	–	–	–
95	193	174	246	210	–	–	–	–	–	–
120	223	199	285	253	–	–	–	–	–	–

© Verlag Gehlen

Spannungsfall und Verlustleistung bei Leitungen · Leitungsschutz bei Überstrom

Berechnungsformeln zur Leitungsbemessung

Größen	Formeln		Formelzeichen mit Erläuterung	
Spannungsfall und Verlustleistung im unverzweigten Netz	Gleichstrom:	$\Delta U = \dfrac{2 \cdot I \cdot l}{\gamma \cdot A}$	ΔU l I	Spannungsfall in V Leitungslänge in m Stromstärke in A
	Wechselstrom:	$\Delta U = \dfrac{2 \cdot I \cdot l \cdot \cos\varphi}{\gamma \cdot A}$	A $\cos\varphi$ P_V	Leiterquerschnitt in mm² Leistungsfaktor Verlustleistung in W
	Drehstrom:	$\Delta U = \dfrac{\sqrt{3} \cdot I \cdot l \cdot \cos\varphi}{\gamma \cdot A}$	γ	Leitfähigkeit in $\dfrac{m}{\Omega \cdot mm^2}$
	Gleich- und Wechselstrom:	$P_V = \dfrac{2 \cdot l \cdot I^2}{\gamma \cdot A}$		
	Drehstrom:	$P_V = \dfrac{3 \cdot l \cdot I^2}{\gamma \cdot A}$		
Spannungsfall und Verlustleistung in %		$\Delta u = \dfrac{\Delta U}{U_N} \cdot 100\,\%$	Δu U_N $P_{V\%}$ P	Spannungsfall in % Nennspannung in V Verlustleistung in % übertragende Gesamtleistung in W
		$P_{V\%} = \dfrac{P_V \cdot 100\,\%}{P}$		
maximale Leitungslänge einer unverzweigten Leitung	Gleichstrom:	$l_{max} = \dfrac{\Delta u \cdot U_N \cdot A \cdot \gamma}{2 \cdot I \cdot 100\,\%}$	l_{max} Δu U_N	maximale Leitungslänge Spannungsfall in % Nennspannung in V
	Wechselstrom:	$l_{max} = \dfrac{\Delta u \cdot U_N \cdot A \cdot \gamma}{2 \cdot 100\,\% \cdot I \cdot \cos\varphi}$	A I $\cos\varphi$	Leiterquerschnitt in mm² Stromstärke in A Leistungsfaktor
	Drehstrom:	$l_{max} = \dfrac{\Delta u \cdot U_N \cdot A \cdot \gamma}{\sqrt{3} \cdot 100\,\% \cdot I \cdot \cos\varphi}$	γ	Leitfähigkeit in $\dfrac{m}{\Omega \cdot mm^2}$

Schutz von Kabeln und Leitungen bei Überstrom (DIN VDE 0100-430)

Bedingungen zum Leitungsschutz

Zum Schutz bei Überlast müssen folgende Bedingungen erfüllt sein:

$I_b \leq I_n \leq I_z$ $I_2 \leq 1{,}45 \cdot I_z$

I_b Betriebsstrom des Stromkreises in A
I_n Nennstrom (Bemessungsstrom) der Schutzeinrichtung in A
I_z Zulässige Strombelastbarkeit der Leitung in A
I_2 Auslösestrom der Schutzeinrichtung in A (großer Prüfstrom)

Der Nennstrom I_n darf gleich der Strombelastbarkeit I_z sein, wenn $I_2 \leq 1{,}45 \cdot I_n$ gilt. Dieses ist z. B. bei Leitungsschutzschaltern nach DIN VDE 0641-A4 (dazu gehören auch Leitungsschutzschalter mit B- und C-Charakteristik), bei Leistungsschaltern nach DIN VDE 0660-101 und bei Leitungsschutzsicherungen nach DIN VDE 0636-21, -31, -41 der Fall.

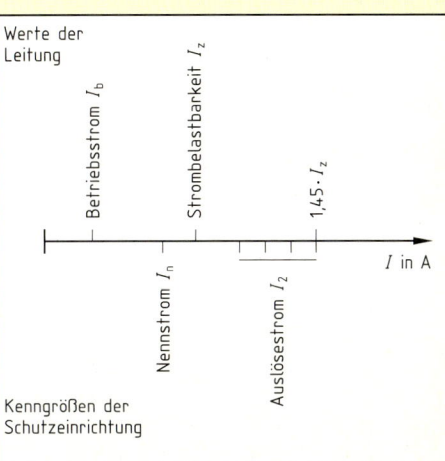

Schutz von Kabeln und Leitungen bei Überstrom (Fortsetzung)

Zuordnung von Überstrom-Schutzeinrichtungen zum Schutz bei Überlast

Die folgende Tabelle gibt die Nennstromstärke I_n in Ampere für Überstrom-Schutzeinrichtungen an, deren großer Prüfstrom $I_2 \leq 1{,}45 \cdot I_n$ sein muss (z. B. Leitungsschutzsicherungen gL und Leitungsschutzschalter Charakteristik B und C).
Sie gilt bei Leitungen für feste Verlegung mit zwei und drei stromführenden Adern aus Kupfer für eine Umgebungstemperatur $\vartheta_U = 25\ °C$.
Der Isolierwerkstoff der Leitungen ist PVC, z. B. NYM, NYBUY, NYIF, H07V-U, H07V-R, HO7V-K, NYIFY (zulässige Betriebstemperatur 70 °C).
Die zu dieser Tabelle zugeordneten Werte für die Strombelastbarkeit I_z sind in der Tabelle auf S. 339 aufgeführt.

Nenn-querschnitt in mm²	Verlegeart									
	A		B1		B2		C		E	
	Anzahl der belasteten Adern									
	2	3	2	3	2	3	2	3	2	3
1,5	16	13	16	16	16	13	20	16	20	16
2,5	20	16	25	20	20	20	25	25	25	25
4	25	25	32	25	25	25	35	35	35	35
6	35	32	40	35	35	35	40	40	50	40
10	40	40	50	50	50	50	63	63	63	63
16	63	50	80	63	63	63	80	80	80	80
25	80	63	100	80	80	80	100	100	125	100
35	100	80	125	100	100	100	125	125	125	125
50	125	100	160	125	–	–	–	–	–	–
70	160	125	200	160	–	–	–	–	–	–
95	160	160	200	200	–	–	–	–	–	–
120	200	160	250	250	–	–	–	–	–	–

Leitungsschutzschalter (DIN VDE 0641-11, DIN VDE 0660-101)

Kenndaten

Auslöse-charakteristik	Einsatzbereich	Bemessungsströme I_n in A (Nennströme)	Weitere typische Kenndaten (gelten für B-, C-, K- und Z-Charakteristik)
B	für den Überstromschutz von Leitungen	6; 10; 13; 16; 20; 25; 32; 40; 50; 63	Polzahl: 1, 2, 3 und 4
C	für den Überstromschutz von Leitungen für Stromkreise, wo Verbrauchsmittel betriebsmäßig Stromspitzen verursachen	0,5; 1; 1,6; 2; 3; 4; 6; 8; 10; 13; 16; 20; 25; 32; 40; 50; 63	Bemessungsspannungen: U_n: 230 V ~, 400 V ~ (U_{max} = 440 V ~, 60 V –)
K	für Kraftstromkreise, Motoren, Transformatoren, Lampen, Leitungsschutz	0,2; 0,3; 0,5; 0,75; 1; 1,6; 2; 3; 4; 6; 8; 10; 13; 16; 20; 25; 32; 40; 50; 63	Bemessungsschaltvermögen: 6 kA, 10 kA und 25 kA
Z	für den Schutz von Halbleitern und Messkreisen mit Wandlern, Leitungsschutz	0,5; 1; 1,6; 2; 3; 4; 6; 8; 10; 13; 16; 20; 25; 32; 40; 50; 63	Schutzart: IP 20, mit Frontabdeckung IP 40

Leitungsschutzschalter (Fortsetzung)

Auslöseverhalten

B und C-Charakteristik, Kennlinien	K und Z-Charakteristik, Kennlinien
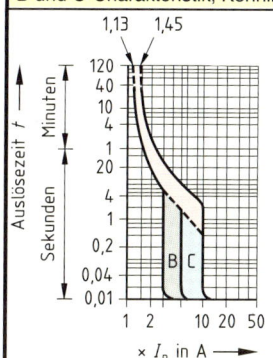 Kleiner Prüfstrom $I_1 = 1{,}13 \cdot I_n$ bei einer Auslösezeit > 1 h. Großer Prüfstrom $I_2 = 1{,}45 \cdot I_n$ bei einer Auslösezeit < 1 h. Der elektromagn. Auslöser schaltet innerhalb 0,1 s spätestens aus: • B-Charakteristik bei $5 \cdot I_n$ • C-Charakteristik bei $10 \cdot I_n$	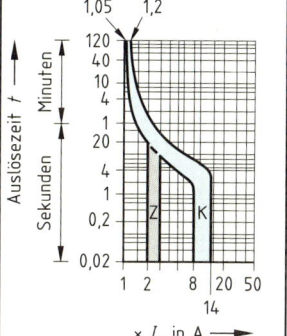 Kleiner Prüfstrom $I_1 = 1{,}05 \cdot I_n$ bei einer Auslösezeit > 1 h. Großer Prüfstrom $I_2 = 1{,}2 \cdot I_n$ bei einer Auslösezeit < 1 h. Der elektromagn. Auslöser schaltet innerhalb 0,2 s spätestens aus: • K-Charakteristik bei $14 \cdot I_n$ • Z-Charakteristik bei $3 \cdot I_n$

Geräteschutzsicherungen (DIN VDE 0820)

- **G-Sicherungen bzw. Sicherungseinsätze** sind geschlossene Sicherungseinsätze mit einem Ausschaltvermögen, dass nicht größer als 2 kA ist, und bei denen ein Hauptmaß (Länge, Breite, Höhe oder Durchmesser) des Gehäuses 10 mm nicht überschreitet.
- **Kleinstsicherungseinsätze** sind G-Sicherungseinsätze, bei dem alle Hauptmaße (Länge, Breite, Höhe oder Durchmesser) des Gehäuses 10 mm nicht überschreiten.

Aufschrift

```
                                               F 200 H 250V
Zeit-Strom-Charakteristik ─────────────────────┘  │  │  │
Bemessungsstrom in mA (bei Stömen von 1 A und mehr in A) ─┘  │  │
Kennbuchstabe für das Ausschaltvermögen ──────────────┘  │
Bemessungsspannung in V ──────────────────────────────────┘
```

Zeit-Strom-Charakteristik

Symbol	FF	F	M	T	TT
Auslöseverhalten	superflink	flink	mittelträge	träge	superträge

Ausschaltvermögen

Buchstabe	H	L	E
Erläuterung	großes Ausschaltvermögen (1500 A AC)	kleines Ausschaltvermögen ($10 \cdot I_n$ aber mind. 35 A AC)	erhöhtes Ausschaltvermögen (150 A AC)

Genormte Sicherungseinsätze von G-Sicherungen

Abmessungen	Bem.-spg. U_n	Bemessungsströme I_n	Charakteristik	Ausschaltverm.
5 mm × 20 mm	250 V	50; 63; 80; 100 mA ... 6,3 A	F	H
5 mm × 20 mm	250 V	32; 40; 50; 63; 80 mA ... 6,3 A	F und T	L, E bei T
5 mm × 20 mm	250 V	1; 1,25; 1,6; 2; 2,5 ... 6,3 A	T	H
6,3mm × 20 mm	250 V	50; 63; 80; 100; 125 mA ... 2 A	F	L
6,3mm × 20 mm	150 V/60 V	2,5; 3,15; 4 A / 5; 6,3; 8; 10 A	F	L

Genormte Kleinstsicherungseinsätze

Abmessungen	Bem.-spg. U_n	Bemessungsströme I_n	Charakteristik	Ausschaltverm.
max.: 10 mm ⌀	125 V	2; 5; 10; 16; 32; 50 mA ... 5 A	F	L
10 mm Länge,	125V u. 250V	50; 63; 80; 100; 125 mA ...5 A	F	L
10 mm Höhe	250 V	40; 50; 63; 80; 100 mA ... 4 A	T	L

Niederspannungssicherungen (DIN VDE 0636-1, 0636-21, 0636-31, 0636-41)

Betriebsklassen

Die Betriebsklasse ist durch zwei Buchstaben gekennzeichnet.

Erster Buchstabe: Funktionsklasse

g	**Ganzbereichssicherungen.**	Sicherungseinsätze, die Ströme bis zu ihrem Nennstrom (Bemessungsstrom I_n) dauernd führen und vom kleinsten Schmelzstrom bis zum Nennausschaltstrom ausschalten können.
a	**Teilbereichssicherungen.**	Sicherungseinsätze, die Ströme bis zu ihrem Nennstrom (Bemessungsstrom I_n) dauernd führen und oberhalb eines bestimmten Vielfachen von I_n bis zum Nennausschaltstrom ausschalten können.

Zweiter Buchstabe: Schutzobjekt

L	Kabel- und Leitungen		B	Bergbau-Anlagen
M	Schaltgeräte		Tr	Transformatoren
R	Halbleiter			

Daraus ergeben sich folgende Betriebsklassen:

gL	Ganzbereichs-Kabel- und Leitungsschutz		gR	Ganzbereichs-Halbleiterschutz
aM	Teilbereichs-Schaltgeräteschutz		gB	Ganzbereichs-Bergbau-Anlagenschutz
aR	Teilbereichs-Halbleiterschutz		gTr	Ganzbereichs-Transformatorschutz

Bauarten von Niederspannungssicherungssystemen

Bezeichn.	D-Sicherungssystem	D0-Sicherungssystem	NH-Sicherungssystem
Erläuterung und Darstellung	Diazed-Sicherungssystem (Schraubsicherung)	Neozed-Sicherungssystem (Schraubsicherung)	Niederspannungs-Hochleistungs-Sicherungssystem (Sicherung mit Messerkontaktstücken)
Bereiche	500 V AC bis 100 A, 660 V AC und 600 V DC bis 63 A	400 V AC und 250 V DC bis 100 A	Z. B. Betriebsklasse gL: 500 V AC und 440 V DC bis 1250 A

Kennzeichnung

Diazed- und Neozed-Sicherungssystem:

Nennstrom in A	Kennfarbe	Größe der Schraubkappe Diazed	Größe der Schraubkappe Neozed
2	Rosa		
4	Braun		D01 (E14)
6	Grün		D01 (E14)
10	Rot	DII (E27)	
16	Grau	DII (E27)	
20	Blau		
25	Gelb		
35	Schwarz	DIII (E33)	D02 (E18)
50	Weiß	DIII (E33)	D02 (E18)
63	Kupfer	DIII (E33)	D02 (E18)
80	Silber	DIV (R1/4")	D03 (M30x2)
100	Rot	DIV (R1/4")	D03 (M30x2)

NH-Sicherungssystem:

Baugröße	Strombereich (I_n) in A
00	6 bis 100
0	6 bis 160
1	80 bis 250
2	125 bis 400
3	315 bis 630
4a	500 bis 1250

Bemessungsströme (I_n) in A:
6, 10, 16, 20, 25, 32, 35, 40, 50, 63, 80, 100, 125, 160, 200, 224 (nur gL), 250, 315, 400, 500, 630, 800, 1000, 1250

© Verlag Gehlen

Niederspannungssicherungen (Fortsetzung)

Strom-Zeit-Bereiche für Leitungschutzsicherungen der Betriebsklasse gL

Nebenstehende Kennlinien zeigen das zeitliche Verhalten der Schmelzsicherungen vom unbeeinflussten Kurzschlussstrom I_P.

Zu jedem Bemessungsstrom I_n (Nennstrom) sind zwei Kennlinien (links und rechts neben der Angabe von I_n) dargestellt. Die linke Kennlinie stellt den Verlauf der Schmelzzeit t_{vs} (kleinste Zeit), die rechte den Verlauf der Ausschaltzeit t_{va} (größte Zeit) dar.

Selektivität zwischen zwei Sicherungen wird in etwa bei jeder zweiten Stufe von I_n erfüllt. Sicherungen desselben Herstellers mit Bemessungsströmen ab 16 A verhalten sich untereinander auch selektiv, wenn das Nennstromverhältnis mindestens 1 : 1,6 beträgt. Es verhalten sich z. B. folgende drei Sicherungen gleichen Typs selektiv:
I_{n1} = 16 A;
I_{n2} = 32 A;
I_{n3} = 63 A.

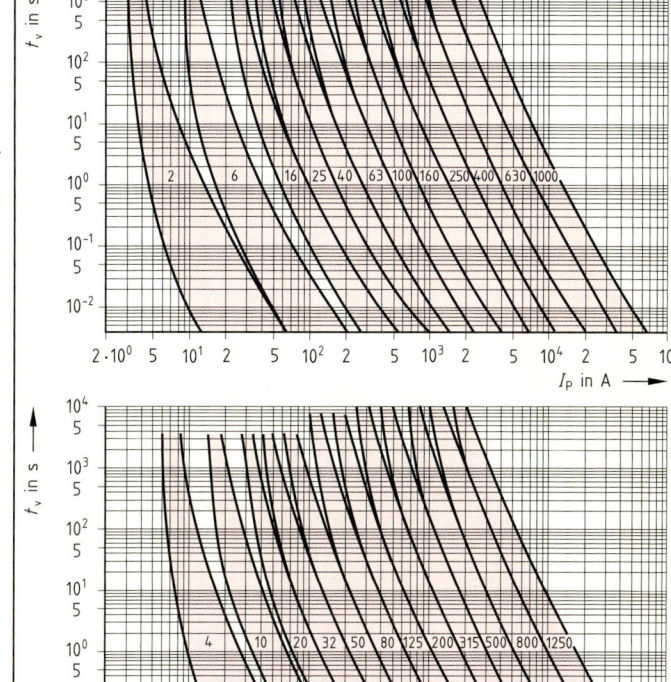

Selektivität

Erläuterungen	Beispiel
• Selektivität bei Überstrom-Schutzeinrichtungen besteht dann, wenn bei einem Fehler in der Anlage nur die dem Fehler unmittelbar vorgeschaltete Überstrom-Schutzeinrichtung anspricht. • Die Selektivität richtet sich nach dem Auslöseverhalten der Schutzeinrichtungen und der Höhe des Überstromes. (Beispiel rechts: Bei Strömen bis 6000 A besteht Selektivität, über 6000 A schaltet die Schmelzsicherung vor dem LS-Schalter ab, es besteht keine Selektivität.)	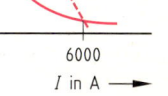

© Verlag Gehlen

Metrisches ISO-Gewinde, Lochdurchmesser, Kernlochbohrerdurchmesser

Bezeichnung	M2	M2,5	M3	M3,5	M4	M5	M6	M8	M10
Gewindedurchmesser d in mm	2	2,5	3	3,5	4	5	6	8	10
Gewindesteigung s in mm	0,4	0,45	0,5	0,6	0,7	0,8	1	1,25	1,5
Lochdruchmesser D in mm	2,1	2,6	3,2	3,7	4,2	5,3	6,4	8,5	8,7
Kernlochbohrerdurchmesser in mm	1,6	2,1	2,5	2,9	3,3	4,2	5,0	6,7	8,5

Kunststoffdübel

Dübelgröße	Dübellänge in mm	Bohrerdurchmesser in mm	Bohrtiefe in mm	Schraubendurchmesser in mm	Einschraubtiefe in mm	Last in Beton in N
4/20	20	4	25	2 ... 3	25	200
5/25	25	5	30	2,6 ... 4	30	300
6/30	30	6	35	3,5 ... 5	35	500
8/40	40	8	50	4,5 ... 6	50	800
10/50	50	10	60	6 ... 8	60	1200
12/60	60	12	70	8 ... 10	70	1800
14/70	70	14	80	10 ... 12	80	2800
L6/55	55	6	60	3,5 ... 5	60	350
L8/65	65	8	75	4,5 ... 6	75	450
L10/80	80	10	90	6 ... 8	90	550

Messingdübel

Dübelgröße	Dübellänge in mm	Bohrerdurchmesser in mm	Bohrtiefe in mm	Schraubendurchmesser in mm	Einschraubtiefe in mm	Last in Beton in N
Ms 4/16	16	5,5	18	M 4	16	250
Ms 5/21	21	6,5	24	M 5	21	400
Ms 6/24	24	8	27	M 6	24	650
Ms 8/31	31	11	35	M 8	31	1100
Ms10/34	34	13	38	M10	34	1600
Ms12/41	41	16	45	M12	41	2200

Stahldübel (Schwerlastdübel)

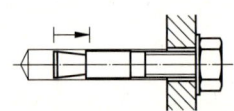
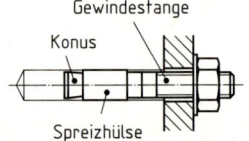

Dübelgröße	Gewinde	Bohrerdurchmesser in mm	Bohrtiefe in mm	Nutzbare Montagelänge in mm	Schlüsselweite	Last in Beton in kN
10/10	M 6	10	60	10	10	2 ... 4
10/50	M 6	10	60	50	10	2 ... 4
12/50	M 8	12	70	50	13	3 ... 8
12/100	M 8	12	70	100	13	3 ... 8
14/50	M10	14	80	50	17	5 ... 12
14/100	M10	14	80	100	17	5 ... 12

© Verlag Gehlen

Papierformatgrößen · Schriftfelder

Papier-Endformate (DIN 476)

Aufbau

(Schematische Darstellung der Formate A0 bis A6 mit Seiten x und y)

Formatgrößen

Hauptreihe (ISO-A-Reihe)		Zusatzreihe (ISO-B-Reihe)	
Benennung	Seitenlängen in mm	Benennung	Seitenlängen in mm
A 0	841 × 1189	B 0	1000 × 1414
A 1	594 × 841	B 1	707 × 1000
A 2	420 × 594	B 2	500 × 707
A 3	297 × 420	B 3	353 × 500
A 4	210 × 297	B 4	250 × 353
A 5	148 × 210	B 5	176 × 250
A 6	105 × 148	B 6	125 × 176
A 7	74 × 105	B 7	88 × 125
A 8	52 × 74	B 8	62 × 88

- Ausgangsformat A 0 hat eine Fläche von 1 m². Daraus ergibt sich ein Seitenverhältnis $x \cdot y = 1\ m^2$.
- Abmessungen für die Seiten $x = 0{,}841$ m und $y = 1{,}189$ m. Seitenverhältnis $x : y = 1 : 1{,}414$.
- Die Formatgrößen entstehen durch fortgesetztes Halbieren des Ausgangsformats. Die Maße beziehen sich auf die beschnittene Blattgröße; bei Format ≤ A3 mit Heftrand (20 mm), sonstige Umrandung für alle Formate gleich (5 mm).
- Schriftfeld und Stückliste immer in der unteren rechten Ecke.
- Zusatzreihen B, C und E sind Formate für Aktenordner, Briefumschläge und ähnliche: A 2.0, A 2.1, A 3.0 sind Streifenformate.

Schriftfelder für Zeichnungen, Pläne und Listen (DIN 6771-1)

Grundschriftfeld für Zeichnungen

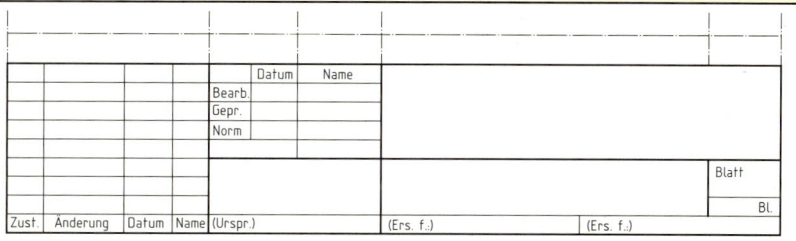

Grundschriftfeld mit einem darüber angeordneten Stücklistenfeld (Stückliste Form A)

- Das Grundschriftfeld (187,2 mm × 55,25 mm) ist für alle Benutzer festgelegt. Zusatzfelder, z. B. für Prüfvermerke, Auftraggeber, Nachbaufirmen, sind möglich.
- Für Stücklisten und Zeichnungsformate sollen Vordrucke verwendet werden.
- Die Größe der Felder ist in Rastermaßen angegeben: Zeilenhöhe $a = 4{,}25$ mm, Feldlänge $b = 2{,}6$ mm. Für jede Position ist eine Zeile mit der Teilung $2 \cdot a$ vorgesehen. Doppelte Beschriftung ist möglich.

© Verlag Gehlen

Schriftzeichen (DIN 6776-1)

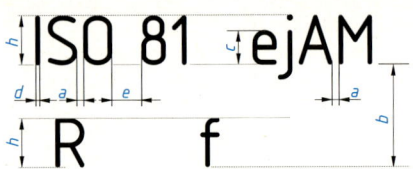

Mindestabstände

Beschriftungsmerkmale	Verhältnis	Maße					
Schriftform A ($d = 1/14 \cdot h$)							
Höhe der Großbuchstaben	$14/14 \cdot h$	2,5	3,5	5	7	10	14	20
Höhe der Kleinbuchstaben[1)]	$10/14 \cdot h$	–	2,5	3,5	5	7	10	14
Mindestabstand zwischen den Schriftzeichen	$2/14 \cdot h$	0,35	0,5	0,7	1	1,4	2	2,8
Mindestabstand zwischen den Grundlinien	$20/14 \cdot h$	3,5	5	7	10	14	20	28
Mindestabstand zwischen den Wörtern	$6/14 \cdot h$	1,05	1,5	2,1	3	4,2	6	8,4
Linienbreite	$1/14 \cdot h$	0,18	0,25	0,35	0,5	0,7	1	1,4
Schriftform B ($d = 1/10 \cdot h$)							
Höhe der Großbuchstaben	$10/10 \cdot h$	2,5	3,5	5	7	10	14	20
Höhe der Kleinbuchstaben[1)]	$7/10 \cdot h$	–	2,5	3,5	5	7	10	14
Mindestabstand zwischen den Schriftzeichen	$2/10 \cdot h$	0,5	0,7	1	1,4	2	2,8	4
Mindestabstand zwischen den Grundlinien	$14/10 \cdot h$	3,5	5	7	10	14	20	28
Mindestabstand zwischen den Wörtern	$6/10 \cdot h$	1,5	2,1	3	4,2	6	8,4	12
Linienbreite	$1/10 \cdot h$	0,25	0,35	0,5	0,7	1	1,4	2

[1)] Kleinbuchstaben ohne Ober- oder Unterlängen

Schriftform A

A B C D E F G H I J K L M N O P Q R S T U V W X Y Z Ä Ö Ü

a b c d e f g h i j k l m n o p q r s t u v w x y z ä ö ü ß

[(! ? . ; " – = + × · : √ % &)] Ø 1 2 3 4 5 6 7 8 9 0 I V X

Maßstäbe (DIN ISO 5455)

Natürliche Größe	Vergrößerungen			Verkleinerungen			Bemerkung
1 : 1	2 : 1	5 : 1	10 : 1	1 : 2	1 : 5	1 : 10	Wird ein anderer als der Haupt-
–	20 : 1	50 : 1	100 : 1	1 : 20	1 : 50	1 : 100	maßstab gewählt, so ist dieser
–	–	–	–	1 : 200	1 : 500	1 : 1000	in der Nähe der entsprechen-
–	–	–	–	1 : 2000	1 : 5000	1 : 10000	den Darstellung anzugeben.

Linien (DIN 15, ISO 128)

Kenn-buchstabe	Linienart	Linienbreite d in mm (bevorzugte fett)			Anwendungen
A	Volllinie, breit	0,35	**0,5**	0,7	Sichtbare Kanten und Umrisse, Hauptdarstellungen in Diagrammen und Fließbildern; Maß- und Textangaben
B	Volllinie, schmal	0,18	**0,25**	0,35	Maß-, Hinweis-, Projektionslinien, Umrahmungen, Lagerichtung von Schichtungen, z. B. Trafoblechen, Schraffuren
C	Freihandlinie, schmal	0,18	**0,25**	0,35	Begrenzung von abgebrochen oder unterbrochen dargestellten Ansichten oder Schnitten, wenn die Begrenzung keine Mittellinie ist.
D	Zickzacklinie, schmal				
E	Strichlinie, breit	0,35	**0,5**	0,7	Kennzeichnung zulässiger Oberflächenbehandlung (diese Linienart möglichst nicht verwenden)
F	Strichlinie, schmal	0,18	**0,25**	0,35	Verdeckte Kanten und Umrisse
G	Strichpunktlinie, schmal	0,18	**0,25**	0,35	Mittellinien, Symmetrielinien, Lochkreise, Teilungsebenen (Formteilung)
J	Strichpunktlinie, breit	0,35	**0,5**	0,7	Kennzeichnung geforderter Behandlung, z. B. Wärmebehandlung, Schnittebene
K	Strich-Zweipunktlinie, schmal	0,18	**0,25**	0,35	Umrisse angrenzender Teile, Grenzstellungen beweglicher Teile, Schwerlinien

Beim Überdecken verschiedener Linienarten ist folgende Reihenfolge einzuhalten:
a) sichtbare Kanten und Umrisse (Linienart A)
b) verdeckte Kanten und Umrisse (Linienart F)
c) Schnittebenen (Linienart J)
d) Mittellinien (Linienart G)
e) Schwerlinien (Linienart K)
f) Maßhilfslinien (Linienart B)

Axiometrische Projektion (DIN 5)

Isometrische Projektion DIN 5-1	Dimetrische Projektion DIN 5-2	Kavalierperspektive (nicht genormt)

- $a : b : c = 1 : 1 : 1$
  $\alpha = 30°; \beta = 30°$
- Kreise erscheinen in allen Ansichten als Ellipsen.
- Näherungskonstruktion der Ellipsen:
  $D \approx 1{,}22 \cdot a$; $d \approx 1{,}77 \cdot D$
  $R \approx 1{,}06 \cdot a$; $r \approx 0{,}2 \cdot a$

- $a : b : c = 1 : 1 : 0{,}5$
  $\alpha = 7°; \beta = 42°$
- Ellipsen in der Vorderansicht können als Kreise gezeichnet werden.
- Näherungskonstruktion der Ellipsen in Draufsicht und in Seitenansicht:
  $D_1 \approx D_2 \approx 1{,}06 \cdot a$; $R \approx 1{,}06 \cdot a$
  $d_1 \approx d_2 \approx D : 3$; $r \approx 0{,}06 \cdot a$

- $a : b : c = 1 : 1 : 0{,}5$
  $\alpha = 0°; \beta = 45°$
- Ellipsenkonstruktion ist mit Hilfsansicht möglich.

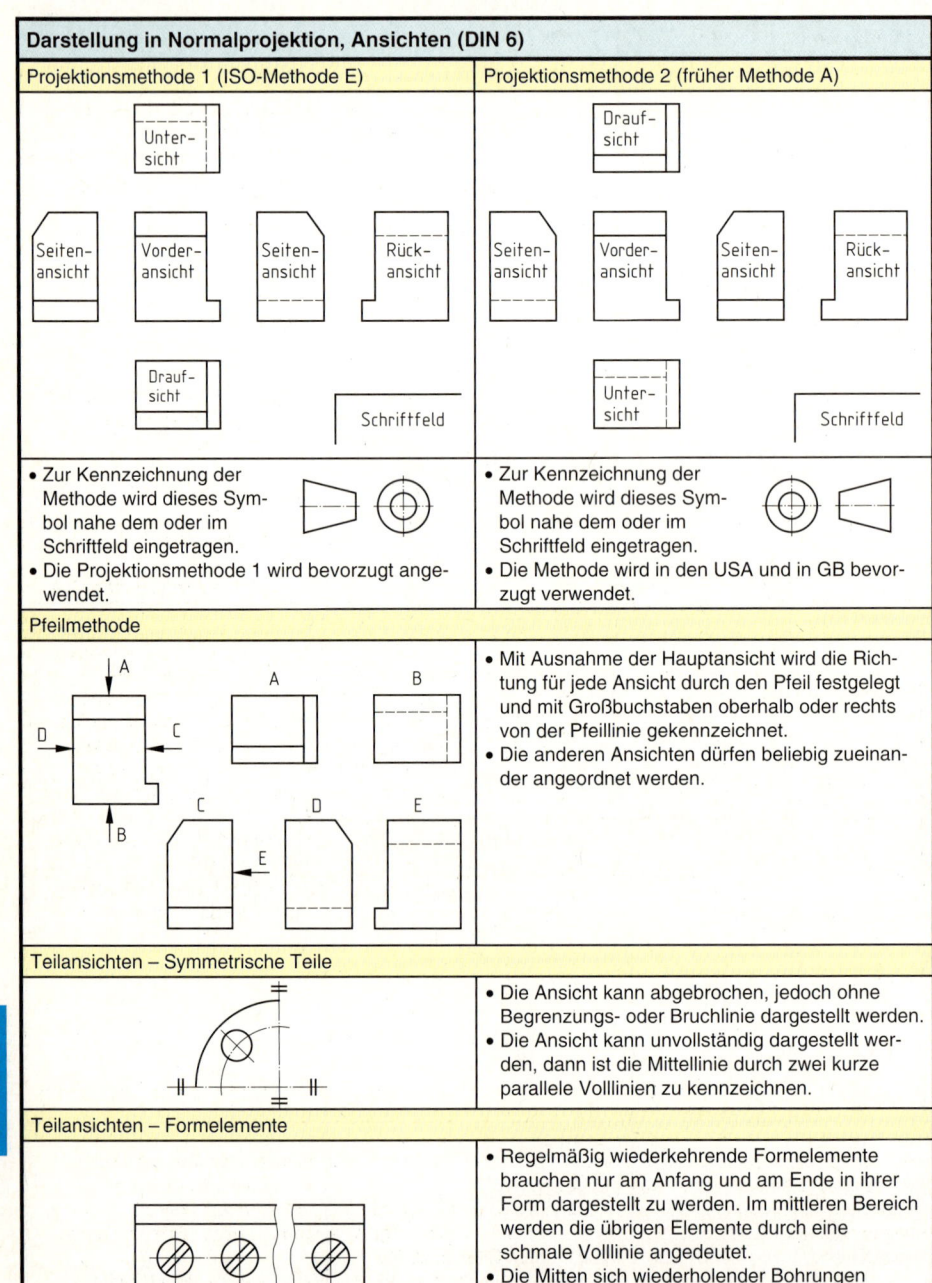

Bemaßungen (DIN 406)

Maßlinien, Maßhilfslinien (DIN 15)

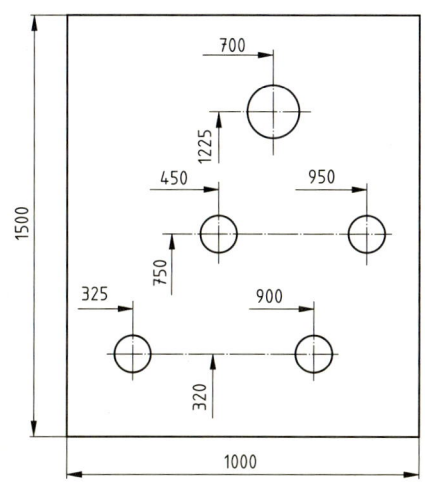

- Kanten und Mittellinien nicht als Maßlinien verwenden.
- Ist dennoch eine Maßlinie gleichzeitig Mittellinie, so ist sie außerhalb der Darstellung als schmale Volllinie zu zeichnen.
- Maß- und Maßhilfslinien sollen nach Möglichkeit keine anderen Linien schneiden.
- Maßhilfslinien stehen parallel zueinander und meist unter 90° (selten 60°) zur Maßlinie.
- Abgebrochene Maßlinien sind über den Mittelpunkt oder über die Symmetrielinie hinausgehend zu zeichnen.
- Der Punkt darf nur bei Platzmangel als Begrenzung einer Maßlinie angewendet werden.

Hinweislinien enden
- ohne Begrenzung, wenn sie auf Linien (keine Körperkanten) zeigen;
- mit Punkt, wenn sie aus einer Fläche herausführen;
- mit Pfeil, wenn sie auf eine Körperkante zeigen.

Beschriftung

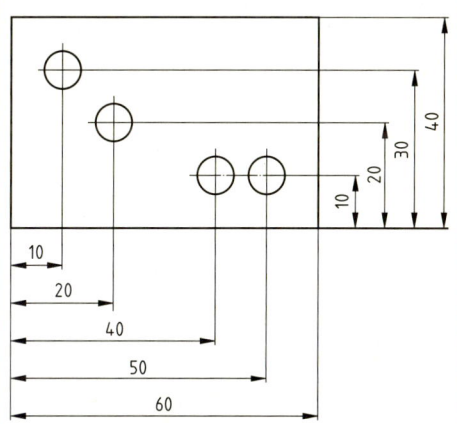

- Die senkrechte Mittelschrift ist zu bevorzugen.
- Die Stellung der Maßzahl entsprechend der Leselage der Zeichnung eintragen (von unten oder von rechts lesbar); im Beispiel ist die Bemaßung im Bereich 0° ... 30° zu vermeiden.
- Maßzahlen nicht durch Linien trennen oder durchstreichen, d. h., alle Linien für Maßzahlen unterbrechen.
- Bei parallelen Maßlinien die Maßzahlen versetzt eintragen.
- Bei unmaßstäblicher Darstellung die Maßzahlen unterstreichen, aber nicht bei unterbrochen dargestellten Teilen.

Anordnung der Maße

Grundregeln
- Mit der Bemaßung wird in der Zeichnung der Endzustand dargestellt; dies kann ein Roh-, Zwischen- oder Fertigzustand eines Erzeugnisses sein.
- Es werden die Maße der natürlichen Größe eingetragen – unabhängig vom Maßstab der Darstellung.
- Alle Längenmaße werden ohne Angabe der Einheit in mm angegeben, abweichende Einheiten sind anzugeben (m, cm). Winkelangaben erfolgen in Grad, z. B. 90°.
- Jedes Maß eines Werkstücks darf nur einmal in der Zeichnung eingetragen werden. Es ist in der Ansicht anzutragen, in der die Zuordnung von Darstellung und Maß am deutlichsten ist.
- Nicht an verdeckten Körperkanten bemaßen (stattdessen Schnittdarstellung verwenden).
- Maße möglichst aus der Darstellung herausziehen.

Darstellung der Funktion in technischen Dokumentationen

Beschreibung	Beispiel
Funktionsbeschreibung: Die verbale Funktionsbeschreibung ergänzt das Technologieschema und die Schaltpläne.	Die Temperatur eines Mikroprozessors wird mit einem Heißleiterfühler überwacht. Bei zu hoher Temperatur wird der Lüfter eingeschaltet. Bei …
Technologieschema In vereinfachter Form wird der Aufbau einer Maschine mit allen zur Funktion wesentlichen Elementen dargestellt, insbesonders mit der Anordnung von Signalgebern und Ausgangselementen. Die bildhafte Darstellung soll die Funktionsweise der gesteuerten Maschine veranschaulichen und Arbeitsabläufe nachvollziehbar darstellen.	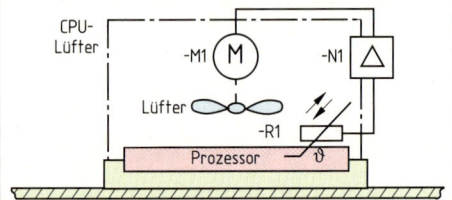
Funktionsschaltplan (DIN EN 61082-2) Die Schaltung oder die Software wird in Form von idealen bzw. theoretischen Schaltkreisen dargestellt, ohne die tatsächliche Realisierung zu berücksichtigen. Der Funktionsschaltplan muss die Symbole für die Funktionen und zugehörige Signal- und Steuerverbindungen enthalten. Alle Einzelheiten des funktionalen Verhaltens von Hard- und/oder Software sind im Funktionsschaltplan zu berücksichtigen. Der **Logik-Funktionsschaltplan** wird für Schaltungen verwendet, in denen überwiegend binäre Elemente enthalten sind. Der **Ersatzschaltplan** ist ein Funktionsschaltplan, der vergleichbare Schaltungen für die Analyse oder die Berechnung zeigt. Er ist meist detaillierter als erforderlich um Zusammenhänge zu beschreiben. Funktionsschaltpläne werden für die Planung oder für die Erläuterung von Hard- und/oder Software eingesetzt sowie für die Schulung und Ausbildung.	Funktionsschaltplan: 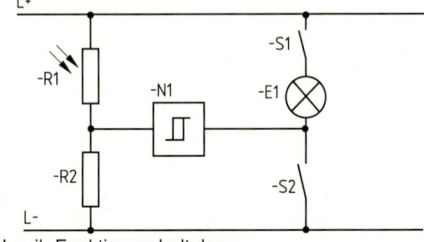 Logik-Funktionsschaltplan: 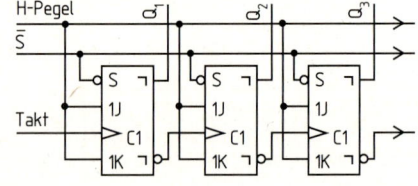
Zeitablaufdiagramm (DIN 40719-11) Die Funktionsabläufe werden hier im zeitgerechten Maßstab dargestellt. Es wird vorzugsweise zur Darstellung des Funktionsablaufes in taktgesteuerten Schaltungen angewendet. Die Funktionen werden waagerecht in dem gewählten Zeitmaßstab aufgetragen.	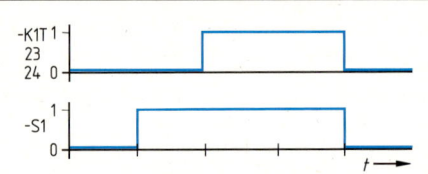
Funktionsdiagramm Ist zur übersichtlichen Darstellung von Ablaufsteuerungen, insbesonders der Pneumatik, geeignet. Ein vollständiges Funktionsdiagramm besteht aus dem Bewegungsdiagramm für die Arbeitselemente und dem Steuerdiagramm für die Signaleingabe. In Abhängigkeit der einzelnen Schritte werden neben den Bewegungen der Arbeitselemente auch die Schaltstellungen der Signalgeber eingezeichnet.	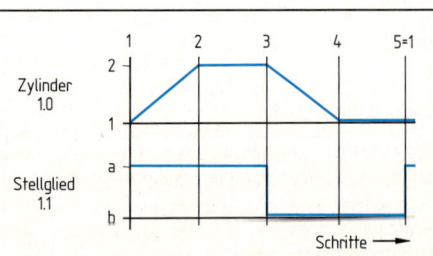

© Verlag Gehlen

Funktionsplan (DIN 40719-6)

Beschreibung	Aufbau des Funktionsplanes
Der Funktionsplan nach DIN 40719 ist eine prozessorientierte Darstellung von Steuerungen, unabhängig von der technischen Realisierung. Er zeigt, welche Befehle an den Prozess gegeben werden und welche Informationen vom Prozess an die Steuerung zurückgegeben werden.	Der Funktionsplan besteht aus Symbolen für: • Schritt – Beharrungszustand des Prozesses • gesetzter Schritt – aktueller Beharrungszustand • nicht gesetzter Schritt – nicht aktueller Zustand • Übergänge – Funktionsbedingung zur Änderung des Beharrungszustandes • Wirkverbindungen – Verbindungslinien die die Schritte und Übergänge verknüpfen

Symbole für Funktionspläne (Auswahl) | Kennbuchstaben für Befehle (Aktionen)

Ablaufkette (Beispiel)

(Diagramm: Anfangsschritt 1 mit N Meldung "warm", ND Kühlen; Übergang kalt/warm; Schritt 2 mit ND Heizen; Übergangsbedingung)

Kennbuchstabe	Benennung
N	Nicht gespeichert nicht bedingt.
S	Gespeichert
D	Verzögert
L	Zeitlich begrenzt
P	Pulsförmig. Ersetzt den Befehl L bei sehr kurzen Zeiten
C	Bedingt. Bedingung wird mit angegeben
F	Freigabebedingt

Wirkungsplan (DIN 19226-2)

Der **Wirkungsplan** stellt die wirkungsmäßigen Zusammenhänge zwischen den Größen eines Systems oder mehrerer Systeme aufeinander dar. Die Wirkungslinien sind nicht mit gerätetechnischen Einrichtungen identisch. Die Wirkungsrichtung geht von der verursachenden zur beeinflussten Größe und wird durch Pfeile angegeben.

Element des Wirkungsplanes	Beispiel
Den Weg der Größe stellt die **Wirkungslinie** dar, auf ihr wird die Richtung mit einem Pfeil angegeben.	→ ↑
Ein **Block** stellt ein System oder ein Gebilde mit verursachenden Größen und beeinflusster Größe dar. Mit Ausnahme der Addition wird der Block durch ein Rechteck dargestellt. Die wirkungsmäßige Abhängigkeit wird im Innern des Rechtecks angegeben.	—▭—
Eine **Addition** mehrerer Größen wird durch einen Kreis dargestellt, der wesentlich kleiner als ein Block ist. Die Polarität der Größe wird rechts neben der Wirkungslinie mit dem Vorzeichen angegeben, wobei positive Vorzeichen entfallen können.	—○— (+/−)
Von einer **Verzweigung** aus geht eine Größe zu mehreren Blöcken oder Additionen. Sie wird durch einen Punkt dargestellt.	—•→ ↓

© Verlag Gehlen

Stromlaufpläne (DIN EN 61082-2)

Stromlaufplan in zusammenhängender Darstellung	Stromlaufplan in halbzusammenhängender Darstellung	Stromlaufplan in aufgelöster Darstellung
Beispiel:	**Beispiel:**	**Beispiel:**
Im Stromlaufplan in zusammenhängender Darstellung werden alle Teile eines Betriebsmittels zusammenhängend gezeichnet. Mechanische Verbindungen werden durch eine gestrichelte Linie gekennzeichnet. Die Betriebsmittel sind jedoch nicht entsprechend ihrer tatsächlichen Anordnung dargestellt.	Der Stromlaufplan in halbzusammenhängender Darstellung verzichtet auf die zusammenhängende Darstellung eines Betriebsmittels. Die mechanischen Wirkverbindungen werden jedoch durch eine gestrichelte Linie gekennzeichnet.	Im Stromlaufplan in aufgelöster Darstellung wird die Schaltung in Stromwege, Planabschnitte oder Planquadrate aufgelöst und ohne Rücksicht auf die räumliche Lage oder auf räumliche Zusammenhänge der Betriebsmittel dargestellt. Um die Übersichtlichkeit zu vergrößern, verlaufen die Stromwege senkrecht und sollen ohne Kreuzungen gezeichnet werden.

Allgemeine Regeln für Stromlaufpläne:
- Aus einem Stromlaufplan muß die Wirkungsweise einer Schaltung eindeutig zu erkennen sein.
- Alle Betriebsmittel sind durch normgerechte Schaltzeichen dargestellt.
- Im gesamten Stromlaufplan ist die gleiche Art der Darstellung (Schaltzeichen) zu verwenden.
- Betriebsmittel sollen mit Typenbezeichnungen, technischen Daten und Hinweisen zum Auffinden von Schaltzeichen und Zielorten versehen sein.
- Mehrleitersysteme können zur Vereinfachung zusammengefasst (einpolig) dargestellt werden.
- In aufgelöster Darstellung werden die Strompfade in Stromwege, Planabschnitte oder Planquadrate unterteilt, um die Lesbarkeit zu gewährleisten (Stromkreisreferenzsystem).
- Die Strompfade werden senkrecht und fortlaufend von links nach rechts gezeichnet.
- Die Zusammengehörigkeit von Betriebsmitteln wird in aufgelöster Darstellung in Form von Tabellen oder Schaltzeichen mit Verweisen auf Strompfade angegeben.
- Betriebsmittel werden in der Energietechnik im ausgeschalteten Zustand, in der Nachrichtentechnik im betriebsbereiten Zustand dargestellt.
- Anhand von Stromlaufplänen muss die Wartung, Instandhaltung und Störungssuche in einer Anlage möglich sein.

Verdrahtungsplan (DIN EN 61082-3)

Regeln	Beispiel
• Betriebsmittel und Bauteile lagerichtig anordnen. • Anschlussstellen der Betriebsmittel mit vollständiger Bezeichnung darstellen. • Verbindungsleitungen einzeln oder zusammengefasst zeichnen. Bei Zusammenfassung Anschlußstellen und Zielbezeichnungen angeben. • Anschlüsse zum Netz und zu externen Betriebsmitteln angeben. • Der Verdrahtungsplan kann in Geräteverdrahtungsplan, Verbindungsplan und Anschlussplan unterteilt werden. • Verdrahtungspläne geben in der Regel keinen Aufschluss über die Wirkungsweise.	
Geräteverdrahtungspläne geben die Innenverbindungen von Geräten und Gerätekombinationen an. Hinweise zu äußeren Verbindungen können hinzugefügt werden. Dies ist auch in Form von Geräteverdrahtungstabellen möglich.	
Anschlusspläne geben die inneren und die äußeren Verbindungen z. B. an Klemmleisten an. Hinweise auf Stromlauf- und Anordnungspläne können angefügt werden. Sie können auch in Tabellenform dargestellt werden.	
Verbindungspläne stellen die Verbindungen zwischen Geräten und Baugruppen ohne interne Verbindungen dar und können mit Hinweisen auf Stromlaufpläne versehen werden. Verbindungspläne können durch Tabellen ergänzt oder ersetzt werden.	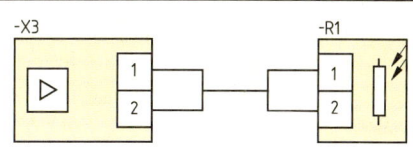

Anordnungsplan (DIN EN 61082-4)

Regeln	Beispiel
• Die Betriebsmittel werden vereinfacht, bildhaft in ihrer richtigen Anordnung dargestellt. • Eine maßstabsgerechte Darstellung ist nicht erforderlich. • Maßangaben können entfallen. • Normgerechte Kennzeichnung aller Betriebsmittel. • Zusätzliche Kennzeichnungen der Betriebsmittel ist zulässig. • Der Anordnungsplan kann durch eine Liste oder Tabelle ergänzt oder ersetzt werden.	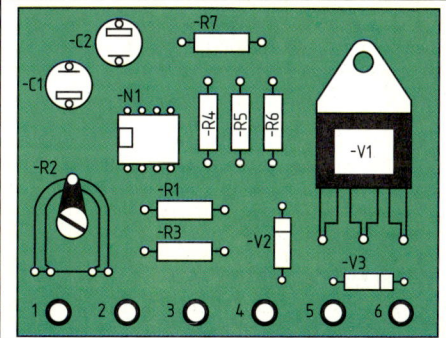

© Verlag Gehlen

Übersichtsschaltplan (DIN EN 61082-2)

Regeln	Beispiel
• Übersichtsschaltpläne geben über Systeme, Teilsysteme, Hardware, Software u. Ä. als Einführung zum Zwecke des Betreibens, der Wartung, der Ausbildung oder Schulung einen Überblick. • Wenn erforderlich müssen Übersichtsschaltpläne lagerichtig ausgeführt werden oder mit Lageangaben versehen werden. • Wenn verschiedene Ebenen dargestellt werden sollen, kann der Übersichtsschaltplan in höhere Ebenen für das Gesamtsystem und niedere Ebenen für Teilsysteme gegliedert werden. • Symbole für Betriebsmittel müssen nach Pfaden gegliedert eingezeichnet werden. • Übersichtsschaltpläne für nichtelektrische Prozesse müssen entsprechend dem Flussplan des Prozesses aufgebaut werden.	Übersichtsschaltplan für einen Empfänger 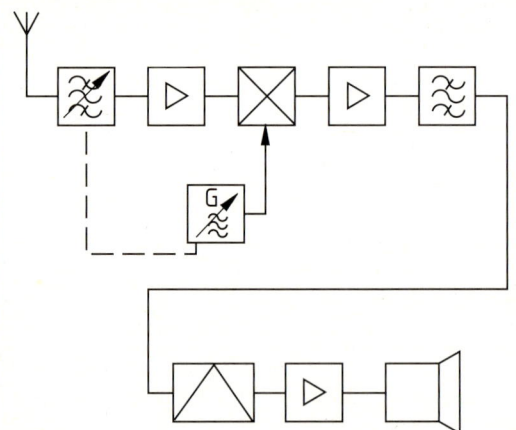

Ortsbezogene Pläne (DIN EN 61082-1)

Regeln	Beispiele
Lagepläne zeigen die räumliche Lage von baulichen Anlagen, Wegen u. Ä. Bei Geländedarstellungen sind Vermessungspunkte, Zugangswege u. Ä. mit angegeben. **Installationszeichnungen** zeigen nur die Lage der Teile und Betriebsmittel in einer Anlage, in einem Gerät oder eines Systems. **Installationsschaltpläne** zeigen die Anordnung der Teile und Betriebsmittel und deren Verbindungen zwischen ihnen. • Bei elektrischen Anlagen werden einpolige Schaltzeichen verwendet. • Schutzmaßnahmen und Schutzarten sollen angegeben werden. • Die Anbauhöhe für Schalter, Steckdosen u. Ä. wird über der Oberkante des fertigen Fußboden (OKFFB) angegeben. • Bei Leuchten wird die Bauart mit angegeben. • Für Leitungen kann die Verlegeart und die Leitungsart angegeben werden. Leitungswege brauchen bei eindeutigen Verlauf nicht eingezeichnet werden. **Gruppenzeichnungen** stellen die Gestalt und die räumliche Lage einer Baugruppe dar. Sie werden maßstäblich gezeichnet.	Installationsschaltplan einer Wohnung (Ausschnitt) 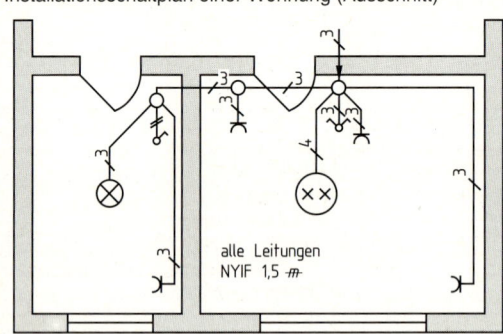 Installationszeichnung einer Maschine 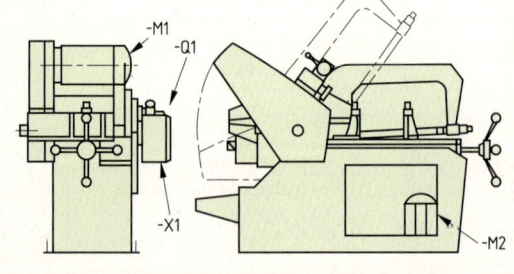

© Verlag Gehlen

Kennzeichnung elektrischer Betriebsmittel (DIN 40719-2)

Die Kennzeichnung erfolgt in den Blöcken 1 bis 4 mit Vorzeichen zur besseren Unterscheidung. Bevorzugte Reihenfolge einer vollständigen Kennzeichnung ist Block **1**, **2**, **3A**, **3B**, **3C**, **4**.

1 Anlage Vorzeichen =	2 Ort Vorzeichen +	3A Art, 3B Zählnummer, 3C Funktion Vorzeichen –	4 Anschluss Vorzeichen :
Übergeordnete Zuordnung. Gibt die Beziehung zu anderen Teilen der Anlage im Hinblick auf die Funktion bzw. den Ort an.	Gibt den Ort des Betriebsmittels an.	Identifiziert das Betriebsmittel mit Art, Zählnummer und Funktion. Zur Identifizierung eines Betriebsmittels reicht meist der Kennzeichnungsblock 3 aus; 1, 2, und 4 sind nicht unbedingt erforderlich. Zulässige Kombinationen: 3A, 3B, 3C oder 3A, 3B oder 3B, 3C oder 3B.	Gibt die Leiter- und Anschlussbezeichnungen an.

Kennbuchstabe für die Art des Betriebsmittels (Kennzeichnungsblock 3A)

Kennbuchstabe	Art des Betriebsmittels	Beispiele
A	Baugruppen, Teilbaugruppen	Einschübe, Steckkarten, Rahmen
B	Umsetzer von nichtelektrischen auf elektrische Größen und umgekehrt	Thermoelektrische Fühler, Mikrophone, Tonabnehmer, Lautsprecher
C	Kondensatoren	Kompensations- und Koppelkondensatoren
D	Binäre Elemente, Verzögerungs- und Speichereinrichtungen	Digitale Verknüpfungsglieder, bi-, mono-, astabile Elemente, Speicher, Magnetbandgeräte
E	Verschiedenes	Beleuchtungen, Heizungen
F	Schutzeinrichtungen	Sicherungen, Schutzrelais
G	Generatoren, Stromversorgungen	Generatoren, Batterien, Ladegeräte, Oszillatoren, Netzgeräte
H	Meldeeinrichtungen	Optische und akustische Melder
K	Relais, Schütze	Schütze, Relais, Zeit- und Blinkrelais
L	Induktivitäten	Drosselspulen, Frequenzsperren
M	Motoren	Gleichstromantriebe
N	Verstärker, Regler	Operationsverstärker, Analogrechner, Regeleinrichtungen
P	Messgeräte, Prüfeinrichtungen	Messeinrichtungen jeder Art, Uhren
Q	Starkstrom-Schaltgeräte	Last-, Trenn-, Leistungsschalter
R	Widerstände	Vor-, Nebenwiderstände, Heißleiter
S	Schalter, Wähler	Befehlsgeräte, Grenztaster, Wahlschalter, Nummernschalter
T	Transformatoren	Netz- und Sicherheitstransformatoren
U	Modulatoren, Umsetzer von elektrischen in andere elektrische Größen	Frequenzwandler, Demodulatoren, Diskriminatoren, Umsetzer, Inverter
V	Halbleiter, Röhren	Transistoren, Dioden, Röhren
W	Übertragungswege, Antennen, Hohlleiter	Kabel, Schaltdrähte, Dipole, Antennen
X	Klemmen, Stecker, Steckdosen	Klemmleisten, Lötleisten, Stecker
Y	Elektrisch betätigte mechanische Einrichtungen	Bremsen, Kupplungen, Ventile
Z	Entzerrer, Begrenzer, Filter, Abschlüsse, Anschlüsse	Hoch-, Tiefpass, Funkentstörglieder, Dynamikregler

© Verlag Gehlen

Kennbuchstaben für die Kennzeichnung allgemeiner Funktionen (Kennzeichnungsblock 3C)

Kennbuchstabe	Allgemeine Funktion	Kennbuchstabe	Allgemeine Funktion
A	Hilfsfunktion, Funktion AUS	M	Hauptfunktion
B	Bewegungsrichtung	N	Messung
C	Zählung	P	Proportional
D	Differenzierung	Q	Zustand
E	Funktion EIN	R	Rückstellen, Löschen
F	Schutz	S	Speichern, Aufzeichnen
G	Prüfung	T	Zeitmessung, Verzögern
H	Meldung	V	Geschwindigkeit
J	Integration	W	Addieren
K	Tastbetrieb	Y	Analog
L	Leiterkennzeichnung	Z	Digital

Beispiel einer Betriebsmittelkennzeichnung mit funktionaler Bedeutung (DIN40719-2)

Betriebsmittelkennzeichnung

= 1M3.D33 - K21M

- Motor 3 von Mischer 1
- Leistungskreis 33 (Drehstrom)
- Motorschütz
- Nr. 21
- Schütz

Darstellung im Stromlaufplan

Felder 5, 6, 7; -K21M; = 1M3.D 33 Blatt...

Kennzeichnung von Anschlüssen

Anschluss	Buchstabe	Schaltzeichen	Anschluss	Buchstabe	Schaltzeichen
Außenleiter	U	–	Erde	E	⏚
Außenleiter	V				
Außenleiter	W		Fremdspannungsarme Erde	TE	⏚
Neutralleiter	N				
Schutzleiter	PE	⏚	Masse	MM	⏊

Kennzeichnung der Anschlüsse von elektrischen Betriebsmitteln

Regeln für die Anschlusskennzeichnung	Beispiel
Anschlüsse durch aufeinanderfolgende Zahlen kennzeichnen. Anschlüsse, die zwischen den Enden liegen, mit aufsteigenden Zahlen kennzeichnen.	1/2; 3,4/1,2; 1,3,5/2,4,6
Bei Anschlüssen ähnlicher Elemente einer Gruppe den Zahlen Buchstaben voranstellen oder weitere Zahlen voranstellen, die durch einen Punkt gegliedert sind. Ähnliche Elementgruppen mit gleichen Buchstaben durch vorangesetzte Zahlen kennzeichnen.	U1,V1,W1 / U2,V2,W2 ; 1.1, 2.1, 3.1 / 1.2, 2.2, 3.2

Ströme · Spannungen · Leitungen · Widerstände · Kondensatoren · Spulen

Kennzeichen für Arten von Strömen und Spannungen (DIN EN 60617-2)

Kennzeichen	Beschreibung	Kennzeichen	Beschreibung	Kennzeichen	Beschreibung
— oder =	Gleichstrom	∼	Wechselstrom	∼	Niedere Frequenzen
≈	Mittlere Frequenzen	≈	Hohe Frequenzen	2µs ⎍ 10 kHz	Rechteckimpuls, positiv
⋀	Dreieckimpuls	1∼50Hz	Einphasen-Wechselstrom	3∼50Hz 400V	Dreiphasen-Wechselstrom

Kennzeichen für Leitungen, Verbinder, Durchführung (DIN EN 60617-3/11; DIN 19227-2)

Kennzeichen	Beschreibung	Kennzeichen	Beschreibung	Kennzeichen	Beschreibung
——	Leiter, allgemein	Form 1 | Form 2	Neutralleiter (N) Mittelleiter (M)	Form 1 | Form 2	Schutzleiter (PE)
Form 1 | Form 2 PEN	Neutralleiter mit Schutzfunktion	Form 1 | Form 2	Drei Leiter		(Zwei) Leiter, verdrillt
—⌒—	Leiter, bewegbar		Leitung, nach oben führend		Leitung, nach oben und unten durchführend
—⊗—	Leiter, geschirmt		Leiter, geerdet	—○—	Leiter, koaxial
— - - —	Ruf- und Klingelleitung	F	Fernsprechleitung		(Drei) Leiter in einem Kabel
	Verbindung von Leitern	o	Anschluss, z. B. Klemme		Abzweig von Leitern
Form 1 | Form 2	Steckverbindung mit Buchse und Stecker		Lichtwellenleiter		Lichtwellenleiter, Mehrmoden

Passive Bauelemente (DIN EN 60617-2/4/7)

Schaltzeichen	Beschreibung	Schaltzeichen	Beschreibung	Schaltzeichen	Beschreibung
Form 1 Form 2	Widerstand, allgemein	Form 1 Form 2	Widerstand mit festen Anzapfungen		Widerstand, veränderbar, allgemein
Form 1 | Form 2	Wicklung, Induktivität, Drossel, Spule	Form 1 | Form 2	Wicklung mit fester Anzapfung	Form 1 | Form 2	Induktivität mit Magnetkern
	Induktivität mit Luftspalt im Magnetkern	Form 1 | Form 2	Kondensator, allgemein	Form 1 | Form 2	Kondensator mit Anzapfung
Form 1 | Form 2	Kondensator, gepolt, z. B. Elektrolytkond.		Ferritperle		Heizelement
	Piezoelektrischer Kristall mit zwei Elektroden		Sicherung, allgemein		Einstellbarkeit, allgemein, stetig, stufig

© Verlag Gehlen

Dioden · Transistoren · Thyristoren · Magnetischer Koppler · Optokoppler

Halbleiter (DIN EN 60617-5/6)

Schaltzeichen	Beschreibung	Schaltzeichen	Beschreibung	Schaltzeichen	Beschreibung
	Widerstand, lichtempfindlich		Hallgenerator		Widerstand, magnetfeldempfindlich
	Halbleiterdiode, allgemein		Leuchtdiode, allgemein		Diode, temperaturempfindlich
	Kapazitätsdiode		Tunneldiode Esaki-Diode		Z-Diode
	Breakdown-Diode		Backward-Diode (Unitunneldiode)		Zweirichtungsdiode (Diac)
	Thyristordiode, rückwärts sperrend		Thyristordiode, rückwärts leitend		Zweirichtungs-Thyristordiode
	Thyristortriode, rückwärts sperrend; Thyristor allgemein		Thyristortriode, rückwärts sperrend, Anode gesteuert (N-Gate)		Thyristortriode, rückwärts sperrend, Kathode gesteuert (P-Gate)
	Abschalt-Thyristortriode, allgemein		Abschalt-Thyristortriode, Anode gesteuert (N-Gate)		Abschalt-Thyristortriode, Kathode gesteuert (P-Gate)
	Thyristortriode, bidirektional Triac		Thyristortriode, rückwärts leitend, allgemein		Thyristortetrode, rückwärts sperrend
	PNP-Transistor		NPN-Transistor		NPN-Transistor mit zwei Basis-Anschlüssen
	Unijunction-Transistor, P-Typ		Unijunction-Transistor, N-Typ		Isolierschicht-FET (IGFET), Verarmungstyp, N-Kanal
	Isolierschicht-FET (IGFET), Anreicherungstyp, ein Gate, P-Kanal		Isolierschicht-FET (IGFET), Anreicherungstyp, ein Gate, N-Kanal		Isolierschicht-FET (IGFET), Verarmungstyp, zwei Gates, N-Kanal
	Magnetischer Koppler				Optokoppler, dargestellt mit Leuchtdiode und Phototransistor

© Verlag Gehlen

Elektronenröhren (DIN EN 60617-5)

Schaltzeichen	Beschreibung	Schaltzeichen	Beschreibung
	Bildwiedergaberöhre mit Kathode, Wehneltzylinder, elektromagnetischer Ablenkung und indirekt beheizter Kathode		Doppel-Kathodenstrahlröhre mit geteiltem Strahl, elektrostatischer Ablenkung und indirekt beheizter Kathode

Schaltzeichen für Installationstechnik (DIN EN 60617-7/11)

Schaltzeichen	Beschreibung	Schaltzeichen	Beschreibung	Schaltzeichen	Beschreibung
	Leiter im Erdreich Erdkabel		Leiter, oberirdisch		Kabelkanal, Trasse, Elektro-Installationsrohr
	Leiter im Putz		Leiter unter Putz	3 x 1,5Cu	Leitung mit drei Cu-Leitern mit 1,5 mm^2
	Leitung mit drei Leitern		Schutzleiter (PE)		Schutzleiter mit Schutzfunktion (PEN)
	Neutralleiter (N), Mittelleiter (M)		Verbindung von Leitern		Abzweig von Leitern
	Dose, allgemein; Leerdose, allgemein		Anschlussdose, Verbindungsdose		Abzweigdose, allgemein
	Stichdose		Durchschleifdose		Hausanschlusskasten, allg., mit Leitung dargest.
	Verteiler, mit fünf Anschlüssen dargestellt	230/8V	Transformator mit zwei Wicklungen		Gleichrichter-Gerät
	Wechselstromrichter		Sicherungsschalter	10A	Schalter, dargestellt dreipolig, 10 A
	Fehlerstrom-Schutzschalter, vierpolig		Leitungsschutzschalter		Notschalter, Typ „Pilz-Notdrucktaster"
	Schalter, allgemein		Ausschalter, einpolig		Wechselschalter, einpolig
	Kreuzschalter		Dimmer		Taster
t	Zeitrelais	t	Zeitschalter, einpolig		Schutzkontaktsteckdose

© Verlag Gehlen

Schaltzeichen für Installationstechnik (DIN EN 60617-7/11) (Fortsetzung)

Symbol	Beschreibung	Symbol	Beschreibung	Symbol	Beschreibung
	TK-Steckdose		Antennensteckdose		Lampe, allgemein
	Leuchtenauslass, mit Leitung dargestellt		Sicherheitsleuchte in Dauerschaltung		Scheinwerfer, allgemein
	Punktleuchte		Leuchte für Entladungslampe, allgemein		Vorschaltgerät für Entladungslampen
	Starter für Leuchtstofflampe		Elektrogerät, allgemein		Elektroherd, allgemein
	Küchenmaschine		Wärmeplatte		Mikrowellenherd

Grafische Symbole für Schaltzeichen (DIN EN 60617-2)

Symbol	Beschreibung	Symbol	Beschreibung	Symbol	Beschreibung
	Wirkverbindung, allgemein		Mechan. Verbindung mit Angabe der Kraft-/Bewegungsrichtung		Mechanische Verbindung (bei beschränktem Platzangebot)
	Verzögerte Wirkung (vom Bogen zum Mittelpunkt)		Selbsttätiger Rückgang (in Richtung der Dreieckspitze)		Raste, nicht selbsttätiger Rückgang
	Handantrieb, allgemein		Betätigung durch Ziehen		Betätigung durch Drehen
	Betätigung durch Drücken		Betätigung durch Berühren		Notschalter, Typ „Pilz-Notdrucktaster"
	Betätigung durch Motor		Betätigung durch Uhr		Betätigung durch Schlüssel

Schaltzeichen für allgemeine Anwendungen (DIN EN 60617-2/6)

Schaltzeichen	Beschreibung	Schaltzeichen	Beschreibung	Schaltzeichen	Beschreibung
	Stromquelle, ideal		Spannungsquelle, ideal		Primärzelle, Akkumulator
	Erde, allgemein		Anschlussmöglichkeit für Schutzleiter		Masse, Gehäuse

© Verlag Gehlen

Schaltgeräte, Auslöser (DIN EN 60617-2/6/7)

Symbol	Beschreibung	Symbol	Beschreibung	Symbol	Beschreibung
	Schließer, allgemein Schalter		Öffner		Wechsler mit Unterbrechung
	Schütz (Schließer)		Leistungsschalter		Trennschalter Leerschalter
$I <$	Unterstromrelais	I_d	Differentialstromrelais	$U >$	Überspannungsrelais, verzögert

Elektrische Maschinen (DIN EN 60617-6/7)

Schaltzeichen	Beschreibung	Schaltzeichen	Beschreibung	Schaltzeichen	Beschreibung
	Wendepol- oder Kompensationswicklung		Reihenschlusswicklung		Nebenschluss- oder fremderregte Wicklung
	Bürste (an Schleifring oder Kommutator)	M	Linearmotor, allgemein	M 3~	Drehstrom-Asynchronmotor (Käfigläufer)
MS 1~	Synchronmotor, einphasig	M	Gleichstrom-Nebenschlussmotor	M	Schrittmotor, allgemein

Messgeräte (DIN EN 60617-8)

Schaltzeichen	Beschreibung	Schaltzeichen	Beschreibung	Schaltzeichen	Beschreibung
★	Messgerät, anzeigend, allgemein	★	Messgerät, aufzeichnend, allgemein	★	Messgerät, integrierend, allgemein
V	Spannungsmessgerät, anzeigend	$I \sin\varphi$ A	Blindstrommessgerät, anzeigend	var	Blindleistungsmessgerät
$\cos\varphi$	Leistungsfaktormessgerät, anzeigend	Hz	Frequenzmessgerät, anzeigend		Oszilloskop
	Kurvenschreiber		Galvanometer	Θ	Thermometer Pyrometer
Form 1 Form 2	Thermoelement	Ah	Amperestundenzähler		Uhr, allgemein
Wh	Wattstunden-, Elektrizitätszähler	Wh	Mehrtarif-Wattstundenzähler (Zweitarifzähler), fernbedient	kWh 3~	Drehstrom-kWh-zähler (in eine Richtung fließende Energie wird gezählt)

© Verlag Gehlen

Schaltzeichen für Übertragungs- und Vermittlungstechnik (DIN EN 60617-9/10)

Schaltzeichen	Beschreibung	Schaltzeichen	Beschreibung	Schaltzeichen	Beschreibung
	Zählfunktion		Impulszähler, elektrisch betätigt		Signalumformer, allgemein
	Koppelstufe, allg. (mit x Eingängen u. y Ausgängen)		Koppelfeld mit abgehenden Gesprächen in 3 Koppelstufen		Wahlstufe mit abgehenden Gesprächen über eine Koppelstufe
	Automatische Wähleinrichtung		Schaltarm, nicht überbrückend		Schaltarm, überbrückend
	Fernsprecher, allgemein		Fernsprecher mit Nummernschalter		Fernsprecher mit Tastwahlblock
	Gabel Entkoppler		Leitungsnachbildung		Modulator
	Faksimile-Empfangsgerät		Telegrafie-Umsetzer, vollduplex		Band Film
	Aufnehmen oder Wiedergeben		Löschen		Mikrofon, allgemein
	Hörer, allgemein		Lautsprecher, allgemein		Wandlerkopf, allgemein
	Konzentration von links nach rechts		Expansion von links nach rechtes		Trägerfrequenz
	Träger unterdrückt		Frequenzband, allgemein		Frequenzband in Regellage
	Frequenzband in Kehrlage		Amplitudenmodulation, Zweiseitenbandübertrag.		Phasenmodulation, Zweiseitenbandübertragung
	Pulsphasenmodulation PPM		Pulsfrequenzmodulation PFM		Pulsamplitudenmodulation PAM
	Pulsabstandsmodulation		Pulsdauermodulation PDM		Pulscodemodulation PCM
	Modenmischer		Zwei-Wege-Teiler, allgemein		Begrenzer

© Verlag Gehlen

Rechnereinrichtungen (E DIN 40900 A1)

Schaltzeichen	Beschreibung	Schaltzeichen	Beschreibung	Schaltzeichen	Beschreibung
CPU	Zentraleinheit	MEM	Speichereinheit, z. B. RAM Form 1	◇	Speichereinheit, z. B. RAM Form 2
-(*)-	Schnittstelleneinrichtung	COM	Verbindungseinheit, z. B. zur Steuerung des Datenverkehrs, Form 1	⇔	Verbindungseinheit, z. B. zur Steuerung des Datenverkehrs Form 2
⌀	Diskettenstation	⌀	Diskettenstation mit austauschbarer Diskette	⊙⊙	Bandspeicherstation
C	Leitwerk, z. B. zur Steuerung peripherer Einheiten		Elektrisches Schreibgerät		Tastatur
	Bildschirmeinheit Monitor		Bildschirmeinheit mit Tastatur, Rechnerterminal	CMPTR	Rechenanlage, z. B. mit CPU und Peripheriegeräten

Abhängigkeitsarten binärer Elemente (DIN 40900-12)

Abhängigkeitsart	Buchstabe(n)	Wirkung auf den gesteuerten Ein- oder Ausgang, wenn sich der steuernde Eingang in folgendem Logik-Zustand befindet:	
		1-Zustand	0-Zustand
ADRESSE	A	Adresse wird angewählt (erlaubt die Aktion)	Adresse wird nicht angewählt (verhindert die Aktion)
STEUERUNG	C	Erlaubt die Aktion	Verhindert die Aktion
FREIGABE	EN	Erlaubt die Aktion	• Verhindert die Aktion gesteuerter Eingänge, • bewirkt an offenen Ausgängen und Tristate-Ausgängen den externen hochohmigen Zustand (die internen Logikzustände der Tristate-Ausgänge werden nicht beeinflusst), • bewirkt an den passiven Pulldown-Ausgängen einen hochohmigen L-Pegel und an den passiven Pullup-Ausgängen einen hochohmigen H-Pegel.
UND	G	Erlaubt die Aktion	Bewirkt 0-Zustand
MODUS	M	Modus wird ausgewählt (erlaubt die Aktion)	Modus wird nicht ausgewählt (verhindert die Aktion)
NEGATION	N	Komplimentiert den Zustand	Keine Wirkung
RÜCKSETZ	R	Gesteuerter Ausgang reagiert wie bei S = 0, R = 1	Keine Wirkung
SETZ	S	Gesteuerter Ausgang reagiert wie bei S = 1, R = 0	Keine Wirkung
ODER	V	Bewirkt 1-Zustand	Erlaubt die Aktion
TRANSMISSION	X	Weg wird durchgeschaltet	Kein Weg wird durchgeschaltet
VERBINDUNG	Z	Bewirkt 1-Zustand	Bewirkt 0-Zustand

© Verlag Gehlen

Kennzeichen für Eingänge und Ausgänge binärer Elemente (DIN 40900-12)

Symbol	Beschreibung	Symbol	Beschreibung	Symbol	Beschreibung
─o⌐	Negation, dargestellt an einem Eingang	⌐o─	Negation, dargestellt an einem Ausgang	─▷	Dynamischer Eingang. Interner 1-Zustand beim Übergang externer 0- zu externem 1-Zustand, sonst intern 0.
─[R]	R-Eingang. Nimmt der Eingang internen 1-Zustand an, wird eine 0 gespeichert; interner 0-Zustand am Eingang hat keine Wirkung.	─[S]	S-Eingang. Nimmt der Eingang internen 1-Zustand an, wird eine 1 gespeichert; interner 0-Zustand am Eingang hat keine Wirkung.	─[J]	J-Eingang. Nimmt der Eingang internen 1-Zustand an, wird eine 1 gespeichert; interner 0-Zustand am Eingang hat keine Wirkung.
─[K]	K-Eingang. Nimmt der Eingang internen 1-Zustand an, wird eine 0 gespeichert; interner 0-Zustand am Eingang hat keine Wirkung.	─[D]	D-Eingang. Interner Logikzustand des Eingangs wird gespeichert.	─[Am]	Am-Eingang. Adresseneingang von A0 bis A127.
─[Cm]	Cm-Eingang. Cm kennzeichnet Zeitsteuer- oder Takteingänge.	[Cm]─	Cm-Ausgang. Cm kennzeichnet Zeitsteuer- oder Taktausgänge.	─[E]	Erweiterungseingang kann mit dem Ausgang eines Erweiterungselementes verbunden werden.
─[EN]	Freigabe-Eingang. Nimmt der Eingang internen 1-Zustand an, haben alle Ausgänge den definierten Logik-Zustand, bei internem 0-Zustand sind alle Ausgänge hochohmig.	─[ENm]	ENm-Eingang bewirkt z. B. externen hochohmigen Zustand an Tristate-Ausgängen, ohne internen Zustand zu beeinflussen.	⌐─	Retardierter Ausgang. Zustandsänderung am Ausgang wird so lange gespeichert, bis das die Änderung verursachende Eingangssignal zum ursprünglichen Logik-Zustand zurückkehrt.
◇─	Offener Ausgang, z. B. offener Kollektor	⬦─	Offener Ausgang, H-Typ. Ausgang erzeugt im nichthochohmigen Zustand einen relativ niederohmigen H-Pegel.	⬨─	Passiver Pullup-Ausgang, L-Typ. Im nichthochohmigen Zustand erzeugt der Ausgang einen relativ niederohmigen L-Pegel.
▽─	Tristate-Ausgang. Ein dritter externer, hochohmiger Ausgang, ohne Logik-Aussage	─+m ─-m	Zählereingang, vorwärts/rückwärts. Nimmt der Eingang 1-Zustand an, wird der Zählerstand um m erhöht/niedriger.	─←m ─←m	Schiebeeingang, vorwärts/rückwärts. Nimmt der Eingang 1-Zustand an, wird die interne Information um m Stellen vorwärts/rückwärts geschoben.

© Verlag Gehlen

Binäre Elemente

Elementare binäre Elemente (DIN 40900-12)

Schaltzeichen	Beschreibung	Schaltzeichen	Beschreibung	Schaltzeichen	Beschreibung
	Element-Kontur		Steuerblock-Kontur		Ausgangsblock-Kontur
	UND-Element (AND)		ODER-Element (OR)		NICHT-Element (NEGATOR)
	UND mit negiertem Ausgang (NAND)		ODER mit negiertem Ausgang (NOR)		Exclusiv-ODER-Element (EXOR)
	Äquivalenz		Verzögerungselement mit Angabe der Verzögerungszeit		Monostabiles Kippglied
	Bistabiles Kippglied, allgemein		Astabiles Kippglied		RS-Kippglied
	RS-Kippglied mit Setzdominanz		RS-Kippglied mit Anfangszustand 0 u. Rücksetzdominanz		D-Kippglied, einzustandsgesteuert
	D-Kippglied, einflankengesteuert		JK-Kippglied		JK-Kippglied, zweiflankengesteuert
	Schwellwert-Schalter mit invertiertem Ausgang		Schieberegister, allgemein		Zähler mit einer Zykluslänge von 2^m
	Übertragungseinheit, allgemein		Multiplizierer, allgemein		Zahlenkomparator, allgemein
	Arithmetisch-logische Einheit, allgemein		Halbaddierer, allgemein		Nur-Lese-Speicher, allgemein
	Programmierbarer Nur-Lese-Speicher, allgemein		Schreib-Lese-Speicher, allgemein		Bidirektionaler Schalter

© Verlag Gehlen

Kombinatorische Elemente (DIN 40900-12)

Schaltzeichen	Beschreibung	Schaltzeichen	Beschreibung	Schaltzeichen	Beschreibung
	ODER-UND mit komplementären offenen Ausgängen vom H-Typ		ODER mit einem gemeinsamen Eingang und komplementären Ausgängen, fünffach		RS-Kippglied, zweizustandsgesteuert
	Bus-Transceiver, fünffach, Leistungselement		Bus-Treiber, bidirektional, vierfach		Verstärker, invertierend, mit Tristate-Ausgängen, sechsfach
	Binärzähler, 14stufig		Zweirichtungszähler, dekadisch, synchron		Schreib-Lese-Speicher 4 × 4 bit mit getrennten Eingängen für Schreib- und Leseadressen
	Schieberegister, parallel IN/ seriell OUT		Arithmetisch-logische Einheit, 4 bit		Multiplexer, 1-aus-8

© Verlag Gehlen

Kennzeichen für Eingänge, Ausgänge und andere Verbindungen (DIN EN 60617-13)

Symbol	Beschreibung	Symbol	Beschreibung	Symbol	Beschreibung
S	Summierung	∫	Integrierung	d/dt	Differentiation nach der Zeit
exp	Exponenentiation	log	Logarithmierung (zur Basis 10)	∩ / #	Analoge/digitale Eingänge/Ausgänge
*	Größenerkennender Eingang/Ausgang (* wird durch die Größe ersetzt)	C	Kompensations-Anschluss	H	HALTE-Eingang. Interner 1-Zustand bewirkt das Halten des letzten Wertes
*REF	Bezugseingang/ Bezugsausgang	SH	Sample-and-Hold	U/I	Spannungs-/ Stromversorgungs-Anschluss

Verstärker, Umsetzer, Multiplexer, Analogschalter (DIN EN 60617-13)

Schaltzeichen	Beschreibung	Schaltzeichen	Beschreibung	Schaltzeichen	Beschreibung
	Invertierender Verstärker mit einem Verstärkungsfaktor von 1		Operationsverstärker		Summierender Verstärker
	Integrierender Verstärker		Differenzialverstärker		Multiplizierer
	Dividierer		Umsetzer, Umformer, Umrichter Zeit/Spannung		Frequenzumsetzer Umsetzung von f_1 nach f_2
	Digital-Analog-Umsetzer		Analog-Digital-Umsetzer		Pegel-Umsetzer Umsetzung von TTL auf V.28
	Multiplexer, allgemein		Demultiplexer, allgemein		Wandler, allgemein
	Schließer, allgemein		Öffner, allgemein		Wechsler, ein UND steuert den Schalter

© Verlag Gehlen

Verstärker · Antennen · Verteiler · Abzweiger · Weichen · Melder · Zentrale

Symbole für Antennentechnik (DIN VDE 0855, DIN EN 60617-10)

Schaltzeichen	Beschreibung	Schaltzeichen	Beschreibung	Schaltzeichen	Beschreibung
	Verstärker, einstellbar		Verstärker, regelbar		Umsetzer, Konverter
	Modulator		Pilotgeber		Gleichrichtergerät, Netzanschlussgerät
	Stabilisierungseinrichtung		Erdungsschiene		Sicherheits-Erde
	Rundfunk-Empfangsantenne, allgemein		LMK-Antenne mit Übertrager		Dipol-Antenne mit Übertrager
	Dämpfungsglied, fest		Entzerrer		Weiche
	Übertrager		Bandpass, Kanalpass		Bandsperre, Kanalsperre, Sperrkreis
	Trennglied		Verteiler, zweifach		Abzweiger, einfach
	Antennensteckdose		Steckdose mit Abschlusswiderstand		Abschluss einer Leitung

Symbole für Melde- und Signaltechnik (Auswahl)

Schaltzeichen	Beschreibung	Schaltzeichen	Beschreibung	Schaltzeichen	Beschreibung
	Mikrofon, allgemein		Türöffner		Wechselsprechstelle
	Horn Hupe		Wecker Klingel		Sirene
	Einbruchmeldezentrale		Blockschloss		Scharfschalteeinrichtung
	Schließblechkontakt		Glasbruchmelder		Sicherheitsglas mit Alarmdrahteinlage
	Lichtschranke (Sender/Empfänger)		Körperschallmelder		Optischer Signalgeber
	Automatisches Wahl- u. Ansagegerät (AWAG)		Brandmeldezentrale		Rauchmelder, Ionisationsprinzip
	Wärme-Maximalmelder (Bimetallprinzip)		Flammenmelder		Brandmelder, manuell

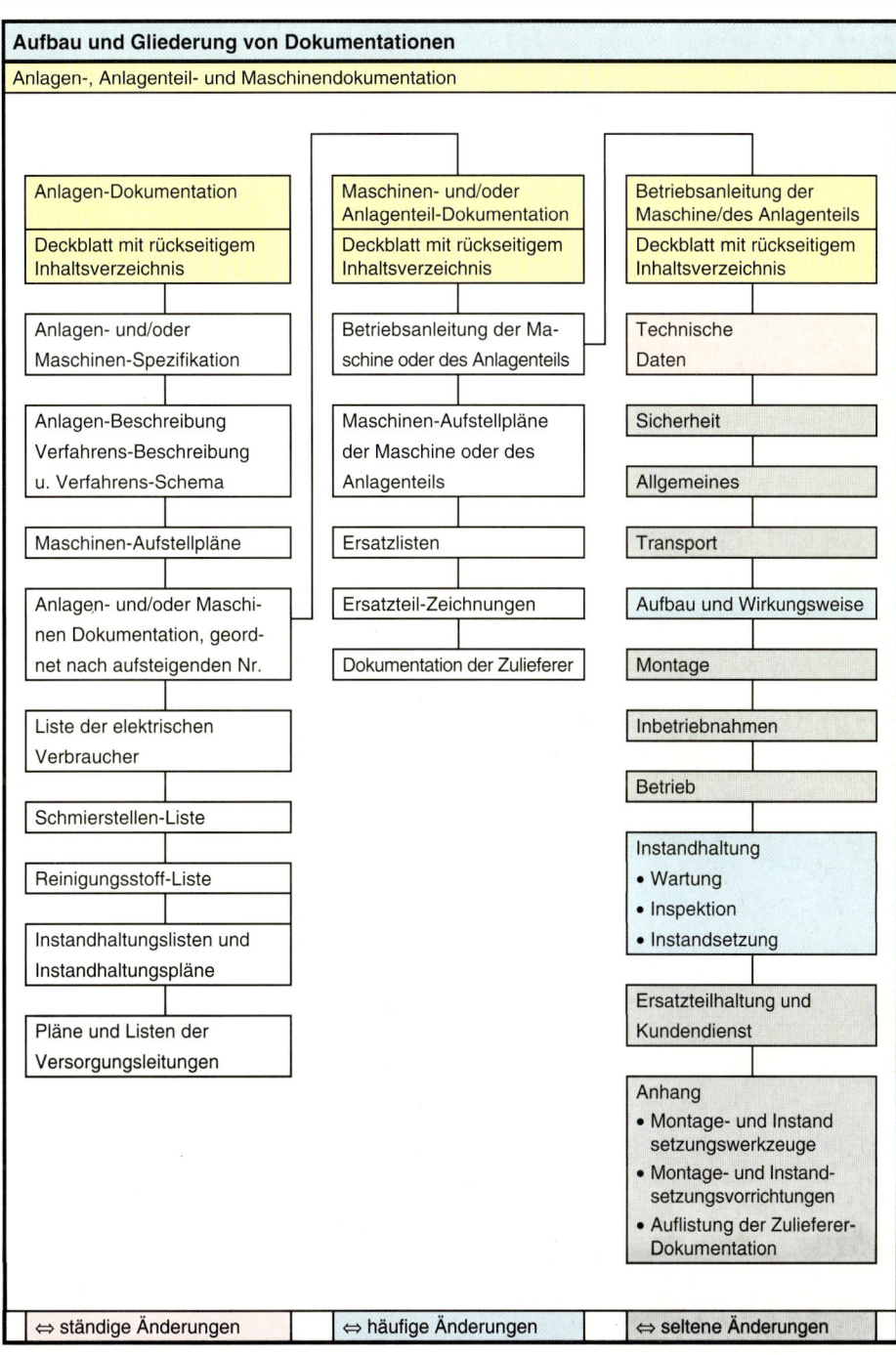

Aufbau einer Betriebsanleitung

Betriebsanleitungen (BA) sind nach einem Baukastensystem aufgebaut und beinhalten elf Kapitel: ein „auftragsgebundenes" Kapitel, das ständigen Änderungen unterliegt und zehn eigenständige „auftragsungebundene" Kapitel, die keinen, seltenen oder häufigen Änderungen unterliegen.
- Auftragsgebundenes Kapitel:
  Das auftragsgebundene Kapitel ist das Kapitel „Technische Daten". Es wird für jeden Auftrag neu erstellt und enthält alle kunden-, größen- oder typenspezifische Daten.
- Auftragsungebundene Kapitel:
  Die restlichen zehn Kapitel sind eigenständigen Kapitel. Sie bekommen durch Querverweise auf das Kapitel „Technische Daten" auftragsungebundene Inhalte. Nur bei konstruktiven Änderungen müssen die entsprechenden Kapitel geändert werden.
Siehe auch DIN V 8418 Grundlage für das Erstellen technischer Dokumentationen.

Kapitel einer Betriebsanleitung

Kapitel	Inhalt
Technische Daten	• Kenndaten einer Maschine oder einer Anlage, • Material- und spezielle Maschinendaten, • Einsatzbereich und bestimmungsgemäße Verwendung. Text des vertraglich vereinbarten Einsatzbereichs und die bestimmungsgemäße Verwendung, um spätere Auseinandersetzungen mit Kunden vorzubeugen. Hier wird auch die „bestimmungsgemäße Verwendung" erfüllt, die der Gesetzgeber im Gesetz über technische Arbeitsmittel fordert.
Sicherheit	Zunächst werden verwendete Zeichen und Symbole erklärt. Weiter werden Arbeitssicherheits-Hinweise konzentriert aufgelistet, die in den nachfolgenden Kapiteln jeweils aufgeführt sind. Hervorzuheben sind das **Arbeitssicherheits-Symbol** und der **Achtungs-Hinweis:** Das Warnzeichen steht in der BA bei allen Arbeitssicherheits-Hinweisen, bei denen auf Gefahr für Leib und Leben von Personen hingewiesen wird.  Der Hinweis steht für die Einhaltung von Richtlinien, Vorschriften, den richtigen Ablauf von Arbeiten oder Vermeidung von Beschädigungen. Weitere Sicherheitshinweise sind den einschlägigen Vorschriften zu entnehmen, zum Beispiel: • Gesetz über technische Arbeitsmittel §3 (Gerätesicherheitsgesetz), • DIN 31000/VDE 1000 Richtlinien für sicherheitsgerechtes Gestalten technischer Erzeugnisse, • DIN 31001 Schutzeinrichtungen, • DIN 31004 Begriffe der Sicherheitstechnik, • VGB 1, VGB 4, VGB 7a, • Produkt-Haftungsgesetz, • Unfall-Verhütungsvorschriften.

Allgemeines	1. Einleitung (hier wird folgender Standardtext benutzt):
	  • „Die BA muss von dem zuständigen Bedienungspersonal gelesen, verstanden und beachtet werden."
	  • „Wir weisen darauf hin, dass wir für Schäden und Betriebsstörungen, die sich aus der Nichtbeachtung der BA ergeben, keine Haftung übernehmen."
	  • „Hinweis: Gegenüber Darstellungen und Angaben dieser BA sind technische Änderungen, die zur Verbesserung notwendig werden, vorbehalten."
	2. Hinweis auf vertraglichen Einsatzbereich und Gewährleistung.
	3. Bezug auf Urheberrecht der BA-Texte, Zeichnungen usw.

Weitere Kapitel einer Betriebsanleitung

Inhalte einer Betriebsanleitung	
Kapitel	Inhalt
Transport	Hier wird u. a. hingewiesen auf • Verpackungsart, angebrachte Bildzeichen, Empfindlichkeitsgrad der zu transportierenden Teile, • erforderliche Maßnahmen bei Zwischenlagerung oder Kontrolle des Lieferumfanges und Meldung bei Transportschäden.
Aufbau und Wirkungsweise	• Konstruktiver Aufbau der Maschine/Anlage in der Reihenfolge, in der die Baugruppen in der Stückliste aufgeführt sind einschließlich der Beschreibung der einzelnen Baugruppen mit Baugruppenzeichnung. • Erläuterung der Wirkungsweise und/oder Funktionsweise der Maschine/Anlage mithilfe von Text und Diagrammen.
Montage	• Aufstellungsbedingungen für die Maschine/Anlage. Dabei sind die Abmaße eine wichtige Information. • Eine Montagebeschreibung, die in der Reihenfolge der Baugruppenmontage erfolgt und durch Zeichnungen, Skizzen oder Fotos prägnant unterstützt werden soll.

Inbetriebnahme	In diesem Kapitel wird nach Einführungshinweisen die Reihenfolge der Inbetriebnahme-Arbeiten beschrieben:
	• Spezielle Sicherheitsvorkehrungen bei den einzelnen Phasen. Stets warnen vor Nichtzulässigem.
	• Chronologisches Aufführen
	  – was wo einzuschalten oder zu tun ist,
	  – was wo ingangzusetzen ist und
	  – was zu prüfen, zu überwachen, zu regulieren, zu korrigieren ist.

Betrieb	• Normaler Betrieb (das Ingangsetzen/Betreiben durch den Kunden). • Stillsetzen in der erforderlichen Reihenfolge. • Verhaltensweisen bei Störungen mit Störungsabhilfe. Hier werden in Tabellenform Anzeichen und Ursachen der häufigsten Störungen sowie die Maßnahmen zu ihrer Beseitigung beschrieben.

Instandhaltung	• In Tabellenform werden Wartungs- und Inspektionsintervalle, die Kontrollstellen – einschließlich der Erkennungsmerkmale von Verschleißteilen – und die Wartungshinweise genannt.
	• Die Instandhaltungsanleitungen gliedern sich in
	  – elektrische, hydraul.-pneumatische und mechanische Teile und in
	  – einzelne Arbeitsschritte und Funktionseinheiten.
	
	Empfehlenswerte Arbeitshilfen:
	DIN 31051; DIN 1319; DIN 11042; DIN 24420; DIN 25419; DIN 31052; DIN 33400; DIN 40150; DIN 40700; DIN 57113; VDE 0113

Ersatzteilhaltung und Kundendienst	• Angaben über die zur Ersatzteilbestellung notwendigen Daten mit Bezugsquelle. • Angaben über Kundendienst- und Serviceleistungen. • Anlaufstelle für eventuelle Rückfragen/Hotlinie. • Adressenangaben des in- und ausländischen Ersatzteilvertriebs und Kundendienstes.
Anhang	• Erforderliche Unterlagen für Instandsetzungsarbeiten, zur Erläuterung der Arbeitsweise. • Formulare wie Garantiebedingungen, Kundendienstvertrag, Haftpflichterklärung oder Konformitäts-Bescheinigung aus EG-Richtlinien. • Auflistung der Dokumentationen der Zulieferfirmen. • Sachwortverzeichnis („Wo finde ich was?"); Register („Was tue ich, wenn...?").

© Verlag Gehlen

Gestaltung von Dokumentationen

Checklisten

Regeln
- Wichtige Begriffe, symbolische und grafische Notationen sind vorab definiert.
- Es ist nur eine Bezeichnung/ein Begriff eingeführt und strikt beibehalten.
- Derselbe Begriff oder dieselbe Abkürzung wird nicht für verschiedene Dinge benutzt.
- Es werden keine unerläuterten Sachverhalte verwendet.
- Bilder mit Bildunterschriften vermitteln viele Einzelheiten parallel und unterstützen die schnelle Orientierung im Dokument.
- Abkürzungen werden beim erstem Auftreten definiert. Ein gutes und vollständiges Abkürzungsverzeichnis ist erstellt.
- Literaturhinweise für nicht erläuterte Sachverhalte sind vorhanden.
- Über Beispiele sind komplexe Zusammenhänge erläutert.
- Die Erläuterung von Sachverhalten geschieht über Bottom Up:
  Vom einfachen zum komplizierten Sachverhalt.
- Das Vermitteln von Klarheit und Übersicht schon vorhandener Kenntnisse geschieht über Top Down:
  Vorhandene Kenntnisse sind klar strukturiert.

Typografie
- Schriftart und Schriftgröße sind passend zum Texttyp, z. B.
  Überschriften größer als Grundschrift, Text in Bildern und Bildunterschriften kleiner als Grundschrift.
- Schriftart und Schriftgröße sind im Texttyp eindeutig und einheitlich verwendet:
  z. B. Schriftgröße als Kennzeichen der Hierarchiestufe.
- Eine einheitliche Schriftfamilie kennzeichnet gleiche Texttypen. Innerhalb eines Texttyps sind sie nicht gemischt.
- Gefahrenhinweise/Warnhinweise sind hervorgehoben, z. B.
  durch Fettdruck, besondere Kennzeichnung, Signalwörter oder Piktogramme.
- Als Kolumnentitel werden leicht lesbare Titel verwendet und sind deutlich vom Text durch andere Schrift oder ausreichenden Zwischenraum getrennt.
  Empfehlung: Anzahl der Titel je Doppelseite auf vier begrenzen.

Layout
- Der Gesamteindruck der Seite ist ausgewogen und ruhig.
- Eine einheitliche Anordnung von Text und Bildern ist vorhanden.
- Eindeutige Anordnung von Bildern und erklärenden Texten (Legende, Bildunterschrift). Der erklärende Text ist immer unter/über dem Bild oder immer auf der gleichen Seite neben dem Bild angeordnet.
- Der Lesefluss bei der Anordnung von Text und Bildern ist berücksichtigt.
- Das Bild als Leitmedium:
  Das Bild ist links oder oberhalb des Textes anordnet, und der Text ergänzt das Bild.
- Der Text als Leitmedium:
  Das Bild ergänzt den Text ist daher im Hintergrund.
- Einheitliche Bildformate werden verwendet.
- Einspaltiger Satz:
  Empfehlung: 60 Zeichen je Zeile, da mehr Zeichen die Lesbarkeit vermindern und die Zeilen zu lang werden
- Mehrspaltiger Satz (Zeilenlänge = Spaltenbreite):
  Empfehlung: Weniger als 35 Zeichen, da sonst zu viele Trennungen und bei Blocksatz zu große Wortzwischenräumen entstehen

© Verlag Gehlen

Gestaltung von Dokumentationen	
Terminologie	• Konsequent gleiche Begriffe und Begriffe sprachlich eindeutig verwendet. • Fachwörter und Abkürzungen sind beim ersten Auftreten definiert. Dies gilt vor allem für unbekannte Abkürzungen. Welche als bekannt vorausgesetzt werden dürfen, hängt von der Zielgruppe ab. • Abstrakte Substantive werden vermieden. Achten Sie auf Endungen mit -heit, -keit, -nahme. Ausnahmen sind feststehende Begriffe. • Handlungen und Tätigkeiten werden mit aussagekräftigen Verben direkt beschrieben. Falsch: Wert XYZ einstellen. Richtig: Einstellung auf Wert XYZ durchführen. • Nichtssagende Redewendungen werden vermieden, z. B. im Rahmen, dienen zu, erfolgen, aus diesem Grunde, zu diesem Zweck, grundsätzlich (bei grundsätzlich müssen auch Ausnahmen genannt werden). • Bei Lagebezeichnungen sind die Bezugssystem angeben.
Formulierung	• Bei gleichem Sachverhalt werden parallele Satzstrukturen verwendet. • Anweisungen sind einheitlich formuliert und der Imperativ oder Infinitiv benutzt. Anweisungen müssen schnell erfasst und umgesetzt werden. Daher sprachlich vom beschreibenden Text unterscheiden: So knapp wie möglich und so ausführlich wie nötig. • Anweisungen sind immer gleich strukturiert. Struktur: 1. Zweck der Tätigkeit (kurz), 2. Objekt der Tätigkeit, 3. Ort der Tätigkeit, 4. Tätigkeit. • Gefahren-/Warnhinweise sind prägnant und deutlich erkennbar angeben. • Satzbau beachten. **Empfehlungen:** Durchschnittliche Anzahl der Wörter: ≤ 14 Durchschnittliche Anzahl der Wörter vor dem ersten Verb: ≤ 7 Durchschnittliche Anzahl von Präpositionen: ≤ 2 • Passiv, Konjunktiv oder Modalverben werden vermieden. • Aufzählungen sind an das Satzende gesetzt. • Verneinungen sind frühzeitig im Satz genannt.
Verzeichnis	**Inhaltsverzeichnis**: • Überschriften sind mit Überschriften im Textteil identisch. • Hierarchiestufen sind verdeutlicht: Hauptüberschriften z. B. durch Fettdruck hervorheben. • Bei Seitenumbruch wiederholt sich die übergeordnete Überschrift. • Eindeutige Zuordnung von Überschrift und Seitenzahl ist vorgenommen. • Vorhandene Verzeichnisse und Anhänge sind vollständig aufgeführt. **Abbildungsverzeichnis und Tabellenverzeichnis:** • Die Verzeichnisse sind vollständig und übersichtlich gegliedert, z. B. sind bei Abbildungen Bildnummer, Bildinhalt (= Bildunterschrift) und Seitenzahl angegeben. Entsprechendes gilt für Tabellen. • Abbildungen/Tabellen sind durchnummeriert. • Seitenverweise sind korrekt angegeben. **Literaturverzeichnis**: • Die zitierte Literatur ist vollständig berücksichtigt. • Alle notwendigen Angaben sind berücksichtigt. • Weiterführende Literatur (soweit im Text erwähnt) ist angegeben.

Visualisierung

Aufgaben einer Visualisierung

- Aufmerksamkeit der Zuhörer fördern
- Betrachter einbeziehen, Redezeit verkürzen
- Einen Orientierungsrahmen geben
- Informationen leichter fassbar machen
- Wesentliches verdeutlichen, das Behalten fördern
- Gesagtes strukturieren und ggf. erweitern

Charts werden nur dann die gewünschte Wirkung haben, wenn sie bestimmten Kriterien genügen. Beispielhaft sind einige Grundlagen zur Gestaltung von Charts im Weiteren dargelegt. Dabei sollte als Grundsatz gelten: **„Weniger ist im Zweifel mehr."** Prüfen Sie anhand der dargelegten Grundlagen, ob die geplanten Charts wirklich das Ziel erreichen.

Ziel: Kontakt herstellen, Aufmerksamkeit wecken, Thema abgrenzen.	**Ziel:** Gesagtes strukturieren; Wesentliches verdeutlichen.	**Ziel:** Informationen fassbar machen; Behalten fördern.
Varianten: • Titelchart mit Thema, Referent, Firmenname/Logo, Datum und Begrüßungsformel • „Attention spot": Karikatur, Cartoon, Produktfoto, Piktogramm oder ähnliches • Agendachart mit Gliederung der Präsentation und Informationen, die den Kontext verdeutlichen und Überblick verschaffen	**Varianten:** • Kerninformationen zusammenfassen und darstellen • Besondere Vorteile/Merkmale des Gegenstandes hervorheben, Vergleich mit Alternativen • Quantifizierbare Zusammenhänge und Zahlenwerke darstellen • Zeichnungen, Schemata, Produktion- und Arbeitsabläufe	**Varianten:** • Schlagwortartig die entscheidenden Punkte zusammenfassen • Nutzenargumentation, technische Produktmerkmale optisch hervorheben • Einstiegschart nutzen, Ausblick ermöglichen, keine neuen Gedanken entwickeln lassen

Bausteine für eine Visualisierung

Pinwand und Packpapier	Flip-Chart	Overheadprojektor
	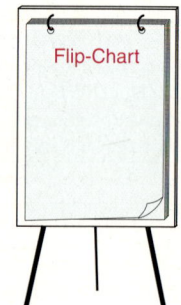	
• Zur Beschriftung spezielle Filzstifte, z. B. „edding 800" oder „edding Nr. 1" verwenden. • Gut geeignet für Arbeit in kleinen Gruppen. • Durch Zusatzmaterial (farbige Karten oder bestimmte Formen) Hervorhebungen möglich. • Darstellungen können vorbereitet sein oder situativ entwickelt werden. • Darstellungen können wiederverwendet werden und bleiben während der Präsentation sichtbar.		• Zur Beschriftung spezielle Folienstifte (wasserlöslich oder wasserfest) verwenden. • Gut geeignet für Arbeit in großen Gruppen. • Darstellungen können vorbereitet sein oder situativ entwickelt werden. Sie können wiederverwendet werden, bleiben aber nur für die Dauer der Projektion sichtbar.

Gestaltungselement „Text"

Regeln für Textcharts	„Verständlichmacher" beachten
• Ein Thema pro Chart. • Etwa sieben Zeilen pro Chart; etwa sieben Worte pro Zeile. • Auf gute Lesbarkeit achten: Doppelten Zeilenabstand wählen; Schlüsselworte statt Sätze. • Groß- und Kleinbuchstaben benutzen. • Bei der Erstellung von Hand Druckschrift verwenden, nicht Handschrift. • Bei der Erstellung per Computer einfache Schrifttypen (z. B. Helvetica) wählen. • Lesegewohnheiten beachten: Immer von links nach rechts schreiben. Die Darstellung links oben beginnen.	• Einfachheit: Geläufige Wörter verwenden. Kurze Sätze bilden. Bei Nichtfachleuten oder heterogenen Gruppen Spezialwissen oder Detailinformationen sparsam einsetzen. • Gliederung/Ordnung: Überschriften und Zwischenüberschriften verwenden. Optische Blöcke bilden. • Kürze/Prägnanz: Aussagen auf das Wesentliche beschränken. • Zusätzliche Stimuli: Farben nutzen, Beispiele geben, neben dem geschriebenen Wort Skizzen/Symbole anbieten.

Gestaltungselement „Freie Grafik und Symbole"

Dieses Gestaltungselement ist dem Verständlichmacher „Zusätzliche Stimuli" zuzuordnen. Beim Einsatz von Pinwänden bieten sich für die freie Grafik geometrisch geformte Materialien wie Rechtecke, Kreise oder Ovale an, die durch unterschiedliche Farben geeignete Gestaltungselemente sind.

Freie Grafik	Standardisierte Symbole	Nichtstandardisierte Symbole

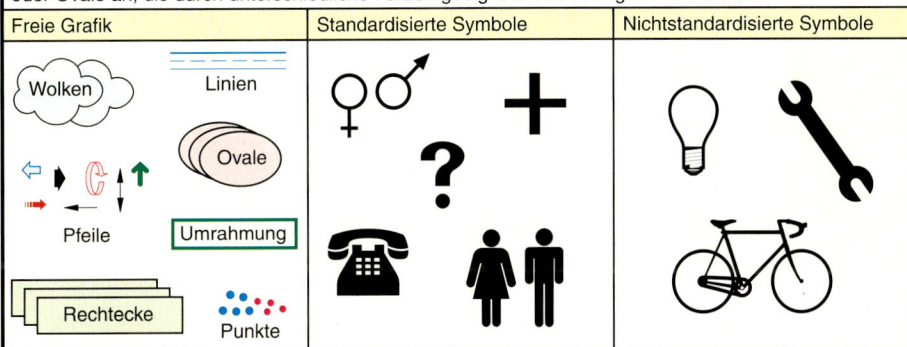

Gestaltungselement „Diagramm"

Häufige Fehler in der Praxis:
- Zahlenfriedhöfe, zu viele Informationen oder Details, die den Zuhörer überfordern.
- Unverständliche Überschrift, kein einheitlicher Aufbau, Kernaussagen nicht erkennbar.
- Farblos-nüchterne Darstellung oder zu „laute" und zu viele Farben.
- Wechselnde Formate und Schriften; zu geringer Kontrast zwischen Schrift und Hintergrund.

Liste und Tabelle			Zweck	Gestaltung
Wichtige Themen: 1. .... 2. .... 3.	U in V 10 15 20 · · ·	I in mA 1 1,5 2 · · ·	• Daten oder Begriffe auflisten. • Zahlen- oder Wertezusammenhänge transparent machen. • Zahlen oder Werte gegenüberstellen.	• Tabelle nicht übernehmen, sondern bedarfsorientiert mit Überschrift erstellen. • Das Wichtigste z. B. durch Umrahmung hervorheben; nicht zu viele Details. • Bei vielen Spalten/Zeilen diese evtl. nummerieren. • (Spalten-)Überschriften für sich sprechen lassen und z. B. durch dicke Trennstriche optisch abheben. • Beschriftungen nur horizontal anordnen.

© Verlag Gehlen

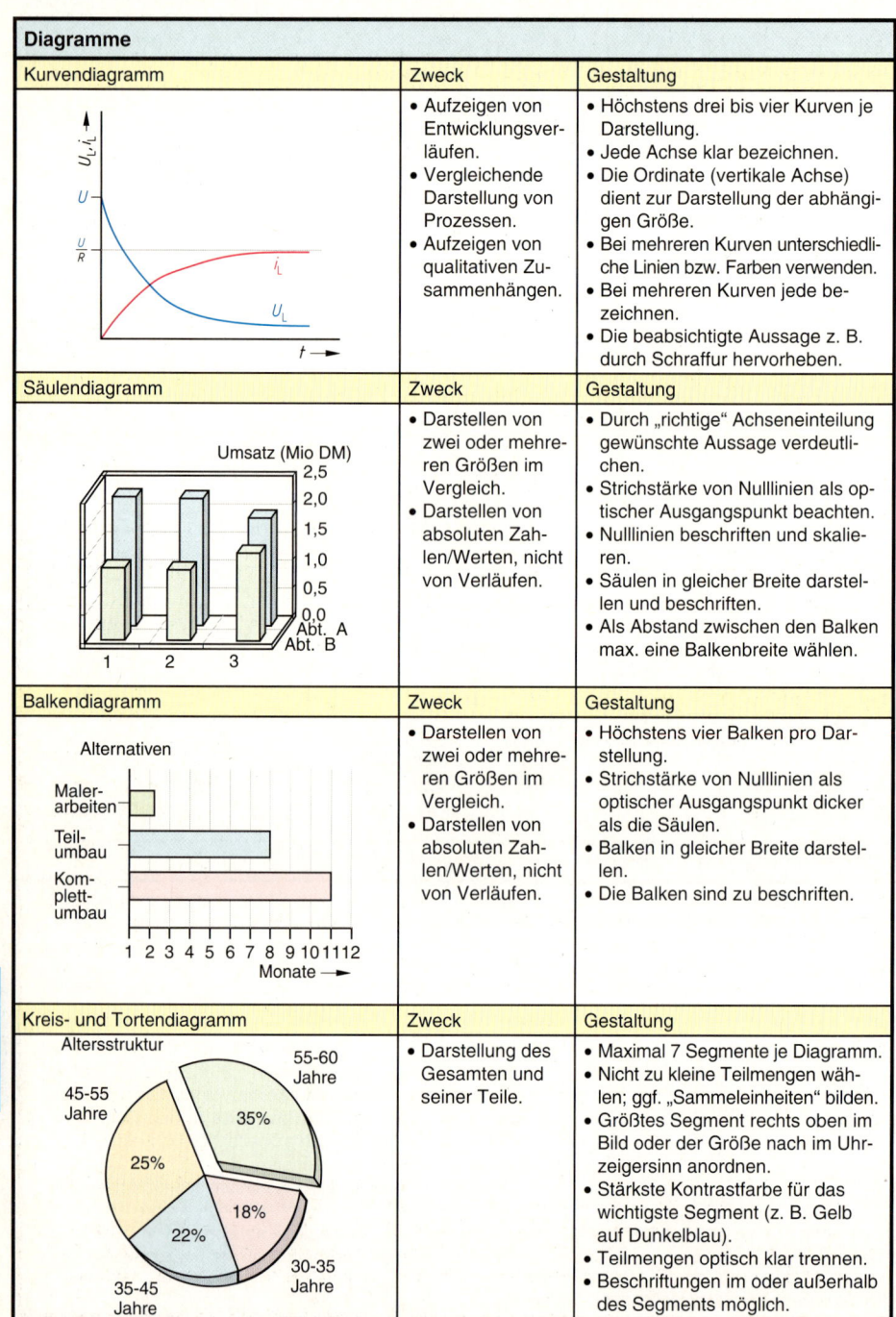

Diagramme

Ablauf- und Aufbaudiagramme

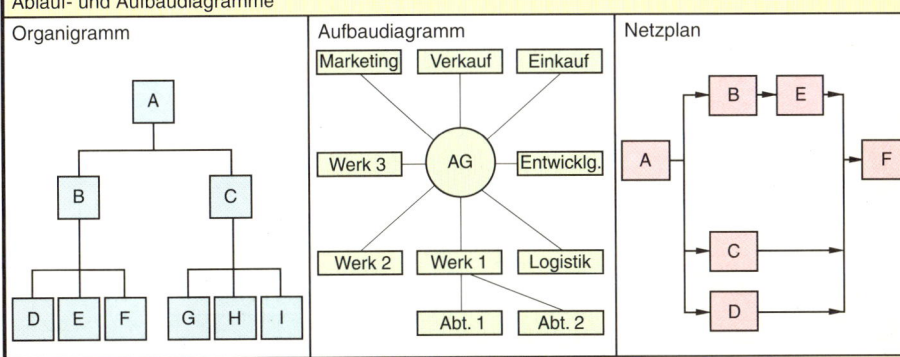

Zweck	Gestaltung
• Strukturen oder Aufgabenverteilungen darstellen. • Zeitliche oder logische Folgen (auch parallele) beschreiben. • Komplexer Zusammenhänge wiedergeben.	• Einfache oder genormte Symbole verwenden (z. B. Pfeile, Kästchen, Kennzeichen elektrischer Betriebsmittel, EDV-Symbole). • Durch Lage, Strichstärken oder Schraffur der Symbole Aufgabe oder Hierarchie kennzeichnen.

Gestaltung von Charts

Um eine sinnvolle Struktur der Darstellung zu erzielen, ist die Blattaufteilung zu bedenken. Es gilt:
- Höhe und/oder Breite eines Charts gedanklich halbieren oder dritteln.
- Etwa 30 % der Fläche sollte frei bleiben.
- Die Anordnung der Elemente sollte die logische Struktur widerspiegeln.
- Farben und Formen sollen Informationen hervorheben, Zusammenhänge verdeutlichen, Querverweise zwischen mehreren Charts herstellen und miteinander verbinden.

Anordnung und Logik		Farben und Formen
Reihung	Dynamik	Betonung

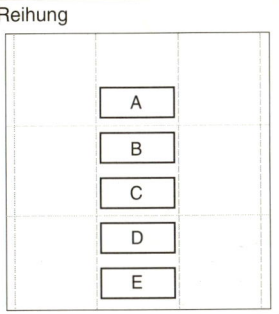 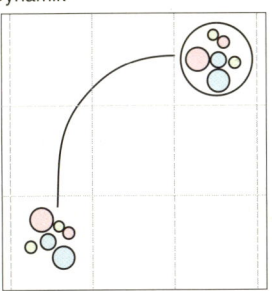 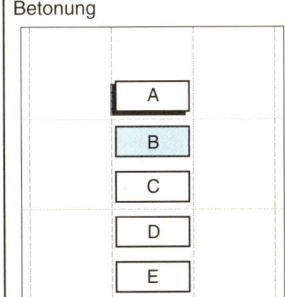

Tipps zur Gestaltung

- Maximal drei Farben zur Gestaltung verwenden.
- Farben zum Hervorheben oder Unterscheiden benutzen.
- Klare, selbsterklärende Bilder, Grafiken oder Diagramme verwenden, Sinneinheiten durch Blöcke schaffen.
- Keine Abkürzung verwenden, wenn diese nicht allen bekannt ist; besser alles ausschreiben.

- Charts zweimal erstellen, wenn sie zweimal benötigt werden.
- Jedes Chart zum leichteren Sortieren bzw. als Diskussionsreferenz beziffern.
- Freiflächen als stimulierende Wirkung mit dem Gestaltungselement „freie Grafik" nutzen.
- Keine Darstellung muss perfekt sein; Perfektion schafft Distanz.

© Verlag Gehlen

Präsentationen vorbereiten

Voraussetzungen für gute Präsentationen

- Redegewandtheit und Ausdrucksstärke.
- Sicheres Auftreten (besonders in Gruppen).
- Sicherer Umgang mit verfügbaren oder selbstgestalteten Medien.
- Auswahl und Gestaltung des Präsentationsumfeldes.

„Eckpfeiler" der Vorbereitung

- Das Thema
- Das Ziel
- Die Zielgruppe
- Der Inhalt
- Der Ablauf
- Die Organisation

Das Thema und das Ziel

Das Thema einer Präsentation ist nicht schon automatisch das Ziel. ⇒
- Klares und eindeutiges Ziel formulieren.
- Die weitere Planung muss sich der Zielsetzung unterordnen.
- Nur Informationen und Botschaften verwenden, die dem Ziel dienen.

Die Zielgruppe

Die Zielgruppe ist der Personenkreis, der einbezogen werden soll/muss, um das Ziel zu erreichen. ⇒
- Wie groß soll die Gruppe sein?
- Wer soll bzw. muss teilnehmen?
- Gibt es Gemeinsamkeiten, die die Zielgruppe kennzeichnet; welches Interesse könnte der einzelne Teilnehmer an der Veranstaltung haben?

Der Inhalt

Abhängig vom Thema, vom Ziel und der Zielgruppe wird der Inhalt der Präsentation in mehren Stufen aufbereitet:

- **Stoff sammeln und selektieren**
  Nach dem Sammeln und Ordnen möglicher Inhalte werden die relevanten Informationen unter dem Gesichtspunkt des zeitlichen Umfangs der Präsentation selektiert.
- **Stoff komprimieren**
  Beim Komprimieren des Stoffes haben neue Informationen Vorrang vor bereits Bekanntem, es werden die aussagefähigsten Informationen gewählt und auf das Wesentliche beschränkt.
- **Thema in Stichpunkte gliedern**
  Das Thema wird möglichst exakt in Themenbereiche gegliedert. Den einzelnen Bereichen werden Stichworte zugeordnet, die als „Information" oder „Botschaft" gekennzeichnet werden. Informationen sind reine Fakten; Botschaften sind Schlussfolgerungen, die aus Informationen gezogen werden.
- **Methodik festlegen**
  Es empfiehlt sich, aus einem Monolog einen Dialog zu machen und alle Möglichkeiten der aktiven Beteiligung zu nutzen: Einsatz von Fragetechniken, Anknüpfen an die Erwartungen, Probleme und Vorerfahrungen der Teilnehmer, praxisnahe Beispiele und Vergleiche, Sammeln von Beiträgen und Ideen sowie auflockernde Stimulanzien wie Anekdoten, persönliche Erfahrungen, originelle Zitate oder visuelle Einschübe (Cartoons, Videosequenzen u. ä.) oder Präsentation im Team.
- **Präsentationsformen anhand der Stichpunkte auswählen**
  Vorteile der verbalen Form:
  - Sprache kann begeistern.
  - Sprache erweckt Emotionen.
  - Sprache schafft eine persönliche Bindung.
  - Mit Sprache ist leichter zu überzeugen.
  - Der Präsentierende steht im Mittelpunkt.
  - Sprache kann Botschaften gut vermitteln.

  Vorteile der bildlichen Form:
  - Die bildliche Darstellung ist selbsterklärend.
  - Die Beziehung von Informationen zueinander ist leichter fassbar.
  - Die bildliche Darstellung bleibt besser im Gedächtnis haften.
  - Abläufe und Fakten sind gut darstellbar.
  - Bildliche Formen vermitteln Informationen gut.
- **„Führungsseil" durch die Präsentation erstellen**
  Ist die Vortragsstruktur ausgearbeitet, ist eine Stichwortliste zu erstellen, die als Führungsseil durch die Präsentation dient. Dabei ist zu beachten, dass auch im Notfall (z. B. bei Stromausfall) die Präsentation auch ohne bildliche Informationsmedien überzeugend durchgeführt werden kann.

Präsentationen vorbereiten

Aufbau eines Stichwortmanuskriptes

Zeit in Minuten		Regiehinweise und Medien	Überschriften/Stichworte		Reserve
je Punkt	gesamt		Hauptpunkte	Unterpunkte	
		Ruhe, dann Tempo	Anfang: _____ _____		
4	4	Folie 1	1 _____ _____	_____ 1 _____	
8	12	Dia 1	2 _____	_____ 2	
2	14	Teilnehmer beteiligen	3 _____ _____	_____ 3 _____	
10	24	Video 1	4 _____	_____ 4 (_____) (_____)	alternativ
usw.	usw.	usw.	usw.	usw.	usw.
2	26	laut, langsam	Schluss: _____ _____		

Der Ablauf

Eröffnung	Hauptteil	Schluss
Die Eröffnung soll Kontakt herstellen, Aufmerksamkeit wecken, das Thema abgrenzen und den Bezugsrahmen darstellen.	Im Hauptteil soll das Präsentationsziel durch eine verständliche, klar strukturierte und einprägsame Darstellung verdeutlicht werden.	Im Schlussteil werden die Kernpunkte und Kernaussagen überzeugend und einprägsam – in der Regel visualisiert – zusammengefasst. Bei Appellen wird der Wortlaut festgehalten.

Checkliste Eröffnung / Checkliste Hauptteil / Checkliste Schluss

Checkliste Eröffnung	Checkliste Hauptteil	Checkliste Schluss
Sie wissen, • mit welchen Worten Sie die Präsentation beginnen, • was Sie zur eigenen Person sagen, • wie Sie den Übergang zum Präsentationsanlass durchführen, • was Sie zu Anlass, Thema und Zielsetzung sagen, • welche Punkte Sie zum zeitlichen Ablauf nennen, • ob bzw. wie und wann Sie Unterlagen ankündigen und/oder ausgeben, • welche Mittel Sie einsetzen werden, um die Aufmerksamkeit und die Bereitschaft der Teilnehmer zum Zuhören zu wecken.	Sie wissen, • mit welchen Fragen Sie den Stoff gliedern und ob die Gliederung nachvollziehbar und verständlich ist, • welche Präsentationsformen (verbale, visuelle) Sie einsetzen, um die Aufmerksamkeit der Teilnehmer aufrechtzuerhalten, • wann Sie Informationsmedien einsetzen und haben ausreichend Zeit für die Visualisierung berücksichtigt, • in welche Abschnitte Sie den Stoff gegliedert haben, um Pausen einzulegen, • wie die Übergabe/Übernahme geregelt ist (bei mehreren Präsentatoren).	Sie wissen, • wie Sie das Ziel Ihrer Präsentation „packend" zusammenfassen (obwohl der erste Eindruck entscheidend ist, ist es der letzte, den Sie den Teilnehmern mitgeben), • wie viel Zeit Sie für eine Diskussion einräumen wollen und/oder können, • wer zu Ihrer Entlastung die Diskussionsleitung übernimmt, • mit welchen Worten Sie die Diskussion eröffnen und wie Sie ggf. den Diskussionsleiter vorstellen, • mit welchen Argumenten Sie rechnen müssen und wie Sie ihnen begegnen, • wie Sie sich verabschieden.

© Verlag Gehlen

Präsentationen vorbereiten

Die Organisation

Zur Präsentation gehört ein sorgfältig zu gestaltendes Umfeld; eine schlechte Organisation kann eine Präsentation zum Scheitern bringen. Bei der Organisation sind zu beachten:
- Ort/Raum/Mediengeräte
- Zeitpunkt/Zeitraum/Pausen
- Einladung
- Unterlagen für die Teilnehmer

Checkliste Ort/Raum

Sie wissen,
- dass der gewählte Ort zentral liegt und gut erreichbar ist,
- dass der Präsentationsraum frei ist,
- wer ggf. für die Reservierung zuständig ist,
- ob eine Klimaanlage vorhanden ist, kein Verkehrs- oder Baulärm auftritt, die Präsentation durch ein Telefon nicht gestört wird,
- ob der Weg zum Raum gut beschildert ist; wenn nicht, wer verantwortlich ist,
- wie die Sitzordnung ist:

Die U-Form
- Persönliche Atmosphäre, da jeder jeden sehen kann.
- Leichtere Einstieg in eine aktive Diskussion.
- Geeignet für kleine Gruppen.

Die parlamentarische Form
- Platzsparende Anordnung von Stühlen/Tischen.
- Erschwerter Einstieg in eine Diskussion.
- Geeignet für große Gruppen.

Checkliste Mediengeräte

Sie wissen,
- dass alle erforderlichen Geräte und technischen Hilfsmittel vorhanden und funktionsfähig sind,
- wie die Mediengeräte bedient werden und wer bei Defekten Ansprechpartner ist,
- ob ausreichend Packpapier, Folien, Karten oder Stifte zur Verfügung stehen,
- wo sie kurzfristig einen Kopierer benutzen können,
- wie ggf. die Lautstärke einer Akustikanlage geregelt wird.

Checkliste Zeitpunkt/Zeitraum

Sie wissen,
- wann die Präsentation stattfinden soll,
- dass alle Teilnehmer ausreichend Zeit haben, die Teilnahmen einzuplanen,
- dass aufgrund der Aufnahmefähigkeit ein Vortrag nicht länger als 20 Minuten dauert und danach von einer Diskussion von 10 bis 15 Minuten unterbrochen wird,
- dass nach spätestens 45 Minuten eine Pause eingelegt wird und wann/wo Getränke/ Mahlzeiten gereicht werden.

Checkliste Einladung

Sie wissen, dass die Einladung folgende Punkte umfasst:
- das Thema der Präsentation,
- den Ort,
- den Raum,
- den Zeitpunkt,
- die Zeitdauer,
- den Präsentator, ggf. die Präsentatoren,
- den Ansprechpartner bei Rückfragen.

Checkliste Unterlagen

Sie wissen,
- ob Sie das Dokumentationsmaterial vor oder nach der Präsentation verteilen,
- dass am Anfang verteilte Unterlagen ablenken, die Teilnehmer blättern und den Kontakt zum Vortragenden verlieren (wenn sie dennoch verteilt werden, müssen sie jedoch chronologisch exakt der Präsentation entsprechen),
- dass man nicht am Ende ergänzende Notizen verteilt.

Präsentationen durchführen

„Was bei Präsentationen vermieden werden sollte"

- Beim Sprechen vom Publikum abwenden.
- Unmoduliertes Sprechen in immer gleicher Tonlage.
- Mit dem Rücken zum Publikum stehen.
- Unruhiges Herumlaufen.
- Von Folien ablesen und sich dabei vom Publikum abwenden.
- Zu viele Folien oder Folienteile verdecken.
- Folien zu kurz/zu lang auflegen.
- Folien neu sortieren bzw. aus einer größeren Anzahl suchen.
- Nach Auflegen der neuen Folie jedes Mal zur Wand schauen.
- Eine Hand/beide Hände in den Hosentaschen halten.
- Gegenstände oder Muster herumreichen, die ablenken.
- Mit dem Zeigestock fuchteln.

© Verlag Gehlen

Präsentationen durchführen

Tipps zur Durchführung

Eröffnung	Hauptteil	Schluss
• Achten Sie auf ein gepflegtes Äußeres; eine dem Anlass entsprechende Kleidung wählen. • Entspannen Sie sich und gewinnen Sie die notwendige innere und äußere Ruhe. • Beginnen Sie pünktlich. • Nehmen Sie Blickkontakt mit den Teilnehmern auf, bevor Sie sprechen. Die Teilnehmer fühlen sich angesprochen. • Eröffnen Sie laut und deutlich die Präsentation: Begrüßung, Vorstellung, Thema, Anlass/Ziel, „Fahrplan", Einstieg in den Hauptteil.	• Sprechen Sie frei (durchaus mit Unterstützung eines Stichwortmanuskriptes). • Wecken Sie mit einer kurzen Inhaltsandeutung Interesse und springen Sie ohne langatmige Einleitung ins Thema. • Verwenden Sie geläufige Wörter/Begriffe, wenn Sie nicht vor Fachleuten sprechen. • Vermeiden Sie verschleiernde Redewendungen (man, würde sagen, würde meinen). • Machen Sie aus Ihren Zuhörern Teilnehmer. • Investieren Sie in Gestik.	• Wählen Sie einen packenden Abschluss. • Fassen Sie die wichtigsten Fakten oder Botschaften in wenigen Sätzen zusammen. • Appellieren Sie an die Teilnehmer, wenn Sie sie zu einem konkretem Tun auffordern wollen; bieten Sie Ihre Hilfe an. • Vermeiden Sie Schlussformulierungen wie „damit bin ich am Ende" oder „kommen wir zum Schluss". • Bedanken Sie sich bei den Teilnehmern für ihre Aufmerksamkeit.

Tipps bei unerwarteten Störungen

Störung	Tipp
Teilnehmer kommen zu spät	Bleiben Sie ruhig; ein kurzer Blickkontakt als Begrüßung ist ausreichend.
Teilnehmer stellen während des Vortrages Fragen	Gehen Sie gezielt auf Fragen zum Ablauf, Thema oder zur inhaltlichen Klarstellung ein.
Teilnehmer stellen Fragen, die Sie nicht beantworten können	Geben Sie zu, dass Sie die Antwort nicht kennen oder bitten Sie um Bedenkzeit und verweisen Sie auf die Pause oder geben Sie die Frage an denjenigen weiter, der sie beantworten kann.
Ein Teilnehmer stellt eine sehr spezielle Frage	Nehmen Sie auch diese Fragen offen auf und verweisen Sie den Fragenden auf ein persönliches Gespräch in der Pause.
Teilnehmer führen Gespräche	Versuchen Sie, durch Blickkontakt die Aufmerksamkeit zurückzugewinnen. Stört das Gespräch, fragen Sie: „Ist Ihre Frage für alle interessant?"
Es kommen unsachliche oder aggressive Beiträge	Bleiben Sie sachlich, ohne starke Emotionen zu zeigen. Verweisen Sie auf mögliche unterschiedliche Sichtweisen eines Sachverhaltes und bieten Sie ein Gespräch unter vier Augen an.
Es kommen „Killerphrasen"	Gehen Sie darauf nicht direkt ein, da die Beiträge unsachlich sind. Bieten Sie an, in der Pause darüber zu reden.
Ein Teilnehmer drängt sich in den Vordergrund	Durch Fragen weitere Teilnehmer mit einbeziehen.
Sie versprechen sich	Fahren Sie ohne Entschuldigung fort mit Ihrem Vortrag oder korrigieren Sie sich, um ggf. Missverständnisse zu vermeiden.
Bestimmte Begriffe fallen Ihnen nicht ein	Umschreiben Sie den Sachverhalt oder beginnen Sie durch eine kurze Zusammenfassung nochmals.
Es entstehen technische Pannen	Entweder verzichten Sie auf das Medium oder beheben in einer kurzen Pause die Panne.

© Verlag Gehlen

Grundregeln für einen Vortrag

Regel	Erläuterungen, Hinweise
Anders und viel früher vorbereiten	Die Vorbereitung nimmt zehnmal mehr Zeit in Anspruch als der Vortrag selbst. Beantworten Sie bei der Stoffauswahl zuerst die Frage: „Was wollen die Teilnehmer?", danach die Frage: „Was will ich?": Streichen Sie ggf. radikal. Wer versucht, allen etwas zu bieten, bietet keinem etwas.
Finden Sie einen erfolgversprechenden Anfang	Der erste Satz eines Vortrages ist der zweitwichtigste – der wichtigste ist der letzte. Ein guter Anfang ist ein „Vorteilsversprechen vorab": Was werden die Teilnehmer davon haben, Ihnen jetzt zuzuhören? Weitere Möglichkeiten sind rhetorische Fragen, um Kontakt zu den Teilnehmern herzustellen, Interesse zu wecken oder die Atmosphäre und die Erwartungshaltung zu erkunden oder „Mit-der-Tür-ins-Haus-Fallen", ein Scherz, eine Anektote, ein Zitat, eine Episode usw., die Neugier wecken.
Beherrschen Sie Ihre sprachlichen Ausdrucksmittel	Bilden Sie kurze Hauptsätze und vermeiden Sie nach Möglichkeit zu lange Wörter, Nebensätze, Passivformen und Modewörter: „Das ist echt nicht gut." Die Verwendung von Konjunktivs („Ich würde sagen, dass..") wirkt unentschlossen. Es gilt die **KUSS-Regel:** kürzer, unkomplizierter, schneller, spannender.
Setzen Sie Emphatie und Projektion ein	Beziehen Sie die Teilnehmer in Ihren Vortrag mit ein: Ersetzen Sie das unpersönliche Wort „man" durch das persönliche „Sie". Vermeiden Sie das Wort „ich"! Überzeugen können Sie nur mit „Sie", „Ihr" oder „wir" und „uns". Benutzen Sie aber nicht das häufig falsche „wir", wenn eigentlich „ich" gemeint ist.
Achten Sie auf Ihre Sprechweise	Sprechen Sie nicht zu schnell und ohne Pause. Sie können kaum zu langsam, aber immer zu schnell sprechen: Je mehr Teilnehmer Sie haben, desto langsamer sollte Ihre Sprechweise werden. Arbeiten Sie mit Sprechpausen an der richtigen Stelle; sie geben Zeit zum Nachdenken. Es gilt die **AIDA-Regel:** Ausdruckskraft der Stimme und Sprache, Intensität, Dynamik und Augenkontakt.
Halten Sie Blickkontakt und vermeiden Sie übertriebene Höflichkeitsfloskeln	Schauen Sie Ihrem Gesprächspartner unbedingt ins Gesicht. Nur so strahlen Sie Sicherheit und Überzeugungskraft aus. Wenden Sie sich immer mit wechselnden Blickkontakten zum Publikum hin. „Darf ich Sie zum Essen bitten" ist im persönlichen Gespräch höflich; „darf ich Sie um Ihre Aufmerksamkeit bitten?" wirkt im Vortrag dagegen dominierend und belehrend.
Achten Sie auf eine stimmige Körpersprache	Unterstützen Sie Ihre Ausführungen mit reger, jedoch nicht übertriebener Körpersprache. Die „Sprache" der Hände spielt hierbei eine wichtige Rolle: Sie verstärkt Botschaften und verleiht Ihnen Überzeugungskraft.
Machen Sie aus Ihren Zuhörern Teilnehmer	Wenn Sie behaupten – oder gar belehren – bieten Sie sehr viele Angriffsflächen. Sie nehmen die Spitze aus Ihren Äußerungen, wenn Sie das schlichte Wort „auch" einbauen oder sie in Fragen kleiden. Stellen Sie keine geschlossenen Fragen, die sich mit einem Wort (ja, nein, vielleicht usw.) beantworten lassen. Nur mit offenen Fragen, z. B. „Wie stehen Sie dazu?", gelingt es Ihnen, Zuhörer einzubeziehen. Stellen Sie Fragen mit wann, wie, wo, welche.
Verschaffen Sie sich einen starken Abgang	Ein schlechter Schluss macht die beste Präsentation kaputt, während eine mittelmäßige Präsentation mit einem guten Schluss gerettet werden kann. Auch hier ist wichtig, nicht zu zeigen was Sie können oder leisten können, sondern nur, was die Teilnehmer interessiert. Stellen Sie die Sache in den Vordergrund.

Wesen der Organisation

Aufgabe einer Organisation ist es, durch Regelungen ein System zu schaffen, das durch eine zweckmäßige Zuordnung von Menschen und Sachmitteln eine bestmögliche Aufgabenerfüllung sichert.

Organisationsregelungen

- **Generelle Regelungen** unterstützen das Bestreben nach Stabilität.
  Für gleichartige, sich häufig wiederholende Vorgänge werden generelle Regelungen festgelegt.
- **Disposition** sichert die im Betrieb notwendige Flexibilität.
  Für unterschiedliche Betriebssituationen werden fallweise Regelungen für Einzelfälle getroffen.
- **Improvisation** besitzt den Charakter der Aushilfe.
  Für neuartige, ungewöhnliche, unerwartete Fälle werden spontane, vorläufige Regelungen getroffen.

Zielsetzungen der Organisation

Organisation ist gerichtet auf

Integration von Menschen (Mensch-Mensch-System)	Integration von Menschen und Sachmitteln (Mensch-Maschine-System)	Integration von Sachmitteleinheiten (Maschine-Maschine-System)
• Integration ist die Voraussetzung für die reibungslose Zusammenarbeit mehrerer Menschen bei der Lösung einer gemeinsamen Aufgabe. • Fachliches Können und menschliche Qualitäten der Mitarbeiter müssen aufeinander abgestimmt werden, um ein erfolgreiches Arbeitsergebnis zu erzielen.	• Mensch und Sachmittel müssen einander sinnvoll zugeordnet werden, um ein optimales Ergebnis zu erzielen. • Die technische Entwicklung verändert die Sachmittel, was eine kontinuierliche Weiterbildung der Mitarbeiter erforderlich macht, um die Produktivität zu steigern.	• Die modernen Maschinensysteme erledigen heute vielfach ihre Aufgaben ohne steuernde Eingriffe des Menschen. • Der Mensch hat in diesem Maschine-Maschine-System nur noch die Aufgabe der Bedienung, Wartung und Instandhaltung.

Organisationsgrundsätze

- **Zielorientierung.** Die Organisation orientiert sich am Unternehmensziel. Alle organisatorischen Maßnahmen bewegen sich im Rahmen des unternehmerischen Gesamtziels.
- **Klarheit und Übersichtlichkeit.** Organisatorische Regelungen sollen in Sprache und Darstellung einfach und klar sein. Auch für neu eingestellte Mitarbeiten müssen sie einen schnellen Überblick verschaffen, um ein zügiges Einarbeiten zu erreichen.
- **Einheitlichkeit der Aufgabenzuordnung.** Grundlage organisatorischer Regelungen ist das System der Arbeitsteilung. Die verschiedenen Teilaufgaben müssen nach Kompetenz und Verantwortung eindeutig festgelegt werden.
- **Verantwortungszuordnung.** Um die volle Verantwortung für übertragene Aufgaben zu übernehmen, muss dem Mitarbeiter ein klar umrissener Verantwortungsbereich übertragen werden.
- **Koordination der Aufgaben.** Zur Vermeidung von Reibungen und Leerläufen bei Arbeitsprozessen, müssen die zerlegten Arbeitsvorgänge koordiniert werden.
- **Kontinuität und Flexibilität.** Um eine elastische und dynamische Organisation zu erhalten, müssen Regelungen den jeweiligen Bedürfnissen angpasst werden. Dabei sind fortlaufende kurzfristige Änderungen zu vermeiden.
- **Kontrolle.** Zur Minimierung von Fehlern, müssen Arbeitsvorgänge kontrolliert werden.

© Verlag Gehlen

Die Arbeitsteilung

Die Gesamtaufgabe (z. B. Einrichtung einer Kommunikationsanlage) wird auf mehrere Mitarbeiter oder Teams übertragen. Nach dem Prinzip der Arbeitsteilung übernimmt jeder Mitarbeiter oder jedes Team eine Teilaufgabe, die sich in der Regel wiederholt.

Vorteile der Arbeitsteilung	Nachteile und Gefahren der Arbeitsteilung
• Durch wiederholende Vorgänge hat der Mitarbeiter mehr Erfahrung, wodurch die Leistung nach Menge und Güte gesteigert wird. • Arbeitsplätze können so gestaltet werden, dass sie die günstigeren Voraussetzungen für die Erfüllung der Teilaufgabe bieten.	• Eine einseitige Beanspruchung (z. B. Fließbandarbeit) kann zu geistiger, körperlicher Ermüdung und Demotivation führen. • Mit zunehmender Arbeitsteilung wird die Koordinierung schwieriger. • Es entstehen Transportwege von Bearbeitungsstelle zu Bearbeitungsstelle.

Gliederung der Gesamtaufgabe

Aufgabenzuordnung erfolgt nach

Funktion	Objekt	Phase	Rang
Gliederung nach Verrichtung Die Gliederung erfolgt nach den betrieblichen Funktionen Einkauf, Lager, Verkauf usw.	**Gliederung nach Objekten** Die Gliederung berücksichtigt die Gegenstände, auf die sich die Verrichtungen beziehen, z. B. Produkt, Absatzgebiet usw.	**Gliederung nach Phasen** Die Gliederung erfolgt nach den Phasen des wirtschaftlichen Handelns, z. B. Planung, Durchführung und Kontrolle.	**Gliederung nach dem Rang** Berücksichtigung, ob die Aufgaben Entscheidungs- oder Ausführungsaufgaben sind.

Aufgaben der Verrichtung

Hauptaufgaben	Teilaufgaben	Einzelaufgaben
Marketing	Erforschung des Beschaffungsmarktes	• Marktanalysen erstellen • Beobachtung der Marktvorgänge
	Erforschung des Absatzmarktes	• Marktanalysen erstellen • Beobachtung der Marktvorgänge
	Werbevorbereitung	• Zielgruppen auswählen • Werbemedien bestimmen • Werbebotschaften kreieren • Werbeplan aufstellen
	Werbedurchführung	• Aufträge an Druckereien, Post usw. vergeben • Einsatz der Werbemittel veranlassen • Rechnungen kontrollieren und weiterleiten
	Werbekontrolle	• Wirkung der Werbemaßnahmen auf der Grundlage des Verkaufsumsatzes überprüfen • Prüfungsergebnisse auswerten und präsentieren
Beschaffung	Einkaufsvorbereitung	• Bedarfsermittlung • Bezugsquellenermittlung • Bei Lieferanten anfragen • Angebote vergleichen und entscheiden

© Verlag Gehlen

Aufgaben der Verrichtung (Fortsetzung)

Hauptaufgaben	Teilaufgaben	Einzelaufgaben
Beschaffung	Einkaufsdurchführung	• Bestellen • Termine überwachen • Wareneingangsmeldungen bearbeiten • Rechnungen prüfen und weiterleiten • Bezugskalkulation aufstellen • Ansprüche aus Mängelrüge und Verzug vertreten
Lager	Wareneingang	• Ware annehmen und prüfen • Wareneingang registrieren und Einkauf mitteilen • Ware lagern
	Warenausgang	• Kundenaufträge zusammenstellen • Versandpapiere ausstellen • Ware versenden • Warenausgang registrieren und an Verkauf melden
	Allgemeine Verwaltung	• Lagerkartei aktualisieren • Bestände kontrollieren • Bedarf an Einkauf melden • Inventur durchführen
Verkauf	Verkaufsvorbereitung	• Verkaufskalkulation durchführen • Lieferungs- und Zahlungsbedingungen festlegen • Angebote abgeben
	Verkaufsdurchführung	• Auftragsbearbeitung • Termine überwachen • Rechnung erstellen (fakturieren) • Reklamationen bearbeiten • Kundendienst
	Außendienst	• Einsatz des Außendienstes • Preislisten und Muster für Vertreter bereitstellen • Spesen- und Provisionsabrechnungen erstellen • Vertretertätigkeit überwachen
Verwaltung	Personalwesen	• Personaleinstellungen • Anmeldungen bei den (Sozial) Versicherungen • Führung der Personalakte • Urlaubsregelung • Lohn- und Gehaltsabrechnungen • Ausbildung und Fortbildung • Auflösung von Arbeitsverhältnissen
	Rechnungs- und Finanzwesen	• Buchführung • Kalkulation • Mahnwesen • Statistik • Finanzplanung
	Registratur und Archiv	• Schriftstücke anhand eines Ordnungssystems abspeichern und sichern • Archivierung von Dokumenten • Vernichtung der Daten nach Ablauf der Aufbewahrungsfrist
	Rechtswesen	• Information über das geltende Recht • Beratung der Geschäftsleitung in Rechtsfragen • Vertretung der Unternehmung vor Gericht

© Verlag Gehlen

Betriebshierarchie

- Der vertikale Unternehmensaufbau wird als Betriebshierarchie bezeichnet.
- Die Betriebshierarchie besteht aus Stellen mit Weisungsbefugnis.
- Gleichrangige Stellen bilden in der Hierarchie eine Ebene.
- Der Umfang der Führungsaufgaben nimmt von der obersten zur untersten Ebene hin ab.
- Die Erfüllung von Sachaufgaben nimmt von der untersten zur obersten Ebene hin ab.

Ebenen der Betriebshierarchie

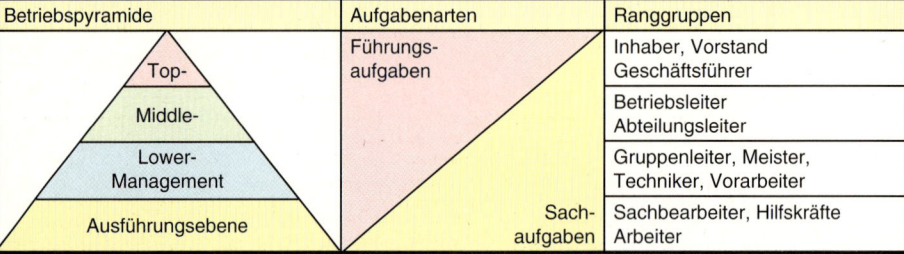

Betriebspyramide	Aufgabenarten	Ranggruppen
Top-	Führungs-aufgaben	Inhaber, Vorstand Geschäftsführer
Middle-		Betriebsleiter Abteilungsleiter
Lower-Management		Gruppenleiter, Meister, Techniker, Vorarbeiter
Ausführungsebene	Sach-aufgaben	Sachbearbeiter, Hilfskräfte Arbeiter

Führungsaufgaben

- Führungsaufgaben liegen bei den Stellen, die mit Weisungs-, Entscheidungs- und Kontrollbefugnissen ausgestattet sind.
- Inhaber solcher Stellen werden als Führungskräfte bezeichnet.
- Die Verteilung der Aufgaben innerhalb der vertikalen Organisation sind Führungsaufgaben.

Kreislaufschema für Führungsaufgaben

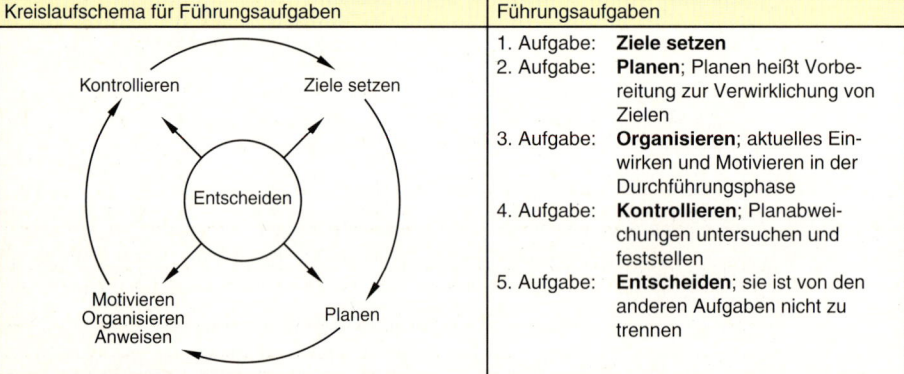

Führungsaufgaben

1. Aufgabe: **Ziele setzen**
2. Aufgabe: **Planen**; Planen heißt Vorbereitung zur Verwirklichung von Zielen
3. Aufgabe: **Organisieren**; aktuelles Einwirken und Motivieren in der Durchführungsphase
4. Aufgabe: **Kontrollieren**; Planabweichungen untersuchen und feststellen
5. Aufgabe: **Entscheiden**; sie ist von den anderen Aufgaben nicht zu trennen

Führungsstile

Teamorientierter Führungsstil

Der Führungsstil basiert auf dem Interaktionsansatz und der Kooperation zwischen Teamleitern und Teammitgliedern.
Eigenschaften dieses Führungsstils sind:
- **Ansporn.** Die Leistungsreserven der weniger motivierten Mitarbeiter werden besser genutzt.
- **Bremsen.** Überaktive Mitarbeiter werden auf die gesetzten Ziele des Team hingewiesen.
- **Ermutigung.** Zurückhaltende und schüchterne Mitarbeiter werden unterstützt und gelobt.
- **Förderung.** Leistungsstarke Mitarbeiter werden angespornt, sich weiterhin gut einzubringen.
- **Integration.** Außenseiter und Neulinge werden durch geeignete Aufträge näher an das Team herangeführt. Außenseiter sind besonders durch Erfolg zu integrieren.
- **Wertschätzung.** Ausgleichende Mitarbeiter und Frohnaturen sollten spüren, dass sie vom Teamleiter geachtet werden, weil sie zur positiven Teamarbeit beitragen.

© Verlag Gehlen

Führungsstile (Fortsetzung)

Auswirkungen	Autoritärer Führungsstil	Kooperativer Führungsstil
Verhältnis der Stellen in der vertikalen Organisation zueinander	• Betonung des Vorgesetzten-Untergebenen-Verhältnisses • Mitarbeiter arbeitet nur auf Anweisung • Die Anweisungen erfolgen nur vom Vorgesetzten zum untergeordneten Mitarbeiter	• Betonung des Mitarbeiterverhältnisses • Vorgesetzter und Mitarbeiter bilden ein Team • Der Informationsfluss ist bidirektional zwischen Vorgesetztem und Mitarbeiter
Betrieb als Ganzes	• Schnelle Entscheidungen sind nicht immer ausgewogen und können ein größeres Risiko beinhalten	• Die breite Informationsbasis führt zu abgewogenen Entscheidungen, deren Erarbeitung jedoch längere Zeit beansprucht
Arbeitsweise der Führungskräfte	Vorgesetzter • formuliert Ziele, wie er sie für richtig hält • braucht Planungsentscheidungen nicht zu begründen und spart zeitraubende Diskussionen • kommt zu schnellen Entscheidungen • muss alle notwendigen Informationen und Kenntnisse selbst besitzen • muss kontrollieren, ob seine Anordnungen ausgeführt werden • ist häufig überlastet	Vorgesetzter • muss fremde Vorstellungen berücksichtigen • muss seine Entscheidung begründen • muss Zeit für gegenseitige Information und Diskussion aufwenden • kann auf die Kenntnisse und Erfahrungen seiner Mitarbeiter zurückgreifen
Arbeitsweise und Einstellung der Mitarbeiter	Mitarbeiter • arbeitet vielfach unmotivierter, da er sich nicht immer mit den gesetzten Zielen identifiziert • hat häufiger Schwierigkeiten mit den Vorgesetzten, da seine Aufgaben sich nicht mit den eigenen Befugnissen decken • empfindet, dass seine Fähigkeiten zu wenig genutzt werden	Mitarbeiter • entwickelt eher Eigeninitiative • zeigt mehr Bereitschaft zur Verantwortung • empfindet eine größere Arbeitsfreude und ist motivierter

Weisungssysteme

Die Weisungssysteme legen fest, woher die Anordnungen in einem Unternehmen kommen und wie sie weitergegeben werden.

Stabliniensystem	Teamorganisation
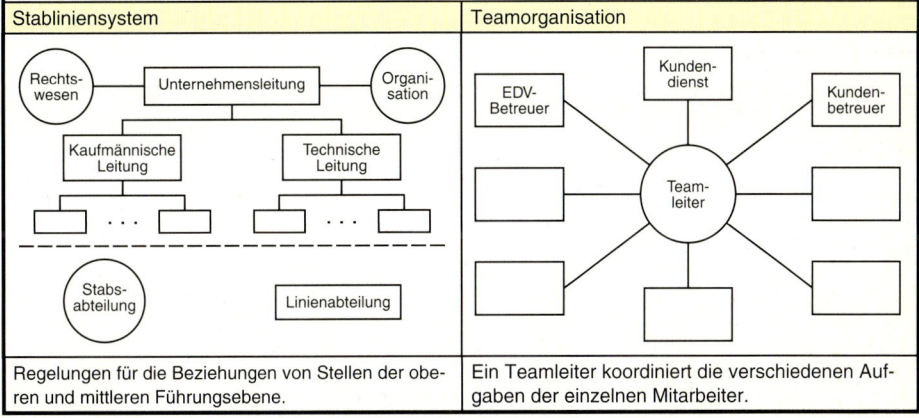	
Regelungen für die Beziehungen von Stellen der oberen und mittleren Führungsebene.	Ein Teamleiter koordiniert die verschiedenen Aufgaben der einzelnen Mitarbeiter.

Kosten- und Leistungsrechnung (KLR)

Die Kosten- und Leistungsrechnung verfolgt das Ziel, die Kosten und die Leistungen vollständig für eine Abrechnungsperiode (Monat, Quartal oder Geschäftsjahr) zu erfassen und daraus das Betriebsergebnis zu ermitteln.

Aufgaben der Kosten- und Leistungsrechnung

- **Ermittlung der Selbstkosten und der Leistungen einer Abrechnungsperiode.** Sie ist ein Instrument zur kurzfristigen (z. B. monatlichen) betrieblichen Erfolgsermittlung.
- **Ermittlung der Selbstkosten einer Erzeugniseinheit.** Sie ist die Grundlage für die Entscheidung des wirtschaftlich noch vertretbaren Verkaufspreises.
- **Kontrolle der Wirtschaftlichkeit.** Zur Wettbewerbsfähigkeit ist es erforderlich, die Entwicklung der Kosten und Leistungen dauernd zu kontrollieren. Die Überwachung der Wirtschaftlichkeit zählt heute mit zu den wichtigsten Aufgaben der Kosten- und Leistungsrechnung.
- **Bewertung der unfertigen und der fertigen Erzeugnisse in der Jahresbilanz.** Nach den handels- und steuerrechtlichen Vorschriften sind in die Jahresbilanz die Schlussbestände der unfertigen und fertigen Erzeugnisse höchstens zu Herstellungskosten einzusetzen.
- **Ermittlung von Deckungsbeiträgen auf der Basis der Teilkostenrechnung.** Zur Überprüfung, ob ein Erzeugnis einen ausreichenden Beitrag zur Deckung der fixen Kosten und zur Erzielung von Gewinn leistet.

Gliederung der Kosten

Kostengruppen			
Kostenarten	**Kostenstellen**	**Kostenträger**	**Gliederung nach ihrem Verhalten**
Artmäßige Zusammengehörigkeit	Entstehungsbereiche	Art der Zurechnung	bei schwankendem Beschäftigungsgrad
Materialkosten	Beschaffungskosten	Einzelkosten	Fixe Kosten
Personalkosten	Lagerkosten	Sondereinzelkosten	Variable Kosten
Kapitalkosten	Fertigungskosten	Gemeinkosten	
Kosten für Fremdleistungen	Vertriebskosten		
Steuern, Gebühren und Beiträge	Verwaltungskosten		

Leistungen (Erträge)

Leistungen (betriebliche Erträge) sind das Ergebnis der betrieblichen Tätigkeiten (Produktion und/oder Dienstleistungen).

Leistungen eines Industriebetriebes

- **Absatzleistungen.** Umsatzerlöse aus dem Verkauf von eigenen Erzeugnissen, Waren und Dienstleistungen.
- **Lagerleistungen.** Mehrbestände an Erzeugnissen, die in einer Abrechnungperiode hergestellt, aber noch nicht abgesetzt worden sind.
- **Aktivierte Eigenleistungen.** Selbsterstellte Anlagen, die im eigenen Betrieb verwendet werden.
- **Eigenverbrauch.** Entnahme von Erzeugnissen für private Zwecke.

Kostenarten · Kostenstellen · Kostenträger

Grundaufbau der Kosten- und Leistungsrechnung

Das Kostenrechnen umfasst in der Praxis zwei Phasen: Erfassung der Kosten und ihre Verrechnung.

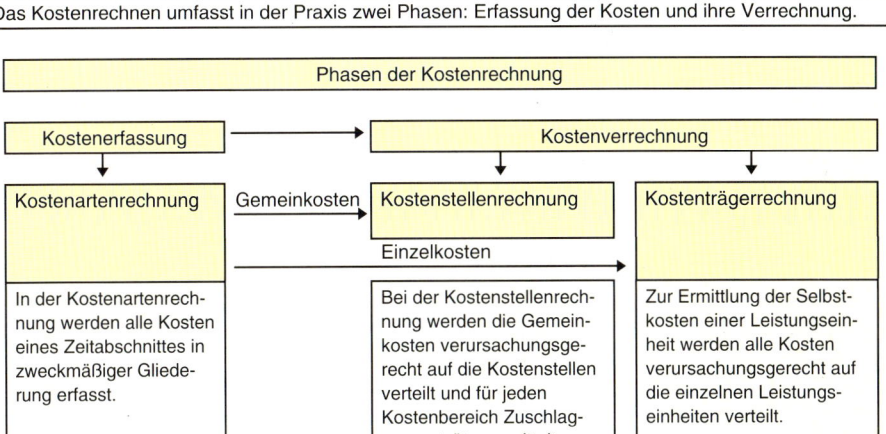

Gliederung nach Kostenarten

Verursachungs-bereich	Kostenarten	Verursachungs-bereich	Kostenarten
Arbeitsbereich	• Löhne • Gehälter • Lohnnebenkosten • Urlaubslöhne • Unternehmerlohn	Fremdleistungs-bereich	• Güterbeförderung • Werbung • Lizenzgebühren • Fremdversicherung • Energiekosten, Miete
Materialbereich	• Stoffeverbrauch • Vorprodukte • Verpackungsmaterial • Büromaterial	Betriebsmittel-bereich	• Kalkulatorische Zinsen, Abschreibungen und Wagnisse
		Gesellschafts-bereich	• Steuern, Zölle • Gebühren, Beiträge

Gliederung nach Kostenstellen

- Die Zahl der zu bildenden Kostenstellen hängt von der Art und der Größe des Betriebes und der angestrebten Genauigkeit der Kostenrechnung ab.
- Kostenstellen gliedern sich nach Funktionen, Verantwortung und räumlicher Gliederung.
- Kostenstellen sind Voraussetzung für die Kontrolle der Wirtschaftlichkeit.
- Kostenstellen sind die Stellen im Unternehmen, an denen die Gemeinkosten entstehen. In der Regel bilden Betriebsabteilungen Kostenstellen.

Gliederung nach Kostenträgern

Die Zuordnung der Kosten zu den Kostenträgern erfolgt in Abhängigkeit von den Fertigungsverfahren nach entsprechenden Kalkulationsmethoden. Es können so kostendeckende Preise für die einzelnen Kostenträger kalkuliert werden.
Folgende Fertigungsverfahren werden häufig festgelegt:
- **Einzelfertigung.** Kostenträger ist ein einzelnes Erzeugnis, z. B. Großmaschinen, Gebäude.
- **Serienfertigung.** Kostenträger ist eine begrenzte Menge der Serie, z. B. Elektrogeräte, Fahrzeuge.
- **Sortenfertigung.** Kostenträger ist eine begrenzte Menge der Sorte, z. B. Bleche, Bekleidung.
- **Massenfertigung.** Kostenträger ist die Menge des in einem Zeitabschnitt hergestellten Produktes.

© Verlag Gehlen

Einzel- und Gemeinkosten

Da sich die Kosten eines Produktes zu einem Teil unmittelbar und zum anderen Teil nur mittelbar dem Produkt (Leistungseinheit) zurechnen lassen, werden Einzel- und Gemeinkosten unterschieden.

Einzelkosten (direkte Kosten)

Einzelkosten können dem Kostenträger (dem Produkt oder der Leistungseinheit) direkt zugeordnet werden. Unterschieden werden:
- Fertigungsmaterial (Normalverbrauch an Rohbaustoffen)
- Fertigungslöhne (Zeitvorgaben der Arbeitsvorbereitung)
- Sondereinzelkosten der Fertigung (Modelle, technische Zeichnungen usw.)
- Sondereinzelkosten des Vertriebs (Provisionen, Ausgangsfrachten usw.)

Gemeinkosten (indirekte Kosten)

Gemeinkosten können dem Kostenträger/der Kostenstelle nicht direkt zugeordnet werden, weil sie als Gesamtkosten dem Unternehmen entstehen. Unterschieden werden:
- Kostenträgergemeinkosten (Gehalt des Betriebsleiters, Abschreibungen der Maschinen usw.)
- Kostenstellengemeinkosten (Mietkosten für die Fertigungshalle, Energiekosten usw.)
Kostenstellengemeinkosten werden nach einem Schlüssel auf die Kostenstellen verteilt.

Verteilung der Gemeinkosten auf Kostenstellen

- **Materialgemeinkosten.** Das sind die Gemeinkosten, die im Zusammenhang mit dem Material stehen. Es sind z. B. Lagerung, Pflege, Ausgabe, Versicherung.
- **Fertigungsgemeinkosten.** Gemeinkosten, die im Produktionsprozess anfallen, zählen zu diesen Kosten. Dies sind z. B. Löhne und Gehälter, Verbrauch von Strom, Gas, Wasser für die Herstellung, Hilfs- und Betriebsstoffe und Abschreibungen von Maschinen und Anlagen.
- **Verwaltungsgemeinkosten.** Hierzu zählen die Kosten für die Leitung und die Verwaltung des Unternehmens, z. B. Gehälter für die Geschäftsleitung und die Verwaltungsabteilungsleiter, Büromaterial und Abschreibungen auf die Geschäftsausstattung.
- **Vertriebsgemeinkosten.** Alle Gemeinkosten, die mit dem Absatz der Erzeugnisse im Zusammenhang stehen, fallen unter diese Gemeinkosten. Es sind z. B. Werbung, Lagerung, Verpackung, Versand und die Kosten für das Verkaufsbüro, sofern sie nicht dem verkauften Erzeugnis direkt zugeordnet werden können.

Der Betriebsabrechnungsbogen (BAB)

- Mithilfe des Betriebsabrechnungsbogens (BAB) wird eine monatliche und eine jährliche tabellarische Kostenstellenrechnung erstellt.
- Der Betriebsabrechnungsbogen ist zeilenmäßig (waagerecht) nach Kostenstellen und spaltenmäßig (senkrecht) nach Kostenarten (Gemeinkosten) gegliedert.
- Die Summe der Gemeinkosten der Ergebnistabelle der Kosten- und Leistungsrechnung muss mit der Summe der im Betriebsabrechnungsbogen ermittelten Material-, Fertigungs-, Verwaltungs- und Vertriebsgemeinkosten übereinstimmen.
- Aufgaben des Betriebsabrechnungsbogens:
  - Aus dem Kosten- und Leistungsrechnen-Bereich der Ergebnistabelle die Gemeinkostenarten übernehmen.
  - Die Gemeinkosten werden aufgrund von Belegen oder nach Schlüsseln auf die Kostenstellen, in denen sie entstanden sind, verteilt.
  - Errechnen von Zuschlagssätzen für die Kostenträgerstück- und Kostenträgerzeitrechnung.
  - Überwachung der Gemeinkosten an den Stellen ihrer Entstehung zur Kontrolle der Wirtschaftlichkeit.
- Der Betriebsabrechnungsbogen ermöglicht die Errechnung von Gemeinkostenzuschlagssätzen für die Kalkulation sowie für die Bewertung der hergestellten Produkte und der Eigenleistung.
- Die Entstehung von Gemeinkosten an den jeweiligen Kostenstellen kann mit dem Betriebsabrechnungsbogen gut überwacht werden (Kontrolle der Wirtschaftlichkeit).

Betriebsabrechnungsbogen · Zuschlagssätze · Herstellkosten **393**

Beispiel eines Betriebsabrechnungsbogens

Gemeinkostenart	Zahlen der KLR in DM	Verteilungsgrundlagen	Kostenstellen in DM			
			Material	Fertigung	Verwaltung	Vertrieb
Hilfsstoffaufwendungen	600000	Entnahmeschein	–	520000	–	80000
Betriebsstoffaufwendungen	40000	Entnahmeschein	–	32000	5000	3000
Gehälter	450000	Gehaltsliste	50000	180000	170000	50000
Kalkulatorische Abschreibungen	500000	Anlagekartei	40000	400000	40000	20000
Bürokosten	60000	Rechnungen	–	25000	35000	–
Werbung	200000	Rechnungen	–	40000	100000	60000
Betriebliche Steuern	150000	Anlagewerte	15000	35000	80000	20000
Kalkulatorische Zinsen	850000	Vermögenswerte	130000	500000	100000	120000
Kalkulatorischer Untern.-Lohn	270000	Schätzung	–	120000	150000	-
Summe / Gemeinkosten	3120000	Verteilung	235000	1852000	680000	353000

Ermittlung der Zuschlagssätze

- Die Berechnung der Zuschlagssätze erfolgt auf der Grundlage der im Betriebsabrechnungsbogen ermittelten Kosten.
- Jeder Kostenbereich erhält seine besondere Zuschlagsgrundlage, auf die die Gemeinkosten dieses Bereichs bezogen werden.

Materialgemeinkosten-Zuschlagssatz (Beispiel)

	Fertigungsmaterial	2500000,00 DM
+	Materialgemeinkosten	235000,00 DM
	Materialkosten	2735000,00 DM

Die Zuschlagsgrundlage für die Materialgemeinkosten ist der bewertete Verbrauch an Fertigungsmaterial.

$$\text{Materialgemeinkosten - Zuschlagssatz} = \frac{\text{Materialgemeinkosten} \cdot 100\,\%}{\text{Fertigungsmaterial}} ; \quad \frac{235000 \text{ DM} \cdot 100\,\%}{2500000 \text{ DM}} = 9{,}4\,\%$$

Fertigungsgemeinkosten-Zuschlagssatz (Beispiel)

	Fertigungslöhne	1750000,00 DM
+	Fertigungsgemeinkosten	1852000,00 DM
	Materialkosten	3602000,00 DM

Die Zuschlagsgrundlage für die Fertigungsgemeinkosten sind die in einer Abrechnungsperiode gezahlten Fertigungslöhne.

$$\text{Fertigungsgemeinkosten - Zuschlagssatz} = \frac{\text{Fertigungsgemeinkosten} \cdot 100\,\%}{\text{Fertigungslöhne}} ; \quad \frac{1852000 \text{ DM} \cdot 100\,\%}{1750000 \text{ DM}} = 105{,}8\,\%$$

Herstellkosten des Umsatzes

	Materialkosten
+	Fertigungskosten
=	Herstellkosten der Erzeugung
+	Bestandsminderungen der Erzeugnisse
–	Bestandsmehrungen der Erzeugnisse
=	Herstellkosten des Umsatzes

- Die Herstellkosten des Umsatzes unterscheiden sich von den Herstellkosten der Erzeugung durch die Bestandsveränderungen an fertigen und unfertigen Erzeugnissen.
- Für weitere Zuschlagssätze werden die Herstellkosten des Umsatzes benötigt.

© Verlag Gehlen

Zuschlagssätze (Fortsetzung)

Verwaltungsgemeinkosten-Zuschlagssatz (Beispiel)

$$\text{Verwaltungsgemeinkosten - Zuschlagssatz} = \frac{\text{Verwaltungsgemeinkosten} \cdot 100\%}{\text{Herstellkosten des Umsatzes}} ; \quad \frac{680000 \cdot 100\%}{2654000} = 25{,}6\%$$

Vertriebsgemeinkosten-Zuschlagssatz (Beispiel)

$$\text{Vertriebsgemeinkosten - Zuschlagssatz} = \frac{\text{Vertriebsgemeinkosten} \cdot 100\%}{\text{Herstellkosten des Umsatzes}} ; \quad \frac{353000 \cdot 100\%}{2654000} = 13{,}3\%$$

Einheitlicher Zuschlagssatz (Beispiel)

$$\text{Einheitlicher Zuschlagssatz} = \frac{\text{Verwaltungs- u. Vertriebsgemeinkosten} \cdot 100\%}{\text{Herstellkosten des Umsatzes}} ; \quad \frac{680000 \cdot 100\%}{2654000} = 38{,}9\%$$

Zuschlagskalkulation für die Angebotsermittlung

Bei dieser Kalkulation handelt es sich um eine **Vorwärtskalkulation**, weil der Preis für das Produkt von der Fertigung bis zum Angebotspreis mit den Zuschlagssätzen kalkuliert wird.

Kalkulationsschema (Beispiel)

	Fertigungsmaterial	25,80 DM	≙ 100 %	
+	Materialgemeinkosten (10 % v.H.)	2,58 DM	≙ 10 % von 25,80 DM	
=	**Materialkosten**	28,38 DM		
+	Fertigungslöhne	1,85 DM	≙ 100 %	
+	Fertigungsgemeinkosten (125% v.H.)	2,31 DM	≙ 125 % von 1,85 DM	
=	**Herstellkosten**	32,54 DM	≙ 100 %	
+	Verwaltungsgemeinkosten (15 % v.H.)	4,88 DM	≙ 15 % von 32,54 DM	
+	Vertriebsgemeinkosten (7 % v. H.)	2,28 DM	≙ 7 % von 32,54 DM	
=	**Selbstkostenpreis**	39,70 DM	≙ 100 %	
+	Gewinn (12 %)	4,76 DM	≙ 12 % von 39,70 DM	
=	**Barverkaufspreis**	44,46 DM	≙ 93 %	
+	Kundenskonto (3 % i.H.)	1,43 DM	≙ 3 % von 47,80 DM	
+	Vertreterprovision (4 % i. H.)	1,91 DM	≙ 4 % von 47,80 DM	
=	**Zielverkaufspreis** (Rechnungspreis)	47,80 DM	≙ 100 %	≙ 80 %
+	Kundenrabatt (20 % i. H.)	11,95 DM		≙ 20 % von 59,75 DM
=	**Angebotspreis** (Listenpreis)	59,75 DM		≙ 100 %

Berechnung der Verkaufszuschläge

$$\text{Kundenskonto} = \frac{\text{Barverkaufspreis} \cdot \text{Kundenskontosatz}}{100\% - (\text{Kundenskonto- und Vertreterprovisionssatz})} ; \quad \frac{44{,}46 \text{ DM} \cdot 3\%}{100\% - 3\% - 4\%} = 1{,}43 \text{ DM}$$

$$\text{Vertreterprovision} = \frac{\text{Barverkaufspreis} \cdot \text{Vertreterprovisionssatz}}{100\% - (\text{Kundenskonto- und Vertreterprovisionssatz})} ; \quad \frac{44{,}46 \text{ DM} \cdot 4\%}{100\% - 3\% - 4\%} = 1{,}91 \text{ DM}$$

$$\text{Kundenrabatt} = \frac{\text{Zielverkaufspreis} \cdot \text{Kundenrabattsatz}}{100\% - \text{Kundenrabattsatz}} ; \quad \frac{47{,}80 \text{ DM} \cdot 20\%}{100\% - 20\%} = 11{,}95 \text{ DM}$$

Erläuterungen

- Der kalkulatorische Gewinn muss so hoch sein, dass das allgemeine unternehmerische Risiko abgedeckt ist und für zukünfte Neuinvestitionen Finanzmittel bereitgestellt werden können.
- Für den Gewinnzuschlag sind die Selbstkosten die Zuschlagsgrundlage.
- Der Kundenrabatt wird vom Angebotspreis berechnet und muss deshalb bei der Vorwärtskalkulation im Hundert gerechnet werden.
- Auch beim Kundenskonto und der Vertreterprovision muss bei der Vorwärtskalkulation im Hundert gerechnet werden.

Kosten, Erlös und Gewinn

Kostendiagramm

Kosten-, Erlös- und Gewinndiagramm

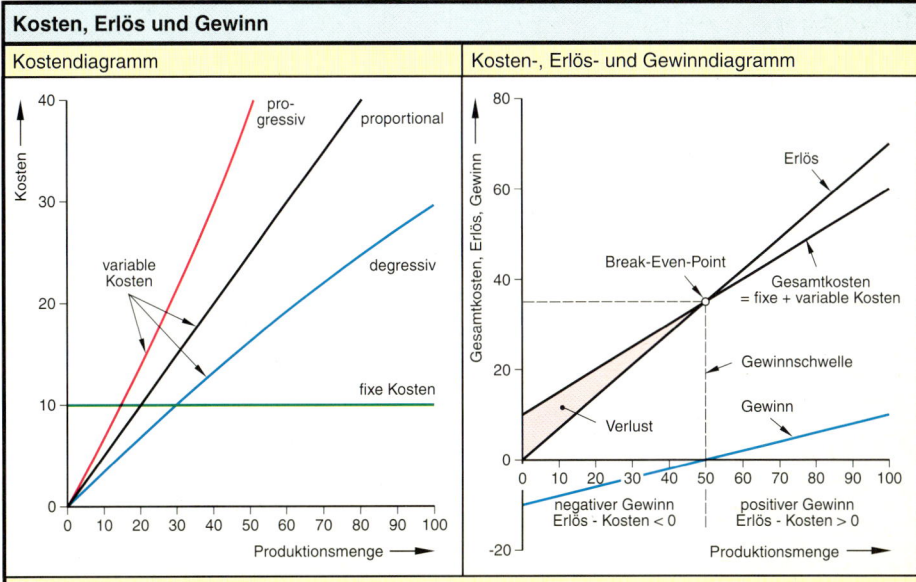

Erläuterungen

- **Fixe Kosten** sind unabhängig von der Produktionsmenge oder dem Beschäftigungsgrad, z. B. Raumkosten, Anlagekosten, Abschreibungen. Der Anteil der fixen Kosten je Produktionseinheit wird mit zunehmender Produktionsmenge kleiner.
- **Variable Kosten** sind von der Produktionsmenge oder dem Beschäftigungsgrad abhängig, z. B. Materialkosten, Fertigungskosten.
  - **Proportionale** variable Kosten; die Kosten steigen in gleichem Verhältnis zur Menge an.
  - **Degressive** variable Kosten; die Kosten steigen unterproportional zur Menge an.
  - **Progressive** variable Kosten; die Kosten steigen überproportional zur Menge an.
- **Erlös oder Umsatz** ist die erzielte Einnahme für das Produkt. Der Erlös ist das Produkt aus Verkaufspreis mal verkaufter Menge.
- **Gewinn** ist die Differenz aus Erlös minus Kosten.
- **Break-Even-Point** ist der Punkt, in dem der Erlös gleich den Kosten ist. Für diese Produktionsmenge ist der Gewinn Null. Diese Stelle wird als **Gewinnschwelle** bezeichnet.

Deckungsbeitragsrechnung

- Die Beitragsdeckungsrechnung gibt darüber Auskunft, in welcher Höhe bei einem vom Markt vorgegebenen Erlös/Preis die fixen Kosten gedeckt sind.
  Deckungsbeitrag für Fixkosten = Erlös – variable Kosten
- Bei der Deckungsbeitragsrechnung als Stückrechnung werden der Erlös und die variablen Kosten auf ein Stück oder eine Mengeneinheit bezogen.
  Preis ist der Erlös je Stück oder Mengeneinheit
  Variable Stückkosten sind die variablen Kosten je Stück oder Mengeneinheit
- Der Deckungsbeitrag je Stück oder Mengeneinheit berechnet sich nach der folgenden Gleichung:
  Deckungsbeitrag je Stück oder Mengeneinheit = Preis – variable Stückkosten
- Die Preisuntergrenze ist dann erreicht, wenn der Preis gleich den variablen Stückkosten ist. Der Preis deckt gerade noch die variablen Stückkosten.

Preis = variable Stückkosten	⇒ die Preisuntergrenze ist erreicht
Preis > variable Stückkosten	⇒ Verbesserung des Betriebsergebnisses
Preis < variable Stückkosten	⇒ Verschlechterung des Betriebsergebnisses

© Verlag Gehlen

Controlling

- Controlling ist die Bereitstellung von Methoden (Techniken, Instrumente, Modelle, Denkmuster) und Informationen für die arbeitsteilig ablaufenden Planungs- und Kontrollprozesse.
- Folgende Aufgaben sollte der Planungsauftrag an den Controller enthalten:
  - Aufstellung eines Arbeitsprogramms (Pflichtenheft, Handbuch)
  - Gestaltung und Fortentwicklung eines Planungssystems
  - Gewinnung von Wissens- und Verantwortungsträgern als Mitarbeiter
  - Schaffung einer offenen Atmosphäre zur freien Entfaltung von Ideen und Meinungen
  - Problemsituationen (z. B. häufige Fehler), Lösungsansätze und Konsequenzen aufzeigen
  - Festlegung des Informations- und Zeitbedarfs einzelner Arbeitsschritte
  - Vertiefung, Ergänzung und Weitergabe benötigten Erfahrungswissens
  - Koordinierung des Informationsaustausches
  - Überprüfung von Planungsunterlagen auf Vollständigkeit und Plausibilität
  - Präsentation der Ergebnisse und Darlegung der angewandten Methoden
- Die Kontrolle hat die Aufgabe, die eingeleiteten Maßnahmen zu überwachen (Aufdeckungs- und Erklärungsfunktion) und bei festgestellten Abweichungen Korrekturmaßnahmen einzuleiten (Beeinflussungsfunktion).
- Selbstkontrollen werden von den Entscheidungsträgern durchgeführt und ermöglichen eine schnelle Anpassung. Da sie vielfach auch subjektiv sind, unterliegen sie der Gefahr der Manipulation.
- Fremdkontrollen kommen der Forderung nach Neutralität und Objektivität nach und können stellenübergreifend durchgeführt werden.

Regelkreis der Kontrolle

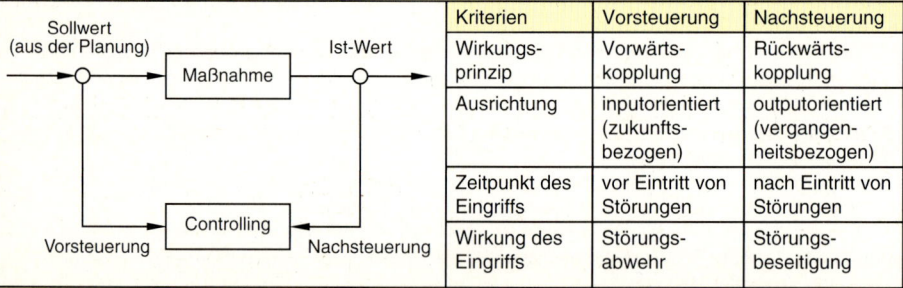

Kriterien	Vorsteuerung	Nachsteuerung
Wirkungsprinzip	Vorwärtskopplung	Rückwärtskopplung
Ausrichtung	inputorientiert (zukunftsbezogen)	outputorientiert (vergangenheitsbezogen)
Zeitpunkt des Eingriffs	vor Eintritt von Störungen	nach Eintritt von Störungen
Wirkung des Eingriffs	Störungsabwehr	Störungsbeseitigung

Rechnungswesen und Controlling

Rechnungswesen und Controlling sind verschiedenartig und deshalb sollte die Abteilung Controlling verselbstständigt werden. Die folgende Tabelle nach Becker zeigt die Verschiedenartigkeit.

Rechnungswesen	Controlling	Rechnungswesen	Controlling
Zahlenbezogenes Arbeiten	Empfängerorientiertes Arbeiten	Zahlen richtig erfassen	Zahlen müssen in Maßnahmen umgesetzt werden
Rechenschaftslegung	Informationsbeschaffung und -weitergabe	Arbeit ist vergangenheitsorientiert	Arbeit ist zukunftsorientiert
Zahlen werden abgeliefert	Zahlen werden selektiert bzw. verdichtet und müssen dann „verkauft" werden	Geheime Arbeit	Laufende Kommunikation über alle Fragen des Gewinns
Starre Richtlinien	Ständiges Anpassen an Bedürfnisse der Entscheidungsträger	Fachspezifische Sprache	Übersetzen in eine dem Empfänger zugängliche Sprache
Zahlenaufstellungen	Berichte mit Vorschau, Zusammenfassungen, Resümees, Informationen und Maßnahmen	Buchführung dominierend	Zielsetzung, Planung, Steuerung dominierend

Kennzahlen

Kennzahlen-Übersichtsblatt (Beispiel)

Kennzahlen-Definition	Kennzahl-Nr.:
Titel	
Anwendung	
Formel	
Formelinhalt	
Bemerkungen	

Kennzahlengliederung

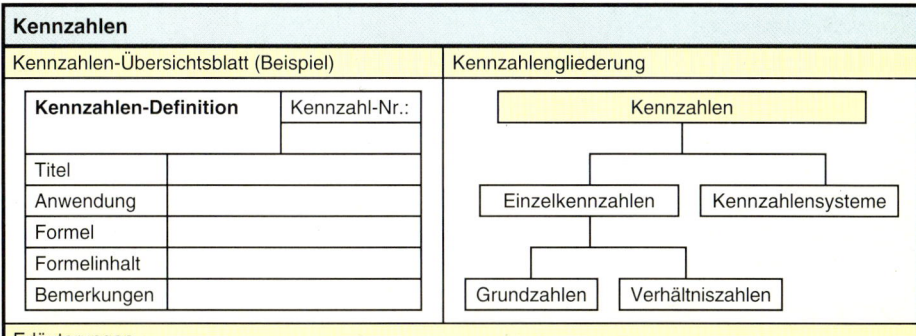

Erläuterungen

- **Kennzahlen** bezeichnen nummerische Informationen, die nach dem Schema oben rechts gegliedert sein können. Sie müssen alle eindeutig durch den Controller definiert sein. Dazu wird zum Beispiel das oben links angegebene Übersichtsblatt verwendet.
- **Einzelzahlen** beziehen sich auf einzelne Bereiche, ohne eine Verknüpfung zu anderen herzustellen.
- **Grundzahlen** sind absolute Zahlen (Summen, Differenzen, Mittelwerte usw.), die einen Sachverhalt quantitativ angeben. Erst wenn diese isolierten absoluten Zahlen mit anderen absoluten Zahlen in ein Verhältnis gesetzt werden, erhalten sie ihre Bedeutung.
- **Verhältniszahlen** geben die Beziehung voneinander in sachlichem Zusammenhang stehenden absoluten Zahlen an.
- Die Kombination von zwei oder mehreren Kennzahlen wird als **Kennzahlensystem** bezeichnet. Ein gebräuchliches Kennzahlensystem ist das **ZVEI-System**. Das ZVEI-System ist vom betriebswirtschaftlichen Ausschuss des **Zentralverbandes der Elektrotechnischen Industrie e. V.** entwickelt worden.

ZVEI-Kennzahlen-Pyramide (schematischer Aufbau)

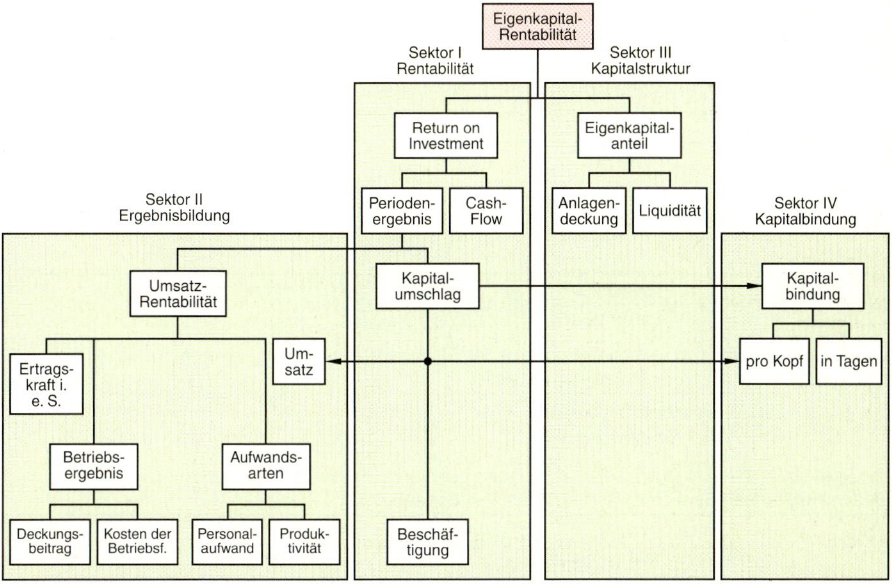

Kennzahlen (Auswahl)

Eigenkapitalrentabilität = $\dfrac{\text{Gesamtgewinn}}{\text{Eigenkapital}} \cdot 100\,\%$

Diese Kennzahl dient zur Beurteilung der Fähigkeit des Unternehmens, Gewinne zu erzielen.

Gesamtkapitalrentabilität = $\dfrac{\text{Gesamtgewinn + Fremdkapitalzinsen}}{\text{Gesamtkapital}} \cdot 100\,\%$

Diese Kennzahl gibt an, wie vorteilhaft das Unternehmen insgesamt mit dem eingesetzten Kapital gearbeitet hat und lässt somit einen Vergleich zu branchengleichen Unternehmen zu.

Umsatzrentabilität = $\dfrac{\text{Betriebsergebnis}}{\text{Umsatz}} \cdot 100\,\%$

Diese Kennzahl gibt an, wie viel ordentlicher betriebsbedingter Gewinn je Umsatzeinheit erzielt wurde.

Kapitalumschlagshäufigkeit = $\dfrac{\text{Umsatz}}{\text{betriebsbedingtes Gesamtkapital}} \cdot 100\,\%$

Diese Kennzahl lässt erkennen, wie häufig das betriebsbedingte Kapital durch den Umsatz umgeschlagen oder wie intensiv das Vermögen genutzt worden ist.

Cash Flow (überschlägig) = Gesamtgewinn + Abschreibungen

Der Cash Flow verdeutlicht, in welchem Umfang in der betrachteten Periode das Unternehmen durch die Betriebstätigkeit, Gewinne erwirtschaftet hat.

dynamischer Verschuldungsgrad = $\dfrac{\text{gesamte Verbindlichkeiten}}{\text{Cash Flow}}$

Diese Kennzahl gibt an, wie oft der Cash Flow der entsprechenden Periode eingesetzt werden muss, um das Fremdkapital zurückzahlen zu können.

Kennzahlen für die Kreditwürdigkeitsprüfung (bilanzielle Normen)

Die nachfolgenden Kennzahlen können für die Kreditwürdigkeitsprüfung als Normen betrachtet werden. Zur Erlangung eines Bankkredites sollten die angegebenen Prozentsätze mindestens erreicht werden.

Verschuldungsgrad = $\dfrac{\text{Eigenkapital}}{\text{Gesamtkapital}} \cdot 100\,\% \geq 50\,\%$

Diese Kennzahl gibt den Anteil des Eigenkapitals am Gesamtkapital an. Der Verschuldungsgrad gilt als Indikator für das Finanzierungsrisiko.

Anlagendeckung = $\dfrac{\text{Eigenkapital + langfristiges Fremdkapital}}{\text{Anlagevermögen}} \cdot 100\,\% \geq 100\,\%$

Diese Kennzahl verdeutlicht, in welchem Umfang das Anlagevermögen durch langfristiges Kapital finanziert ist.

Goldene Bilanzregel = $\dfrac{\text{Eigenkapital}}{\text{Anlagevermögen}} \cdot 100\,\% \geq 100\,\%$

Diese Kennzahl gibt an, in welchem Verhältnis das Eigenkapital zum Anlagevermögen steht. Für die Kreditwürdigkeit ist ein hoher Prozentsatz günstig.

Liquidität I = $\dfrac{\text{Umlaufvermögen – Vorräte}}{\text{Verbindlichkeiten}} \cdot 100\,\% \geq 100\,\%$

Die Liquidität ist die Zahlungsfähigkeit oder finanzielle Verfügungskraft des Unternehmen. Für den kurzfristigen Bereich ist die Liquidität I von Bedeutung.

Liquidität II = $\dfrac{\text{Umlaufvermögen}}{\text{kurzfristiges Fremdkapital}} \cdot 100\,\% \geq 100\,\%$

Für den längerfristigen Bereich ist die Liquidität II entscheidender.

© Verlag Gehlen

Zielgerichtetes Projektmanagement

Projektmerkmale

- Risiken und Unsicherheiten.
- Einmaligkeit der Aufgabe.
- Eindeutige Aufgabenstellung, Verantwortung und Zielsetzung.
- Zeitliche Befristung (klare Anfangs- und Endtermine).
- Verschiedenenartige, aber untereinander verbundene Teilaufgaben.
- Auf das Vorhaben abgestimmte Organisation.
- Begrenzter Ressourceneinsatz.

Management und Projektziele

Management: Planung, Überwachung, Koordination, Steuerung

- Was soll geplant und erreicht werden?
- Welche Funktionen sollen erfüllt werden?
- Welche Qualität ist gefordert?

Sachziel

Kostenziel: Welche Kosten sind maximal zulässig?

Terminziel: Bis wann soll alles erreicht werden?

Projektphasen und Meilensteine

Projektphasen

Definition	Planung	Realisierung	Abschluss
• Problemanalyse • Zielklärung • Potentialanalyse • Definition • Grobplanung • Wirtschaftlichkeit • Projektauftrag	• Definition der Meilensteine/Arbeitspakete • Lastenhefte • Feinplanung • Verantwortung klären • Risikoanalysen • Definition der Schnittstellen	• Arbeitspakete durchführen • Projektverfolgung • Steuerung bei Abweichungen • Planung aktualisieren • Orientierung an Meilensteinen	• Projektabschlussbericht • Reintegration der Mitarbeiter • Auflösung des Projektes

Meilensteine und Ergebnispfade

- Meilensteine sind wichtige Ereignisse/Entscheidungen innerhalb der einzelnen Phasen.
- Meilensteine sind verständlich, kontrollierbar, liegen in angemessenen Abständen, erfordern ähnliche Aktivitäten und geben wichtige Entscheidungen wieder.
- Ein Meilenstein muss erreicht werden, bevor der/die folgenden erreicht werden können.
- Die Meilensteine sind nach inhaltlichen Bereichen gruppiert ⇒ Ergebnispfade.

Meilenstein C1: Aktivitäten für Meilensteine C2 und C3

Meilenstein C2: Aktivitäten für Meilenstein C3

Meilenstein C3

Planung von Projekten

Ergebnisplanung	Organisation	Detailplanung
Meilensteinplan: • Meilensteine • Inhaltliche Bereiche (Ergebnispfade) • Logische Abfolge und Abhängigkeiten • Zieltermine	**Projektverantwortlichkeits-Matrix:** • Aufwände • Balkendiagramm (Dauer, Termine) • Betroffene Abteilungen/Funktionen • Verantwortlichkeiten • Fortschrittsbericht	**Aktivitätenplan:** • Aktivitäten zur Erreichung des jeweiligen Meilensteins • Balkendiagramm mit Dauer, Terminen und Aufwänden • Verantwortlichkeitsmatrix auf Aktivitätenebene

© Verlag Gehlen

Projektdefinition

Ziel

Ein Ziel ist Richtschnur und Maßstab für alle Projektaktivitäten. Es ist der gedanklich vorweggenommene, zukünftige Zustand, der
- bewusst ausgewählt und gewünscht wird,
- der durch aktives Handeln erreicht wird.

Ziele sind nur dann überprüfbar, wenn sie bezüglich Inhalt, Quantität und Zeit wenig Interpretationen zulassen.

Zieldimensionen

- Ziel**INHALT**
  Was soll erreicht werden?
- Ziel**AUSMASS**
  Wie genau und mit **wie viel** Einsatz soll das Ziel erreicht werden?
- Ziel**ZEIT**
  Bis **wann** muss das Ziel erreicht werden?

Checkliste zur Situationsanalyse

Sachliches Umfeld	Zeitliches Umfeld	Soziales Umfeld
• Wer ist der Auftraggeber? • Welche Bedeutung hat das Projekt für den Auftraggeber? • Wer sind die Träger der Projektidee? • Welche Personen können Informationen liefern?	• Welcher konkrete Anlass hat zum Projekt geführt? • Welche Erfahrungen wurden mit früheren/ähnlichen Projekten gemacht? • Welche Entscheidungen müssen berücksichtigt werden?	• Welche Stellen nehmen Einfluss auf das Projekt? • Wer ist in welcher Form durch das Projekt betroffen? • Wer sind die Abnehmer? • Welchen Kenntnisstand haben die Mitarbeiter?

Aussagen und Fragen zur Zielklärung

Aussagen und Fragen zur Zielklärung	Die Ziele sind:	erledigt	zum Teil erledigt	nicht erledigt
• Das Ziel ist genau: • Um das Ziel zu erreichen, sind folgende Maßnahmen einzuleiten: • Ob das Ziel erreicht wird, ist messbar, indem man: • Was/Wer könnte bei der Zielerreichung behilflich sein? • Was/Wer könnte bei der Zielerreichung behindern? • Das Schlimmste, was passieren könnte, wenn das Ziel nicht erreicht wird, ist: • Wenn das Ziel nicht erreicht wird, dann wird:	• schriftlich fixiert • klar und nachvollziehbar • messbar • vollständig • widerspruchsfrei • realisierbar • allen Beteiligten bekannt • akzeptiert			

Der Projektauftrag

Ein Projektauftrag muss die **Aufgabenstellung lösungsneutral formulieren**, konkrete Ziele enthalten und **überprüfbare Ergebnisse beschreiben**. Er kann folgende Struktur haben:

Was soll erreicht werden? Was soll getan werden? Was soll beim Abschluss vorliegen?	Projektauftrag:
	Projektleiter:
	Zielsetzung:
	Aufgabenstellung:
	Zu erbringende Leistungen:
	Budget:
	Randbedingungen:
	Termine und Meilensteine:
	Unterschriften: Auftraggeber Projektleiter

Projektplanung

Projektplanung bedeutet, das zukünftige Handeln im Projekt zu durchdenken, den Weg zwischen Projektdefinition und -ziel gedanklich „abzuschreiten" und mit den zur Verfügung stehenden Mitteln das Ziel zu erreichen. Eine systematische und zielorientierte Planung beinhaltet folgende Komponenten:

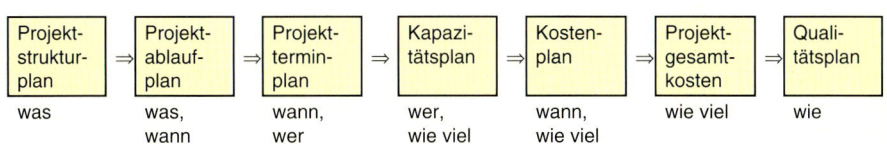

Projekt-strukturplan	Projekt-ablaufplan	Projekt-terminplan	Kapazi-tätsplan	Kosten-plan	Projekt-gesamtkosten	Quali-tätsplan
was	was, wann	wann, wer	wer, wie viel	wann, wie viel	wie viel	wie

Der Projektstrukturplan (PSP) und der Projektablaufplan (PAP) sind Grobpläne. Nach ihrer Erstellung beginnt mit dem Projektterminplan die Detailplanung.

Projektstrukturplan (PSP) und Checkliste

Der Projektstrukturplan beschreibt, was zu machen ist. Er kann objektbezogen, funktionsorientiert (Tätigkeiten) oder gemischt (Objekt und Funktionen) erstellt werden.

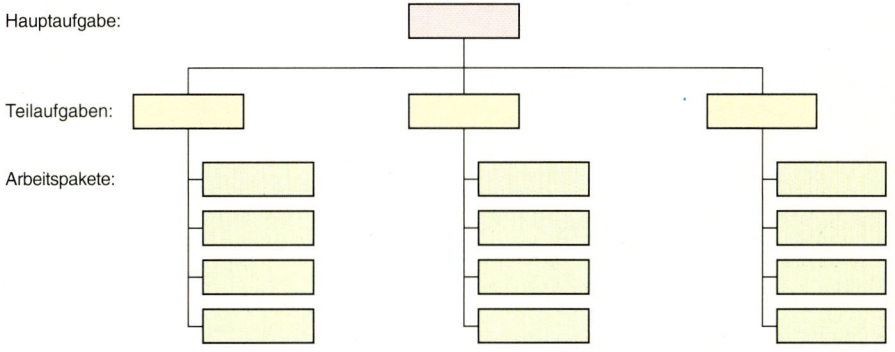

- Führt das Abarbeiten der Arbeitspakete zum fertigen Projekt?
- Ist jedes Arbeitspaket hinsichtlich zu erbringender Leistung, Termin und Kosten eindeutig definiert?
- Kann eine Zuordnung der Arbeitspakete zu einzelnen Mitgliedern des Teams getroffen werden?

Projektablaufplan (PAP) und Checkliste

Der Projektablaufplan beschreibt die Reihenfolge des Abarbeitens der Arbeitspakete.

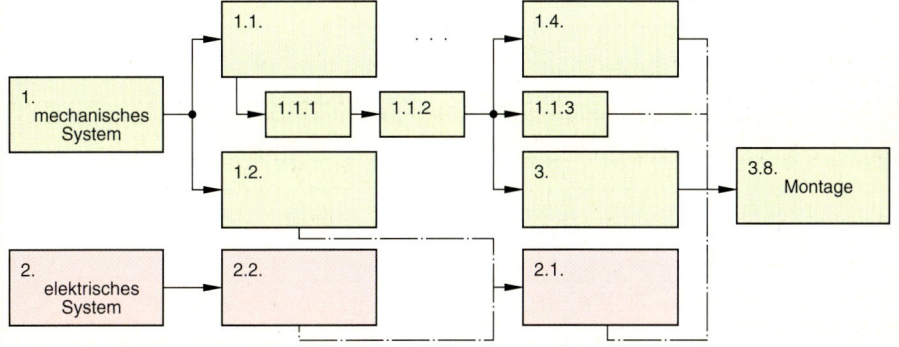

- In welcher logischen Reihenfolge sind die Arbeitspakete auszuführen?
- Welche Arbeitspakete können parallel bearbeitet werden?
- Welcher Kapazitäts- und Zeitbedarf ist für die Bearbeitung der einzelnen Arbeitspakete notwendig?

© Verlag Gehlen

Projektplanung

Projektterminplan

Der Projektterminplan erfasst, **wann** von **wem welche Arbeitsergebnisse** vorliegen müssen; für jedes Arbeitspaket muss der **Anfangs**- und der **Endtermin**, die **Verantwortlichen** und die **Beteiligten** ermittelt werden. Für die Darstellung eignen sich je nach Komplexität unterschiedliche Instrumente:

Tabellarische Liste				Balkendiagramm		

Nr. Arbeitspaket	Verantwortlich	Termin von	Termin bis
1.1.	Emsig	15.2.	29.3.
1.2.			
2.1.			

Nr. Arbeitspaket	Zeit in Wochen
1.1.	2
2.1.	4
2.2.	4
2.3.	2,5
2.4.	3
2.5.	5
1.2.	4

1. 2. 3. 4. 5. 6. 7. 8. 9. 10. 11. 12. Woche →

Kapazitätsplanung

Aufteilung der erforderlichen Ressourcen auf die verfügbaren Mitarbeiter, Maschinen und Geräte.

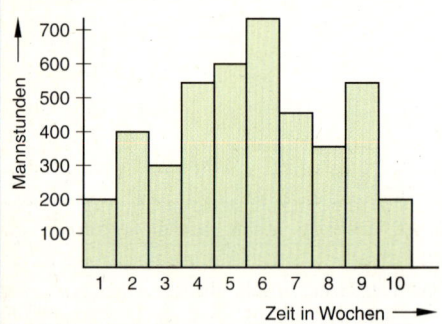

Kostenplanung

Die je Arbeitspaket anfallenden Kosten (Material, Fremdleistungen, ext. Personal, Investitionen) werden ermittelt und über die Projektlaufzeit dargestellt.

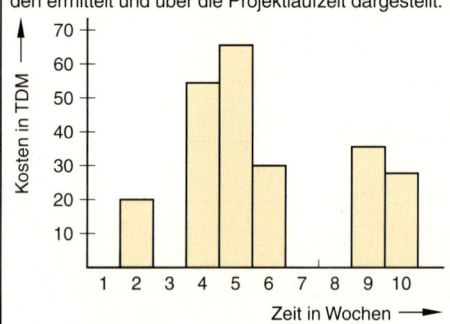

Achtung!

Die Kapazitäts- und Kostenplanung sind eng miteinander verknüpft; sie müssen unter folgenden Fragestellungen betrachtet und beantwortet werden:
- Wenn die verfügbaren Ressourcen nicht ausreichen, wird der Projektendtermin um die Zeitspanne ... überschritten (Kapazitätstreue Terminplanung).
- Welche zusätzlichen Ressourcen müssen eingesetzt werden, damit der Projektendtermin eingehalten wird (termintreue Kapazitätsplanung)?

Erst nach dieser Abstimmung kann festgestellt werden, welche zusätzlichen Ressourcenmengen u. U. erforderlich sind, um das Projekt termingerecht fertigzustellen.

Gesamtkostenplanung

Zusammenfassung der Kosten aus der Kapazitäts- und Kostenplanung:
- aus der Kostenplanung die Finanzmittel,
- aus der Kapazitätsplanung die Bewertung der Positionen in Geld, d. h., Umrechnen der Personal- und Betriebskosten in Kosten je Zeiteinheit.

Qualitätsplanung

- Spezifikation der Qualität und Anforderung der zu erbringenden Sachleistung. Die Beschreibung muss eine eindeutige Messung des Ergebnisses ermöglichen.
- Grundlage der Qualität können z. B. DIN-Normen sein.

Meilensteinplan

R Einrichtungen/Räume	Projektbeschreibung:		Auftraggeber:
M Projektmanagement			
H Hardware/Software			
O Organisation	Planausgabe:	Projektmanager:	Kontrolle:
S System			
P Personal			

Termin	R	M	H	O	S	P	Nr.	Meilenstein
15.01.97		M1					M1	Meilenstein-/Verantwortlichkeitsmatrix erstellt
15.02.97					S1		S1	Anforderungen definiert
15.03.97					S2		S2	Anwendungssoftware ausgewählt
31.03.97		M2					M2	Vorläufiges Budget geplant und freigegeben
30.04.97					S3		S3	Standardsoftware bestellt und installiert
31.05.97					S4		S4	Systemkonzept erstellt und abgenommen
30.06.97				O1			O1	Organisationsstruktur erstellt und verabschiedet
usw.	R1							

Projektverantwortlichkeitsmatrix

Projektbeschreibung:											
Planausgabe:		Kontrolle:		A Ausführung				Abteilung/Funktion/Ressourcen			
				E Entscheidung							
				e Teilentscheidung							
Periodenlänge:		Abschlusstermin:		F Auftragsfortschritt							
				B Beteiligung			Projektteam	Abteilung A	Abteilung B	EDV	Berater	Einkauf	Projektleiter
Aufwand	Periode				I Information						
Wochen	1	2	3	4	5	Meilenstein	Projektteam	Abteilung A	Abteilung B	EDV	Berater	Einkauf	Projektleiter
2						M1: Meilensteinmatrix	E	A	A	I		A	F
8						S1: Anforderungen				e		e	F
4						S2: Anwendungssoftware	E	I	I	e		e	F
2						M2: Vorl. Budget	E		B	B			F
1						S3: Standardsoftware						A	F
20						S4: Systemkonzept		F					A
4						O1: Organisationsstruktur	E	e	e	I			F
usw.													

Aktivitätenplan

Projektbeschreibung:						A führt Auftrag durch		Funtionsbezeichnung				
Planausgabe:		Kontrolle:				B muss beteiligt werden						
Periodenlänge:		Abschlusstermin:				L Auftragsabwicklung		Müller	Meier	Schmidt	Emsig	Huber	Becker
Aufwand: Tage/Wochen/Monate						I muss infomiert werden							
T	W	M	1.1	1.2	1.3	1.4	1.5	Aktivität/Aufgabe						
		2						Arbeitsplan klären	A		A			
		8						Teilanforderungen defin.	L	B		A		
		4						Software analysieren			B		A	A
		2						Budget planen	L	A	B			
		1						Software bestellen					A	

© Verlag Gehlen

Projektsteuerung

Verantwortlichkeiten

Projektsteuerung beinhaltet alle Aktivitäten, um das Projekt im Rahmen der Planungswerte abzuwickeln, die Projektplanung ständig zu verbessern und dem Ziel termingerecht näher zu kommen.
Verantwortlich für die Steuerung von Projekten sind:
- Für die Einbettung des Projekts in das Unternehmen der **Auftraggeber**,
- für das Projekt der **Projektleiter** und
- für die einzelnen Arbeitspakete die **Projektmitglieder**.

Steuerung und Korrekturmaßnahmen

Steuerung umfasst:
- Überprüfung des Arbeitsfortschritts,
- Analyse von Abweichungen,
- Ergreifen korrigierender Maßnahmen (rechtzeitig),
- Berichterstattung in festen Abständen.

Mögliche Korrekturmaßnahmen sind:
- Arbeitsteilung ändern,
- Anzahl/Arbeitszeit der Mitarbeiter ändern,
- Termine ändern,
- Anforderungen verschieben oder reduzieren.

Fortschrittsbericht

Projekt:				Meilensteinplan			
Auswirkungen: wahrscheinlich auf Meilensteinplan				geplan-	Projekt:	Ausgabe:	
Bericht vom:				tes	Leiter:	Kontrolle:	
Nr.	Bemerkung		Ist-Datum	Datum	Meilenstein		Nr.
M1	→	begonnen	15.01	15.01.	Meilensteinmatrix		M1
S1	→	vollständig festgelegt	15.02.	15.02.	Anforderungen definiert		S1
S2	↘	Auswahl nicht beendet	01.04.	15.03.	Anwend.-Software		S2
M2	↗	Budget geplant und genehmigt	25.03.	31.03.	Budget geplant		M2
S3	↘	Softwarebestellung im Gange	10.05.	30.04.	Software bestellt		S2
usw.							

Steuerungszyklen

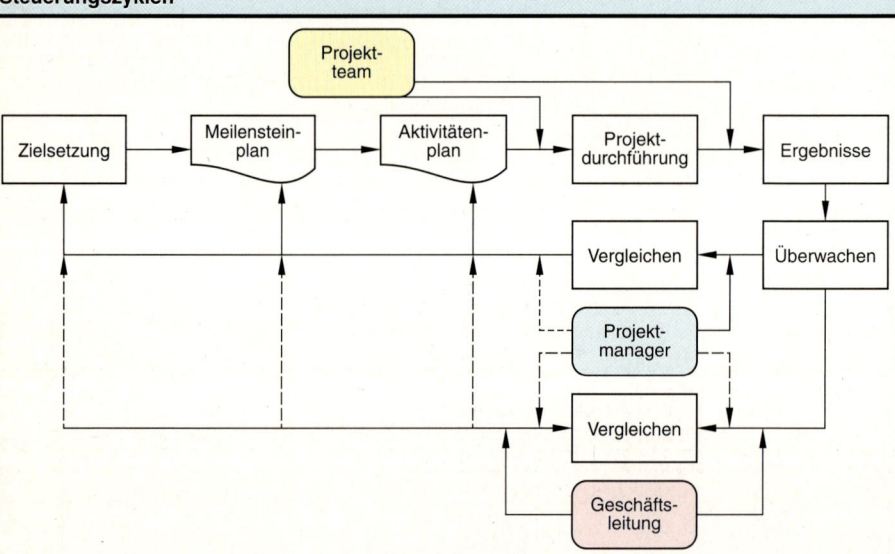

© Verlag Gehlen

Phasenkonzept bei Standard-DV-Anwendungsprojekten

Vorgehensweise und Schwerpunkte

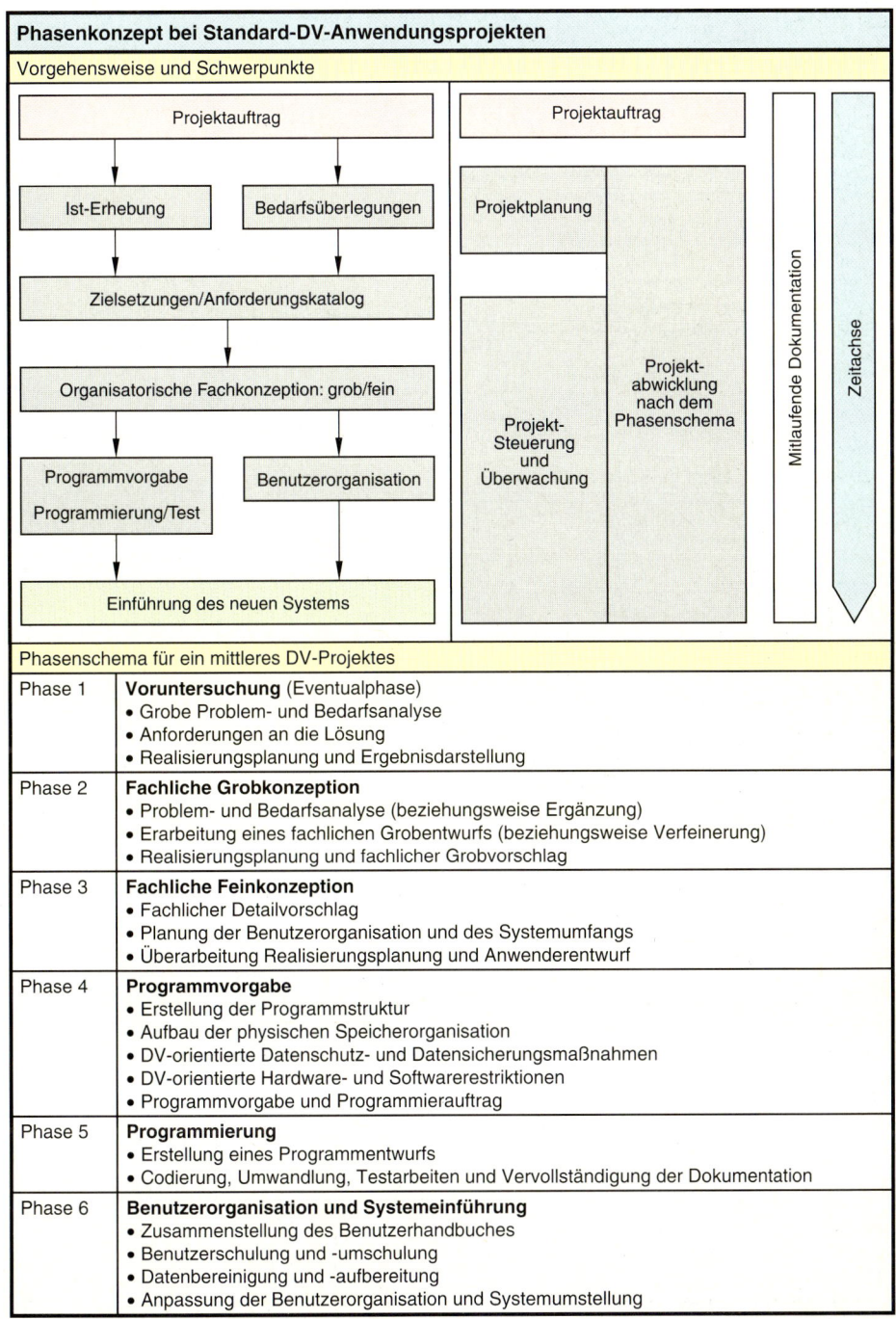

Phasenschema für ein mittleres DV-Projektes

Phase 1	**Voruntersuchung** (Eventualphase) • Grobe Problem- und Bedarfsanalyse • Anforderungen an die Lösung • Realisierungsplanung und Ergebnisdarstellung
Phase 2	**Fachliche Grobkonzeption** • Problem- und Bedarfsanalyse (beziehungsweise Ergänzung) • Erarbeitung eines fachlichen Grobentwurfs (beziehungsweise Verfeinerung) • Realisierungsplanung und fachlicher Grobvorschlag
Phase 3	**Fachliche Feinkonzeption** • Fachlicher Detailvorschlag • Planung der Benutzerorganisation und des Systemumfangs • Überarbeitung Realisierungsplanung und Anwenderentwurf
Phase 4	**Programmvorgabe** • Erstellung der Programmstruktur • Aufbau der physischen Speicherorganisation • DV-orientierte Datenschutz- und Datensicherungsmaßnahmen • DV-orientierte Hardware- und Softwarerestriktionen • Programmvorgabe und Programmierauftrag
Phase 5	**Programmierung** • Erstellung eines Programmentwurfs • Codierung, Umwandlung, Testarbeiten und Vervollständigung der Dokumentation
Phase 6	**Benutzerorganisation und Systemeinführung** • Zusammenstellung des Benutzerhandbuches • Benutzerschulung und -umschulung • Datenbereinigung und -aufbereitung • Anpassung der Benutzerorganisation und Systemumstellung

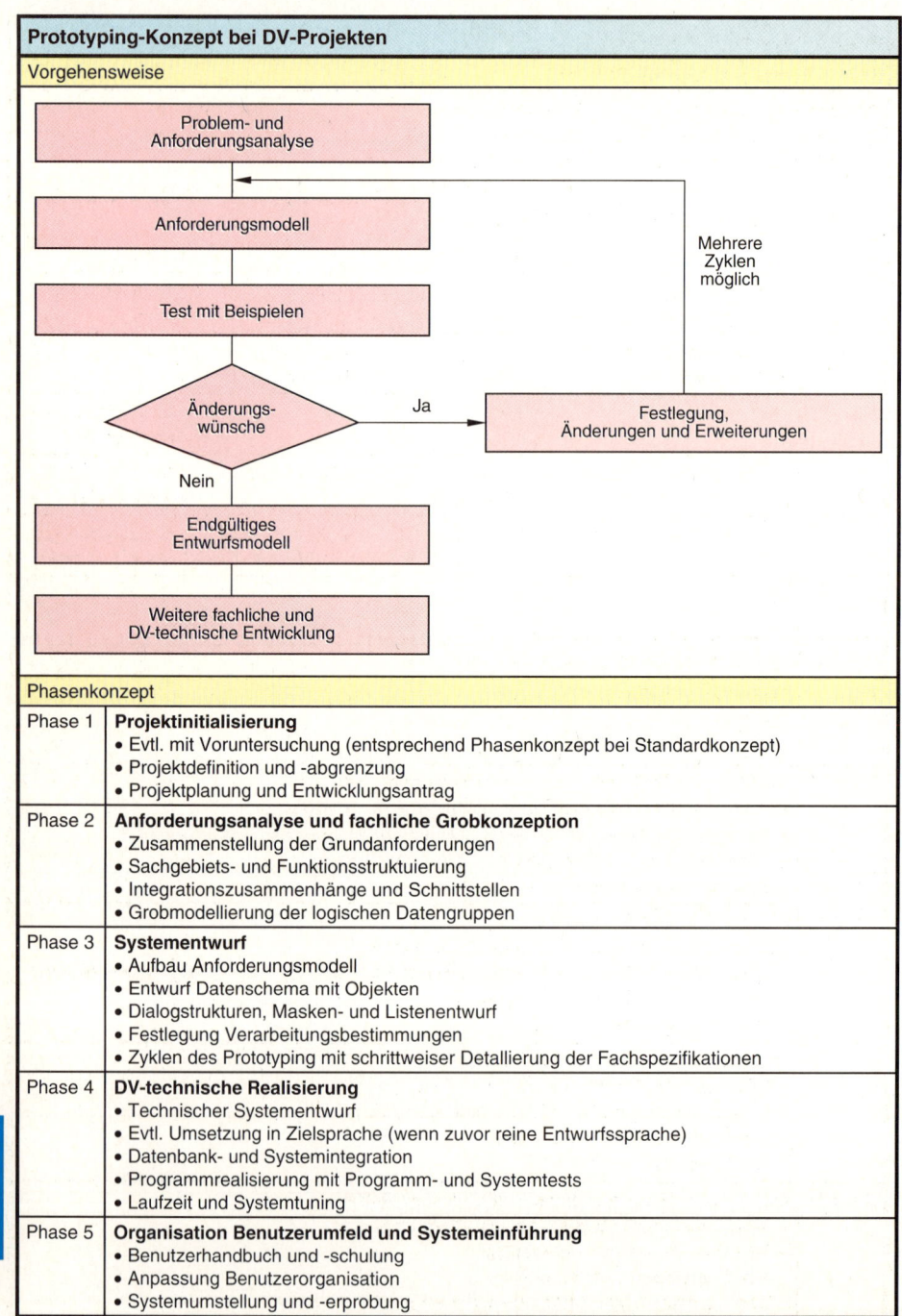

Auswahl von Standardsoftware

Risikoschwerpunkte (Erfahrungswerte)

Anforderungskatalog: Der Anforderungskatalog ist unzureichend oder fehlerbehaftet (60 % des Gesamtrisikos)	**Auswahlkriterien:** Mangelhafte Software und Probleme mit der Softwarefirma (30 % des Gesamtrisikos)	**Einführung:** Schlechte und oberflächliche Einführung (10 % des Gesamtrisikos)

Kriterienliste als Grundlage der Auswahl (Beispiel)

Nr.	Kriterien	Anbieter 1	Anbieter 2	Anbieter 3
1.1	Praxisorientierung und Benutzerfreundlichkeit	Kleinere Schwächen	Gut	Kleinere Schwächen
1.2	Zukunftsorientierung und Weiterentwicklung	Gut	Im allgemeinen befriedigend	Gut
1.3	Integration	Gut	Gut	Mit Einschränkungen möglich
1.4	Bewährung und Verbreitung	Bisher 25 Anwender	120 Anwender	Nur 4 Anwender
1.5	Qualität der Dokumentation	Minimaldokumentation auf Papier	Dokumentation auf CD	Minimaldokumentation auf Papier
1.6	usw.			

Einführung und Anpassung von Standardsoftware

Phase 1	**Projektinitialisierung** • Evtl. mit Voruntersuchung • Projektdefinition, Projektabgrenzung und Projektplanung
Phase 2	**Fachliche und DV-technische Anforderungsanalyse** • Problem- und Bedarfsanalyse mit fachlichen Anforderungen • Systemtechnische Anforderungen und Restriktionen • Schnittstellen zu Nachbarsystemen • Sammlung von Software-Marktinformationen
Phase 3	**Pflichtenheft und Evaluation** • DV-Pflichtenheft für Software und evtl. Hardware • Evaluationsabwicklung: Grobauswahl, Softwaredemos, Workshops, Besichtigung, Referenzen, Feinauswahl, Nutzwertanalyse • Vertragsabschluss
Phase 4	**Softwareinstallation und Anpassung** • Ausbildung der Projektmitarbeiter • Softwareinstallation (evtl. auch Hardware) und Softwareanpassung • Schnittstellenprogramm zu Altsoftware • Abnahmetests
Phase 5	**Organisation Benutzerumfeld und Systemeinführung** • Benutzerhandbuch (Ergänzung und Anpassung) • Benutzerschulung und -einweisung • Anpassung Benutzerorganisation • Datenübernahme von Altsystemen, Systemumstellung und -konsolidierung

© Verlag Gehlen

Softwareinstallation und -anpassung	
Auswahlkriterien	
1. Hardware, Systemsoftware und Datenbank	**2. Benutzeroberfläche, Benutzerführung**
• Rechnersystem (Hersteller, Typ) • Betriebssystem (Hersteller, Typ, Release) • Netzwerk,-Betriebssystem, Programmiersprache • Art der Datenbasis/Datenbank (welche)	• Menüsteuerung/Direktzugriff auf Programme • Windows-Technik/Pulldown-Menüs • Grafische Benutzeroberfläche
3. Datenschutz und Datensicherheit	**4. Dokumentation**
• Zugriffsberechtigung und Datenschutz • Datensicherung/Datenrekonstruktion	• Online- und papiergestützte Dokumentation • System- und Benutzerdokumentation • Sourcecodeauslieferung/-hinterlegung • Änderungsdienst der Dokumentation
5. Anpassungsmöglichkeiten und Schnittstellentechniken	**6. Programminstallation, Konversionsunterstützung, Service**
• Parameter und Tabellenanpassung • Bildmasken- und Listengenerator, Sprache • Standardschnittstellen/Verbindung zur Textverarbeitung u. Ä.	• Übernahme- und Konversionsprogramme • Test- und Schulungsversion • Hotline-Service, Wartungsvertrag • Releases und Versionsveränderungen

Elemente der Programmdokumentation

Programm- entwicklung	Programmvorgabe	→	Programm- dokumentation	Dokumentation Vorgabe
	Progammanalyse			Programmdokumentation
	Programmerstellung			Testdokumentation
	Testarbeiten			Installationsdokumentation

Programmpflege	Wartungsabwicklung	→	Wartungsdokumentation

Typische Dokumentationswerkzeuge in Projekten

Wesentliche Phasenabschnitte eines Projektes	Darstellungs- und Dokumentationswerkzeuge
Projektplanung und -steuerung	Projektstrukturübersicht, Balkendiagramm, Netzplan, Wirtschaftlichkeitsübersicht
Ist-Erhebung und -Analyse	Organigramm, Ablaufdiagramm, Belegflussplan, Datenverwendungsmatrix, Kommunikationsübersicht, Vorgangsverkettungsmatrix (Ist)
Fachliche Soll-Konzeption	Hierarchische Funktionsübersicht, Integrationsübersicht, Schnittstellenübersicht, Blockschaltbild, Datenflussplan, Vorgangskettendiagramm, (Soll) Datenkatalog, Datennetz,
Programmtechnische Realisierung	Programmenü, Programmbaum, Programmhierarchie, Programmstruktur, physisches Datenbankschema, Programmablaufplan, Struktogramm, Pseudocode
Benutzerorganisation und Systemeinführung	Stellenorientierter Datenflussplan, Präsentationsgrafik

© Verlag Gehlen

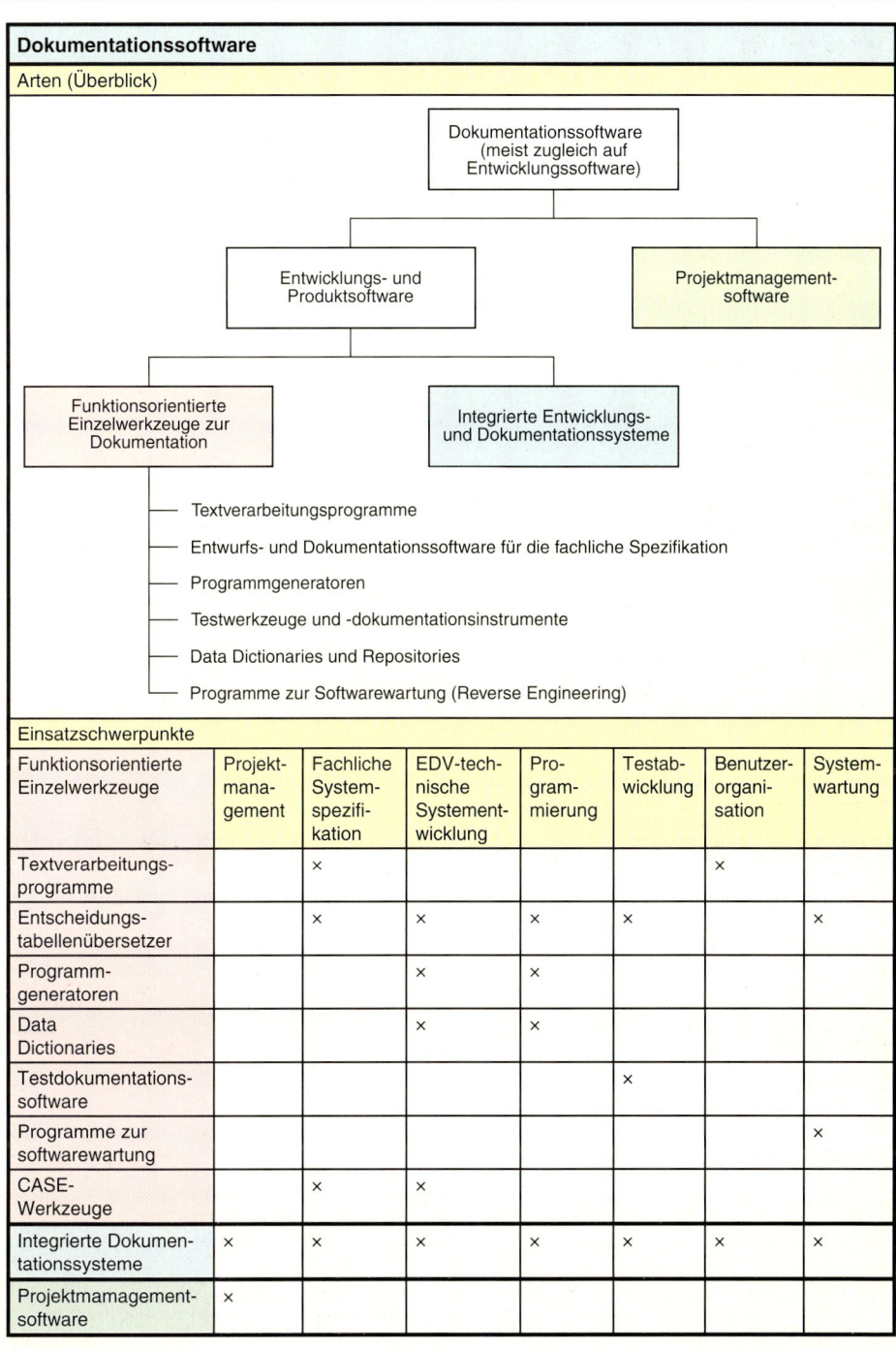

Teamarbeit	
Teamgrößen	
Zweierteam	• Gut für eine partnerschaftliche Arbeit • Gegenseitiger Gedankenaustausch • Gefahr der Rivalisierung
Dreierteam	• Gute und zielstrebige Arbeitsgruppe • Kein Teammitglied kann sich zurückhalten
Viererteam	• Vorteile zwischen Dreier- und Fünferteams • Gefahr einer Pattsituation • Aufteilung und Arbeitsteilung bei Detailarbeiten nötig
Fünferteam	• Hohe Kreativität durch die Anzahl • Geeignet für fundierte Entscheidungen • Hohe Teamkosten • Trennung bei Detailarbeiten nötig
Siebenerteam	• Ideal für Kreativ- und Informationssitzungen • Ungeeignet für die Erarbeitung von Details • Hohe Teamkosten
Wichtige Regeln der Gruppenarbeit im Team	
• Alle sind vollwertige Mitglieder. • Eine Diskussion im Team ist hierarchiefrei durchzuführen. Ein höherer Status außerhalb des Teams darf sich im Team nicht auswirken, da Informationsoffenheit, Kritikbereitschaft und Kreativität sonst beeinträchtigt werden. • Jedes Mitglied soll seine Meinung offen vertreten und darf sie nicht verschleiern. • Zur Teamarbeit gehört Kooperationsbereitschaft der Teammitglieder: Sie müssen konstruktive Kritik üben und sachliche Kritik entgegennehmen. • Das Team präsentiert sich geschlossen. • Kein Teammitglied darf noch nicht abgestimmte Ergebnisse an Außenstehende weitergeben. • Innerhalb des Teams muss ein vollständiger Informationsaustausch erfolgen. Keiner darf Informationen zurückhalten. • Durch die aktive Einbeziehung aller Teammitglieder in den Meinungsbildungsprozess findet eine starke Motivation und eine Identifikation mit den Aufgaben statt.	
Arbeitstechniken für Teamarbeiten	
Formelle Abwicklung	• Zielsetzungen für jede Teamsitzung; Protokollführung. • Straffe Gesprächsführung; wechselnde Moderatoren für die unterschiedlichen Tagesordnungspunkte. • Klare Festlegung der Aufgaben für die Teammitglieder zwischen den Sitzungen.
Motivationsgesichtspunkte	• Pausenregelung, Vereinbarungen über das Rauchen; Getränke; keine Störungen. • Förderung einer positiven Stimmung; ausreichendes Feedback der Teammitglieder. • Stets Lernbedarf feststellen und in angemessener Weise darauf reagieren.
Kreativitäts- und Problemlösungstechniken	• Erstellung einer Problemlandschaft. • Brainstorming zur Problemsammlung; Problemstrukturierung. • Pro- und Kontra-Diskussion, um Problemsituation zu vertiefen oder zuzuspitzen. • Funktionelles Denken bei der Ist-Erhebung und Soll-Entwicklung.
Kommunikationstechniken	• Kenntnis geeigneter Darstellungstechniken (Matrizen, Entscheidungstabellen, Wer-Was-Informationsfluss-Diagramme, hierarchische Funktionsdarstellungen). • Kenntnis geeigneter, ergebnisorientierter Berichts- und Protokolltechniken; Präsentationstechniken. • Informationsmarkt (Präsentation) zur Information des Projektstandes an interessierte Mitarbeiter außerhalb des Projekts. • Periodische Reviews (Projektstatus und -fortschritt). • Benutzung von Flipcharts, LCD-Projektoren oder anderen Medien zur Visualisierung.

© Verlag Gehlen

Umgang mit Konflikten

Konfliktursachen bei Projekten

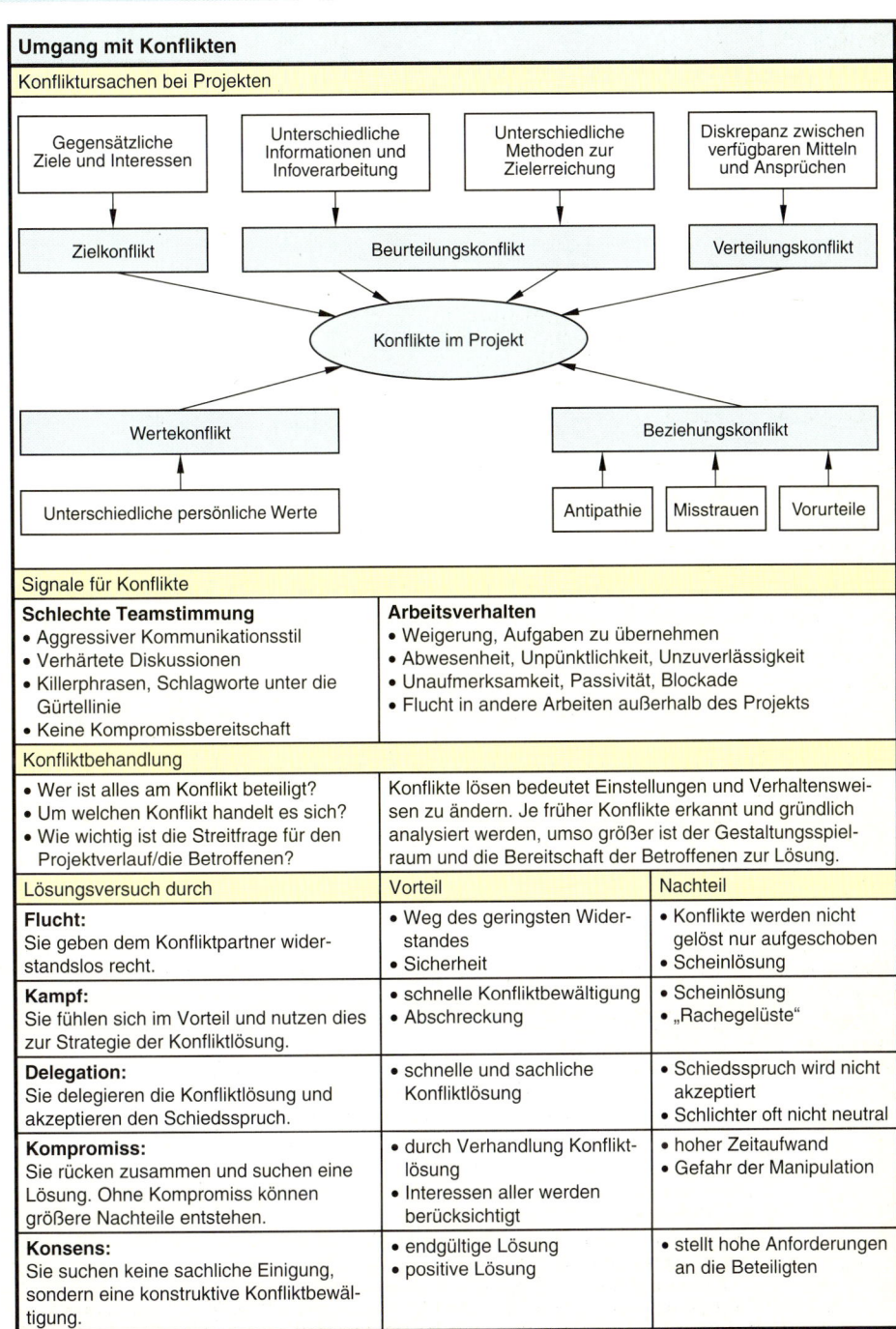

Signale für Konflikte

Schlechte Teamstimmung	**Arbeitsverhalten**
• Aggressiver Kommunikationsstil • Verhärtete Diskussionen • Killerphrasen, Schlagworte unter der Gürtellinie • Keine Kompromissbereitschaft	• Weigerung, Aufgaben zu übernehmen • Abwesenheit, Unpünktlichkeit, Unzuverlässigkeit • Unaufmerksamkeit, Passivität, Blockade • Flucht in andere Arbeiten außerhalb des Projekts

Konfliktbehandlung

• Wer ist alles am Konflikt beteiligt? • Um welchen Konflikt handelt es sich? • Wie wichtig ist die Streitfrage für den Projektverlauf/die Betroffenen?	Konflikte lösen bedeutet Einstellungen und Verhaltensweisen zu ändern. Je früher Konflikte erkannt und gründlich analysiert werden, umso größer ist der Gestaltungsspielraum und die Bereitschaft der Betroffenen zur Lösung.

Lösungsversuch durch	Vorteil	Nachteil
Flucht: Sie geben dem Konfliktpartner widerstandslos recht.	• Weg des geringsten Widerstandes • Sicherheit	• Konflikte werden nicht gelöst nur aufgeschoben • Scheinlösung
Kampf: Sie fühlen sich im Vorteil und nutzen dies zur Strategie der Konfliktlösung.	• schnelle Konfliktbewältigung • Abschreckung	• Scheinlösung • „Rachegelüste"
Delegation: Sie delegieren die Konfliktlösung und akzeptieren den Schiedsspruch.	• schnelle und sachliche Konfliktlösung	• Schiedsspruch wird nicht akzeptiert • Schlichter oft nicht neutral
Kompromiss: Sie rücken zusammen und suchen eine Lösung. Ohne Kompromiss können größere Nachteile entstehen.	• durch Verhandlung Konfliktlösung • Interessen aller werden berücksichtigt	• hoher Zeitaufwand • Gefahr der Manipulation
Konsens: Sie suchen keine sachliche Einigung, sondern eine konstruktive Konfliktbewältigung.	• endgültige Lösung • positive Lösung	• stellt hohe Anforderungen an die Beteiligten

Marketing

Marketing bedeutet die **Konzeption, Planung, Ausführung und Kontrolle** aller Aktivitäten eines Unternehmens, die die Beschaffung und den Absatz von Produkten (Waren, Dienstleistungen) betreffen.

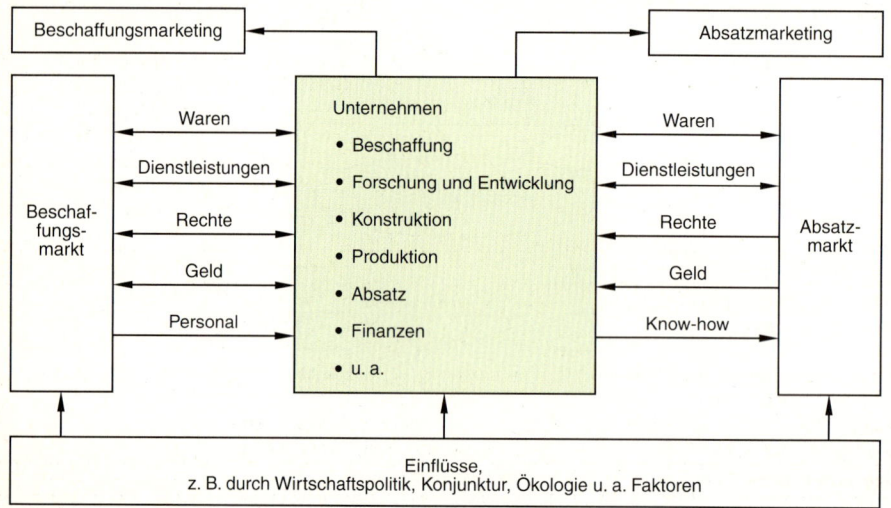

Marketingplanung

Marketingplanung umfasst die Vorbereitung aller Maßnahmen, die die Wettbewerbsfähigkeit des Unternehmens, einzelner Produkte und/oder Produktgruppen am Markt verbessert.

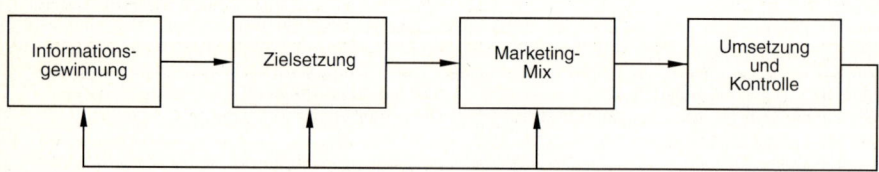

- Analyse des Unternehmens (z. B. Bekanntheit, Image, Markennamen, Marktanteil)
- Analyse des Marktes (z. B. Marktvolumen, Teilmärkte, Produktionsvolumen, Wettbewerbssituation, Im- und Export)

- Marktorientierte Ziele (z. B. Marktanteil, Umsatz)
- Distribution und Absatzmethoden
- Produktorientierte Ziele (z. B. designorientierte Waren)
- Kommunikation (z. B. PR, Kundendienst)

- Sortiment- u. Produktpolitik (tiefes o. weites Sortiment; Komplettlösungen)
- Preispolitk (Grundpreise, Rabatte u.a.)
- Kommunikation (z.B. PR, Werbung)
- Vertriebspolitik (z. B. Standort, Filialen)

- Terminierung
- Budgetierung
- Durchführung der Maßnahmen
- Erhebung von Informationen als
  - Kontrolle der angestrebten Ziele
  - Input für die nächste kurz-, mittel- und langfristige Planung

Marketingplanung erfolgt
- langfristig (3 bis 6 Jahre oder länger; Festlegung globaler Ziele und Strategien),
- mittelfristig (2 bis 3 Jahre; Formulierung quantitativer Marketingziele mit Budgetplan) oder
- kurzfristig (6 bis 12 Monate; Festlegung des Marketing-Mix und die Finanzierung der Maßnahmen).

© Verlag Gehlen

Möglichkeiten der Informationsbeschaffung

Bereiche	Informationsquellen
Markt und Teilmärkte	
• Marktvolumen	• Eigener Außendienst, Wirtschaftsverbände
• Marktsegmente	• Panel, Schätzungen mithilfe von Indikatoren
• Produktionsvolumen	• Produktionsstatistiken, Wirtschaftsverbände
• Wettbewerb	• Konkurrenzanalysen, Branchendienste, Bilanzen, Preislisten, Messe- und Kongressbesuche
• Entwicklungstendenzen	• Konjunkturprognosen, Nachfrageanalysen, Universitäten, Patentamt, Verbraucherschutzorganisationen, Umweltschutzorganisationen
• Export/Import	• Außenhandelsstatistiken, Ministerien, Kammern
Kunde und Anwender	
• Soziodemographische Situation	• Statistische Jahrbücher, Paneldaten
• Zielgruppenbestimmung	• Statistische Jahrbücher, Befragungen
• Gewohnheiten (Dauer, Häufigkeit)	• Käuferprofile, Erhebungen
• Verwendungsmotive	• Spezielle Erhebungen
• Einkaufsverhalten / Markentreue	• Spezielle Erhebungen
• Marken-/Produktimage	• Spezielle Erhebungen
Handel/Vermittler	
• Struktur und Funktion des Groß- und Einzelhandels	• Branchendienste, Fachzeitschriften, Umsatzstatistiken, Außendienst
• Trends beim Handel	• Konjunkturprognosen, Handelsprognosen, Branchendienste, Fachzeitschriften, Panels
• Situation der Verteilung	• Kundenstatistiken, Panels
• Image der Händler	• Außendienst, Handelsbefragungen, Auskunftsagenturen, z. B. Schufa
Eigenes Unternehmen	
• Umsätze im In- und Ausland	• Rechnungswesen
• Deckungsbeiträge nach Produktgruppen und Produkten	• Rechnungswesen, Kostenrechnung
• Umsatzentwicklung nach Produktgruppen, Produkten, Gebieten, Kunden, Absatzwegen	• Außendienst, Vertriebsstatistik, Rechnungswesen
• Möglichkeiten der Produktentwicklung und Sortimentsgestaltung	• Forschungs- und Entwicklungsabteilung, technische Abteilung, Labortests, Patentwesen
• Marktposition (Anteil, Image, Bekanntheit)	• Außendienst, Panels

Arten der Marktforschung

- **Primärforschung.** Untersuchungen des Marktes, die für einen bestimmten Anlass durchgeführt werden.
- **Sekundärforschung.** Auswerten von bereits vorhandenem Material, z. B. amtliche Statistiken, Veröffentlichungen von Verbänden und Kammern, Mitteilungen von Instituten und dgl.

Methoden der Marktforschung

- **Marktanalyse.** Einmalige Auswertung wichtiger Marktdaten.
- **Marktbeobachtung.** Regelmäßig wiederkehrende, kontinuierliche Untersuchung des Marktes.
- **Befragung** von Verbrauchern und Kunden.
- **Beobachtung** von Kunden beim Kauf.

© Verlag Gehlen

Produktanalyse

Produkt-Lebenszyklusanalyse

Phase	Kundenverhalten	Wachstum	Gewinn	Marketingziel	Konkurrenz
Einführung	Wenige Käufer (sog. Innovatoren)	Gering	Gering (wegen hoher Marketingkosten)	Bekanntmachung des Produktes; Belieferung des Fachhandels	Wenige Mitbewerber
Wachstum	Breitere Konsumentenschicht (Frühen Folger)	Schnell	Hoch	Differenzierung der Produktdaten; erste Nichtfachgeschäfte	Erste Konkurrenten
Reife	Steigende Käuferzahl (Frühe Mehrheit)	Noch steigend	Sinkt, weil die Preise nachgeben	Betonung der Produkteigenschaften	Intensiver Wettbewerb (Me-too-Produkte)
Sättigung	Breite Käuferschicht der Späten Mehrheit	Umsatz erreicht Maximum	Sinkt deutlich wegen der Marketingkosten	Vermitteln eines günstigen Preis-Images	Erste Konkurrenten fallen aus dem Markt
Rückgang	Sinkendes Käuferinteresse	Sinkt	Niedriges Niveau	Sonderangebote (Supermärkte)	Rückzug aus dem Markt

Marktanteils-Marktwachstumsmatrix

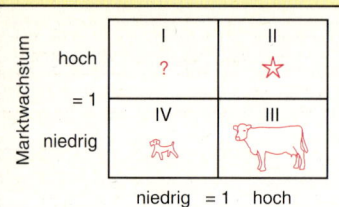

1. **Quadrant:** Nachwuchs- oder Questionmarksprodukte. Ihr Marktanteil ist gering, jedoch hohe Wachstumsraten. Es besteht die Möglichkeit zu einem Starprodukt.
2. **Quadrant:** Starprodukte. Großer Marktanteil bei großem Wachstum.
3. **Quadrant:** Cash- oder Cash-Cow-Produkte. Hoher Marktanteil bei geringen Wachstumsraten bringen einen hohen Finanzüberschuss.
4. **Quadrant:** Auslauf- oder Poor-Dog-Produkte. Trotz Marktsättigung ist immer noch ein Finanzüberschuss vorhanden.

GAP-Analyse

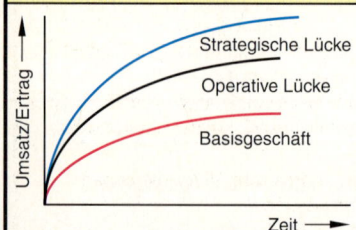

- Die Basislinie gibt den normalen Geschäftsverlauf bei Fortführung aller bereits begonnenen Aktivitäten wider.
- Steigende Effizenz der Programme und Aktionen steigern den Erfolg (mittlerer Kurvenverlauf) – es entsteht eine sog. operative Lücke (GAP). Die Lücke kann durch Rationalisierung, Aktivieren von Reserven und Mitarbeitermotivation geschlossen werden.
- Neue Produkte und Maßnahmen führen zur dritten Kurve. Die entstehende strategische Lücke ist durch Markt- und/oder Produktentwicklung zu schließen.

Kundenanalyse

Kundentypologie

Kriterien für die Zielgruppenbestimmung

Soziologische Merkmale	Demographische Merkmale	Psychologische Merkmale
• Soziale Schicht • Soziale Rolle • Stellung innerhalb der Gruppe • Prestige u. a.	• Alter • Geschlecht • Familienstand • Bildungsniveau • Wohnort u. a.	• Einstellungen • Wünsche/Neigungen • Lebensgewohnheiten • Kaufgewohnheiten • Erwartungen u. a.

Kundenerwartungen

Anforderung	Erläuterung	Beispiele
Grundanforderung	Leistungen, die der Kunde als selbstverständlich voraussetzt. Werden sie übertroffen, honoriert das der Kunde nicht; werden sie nicht erfüllt, ist der Kunde unzufrieden.	Vereinbarter Kaufpreis, avisierter Liefertermin, korrekte Abrechnung
Leistungsanforderung	Leistungen, die der Kunde ausdrücklich fordert. Die Erfüllung steigert den Grad der Zufriedenheit nur mäßig, werden sie nicht im vollen Umfang erfüllt, steigt aber die Unzufriedenheit.	Aufmerksames und freundliches Verhalten des Personals, Fachkompetenz, gute Produktinformationen
Besondere Anforderung	Leistungsbereiche, die weder gefordert und erwartet werden. Das Angebot steigert den Wert der Leistungen und die Kundenzufriedenheit wächst.	Spezielles Ausbildungs-/Einweisungsprogramm für den jeweiligen Kunden

Kundeneinteilung (ABC-Analyse)

Bezeichnung	Erläuterung	Folgerung
A-Kunden	Bringen 75 % des Ertrages	Dafür sollte 50 % der Arbeitszeit aufgewendet werden
B-Kunden	Restliche Kundenbestand	25 % der Arbeitszeit vorsehen
C-Kunden	Potentielle Kunden	Kundenakquisition

Kundenstruktur

- Wer sind die Käufer, Anwender, Verwender (Privatpersonen, Handel, Dienstleistungsunternehmen, Industrie, staatliche Stellen)?
- Welche Personen kaufen bei mir? Sind Käufer und Anwender identisch?
- Handelt es sich um Stammkunden/Laufkundschaft?
- Welche Kriterien entscheiden aus Kundensicht über Kauf und Nichtkauf?
- Welche Bedürfnisse werden abgedeckt (Grund-, Leistungs- oder darüber hinausgehende besondere Bedürfnisse)?
- Welche Kriterien haben Einfluss auf die Zufriedenheit/Unzufriedenheit des Kunden?
- Wie entwickelte sich der Kundenstamm nach den einzelnen Segmenten (A, B, C)?
- Wie setzen sich die Kundenportfolios zusammen?
- Wo finden sich Ansatzpunkte zur Verbesserung der vom Kunden wahrgenommenen Produkt-, Service- und Beziehungsqualität?
- Welche Rolle spielt der Preis im Verhältnis zur Produkt-/Servicequalität bei der Kaufentscheidung?
- Wie können erforderliche Verbesserungen durchgeführt werden
- Wo kaufen die Kunden noch ein?

© Verlag Gehlen

Absatzziele · Distributionsziele · Kommunikationsziele · Produktziele · Serviceziele

Marketingziele

Unternehmensziele als Marketingziele

Produkte
- Spitzenware
- Massenware
- Innovative Produkte
- Me-too-Produkte
- Modeprodukte
- Designerware
- u. a.

Service
- Verbessern der Qualität
- Erhöhen der Lieferbereitschaft
- Senken der Kundendienstkosten
- u. a.

Konditionen/Absatz
- Steigern des Deckungsbeitrages
- Verbessern der Umsatzrendite
- Erhöhen der Marktanteile
- u. a.

Distribution
- Gewinnen neuer Kunden
- Beschleunigen der Logistik
- Senken der Logistikkosten
- u. a.

Kommunikation
- Verbessern des Image
- Steigern der Bekanntheit
- Erweitern der Produktinformationen
- Verkaufsförderung
- u. a.

Marketingziele sind wie Finanzierungs-, Produktions- oder Entwicklungsziele den Unternehmenszielen untergeordnet, sie tragen mit dazu bei, dass das Unternehmen erfolgreich auf dem Markt agieren kann.

Grundsätze für ein Festlegen der Ziele	Beispiele für Absatzziele
Beim Festlegen der Ziele ist darauf zu achten, dass sie • eindeutig zu quantifizieren, • klar zu terminieren, • ehrgeizig, aber realistisch formuliert, • nicht allein von Vorgesetzten vorgegeben, sondern gemeinsam vereinbart sind und • dass sie nicht mit anderen Unternehmens- oder Marketingzielen kollidieren. Ziele wie Verbessern des Images, Stärken des Ansehens des Unternehmens oder Verringern des Risikos werden im allgemeinen nur verbal und in Form eines Maßnahmenkatalogs dargestellt.	Dafür können folgende Teilziele festgelegt werden: • Marktziele. Umsatzsteigerung bei Produkt A von 5 auf 10% • Rentabilität. Verbessern des Deckungsbeitrages bei Produkt B um 5% • Ziele beim Endabnehmer. Steigerung des ungestützten Bekanntheitsgrades des Unternehmens von 15 auf 20% • Ziele gegenüber Konkurrenten. Verdrängung des Marktführers von Platz 1 bei Produkt C • Ziele bei der Distribution. Erhöhen des Durchschnittsumsatzes je Händler in den Produktgruppen X und Y um 5000 DM

Marketinginstrumente

Marketinginstrumente

Produkt- und Sortimentpolitik
- Sortimentgestaltung (tiefes oder breites)
- Komplettlösungen
- Eigenschaft/Qualität
- Gestaltung
- Kundendienst
- u. a.

Preis- und Konditionenpolitik
- Preiskonstanz
- Preisvariabilität
- Rabatt (Mengen-, Treue-, Zeit-, Sonder-)
- Kurzes/langes Zahlungsziel, Kredit u. a.

Absatz- und Distributionspolitik
- Direkter/indirekter Distributionsweg
- Geschäftstyp, Filialen
- Messen
- Vertreter/Makler
- Service
- u. a.

Kommunikationspolitik
- Werbung/PR
- Verkaufsförderung
- Hausmesse
- Product Placement
- Sponsoring
- u. a.

© Verlag Gehlen

Marketinginstrumente (Fortsetzung)		
Art	Varianten	Erläuterung/Beispiele
Produkt- und Sortimentpolitik		
Produkt-entwicklung	• Eigenentwicklung • Drittentwicklung • Neuentwicklung • Weiterentwicklung	Aus Zeit-, Kosten- und Qualitätsgründen werden im Allgemeinen Standardlösungen verwendet (Hardware, Standard-Software). Schulungen erfolgen zumeist kundenspezifisch (Einweisungen, Bedienerschulungen).
Produktvarianten	• Produktdifferenzierung • Produktvariation • Produktdiversifikation • Produktselektion	Neues Produkt einer Produktgruppe (PC, Laptop). Eingeführtes Produkt wird verbessert (PC, Server). Produkte, die vor- oder nachgelagert sind (PC, Monitore). Nicht mehr gewünschte Produkte vom Markt nehmen.
Produktgestaltung	• Produkteigenschaften • Produktqualität • Verpackung	Aussehen (Design), Farbe, Form, technische Leistungsdaten, Lebensdauer, Störanfälligkeit, Handhabung. Schutz, kostengünstig, umweltfreundlich, transportfähig.
Service, Kundendienst	• Lieferung • Garantie • Leistungssicherung • Kundendienst	Zustellen, Abholen, Bereitschaftsdienst, Zuverlässigkeit. Umfang, Dauer, Leistung, Kulanz. Dokumentation, Null-Fehler-Konzept. Montage, Instandhaltung, Wartung, Probelauf, Hotlinedienst.
Preis- und Konditionenpolitik		
Preis	• Premium-Preis • Promotion-Preis • Skimming-Preis • Preisdifferenzierung	Produkt (und sein Design) für gehobene Ansprüche Größerer Kundenkreis soll damit angesprochen werden. Zeitlicher Vorsprung einer Produktinnovation erlaubt einen höheren Preis, um kaufkräftige Kunden zu gewinnen („abschöpfen"). Preisdifferenzierung nach Raum (z. B. Export), Menge (z. B. Klein-/Großpackungen), Abnehmer (Groß-/Einzelhandel)
Rabatt	• Mengenrabatt • Skonto • Sonderrabatt	Preisreduktion bei Staffelung der Warenmenge Preisabschläge, z. B. 2 % bei Zahlung innerhalb 1 Woche Z. B. Jubiläums, Zweitplatzierungs-, Treuerabatt
Prämien	• Mengenprämie • Zeitprämie • Belieferungsprämie	Z. B. Akzeptieren ungeplanter Mengenänderungen. Zahlung bei beschleunigter Lieferung. Vorrangige Lieferungen z. B. bei Lieferengpässen.
Kredit, Zahlungsbedingungen	• Lieferantenkredit • Kundenkredit • Leasing • Umtauschrecht	Bei „Vorkasse" erhält der Lieferant praktisch einen Kredit. Längeres Zahlungsziel bedeutet Kredit für den Kunden. „Miete" für ein Produkt bedeutet ebenfalls Kundenkredit. Umtausch bis zu einem bestimmten Termin ermöglichen.
Absatz- und Distributionspolitik		
Absatzform	• Betriebseigene Organe • Absatzvermittler • Betriebsfremde Organe	Z. B. Vertriebsabteilung eines Unternehmens. Handelsvertreter (Agenten), Makler, Kommissionäre. Alle Formen des Groß- und Einzelhandels.
Absatzweg	• Direktverkauf • Handel	Bestände verursachen Lager-, Personal-, Kapitalkosten. Ermöglicht kundenspezifisches Sortiment (Breite und Tiefe).

Kommunikationspolitik

Nachricht	Nachrichten-gegenstand	Nachrichten-mittler	Nachrichten-medium
• wahrnembar • verständlich • wichtig • glaubwürdig	• attraktives Produkt • bekanntes Produkt • innovatives Produkt	• bekannt • beliebt • glaubwürdig • kompetent	• präsent • akzeptiert • modern • glaubwürdig

⇓ ⇓ ⇓ ⇓

Kunde mit seinen Wünschen, Ansprüchen, Bedürfnissen, Erfahrungen

Bei einer Kommunikationsbotschaft ist nur das erfolgreich, • was dem Kunden auffällt, ohne abzustoßen, • was den Kunden interessiert, • was dem Kunden vorteilhaft scheint, • was eine Beziehung zum Produkt herstellt, • was das Gefühl des Kunden anspricht.	Werbebotschaften werden wahrgenommen • über die Augen zu ungefähr 85 %, • über die Ohren zu ungefähr 10 %, • über Riechen, Tasten, Schmecken zu ungefähr 5 %. Werbebotschaften sollen • nach dem 2. Tag, 4. Tag, 8. Tag, 16. Tag usw. bis zum 168. Tag wiederholt werden.

Kommunikationsbereiche

Art	Varianten
Werbung	• Einzelwerbung • Massenwerbung • Leistungswerbung • Preiswerbung u. a.
Public Relation	• Geschäftsberichte • Pressemitteilungen, -mappen • Persönliche Kontakte zu Multiplikatoren • Betriebsbesichtigungen u. a.
Verkaufs-förderung	• Kundenpromotion (Proben, Gutscheine, Preisausschreiben, Vorführungen, Rabattmarken) • Verkäuferpromotion (Prämien, Wettbewerbe, Verkaufsrallyes)
Weitere Kommuni-kations-instrumente	• Corporate Idendity (zur Identifikation des Unternehmens auf dem Markt) • Direct Marketing • Sponsoring, Product Placement

Ablaufplanung im Bereich der Kommunikationspolitik

	Durchgeführt	Bemerkungen
1. Werbeobjekt (Produkt, Dienstleistung) auswählen		
2. Werbeziel(e) festlegen		
3. Zielgruppe(n) auswählen		
4. Budget festlegen		
5. Medien auswählen		
6. Werbemittel bestimmen		
7. Werbebotschaft festlegen		
8. Werbewirkung kontrollieren		

© Verlag Gehlen

Persönlicher Verkauf

Regeln beim Kundengespräch

- Zuhören, was der Kunde sagt. ⇒ Man erhält wichtige Informationen.
- Kurze und klare Formulierungen wählen.
- Kundenorientierte Sie- statt Ich-Formulierung wählen. „Wir sind für Sie ..... da."
- Fragen ernsthaft und aufrichtig beantworten. Nicht mit einer Gegenfrage antworten.
- Mehr offene Fragen stellen. ⇒ Man hat damit die Möglichkeit, das Gespräch aktiv zu gestalten.
- Blickkontakt halten, um frühzeitig wichtige Informationen zu erhalten, um entsprechend seine Gesprächsstrategie zu ändern.
- Auf Körpersignale achten (Stirn in Falten legen).
- Loben, was lobenswert ist (kein Anbiedern).

Vorbereitung des Kundenbesuchs

- Festlegen des Besuchsziels (Bestimmen der Mindest- und der Maximalziele)
- Einstellen auf den Kunden
- Vorbereiten auf mögliche Einwände
- Ausarbeiten von Lösungsvorschlägen
- Vorbereiten von Argumenten
- Zusammenstellen der benötigten Verkaufsunterlagen (Verkaufsmappen, Warenproben u. a.)
- Ermitteln der Informationen über den Markt, die den Kunden interessieren könnten. Anmelden beim Kunden (alternative Termine anbieten)
- Termine genau einhalten

Ablauf eines Verkaufsgesprächs

Begrüßung	⇒	Lockeres Gespräch	⇒	Gespräch zwischen „Tür und Angel"	⇒	Verhandlung zu zweit am Tisch	⇒	Abschluss mit Bestellformular

Kontaktaufnahme

- Ansprechendes Aussehen sowie freundliches und höfliches Auftreten.
- Kunden wiederholt mit seinem Namen ansprechen (aber korrekt). Bei schwerverständlichem Namen ruhig zurückfragen, ob man diesen auch richtig verstanden hat.
- Bei der Begrüßung Formulierungen wählen wie: „Alles in Ordnung?" oder „Geht es Ihnen gut?"
- Bewegungen und Sprechtempo dem Kunden angleichen – eher langsamer als zu schnell, damit sich der Kunde nicht „zurückzieht".

Klärung von Kundenproblemen und Unterbreiten eines Angebotes

- Problemansprache mithilfe von Fragen.
- Überlegen, wie man dem Kunden helfen könnte.
- Vorteile dem Kunden grafisch darstellen.
- Einwände geschickt nutzen („Das ist gut, dass Sie das erwähnen.").
- Richtiger Einsatz von Verkaufsunterlagen, Demonstrationshilfen, Bildern, Fotos.
- Wichtige Details hervorheben.
- Skizzen gemeinsam mit dem Kunden erstellen. Lagepläne, Zahlen und Wörter so schreiben, dass sie der Kunde bequem lesen kann. ⇒ Das Schreiben in Spiegelschrift und „verkehrt herum" üben.
- Notizen machen („Darf ich mir das notieren?").
- Ehrliche Behandlung von Reklamationen - Kulanz nicht vergessen.

Preisverhandlung und Abschluss

- Verhandlungsspielraum in Bezug auf Konditionen, Preise, Rabatte vorher festlegen.
- Produkt und Qualität in den Mittelpunkt der Verhandlungen stellen.
- Produkt ausprobieren lassen.
- Risiko vermindern, indem man mit kleinen Bestellmengen anfängt.
- Kunden in seiner Kaufentscheidung bestärken.
- Auftrag verfolgen.
- Beratung des Kunden auch nach dem Kauf.

© Verlag Gehlen

Direktmarketing

Einsatzbereiche von Telefonmarketing

- Akquisition von Neukunden
- Pflege des (Alt-)Kundenstamms
- Gewinnen von Interessenten
- Betreuung von Kleinkunden
- Beratung von Kunden
- Nachfragen bei Angeboten
- Umfragen
- Marktanalysen, Marktforschung
- Aufbau einer Kundendatei (Data-Base)
- Terminvereinbarungen

- Einführung von Produkten auf den Markt
- Einladungen zu Veranstaltungen, Messen
- Ermitteln des Bedarfs
- Verkaufsinformationen (Preise, Liefertermine)
- Verkauf von Sonderposten
- Ersatzangebot
- Nachbestellungen
- Neuaufträge
- Bearbeiten von Reklamationen
- Zusatz- und Ergänzungsaufträge

Voraussetzungen für Telefonmarketing

- Leistungsfähige Telefonanlage
  mit Direktwahl, mit Telefonzentrale, mit technischen Möglichkeiten wie Konferenzschaltung
- Besetzung der Telefonzentrale
  personell, zeitlich, 0130-Nummer
- Ausbildung der Mitarbeiter
  - richtiges, freundliches Melden am Telefon
  - positives Denken
  - Engagement für das Unternehmen
  - Wissen um die Zuständigkeiten im Betrieb
  - Wissen um die Abwesenheit von Mitarbeitern
  - richtiges Weiterleiten von Informationen
- Bereitstellen der erforderlichen Hilfsmittel
- Bereitstellen von Telefonskripten

Verkaufsformen

Art des Verkaufs	Ladenverkauf	Außenverkauf	Telefonverkauf	Versandhandel (über Bestellung)
Verkaufsort	Laden (Ort des Verkäufers)	Ort des Käufers	Ort des Käufers/ des Verkäufers	Ort des Angebotes
Art der Kommunikation	Persönlich	Persönlich	Quasi-persönlich	Unpersönlich
Beratungsintensive Produkte	Sehr gut geeignet	Sehr gut geeignet	Weniger gut geeignet	Nur teilweise geeignet
Spitzenprodukte (z. B. Rechner)	Sehr gut geeignet	Gut geeignet	Weniger gut geeignet	Weniger gut geeignet
Massenware (z.B. Telefongeräte)	Gut	Relativ gut	Weniger gut geeignet	Gut
Dienstleistungen	Gut	Sehr gut	Weniger gut geeignet	Nur sehr begrenzt geeignet
Verkaufsanbahnung	Gut	Sehr gut	Gut	Gut
Verkaufsabschluss	Sehr gut	Sehr gut	Gut	Gut
Kosten je Kaufvorgang	Hoch	Hoch	Sehr günstig	Günstig

Serviceleistungen für Kunden

Beratung/Schulung

- Anwendungstechnische Beratung
- Kundenseminare, Vorträge
- Workshops
- Einweisung in Programme
- Gebrauchsanleitung
- Handbücher, Videos
- Ausarbeiten von technischen Lösungen
- Ausarbeiten von Projektvorschlägen

Inbetriebnahme

- Zusammenbau von Geräten, Systemen
- Probeläufe, Testprogramme
- Einrichten einer Hotline
- Inspektion, Wartung, Reparatur
- Rücknahme/Entsorgung von Altgeräten
- Rücknahme von Verpackungsmaterial

Einkaufsvorgang

- Kunden- und Interessentenbesuche
- Öffnungszeiten, Telefondienst, Parkplätze
- Zustell-, Abholdienste
- Mitnahme bei Rückgaberecht
- Garantie- und Gewährleistungszusagen
- Technische Hilfen, Ersatzteildienst
- Vermittlung von Finanzierungsmöglichkeiten
- Einräumen von Zahlungszielen, Ratenkauf

Beschaffung

Einkaufskonzeption

- Vorgeben von Maßnahmen zum Erreichen operativer und strategischer Ziele (Preis, Qualität, pünktliche Lieferung, Konditionen)
- Bekanntgabe wesentlicher Planungskriterien des Einkäufers
  - Umsatz (Wert, Menge)
  - Lagerbestand, -dauer, Umschlagshäufigkeit
  - Kalkulation mit und ohne Werbekosten
  - Warenrohertrag, Handelsspanne
  - Sortiment, Preis (Preisniveau, Preisschwellen)
  - Limit (Geld, Preis, Spannen)
- Erstellen eines Lagervorratsplans zur Festlegung
  - der ABC-Artikel
  - Bestellmenge, Mindestbestand, Lieferzeiten
- Prüfung der Preisentwicklung

- Erstellen eines Einkaufsprogramms (Einkaufsgemeinschaften?) unter Berücksichtigung
  - von Absatz, Produktion, Lagerbestand, Finanzen
  - der Kriterien zur Lieferantenauswahl
  - der Ziele über Preise und Konditionen
  - Wertanalyse
  - Eigenfertigung, Fremdfertigung, Lieferung
- Festlegen der Bestelltermine mit
  - den Terminen aus dem Vorratsplan
  - den Listen für Lieferzeiten
- Führen eines Berichtwesens über
  - Preisentwicklung
  - Bestellungen, Kapitalbindung
  - Lieferzeiten, Bestelltermine
  - Reklamationen

Auswahl der Lieferanten

- Listen über bewährte und potentielle Lieferanten
- Fortschreiben dieser Listen (Verantwortlichkeit)
- Ständige Suche nach noch leistungsfähigeren Lieferanten
- Kenntnis der Regeln des Importgeschäfts
- Gründe für brüchige Lieferantenbeziehungen
- Bevorzugte Quellen der Einkäufer
  - Kataloge, Prospekte
  - Ausstellungen, Messen
  - Präsentationen, Demonstrationen
  - Muster

- Beurteilungsfaktoren für die Lieferanten
  - Reputation des Lieferanten, Referenzen
  - Leistungsfähigkeit
  - Größe
  - Standort
  - Stabilität, Wachstum
  - Produktqualität, Preise
  - Liefertermine, Liefertreue
  - Kundenservice
  - Mindestliefermenge je Auftrag
  - Lagerbewirtschaftung
  - Behandlung von Reklamationen
  - Unterstützung bei PR

Marketing-Mix

Mixoptimierung nach dem Globalansatzverfahren

Aus der Vielzahl der Kombinationsmöglichkeit wählt man die Strategie aus, die nach der Erfahrung die größten Erfolge versprechen. Entsprechend werden die einzelnen Bereiche budgetiert.
Bei einem Gesamtbudget für Marketingmaßnahmen in Höhe von z. B. 10000 DM bzw. 15000 DM erscheinen folgende Versionen erfolgversprechend (Beträge in Tsd. DM):

Marketing-Budget (gesamt)	Produkt- politik	Preis- politik	Distributions- politik	Kommunika- tionspolitik	Gewinn- erwartung
10	0,5	2,0	0,5	7	11,0
10	0,5	1,0	0,5	8	10,5
10	0,5	1,5	–	8	12,0
10	–	0,5	0,5	9	11,0
15	0,5	4,0	0,5	10	13,0
15	0,5	2,0	1,5	11	14,0
15	0,5	1,5	1,0	12	13,5
15	–	1,0	1,0	13	12,0

Zielvorgaben für das Unternehmen

Nach den Vorgaben im Zielkatalog erfolgt die Darstellung der Strategie für einzelne Produkte oder Produktgruppen mit einer Analyse des Marktes und der Handelstruktur, bevor eine Prognose gestellt wird. Anschließend wird das Marketinginstrumentarium aufgezeigt, mit der die angestrebten Ziele erreicht werden sollen.
Dafür eignet sich folgendes Schema:

Rückblick/Ist-Zahlen					Zahlen in DM, Stück, kg oder dgl.	Prognose/Sollzahlen				
93	94	95	96	97		98	99	00	01	02
					Marktanteil (Menge)					
					Marktanteil (Wert in DM)					
					Umsatz / Absatz (Menge)					
					Umsatz (Wert in DM)					
					Direkte Kosten					
					Deckungsbeitrag vor Werbung und Verkaufsförderung					
					Werbekosten					
					Kosten für Verkaufsförderung					
					Gewinn vor indirekten Kosten					
					Indirekte Kosten (total)					
					Indirekte Kosten (anteilig)					
					Gewinn vor Steuern					

Verträge

Vertragsarten

Bezeichnung	Parteien	Inhalt	Pflichten der Parteien
Kauf (Anschaffung eines Lieferwagens)	Verkäufer Käufer	Veräußerung von Sachen, Dienstleistungen oder Rechten	**Verkäufer**: Überlassen und Übereignen der Kaufsache (Lieferung) **Käufer**: Annahme und Bezahlen der Kaufsache
Werkvertrag (Vernetzen von Rechnern)	Unternehmer Besteller	Erstellen einer Sache oder Leistung (Werk) aus Materialien des Bestellers	**Unternehmer**: Erstellen des Werkes, Benachrichtigen bei Überschreiten des Kostenvoranschlags **Besteller**: Annehmen der Sache bzw. Abnehmen der Leistung, Bereitstellen des benötigten Materials, Bezahlen des Werkes
Werklieferungsvertrag (TK-Anlage erstellen)	Unternehmer Besteller	Erstellen eines Werkes (nur Sache) aus Materialien des Unternehmers	**Unternehmer**: Erstellen, Übergeben und Übereignen des Werkes **Besteller**: Annehmen und Bezahlen des Werkes
Mietvertrag Leasing (Geschäft, Lieferwagen)	Vermieter Mieter	Überlassen einer Sache zum Gebrauch	**Vermieter**: Überlassen und Instandhalten einer Sache **Mieter**: Gebrauch nur zum vereinbarten Zweck, Zahlen des Mietzinses
Dienstvertrag Arbeitsvertrag (Einstellen eines Technikers)	Arbeitgeber Arbeitnehmer	Leistung von Diensten (Arbeitsleistung) gegen Bezahlung	**Arbeitgeber**: Vergütungspflicht (Lohn, Gehalt), Fürsorgepflicht (Sozialversicherungen, Urlaub), Zeugnispflicht **Arbeitnehmer**: Arbeits-, Sorgfalts-, Treue-, Schweigepflicht
Darlehen (Aufnehmen eines Kredites)	Darlehensgeber/-nehmer (Gläubiger/Schuldner)	Überlassen von Geld oder Sachen mit der Verpflichtung, Gleiches zurückzugeben	**Gläubiger**: Übergeben und Übereignen der Darlehenssache **Schuldner**: Rückerstattung wie vereinbart, (vereinbarte) Zinszahlung

Rechtlicher Rahmen von Verträgen

Begriff	Erläuterung
Abschluss von Verträgen	Verträge sind gegenseitige Rechtsgeschäfte, die durch Einigung zustande kommen. Durch Annahme des Antrags (= Vertragsvorschlag) ist eine Einigung erreicht. Der Antragsteller ist an seinen Antrag (zeitlich begrenzt) gebunden. Der Antrag ist sofort bei Anwesenden oder postwendend bei Abwesenden anzunehmen.
Erfüllung von Verträgen	Der Vertrag begründet ein wechselseitiges Schuldverhältnis: Die Rechte des einen sind Pflichten des anderen und umgekehrt (Leistung und Gegenleistung).
Erfüllungszeit	Es gelten die vereinbarten Erfüllungszeiten. Bei ungenauer Regelung kann der Gläubiger die Leistung sofort verlangen und der Schuldner sie sofort bewirken.
Erfüllungsort	Die Verpflichtung gilt nur dann als erfüllt, wenn die Leistung am vertraglich geregelten Erfüllungsort erbracht wurde. ⇒ Warenschulden sind Holschulden! ⇒ Geldschulden sind Bringschulden!
Gerichtsstand	Gerichtsstand ist der vereinbarte Erfüllungsort, d. h., ⇒ der Käufer muss seine Rechte bei dem für den Verkäufer zuständigen Gericht ⇒ und der Verkäufer bei dem für den Käufer zuständigen Gericht einklagen.

Verträge (Fortsetzung)

Erfüllungsstörungen

Begriff	Erläuterung/Beispiel	Rechtliche Folgen
Anfängliche Unmöglichkeit (Unmöglichsein)	Bei Vertragsabschluss war die Unmöglichkeit schon gegeben, z. B. der PC wird nicht mehr hergestellt.	Der Vertrag ist nichtig, d. h. ungültig.
Nachträgliche Unmöglichkeit (Unmöglichwerden)	Die Unmöglichkeit des Vertrages tritt erst nach Abschluss ein, z. B. wegen eines Einbruchs kann der PC nicht mehr geliefert werden oder wenn ein PC zweimal verkauft wird.	Unverschuldet: gegenseitige Ansprüche entfallen. Verschuldet: Rücktritt, Anspruch auf Schadensersatz
Lieferungsverzug (Schuldnerverzug)	Wenn ein Schuldner eine Ware oder eine Dienstleistung nicht rechtzeitig liefert bzw. leistet, z. B. wenn ein PC-Arbeitsplatz nicht zum vereinbarten Termin eingerichtet wurde.	Rücktritt vom Vertrag, Schadensersatz wegen Nichterfüllung oder wegen verspäteter Erfüllung
Zahlungsverzug (Schuldnerverzug)	Wenn ein Geldbetrag nicht rechtzeitig beglichen wurde, z. B. wenn der Käufer den Kaufpreis noch nicht bezahlt hat.	Anspruch auf Verzugszinsen, Ersatz der Auslagen (Mahngebühren, Prozesskosten u. a.)
Annahmeverzug (Gläubigerverzug)	Wenn der Gläubiger nicht ordnungsgemäß und rechtzeitig die angebotene Ware oder Dienstleistung annimmt, z. B. wenn der Kunde die bestellte Software nicht abholt.	Rücktritt, Selbsthilfeverkauf (auch Versteigerung), Hinterlegung (z. B. Wertsachen), Anspruch auf Kostenersatz
Mangelhafte Erfüllung (offene/versteckte Mängel)	Der Schuldner haftet dafür, dass die Sache frei von Mängeln ist. Mängel können Beschädigung, Falschlieferung, Fehlen zugesicherter Eigenschaften, Minder- oder Mehrlieferung sein.	Nachbesserung, Neulieferung, Preisminderung, Wandlung, Rücktritt, Schadensersatz bei arglistiger Täuschung

Finanzierung

Finanzierungsart	Erläuterung
Eigenfinanzierung	Das benötigte Kapital wird vom Betriebsinhaber beschafft.
Selbstfinanzierung	Der auftretende Kapitalbedarf wird aus den eigenen Erträgen des Unternehmens bestritten.
Fremdfinanzierung	Das erforderliche Kapital wird aus Fremdmittel beschafft. Mögliche Kapitalgeber: Privatpersonen, Lieferanten, Kunden, Banken, Sparkassen, Staat.
Personalkredit	Die Sicherheit liegt im Vertrauen auf die Person des Schuldners oder einer anderen Person, die die Haftung übernommen hat.
Bürgschaftskredit	Eine oder mehrere Personen haften dafür, dass der Schuldner seinen eingegangenen Pflichten nachkommt.
Blankokredit	Kreditgeber verzichtet auf reale Sicherheiten.
Zessionskredit	Der Schuldner tritt eine Forderung an den Gläubiger ab (Abtretung).
Wechselkredit	Bei Saisongeschäften treten häufig Zahlungsschwierigkeiten auf (z. B. bei Computerhändlern vor Weihnachten) und so lassen sie sich Lieferungen kreditieren.
Realkredit	Als Sicherheit für einen Kredit werden bestimmte Sachwerte verlangt.
Hypothekenkredit	Zur Sicherung der Forderung wird eine Grundstück verpfändet (Hypothek).
Kontokorrentkredit	Kreditinstitut gestattet seinem Kunden, sein Konto einmalig oder laufend bis zu einem bestimmten Betrag zu überziehen.

© Verlag Gehlen

Qualitätsbereiche

Bereich	Erläuterung	Mögliche Kundenfragen
Äußerer Eindruck	Erscheinungsbild des Geschäftes, der Ausstattung, der Waren und des Personals	• Vermittelt der Laden eine angenehme Atmosphäre? • Finde ich die gesuchten Produkte? • Ist die Ware attraktiv (Qualität/Preis)? • Macht das Personal einen höflichen, hilfsbereiten, kompetenten Eindruck?
Erreichbarkeit	Das Geschäft ist gut zu erreichen, die Waren gut zugänglich, das Personal aufgeschlossen.	• Ist das Geschäft gut erreichbar mit öffentlichen Verkehrsmitteln bzw. mit PKW? Stehen Parkplätze zur Verfügung? • Entsprechen die Öffnungszeiten meinen Vorstellungen? • Ist Personal verfügbar, wenn ich es brauche?
Kompetenz	Besitz der notwendigen Kenntnisse und Fähigkeiten	• Kennt sich das Personal mit den Produkten aus, das es verkauft? • Werde ich sachgemäß beraten? • Ist mir das Personal eine echte Hilfe?
Zuverlässigkeit	Bereitschaft, die Produkte in zuverlässiger Qualität zu liefern und die zugesagte Leistung korrekt zu erbringen	• Erfüllt die Qualität der Produkte meine Erwartungen? • Bemüht sich das Personal glaubwürdig um die Lösung meiner Probleme?
Sicherheit	Von den Produkten gehen keine Risiken oder Gefahren aus	• Werden sichere und zuverlässige Produkte verkauft? • Kann ich problemlos etwas umtauschen? • Werden Beschwerden ernst genommen und reagiert man darauf höflich?
Vertrauenswürdigkeit	Glaubwürdigkeit des Personals und des gesamten Unternehmens	• Wird versucht, mir etwas zu verkaufen, das ich nicht haben will? • Ist dem Personal zu trauen?
Bedienen der Kunden	Der Kunde wird höflich, zuvorkommend, freundlich und respektvoll bedient.	• Werde ich vom Personal angesprochen, wenn ich durch das Geschäft gehe? • Gibt man mir das Gefühl wichtig/lästig zu sein? Behandelt man mich „von oben herab"?
Eingehen auf Kunden	Das Bemühen des Unternehmers, den Kunden und seine Bedürfnisse zu kennen	• Sind Ladenausstattung und Waren konsistent (vermitteln sie dieselbe Botschaft)? • Werde ich vom Personal wiedererkannt und mit Namen angesprochen?
Kommunikation	Fähigkeit, die Kunden zu informieren und ihnen zuzuhören	• Ist man an meiner Meinung interessiert? • Werden nützliche Informationen geboten? • Finde ich mich im Laden gut zurecht?

© Verlag Gehlen

Umgang mit Kunden

Kundentypen

- **Sachliche** Kunden wollen gut und umfassend beraten werden.
- **Schwätzern** muss man geduldig zuhören und das Gespräch in die gewünschte Richtung lenken.
- **Nörglern** muss man zunächst recht geben und das Gespräch in die gewünschte Richtung lenken.
- **Streitsüchtige** vertragen keinen Widerspruch; also Ruhe bewahren, zuhören und durch geeignete Fragen Streit vermeiden.
- **Unentschlossene** gezielt beraten, um ihnen die Kaufentscheidung abzunehmen.
- **Impulsive** verlangen Tempo. Zügige und konzentrierte Beratung ist empfehlenswert.

Checkliste im Umgang mit Kunden

Sie
- bemühen sich um ein gepflegtes Äußeres,
- behandeln alle Kunden gleich höflich,
- vermeiden Streitgespräche und Aggressionen,
- verstehen den Kundennamen und benutzen ihn,
- sind im Verkauf/bei der Beratung nie ungeduldig,
- treffen Verabredungen und halten sie ein,
- formulieren kundenorientiert,
- vermeiden Aussagen und stellen mehr Fragen,
- denken und handeln unternehmerisch,
- tun alles, um den Kunden zufriedenzustellen,
- wissen, dass brauchbar besser ist, als perfekt.

Telefonieren

Checkliste Beziehungsebene

Sie
- achten darauf, **was** Sie sagen und **wie** Sie etwas sagen (Wortwahl, Lautstärke, Tonfall, Tempo),
- verwenden den Namen Ihres Gesprächspartners,
- zeigen, dass sie Ihren Gesprächspartner ernst nehmen (Wertschätzung, Sympathie),
- übertragen keine negativen Emotionen (Stress) aus anderen Bereichen in ein Telefongespräch,
- vermeiden billige Komplimente und loben nicht was nicht zu loben ist,
- lassen Anrufer nicht zu lange warten und rufen lieber zurück,
- essen, rauchen oder trinken während des Gesprächs nicht,
- erkennen Ausreden und „überhören" diese auch schon einmal.

Checkliste Sachebene

Sie
- bereiten sich bei eigenen/erwarteten Anrufen sorgfältig vor (Welches Ziel? Welche Unterlagen? Wer ist der Gesprächspartner? Was will er?),
- erfragen/geben Informationen,
- setzen Rückfragen zum eigenen Verständnis ein,
- beherrschen das Buchstabieralphabet,
- konzentrieren sich auf die wesentlichen Punkte,
- behandeln Gesprächsgegenstände ökonomisch,
- stellen Punkte, die sich nicht klären lassen, zunächst zurück,
- fassen Teilergebnisse und das Gesamtergebnis zusammen,
- notieren wesentliche Punkte des Gesprächs und veranlassen sofort, was zu tun ist.

Kundenorientierung

Checkliste Kundenorientierung

Sie
- tun immer etwas mehr, als Kunden erwarten,
- kommunizieren mit Kunden durch persönliche Gespräche, Briefe und Telefongespräche,
- stellen den Kunden in den Mittelpunkt und überlegen, wie Sie ihn am besten helfen,
- liefern schneller als Sie versprechen und schneller als Ihre Mitbewerber,
- sind für den Kunden immer da,
- stellen Service in den Mittelpunkt,
- beraten richtig und begrüßen Einwände.

Checkliste Reklamationsbehandlung

Sie
- nehmen Beschwerden und Reklamationen ernst,
- hören zu und lassen den Kunden aussprechen,
- entschuldigen sich im Namen der Firma,
- fragen, ob Sie helfen können und bieten ggf. Ersatz, Preisnachlass usw. an,
- bieten eine rasche, adäquate Erledigung an,
- bedanken sich für den Hinweis,
- stellen sicher, dass der Kunde auch wirklich zufrieden ist,
- machen Notizen und fertigen ein Protokoll an.

© Verlag Gehlen

Technische Regeln · Ausgabedaten **427**

Verzeichnis technischer Regeln (Auswahl)

DIN	Seite	DIN	Seite	DIN	Seite
5 : 1970-12	349	19226 : 1994-02	286, 353	41752 : 1992-11	89
6 : 1986-12	350	33402	159	V 41761 : 1987-01	90
15 : 1984-06	349	40015 : 1985-06	215	41762 : 1974-02	89
406 : 1977-04	351	40719-2 : 1978-06	357 f	41785-3 : 1975-02	87
476 : 1991-02	347	40719-6 : 1992-02	353	43807 : 1983-10	280
1301-1 : 1995-12	7 f	40719-11 : 1978-08	352	44020 : 1971-05	82
1304 : 1994-03	9 ff	40900-12 : 1988-03	365	44080 : 1983-10	63
1319-1 : 1995-01	278	40732 : 1998-05	106	66001 : 1983-12	193 f
E 1707-100 : 1994-04	36	40900 : 1988-03	108	66003 : 1974-06	114
4407 : 1976-12	63	41313 : 1976-08	67	66020 : 1982-08	128
6771-1 : 1970-12	347	41379 : 1968-08	67	66233-1 : 1983-04	158
6776-1 : 1976-04	348	41429 : 1979-11	60	72310 : 1988-01	106
8501 : 1972-01	36	41450 : 1977-02	61	72311 : 1976-09	106
17471 : 1983-04	34	41715-1 : 1991-05	245	–	
18015-1 : 1992-03	294	41745 : 1971-03	92	–	
19226 : 1994-02	275 f	41750 : 1985-02	94	–	
DIN EN	**Seite**	**DIN EN**	**Seite**	**DIN EN**	**Seite**
60204-1 : 1998-11	277, 356	61082-2 : 1995-05	352 ff	61082-4 : 1996-10	355
61082-1 : 1995-05	356	61082-3 : 1995-05	355	60617 : 1997-08	359
DIN EN ISO	**Seite**	**DIN EN ISO**	**Seite**	**DIN EN ISO**	**Seite**
9000 : 1994-08	55	9002 : 1994-08	55	9004 : 1994-08	55
9001 : 1994-08	55	9003 : 1994-08	55	–	
DIN IEC	**Seite**	**DIN IEC**	**Seite**	**DIN IEC**	**Seite**
62 : 1993-03	67 f	625 : 1981-05	130	–	
DIN VDE	**Seite**	**DIN VDE**	**Seite**	**DIN VDE**	**Seite**
0100-200 : 1993-11	310	0105-1 : 1995-02	312	0664-100 : 1994-10	312
0100-300 : 1996-01	313	E 0185-100 : 1992-11	304	0701-1 : 1993-05	329
0100-410 : 1997-01	314	0293 : 1990-01	265	0701-240 : 1986-04	329
0100-430 : 1991-11	340	0298-4 : 1995-04	338	0702-1 : 1995-11	331
0100-470 : 1996-02	315	0470-1 : 1992-11	322	0815 : 1985-09	267
0100-520 : 1996-01	337	0530-1 : 1995-11	292	0820-2 : 1996-08	343
0100-610 : 1994-04	324	0551 : 1995-09	289	E 0855 : 1991-11	299
Sonstige	**Seite**	**Sonstige**	**Seite**	**Sonstige**	**Seite**
FTZ 1R8-15 : 1985-12	303	GefStoffV 1986-10	334	Richtlinie 90/270/EWG	157

© Verlag Gehlen

Sachwortverzeichnis

100Base-AnyLan 172

A
ABC-Analyse 415
Ablaufkette 353
Ablaufsteuerung 276
Ableiter 304
Ableitstrommessung 330
Absatz 416f.
Abschaltströme von Schutz-
 schaltern 328
Absolute Temperatur 9
Abszisse 20
Addition 17
Ader 266
Adernkennzeichnung 268
AD-Umsetzer 125f.
Aggregation 195
Aiken-Code 113
Akkumulator 106
Aktion 353
Aktivitätenplan 399, 403
Aktivitätsdiagramm 196
Algebra 17ff.
Alternative 194
Aluminium-Elektrolytkonden-
 sator 65
AM-/FM-Empfänger 259
Amphenol-Buchse 127
Amplitudenbedingung 232
Amplitudenmodulation 221
Amplitudenumtastung 221
Analog 275
Analog-Digital-Um-
 setzer 125f.
Anfangsschritt 353
Anlagenanschluss 254
Anordnungsplan 355
Anregelzeit 287
Anschlussplan 355
Anschwingzeit 287
Antennen 299f.
Antivalenz 108
Anweisungen 207f.
Anwendungsschicht 171
Apple Talk 173
applett 198
Äquivalenz 108
Arbeit
– Allgemein 26
– Beschleunigungsarbeit 26
– Hubarbeit 26
Arbeitspunkt 78
Arbeitstabelle 107
Arbeitsteilung 386
Arbitration 143
Arithmetischer Mittelwert 56, 279
ASCII-Code 114
ASI-Bus 170
Assoziation 195
Assoziativgesetz 17, 109
Asynchrone Abtastung 281
Asynchrone Steuerung 276
Asynchroner Zähler 120
ATA 140
ATAPI 140
AT-Befehle 154
AT-Bus 141
Atommassenkonstante 9
Attribut 195
Aufgabenbereich X_{ah} 275
Aufgabengliederung 386
Aufgabengröße x_A 275
Auflösung 126
Aufzählungstypen 200
Augenblickswert 47
Ausdehnung durch Wärme
– Längenausdehnung 28
– Volumenausdehnung 28
Ausgangsbelastbarkeit 117
Ausgangsgröße v 275, 286
Ausgangsstufen, TTL 118
Ausgleichsleitungen 284
Auskunftsdienste 258
Ausregelzeit 287
Ausschaltung 295
Außenleiter 310
Austauschprogrammiert 276
AV 279
Avogadro-Konstante 9
Azimut-Elevation 301

B
Bandbreite 176, 221, 223
Bandpass 69, 235
Bandsperre 69, 235
Barcodes 115
Basis 19
Basisanschluss 252ff.
Basisschaltung 77
Basiszahl 111
Batterie 105f.
Bauartkurzeichen 265
Bauformen von Konden-
 satoren 64ff.
Baum 172
BCD-Code 112f.
BCD-Zähler 120
Befehl 353
Befehlsbearbeitung 150
Befehlsliste 80535 133ff.
Befehls-Pipelining 150
Befehlszyklus 150
Befragung 413
Beharrungswert 287
Beherrschter Prozess 58
Beleuchtungsstärke 30, 306
Beleuchtungstechnik 306ff.
Belichtung 30
BELL 103/212A 156
Bemaßung 351
Beobachtung 413
Berührungsspannung 310
Beschaffung 421
Beschleunigung 24
Besetztton 244
Besondere Zahlen 12
Bestrahlung 30
Bestrahlungsstärke 30
Betriebsabrechnungsbogen 392f.
Betriebsanleitung
– Aufbau 372
– Kapitel 372f.
Betriebshierarchie 388
Betriebssystem 165
Bezugspunkte im ISDN 252f.
Bild-, Austast- u. Synchron-
 signal 261
Bildschirmstrahlung 139
Bildsynchronsignale 261
Binär 275
Binäre Codes 112f.
Binärzähler 120
BIOS 136
Bipolare Transistoren 74, 76, 79
B-ISDN 258
Bistabile Kippglieder 118f.
BK-Anlage 302f.

© Verlag Gehlen

BK-Netz 258
Bleiakkumulator 106
Blindleistung 50
Blindwiderstand, induktiv 51
Blindwiderstand, kapazitiv 51
Blitzschutzanlage 304
Bohrlöcher auf Platinen 102
Bohrsches Atommodell 32
Branch Prediction 150
Brand
– meldeanlage 305
– schutzzeichen 333
Break-Even-Point 395
Bridge 184
Brouter 185
Brücke 184
Brückenschaltung 42, 90
Bubble-Jet-Verfahren 151
Bus 172
Bus-Installation
– mit IAE 247
– mit UAE 247
BUSY 155
BZT Zulassung 241

C
C 197ff.
C++ 197ff.
Cache 136
Cash Flow 398
CCD-Prinzip 152
CC-Gehäuse 99
CCITT 128, 156
Centronics-Schnittstelle 127
Charts
– Gestaltung 379
– Text- 377
Chemische Elemente 33
Cinch-Anschluss 237
CISC 150
CIS-Prinzip 152
Client-Server 210
Cluster 160
CMOS 116
CMOS-Schaltkreise 103
C-Netz 257
Code 2/5 115
Codes 112ff.
Code-Umsetzer 121f.
Codierer 121

Compiler-Direktiven 198
CONNECT 155
Controlling 396
Corporate Identity 418
Cosinus 16
Cotangens 16
Coulombsches Gesetz 43
CP4 136f.
Crest-Faktor 48, 279
CSMA/CD 181
CT1 Standard 256
CT1+ Standard 256
CT2 Standard 256

D
D1-Netz 257
D2-Netz 257
Dämpfung von Hochfrequenzstörungen 70
Dämpfungsfaktor 219
Dämpfungsgrößen 219
Dämpfungskonstante 218
Dämpfungsmaß 219
Darlingtonschaltung 77
Darstellungsschicht 171
datagram 182
Datenbanksystem 210
Datenmodell 209
– hierarchisch 209
– Netzwerk 209
– relationales 209
Datentypen 199f.
Datenübertragung 127ff.
Datenübertragungseinrichtung 238
DA-Umsetzer 125f.
De Morgansche Gesetze 109
Deckungsbeitragsrechnung 395
DECnet 173
Decodierer 121
DECT Standard 256
DEE 128, 238
Dehnungsmessstreifen 97
Dekrementale Aufnehmer 283
Demodulation 222, 224, 227
Demultiplexer 122

Dezimales Zahlensystem 13, 111
Dezimalzähler 120
DIAC 87
Diagramm
– Ablauf- 379
– Balken- 378
– Kreis- 378
– Kurven- 378
– Liste und Tabelle 377
– Netzplan 379
– Organigramm 379
– Säulen- 378
– Torten- 378
Diazed-Sicherungssystem 344
Dielektrikum 68
Dielektrizitätszahl 68
Dieselhorst-Martin-Vierer 266
Differenz-Verstärkerschaltung 77
DIFO 251
Digital 275
Digital-Analog-Umsetzer 125f.
Digitale Vermittlung 240
Digitalmessgerät 279
Dioden 72f., 277
DIP 99
Disjunktion 109
Disposition 385
Distribution 416f.
Distributivgesetz 17, 109
DIVF 251
Division 17
D-Kippglied 118
DMA 138, 140
DO-Gehäuse 100
Dokumentation
– Aufbau 371
– Gestaltung 374f.
– Gliederung 371
– Programmdokumentation 408
– Software 409
– Werkzeuge 408
Doppellagenkondensator 65
DO-Sicherungen 344
DRAM 149
Dreheisenmesswerk 279

© Verlag Gehlen

Drehspulmesswerk 279
Drehzahlmessung 283
Dreieck 22
Dreieck, rechtwinkliges 15
Dreieckschaltung 53
Dreieck-Stern-
  Umwandlung 42
Dreier 266
Drei-Leiterschaltung 284
Dreiphasen-Wechselspan-
  nung 53
Drosselwandler 94
Druck 28
Druckerschnittstelle 127
D-Sicherungen 344
DSO-Gehäuse 99
DTMF 242
Duales Zahlensystem 13,
  111
Dual-Port-RAM 149
Dual-Slope-Umsetzer 125
Dübel 346
DÜE 128, 238
Duo-Schaltung 296
Durchschalte-Vermitt-
  lung 239
Durchschlagfestigkeit 68
DV-Anwendungsprojekt
– Phasenschema 405
– Prototyping-Konzept 406
– Vorgehensweise 405

E
EAN-Code 115
EAROM 149
EDO-RAM 149
EEPROM 149
Effektivwert 47, 279
Einbauhinweise für Bauele-
  mente 102
Einbruchmeldeanlage 305
Eingangsgröße 275, 286
Eingeprägte Spannung
  285
Eingeprägter Strom 285
Eingriffsgrenzen 57
Einheitskreis 16
Einheitssignal 285
Einschrittiger Code 112
Einschwingzeit 287

Einzelkosten 392
Einzelsteuerung 276
EISA 144
EK-Motor 292
Elektrische Arbeit 39
Elektrische Feldstärke 43
Elektrische Leistung 39
Elektrische Thermo-
  meter 284
Elektrochemische Span-
  nungsreihe 37
Elektrodynamisches
  Messwerk 279
Elektrolytkondensator 65
Elektromagnetische Verträg-
  lichkeit EMV 104, 277
Elektromagnetische
  Wellen 214f.
Elektromotoren 292f.
Elektrostatische
  Entladungen 103
Elementarladung 9
Elementarteilchen 32
Ellipse 22
Emitterschaltung 77
EMV 104, 277
Endgerät TE 238ff.
Energie
– Erhaltungssatz 26
– Kinetische 26
– Potentielle 26
Energiesparlampen 307
Energiespeicherung im
  elektrischen Feld 47
Energiespeicherung im
  Magnetfeld 47
E-Netz 257
entity realtionship 209
Entladungen, elektro-
  statische 103
Entstörkondensator 68
EPA 139
EPROM 149
Erder 300
Erdschluss 310
Erdungsleitung 300
Erdungswiderstandsmes-
  sung 327
Erfüllungsort 423
Erfüllungsstörungen 424
Erfüllungszeit 423

Ergonomischer Bildschirm-
  arbeitsplatz 157
Erlös 395
Ersatz-
  Ableitstrommessung 330
Erstprüfung von Schutzmaß-
  nahmen 324ff.
Erträge 390
Erweitern 18
Ethernet 172, 176, 177
Euro-AV-Anschluss 237
Exklusiv-NOR 108
Exklusiv-ODER 108
Expansionsstufe 239ff.
Exponent 19
EXT2 159, 163f.

F
Fähigkeit von Prozessen 58
Faraday-Konstante 9
Farbcode (Installations-
  kabel) 267
Farbkennzeichnung 265
– Dioden 69
– Kondensatoren 60
– Widerstände 60
Farbkreis 262
Farbkurzbezeichnung 273
Farbsignale 262
Farbteil 264
Farbzuordnung für Daten-
  kabel 273
FAT 159f.
FAX 153
FAX-Gruppen 153
FAX-Klassen 153
FBAS-Signal 262
FDDI 172, 176
FEEPROM 149
Fehler, AD-/DA-Umset-
  zung 126
Fehlerspannung 310
Fehlerstrom 310
Fehlerstrom-Schutzeinrich-
  tung 312, 315, 328
Feldbussysteme 169f.
Feldeffekttransistor 78f.
Felder 204
Feldkonstante
– Elektrische 9

© Verlag Gehlen

– Magnetische 9
Feldplatte 96
FELV 315
Fernsehen 260ff.
– (PAL-)Empfänger 263
– Kanäle 260f.
– Normen 260
– PAL-Farb- 261f.
– Störgefahr 260
– Übertragungsbereiche 260
Festplatte 137
Festspannungsregler 93
Festspeicher 149
Feuchte Räume 311
Filterschaltungen
– aktive 235
– für Netzschaltungen 70
– passive 69
Finanzierung 424
FI-Schutzschalter 312, 315
Fixkosten 395
Flachbettscanner 152
Flags 80535 133
Flankensteilheit 49
Flash-EEPROM 136, 149
Flash-Umsetzer 125
Flip-Chart 376
Flüchtiger Speicher 149
Flusswandler 94
Formfaktor 48, 279
Fortschrittsbericht 404
Fotodiode 82
Fotothyristor 82
Fototransistor 82
Fotowiderstand 82
Fourier-Reihe 48
FPLA 123
Frame Relay 187
frame 182
Freiprogrammiert 276
Fremdkörperschutz 322
Frequenzbereiche
– Hör- und Fernsehfunk 214
– Satellit 214
Frequenzhub 223, 230
Frequenzmodulation 223
Frequenzmultiplex 217
Frequenzumtastung 230
FS 126

Führungsaufgaben 388
– Kreislaufschema 388
Führungsbereich W_h 275
Führungsgröße w 275
Führungsstil 388f.
– Autoritärer 389
– Kooperativer 389
– Teamorientierter 388
Führungsverhalten 287
Full Scale 126
Füllstandsmessung 97
Funktion
– Exponential- 21
– Hyperbel- 21
– Lineare- 20
– Logarithmen- 21
– Parabel- 21
– Wurzel- 21
Funktionsdiagramm 352
Funktionskleinspannung 314f.
Funktionsplan 353
Funktionsprüfung elektrischer Geräte 330
Fuzzy-Logik 288

G

GAL 124
GAP-Analyse 414
Gaußsche Glockenkurve 56
Gebotszeichen 333
Gefahren
– meldeanlage 305
– symbole 334
Gefährliche Körperströme 311
Gegensprechanlage 298
Gegentakt-Ausgangsstufe 118
Gegentakt-Verstärkerschaltung 77
Gegentaktwandler 94
Gehäuse 98ff.
Gehäuseformen von ICs 99
Gemeinkosten 392
– Fertigungs- 392
– Material- 392
– Vertriebs- 392
– Verwaltungs- 392
Genauigkeitsklasse 279

Geräteprüfung 329f.
Geräteschutzsicherungen 343
Geräteverdrahtungsplan 355
Gerätezulassung 241
Gesamtkosten 395
Gesamtmittelwert 56ff.
Geschwindigkeit 24
Gewichtskraft 25
Gewinde 346
Gewinn 395
Gewinnschwelle 395
Gleichlauf 259
Gleichrichter 88, 90
Gleichstrommotor 292
Glixon-Code 113
Glühlampen 307
Gold Caps 65
Grafische Symbole 359ff.
Gray-Code 113, 283
Grenzwert 58
Griechisches Alphabet 7
Grundgesamtheit 56ff.
Gruppenschaltung 295
Gruppensteuerung 276
G-Sicherungen 343
GSM-Netz 250

H

Halbduplex-Verfahren 216
Halbleiter für Leuchtdioden 35
Halbleiterspeicher 149
Hallgenerator 96
Halogen-Glühlampen 307
Handshake-Verfahren 127
Hardware (PC) 136
Hauptleitung 294
Hauptpotentialausgleich 316
Hausanschluss 294
Hausinstallation 294ff.
HAYES-kompatible Modems 154
Herstellkosten 393
Hexadezimales Zahlensystem 111
High-Pegel 107
Hochpass 69, 235
Hohlzylinder 23
H-Pegel 107

Sachwortverzeichnis

HPFS 159, 161
HST 156
Hub 183
Hypotenuse 15

I

IAE 246
IDE 140
IDE Host-Adapter 141
IEC 625 130
IEEE 488 130
Improvisation 385
Impulswahlverfahren IWV 243
Indizes 9
Induktionsgesetz 45
Informationsquellen 413
Inkrementale Aufnehmer 283
I-Node 163
Installationsschaltplan 356
Installationsschaltungen 295ff.
Installationszeichnung 356
Installationszonen 294
Interbus 170
Internet 188ff.
Ion 32
IP-Adresse 178
IP-Schutzarten 322
IPv4 178
IPv6 179
IPX 173
ISA 144
ISDN 238ff.
– Abkürzungen 251
– Anschlusseinheit 246
– Netzebenen 251
– Netzkonzept 252
– Schnittstellen
– S_{2M}- 253
– S_O- 253
– U_{2M}- 253
– U_{KO}- 253
– U_{PO}- 253
ISDN-Telefon 249
ISO 9000-9004 55
Isolationsüberwachungseinrichtung 319
Isolationswiderstandsmessung 325f., 330

ISO-OSI-Referenzmodell 171
Isotop 32
IT-System 313
ITU 156
IWV 243

J

JAM-Signal 181
Java 197ff.
JK-Kippglied 119
JK-Master-Slave-Kippglied 119

K

Kabel 265ff., 337ff.
Kabeltyp 176
Kalkulationsschema 394
Kapazität 44
Kapazitätsdiode 72
Kartesisches Koordinatensystem 20
Kathete 15
Kegel 23
Kegelstumpf 23
Kennbuchstaben für Betriebsmittel 357
Kenndaten
– bipolarer Transistoren 75
– Dioden 72f.
– Widerstände 59, 61
Kennlinien
– Dioden 72f.
– veränderbare Widerstände 62f.
Kennzahlen 397
Kennzahlensystem 397
Kennzeichnung
– elektrischer Betriebsmittel 357
– von Anschlüssen 357
– Bleiakkumulatoren 105
– Halbleiter 69
– linearer Widerstände 60
– Primärelemente 105f.
– Stromrichter 85
– veränderbare Widerstände 62
Keramikkondensator 64

Kernbleche von Transformatoren 291
Kernladungszahl 32
Kirchhoffsche Gesetze 40
Klammerrechnung 18
Klasse 195
Kleinstsicherungseinsätze 343
Kleintransformator 291
Klingelschaltung 297
Klingeltransformator 290
Klinke-Anschluss 237
Koaxialkabel 269ff.
Koinzidenz-Demodulator 224
Kollaborationsdiagramm 196
Kollektorschaltung 77
Kollision 181
Kommentar 198
Kommunikation 416, 418
Kommunikationssteuerungsschicht 171
Kommutativgesetz 17, 109
Kompanderkennlinie 228
Kompensation 284
Komplexe Rechnung und Zahlen 14
Kompressorkennlinie 228
Kondensatoren
– Aufladung 43
– Arten 64ff.
– Entladung 43
– Kenndaten 66
– Kennzeichnung 67f.
– Parallelschaltung 44
– Reihenschaltung 44
Konditionen 416
Konfigurieren 275
Konjunktion 109
Konstanten 199
Konstantspannungsquelle 91
Konstantstromquelle 91
Konstantstromschaltung 284
Kontaktbelegung 273
Kontaktwerkstoffe 34
Konzentrationsstufe 239ff.
Konzentrator 184
Kopfhörer 236
Koppelfaktor 83
Koppelstufen 240
Körper 310
Körperschluss 310

© Verlag Gehlen

Sachwortverzeichnis

Korrosionsschutz 37
Kostenrechnung 390
– Phasen 391
Kostenarten 390f.
Kostengliederung 390
Kostenstellen 390f.
Kostenträger 390f.
Kraft 25
Kraft als Vektor 25
Kraft zwischen stromdurchflossenen Leitern 46
Kräfteaddition 25
Kredit 417ff.
Kreditwürdigkeitsprüfung 398
Kreis 22
Kreisring 22
Kreissegment 22
Kreissektor 22
Kugel 23
Kugelsegment 23
Kühlkörper 101
Kühlung von Halbleiterbauelementen 101
Kunden 413ff.
– analyse 415
– einteilung 415
– erwartungen 415
– gespräch 415
– orientierung 426
– Reklamationsbehandlung 426
– struktur 415
– Telefonieren 426
– typen 426
– Umgang mit 426
– verhalten 414
Kunststofffolienkondensator 64
Kürzen 18
Kurzschluss 310
KV-Tafel 110

L

Ladung 38
Lageplan 356
Lampen 307f.
Lampensockel 308
Lampentypen 308
Laserdrucker 152
LAT 173

Lautsprecher 236
Lautsprecheranschluss 237
Lautstärkepegeldiagramm 29
LCC-Gehäuse 99
Lebender Nullpunkt 285
Leistung
– Allgemein 27
– Einheiten 27
Leistungsaufnahme von ICS 117
Leistungsfaktormessgerät 280
Leistungsmerkmal
– Anklopfen 244
– Anrufweiterschaltung 244
– Dreierkonferenz 244
– Durchwahl 244
– Makeln 244
– Rückfragen 244
– Sperren 244
Leistungsmerkmale des Euro-ISDN 255
Leistungsmessgerät 280
Leistungsrechnung 390
Leistungsschild von Transformatoren 289
Leiter-Magnetfeld 44
Leiterplatten 35
Leiterschluss 310
Leiterwiderstand 39
Leitfähigkeit 34, 39
Leitungen 265ff.
Leitungen und Kabel 337ff.
– Berechnungsformeln 341
– Mindestquerschnitte 337
– Spannungsfall 294, 337, 341
– Strombelastbarkeit 339f.
– Überstromschutz 341f.
– Verlegearten 338
– Verlustleistung 341
Leitungsauswahl 337ff.
Leitungscode
– 4B/3T-Code 248
– AMI-Code 249
– HDB3-Code 249
– MMS43-Code 248
– NRZ-Code 249
– RZ-Code 249
Leitungskennwerte 218
Leitungsschutz 341f.

Leitungsschutzschalter 342f.
Leitungssysteme 300
Leitweglenkung 239
Leitwert 39
Leuchten 309
– Einteilung 309
– Kennzeichen 309
– Lichtstromverteilung 309
Leuchtstofflampen 307
Leuchtstofflampenschaltungen 296
Libaw-Craig-Code 113
Lichtausbeute 307
Lichtbrechung 31
Lichtfarbe 306
Lichtgeschwindigkeit 9, 214
Lichtgrößen 30
Lichtmenge 30
Lichtmessung 31
Lichtquellen 306ff.
Lichtspektrum 31
Lichtstrom 30
Lichttechnik 306ff.
Lieferanten 421
Life Zero 285
Linearitätsfehler 126
Linien 349
Liniendiagramm 49
Linienschreiber 281
Liquidität 389
Logarithmenrechnung 20
Logarithmus 20
Logik-Analysator 281
Logikfamilien 116ff.
Logikzustände 107
Löthinweise 102
Lötkolben 36
Low-Pegel 107
L-Pegel 107
LSB 126
LS-Schalter 342f.
Lumineszensdiode 82

M

Magnetfeldabhängige Bauelemente 96
Magnetische Durchflutung 44
Magnetische Feldstärke 45
Magnetische Flussdichte 44
Magnetischer Kreis 45

Managementebenen 388
Marketing 412ff.
– Absatz- 412
– Beschaffungs- 412
– Direkt- 420
– instrumente
– Mix 422
– planung 412
– ziele 416
Markt 413ff.
– analyse 413
– beobachtung 413
– forschung 413
– wachstumsmatrix 414
Maschinenzyklus 150
Masse 25
Maßstäbe 348
Mathematische Zeichen 12
Matrix 123
Matrix-Anzeigefelder 84
Mehrfachrufnummer 247
Mehrfrequenzverfahren 243
Mehrgeräteanschluss 247ff., 254
Mehrschrittiger Code 112
Meilensteine 399
Meilensteinplan 399, 403
Melder 305
MELF-Gehäuse 98
Menü 194
Messaufnehmer 97, 278
Messbereich 278
Messeinrichtung 278
Messergebnis 278
Messgerät 278
Messgleichrichter 279
Messgröße 278
Messkette 278
Messmethode 278
Messobjekt 278
Messprinzip 278
Messsignal 278
Messspanne 278
Messtechnik 278
Messumformer 284
Messung 278
Messverfahren 278
Messwerk, Symbol 279
Messwert 278
Metalllegierungen 34
Metallpapierkondensator 64

MFT 161
MFV 243
Micro Channel 144, 147
Microcontroller 80535 131ff.
Microprozessor 150
Mikrofonanschluss 237
Mikrofone 236
Mindestquerschnitte für Leiter 337
Mischspannung 49
Mittelpunktschaltung 90
Mittelwert 56, 279
Mittelwertkarte 57
MNP 156
Mobilfunknetze 257
Modem-Rückmeldungen 155
Modulation 221f.
Modulationsindex 223, 225, 230
MO-Laufwerk 137
Monoanschluss 237
Monotonie 126
Motherboard 138
Motore 292f.
– Begriffe 292
– Bemessungsgrößen 292
– Drehsinn 292
– Schrittmotor 293
– Servomotoren 292
MP-Kondensator 64
MPRII 139
MQFP-Gehäuse 99
MSB 126
MSN 247
Multiplexer 122
Multiplex-Verfahren 216, 217
Multiplikation 17

N

Nachstellzeit T_N 288
Nadeldrucker 151
NAND 108
Nasse Räume 311
Nassi-Shneideman 193f.
NCSC 164
NDIS 183
Negation 109
Negative Logik 107
Nennlage 279

Neozed-Sicherungssystem 344
NetBEUI 173
NetBIOS 173
Netz
– abschluss 248
– ausbauebenen 258
– formen 302
– knoten 238ff.
– struktur 250
– systeme 313
– teil, geregelt 92
– werk 272
Neutralleiter 54, 310
Neutronenzahl 32
NH-Sicherungen 344
NI 100 97
NIC 183
NICHT 108
Niederspannungs-Hochleistungs-Sicherungssystem 344
Niederspannungssicherungen 344f.
NO CARRIER 155
NOR 108
Normalverteilungskurve 56
NTBA 248
NTC-Widerstand 63
NTFS 159, 161f.
Nukleonenzahl 32
Nullmodem 129
Numerus 20
Nur-Lese-Speicher 149
Nutzpegel 299
NVRAM 149

O

Objekt 195
ODER 108
ODER-Funktion 109
ODER-Matrix 123
ODIS 183
Offener Kollektor 118
Öffentliche Dienste und Netze 258
Offsetfehler 126
Ohmsches Gesetz 39
OLMC 124
On-the-Fly-Switching 186

© Verlag Gehlen

Sachwortverzeichnis

Operation/Methode 195
Operationsverstärker 85
– Anschlüsse 85
– Grundschaltungen 86
Operatoren 205f.
Optimierungsverfahren 287
Optische Multiplexverfahren 217
Optoelektronische Bauelemente 82f.
Optoelektronische Grundschaltungen 83
Optoelektronische Koppler 83
Ordinate 20
Ordnungszahl 32
Organisation 385
Organisationsgrundsätze 385
OSI 173
Oszillator
– Colpitts- 232
– Hartley- 232
– LC- 232
– Meißner- 232
– Quarz- 234
– RC-Sinus- 233
– Rechteck-Dreieck- 233
– Wien-Robinson- 233
Oszilloskop 282

P

Paar 265ff.
PAL 123f.
Papierformate 347
Parallele Datenübertragung 127
Parallelogramm 22
Parallelschaltung 40
Parallelverfahren 125
Parametrieren 275
PCI 144, 148
PCM 30 229
PCM-Codewort 228
Pegel 107, 219, 303
Pegel, TTL 117
PELV 314
PEN-Leiter 310
Periodensystem 33
Permeabilität 45

Personenschutz 322
Personenzulassung 241
Persönlicher Verkauf 419
PGA-Gehäuse 99
Phasenbedingung 232
Phasendiskriminator 224
Phasenhub 225
Phasenmodulation
Physikalische Größen und Einheiten 10f.
Physikalische Schicht 171
Piezo-Element 151
Pinwand 376
PIO-Mode 140
Pipelining 150
Planck-Konstante 9
PLD 123
Pneumatisches Signal 285
Portnummer 180
Positive Logik 107
Potential 38
Potentialausgleich 316
Potenzrechnung 19
Power Managment 139
PPP 177
Prämie 417
Präsentation
– Ablauf 381
– Durchführung 382
– Einladung 382
– Grundregeln Vortrag 384
– Inhalt 380
– Organisation 382
– Sitzordnung
– Stichwortmanuskript 381
– Störungen 383
– Thema 380
– Vorbereitung 380
– Ziel 380
Preis 416f.
Primärelement 105f.
Primärforschung 413
Primärmultiplexanschluss 252ff.
Prisma 23
Produkt-Lebenszyklus 414
Profibus 170
Programmablaufplan 193f.

Programmierbare Logikschaltkreise 123f.
Programmverzweigung 194
Projekt
– ablaufplan 401
– Arbeitstechniken 410
– Auftrag 400
– DV-Anwendungsprojekt 405
– Formulare 403, 404
– Gruppenarbeit 410
– Kapazitätsplan 402
– Konfliktbehandlung 411
– Konflikte 411
– Kostenplan 402
– Management 399
– Phasen 399
– Planung 399, 401, 402
– Softwareauswahl 407
– Softwareinstallation 408
– Standardsoftware 407
– Steuerung 404
– Teamgrößen 410
– Terminplan 402
– Ziel 400
Projektionen 349f.
Projektphasen 399
Projektstrukturplan 401
Projektverantwortlichkeits-Matrix 399, 403
PROM 123, 149
Protokolle 238
Protokollnummer 181
Prozess, beherrscht 58
Prozess, Stabilität u. Fähigkeit 58
Prozess, ungestört 57
Prozessbus 169f.
Prozessfähigkeitskennwerte 58
Prozessgrenznähe 58
Prozessor 150
Prozesssteuerung 276
Prozessstreuung 58
Prüfspannung 279
Prüfung elektrischer Geräte 329f.
Prüfung von Schutzmaßnahmen 324ff.
PS/2-Schnittstelle 137
PT 100 97, 284

PTC-Widerstand 63
Public Relations 418
Pulsdiagramm 107
Pulsmodulation
– Pulsamplitudenmodulation 226
– Pulscodemodulation 227
– Pulsdauermodulation 226
– Pulsfrequenzmodulation 226
– Pulsphasenmodulation 226
Punktschreiber 281
Pyramide 23
Pyramidenstumpf 23
Pythagoras 15

Q
QM-System 55
Quadrat 22
Qualität 416ff.
Qualitätsregelkarten 57
Qualitätssicherung 55

R
Rabatt 417
Radialbeschleunigung 24
Radizieren 19
Rahmenbildung 182
RAM 149
Raumarten 311
Raumlagenvielfach 240
Raute 22
RCD 312, 315
RC-Glied 51f., 277
RC-Parallelschaltung 51
RC-Reihenschaltung 52
Reale Spannungsquelle 41
Rechenregeln für Dualzahlen 112
Rechteck 22
Rechteckspannung, unsymmetrisch 49
Rechtwinkliges Koordinatensystem 20
Referenzen 200
Reflexion 218
Refresh-Zyklus 149
Regeldifferenz e 286
Regeleinrichtung 286
Regelglied 286
Regelgröße x 286
Regelgüte 287
Regelkreis 286
Regelkreis des Controlling 396
Regelmäßiges n-Eck 22
Regelstrecke 286
Regelungstechnik 286ff.
Regelverläufe 287
Registerbank 132
Regler 286
Reglerausgangsgröße y_R 286
Reglerauswahl 288
Reglereinstellung 288
Reihenschaltung 40
Reklamationsbehandlung 426
Rentabilität 398
– Eigenkapital- 398
– Gesamtkapital- 398
– Umsatz- 398
Repeater 183
Reselection 143
Rettungszeichen 333
Richtlinie 90/270/EWG 157
RING 155
Ring 172
Ringverstärkung 232
RISC 150
RJ-Stecker 273
RLC-Parallelschaltung 52
RLC-Reihenschaltung 52
RL-Parallelschaltung 51
RL-Reihenschaltung 51
RMS 279
ROM 149
Römische Zahlen 13
Rotation 24
Router 185
Routing 185
RS-232C 128f.
R-Sätze 335
RS-Kippglied 118
Rückführgröße r 286
Ruf- und Türöffneranlage 297
Rufnummernaufbau 250
Rufnummernsignalisierung 243
Rufsignal 244
Rufton RT 244
Run 57
Rundfunkempfänger 259

S
S_0-Bus 254
Scanner 152
SCART-Anschluss 237
Schalldruck 29
Schallgrößen 29
Schaltfolgediagramm 352
Schaltnetzteil 94
Schaltzeichen 359ff.
Scheibenläufer-Motor 292
Scheinleistung 50
Scheitelfaktor 48
Schlankläufer-Motor 292
Schleife 194
Schleifenimpedanz 327
Schlüsselworte 199
Schnittstelle 127ff., 195, 238ff.
Schnurlose Telefone 256
Schottky-Diode 72
Schreib-Lese-Speicher 149
Schrift
– felder 347
– form 348
– zeichen 348
Schritt 353
Schrittgeschwindigkeit 129
Schrittmotor 293
Schutz durch nichtleitende Räume 320
Schutz durch Schutzklasse II 320
Schutz gegen elektrischen Schlag 314ff.
Schutz in Unterrichtsräumen mit Experimentierständen 323
Schutz von Kabeln und Leitungen 341f.
Schutzbeschaltungen 95, 277
Schutzgrad 322
Schutzisolierung 320
Schutzklassen 323
Schutzkleinspannung 314
Schutzleiter 310

Schutzleiterprüfung 325, 329
Schutzmaßnahmen 314ff.
– Erstprüfung 324ff.
– im IT-System 319
– im TN-System 317
– im TT-System 318
– IP-Schutzarten 322
– Prüfung 324ff.
– Schutz gegen elektrischen Schlag unter Fehlerbedingungen 316ff.
– Schutz gegen elektrischen Schlag unter normalen Bedingungen 315
– Schutz sowohl gegen direktes als auch bei indirektem Berühren 314f.
– Schutzklassen 323
Schutztrennung 321
SCSI 142
– Fast 142
– Host Adapter 142
– Initiator 143
– Target 143
– Ultra 142
– Wide 142
SCSI-1 142
SCSI-2 142
SCSI-3 142
Sedezimales Zahlensystem 13, 111
Segment 176, 182
Sekundärforschung 413
Selbstinduktion 45
Selbstoptimierung 288
Selection 143
Selektion 259
Selektivität 345
SELV 314
Sensor-Aktor-Bus 169f.
Sequenzdiagramm 196
Serielle Schnittstelle 128f.
Serienschaltung 295
Service 412ff.
Servomotoren 292
SFR 132
SI-Basiseinheiten 7
SI-Basisgrößen 7
Sicherheitskennzeichen 332
Sicherheitsregeln 312
Sicherheitssteuerung 277

Sicherheitstransformator 290
Sicherungen 343ff.
Sicherungskennlinien 345
Sieben-Segment-Anzeige 84
Siebschaltungen 91
Signal 275
Signalarten 220
Signale 261
– Bild-, Austast- u. Synchron- 261
– Bildsynchron- 261
– Burst- 261
– Farb- 262
– FBAS- 262
– Vertikalsynchron- 261
– Zeilensynchron- 261
Signalisierungen bei analogen Anschlüssen 242
Signallaufzeit 117
Signalumformer 285
Signalverlauf
– kontinuierlich 220
– zeitdiskret 220
Simplex-Verfahren 216
Sinus 16
S-ISDN 258
SI-Vorsätze 8
SLIP 177
SMD-Bauteile 98
Sockel von Lampen 308
SOD-Gehäuse 98
Solarzelle 82
Sortiment 416f.
SOT-Gehäuse 98, 100
Spanning-Tree 184
Spannung 38
Spannungsfall 294
Spannungsgegenkopplung 78
Spannungs-Messbereichserweiterung 41
Spannungsteiler 41
Spannweite 56
Spannweitenkarte 57
Sparwechselschaltung 296
Special-Function-Register 132
Speicherprogrammierte Steuerung 276
Speichervermittlung 239
spektrale Emission 84

spektrale Empfindlichkeit 84
Sperrwandler 94
Spezifischer Widerstand 39
Spielzeugtransformator 290
Sponsoring 418
Sprechanlagen 298
Sprungantwort 287
SPS 276
Spulen-Ausschaltvorgang 47
Spulen-Einschaltvorgang 46
Spulen-Parallelschaltung 46
Spulen-Reihenschaltung 46
SQL 211
SRAM 149
S-Sätze 336
Stabilisierungsschaltungen 91
Stabilität von Prozessen 58
Stabliniensystem 389
Standardabweichungskarte 57
Standards für schnurlose Telefone 256
Starkstromanlagen 310ff.
– Begriffe 310f.
– Netzsysteme 313
– Schutzmaßnahmen 314ff.
Statischer Störabstand 117
Steckerbelegung 237, 273
Steckverbinder 237, 274
Steigungsdreieck 20
Stellbereich Y_h 275
Steller 286
Stellglied 275
Stellgröße y 275
Stereoanschluss 237
Stern 172
Stern-Dreieck-Umschaltung 54
Stern-Dreieck-Umwandlung 42
Sternschaltung 53
Steuereinrichtung 275
Steuerkette 275
Steuerstrecke 275
Steuertransformator 290
Steuerungen, Einteilung 276
Steuerungssignale 276
Steuerungstechnik 275ff.
Stichprobenstandardabweichung 56

Störbereich Z_h 275
Store-and-Foreward-
 Switching 187
Störgröße z 275
Störungsverhalten 287
Strahlensatz für Dreiecke 15
Strahlungsgrößen 30
Strahlungsleistung 30
Strahlungsmenge 30
stream 182
Strichcodes 115
Strings 200ff.
Strombelastbarkeit von Lei-
 tungen 339f.
Stromdichte 38
Stromgegenkopplung 78
Stromlaufplan 354
Strom-Messbereichserweite-
 rung 42
Stromrichter
– Arten 88
– Benennung 89
– Kennzeichnung 89
– sätze 89
Strom-Spannungsquellen-
 Umwandlung 41
Stromstärke 38
Stromübertragungsverhältnis
 83
Struktogramm 193f.
Strukturen 205
Strukturieren 275
Subminiatur-D-Buchse 127
Subtraktion 17
Sukzessive Approxima-
 tion 125
Superblock 163
SVGA 139
Switches 186
Synchrone Abtastung 281
Synchrone Steuerung 276
Synchroner Zähler 120

T
T.90 156
Tachogenerator 283
TAE-Dosen 245
TAE-Stecker 245
Taktzyklus 150
Tandem-Schaltung 296

Tangens 16
Tantal-
 Elektrolytkondensator 65
TAZ-Suppressor-Diode 72
TCO-95 139, 149
TCP 179
TCP/IP 173
Teamorganisation 389
Technologieschema 352
Teilnehmer 238ff.
Telefon
– Analoges 242
– ISDN- 249
– Komfort- 242
Temperaturabhängiger
 Widerstand 40
Temperaturmessung 97, 284
Temperaturskalen
– Celsius 28
– Fahrenheit 28
– Kelvin 28
Tetradischer Code 112
Textchart 377
Thermoelement 97, 284
Thermotransferdrucker 151
Thomson-Messbrücke 280
Thyristoren 87
– Schutzbeschaltung 95
– Überspannungsschutz 95
– Überstromschutz 95
Thyristortriode 87
Tiefpass 69, 235
Tintenstrahldrucker 151
TN-System 313
TO-Gehäuse 100
Token Ring 172, 176
Toleranzweite 58
Trägerfrequenzmultiplex
 217
Trägerfrequenztechnik 217
Trägerstaueffekt 95
Transformator 289f.
– Begriffe 289
– Berechnungsformeln 289
– für besondere
 Verwendung 290
– Leistungsschild 289
– Sicherheit 290
Transistor
– als Schalter 79
– als Verstärker 78

– Arbeitspunkteinstellung 78
– bipolarer 74f.
– Grundschaltungen 77, 81
– Kenndaten 75
– Kennlinien 74f.
– Leistungsbereiche 74
– Schaltzeiten 79
– Unijunktion 83
– unipolarer 81
– Vierpolparameter 75f.
Transition 353
Translation 24
Transportschicht 171
Trapez 22
Trend 57
TRIAC 87
Trigonometrische
 Funktionen 16
Trimmkondensatoren 65
Tristate-Ausgangsstufe
 118
Trockene Räume 311
TTL 116
TT-System 313
Türöffner 298
Türöffneranlage 297
Türsprechanlage 298

U
UAE 246
Übergabepunkt 302
Übergang 353
Überlagerungsempfän-
 ger 259
Überschwingweite 287
Übersichtsschaltplan 356
Überstrom-Schutzeinrichtun-
 gen 342ff.
Übertragungsfaktor 219
Übertragungsgeschwindig-
 keit 127, 129f.
Übertragungskanal 238ff.
Übertragungsmaß 219
Übertragungsmedien 216
Übertragungsverfahren 216f.
Übertragungswege 216
UDP 180
Ultra SCSI 142
UML 194
UND 108

© Verlag Gehlen

Sachwortverzeichnis

UND-Funktion 109
UND-Matrix 123
Ungestörter Prozess 57
Unified Modeling 194
Unipolare Transistoren 80
Unterrichtsräume mit Experimentierständen 323
USV 168
– Line Interactive 168
– Offline 168
– Online 168

V
V.110, V.120 156
V.21 156
V.22, V.22BIS 156
V.24 128f.
V.28 128f.
V.32, V.32BIS 156
V.34 156
V.42, V.42BIS 156
V.FC 156
Variable 20
– Abhängige y 20
– Unabhängige x 20
Variablen 199
Variable Kosten 395
VDR-Widerstand 63, 277
Verbindungsgesetz 109
Verbindungsnetzbetreiber 258
Verbindungsplan 355
Verbindungsprogrammierte Steuerung 276
Verbotszeichen 332
Verdrahtungsplan 355
Vererbung 195
Vergleichsglied 286
Vergleichsstelle 284
Verhältnisdiskriminator 224
Verkauf 418
– Außen- 420
– förderung 418
– formen 420
– gespräch 419
– Laden- 420
– Telefon- 420
Verkehrsmessung 239
Verknüpfungssteuerung 276

Verlegearten von Leitungen 338
Vermittelndes Breitbandnetz 258
Vermittlung 238ff.
Vermittlungsschicht 171
Verrichtung von Aufgaben 386f.
Versandhandel 420
Verschuldungsgrad 398
Verseilelemente 266
Verstärkungsfehler 126
Vertauschungsgesetz 109
Verteilungsgesetz 109
Vertrag 423
Verzweigung 194
Verzweigungsvorhersage 150
VFAT 159f.
VGA 139
Video RAM 139, 149
Vierdrahtverfahren 216
Vierer (Sternvierer) 266
Vierphasenumtastung 230
Visual Basic 197ff.
Visualisierung
– Aufgaben 376
– Bausteine 376
– Diagramme 377f.
VL Bus 144, 148
Vollduplex 216
Vorhaltzeit TV 288
Vorsätze 8
VRAM 139, 149

W
Wählton 244
Wahrheitstabelle 107
Walking-Code 113
Wandler 238
Wärmekapazität 28
Wärmemenge 28
Wärmewiderstand 28, 101
Warngrenzen 57
Warnzeichen 332
Wasserschutz 322
Wechselschaltung 295f.
Weckerschaltung 297
Wegesuche 239
Wegmessung 283

Weichlote 36
Weisungssysteme 389
Wellenlängenmultiplex 217
Wellenwiderstand 218
Werbung 417
Werkstoffe 34
Wheatstone-Messbrücke 280, 284
Widerstand 59
– Draht- 59
– Edelmetallschicht- 59
– Kohleschicht- 59
– Metallschicht- 59
– spannungsabhängiger 63
– temperaturabhängiger 3, 97
– veränderbar 61
Widerstandsthermometer 284
Wiederholungsprüfung an elektrischen Geräten 331
Windlast 299
Winkel
– Bogenmaß 15
– Gradmaß 15
Winkelgeschwindigkeit 24
Winkelmessung 286
Wirkleistung 50
Wirkungsgrad 27
Wirkungsplan 353
Wirkwiderstand 51
WORM-Laufwerk 137
Würfel 23
Wurzelziehen 19

X
X.25 177, 187
X.75, T.70 NL 156
X2 156
X-Kondensator 68
XNS 173

Y
Y-Kondensator 68

Z
Zählen 278
Zahlenmengen 14

© Verlag Gehlen

Zahlensysteme 111
Zähler 120
Zahlungsbedingungen 417
Z-Diode 72
Zeichen der Geometrie 14
Zeichenketten 200ff.
Zeiger 203
Zeigerbild 50
Zeilensprungverfahren 261
Zeitkonstante 288
Zeitlagenvielfach 240
Zeitmultiplex 217, 229
Zeit-Raumlagenvielfach 240
Zentrifugalkraft 24
Zentripedalkraft 24
ZIP-Laufwerk 137
Zugriffszeit 149
Zusätzlicher Potentialausgleich 316
Zuschlagskalkulation 394
Zuschlagssätze 393f.
– Fertigungsgemeinkosten 393
– Materialgemeinkosten 393
– Vertriebsgemeinkosten 394
– Verwaltungsgemeinkosten 394
Zusicherung 195
Zustandsdiagramm 196
ZVEI-Kennzahlen-Pyramide 397
Zweidrahtverfahren 216
Zwei-Leiterschaltung 284
Zwei-Phasenumtastung 230
Zweirampenverfahren 125
Zykluszeit 149
Zylinder 23